ars digitalis

Die Reihe ars digitalis wird herausgegeben von Prof. Dr. Dr. Peter Klimczak.

Sollen technische und kulturelle Dispositionen des Digitalen nicht aus dem Blickfeld der sie Erforschenden, Entwickelnden und Nutzenden geraten, verlangt dies einen Dialog zwischen den IT- und den Kulturwissenschaften. Ausgewählte Themen werden daher jeweils gleichberechtigt aus beiden Blickrichtungen diskutiert. Dieser interdisziplinäre Austausch soll einerseits die Kulturwissenschaften für technische Grundlagen, andererseits Entwickler derselben für kulturwissenschaftliche Perspektiven auf ihre Arbeit sensibilisieren und den Fokus auf gemeinsame Problemfelder schärfen sowie eine gemeinsame ‚Sprache' jenseits der Fachbereichsgrenzen fördern. Notwendig ist eine solche interdisziplinäre Auseinandersetzung nicht zuletzt deshalb, um den vielfältigen technischen Herausforderungen an Mensch, Kultur und Gesellschaft ebenso informiert wie reflektiert zu begegnen.

In dieser Reihe finden nicht nur Akteure aus Wissenschaft, Forschung und Studierende aktuelle Themen der Digitalisierung fundiert aufbereitet und begutachtet, auch interessierte Personen aus der Praxis werden durch die interdisziplinäre Herangehensweise angesprochen.

Peter Klimczak, Dr. phil. et Dr. rer. nat. habil., ist außerplanmäßiger Professor an der Brandenburgischen Technischen Universität und IT-Verfahrensverantwortlicher und IT-Infrastrukturverantwortlicher für das Berliner Schulwesen.

Christoph Borbach · Timo Kaerlein ·
Robert Stock · Sabine Wirth
Hrsg.

Akustische Interfaces

Interdisziplinäre Perspektiven auf
Schnittstellen von Technologien,
Sounds und Menschen

Hrsg.
Christoph Borbach
SFB 1187 Medien der Kooperation
Universität Siegen
Siegen, Deutschland

Timo Kaerlein
Institut für Medienwissenschaft
Ruhr-Universität Bochum
Bochum, Deutschland

Robert Stock
Kultur-, Sozial- und Bildungswissenschaftliche
Fakultät, Institut für Kulturwissenschaft
Humboldt-Universität zu Berlin
Berlin, Deutschland

Sabine Wirth
Fachbereich Medienwissenschaft
Bauhaus-Universität Weimar
Weimar, Deutschland

ISSN 2662-5970　　　　　　　　ISSN 2662-5989 (electronic)
ars digitalis
ISBN 978-3-658-47634-2　　　　ISBN 978-3-658-47635-9 (eBook)
https://doi.org/10.1007/978-3-658-47635-9

Die Deutsche Nationalbibliothek verzeichnet diese Publikation in der Deutschen Nationalbibliografie; detaillierte bibliografische Daten sind im Internet über https://portal.dnb.de abrufbar.

© Der/die Herausgeber bzw. der/die Autor(en), exklusiv lizenziert an Springer Fachmedien Wiesbaden GmbH, ein Teil von Springer Nature 2025

Diese Publikation wurde gefördert durch die Deutsche Forschungsgemeinschaft (DFG)—Projektnummer 262513311—SFB 1187 Medien der Kooperation.

Das Werk einschließlich aller seiner Teile ist urheberrechtlich geschützt. Jede Verwertung, die nicht ausdrücklich vom Urheberrechtsgesetz zugelassen ist, bedarf der vorherigen Zustimmung des Verlags. Das gilt insbesondere für Vervielfältigungen, Bearbeitungen, Übersetzungen, Mikroverfilmungen und die Einspeicherung und Verarbeitung in elektronischen Systemen.
Die Wiedergabe von allgemein beschreibenden Bezeichnungen, Marken, Unternehmensnamen etc. in diesem Werk bedeutet nicht, dass diese frei durch jede Person benutzt werden dürfen. Die Berechtigung zur Benutzung unterliegt, auch ohne gesonderten Hinweis hierzu, den Regeln des Markenrechts. Die Rechte des/der jeweiligen Zeicheninhaber*in sind zu beachten.
Der Verlag, die Autor*innen und die Herausgeber*innen gehen davon aus, dass die Angaben und Informationen in diesem Werk zum Zeitpunkt der Veröffentlichung vollständig und korrekt sind. Weder der Verlag noch die Autor*innen oder die Herausgeber*innen übernehmen, ausdrücklich oder implizit, Gewähr für den Inhalt des Werkes, etwaige Fehler oder Äußerungen. Der Verlag bleibt im Hinblick auf geografische Zuordnungen und Gebietsbezeichnungen in veröffentlichten Karten und Institutionsadressen neutral.

Planung/Lektorat: Petra Steinmueller
Springer Vieweg ist ein Imprint der eingetragenen Gesellschaft Springer Fachmedien Wiesbaden GmbH und ist ein Teil von Springer Nature.
Die Anschrift der Gesellschaft ist: Abraham-Lincoln-Str. 46, 65189 Wiesbaden, Germany

Wenn Sie dieses Produkt entsorgen, geben Sie das Papier bitte zum Recycling.

Vorwort

Christoph Borbach, Timo Kaerlein, Robert Stock und Sabine Wirth

Die Computer der Gegenwart begegnen uns – wenn sie uns überhaupt noch begegnen – in den meisten Fällen nach wie vor in Form grafisch aufbereiteter Gebrauchsoberflächen: Sei es am klassischen PC, Smartphone oder Tablet, aber auch in den immersiven Bildumgebungen von Virtual-Reality-Anwendungen. Dies ist Resultat einer langen Entwicklung der Human-Computer Interaction (HCI), in der allerdings auch wiederholt alternative Interaktionsweisen mit analogen und digitalen Maschinen erprobt, aber anschließend meist wieder verworfen wurden. Die Geschichte der User Interfaces ist voller spekulativer Entwürfe, die regelmäßig weit über die Grenzen des jeweils technisch Realisierbaren hinauszielten, bevor sie sich zu nachhaltigen Dispositiven der Handhabung und Konventionen der Repräsentation verfestigten. Hans Dieter Hellige hat bereits 2008 in seinem noch immer lesenswerten „Überblick über die Langzeitentwicklung der MCI" (Hellige, 2008, S. 10) (Mensch-Computer-Interaktion) diese als von gegenläufigen Entwicklungslogiken gekennzeichnet beschrieben: Auf kürzere Krisen- und Innovationsphasen, in denen eine große Zahl neuer technischer Lösungen parallel entwickelt und erprobt werden, folgen historisch jeweils längere „Stabilisierungs- und Reifephasen mit ausgeprägt konvergenter Entwicklungstendenz" (Hellige, 2008, S. 20). So kann man verbindlich konstatieren, dass akustische Schnittstellen in der Geschichte der HCI gleich mehrmals erfunden worden sind, insbesondere die Möglichkeit der natürlichsprachlichen Interaktion mit einem Computersystem: ob von Vannevar Bush als Teil seiner Memex-Vision (Bush, 1945), als „phonetic typewriter" im Kontext der Bemühungen um die Automatisierung von Büroarbeit in den 1950er-Jahren (Hellige, 2008, S. 30), als ein zentrales Element der seit den 1970er-Jahren wiederkehrenden Vorstellungen sog. Natural User Interfaces (NUI) (Caudill, 1992) sowie neuerdings als multimodale Aufrüstung konversationeller Künstlicher Intelligenzen (sog. Large Language Models, LLM), die den verbalen Dialog mit dem Computer (erneut) als „fait accompli" inszenieren.

Obwohl also Visionen und praktische Umsetzungen von akustischen Interfaces die HCI-Geschichte im Grunde von Beginn an begleitet haben, spielen sie weder im Selbstverständnis der sich für Bedienschnittstellen interessierenden Informatik noch in den sich mit Technik reflexiv auseinandersetzenden Geistes-, Kultur- und Sozialwissenschaften eine zentrale Rolle. Dies steht im starken Kontrast zu den auf direkte Manipulation von Bildschirmobjekten ausgerichteten GUIs (Graphical User Interfaces) seit den späten 1960er-Jahren, die bis heute als leitendes Paradigma der HCI gelten und entsprechend viel Aufmerksamkeit in der Forschung erfahren haben. Dieses Desiderat war Anlass für eine arbeitsgruppenübergreifende Kooperation innerhalb der Gesellschaft für Medienwissenschaft (GfM), aus der zunächst eine Tagung mit dem Titel „Akustische Interfaces" am 4. und 5. Mai 2022 im Medientheater des Instituts für Musikwissenschaft und Medienwissenschaft der Humboldt-Universität zu Berlin hervorgegangen ist. Zusammengefunden hatten sich dort u. a. Beteiligte dreier Arbeitsgruppen der GfM: Interfaces, Auditive Kultur und Sound Studies sowie Medienwissenschaft und Dis/Ability Studies. Das gemeinsame Anliegen war ein Ausloten von Schnittstellen in den jeweiligen Forschungsinteressen der AGs. Die eingegangenen Beiträge widmeten sich gleichermaßen der realisierten Technizität akustischer Interfaces in Gegenwart und Geschichte wie ihren spekulativen Entwürfen, ihren zahlreichen Verbindungen mit den Dis/Abilities ihrer Entwickler:innen und Nutzer:innen, ihrer materiell-semiotischen Verfasstheit sowie ihrer Einbettung in weitgreifende Medienökologien.

Die vorliegende Publikation demonstriert die Produktivität des in Berlin begonnenen Austauschs, soll aber eher den Auftakt weiterer Forschungen markieren statt deren Abschluss. Daher versammelt dieses Buch auch Beiträge, die nicht Teil des Tagungsprogramms waren, sowie deutsche Übersetzungen englischsprachiger Beiträge, deren Erkenntnis- und Analysegehalt für Fragen akustischer Interfaces zentral sind: Mara Mills Beitrag „Als mobile Kommunikationstechnologien noch neu waren", Liz Fabers Untersuchung „Klang (be)schreiben: Sprachsynthese im goldenen Zeitalter der Science-Fiction (1930–1959)" sowie Coreen McGuires Aufsatz „Die Kategorisierung von Schwerhörigkeit durch Telefonie im Großbritannien der Zwischenkriegszeit". Die Autor:innen der Beiträge dieses Bandes erzählen situierte Geschichten akustischer Interfaces; sie diskutieren ihren medientheoretischen Status und ihre medienpraktische Verfertigung. Zusammengenommen bilden die Beiträge des vorliegenden Bandes eine erste Kartierung und ein Tableau akustischer Interfaces als von medienwissenschaftlichen Perspektiven gerahmtes Angebot für einen interdisziplinären Dialog. Dieser berücksichtigt explizit auch die Perspektive technischer Disziplinen, die u. a. um den Begriff des Auditory Displays organisiert sind (Kramer, 1994).

Wir danken Shintaro Miyazaki und dem Team des Instituts für Musikwissenschaft und Medienwissenschaft der Humboldt-Universität zu Berlin für ihre Gastfreundschaft im Mai 2022, Wolfgang Ernst und Viktoria Tkaczyk für ihre Grußworte und allen Beteiligten der Tagung für ihre vielfältigen Perspektiven und anregenden Diskussionsbeiträge. Peter Klimczak hat uns nach der Tagung das freundliche Angebot unterbreitet, eine thematische Publikation in der Reihe *ars digitalis* im Springer-Verlag zu planen. Petra Steinmüller und Ulrike Butz haben das daraus resultierende Publikationsprojekt von Beginn an verlagsseitig begleitet – auch ihnen sei gedankt für die hervorragende Betreuung. Zur Realisierung der Publikation beigetragen haben weiterhin Gina Pirsig, Celine Keuer und Kevin Onland. Unser besonderer und ausdrücklicher Dank gilt Charlotte Bolwin, die mit ihrem gewissenhaften und umsichtigen Engagement in Korrektorat und formaler Endredaktion die Finalisierung des Bands maßgeblich unterstützt hat.

Literatur

Bush, V. (1945, 9 10). As we may think. *Life Magazine*, 112–124.

Caudill, M. (1992). Kinder, gentler computing. Natural I/O technologies make your computer work for you, instead of the other way around. *BYTE, 17*(4), 135–150.

Hellige, H.-D. (2008). Krisen- und Innovationsphasen in der Mensch-Computer-Interaktion. In H.-D. Hellige, *Mensch-Computer-Interface. Zur Geschichte und Zukunft der Computerbedienung* (S. 11–92). transcript.

Kramer, G. (1994). *Auditory display. Sonification, audification, and auditory interfaces.* Addison-Wesley.

Siegen, Deutschland	Christoph Borbach
Bochum, Deutschland	Timo Kaerlein
Berlin, Deutschland	Robert Stock
Weimar, Deutschland	Sabine Wirth
Im Dezember 2024	

Inhaltsverzeichnis

Akustische Interfaces. Eine Lagebestimmung 1
Christoph Borbach, Timo Kaerlein, Robert Stock und Sabine Wirth

Technik/Operationen

Akustische versus implizit sonische Schnittstellen. Eine innertechnische Sicht 37
Wolfgang Ernst

Appunns Tonometer. Zu den Politiken eines zeitkritischen akustischen Interfaces im Phonogramm-Archiv Berlin 55
Christopher Klauke

Werkzeuge und Medienpraktiken. Intelligente persönliche Assistenten und das Paradigma objektorientierten Programmierens 75
Benedikt Merkle und Tim Hector

Körper/Sinne

Der Mensch als akustisches Interface: Über Prozesse der Einhörung, Übertragung und Übersetzung bei der Liveaudiodeskription und im Blindenfußball 97
Judith Willkomm

Voice Interfacing: Zum Ermöglichungspotenzial digitalen Spielens mit der Stimme für Menschen mit Behinderungen 123
Markus Spöhrer

Körper, Stimmen, Prothesen. Eine Geschichte sprechender Interfaces als Assistenztechnologien 145
Christoph Borbach und Benjamin Lindquist

Die Kategorisierung von Schwerhörigkeit durch Telefonie
im Großbritannien der Zwischenkriegszeit 167
Coreen Anne McGuire

Umwelten/Räume

Mobiles Musikhören als Interface 191
Eva Schurig

Als mobile Kommunikationstechnologien noch neu waren 207
Mara Mills

Schnittstellen-Hören. Auditory Display, Interfacedisplay und Sonic
Display. Eine medienpraktische Verknüpfung 225
Sebastian Schwesinger

Materialitäten/Gestaltung

Ton auf Band: Raum-Zeit-Manipulationen und Materialwiderstände
im BBC Empire Service 245
Viktoria Tkaczyk und Christina Dörfling

Sound be-greifen. Ein Versuch eines akustischen Interface
für die (Un-)Hörbarmachung digitaler Signale 269
Jan Claas van Treeck

Design Tinkering, akustische Interfaces und Crip Computing:
Den Turn zum Auditiven weiterdrehen 287
Daniel Wessolek und Thomas Miebach

Visionen/Spekulationen

Klang (be)schreiben: Sprachsynthese im goldenen Zeitalter
der Science-Fiction (1930–1959) 303
Liz Faber

A book that speaks of its own – Bücher als akustische Interfaces. Eine
spekulative Annäherung an Repräsentationen von Sound im Kontext
von Wissenskommunikation 321
Margarethe Maierhofer-Lischka

Der Maschinensemiotik-Ansatz für ein akustisches Mensch-Maschine-
Interface 329
Peter beim Graben und Peter Klimczak

Über die Autor:innen

Benedikt Merkle verfasste gemeinsam mit Tim Hector den Beitrag „Werkzeuge und Medienpraktiken. Intelligente persönliche Assistenten und das Paradigma objektorientierten Programmierens". Er ist wissenschaftlicher Mitarbeiter am Lehrstuhl für Virtual Humanities an der Ruhr-Universität Bochum und forscht zu Geschichte, Theorie und Ästhetik digitaler Medien.

Benjamin Lindquist, Dr. verfasste zusammen mit Christoph Borbach den Beitrag „Körper, Stimmen, Prothesen: Eine Geschichte sprechender Interfaces als Assistenztechnologien". Er ist ein Mellon Postdoctoral Fellow mit Northwestern University's Science in Human Culture Program. Seine Forschungsgebiete sind KI, Emotionen und Sprachsynthese.

Christina Dörfling, Dr. phil. verfasste zusammen mit Viktoria Tkaczyk den Beitrag „Ton auf Band: Raum-Zeit-Manipulationen und Materialwiderstände im BBC Empire Service". Sie promovierte mit einer Arbeit über die Schaltungsgeschichte des elektrischen Schwingkreises. Zuvor studierte sie Musik-, Medien und Geschichtswissenschaft an der Humboldt-Universität zu Berlin und war u. a. wissenschaftliche Mitarbeiterin an der Hochschule für Musik Weimar im BMBF-Projekt „Musikobjekte der populären Kultur".

Christoph Borbach, Dr. phil. ist Mitverfasser der Beiträge „Akustische Interfaces. Eine Lagebestimmung" sowie „Körper, Stimmen, Prothesen. Eine Geschichte sprechender Interfaces als Assistenztechnologien". Er ist Postdoktorand am SFB 1187 „Medien der Kooperation" an der Universität Siegen und forscht, lehrt und publiziert in den Bereichen Medientheorie und Technikgeschichte sowie Medienepistemologie und -praxeologie.

Christopher Klauke, M.A. verfasste den Beitrag „Appunns Tonometer. Zu den Politiken eines zeitkritischen akustischen Interface im Phonogramm-Archiv Berlin". Er ist Doktorand am Max-Planck-Institut für Wissenschaftsgeschichte in Berlin und forscht in den Bereichen Geschichte und Politiken musikethnologischer Wissenstechniken sowie über die Genealogie von *Music Information Retrieval*.

Coreen McGuire, PhD verfasste den Beitrag „Die Kategorisierung von Schwerhörigkeit durch Telefonie im Großbritannien der Zwischenkriegszeit". Sie lehrt am Department of History der Universität Durham und forscht zu Disability History, Medizingeschichte und Wissenschafts- und Technologiestudien.

Daniel Wessolek, Dr. verfasste zusammen mit Thomas Miebach den Beitrag „Design Tinkering, akustische Interfaces und Crip Computing: Den Turn zum Auditiven weiterdrehen". Als *Digital Creative* leitet er das Media Lab an der Akademie der Bildenden Künste Nürnberg und forscht und lehrt in den Bereichen Interaktionsdesign und Mensch-Maschine-Interaktion. Zentral sind für ihn Co-Design-Prozesse, Dis-/Ability sowie offene, inklusive und ethische Hard- und Softwareansätze.

Eva Schurig, Dr. verfasste den Beitrag „Mobiles Musikhören als Interface". Aktuell ist sie Postdoktorandin an der Carl von Ossietzky Universität Oldenburg, zuvor arbeitete sie als Postdoktorandin an der Hochschule für Musik, Theater und Medien Hannover. Sie forscht im Bereich systematische Musikwissenschaft zu Themen wie Mobiles Musikhören, Wellbeing und musikalische Aktivitäten.

Jan Claas van Treeck, Prof. Dr. verfasste den Beitrag „Haptischer Sound. Ein Versuch eines akustischen Interface für die (Un-)Hörbarmachung der digitalen Signale". Er ist Professor für digitale Transformation und Medien an der Media School der Hochschule Fresenius Campus Hamburg und forscht in den Bereichen Künstliche Intelligenz, Kybernetik und digitale Medienökonomie.

Judith Willkomm, Dr. verfasste den Beitrag „Der Mensch als akustisches Interface: Über Prozesse der Einhörung, Übertragung und Übersetzung bei der Liveaudiodeskription und im Blindenfußball". Sie ist akademische Mitarbeiterin an der Universität Konstanz im Fachbereich Literatur-, Kunst- und Medienwissenschaften und forscht aktuell an der Schnittstelle zwischen Medienwissenschaft, Disability Studies und Sportwissenschaft, neben den Themen des Beitrags u. a. auch zu barrierefreiem Gaming.

Liz W. Faber, PhD verfasste den Beitrag „Klang (be)schreiben: Sprachsynthese im goldenen Zeitalter der Science-Fiction (1930–1959)". Liz Faber ist Assistant Professor of English & Communication am Dean College, aktuelle Forschungsthemen sind Darstellungen von Computern und künstlicher Intelligenz in der Science-Fiction. Buchveröffentlichungen: *The Computer's Voice: From Star Trek to Siri* (University of Minnesota Press, 2020) und *Robot Suicide: Death, Identity, and Artificial Intelligence in Science Fiction* (Lexington Press, 2023).

Mara Mills, PhD verfasste den Beitrag „Als mobile Kommunikationstechnologien noch neu waren". Sie ist Associate Professor für Media, Culture, and Communication an der New York University, wo sie das Center for Disability Studies mitbegründete und leitet. Sie ist Gründungsmitglied des Journals *Catalyst: Feminism, Theory, Technoscience* und Mitherausgeberin der Bände *Testing Hearing: The Making of Modern Aurality* (Oxford, 2020) und *Crip Authorship: Disability as Method* (NYU, 2023). Sie forscht und lehrt in den Bereichen Disability Studies, Science and Technology Studies und Sound Studies.

Über die Autor:innen

Margarethe Maierhofer-Lischka, PhD verfasste den Beitrag „A book that speaks of its own – Bücher als akustische Interfaces. Eine spekulative Annäherung an Repräsentationen von Sound im Kontext von Wissenskommunikation". Sie ist als freischaffende Musikerin, Klangkünstlerin und Wissenschaftlerin tätig und forscht zu den Themen musikalisches Hören, musikalisch-mediale Klanginszenierungen, Klangkunst und zeitgenössische Musikpraktiken.

Markus Spöhrer, Dr. verfasste den Beitrag „Voice Interfacing: Zum Ermöglichungspotenzial digitalen Spielens mit der Stimme für Menschen mit Behinderungen". Er ist akademischer Mitarbeiter am Internationalen Zentrum für Ethik in den Wissenschaften der Universität Tübingen. Seine Forschungsgebiete umfassen die Beziehungen zwischen Behinderung und digitalen Spielen, die Schnittstellen zwischen Game Studies und Surveillance Studies sowie Gegenwartsfilme.

Peter beim Graben, Dr. verfasste zusammen mit Peter Klimczak den Beitrag „Der Maschinensemiotik-Ansatz für ein akustisches Mensch-Maschine-Interface". Er ist *associated PI* am Bernstein Center for Computational Neuroscience in Berlin. Seine Forschungsgebiete sind Neuroinformatik, Sprachtechnologie sowie mathematische Musiktheorie und -ästhetik.

Peter Klimczak, Prof. Dr. Dr. verfasste zusammen mit Peter beim Graben den Beitrag „Der Maschinensemiotik-Ansatz für ein akustisches Mensch-Maschine-Interface". Er leitet kommissarisch das Referat „Digitale Lösungen und Infrastruktur" in der Senatsverwaltung für Bildung, Jugend und Familie (= Kultusministerium des Landes Berlins) und ist außerplanmäßiger Professor an der Brandenburgischen Technischen Universität. Er forscht in den Bereichen Digitale Medien, Künstliche Intelligenz/Kognitive Systeme sowie Medien- und Kultursemiotik.

Robert Stock, Prof. Dr. phil. ist Mitverfasser des Beitrags „Akustische Interfaces. Eine Lagebestimmung". Er ist Juniorprofessor für Kulturen des Wissens am Institut für Kulturwissenschaft an der Humboldt-Universität zu Berlin und forscht, lehrt und publiziert in den Bereichen Dis/Ability, digitale Medien und Zugänglichkeit, Environmental Dis/Humanities und Luso-Afrikanische Dekolonisierungsprozesse.

Sabine Wirth, Jun.-Prof. Dr. ist Mitverfasserin des Beitrags „Akustische Interfaces. Eine Lagebestimmung". Sie ist Juniorprofessorin für Digitale Kulturen an der Fakultät Medien der Bauhaus-Universität Weimar. Ihre Forschungsschwerpunkte umfassen die Mediengeschichte und -theorie digitaler Kulturen, Handhabungsdispositive des Personal, Mobile und Ubiquitous Computing, Ansätze der Interface Studies, Digitale Bildkulturen sowie die Veralltäglichung von KI-Technologien.

Sebastian Schwesinger, M.A. verfasste den Beitrag „Schnittstellen-Hören. Auditory Display, Interfacedisplay und Sonic Display. Eine medienpraktische Verknüpfung". Er ist wissenschaftlicher Mitarbeiter im Bereich Musik und Medien der Abteilungen Medien- und Kommunikationswissenschaft sowie Musikwissenschaft an der Martin-Luther-Universität Halle-Wittenberg und forscht zur Mediengeschichte akustischer Simulationen, zur Geschichte und Theorie klanglichen Denkens sowie zu piratischen Medien- und Musikpraktiken und dem Verhältnis von Ökonomie und Spiel.

Thomas Miebach verfasste zusammen mit Daniel Wessolek den Beitrag „Design Tinkering, akustische Interfaces und Crip Computing: Den Turn zum Auditiven weiterdrehen". Er ist UX-Consultant bei DB Systel GmbH und forscht in den Bereichen UX und Interfacedesign, Inklusiver Kommunikation und Barrierefreiheit.

Tim Hector verfasste zusammen mit Benedikt Merkle den Beitrag „Werkzeuge und Medienpraktiken. Intelligente persönliche Assistenten und das Paradigma objektorientierten Programmierens". Er ist wissenschaftlicher Mitarbeiter am SFB 1187 „Medien der Kooperation" an der Universität Siegen und forscht in den Bereichen Medienlinguistik, Gesprächsanalyse und linguistische Praxeologie.

Timo Kaerlein, Dr. phil. ist Mitverfasser des Beitrags „Akustische Interfaces. Eine Lagebestimmung". Er ist Akademischer Rat am Institut für Medienwissenschaft der Ruhr-Universität Bochum. Er forscht und lehrt zur Geschichte, Theorie und Ästhetik von Interfaces, zu digitalen Nahkörpertechnologien und Sensormedien.

Viktoria Tkaczyk, Prof. Dr. verfasste zusammen mit Christina Dörfling den Beitrag „Ton auf Band: Raum-Zeit-Manipulationen und Materialwiderstände im BBC Empire Service". Sie ist Professorin für „Medien und Wissen" im Fachgebiet Medienwissenschaft der Humboldt-Universität zu. Sie lehrt und forscht zu Technologien und Wissenstechniken der Frühen Neuzeit und Moderne. Ihre Publikationen befassen sich mit Medien in wissenschaftlichen Experimenten und Testverfahren, der epistemologischen Bedeutung akustischer Medien und mit Medien der Natur- und Geisteswissenschaften.

Wolfgang Ernst, Prof. Dr. verfasste den Beitrag „Akustische versus implizit sonische Schnittstellen. Eine innertechnische Sicht". Er war bis Herbst 2024 Inhaber des Lehrstuhls „Medientheorien" an der Humboldt-Universität zu Berlin und forscht in den Bereichen radikale Medienarchäologie und Medienepistemologie. 2024 erhielt er den für Forschungen zum Thema „Acoustic Studies" ausgeschriebenen Meyer-Struckmann-Preis der Philosophischen Fakultät der Heinrich-Heine-Universität Düsseldorf.

Akustische Interfaces. Eine Lagebestimmung

Christoph Borbach, Timo Kaerlein, Robert Stock und Sabine Wirth

Zusammenfassung

Der Beitrag kartiert, welche medien- und kulturwissenschaftlichen Fragen rezente und emergente, aber auch historische Technologien und Praktiken akustischer Schnittstellen für die Interface- und Dis/Ability-Forschung evozieren und was sie aus Perspektive der Sound Studies charakterisiert. Als Einleitung zum ersten deutschsprachigen Band, der akustische Interfaces als eigenständiges Sujet und medienkulturwissenschaftliches Forschungsfeld identifiziert und problematisiert, wird aufgezeigt, welche medienökologischen Dimensionen auditorische Schnittstellen haben, als Teil welcher Daten- und Prozesslogistiken sie fungieren, welchen Designparadigmen und welchen historischen und epistemischen Trajektorien sie folgen. Nicht zuletzt werfen die aktuelle Ubiquität miniaturisierter Smart Speaker und die verbale Komponente diverser Large Language Models eine Reihe von Fragen für unsere mediale Lage auf. Was sind

C. Borbach (✉)
SFB 1187 Medien der Kooperation, Universität Siegen, Siegen, Deutschland
E-Mail: christoph.borbach@uni-siegen.de

T. Kaerlein
Institut für Medienwissenschaft, Ruhr-Universität Bochum, Bochum, Deutschland
E-Mail: timo.kaerlein@rub.de

R. Stock
Kultur-, Sozial- und Bildungswissenschaftliche Fakultät, Institut für Kulturwissenschaft, Humboldt-Universität zu Berlin, Berlin, Deutschland
E-Mail: robert.stock@hu-berlin.de

S. Wirth
Fachbereich Medienwissenschaft, Bauhaus-Universität Weimar, Weimar, Deutschland
E-Mail: sabine.wirth@uni-weimar.de

© Der/die Autor(en), exklusiv lizenziert an Springer Fachmedien Wiesbaden GmbH, ein Teil von Springer Nature 2025
C. Borbach et al. (Hrsg.), *Akustische Interfaces*, ars digitalis,
https://doi.org/10.1007/978-3-658-47635-9_1

akustische Interfaces und als Teil welcher Geschichten werden sie analysier- und rekonstruierbar? Welche Politiken, Ökologien und Umweltlichkeiten materialisieren sich in akustischen Interfaces? Was verbinden sie miteinander, was trennen sie voneinander? Welche Relationen ermöglichen akustische Interfaces und wie formatieren und limitieren sie diese? Wie werden akustische Schnittstellen ausgestaltet und welche ästhetischen und epistemologischen Paradigmen sind ihnen eingeschrieben? Wie adressieren, modellieren und ko-konstituieren akustische Interfaces menschliche Sinne und Körper? Und, nicht zuletzt, wie lassen sich die Praktiken und Technologien akustischer Interfaces überhaupt erforschen?

Schlüsselwörter

Akustische Interfaces · Interface Studies · Dis/Ability Studies · Sound Studies · Medienökologie · Human-Computer-Interaction · Digitalität

1 Im Dialog mit Maschinen

Am 25. September 2023 kündigt das US-amerikanische Softwareunternehmen Open AI auf seinem Entwickler:innenblog ein neues Interface zur Interaktion mit der Konversations-KI ChatGPT an. Der Titel des Eintrags lautet „ChatGPT can now see, hear, and speak" (OpenAI, 2023) und wird, so das Versprechen, „a new, more intuitive type of interface" darstellen. Mit dessen Hilfe soll fortan die bisher textbasierte Interaktion mit dem auf dem Large Language Model (LLM) GPT-4 basierenden Chatbot auf Basis gesprochener Sprache möglich sein. Nicht nur der freie Dialog über beliebige Themen wird mit dem neuen Voice Interface als Nutzungsszenario avisiert, sondern auch der verbale Austausch zu einem vorliegenden Bild, das beispielsweise ein zu behebendes handwerkliches Problem und das zur Verfügung stehende Werkzeug zeigt. Dabei, so die Entwickler:innen, sei die Gestaltung des Interface u. a. informiert von einer Auseinandersetzung mit den Nutzungserfahrungen mit der frei zugänglichen App *Be My Eyes,* die blinde und sehbehinderte Menschen durch die situationsbezogene Vernetzung mit sehenden Menschen bei der Identifizierung von Gegenständen und Navigation des Alltagslebens unterstützt (Bendel, 2024; Avila et al., 2016). Am 13. Mai 2024 wird schließlich mit GPT-4o („omni") die nächste Generation des Chatbots veröffentlicht, die in der Lage sein soll, „natürlich" anmutende Konversationen über Mediengrenzen hinweg zu führen. Das neue Produktfeature eines Voice Machine Interface (VMI) kann als gegenwärtiger Höhepunkt einer Konvergenz verschiedener medientechnischer Entwicklungen im Bereich der Voice Analytics, der Sprachsynthese, des Natural Language Processing (NLP) und der Large Language Models gelten. Dieses baut auf bereits etablierten assistiven Technologien wie Smart Speakern und Personal Digital Assistants auf, überschreitet diese aber zugleich in Richtung eines multimodalen Open-Domain-Dialogs. In Aussicht gestellt wird eine nunmehr freie, mediengestützte Konversation über jedes beliebige Thema. Mittlerweile haben alle wesentlichen Entwickler:innen von LLMs Voice Interaction in ihre Modelle integriert. Damit eröffnet sich ein Möglichkeitsraum, der eine grundlegende Umstrukturierung der Human-Computer Interaction (HCI) denkbar macht: von der traditionell auf visuellen Gebrauchs- und Zeigeflächen basierenden Interaktion in Richtung eines akustischen Interface, das nicht nur von Open AI diskursiv als „natürlichere" und „nutzer:innengerechtere" Gestaltung des Mensch-Maschine-Verhältnisses apostrophiert wird.[1]

Dabei handelt es sich bei der Einführung und Weiterentwicklung akustischer Mensch-Maschine-Schnittstellen möglicherweise um eine mehr als inkrementelle Verschiebung im Feld digitaler Medienpraktiken. Wenn sich der Zugang zum Komplex der Digitalität „zunehmend weniger distanziert via den Hand-Auge-Kreislauf (Bild, Schrift), sondern intuitiver via den Gehör-Stimme-Kreislauf, also über Sprechen, Affektivität und Adaptivität an die Performativität des Digitalen" (Gramelsberger, 2023, S. 183) realisiert, steht mit dem Wandel des Interfaceparadigmas das Verhältnis von Anwender:in und digitaler Technologie grundlegend zur Debatte. Für Gramelsberger hat eine körpertechnische Ausrichtung digitaler Praktiken auf den „Gehör-Stimme-Kreislauf" gar medienanthropologische Implikationen, verwirklicht sich doch mit ihr die „Interaktion mit der environmentalen, digitalen Wirklichkeit" (Gramelsberger, 2023, S. 183) auf Kosten der (mit Plessner gesprochen) „exzentrischen Positionalität" (Plessner, 1928) als basaler anthropologischer Qualität des In-der-Welt-Seins. Dies sei darin begründet, dass an die Stelle eines primär kognitiven Umgangs mit symbolverarbeitenden Maschinen in der digitalen Gegenwart zunehmend eine performative und environmentale Infrastruktur proaktiver Algorithmen trete, die weniger Subjekte adressiert, als vielmehr Affekte moduliert (vgl. dazu bereits Rouvroy, 2013). Akustische Interfaces haben an dieser Entwicklung Anteil, ohne sie alleinig zu determinieren.

Aus medienwissenschaftlicher Perspektive erscheint die sich am Eingangsbeispiel andeutende Konjunktur stimmbasierter Interaktion mit Computern, die auf eine bis in die Anfangszeit der HCI reichende Geschichte zurückverfolgt werden kann, als Anlass und Einladung zu einer systematischen Auseinandersetzung mit akustischen Interfaces und ihren gesellschaftspolitischen Implikationen im Kontext historischer Settings, gegenwärtiger Praktiken und digitaler Kulturen insgesamt. Der vorliegende Sammelband bündelt erstmals im deutschsprachigen Raum eine Reihe interdisziplinärer Beiträge, die sich aus vielfältigen Perspektiven mit der Kultur- und Technikgeschichte akustischer Interfaces, mit gegenwärtigen und emergenten Medienpraktiken, ihren Affordanzen und ihrer Plattformisierung auseinandersetzen und dabei ästhetische mit technischen sowie historische mit informatischen Analyseansätzen kombinieren. Es ist ab-

---

[1] Dass die Entwicklung hin zu sprechbasierter Interaktion mit KI-Systemen eine neue Stufe der Intimisierung und Anthropomorphisierung von Medientechnik darstellen kann, zeigt die Debatte über die Ähnlichkeit einer der möglichen Stimmen von ChatGPT mit der Stimme der Schauspielerin Scarlett Johansson (Tiku et al., 2024). Johansson hatte im Film *Her* (2013) einer fiktionalen Künstlichen Intelligenz ihre Stimme geliehen, die weitere Nutzung ihrer Stimme für Sprachassistenzen allerdings untersagt.

zusehen, dass die aktuelle Konjunktur akustischer Interfaces auch dahin gehend kritisch werden wird, als dass durch KI in Verbindung mit Technologien der Sprachsynthese bereits nonkonsensuelle Dialoge mit prominenten Stimmakteur:innen realisiert werden können. Die kritische Kehrseite dessen sind Deepfakes. Vokale Autorschaft wird damit künftig weiter problematisch, auch in Bezug auf existierende humane Stimmkörper. Und diesbezüglich werden sprechende Interfaces – nebst ihrer ethischen, juristischen, politischen, ökonomischen usw. Dimensionen – wohl zunehmend auch ein Forschungsfeld der Critical AI Studies bilden.

Zwar gibt es bereits seit Anfang der 1990er-Jahre umfangreiche Forschung der International Community for Auditory Display zu Technologien auditorischer Repräsentation (Kramer, 1994). Diese ist allerdings einerseits ingenieurs- und computerwissenschaftlich geprägt und andererseits, wie es der Begriff bereits besagt, fokussiert sie auf die klangliche Darstellung von Daten.[2] Auf diese Weise wird der Begriff des Auditory Display weitgehend deckungsgleich mit jenem der Sonifikation verwendet. Sonifikation wiederum bezeichnet vornehmlich Techniken der Darstellung nichtklanglicher Daten durch Sounds, um aus zumeist quantitativen Daten qualitative Aussagen auf Basis des Akustischen abzuleiten, wie beispielsweise in der seismologischen Forschung die Detektion von langzeitlichen mechanischen Vibrationen im Kontext der Erdbebenerkennung (de Campo, 2014, S. 217). Dahingegen widmet sich der vorliegende Band der medienkulturwissenschaftlichen Erforschung und Reflexion akustischer Interfaces und eröffnet einen disziplinenübergreifenden Dialog zur Analyse der Schnittstellen zwischen Technologien, Sounds und Menschen. Die Publikation geht zurück auf eine Kooperation dreier Arbeitsgruppen innerhalb der Gesellschaft für Medienwissenschaft (GfM): Interfaces, Auditive Kultur und Sound Studies, Medienwissenschaft und Dis/Ability Studies.[3] Es sind die von den Forschungsinteressen dieser drei AGs motivierten übergreifenden Fragestellungen, die auch die Anlage des Bandes animieren und in der vorliegenden Einleitung näher bestimmt werden.

2   Akustische Interfaces

Wurde der Begriff „Interface" lange Zeit von anwendungs- und designorientierten Ansätzen der HCI dominiert und war insbesondere auf Fragen der *Usability,* das heißt auf Anwendungsszenarien ausgerichtet (Laurel, 1990; Bonsiepe, 1996; Johnson, 1997), gewannen Fragen zum Interface gleichwohl in medientheoretischen Debatten zur Medialität

---

[2] Vergleiche hierzu den Beitrag von Sebastian Schwesinger im vorliegenden Band.
[3] Erste inhaltliche Überlegungen zum vorliegenden Band wurden im Rahmen der Tagung „Akustische Interfaces" entwickelt, die vom 4. bis 6. Mai 2022 am Institut für Musikwissenschaft und Medienwissenschaft der Humboldt-Universität zu Berlin stattgefunden hat. Neben den Herausgeber:innen dieses Bandes waren Shintaro Miyazaki und Konstantin Haensch an Konzeption und Organisation der Veranstaltung beteiligt.

des Computers der frühen 1990er-Jahre Bedeutung (Flusser, 1993; Kittler, 1993; Halbach, 1994). Mit neuer Aufmerksamkeit wird der Interfacebegriff vor allem international in der Tradition der Critical Humanities befragt (Galloway, 2012; Hookway, 2014; Andersen & Pold, 2018). Aktuelle Beiträge insistieren auf der Notwendigkeit einer medienwissenschaftlich informierten Interfacekritik (Andersen und Bro Pold, 2011; Dieter, 2024), die in der Lage ist, den „Interface-Komplex" (Distelmeyer, 2021) gegenwärtiger und historischer digitaler Kulturen in verschiedenen Dimensionen analytisch zu erschließen. Verstanden als Critical Interface Studies (Wirth, 2023) setzen sich medien- und kulturwissenschaftliche Ansätze über Fragen der Anwendbarkeit hinaus mit den Kulturen und Politiken von Interfaces auseinander (Hadler, 2018). Interfaces werden so als zentrale kulturelle Vermittlungsinstanzen begriffen, denen spezifische Userentwürfe genauso eingeschrieben sind wie auch Gebrauchsnormen und Anwendungsszenarien. Als „form of relation" (Hookway, 2014, S. 4) vermitteln Interfaces nicht nur zwischen Menschen und Computern, sondern sind integraler Bestandteil der globalen digitalen Infrastruktur und regeln Beziehungen zwischen Software, Hardware, User und der Welt außerhalb von Computern – u. a. als User Interfaces, Application Programming Interfaces (APIs), Kabel- bzw. Funkverbindungen und Sensoren. Branden Hookway kommentiert diese Situation folgendermaßen:

> „The interface is the zone of relation that comes into being between human beings and machines, devices, processes, networks, and even organizations. It exists in the drawing together of elements into a relation and in eliciting from these elements the properties, behaviors, and actions that constitute a state of augmentation, from which control is made possible." (Hookway, 2014, S. 39)

In Hookways Verständnis sind Interfaces als intraagierende Instanzen zu verstehen, deren Prozessualität erst die beteiligten Entitäten in ihren Eigenschaften näher bestimmbar werden lässt, während es sie zugleich einem Prozess der Augmentation und Kontrolle unterzieht. Mit einer solchen Dynamisierung des Interfacebegriffs, die sich auch an Galloways Fokussierung auf das Interface als Effekt (2012) oder an Druckers Verständnis von Interfaces als „space of affordances and possibilities" (2013) nachvollziehen lässt, wenden sich die Critical Interface Studies gegen eine Fixierung auf den Objektcharakter von Interfaces und betonen ihre situative Dynamik und Prozesshaftigkeit. Die Plausibilität und Tragfähigkeit dieser kulturwissenschaftlichen Perspektivierung von Interfaces müsste sich also in der Auseinandersetzung mit akustischen Interfaces bewähren, deren Interaktionslogiken sich wesentlich schwieriger „dingfest" machen lassen, sodass gerade die Ephemeralität auditiver Phänomene neue analytische Zugriffe erfordert.

Demgegenüber stehen Bemühungen innerhalb der HCI, die sich seit der Frühzeit des Computings in den 1940er- und 1950er-Jahren, verstärkt aber seit dem Aufkommen grafischer Benutzeroberflächen (Graphical User Interfaces, GUIs) Ende der 1960er-Jahre vornehmlich als Geschichte von Visualisierungstechniken sowie von Gebrauchs- und Zeigeflächen (Wirth, 2014) darstellen lässt und von den historischen Akteur:innen selbst so verstanden wurde.[4] Auch in den Critical Interface Studies lässt sich eine Schwerpunktsetzung auf visuelle Phänomene feststellen, die sich beispielsweise als Interesse an den diagrammatischen Operationen (Hadler et al., 2023) oder Ästhetiken (Andersen und Bro Pold, 2011) von Interfaces artikuliert. Damit stehen Fragen nach der räumlichen Anordnung semiotischer Elemente und den epistemischen Eigenschaften von visuell zugänglichen Zeichenrelationen im Fokus. Matthew Kirschenbaum attestierte den New Media Studies im Allgemeinen einen „prevailing bias … toward display technologies" (Kirschenbaum, 2007, S. 31). Erkki Huhtamos begrifflicher Vorschlag einer „Screenology" für ein disziplinäres Feld, welches sich mit Screens als „information surfaces" beschäftigen solle (2006, S. 32), kann dafür als ebenso programmatisch gelten wie Lev Manovichs prospektiver Attest, unsere Gesellschaft sei eine „society of the screen" (Manovich, 2001, S. 99). Mittlerweile hat sich dieser Diskurslage geschuldet ein kultursemiotisch, bildwissenschaftlich und diagrammatisch differenziertes Beschreibungsvokabular für die Analyse visueller HCI-Metaphern und ästhetischer Gestaltungskonventionen herausgebildet; filmwissenschaftliche Konzepte werden auf Interfaces übertragen (so z. B. Distelmeyer (2017, S. 81), der von einer „Interface-Mise-en-Scène" spricht); und selbst die Beschäftigung mit APIs und anderen infrastrukturellen Tiefenaspekten des Interfacekomplexes bedient sich primär Netzwerkdiagrammen und Datenvisualisierungen.

Der originäre naturwissenschaftliche Interfacebegriff, der sich in der zweiten Hälfte des 19. Jhs. als Fachbegriff für Phänomene der Zirkulation, Verteilung und Übertragung etablierte (Schaefer, 2011, S. 164), hat – so muss festgehalten werden – keine auditive Dimension. Als deutscher Begriff Phasengrenze bezeichnet er die Grenzfläche zwischen miteinander nicht kompatiblen chemischen Substanzen. Für den technologischen Begriff der Schnittstelle ist dies nicht allein etymologisch zu verstehen, sondern epistemologisch fruchtbar: Das Interface ist nicht einem von zwei benachbarten Stoffen oder Sphären zuzuordnen, sondern situiert sich als diaphane *relationale,* statt als manifest materiale Grenzfläche, im Dazwischen und figuriert damit zum eigentlichen Medium im Sinne der altgriechischen Terminologie des aristotelischen „to metaxy" (Hagen, 2008). Als dieses Dazwischen verkörpert der Topos der Phasengrenze ein mediales Prinzip, wie es für Kanäle allgemein gelten darf, die sich schematisch und räumlich zwischen Sender:in und Empfänger:in situieren. Das Interface ist in diesem Sinne nicht allein die verbindende, sondern auch die abgrenzende Instanz: das Dazwischen zweier inkompatibler (chemischer) Sphären. Stellt also eine Membran (eines Lautsprechers, eines Mikrofons, eines Kopfhörers) bereits ein akustisches Interface dar, da hier mechanischer Druck (Klangwellen) in elektrische Spannungsdifferenzen übersetzt wird? Eine solche materialistische und technikdeterministische Engschnürung akustischer Interfaces scheint nicht zielführend, um dem vielseitigen Gegenstands- und Phänomenbereich gerecht zu werden. Die sonische Qualität der in diesem Band betrachteten akustischen Interfaces impliziert, dass sie nur angemessen als *räumlich* und *umweltlich* situierte Phänomene adressiert werden können. Während optische oder haptische Interfaces beispielsweise im tendenziell luftleeren Weltraum mehr

---

[4] Vergleiche den Beitrag von Tim Hector und Benedikt Merkle im vorliegenden Band.

oder weniger problemlos funktionieren, sind akustische Interfaces an elementare Medien (Peters, 2015) gebunden und konzeptuell environmental zu denken.

Angesichts der medialen Spezifik auditiver Phänomene scheint es angebracht, anstelle einer objektivierenden Beschreibung akustischer Interfaces das Programm einer medienwissenschaftlichen „Analytik des Interfacing" (Lipp, 2017) zu verfolgen. Diese interessiert sich 1.) für die *relationierenden Effekte* akustischer Interfaces: Welche menschlichen und nichtmenschlichen Entitäten werden auf welche Weise mittels akustischer Interfaces miteinander in Beziehung gebracht? Welche dieser Relationen sind sichtbar, welche bleiben opak? Welche Körper und Materialitäten setzen akustische Interfaces voraus und ins Werk? Aus Perspektive der Critical Interface Studies lässt sich darüber hinaus 2.) nach den veränderten Paradigmen der *Steuerung und Kontrolle* von und mittels akustischer Interfaces fragen: Worin unterscheiden sich primär akustische Interfaces von primär visuellen und/oder haptischen? In welchem Verhältnis steht die Konjunktur akustischer Interfaces zur parallelen Entwicklung einer Autonomisierung nichtmenschlicher Akteure wie Chatbots und Roboter, deren Interfaces nicht unbedingt als vermittelnde Instanzen in Erscheinung treten, sondern an der Verfertigung eines synthetischen Gegenübers beteiligt sind? Was entzieht sich mit dem Rückzug des Visuellen, welche Möglichkeitsräume eröffnen sich – nicht zuletzt mit Blick auf nichtnormative Körper bzw. „differently-abled bodies"[5]? Insofern gerade User Interfaces als Bestandteil routinierter Medienpraktiken tief in das Alltagsleben ihrer Anwender:innen eingebettet sind, steht 3.) auch die *Veralltäglichung* von Interfaces angeleiteter digitaler Praktiken neu zur Debatte. Jedenfalls von Anbieter:innenseite wird fortwährend propagiert, dass ein Wandel zu auditiven Bedienparadigmen gerade der Naturalisierung und Habitualisierung von Medienpraktiken im Umgang mit dem Digitalen diene (so beispielsweise in der Rede von sog. „natural user interfaces" (Wigdor & Wixon, 2011). Mit der erwünschten „everydayness" (Wirth, 2016) geht 4.) aber auch eine problematische Unsichtbarmachung von *Interfacepolitiken* einher, die bestehende Macht- und Wissensasymmetrien verschärft. Es darf nicht vergessen werden, dass die globale Industrie der großen Digitalkonzerne ein vitales Interesse an der Verdatung gesprochener Sprache hat und im Rahmen des dominanten Plattformkapitalismus neuerliche digitale Einhegungen (Andrejevic, 2007; Hörl, 2018) zu erwarten sind. Schließlich erlaubt es eine derart ausgerichtete Analytik akustischer Interfaces 5.), auch die *Environmentalität,* also die Umweltbedingtheit und Situativität von Interfaces, zu adressieren. Beispielsweise wird Sonar unter Wasser verwendet, weil die Übertragung von Schallwellen im Wasser günstigeren physikalischen Gesetzmäßigkeiten folgt als in der Luft, was als ökologische Affordanz Angebot und Zwang zugleich ist (Miyazaki, 2012; Borbach, 2022; Stock, et al., 2025). Insbesondere in der dominanten Erscheinungsform assistiver Medien (Smart Speaker und andere Voice Machine Interfaces) wird die Umweltlichkeit akustischer Interfaces besonders deutlich: Ihre Nützlichkeit bewährt sich im Gelingen ihres Situationsbezugs und sie sind eingebettet in Gebrauchsweisen, die sich nicht unabhängig vom Kontext sinnvoll erfassen und beschreiben lassen.

---

[5] Vergleiche hierzu den Beitrag von Markus Spöhrer im vorliegenden Band.

3 Sound Studies und Wissensgeschichte akustischer Interfaces

Aus Perspektive der medienhistorisch argumentierenden Sound Studies betrachtet, ist der tatsächliche wie fiktionale Dialog zwischen Menschen und Maschinen weitaus älter, als es die aktuelle Relevanz von Smart Speakern vermuten lässt. Musikhistorisch gesehen waren es zudem die Tastaturen musikalischer Instrumente, die zuerst als akustische Interfaces fungierten. Bemerkenswert aus epistemologischer Perspektive ist bei jenen Tastaturen zudem, dass ihre Geschichte bis in gegenwärtige Interfacekulturen hineinreicht, obgleich sie ein Wandel der phänomenologischen Ordnung charakterisiert: Die akustischen Interfaces musikalischer Instrumente wurden im Verlauf ihrer Genese ebenso in rein symbolische, d. h. stille, Medienpraktiken eingebunden. Im Folgenden werden diese Dimensionen akustischer Interfaces aus Perspektive der Sound Studies und der Wissensgeschichte nachvollzogen.

Medienhistorisch betrachtet artikulierte sich in literarischen Schriften seit spätestens dem frühen 19. Jh. ein Wunsch nach einem Dialog mit Maschinen, einem gesellschaftlichen „Mitspracherecht" von Automaten und damit implizit nach akustischen Interfaces. Die Epoche der Romantik fiel mit einer Blütezeit des Automatenbaus zusammen, in welcher mechanische Flötenspieler:innen, Tänzer:innen und erste sprechende Maschinen konstruiert wurden. So stellte in der romantischen Literatur der Dualismus Mensch-Maschine ein fortwährendes Motiv dar, dessen Grenzen vornehmlich artikulatorisch verwischten, geleitet von der protowissenschaftlichen Frage, ob Maschinen sprechen können (Borbach, 2017). Wurde die Mechanisierung intellektueller Tätigkeit bereits für möglich erachtet, war es die Eventualität maschineller Stimmen, die eine besondere Faszination auslöste, aber stets als unheimlich angesehen und kritisch bewertet wurde. So wurde dem vermeintlichen Schachautomaten Wolfgang von Kempelens von Zeitzeug:innen Authentizität bescheinigt, seiner Sprechmaschine (von Kempelen, 1791) hingegen Betrug unterstellt, obgleich es faktisch umgekehrt war. Einen zentralen Topos nehmen sprechende Maschinen bei E.T.A. Hoffmann ein. In *Die Automate* von 1814 werden beide Maschinen von Kempelens zum literarischen Motiv, wobei es die Figur Ludwig ist, die das Unheimliche einer sprechenden Maschine präzisiert: „,Mir sind', sagte Ludwig, ‚alle solchen Figuren, die dem Menschen nicht sowohl nachgebildet sind, als das Menschliche nachäffen, diese wahren Standbilder eines lebendigen Todes oder eines toten Lebens, im höchsten Grade zuwider'" (Hoffmann, 1958 [1814], S. 414). Und auch in seiner Erzählung *Der Sandmann* von 1816 ist es bezeichnend, dass die Figur der rätselhaften Olimpia, die sich schließlich als Automat entpuppt, eine bezaubernde Singstimme aufweist.

Die Entwicklung tatsächlicher Sprechmaschinen ist ebenso auf die erste Hälfte des 19. Jhs. zu datieren. Zu nennen sind hier beispielsweise die aus Leichenteilen konstruierte Sprechmaschine des Physiologen, Biologen und Anatomen Johannes Müller (1839) oder die Apparatur „Euphonia" von Joseph Faber, die er erstmals im Jahr 1840 in Wien und kurze Zeit später in den USA öffentlich vorführte. Nach einer Konjunktur der Technikfiktion sprechender Roboter in der Hochzeit der Science-Fiction-Literatur[6] konkretisierte sich die Vision einer stimmbasierten Mensch-Computer-Kommunikation im bekannten Aufsatz „As We May Think" von Vannevar Bush (1945). Dort visioniert Bush zusätzlich zu den inzwischen vertrauten Desktopanwendungen und -metaphoriken eine Interaktion zwischen Mensch und Computer, die sich – nach dem Vorbild des in den Bell Labs entwickelten Voders – auditiv realisierte. Hier zeigt sich ein kultureller Phonologozentrismus, nach welchem es nur folgerichtig ist, Kommunikation zwischen Menschen und Technologien stimmlich zu realisieren (Borbach, 2016).

Medientechnologisch und -kulturell hat sich, wie eingangs skizziert, erst in den letzten Jahren das auditive Interfaceparadigma der maschinellen Sprachgenerierung und stimmlichen Steuerung (insbesondere durch die anhaltende Konjunktur rezenter Smart Speaker-Technologien) auf dem Massenmarkt etablieren können. Dieses nimmt zunehmend Abstand von alphanumerischer und bildschirmbasierter Voice Machine Interaction und privilegiert den akustischen Kanal. Durch die technologischen Fortschritte algorithmischer Sprachsynthese, deren Kehrseite immer schon die Sprachanalyse und damit zugleich die Spracherkennung war, ist verbale Mensch-Maschine-Kommunikation im 21. Jh. in das häusliche Umfeld eingekehrt und findet nicht mehr in exklusiven Umgebungen wie Laboren von Industrieforschungsunternehmen statt (Haensch, 2021). Auf Grundlage technischer Entwicklungen in den Bereichen der maschinellen Erzeugung, Erkennung und Prozessierung von Stimmen (Story, 2019) konsolidiert sich sprach- und tonbasierte HCI nunmehr in verschiedenen privaten Anwendungsfeldern – von Smartphones, Smart TVs und Spielekonsolen bis hin zu den sprechenden und tönenden Navigationssystemen der Automobilität. Derartige auf Sprachsteuerung basierende Interfaces werfen eine Reihe neuer Fragen auf, die von der Veralltäglichung und Habitualisierung ubiquitärer User Interfaces bis zur kritischen Auseinandersetzung mit rezenten Techniken KI-gestützter Voice Analytics reichen, die wiederholt die Differenz von Signal und Rauschen nachrichtentechnisch zu formalisieren suchen und Fragen der Signaldiskriminierung (Chun, 2021) virulent werden lassen. Damit ist der Frage nach akustischen Interfaces eine immanent politische (Bendel, 2018) sowie mitunter postkoloniale Dimension und Signalökonomie eingeschrieben.[7]

Rezente akustische Interfaces wie beispielsweise Smart Speaker begründen eine umweltliche Beziehung zwischen User und Technologie. Wurde dem Radio seit geraumer Zeit von Medien- und Kulturwissenschaftler:innen attestiert, zum „Nebenbeimedium" geworden zu sein, da es Hörenden in der Alltagspraxis vornehmlich um Hintergrundbeschallung statt um aktive Mediennutzung gehe (Hickethier, 1997), liegt in jenem Status des „Hintergrundmediums" bei Smart Speakern ihr Potenzial und ihre Affordanz. Da sich Kommunikation mit ihnen auditorisch artikuliert, realisiert sich in den Umgebungen, in denen sie agieren, aufgrund ihres „Always-on"- und „Always-on-us"-Charakters (Turkle, 2008) idealiter eine Form der auditiven Nahtlosigkeit in der HCI. Die menschliche Stimme

---

[6] Vergleiche den Beitrag von Liz Faber in diesem Band.
[7] Vergleiche den Beitrag von Christoph Klauke in diesem Band.

wird zur Referenz für die technologische Gestaltung von Medien, mithin selbst Teil von Interfaces. Dass Smart Speaker hierbei keine neutralen Technologien darstellen, ist wiederholt betont worden. Die aktuelle Forschung zu sprachinteraktiven Interfaces hat verschiedentlich darauf hingewiesen, dass die als gehorsam konnotierte Stimme von Siri normative Genderrollen widerspiegelt und verstärkt (Hennig & Hauptmann, 2019). Heather Suzanne Woods legt zudem dar, dass gerade jene weiblich gehörten Stimmen Formen der Überwachung im Plattformkapitalismus verschleiern (2018).

Darüber hinaus bleibt festzuhalten, dass das *Interface* als integrierte Komponente der digitalen Signal- und Datenverarbeitung im Kontext der computerisierten Akustik – das „Audiointerface" – seit den 1980er-Jahren über eine explizite Begriffstradition verfügt. Audiointerfaces wie das MIDI (das „Musical Instrument Digital Interface", das 1982 erstveröffentlicht wurde) realisieren Analog-Digital-Umwandler, die aus analogen klanglichen Signalen digitale Signale transduzieren, und umgekehrt. Zudem sind es die Tastaturen musikalischer Instrumente, die im musikalischen Diskurs als Bedingung eines „Musizierens" und damit als Interfaces gelten. Dass diese wiederum formatierende Effekte in der musikalischen Praxis zeitigten, wurde bereits aufgearbeitet. Mit ihrem Fokus auf das „keyboard interface" problematisiert beispielsweise Emily Dolan die klassische Klaviatur als technologisches Problem u. a. des 18. Jhs.: Durch das Aufkommen neuer Techniken der Tonerzeugung stellte sich zugleich das Problem der Tonsteuerung, d. h. der Formatierung des technischen Spielens jener Instrumente. Hier bot sich die Klaviatur als geeignete, aber auch limitierende Schnittstelle an, so Dolan: „The ‚problem' became a universal solution: novel ways of producing sound could be efficiently instrumentalized using the keyboard" (2012, S. 6).

Dieser Prozess der Zurichtung musikalischer Instrumente durch akustische Interfaces, den Dolan „keyboardification" nennt, ist historisch nicht singulär. Wie Carsten Wernicke zeigt, sieht sich die Einführung neuer digitaler Musikinstrumente fortwährend mit dem Problem konfrontiert, adäquate Interfaces zu entwickeln (Wernicke, 2022), und greift daher oft auf erprobte Designs zurück. Bereits Robert Moog, Entwickler des Moog-Synthesizers, hatte auf diesen Aspekt der kulturellen Habituierung verwiesen: „The keyboards were always there … for some reason or other it looks good if you're playing a keyboard. People understand then you're making music" (Pinch, 2001, S. 386). Im Gegensatz zu Moog sah Synthesizerpionier Don Buchla daher seit den 1960er-Jahren von der Verwendung einer Klaviatur zugunsten von Drehreglern und Touchpads zur Bedienung seiner Synthesizer ab, um, mit Theodor Adorno und Max Horkheimer gesprochen, eine Reproduktion des Immergleichen zu vermeiden, so Buchla: „When you've got a black and white keyboard there it's hard to play anything but keyboard music" (Buchla zit. n. Pinch & Trocco, 2002, S. 44). Die Intention einer intuitiven Instrumentenbedienung via Klaviaturen – allgemeiner gesprochen: Tasten (Weber, 2009) – wird damit ebenso also Paradigma totaler Kontrolle lesbar, die sich über akustische Interfaces realisiert: Klaviaturen ermöglichen nicht nur ein Musizieren, sondern sie formatieren und limitieren es auch.

Besonders musikalische Interfaces dienen entsprechend einer Kontrolle auf Distanz, die zu Steuerndes und Steuerung räumlich voneinander entkoppelt und damit eine

Virtualisierung des Instrumentenspiels begründet. Wie Michael Harenberg festhält, hat diese Entwicklung eine lange musikhistorische Tradition:

„Ab 1400 wurde es durch verschiedene technische Verbesserungen möglich, die Klangerzeugung in größerer Entfernung vom Spieler zu installieren, was die Trennung vom Spieltisch als mediales Interface und dem klingenden Instrument, der Pfeifenlade, ermöglichte. Die Bedienungseinheit samt Spieler wird historisch erstmalig unabhängig vom Klangkörper gedacht und inszeniert." (Harenberg, 2012, S. 175–176)

Grund dafür, dass sich das Spielen nicht in den Unberechenbarkeiten des Realen ausgestaltete, war jene „Bedienungseinheit", die ein diskretes Format aufweist: die Klaviatur. Dieses Verständnis von Tastaturen *als* standardisierende Schnittstellen der musikalischen Praxis ist zentral für eine *Epistemologie* akustischer Interfaces. Tasteninstrumente, die es seit rund 500 Jahren historisch verbürgt gibt, sind die ersten diskreten bzw. konkreter: die ersten diskretisierenden akustischen Interfaces, insofern sie das klangliche Kontinuum in konkrete Tonhöhen einteilen. Die musikalische Tastatur, so Maren Haffke, ist damit „das erste Push-Button-Interface überhaupt" (2019, S. 8).

Um 1600 avancierten Tasteninstrumente zu den Universalinstrumenten musikalischer Praxis. Als derartiger Standard hatten Klaviaturen wiederum weitreichende Medieneffekte. Im Laufe des 18. Jhs. etablierte sich die noch heute vertraute Klaviertastatur mit ihren zwölf Halbtonschritten, mit je zwei bzw. drei schmalen versetzten Tasten, die seitdem die Programmatik westlicher Musikvorstellung präsentierte und präfigurierte. Die Klaviatur als akustisches Interface machte das „wohltemperierte Klavier" – also die Standardisierungen der Intervallordnung – erforderlich und wurde irreduzible Bedingung der Soundästhetik des Pianos und der westlichen Musik. Zudem, in einer eher metaphorischen Wendung des Begriffs, ist die diskrete Klaviatur das Interface, das der westlichen Notenschrift als ebenso diskreter Ordnung entspricht. Klangästhetik ist hier also dezidiert auf die Formatierung akustischer Interfaces zurückzuführen. Damit wird deutlich, dass Fragen der Formatierung von Interfaces Politiken repräsentieren: Sie sind Ergebnis von Aushandlungsprozessen über die Tonhöhenverteilung auf Klaviaturen, mithin Resultat von Frequenzpolitik.

Klaviaturen entfalteten nicht allein musikalische Effekte, die sich in gegenwärtigen Medienkulturen fortschreiben. Trotz alternativer Entwürfe von Klaviaturen, die sich nie längerfristig stabilisieren konnten, ist epistemologisch nicht die Formatierung der Tastaturen *en detail* entscheidend, sondern vielmehr, dass sich via das Interface diverser musikalischer Instrumente ein Prinzip der Steuerung etablierte, das sich über *Tasten* realisierte. Dieses wurde breit praktiziert und festigte sich dadurch habituell und kulturell – und konnte kulturtechnische Wirkmächtigkeit in anderen Praxisbereichen entfalten. Auch die „Komposition von Druckseiten mit beweglichen Typen Mitte des 19. Jhs. geschieht unter Rückgriff auf ein pianistisches Tastenmodell", schreibt Haffke (2019, S. 64). Zudem wurden die Steuerungen von Schreibmaschinen in direkter Inspiration von Klaviaturen entwickelt. Tatsächlich verwendeten diverse Prototypen von Schreibmaschinen im 19. Jh. Tastaturen, die an die Tastaturen von Klavieren erinnerten. Der Grund dafür, dass sich Klaviere und Schreibmaschinen, sogar manche Telegrafen, im historischen Kontext dasselbe Interface teilten, lag in der langen Tradition der Klaviertasten, die eine körpertechnische Vertrautheit mit dem Instrument befördert hatte und in routinierten Praktiken resultierte, die auf jeweils neue Apparaturen und Medientechniken appliziert werden konnte. Mit der Schreibmaschine wurden nunmehr Symbole statt Töne in Anschlag gebracht.

In einer medienepistemologischen Wendung waren es akustische Interfaces, die das emblematische Prinzip einer Kommunikation zwischen Apparaturen und Menschen oder zumindest der unilateralen, weitgehend intuitiven Bedienung präsentierten. Haffke zitiert diesbezüglich den Musikwissenschaftler Ivan Raykoff, der eine umfangreiche Studie zum Klavier zur Zeit der Romantik anfertigte:

> „In the early nineteenth century, the piano keyboard provided both a conceptual and a practical model for new communication devices such as the typewriter and the telegraph. Some early models of these writing machines utilized a stretch of piano keys as their keyboard, offering users a familiar interface for transmitting written language. Placed in their historical context alongside the piano, the telegraph and typewriter can be seen as comparable technologies of the fingers." (Raykoff zit. n. Haffke, 2019, S. 65)

Mechanische Tastaturen von Musikinstrumenten stellten ein ideales (haptisch-basiertes) Funktionsschema bereit, wie eine gedruckte symbolische Ordnung via Schreibmaschinen zu realisieren sei. Mit dieser „Stillstellung" der Tastatur durchlebten Klaviaturen genealogisch einen Wechsel der phänomenologischen Ordnung: vom Akustischen hin zum Diskret-Symbolischen getippter Sprache auf Papier. Als verstummte, nicht länger im Sonischen operierende Interfaces, bargen Klaviaturen ein Potenzial, das sich nicht auf die Bedienung musikalischer Dinge zu begrenzen brauchte. Dabei inspirierten Schreibmaschinen als symbolische Leitmedien des 19. Jhs. wiederum grundlegend die Formatierung der symbolischen Schnittstelle eines Leitmediums des späten 20. Jhs.: die „Klaviaturen" von Digitalcomputern.

Der Erfolg der Tastatur als akustisches Interface der originär musikalischen Kontrolle verdankt sich also der produktiven Einnischung in jeweils neue Technologien. Neue Instrumente und technische Medien konnten sie adaptieren, um Schnittstellen zu verwirklichen, die an bereits vertraute Kultur- und Körpertechniken der haptischen Kontrolle mittels Tasten anschlossen bzw. sich in diese integrierten. Stillgestellte akustische Interfaces, so ließe sich resümieren, haben sich in unsere Medienkultur jenseits des Akustischen eingeschrieben, da Tastaturen integraler Bestandteil rezenter und ubiquitärer Medienpraktiken sind. Im Sinne einer „longue durée" akustischer Interfaces gilt es entsprechend festzuhalten, dass die akustischen Interfaces von Tasteninstrumenten zunächst im 19. Jh. in Telegraphen und Schreibmaschinen einkehrten und – von diesen ausgehend – im 20. Jh. in die Tastaturen von Computern und Laptops sowie schließlich in deren digitale Darstellung auf den Touchscreens von Smartphones im 21. Jh. Wir hätten es also gleichsam mit einer interfacehistorischen Variante des „Vergessen[s] hinein in die Struktur" (Winkler, 1997, S. 148) zu tun, die Hartmut Winkler als charakteristisch für Prozesse der Konventionalisierung und Traditionsbildung im Feld der Medien allgemein ausmacht.

Aus Perspektive der Sound Studies muss zudem betont werden, dass sich das epistemische Potenzial akustischer Interfaces nicht in der Realisierung eines Dialogs zwischen Mensch und Maschine oder im Kontrollparadigma via Klaviaturen erschöpft. Bereits durch die Konjunktur erster elektroakustischer Medien in der zweiten Hälfte des 19. Jhs. – zu nennen ist hier vor allem das Telefon – erfuhren hörende Zugriffe auf die Welt eine radikale Veränderung. Beispielsweise war es mit der von René Théophile Hyacinthe Laennec begründeten diagnostischen Praxis der Auskultation (Laennec, 1819) lediglich möglich, über Hörtechniken einen formatierenden Zugriff auf Klangphänomene zu erlangen, die bereits akustisch vorlagen. Das Potenzial der Elektrifizierung bestand hingegen darin, originär nichtklangliche Phänomene in Akustik zu transduzieren[8] und Wirklichkeiten auditorisch zuzurichten. Jene sonifizierenden Techniken nebst den klanglichen Ereignissen, die sie produzierten, realisierten akustische Interfaces, die vornehmlich in der medizinischen und physiologischen Forschung zur Anwendung kamen, insofern sie direkt an körperimmanente biologische Nervenströme oder Organe angeschlossen werden konnten. Das Telefon in der physiologischen Praxis wurde dabei u. a. dafür verwendet, Muskelreizungen von Tieren sprachlich-telefonisch vorzunehmen oder, andersherum, Muskelreizungen als akustische Telefonsignale anzuzeigen. „So bringt das Telefon zu Gehör, was nie zum Hören bestimmt gewesen war und ermöglicht eine auditive Ausforschung vormals unzugänglicher Phänomenbereiche", wie Axel Volmar jenen Techniken bescheinigt (2007, S. 110).

Akustische Interfaces eröffnen mithin einen relationalen Raum der Kontrolle, aber auch der Interaktion, Kommunikation und Kooperation zwischen menschlichen und nichtmenschlichen Entitäten, der über die Sphäre stiller, symbolischer Codes hinausgeht und der Suprematie des Blicks in westlichen Kulturen eine auditive Dimension auf Basis flüchtiger Signale beifügt. Darüber hinaus, das zeigt die Medienpraxis der diagnostischen Medizin und der Physiologie ebenso wie des Echolots (Borbach, 2024, S. 147–178) oder des Sonars (Shiga, 2013), resultieren akustische Interfaces aus spezifischen Unsichtbarkeitsproblemen, in welchen klangliche Verfahren einen andernfalls unmöglichen Zugang zu Gegenstands- und Phänomenbereichen realisieren.

4   Interfaces und Behinderung

Im Bereich der medienkulturwissenschaftlichen Disabilityforschung (Ellis & Kent, 2018; Hartwig, 2020; Waldschmidt, 2022) sind im Hinblick auf akustische Interfaces verschiedene relevante Bereiche auszumachen, die Praktiken unterstützter Kommunikation, sprachbasierte Praktiken blinder Menschen sowie Regulationen akustischer Umgebungen bei Menschen mit Hörbehinderungen betreffen. Bevor diese Bereiche jeweils kurz skizziert werden, soll zunächst das Interface aus der Perspektive der kritischen Disabilityforschung näher betrachtet werden.

---

[8] Vergleiche hierzu den Beitrag von Jan Claas von Treeck in diesem Band.

In Form von engagierten Untersuchungen befassen sich Forschende der Disability Studies vor allem auch in kritischer Intention mit Interfaces und der Art, wie sie implizite Normen instanziieren, die auf unterschiedliche Weise zu Be_hinderungen beitragen. Sasha Costanza-Chock legt in *Design Justice* (2020) die engen Verbindungen zwischen der Geschichte der Behindertenrechtsbewegung und Fragen der Gestaltungsgerechtigkeit dar (Costanza-Chock, 2020, S. 52). Sie zeigen, dass digitalen Interfaces ein „machine bias" (Costanza-Chock, 2020, S. 42) inhärent sei, der mehrheitlich strukturelle Ungleichheiten fortschreibt, während konventionelle Interfacekonzepte oft „idealtypische" Nutzer:innen voraussetzen: Kanonische Texte wie Donald Normans *The Design of Everyday Things* (1990) oder Steve Krugs *Don't make me think* (2000) würden nicht darüber nachdenken, welche normative Körperlichkeit Interfaces implizieren: Norman „ignores race, class, gender, disability, and other axes of inequality … the imagined user is ‚unmarked' and universalized. Terms like *race, class,* and *gender* never appear" (Costanza-Chock, 2020, S. 37, 55). Auch die Frage der Multilingualität, die besonders für akustische Interfaces und deren sprachliche Normen eine Rolle spielt, werde wenig beachtet (Costanza-Chock, 2020, S. 55).

Derartige Betrachtungen von Designgerechtigkeit und Disability Justice lassen sich historisieren. Im Kontext der Analysen der Akteur-Netzwerk-Theorie (ANT), in der etwa Akrich (1992) die Fragen des Skripts technischer Geräte und damit die Figur des idealen Users problematisiert hat, sind Untersuchungen von Ingunn Moser (2000), Moser und John Law (1999) sowie Michel Callon (2005) daran interessiert, die Relationen von behinderten Menschen und assistiven Technologien zu untersuchen. Dieser Fokus auf Menschen und Dinge rückt laut Oudshoorn und Pinch die Frage in den Mittelpunkt, „how technologies work to articulate subjectivities" (Oudshoorn & Pinch, 2003, S. 11). Subjektpositionen sind ihnen zufolge als Effekte von Netzwerken und hybriden Kollektiven zu verstehen: „Subject positions such as disability and ability are constituted as effects of actor networks and hybrid collectives" (Oudshoorn & Pinch, 2003, S. 11). Solche Ansätze der ANT sind häufig wegen ihrer fehlenden politischen Sensibilität in die Kritik geraten. Im Kontext der Disabilityforschung hat etwa Winance (2006) darauf aufmerksam gemacht, dass die Etablierung soziotechnischer Relationen in erheblicher Weise von zusätzlicher psychisch-körperlicher Arbeit abhängt, wodurch Chancen gesellschaftlicher Teilhabe eingeschränkt werden. Ein solcher Aufwand wird auch häufig bei begrenzt zugänglichen Mainstreamtechnologien notwendig. Nach wie vor sind viele solcher (digitalen) Technologien durch Skripte gekennzeichnet, die normal-körperliche Nutzer:innen voraussetzen. Forschende sprechen daher davon, dass Be_hinderung durch Technologien konstituiert werde (Goggin & Newell, 2003). Dabei ist zentral, dass die jeweiligen Skripte einen sog. „preferred user" (Ellcessor, 2016, S. 77; Ellis et al., 2020) imaginieren. Diese Einschreibungen normativer Körperlichkeit und sensorischer Verfasstheit werfen die Frage auf, welche Körperlichkeit durch Interfaces letztlich entworfen wird, da sich mit ihnen zwar jeweils spezifische Körper- und Sinnestechniken verbinden, diese jedoch nicht immer offensichtlich und explizit werden. Dieser Form des eingeschränkten Zugangs (Ellcessor, 2016) – die sich nicht zuletzt auch dem Umstand verdankt, dass Endgeräte und Anwendungen häufig von Designer:innen gestaltet werden, die sich ihrerseits nicht als behindert identifizieren – begegnen Menschen mit Behinderungen durch Hacks und Workarounds (Schabacher, 2017),[9] um nichtzugängliche Welten zu navigieren (Bieling et al., 2023; Dokumacı, 2023; Hamraie & Fritsch, 2019; Hamraie, 2017) und unzulängliche Interfaces durch kreative Praktiken umzugestalten – häufig mit hohem zeitlichen und organisatorischen Aufwand (Olsen, et al., 2022). Obgleich Fragen der Zugänglichkeit von Interfaces thematisiert werden, über Inklusion und die UN-Behindertenrechtskonvention debattiert wird und Access bzw. Diversity als digitalkapitalistische Vermarktungsstrategie (Costanza-Chock, 2020, S. 75) an Bedeutung gewinnt, ist Zugänglichkeit vielfach noch nicht gegeben oder in genügendem Maße gesetzlich verankert. Hier setzt Ellcessors Vorschlag an, Zugänglichkeit zu begreifen als „a relational, unstable phenomenon that both grants benefits and interpellates individuals into larger social systems that may be empowering, exploitative, or both" (Ellcessor, 2016, S. 7). Als veränderbare Konstellation verweist „access" auf „a variable relationship between numerous material, and cultural, social factors" (Ellcessor, 2016, S. 12). Vor diesem Hintergrund sind auch akustische Interfaces in ihrer Materialität und technologischen Struktur mit Praktiken verbunden, die gewisse Körperlichkeiten einbeziehen, adressieren oder ausschließen. Dabei verweist die Diskussion um die Zugänglichkeit von Mainstreaminterfaces auch generell auf die Frage, was assistive Technologien (Macele et al., 2025) sind, die teils unter der Bezeichnung „alternative Benutzerschnittstellen" (Weber, 2015) firmieren, und wie bzw. ob sie sich von Mainstreamtechnologien unterscheiden lassen.

Spracherzeugende Assistenten waren und sind von großem Interesse, sowohl im Alltag, in der Popkultur als auch in der Forschung. Weniger Beachtung als smarte Anwendungen finden dabei etwa Technologien, die bei nonverbal-kommunizierenden Menschen oder spracheingeschränkten Personen zum Einsatz kommen können. Für Letztere ist etwa Jonathan Sternes Buch *Diminished Faculties* (Sterne, 2021) relevant, das für eine politische Phänomenologie der Einschränkung („impairment") argumentiert. Sterne verknüpft Medienwissenschaft und Disability Studies, wobei drei „verminderte" Vermögen („faculties") – Sprach-, Hör- sowie verkörpertes Wahrnehmungsvermögen – im Zusammenhang persönlicher Erfahrungen und aus akademischer Perspektive problematisiert werden (Stock, 2022a). Im Kapitel „Degrees of Muteness" erläutert Sterne Erfahrungen seiner eigenen Krebserkrankung und damit verbundene Veränderungen der Stimme (Sterne, 2021, S. 39) entlang der Trias von Behinderung, Einschränkung und Krankheit. Zudem diskutiert Sterne mobile Sprachverstärker, die er wegen der Krebsbehandlung über einen gewissen Zeitraum verwendete: In der „weird gray area of voice and techne" (Sterne, 2021, S. 43) changiert der „Spokesman" zwischen Assistenztechnologie, (vernachlässigtem) Designobjekt und Mainstreamtechnologie. Das Sprechen mittels dieses

---

[9] Die bei Schabacher als Workaround beschriebene Umgehungslösung wird bei Petra Löffler als „produktive Umwegigkeit" bezeichnet (Löffler, 2017, S. 139).

akustischen Interface – zu Vocodern und künstlichem Kehlkopf siehe Mills (2010) – distribuiert die Stimme in spezifischer Form am Kopf/Mund wie auch bezüglich des Minilautsprechers am Körper (Sterne, 2021, S. 47), woraus insbesondere bei wissenschaftlichen Vorträgen eine performative Qualität resultiert, die gewissermaßen als Metakommentar zu Fragen der Sound Studies und Medialität der Stimme verstanden werden kann (Sterne, 2021, S. 55).

Eine andere Form des akustischen Interface hinsichtlich der Stimme bzw. sprachbasierter kommunikativer Praktiken ist im Bereich der unterstützten Kommunikation zu finden. Dort fungiert der Talker – ein elektronischer Sprachcomputer – als Interface zwischen nonverbaler Person und lautsprachlich kommunizierenden Menschen. Mit der Verwendung eines Talkers verbinden sich spezifische Körpertechniken und Formen der sozialen Interaktion, wie Andreas Wagenknechts (2024) empirisch-theoretische Untersuchung herausarbeitet. Nonverbal kommunizierende Personen nutzen Sprachcomputer, um sich auszudrücken. Per Knopfdruck und spezieller Software können die Geräte in Tabletform Wörter und Sätze durch Sprachsynthese ausgeben, die Alltagskommunikation erleichtern und somit für mehr Lebensqualität und Selbstbestimmtheit sorgen. Dabei ändert sich die Zeitlichkeit mündlicher Kommunikation (Paterson & Hughes, 1999, S. 606): Denn Sätze müssen zuerst durch Eingabe der gewünschten Informationen gebildet und dann maschinell vorgelesen werden. Die kommunikative Struktur lautsprachlicher Unterhaltungen verlangsamt und verschiebt sich hinsichtlich der sequenziellen und thematischen Struktur, etwa weil Gesprächswendungen, spontane Korrekturen oder Reden mehrerer Gesprächspartner:innen in ein anderes Tempo verlagert werden (Niediek, 2022).

Eine andere Facette von mediengesättigter bzw. Interface-basierter Kommunikation betrifft das Hören von Sprache, wobei hinsichtlich der hier diskutierten Problematik der akustischen Interfaces Hörgeräte im Mittelpunkt stehen. Hörgeräte haben eine wechselvolle Technikgeschichte (Hüls, 1999) und einen ambivalenten Status in der Deaf History (Werner, 2024), da sie an der Ausdifferenzierung von Schwerhörigkeit und Gehörlosigkeit bzw. Taubsein mitgewirkt haben (Ladd, 2019). Hörgeräte sind vielfach bezüglich ihrer Sichtbarkeit und Gestaltung untersucht worden (z. B. Zdrodowska, 2023). Eine Rolle spielt dabei bislang weniger, wie diese Geräte als akustische Mittler fungieren. Vielmehr geht es um die Sichtbarkeit von Behinderung und wie diese durch Miniaturisierung (Mills, 2011) – im Kontext der Einführung von Transistoren oder digitaler Technologien – oder Designpraktiken (Weber, 2010) zum Verschwinden gebracht werden soll. Der sozialen Stigmatisierung von Hörverlust wurde entsprechend mit „invisible aids" (Mills, 2011, S. 38) begegnet.

Von Beginn aber sind Hörgeräte auch im Zusammenhang mit einer Logik der „Verschaltung" (Kittler, 1988, S. 348) zu verorten, oder, um es präziser zu fassen, als „Technologien relationaler Verschaltung" (Hörl & Ochsner, 2023) zu verstehen. Sie wirken als technische Mittler bzw. „Operatoren" in einem medizinisch-technischen Wissensbereich, in dem sich um 1900 das Normalhören und die Schwerhörigkeit ausdifferenzieren, wobei sie eine (verlorene) akustische Verbindung schwerhöriger Personen zur hörenden Mehrheitsgesellschaft – in Kultur, Bildung und Arbeit sowie im Privaten – durch „Einzel-" oder

„Mehrhörer" wieder etablieren sollen (Stock, 2023). In den Worten Lipps machen Hörgeräte als Interfaces verschiedene Akteur:innen wieder füreinander „disponibel" (Lipp, 2017, S. 113). Im Anschluss an Gilbert Simondon geht es hier um eine „kontinuierliche Vorbereitung und Einrichtung von Verfügbarkeiten" (Lipp, 2017, S. 113). Das technische Objekt erzeugt laut Simondon eine facettenreiche „Disponibilität für Zusammenstellungen und Zusammenschlüsse", so Simondon (2012, S. 227). Dabei wird der Mensch zunehmend als „Bedienoberfläche" konfiguriert, auf der Operationen der Verwaltung und Verschaltung (Galloway, 2011, S. 268) oszillieren können. Vor diesem Hintergrund werden (Normal-)Hören und Praktiken der Schwerhörigkeit als technosensorische Konstellation (Ochsner et al., 2022; Ochsner et al., 2015) erkennbar, die durch intimes Interfacing von Verhalten, Wahrnehmung, Denken, technischen Apparaturen und Umwelten produziert und durch technoenvironmentale Machthierarchien (Hörl, 2018) strukturiert wird. Eindrücklich wird dies von Ochsner (2020) anschaulich gemacht, wenn sie smartes Hören und Wearables als auf Optimierung ausgerichtete Regierungspraktiken analysiert, die sich durch gouvernementale Selbsttechnologien, hohe ökonomische Verwertbarkeit und sich auflösende Grenzen zwischen Medizin- und Unterhaltungstechnologien auszeichnen. Die fortschreitende Technologisierung des akustischen Interfacing im Kontext smarter Hörgeräte und Wearables geht dabei einher mit einer immer „intimeren Verschaltung menschlicher Sinne, menschlichen Denkens und Lebens mit technischen Apparaten und Umwelten", verbunden mit einer „techno-ökologische[n] Dezentrierung menschlicher Subjektivität bis hin zu deren ‚Umgehung' bzw. ihrer Isolierung von Außengeräuschen" (Ochsner, 2020, S. 178).

Hagood untersucht in seinem Buch *Hush* eine Reihe akustischer Interfaces – von Sleep Mates über klangregulierende Smartphone-Apps bis hin zu Noise-Cancelling-Technologien in Kopfhörern. Entscheidend ist für ihn die Frage, inwiefern historische und aktuelle Endgeräte nicht nur neue Wahlmöglichkeiten eröffnen, sondern auch die Möglichkeit zur Trennung – Urs Stäheli würde mithin von „Entnetzung" (Stäheli, 2021) sprechen – bereitstellen. Es geht Hagood um die Frage nach der Option, nichtgewünschte Aspekte der Welt mittels Interfaces zu kontrollieren und letztlich auch auszublenden. Medien, so Hagood, funktionieren als „controllable interface between subject and environment" (Hagood, 2019, S. 4). Zugleich regulieren Medien nicht nur das Verhältnis von Subjekten und Umwelten, sondern prägen das Verhältnis zwischen gesellschaftlichen Imperativen und persönlichen Poetiken, d. h. der kreativen Artikulation und Kontrolle des Selbst. In seiner Analyse von Hörweisen, akustischen Räumen und Medientechnologien wird zum einen die Remediatisierung von Affekt relevant, zum anderen argumentiert Hagood dafür, akustische Interfaces als „orphic media" zu konzipieren. Als Kontrollmedien mit affektivem, trennend-verbindendem Potenzial (Hagood, 2019, S. 5) ermöglichen es diese, unerwünschte Geräusche nicht zu hören, und positionierten Nutzer:innen damit zugleich als politische Subjekte der Kontrollgesellschaft (Deleuze, 1993). Von Interfaces akustisch vermittelte Resonanzrelationen (Hagood, 2019, S. 24), die letztlich als spezifische Form der Biomediation (Thacker, 2004) zu verstehen sind, macht Hagood etwa im Kontext von

Tinnitusanwendungen aus.[10] Mit qualitativen Methoden erschließt Hagood dieses Phänomen nicht nur in seiner gegenwärtigen Bedeutung als Hörbehinderung und hinsichtlich der Produktion des hörenden „biomediated body" (Hagood, 2019, S. 43; Hagood, 2017), sondern arbeitet auch dessen medizingeschichtliche Dimension auf. Für Hagood sind Tinnitusbetroffene „the most dedicated users" (Hagood, 2019, S. 34) orphischer Medien, da vielfach versucht wird, Tinnitus mit Medientechnologien zu begegnen. Dies hängt vor allem damit zusammen, dass der Tinnitus in lauten Umgebungen leise, in leisen Umgebungen aber lauter würde – was eine „affective *suppression* of tinnitus" (Hagood, 2019, S. 35) durch Medientechnologien erlauben würde. Zum einen ist es die Angst als affektive Kraft, die diese Hörbehinderung durchzieht. Zum anderen sind es Medienpraktiken, die den Tinnitus regulieren können. So argumentiert Hagood im Anschluss an die Disability Media Studies (Elizabeth Ellcessor, Katie Ellis, Mara Mills, Jonathan Sterne u. a.): „media technologies are often implicated in the emergence of bodies as ‚able' or ‚disabled' in a given moment" (Hagood, 2019, S. 35).

Auch im Zusammenhang blinder Alltagspraktiken sind akustische Interfaces von hoher Bedeutung, was sich gegenwärtig u. a. im Bereich mobiler Technologien und den Optionen der Spracheingabe zeigt. Darüber hinaus gibt es zahlreiche Anwendungen in Bereichen des Alltags und der Mobilität, z. B. in urbanen Settings, in denen Infrastrukturen (wie akustische Ampeln) ein selbstständiges Leben erleichtern sollen. Eine interessante Applikation ist die mobile Anwendung *Be My Eyes* (Avila et al., 2016), die das Ziel verfolgt, blinde Personen im Alltag in bestimmten Situationen zu unterstützen. Auf der Plattform können sich sehende Freiwillige und blinde Personen anmelden und werden bei Bedarf miteinander durch eine Videoschalte verbunden. Als Beispiele werden das Lesen von Verpackungsinformationen oder in der Wohnung verlorene Gegenstände genannt, also Alltagsmomente, in denen das Sehen eine wichtige Rolle spielt.[11] Das Sehen wird in diesem gemeinnützigen Projekt, das auf freiwilliger Arbeit beruht, als verteilte Anordnung medial konfiguriert, wobei Videokonferenzanwendungen,[12] mobiles Internet und persönliche (menschliche) Assistenz von Bedeutung sind. So sind es menschliche Akteur:innen, mithilfe derer visuelle Wahrnehmungen in akustische Informationen übersetzt werden, damit blinde Personen die Situation bewerkstelligen können.[13] Dieser nichtinvasiven Teilhabekonstellation stehen – bislang allerdings wenig erfolgreich – prothetische Techno-

---

[10] Problematisch ist in diesem Fall die Wahrung der Privatsphäre, die durch Nutzer:innenprofile und Anmeldeverfahren u. Ä. garantiert werden soll.

[11] Für Verpackungsinformationen oder Farberkennung gibt es mittlerweile eine Reihe von Apps – z. B. *Seeing AI* (Microsoft) –, die durch automatische Bilderkennungsverfahren und OCR-Algorithmen sowie synthetische Sprachausgabe notwendige Informationen wie etwa das Verfallsdatum erkennen und ausgeben können.

[12] Zur Rekonfiguration von Videokonferenzsystemen durch Workarounds siehe Bieling et al. (2023). Zur Bedeutung von Videokonferenzpraktiken für die Gebärdensprachgemeinschaft vgl. Volmar (2025).

[13] Zur Problematik der Übersetzung eines visuellen Settings in gesprochene Sprache durch menschliche Übersetzer:innen für blinde Personen vgl. den Beitrag von Judith Willkomm in diesem Band.

logien wie das Retinaimplantat (Borodina, 2021; Stock, 2013) gegenüber, die blinden Menschen visuelle Eindrücke verschaffen sollen. Solche neuroprothetischen Ansätze unterstellen, so ist kritisch anzumerken, gewissermaßen ein Primat des Visuellen (Jonas, 1997; Böhme, 1998; Sterne, 2003, S. 15) und sind also im Kontext eines blinden Wahrnehmungsstils (Saerberg, 2006; Rodas, 2009) einzuordnen, in dem der Tastsinn und das Hören neben den weiteren Sinnesmodalitäten zentral sind.

Während jüngst für die blinde Orientierung und Mobilität das Klicksonar (Schulze, 2016) an Bedeutung gewinnt und populärkulturelle Faszination ausübt (Stock, 2022b), ist die Frage nach akustischen Schnittstellen für die Übersetzung von Rauminformationen in der Wissenschaftsgeschichte bereits seit Längerem ein Thema (Miyazaki, 2012; Borbach, 2019). Durch Militäranwendungen und zoologisch-biologische Forschungen zur Echoortung (Griffin, 1958) inspirierte elektronische, batteriebetriebene Orientierungshilfen erlebten in den Jahrzehnten nach dem Zweiten Weltkrieg eine regelrechte Konjunktur (Brabyn, 1985, S. 14). Dabei wurde nach Verfahren gesucht, physische Raumverhältnisse oder Hindernisse durch Ultraschallsensoren und Sonifikation (Volmar und Supper, 2018) – also durch Klangfarben, Tonhöhen und Lautstärke – hör- und begreifbar zu machen. Mittels solcher Devices („Electronic Travel Aids", ETA, Brabyn, 1985) wird während der Nutzung gewissermaßen ein kontinuierliches, durch geschultes Hören (Schoon und Volmar, 2012) und ultraschallbasierte Klangerzeugung gerahmtes Interfacing ermöglicht, das Nutzer:innen, Umwelten und Endgeräte nicht nur eng in mobilen Situationen verschaltet, sondern geradezu einen Prozess des „environing" generiert (Stock, 2024, S. 20). Obgleich sich diese akustischen Praktiken des Interfacing aufgrund fehlender Praktikabilität der mobilen Medien für den alltäglichen Einsatz bei blinden Menschen nicht durchsetzen konnten,[14] werden weiterhin assistive Technologieansätze für akustische Raumproduktion entwickelt (z. B. Ward und Meijer, 2010). Zu konstatieren ist für die Gegenwart, dass durch Modifikationen des Smartphones (z. B. Entwicklung von Spracheingabe und -ausgabe und anderer barrierefreier Bedienoptionen, Ellis & Goggin, 2015) zunehmend auch blinde Menschen als Nutzer:innen mobiler Digitaltechnologien infrage kommen, die als „Allrounder" Speziallösungen wie elektronische oder digitale ETA ersetzen und zusammen mit etablierten Mobilitätsassistenzen genutzt werden. Das Smartphone wird dabei als akustisches Interface rekonfiguriert: Das Display wird als Touchscreen, nicht aber als visuelle Schnittstelle verwendet. Entscheidend ist zudem die Sprachausgabe („voice over"), die aus Zeitersparnisgründen häufig extrem beschleunigt wird (Mills und Sterne, 2020; vgl. Schulz, 2018). So werden qua Device und Konnektivität vielfältige Anwendungen im Alltag blinder Personen von Messaging bis Onlineshopping ermöglicht und mittels akustisch vermittelter Navigationsanwendungen reichweitenbeschränkte Raumwahrnehmungen erzeugt, die eine selbstständige Lebensweise flankieren (Stock, 2022c),

---

[14] Etabliert sind Blindenführhund, Langstock oder persönliche Assistenz (Geese, 2018). Im Gegensatz dazu sind ultraschallbasierte Parksensoren, die in den 1980er-Jahren von Toyota eingeführt wurden und die auch im Kontext akustischer Mobilitätshilfen diskutiert werden, heute weitverbreitet (Stock, 2024, S. 25).

jedoch trotz Marketingversprechen der Techunternehmen aufgrund fehlender Barrierefreiheit u. a. im städtischen Raum und öffentlichen Personennahverkehr keine umfassende Teilhabe ermöglichen können (Dokumacı, 2016, S. 74).

Akustische Interfaces und smarte Assistenten haben demnach zu einer signifikanten Veränderung im Alltag von Menschen mit Behinderungen geführt, wobei die Digitalisierung insgesamt – auch aufgrund fehlender bindender Vorgaben für die Privatwirtschaft und der dort situierten Mainstreamtechnologien – nicht immer nur zu Erleichterungen führt, sondern digitale Hindernisse eine kulturelle, soziale und berufliche Teilhabe erschweren können. Insofern besteht auch in der Gegenwart eine kontinuierliche Spannung zwischen sensorisch-körperlicher Verfasstheit, technologischen Prozessen und Gestaltungsweisen von Interfaces fort (Stock, 2024).

5 Ausblick auf die Sektionen des Bandes

Um eine möglichst diverse und interdisziplinäre Diskussion akustischer Interfaces in medienkulturwissenschaftlicher Perspektivierung zu eröffnen, ist der vorliegende Band in fünf Sektionen untergliedert. Diese verhalten sich nicht ausschließend zueinander, sondern spannen vielmehr ein Koordinatensystem analytischer Achsen auf, in dem sich die einzelnen Beiträge verorten lassen. Jede Sektion geht dabei von der Zusammenstellung zweier Begriffe aus, deren semantische Horizonte leicht gegeneinander verschoben sind, sodass auch innerhalb der Sektionen eine Vielzahl von theoretischen und methodischen Zugängen möglich bleibt. Zusammengenommen kartieren die Begriffspaare in den fünf Sektionen zentrale, aber sicherlich nicht die einzig möglichen Analysedimensionen für die Auseinandersetzung mit akustischen Interfaces an der Schnittstelle von medienwissenschaftlich ausgerichteten Interface Studies, Sound Studies und Dis/Ability Studies.

5.1 Sektion I: Technik/Operationen

Den Auftakt bildet eine Reihe von Beiträgen, die sich in unterschiedlicher Weise für die Technizität akustischer Interfaces interessieren. Dabei wird der grundlegend technische Charakter der jeweils behandelten historischen wie gegenwärtigen Interfaceanordnungen nicht statisch, also als lineare Auflistung technischer Innovationen, verstanden, sondern auf die zugrunde liegenden Operationen fokussiert, deren zeitkritische Dynamik die Funktionsweise und den Nutzungshorizont der jeweiligen Medientechniken bestimmen.

Den Auftakt macht *Wolfgang Ernst* mit einer begriffspolitischen Intervention, die sich an der Nachrichtentechnik orientiert, wenn sie eine Fokussierung der medientheoretischen Aufmerksamkeit auf innertechnische elektronische „Intrafaces" (Galloway, 2012) gegenüber einer als anthropozentrisch qualifizierten, weil am menschlichen Sinnesapparat ausgerichteten Rede von akustischen Interfaces fordert. Nicht für eine Phänomenologie des medientechnisch hörbar Gemachten, und schon gar nicht für daran anschließende

Dimensionen kultureller Sinnproduktion, interessiert sich der Beitrag, sondern für elektronische Medienereignisse und -prozesse, die in ihrer „implizit sonischen" und prozessualen Qualität eine eigenständige Medienepistemologie eröffnen. Eine stärkere Berücksichtigung der Vielfalt und Heterogenität von Interfaces jenseits des User Interface fordern auch die Critical Interface Studies programmatisch ein (Cramer & Fuller, 2008; Hadler, 2018; Distelmeyer, 2021). Ernsts technikimmanenter Ansatz einer „Epistemologie genuin sonischer Schnittstellen jenseits des Akustischen" macht bereits zu Beginn des Bandes darauf aufmerksam, in welcher Weise „Wesenswandlungen des Signals" in technischen Medien auf Interfaceoperationen zurückzuführen sind, die im Rahmen einer „nichtokularzentrische[n] Medienarchäologie" zu explizieren sind.

Christopher Klaukes Beitrag wiederum stellt das Postulat der Medienarchäologie Berliner Schule von im technischen Wesenskern der Medien waltenden „interpretationsfreie[n]‚ ‚kulturlose[n]', operative[n] Entscheidungen" implizit infrage, wenn er in einer medienhistorischen Analyse der Funktionsweise und Bedienung des Appunn'schen Tonometers zeigt, wie sich die koloniale Praxis der Dokumentation nichtwestlicher Musiken um 1900 nur als medientechnisch vermittelte Machtrelation angemessen beschreiben lässt. Auch Klauke betont die „sonische bzw. zeitkritische Operativität" akustischer Interfaces, die sich im Fall der mikrohistorischen Rekonstruktion einer historischen Interfacepraxis der audio-taktilen Frequenzermittlung am Zusammenspiel der Affordanzen des verwendeten Messgeräts mit hoch spezialisierten Hörfähigkeiten („sonic skills", Bijsterveld, 2019) der Musikwissenschaftler:innen im Berliner Phonogramm-Archiv zeigt. Allerdings sind die analysierten Praktiken und Operationen der Transkription von Klang in Notationssysteme kolonialgeschichtlich gerahmt (Stoler, 2008; Lange, 2019), insofern die untersuchten Verdatungspraktiken explizit als epistemische Inbesitznahmen auftreten.

Benedikt Merkle und Tim Hector wählen einen praxeologisch inspirierten Zugang zur Analyse von Interaktionssequenzen mit zeitgenössischen akustischen Interfaces von Smart Speaker-Technologien wie Siri und Alexa. Dabei interessieren sie sich vornehmlich dafür, wie der Status der zum Einsatz kommenden intelligenten persönlichen Assistenten zwischen Werkzeug und Medium changiert, indem einerseits nachweislich Konventionen gesprochensprachlicher Interaktion gefolgt wird, andererseits aber ein medienpraktisch grundiertes „Wissen um die Grenzen der Anordnung" (Ernst, 2017) entsteht. In einer mitlaufenden medienhistorischen Situierung ihrer eigenen Forschungspraxis wird mit Rückgriff auf die Entwicklung des Paradigmas des objektorientierten Programmierens (OOP) die Geschichte der HCI selbst befragt, die auch noch die Entwicklung aktueller akustischer Interfaces bedingt. Die durch OOP möglich gewordene Repräsentation symbolischer Operationen als visuelle Relationen mit der Möglichkeit der direkten Manipulation (Shneiderman, 1983) hat ein „conceptual model" der Interaktion mit Computern habituell gefestigt, das mit dem verstärkten Aufkommen akustischer Interfaces heute zur Disposition steht.

5.2 Sektion II: Körper/Sinne

Die Sektion „Körper/Sinne" lenkt den Fokus auf die Relevanz akustischer Interfaces für Menschen mit Behinderungen bzw. ermöglichende und behindernde Praktiken (Schillmeier, 2016). Im Mittelpunkt stehen kritische Perspektiven auf normative Körperlichkeit sowie historische oder gegenwärtige Praktiken des Hörens, Technologien der Sprachsteuerung sowie Fragen der Accessibility und Teilhabe.

Zu Beginn schlägt *Judith Willkomm* ein Umdenken von Schnittstellenlogiken vor. Aus einer medienethnografischen Perspektive nähert sie sich Prozessen des Einhörens, der Übertragung und der Übersetzung im Bereich der Blindenreportage, des Blindensports und der Liveaudiodeskription. Indem sie Blindenfußball mit seinen Spieler:innen, Guides und rasselnden Bällen analysiert, kann sie aufzeigen, wie sich menschliche und nichtmenschliche Akteur:innen als akustische Interfaces formieren und dabei Zusammenspiel und Teilhabe ermöglichen. Konkrete Spielsituationen werden mit Hookway als „a facing between" (Hookway, 2014, S. 11) verstanden, um Interfacing als einen kontinuierlichen Akt der Transformation und Verschaltung beschreibbar zu machen.

Anschließend problematisiert *Markus Spöhrer* mit seinem Beitrag die Relevanz ubiquitärer Sprachsteuerungstechnologien im Kontext digitaler Spiele. Spöhrer konzentriert sich insbesondere auf Diskurse um „voice-enabled gaming" als inklusive Technologie für Menschen mit Behinderungen. Als Alternative zu standardisierten Spieldispositiven, die etwa mit Maus oder Joystick operieren, wird Voice Interfacing als spielermöglichende Praktik positioniert, die durch bestimmte Workarounds (Schabacher, 2017) hervorgebracht wird. Akustisch basierte Spielsteuerung ermöglicht ein „matching" (vgl. Westin et al., 2021, S. 36) zwischen Spielenden und Technologien. Somit werden Gameinterfaces nicht mehr als stabile technische Vermittlungsinstanzen begriffen, sondern Prozesse des spielerischen Voice Interfacing als Mediationsprozess (Otto, 2018) erkennbar, in dem bzw. durch den behindernde oder ermöglichende Szenarien entstehen.

Diese gegenwartsorientierten Analysen werden durch zwei Sichtweisen ergänzt, die sich historischen Settings akustischer Interfaceprozesse widmen: *Christoph Borbach und Ben Lindquist* entwerfen ausgehend von historischen Beispielen – den frühen akustischen Interfaces von Wolfgang von Kempelen sowie Joseph Faber – eine Genealogie sprechender Maschinen, die sie als Assistenztechnologien situieren. Die Autoren gehen mit ihrem Ansatz über die Genderproblematik aktueller smarter Sprachassistenten hinaus und nähern sich der Sprachsynthese und ihrem prothetischen Charakter als einer historisch veränderbaren und auralen Kulturtechnik. Indem sie die Entstehungsgeschichte maschineller Stimmen kartieren, verdeutlichen sie, wie die technische Reproduzierbarkeit der menschlichen Stimme basierend auf Rationalisierung und Operationalisierung in Experimentalanordnungen hergestellt wurde und letztlich u. a. eine Grundlage für die „Lesemaschinen für Blinde" (Mills, 2012) bildete. Sie votieren damit für eine „Körpergeschichte der Medien", die wechselseitige Inskriptionen von Technologien und menschlichen Körpern thematisiert.

Eine medien- und technikhistorische Perspektive verfolgt auch der Beitrag von *Coreen McGuire,* in dessen Zentrum die Telefonie im Großbritannien der Zwischenkriegszeit steht. Das von der britischen Post kontrollierte Telefon wird als elektroakustische Schnittstelle untersucht, die sich für die technische Kategorisierung und soziale Einordnung von Schwerhörigkeit als relevant erweist. Aufbauend auf Jonathan Sternes (2003) und Mara Mills' (2011) Arbeiten zum US-Kontext zeigt McGuire, wie das Fachwissen der Telekommunikation und im Feld der Hörgerätetechnologien (Stock, 2023) zur Herausbildung der Kategorie des Hörverlusts und der Schwerhörigkeit beitrug. Die Standardisierungsprozesse in der Telekommunikationsbranche basierten dabei oft auf idealisierten Untersuchungswerten männlicher Körper und Hörvermögen (McGuire, 2020). Anhand von Archivmaterial zeigt McGuire die Reaktionen von hörbehinderten Telefonnutzer:innen auf Benachteiligungen durch die britische Post, um sich die für den Alltag wichtige Kommunikationstechnologie mittels widerständiger Eigeninitiativen nutzbar zu machen. Die Geschichte des Telefons für „gehörlose Abonnent:innen" („deaf subscribers") verweist somit auf die Variabilität des Hörens und wie diese innerhalb des Telefonsystems verwaltet wurde.

5.3 Sektion III: Umwelten/Räume

Die dritte Sektion des Bandes nimmt ihren Ausgang in der Frage, welche Räume akustische Interfaces eröffnen oder wie Räume akustisch kontrolliert, erschlossen, erweitert und auch simuliert werden können. In der Auseinandersetzung mit dem Interfacing von Raum, Mensch und Hörbarem und seiner (gegenwärtigen und/oder historischen) technischen Entgrenzung wird insbesondere der Aspekt der Umweltlichkeit – die Umweltbedingtheit und Situativität akustischer Interfaces – hervorgehoben und in seiner Dringlichkeit für ein medientheoretisches und praxeologisches Verständnis von Prozessen des Interfacing adressiert.

Eva Schurigs Beitrag fokussiert als Gegenstand das mobile Musikhören, welches mit Rückgriff auf einen medienkulturwissenschaftlich akzentuierten Interfacebegriff als eng verwobenes Zusammenspiel von Hörer:in, Musik und Musikabspielgerät beschrieben wird. Impulse aus der Interfacetheorie Branden Hookways aufgreifend, analysiert Schurig mit Verweis auf qualitativ-empirisches Material das Interface des mobilen Musikhörens als ermöglichendes, aber auch regulatorisches Gefüge: Beim Musikhören im urbanen Raum kann die „auditory bubble" (Bull, 2005, S. 344) zur bewussten Regulation von Affekten genutzt werden und eigene Wahrnehmungsräume eröffnen. Das Sichbewegen durch die (urbane) Umgebung wird so zu einem „Second world"-Erlebnis (Du Gay et al., 1997), das neben der ästhetischen Erfahrung der Hörer:innen auf die Verlässlichkeit eines technischen Dispositivs setzt.

Einen stärker historisierenden Blick bringt der Beitrag von *Mara Mills* ins Spiel, der sich detailliert mit der frühen Geschichte mechanischer Hörgeräte und Gesprächshilfen im 19. Jh. auseinandersetzt und somit die lange Tradition des mediatisierten Sprechens und

Hörens verdeutlicht. Sie adressiert auch die wechselnden Motive der Formierung akustischer Interfaces, die sich stets im Spannungsfeld der Verbesserung des Hörens für Menschen mit Behinderungen und einem universellen Phantasma der prothetischen Erweiterung des menschlichen Sensoriums bewegen. Insbesondere die Vorgeschichte mechanischer Hör- und Sprechverstärker hebt unmissverständlich den Aspekt der Umweltgebundenheit des (Laut-)Sprechens und Hörens hervor, der sich als genereller Zug einer langen Geschichte akustischer Prothesen herausarbeiten ließe.

Sebastian Schwesinger thematisiert „informative Hörbarmachungen": Am Beispiel der raumakustischen Simulationspraxis, wie sie etwa in der Erforschung historischer Raumarchitekturen der öffentlichen Kommunikation zum Einsatz kommt, diskutiert Schwesinger die Tragweite des Konzepts des Auditory Display. Für eine medienwissenschaftliche Beschreibung erweist sich der Interfacebegriff dabei als produktiver Impulsgeber für eine medienpraxeologische Perspektive, die Display- und Interfaceeigenschaften gleichermaßen als Teil von Operationsketten der raumakustischen Simulationspraxis verstehen und den analytischen Fokus vom Klangergebnis hin zum sonischen Prozess („sonic display") verschieben möchte.

5.4 Sektion IV: Materialitäten/Gestaltung

Bezugnahmen auf die Materialität der Kommunikation gehören zum Gründungsmoment von Medienanalysen, sowohl lange vor ihrer Institutionalisierung als Medien- und Kulturforschung (Innis, 1950) als auch zum Beginn dessen, was heutzutage im deutschsprachigen Raum Medienwissenschaft heißt (Gumbrecht & Ludwig Pfeiffer, 1988), und wurden in jüngerer Vergangenheit aktualisiert durch eine Sensibilität für die geologischen Materialien von Medien (Parikka, 2015). Die vierte Sektion trägt diesem Umstand Rechnung und bündelt Forschungen, die einerseits auf die Materialien und Materialitäten akustischer Interfaces sowie ihre kritischen Lieferketten fokussieren und andererseits darauf, wie jene Materialitäten in den Dispositiven akustischer Interfaces explorativ gestaltbar sind. Die Materialität von Medien, nach Kittler ohnehin ein „buchstäblich unerschöpfliches Thema" (Kittler, 2002, S. 41), wird so auch für akustische Interfaces entscheidend.

Viktoria Tkaczyk und Christina Dörfling fokussieren in ihrem historisch ausgerichteten Beitrag auf die Materialabhängigkeit des Empire Service der BBC in den 1920er- und 1930er-Jahren. Zwar gilt der Rundfunk gemeinhin als drahtlose Kommunikationstechnik, zugleich aber ist er angewiesen auf ein zunächst unscheinbares Medium der Speicherung: Stahltondraht und -band, die das zeitversetzte Senden von Programmen erst ermöglichten. Erst dieses Speichermedium erlaubte der BBC eine tendenziell globale Rundfunkpolitik, womit das Radio als akustisches Interface dezidiert nicht drahtlos, sondern vielmehr drahtbasiert funktionierte. Virulent wurden damit die Rohstoffe des Rundfunks, mithin logistische Transportketten und prekäre Rohstoffregime, um die Materialien für Stahltondraht und -band aus verschiedenen globalen Regionen bereitzustellen. Erschwert wurde dies durch die materielle Spezifik des Drahtmaterials, das sich als buchstäblich unflexibel erwies. Der frühe Rundfunk als imperiales Großprojekt hatte sich somit an der Widerständigkeit eines Materials zu bemessen. Dies zeigen die Autorinnen auch an einem selbst durchgeführten Nachbau eines Drahttongeräts aus den 1930er-Jahren.

Jener Aspekt des Selberbauens, mithin der Gestaltung, wird auch in den beiden weiteren Beiträgen der Sektion explizit. *Jan Claas van Treeck* widmet sich in seiner explorativen Objektstudie der Konstruktion eines sonifizierenden Handschuhs, der auf Basis des Electrosniffing elektromagnetische Felder und damit unsichtbare Signalprozesse hörbar macht. So werden den menschlichen Sinnen ansonsten verborgene Signale des Digitalen wahrnehmbar. Van Treeck zeigt, dass die elektromagnetischen Räume des digitalen Zeitalters mit dem Sonifizierungshandschuh als Form von Medienkunst *be-greifbar* gemacht werden können. Die Bauanleitung jenes Handschuhs und sein Schaltplan werden im Artikel beschrieben.

Ebenso betreiben *Daniel Wessolek und Thomas Miebach* in ihrem Beitrag eine explorative Gestaltungsstudie des „Design Tinkering", die zugleich einen gesellschaftlich inkludierenden Anspruch erhebt. Den als Kinderspielzeug bekannten Hörstift „Tiptoi" nehmen sie als Ausgangspunkt für eine ebenso gestalterisch wie epistemologisch anspruchsvolle Praxis zwischen Hacking und Crip Computing. Während der Hörstift mit seinem auditiven Interface zunächst lediglich für hörende Nutzer:innen zugänglich ist, machen die beiden Autoren und Hacker den Stift auch für Taube Menschen nutzbar. Die Inklusion visueller Elemente wie die Verwendung von Gebärdensprache im Dispositiv des Tiptoi verstehen sie als exemplarische Fallstudie, die dazu anregt, selbst gestalterisch tätig zu werden, um Barrierefreiheit in digitalen Medienumwelten eigenhändig und explorativ direkt am Objekt zu realisieren.

5.5 Sektion V: Visionen/Spekulationen

In der fünften Sektion rücken akustische Interfaces als Vision und spekulative Methode in den Fokus. Die imaginären Dimensionen akustischer Interfaces werden hier explizit und implizit aus verschiedenen disziplinären Blickwinkeln befragt: kulturwissenschaftlich im Hinblick auf die impulsgebende Rolle des Fiktionalen für die Technikgeschichte, künstlerisch-explorativ als Frage nach den Möglichkeiten einer (inter-)medialen Öffnung des Haptisch-Visuellen hin zum Akustischen und informatisch als angewandte Suche nach einem alternativen Ansatz für die formalisierte Beschreibung der Kommunikation zwischen Mensch und „intelligenter" Maschine.

Der Beitrag von *Liz Faber* setzt sich mit der Frage auseinander, wie das Genre der Science-Fiction-Literatur in ihrem „goldenen Zeitalter", von den 1930er- bis in die späten 1950er-Jahre, sprechende Maschinen imaginierte und damit wichtige Impulse für die Geschichte der Sprachsynthese lieferte. So zeigt die Analyse von Kurzgeschichten in sog. Pulpmagazinen im Rückbezug auf „Meilensteine" der Sprachsynthese wie dem Voder von 1939 oder der IBM 704 von 1961, dass technische Innovationen stets mit größeren kulturellen Wunschkonstellationen und kollektiven Imaginationen verwoben sind.

Science-Fiction versteht Faber dabei nicht schlicht als Zukunftsnarration, sondern als Medium, in dem „rezente Probleme in einem fiktiven zukünftigen Szenario" weitergedacht werden.

Der Essay von *Margarethe Maierhofer-Lischka* versteht sich als von künstlerischer Praxis inspirierte Reflexion zur Entgrenzung des Mediums Buch: Wie kann ein Buch – vermeintlich ein „stilles" Medium – als akustisches Interface gedacht und erfahren werden? Die spekulative Designstudie zeigt und beschreibt realisierte Prototypen wie Pop-up-Partituren oder ein „augmented book", welches durch auditive Technologien erweitert wurde, und paart diese mit medientheoretischen Reflexionen zum „otomorphen Publizieren". Das zum Klangmedium erweiterte Buch erweist sich als ein explorativer Spielraum, der dazu anregt, die Performativität akustischer Interfaces und ihre intermedialen Verweisstrukturen in den Vordergrund zu rücken.

Aus informatischer und computerlinguistischer Perspektive schlägt der Beitrag von *Peter beim Graben und Peter Klimczak* ein sich als „work in progress" verstehendes Testlauf-Szenario für die Entwicklung eines akustischen Interface zwischen Mensch und Maschine vor: Die hier in Grundzügen vorgestellte „Maschinensemiotik", die sich insbesondere auf die konstruktivistische Semiotik (Maturana & Varela, 1998; von Foerster, 2003) und die Biosemiotik (von Uexküll, 1982) stützt, versucht, maschinenspezifische Bedeutungen aus menschlichen Äußerungen zu extrahieren, die zur Steuerung des Systemverhaltens eingesetzt werden können. Am Beispiel einer „smarten" Heizung, die als in seine Umwelt eingebetteter, kognitiver Agent beschrieben wird, wird ein Trainingsalgorithmus in zwei Szenarien vorgestellt, der eine vereinfachte Bedienung akustischer Interfaces denkbar werden lässt.

Diese interdisziplinären Zugriffe auf Technologien und Praktiken akustischer Interfaces und die sich aus ihnen ergebenden Formen akademischer und explorativer Verhandlungen können für weitere Forschungen zu akustischen Interfaces als initiale, inspirierende und instruktive Blaupause verstanden werden. Auf absehbare Zeit ist nicht davon auszugehen, dass die aktuelle Konjunktur auditiver Schnittstellen zwischen menschlichen Sinnen und technologischen Systemen stagniert. Daher wird sich medienkulturwissenschaftliche Forschung auch künftig mit einer Lage konfrontiert sehen, in der die akustische Dimension weiter an entscheidender Bedeutung für die Kommunikation mit Maschinen und in medialen Umwelten gewinnen wird und nichtmenschliche Akteure ein buchstäbliches gesellschaftliches Mitspracherecht artikulieren. Unsere hier dargelegte Lagebestimmung versteht sich als Versuch einer ersten Kartierung dieses komplexen Feldes und seiner Implikationen für die künftigen Interface Studies, die Sound Studies und die Dis/Ability-Forschung. Die folgenden Beiträge liefern darüber hinaus Einsichten über die konkreten Ausgestaltungen des Forschens über und mit akustischen Interfaces.

Literatur

Akrich, M. (1992). The de-scription of technical objects. In W. Bijker & J. Law (Hrsg.), *Shaping technology/Building society: Studies in sociotechnical change* (S. 205–224). MIT Press.

Andersen, C., & Pold, S. (2018). *The metainterface. The art of platforms, cities and clouds.* MIT Press.

Andersen, C. U., & Bro Pold, S. (Hrsg.). (2011). *Interface criticism. Aesthetics beyond buttons.* Aarhus University Press.

Andrejevic, M. (2007). Surveillance in the digital enclosure. *The Communication Review, 10*(4), 295–317.

Avila, M., Wolf, K., Brock, A., & Henze, N. (2016). Remote assistance for blind users in daily life. A survey about Be My Eyes. In *The 9th ACM international conference on pervasive technologies related to assistive enviroments – PETRA'16*. ACM.

Bendel, O. (2018). Die Spione im eigenen Haus. In F. Martinsen (Hrsg.), *Wissen – Macht – Meinung. Demokratie und Digitalisierung* (S. 67–80). Velbrück Wissenschaft.

Bendel, O. (2024). How can generative AI enhance the well-being of blind? *AAAI-SS, 3*(1), 340–347.

Bieling, T., Ochsner, B., Saerberg, S., Stock, R., & Esch, F. (2023). Dis/Abling video conferences. A video- and auto-ethnographic exploration of remote collaboration situations. In A. Volmar, O. Moskatova, & J. Distelmeyer (Hrsg.), *Video conferencing. Infrastructures, practices, aesthetics* (Digitale Gesellschaft, 53, S. 343–364). transcript.

Bijsterveld, K. (2019). *Sonic skills. Listening for knowledge in science, medicine and engineering.* Palgrace Macmillan.

Böhme, H. (1998). Der Tastsinn im Gefüge der Sinne. Anthropologische und hisorische Ansichten vorsprachlicher Aisthesis. In G. Gebauer (Hrsg.), *Anthropologie* (S. 214–225). Reclam.

Bonsiepe, G. (1996). *Interface. Design neu begreifen.* Bollmann.

Borbach, C. (2016). Siren songs and Echo's response: Towards a media theory of the voice in the light of speech synthesis. *On_Culture: The Open Journal for the Study of Culture, 2*.

Borbach, C. (2017). (un)erhörte Stimmen – Affekte und Effekte einer genuinen Medien-Sprech-Kunst. In K. Hannken-Illjes (Hrsg.), *Stimme-Medien-Sprechkunst* (Reihe Sprache und Sprechen Band 49, S. 86–97). Schneider.

Borbach, C. (2019). Navigating (through) sound. *Interface Critique, 2*, 17–33.

Borbach, C. (2022). An interlude in navigation. Submarine signaling as a sonic geomedia infrastructure. *New Media & Society, 24*(11), 2493–2513.

Borbach, C. (2024). *Delay. Mediengeschichten der Verzögerung, 1850–1950*. transcript.

Borodina, S. (2021). Unfixing blindness. Retinal implants and negotiations of ability in postsocialist Russia. In A. Jarrín & C. Pussetti (Hrsg.), *Remaking the human. Cosmetic technologies of body repair, reshaping, and replacement* (S. 207–223). Berghahn Books.

Brabyn, J. (1985). A review of mobility aids and means of assessment. In D. H. Warren & E. R. Strelow (Hrsg.), *Electronic spatial sensing for the blind. Contributions from perception, rehabilitation, and computer vision* (NATO ASI series, series E: Applied sciences, 99, S. 13–27). Springer Netherlands.

Bull, M. (2005). No Dead Air! The iPod and the culture of mobile listening. *Leisure Studies, 24*, 343–355.

Bush, V. (10. 09 1945). As we may think. *Life Magazine*, S. 112–124.

Callon, M. (2005). Disabled persons of all countries, unite! In B. Latour, P. Weibel, & Z. f. Medientechnologie (Hrsg.), Making things public. Atmospheres of democracy (S. 308–313). ZKM.

de Campo, A. (2014). Sonifikation – Darstellung, Wahrnehmung, Emergenz. In T. Conradi, G. Ecker, & N. Otto Eke (Hrsg.), *Schemata und Praktiken* (S. 213–233). Fink.

Chun, W. H. (2021). *Discriminating data. Correlation, neighborhoods, and the new politics of recognition*. The MIT Press.
Costanza-Chock, S. (2020). *Design justice. Community-led practices to build the worlds we need*. MIT Press.
Cramer, F., & Fuller, M. (2008). Interface. In M. Fuller (Hrsg.), *Software studies: A lexicon* (S. 149–153). MIT.
Deleuze, G. (1993). Postskriptum über die Kontrollgesellschaften. In G. Deleuze (Hrsg.), *Unterhandlungen. 1972-1990* (S. 254–262). Suhrkamp.
Dieter, M. (2024). Interface critique at large. *Convergence: The International Journal of Research into New Media Technologies, 30*(1), 49–65.
Distelmeyer, J. (2017). *Machtzeichen: Anordnungen des Computers. Texte zur Zeit* (7. Aufl.). Bertz und Fischer.
Distelmeyer, J. (2021). *Kritik der Digitalität*. VS Verlag für Sozialwissenschaften.
Dokumacı, A. (2016). Micro-activist affordances of disability. Transformative potential of participation. In M. Denecke, A. Ganzert, I. Otto, & R. Stock (Hrsg.), *ReClaiming participation. Technology – Mediation – Collectivity* (S. 67–84). transcript.
Dokumacı, A. (2023). *Activist affordances. How disabled people improvise more habitable worlds*. Duke University Press.
Dolan, E. I. (2012). Toward a musicology of interfaces. *Keyboard Perspectives, V*, 1–13.
Drucker, J. (2013). Performative materiality and theoretical approaches to interface. *Digital Humanities Quarterly, 7*(1).
Du Gay, P., Hall, S., Janes, L., Mackay, H., & Negus, K. (1997). *Doing cultural studies. The story of the Sony Walkmann*. Sage.
Ellcessor, E. (2016). *Restricted access. Media, disability, and the politics of participation* (Postmillennial pop). New York University Press.
Ellis, K., & Goggin, G. (2015). Disability, locative media, and complex ubiquity. In U. Ekman, J. D. Bolter, L. S. Diaz, & M. Engberg (Hrsg.), *Ubiquitous computing, complexity and culture* (S. 272–287). Routledge.
Ellis, K., & Kent, M. (Hrsg.). (2018). *Disability and the media. Critical concepts in media and cultural studies*. Routledge.
Ellis, K., Kao, K.-T., & Pitman, T. (2020). The pandemic preferred user. *Fast Capitalism, 17*(2), 17–27.
Ernst, C. (2017). Implizites Wissen, Kognition und die Praxistheorie des Interfaces. *Navigationen, 17*(2), 99–116.
Flusser, V. (1993). *Dinge und Undinge. Phänomenologische Skizzen*. Hanser.
von Foerster, H. (2003). *Understanding understanding: Essays on cybernetics and cognition*. Springer.
Galloway, A. (2011). Black Box, Schwarzer Block. In *Die technologische Bedingung. Beiträge zur Beschreibung der technischen Welt* (S. 267–281). Suhrkamp.
Galloway, A. R. (2012). *The interface effect*. John Wiley & Sons.
Geese, N. (2018). Mobilitätsassistenzen für blinde Menschen. In A. K. Klettner & G. Lingelbach (Hrsg.), *Blindheit in der Gesellschaft. Historische Wandel und interdisziplinäre Zugänge* (S. 153–190). Campus Verlag.
Goggin, G., & Newell, C. (2003). *Digital diability. The social construction of disability in new media* (Critical media studies). Rowman & Littlefield.
Gramelsberger, G. (2023). *Philosophie des Digitalen zur Einführung*. Junius.
Griffin, D. (1958). *Listening in the dark. The acoustic orientation of bats and men*. Yale University.
Gumbrecht, H. U., & Ludwig Pfeiffer, K. (Hrsg.). (1988). *Materialität der Kommunikation*. Suhrkamp.

Hadler, F. (2018). Beyond UX. *Interface Critique Journal, 1*, 2–9.

Hadler, F., Irrgang, D., Soiné, A., & Ernst, C. (Hrsg.). (2023). Interface Critique 4. Diagrammatic operations. arthistoricum.net

Haensch, K. (2021). From "interfacing objects" to "interface things"? Material-strategic notes on the smart speaker design. *Interface critique, Nr. 3: Depth of Field*, 285–300.

Haffke, M. (2019). *Archäologie der Tastatur. Musikalische Medien nach Friedrich Kittler und Wolfgang Scherer*. Fink.

Hagen, W. (2008). Metaxy. Eine historiosemantische Fußnote zum Medienbegriff. In S. Münkler & A. Roesler (Hrsg.), *Was ist ein Medium?* (S. 13–29).

Hagood, M. (2017). Disability and biomediation: Tinnitus as phantom disability. In E. Ellcessor & B. Kirkpatrick (Hrsg.), *Disability media studies* (S. 311–328). New York University Press.

Hagood, M. (2019). *Hush. Media and sonic self-control* (Sign, storage, transmission). Duke University Press.

Halbach, W. (1994). *Interfaces. Medien- und kommunikationstheoretische Elemente einer Interface-Theorie*. Wilhelm Fink.

Hamraie, A. (2017). *Building access. Universal design and the politics of disability*. University of Minnesota Press.

Hamraie, A., & Fritsch, K. (2019). Crip technoscience manifesto. *Catalyst, 5*(1), 1–33.

Harenberg, M. (2012). *Virtuelle Instrumente im akustischen Cyberspace. Zur musikalischen Ästhetik des digitalen Zeitalters*. transcript.

Hartwig, S. (Hrsg.). (2020). *Behinderung. Kulturwissenschaftliches Handbuch*. Metzler.

Hennig, M., & Hauptmann, K. (2019). ALEXA, OPTIMIER MICH! KI-Fiktionen digitaler Assistenzsysteme in der Werbung. *Zeitschrift für Medienwissenschaft, 11*(2), 86–94.

Hickethier, K. (1997). Radio und Hörspiel im Zeitalter der Bilder. *Augen-Blick. Marburger Hefte zur Medienwissenschaft, 26: Radioästhetik – Hörspielästhetik*, S. 6–20.

Hoffmann, E. T. (1958 [1814]). Die Automate. In *Poetische Werke in sechs Bänden. Dritter Band. Die Serapionsbrüder* (S. 411–445). Berlin.

Hookway, B. (2014). *Interface*. MIT Press.

Hörl, E. (2018). The enviromentalitarian situation. Reflections on the becoming-enviromental of thinking, power and capital. *Cultural Politics, 14*(2), 153–173.

Hörl, E., & Ochsner, B. (2023). Mediale Teilhabe in Technologien relationaler Verschaltung. In B. Ochsner (Hrsg.), *Mediale Teilhabe. Partizipation zwischen Anspruch und Inanspruchnahme* (S. 21–46). meson press.

Huhtamo, E. (2006). Elements of screenology: Toward an archaeology of the screen. *Navigationen – Zeitschrift für Medien- und Kulturwissenschaften, 6*(2), 31–64.

Hüls, R. (1999). *Die Geschicht der Hörakustik. 2000 Jahre Hören und Hörhilfen*. Median.

Innis, H. (1950). *Empire and communications*. Oxford University Press.

Johnson, S. (1997). *Interface culture: How new technology transforms the way we create & communiate*. Basic Books.

Jonas, H. (1997). Der Adel des Sehens. In R. Konersmann (Hrsg.), *Kritik des Sehens* (S. 247–271). Reclam.

von Kempelen, W. (1791). *Mechanismus der menschlichen Sprache nebst der Beschreibung seiner sprechenden Maschine*. Degen.

Kirschenbaum, M. G. (2007). *Mechanismus: New media and the forensic imagination*. MIT Press.

Kittler, F. (1988). Signal-Rausch-Abstand. In H. U. Gumbrecht & K. L. Pfeiffer (Hrsg.), *Materialität der Kommunikation* (S. 342–359). Suhrkamp.

Kittler, F. (1993). *Draculas Vermächtnis. Technische Schriften*. Reclam.

Kittler, F. (2002). Memories are made of you. In P. Gente & M. Weinmann (Hrsg.), *Short Cuts* (S. 41–67). Zweitausendeins.

Kramer, G. (1994). *Auditory display. Sonification, audification, and auditory interfaces.* Addison-Wesley.

Krug, S. (2000). *Don't make me think! Common sense approach to web usability.* New Riders Publishing.

Ladd, P. (2019). Die politische Situation von Gebärdensprachgemeinschaften. *APuZ. Aus Politik und Zeitgeschichte, 69*(6–7), 37–41.

Laennec, R. T. (1819). *Traité de l'auscultation mediate et des maladies des poumons et du coeur.* J.-A. Brusson & J.-S. Chaudé.

Lange, B. (2019). *Gefangene Stimmen. Tonaufnahmen von Kriegsgefangenen aus dem Lautarchiv 1915–1918.* Kadmos.

Laurel, B. (Hrsg.). (1990). *The art of human computer interface design.* Addison-Wesley.

Lipp, B. (2017). Analytik des Interfacing. Zur Materialität technologischer Verschaltung in prototypischen Milieus robotisierter Pflege. *BEHEMOTH. A Journal on Civilisation, 10*(1), 107–129.

Löffler, P. (2017). Zick-Zack. Bruno Latours Umwege. *ilinix – Berliner Beiträge zur Kulturwissenschaft* (4), 137–143.

Macele, P., Müggenburg, J., & Wiechern, A.-L. (Hrsg.). (2025). *Assistive media. Barriers and interfaces in digital cultures.* transcript (Digitale Gesellschaft, 56) (im Erscheinen).

Manovich, L. (2001). *The language of new media.* MIT Press.

Maturana, H., & Varela, F. (1998). *The tree of knowledge.* Shambhala Press.

McGuire, C. (2020). *Measuring difference, numbering normal. Setting the standards for disability in the interwar period* (Disability history). Manchester University Press.

Mills, M. (2010). Medien und Prothesen. Über den künstlichen Kehlkopf und den Vocoder. In I. D. Gethmann (Hrsg.), *Klangmaschinen zwischen Experiment und Medientechnik* (S. 127–152). transcript.

Mills, M. (2011). Hearing aids and the history of electronics miniaturization. *IEEE Annals of the History of Electronics Miniaturization, 33*, 24–45.

Mills, M. (2012). Media and prosthesis: The Vocoder, the artificial larynx, and the history of signal processing. *Qui Parle: Critical Humanities and Social Sciences, 21*(1), 107–149.

Mills, M., & Sterne, J. (2020). Aural speed-reading: Some historical bookmarks. *PMLA: Publications of the Modern Language Association of America, 135*(2), 401–411.

Miyazaki, S. (2012). Das Sonische und das Meer. Epistemogene Effekte von Sonar 1940|2000. In A. Schoon & A. Volmar (Hrsg.), *Das geschulte Ohr. Eine Kulturgeschichte der Sonifikation* (Sound Studies, 4, S. 129–145). transcript.

Moser, I. (2000). Against normalisation. Subverting norms of ability and disability. *Science as Culture, 9*(2), 201–240.

Moser, I., & Law, J. (1999). Good passages, bad passages. *The Sociological Review, 47*(S1), 196–219.

Müller, J. (1839). *Über die Compensation der physischen Kräfte am menschlichen Stimmorgan. Mit Bemerkungen über die Stimme der Säugethiere, Vögel und Amphibien.* Fortsetzung.

Niediek, I. (2022). Time – Timing – Out of Time? Auswirkungen temporaler Herausforderungen auf die sozialen Beziehungen unterstützt kommunizierender Jugendlicher. *Diskurs, 17*(3), 281–295.

Norman, D. A. (1990). *The design of everyday things.* Doubleday.

Ochsner, B. (2020). „Die Zukunft smarten Hörens hat begonnen" (ReSound). Anmerkungen zu einer technosensorischen Regierungspraktik. In V. Borsò, S. Borvitz, & L. Viglialoro (Hrsg.), *Physiognomien des Lebens. Physiognomik im Spannungsverhältnis zwischen Biopolitik und Ästhetik* (Mimesis, S. 161–182). de Gruyter.

Ochsner, B., Spöhrer, M., & Stock, R. (2015). Human, non-human, and beyond. Cochlear implants in socio-technological environments. *Nanoethics, 9*, 1–14.

Ochsner, B., Spöhrer, M., & Stock, R. (2022). Rethinking assistive technologies. Users, environments, digital media, and app-practices of hearing. *Nanoethics, 16*, 65–79.

Olsen, S. H., Cork, S. J., Anders, P., Padrón, R., Peterson, A., Strausser, A., & Jaeger, P. T. (2022). The disability tax and the accessibility tax: The extra intellectual, emotional, and technological labor and financial expenditures required of disabled people in a world gone wrong … and mostly online. *Including Disability, 1*(1), 51–86.

OpenAI. (25. September 2023). ChatGPT can now see, hear, and speak. https://openai.com/index/chatgpt-can-now-see-hear-and-speak/. Abgerufen am 29.06.2025.

Otto, I. (2018). Interfacing als Prozess der Teilhabe: Zur Ästhetik von Smartphone-Gemeinschaften am Beispiel von Snapchat. In O. Ruf (Hrsg.), *Smartphone-Ästhetik: zur Philosophie und Gestaltung mobiler Medien* (S. 105–122). transcript.

Oudshoorn, N., & Pinch, T. (2003). Introduction. How users and non-users matter. In N. Oudshoorn & T. Pinch (Hrsg.), *How users matter. The co-construction of users and technologies* (Inside technology, S. 1–25). MIT Press.

Parikka, J. (2015). *A geology of media*. University of Minnesota Press.

Paterson, K., & Hughes, B. (1999). Disability studies and phenomenology: The carnal politics of everyday life. *Disability & Society, 14*(5), 597–610.

Peters, J. D. (2015). *The marvelous clouds. Toward a philosophy of elemental media*. University of Chicago Press.

Pinch, T. (2001). Why you go to a piano store to buy a synthesizer: Path dependence and the social construction of technology. In R. Garud & P. Karnøe (Hrsg.), *Path dependence and creation* (S. 381–400). Rutgers University Press.

Pinch, T., & Trocco, F. (2002). *Analog days. The invention and impact of the Moog synthesizer*. Harvard University Press.

Plessner, H. (1928). *Die Stufen des Organischen und der Mensch. Einleitung in die philosophische Anthropologie*. De Gruyter.

Rodas, J. M. (2009). On blindness. *Journal of Literary & Cultural Disability Studies, 1*(2), 115–130.

Rouvroy, A. (2013). The end(s) of critique: Data behaviourism versus due process. In M. Hildebrandt & K. d. Vries (Hrsg.), *Privacy, due process and the computational turn: The philosophy of law meets the philosophy of technology* (S. 143–165). Routledge.

Saerberg, S. (2006). „Geradeaus ist einfach immer geradeaus." In *Eine lebensweltliche Ethnographie blinder Raumorientierung*. UVK.

Schabacher, G. (2017). Im Zwischenraum der Lösungen. Reparaturarbeit und Workarounds. *ilinx – Berliner Beiträge zur Kulturwissenschaft, 4*, xiv–xxviii.

Schaefer, P. (2011). Interface: History of a concept. In D. W. Park, N. W. Jankowski, & S. Jones (Hrsg.), *The long history of new media: Technology, historiography, and contextualizing newness* (S. 163–175). Peter Lang.

Schillmeier, M. (2016). Praktiken der Behinderung und Ermöglichung. Behinderung neu denken. In I. B. Ochsner & R. Stock (Hrsg.), *senseAbility – Mediale Praktiken des Sehens und Hörens* (S. 281–300). transcript.

Schoon, A., & Volmar, A. (Hrsg.). (2012). *Das geschulte Ohr. Eine Kulturgeschichte der Sonifikation*. transcript.

Schulz, M. (2018). *Hören als Praxis. Sinnliche Wahrnehmungsweisen technisch (re-)produzierter Sprache* (Auditive Vergesellschaftungen Hörsinn – Audiotechnik – Musikerleben). Springer Fachmedien Wiesbaden.

Schulze, H. (2016). Das auditive Dispositiv. Apparatisierung und Deapparatisierung des Hörens. In B. Ochsner & R. Stock (Hrsg.), *senseAbility – Mediale Praktiken des Sehens und Hörens* (S. 233–253). transcript.

Shiga, J. (2013). Sonar: Empire, media, and the politics of underwater sound. *Canadian Journal of Communication, 38*(3), 357–378.

Shneiderman, B. (1983). Direct manipulation. A step beyond programming languages. *Computer, 16*(8), 57–69.

Simondon, G. (2012). *Die Existenzweise technischer Objekte* (Schriften des internationalen Kollegs für Kulturtechnikforschung und Medienphilosophie, Bd. 11). Diaphanes.

Stäheli, U. (2021). *Soziologie der Entnetzung.* Suhrkamp.

Sterne, J. (2003). *The audible past. Cultural origins of sound reproduction.* Duke University Press.

Sterne, J. (2021). *Diminished faculties. A political phenomenology of impairment.* Duke University Press.

Stock, R. (2013). Retina-Implantate. Neuroprothesen und das Versprechen auf Teilhabe. *AugenBlick. Konstanzer Hefte zur Medienwissenschaft, 58*(Objekte medialer Teilhabe), 100–111.

Stock, R. (2022a). Jonathan Sterne: Diminished Faculties: A Political Phenomenology of Impairment. *MEDIENwissenschaft: Rezensionen | Reviews, 03,* 242–244.

Stock, R. (2022b). Hearing echoes as an audile technique: From "facial vision" to experimental psychology and echolocation. In M. Schillmeier, R. Stock, & B. Ochsner (Hrsg.), *Techniques of hearing. History, theory and acoustic experiences* (S. 55–65). Routledge.

Stock, R. (2022c). Mobilität und Tuning-Prozesse. Zur Reorganisation materiell-sensorischer Praktiken blinder Fußgänger:innen durch digitale Medien. *Zeitschrift für Empirische Kulturwissenschaft. Beiträge zur Kulturforschung, 118*(1 & 2), 25–50.

Stock, R. (2023). Einzelhörer und Vielhörer. Eine historische Situierung von Hörgeräten als Operatoren medialer Teilhabe. In *Mediale Teilhabe. Partizipation zwischen Anspruch und Inanspruchnahme* (S. 81–104). meson press.

Stock, R. (2024). Blindness, acoustic environing and sensing technologies (ca. 1950–1980). *pIJ, 9*(1), 5–30.

Stock, R., Meier Zu Verl, C., Şahinol, M., Wiechern, A.-L., Wagenknecht, A., & Volmar, A. (2025). *Dis/Ability und digitale Medien. Interdisziplinäre Perspektiven auf Technologien, Praktiken und Zugänglichkeiten* (Technikzukünfte, Wissenschaft und Gesellschaft/Futures of Technology, Science and Society). Springer. im Erscheinen.

Stoler, A. L. (2008). *Along the archival grain. Epistemic anxieties and colonial common sense.* Princeton University Press.

Story, B. H. (2019). History of speech synthesis. In *The Routledge handbook of phonetics* (Routledge handbooks in linguistics, S. 9–33). Routledge.

Thacker, E. (2004). *Biomedia* (Electronic mediations, Bd. 11). MinneapolisUniversity of Minnesota Press.

Tiku, N., Verma, P., & De Vynck, G. (20. May 2024). Scarlett Johansson says OpenAI copied 'Her' voice after she said no. *The Washington Post.*

Turkle, S. (2008). Always-on/Always-on-you: The tethered self. In J. E. Katz (Hrsg.), *Handbook of mobile communication studies* (S. 121–137). MIT Press.

von Uexküll, J. (1982). The theory of meaning. *Semiotica, 45*(1), 25–79.

Volmar, A. (2007). Die Anrufung des Wissens. Eine Medienepistemologie auditorischer Displays und auditiver Wissensproduktion. *Navigationen – Zeitschrift für Medien- und Kulturwissenschaften, 7*(2), 105–116.

Volmar, A. (2025). Kaskaden der Marginalisierung und randständige Infrastrukturierung. Zu den Auswirkungen normativer Technikentwicklung am Beispiel von Videokommunikation und gehörlosen Nutzer*innen. In R. Stock, C. Meier Zu Verl, M. Şahinol, A.-L. Wiechern, A. Wagenknecht, & A. Volmar (Hrsg.), *Dis/Ability und digitale Medien. Interdisziplinäre Perspektiven auf Technologien, Praktiken und Zugänglichkeiten*. Springer (Technikzukünfte, Wissenschaft und Gesellschaft/Futures of Technology, Science and Society).

Volmar, A., & Supper, A. (2018). Sonifikation. In D. Morat & H. Ziemer (Hrsg.), *Handbuch Sound: Geschichte – Begriffe – Ansätze* (S. 75–79). J.B. Metzler.

Wagenknecht, A. (2024). *Mit einem Talker sprechen. Eine praxistheoretische Rekonstruktion technisch unterstützter Kommunikation* (Beiträge zur Praxeologie/Contributions to Praxeology). J.B. Metzler/Springer.

Waldschmidt, A. (Hrsg.). (2022). *Handbuch Disability Studies*. Springer Fachmedien.

Ward, J., & Meijer, P. (2010). Visual experiences in the blind induced by an auditory sensory substitution device. *Consciousness and Cognition, 19*(1), 492–500.

Weber, H. (2009). Stecken, Drehen, Drücken. Interfaces von Alltagstechniken und ihre Bediengesten. *Technikgeschichte, 76*(3), 233–254.

Weber, H. (2010). Head cocoons. A sensori-social history of earphone use in West Germany, 1950–2010. *The Senses and Society, 5*(3), 339–363.

Weber, K. (2015). Alternative Benutzerschnittstellen als Möglichkeit der Kompensation sensorischer Handicaps. In F. Kerkmann & D. Lewandowski (Hrsg.), *Barrierefreie Informationssysteme. Zugänglichkeit für Menschen mit Behinderung in Theorie und Praxis* (S. 49–70). de Gruyter.

Werner, A. (2024). *„Deaf History" als Wissenschaftsgeschichte. Die Teilhabe gehörloser Menschen an Fachdiskursen über Taubheit im geteilten Deutschland* (Wissenschafts- und Technikgeschichte). transcript.

Wernicke, C. (2022). The role of acoustic instrument metaphors in digital-material musical interface designs. In M. Dogantan-Dack (Hrsg.), *Rethinking the musical instrument* (S. 232–256). Cambridge Scholars.

Westin, T., Hamilton, I., & Ellis, B. (2021). Game accessibility. Getting started. In *The digital gaming handbook* (S. 37–52). CRC.

Wigdor, D., & Wixon, D. (2011). *Brave NUI world: Designing natural user interfaces for touch and gesture*. Morgan Kaufmann/Elsevier.

Winance, M. (2006). Trying out the wheelchair. The mutual shaping of people and devices through adjustment. *Science, Technology, & Human Values, 31*(1), 52–72.

Winkler, H. (1997). *Docuverse: Zur Medientheorie der Computer*. Boer.

Wirth, S. (2014). To interface (a computer). Aspekte einer Mediengeschichte der Zeigeflächen. In F. Goppelröder & M. Beck (Hrsg.), *Sichtbarkeiten 2: Präsentifizieren. Zeigen zwischen Körper, Bild und Sprache* (S. 151–166). diaphanes.

Wirth, S. (2016). Between interactivity, control, and 'everydayness': Towards a theory of user interfaces. In F. Hadler & J. Haupt (Hrsg.), *Kaleidogramme: Vol. 139. Interface critique* (S. 17–35). Kadmos.

Wirth, S. (2023). Interfaces of AI: Two examples from popular media culture and their analytical value for studying AI in the sciences. In A. Sudmann (Hrsg.), *Beyond quantity: Research with subsymbolic AI* (S. 217–233). transcript.

Woods, H. S. (2018). Asking more of Siri and Alexa: Feminine persona in service of surveillance capitalism. *Critical Studies in Media Communication, 35*(4), 334–349.

Zdrodowska, M. (2023). "Thrice precious tube!" Negotiating the visibility and efficiency of early hearing aids. *Journal of Design History, 36*(4), 1–17.

Technik/Operationen

Akustische versus implizit sonische Schnittstellen. Eine innertechnische Sicht

Wolfgang Ernst

Zusammenfassung

Die folgenden Ausführungen versuchen sich unter Ausklammerung der „sozialen" Aspekte an einer radikal epistemischen – wenn nicht gar ontologischen – Sicht auf medientechnische Schnittstellen. Sie zielen also weniger auf ihre phänomenologische Funktion, sondern fokussieren auf deren technologisches Wesen. Nicht nur das haptische oder das grafische, sondern auch das akustische Userinterface bildet eine lose Kopplung zweier Systeme, gemeinhin Mensch und Maschine als klassisches kybernetisches Szenario. Demgegenüber verkehrt die Medienarchäologie die Perspektive: Schnittstellen sollen hier vonseiten der Maschine gegenüber dem Menschen begriffen werden oder gar als intermaschinelle Kommunikation unter Ausklammerung des Menschen selbst. Wie sich ein solches medienepistemologisches Unterfangen ausgestalten kann, wird im Beitrag verdeutlicht.

Schlüsselwörter

Medienepistemologie · Techniknahe Medienwissenschaft · Innertechnische Perspektiven · Media Science · Medienarchäologie

---

W. Ernst (✉)
Lehrstuhl für Medientheorien, Humboldt-Universität zu Berlin, Berlin, Deutschland
E-Mail: wolfgang.ernst@hu-berlin.de

1 „Theremin for the Deaf": Die Erforschung akustischer Interfaces im und als Medientheater

Um in der Sprache der Akustik zu bleiben: Das Medientheater des Instituts für Musikwissenschaft und Medienwissenschaft der Humboldt-Universität zu Berlin bot den idealen „Klangkörper" und „Resonanzraum", das Thema *Akustische Interfaces*[1] zur Sprache zu bringen. Denn der Nachhall (oder gar das Echogedächtnis) dieses Raums speichert – ganz im Sinne einer philosophischen Spekulation von Charles Babbage (Babbage, 1989 [1837]) – Spuren der Schallwellen zahlreicher vormaliger Workshops und Vorträge über die privilegierte Allianz sonischer und medientechnischer Prozesse: „Medien", wie sie die techniknahe Berliner Schule von Medienwissenschaft meint. Beide finden ihren gemeinsamen Nenner in der irreduziblen Zeitbasis t, wie sie die Theorie der Quantengravitation selbst auf einen sonischen Nenner bringt, indem sie die Zeit nicht mehr als eine Variable wie etwa in der klassischen Mechanik beschreibt, „sondern als eine periodische Schwingung", als „Zeitfeld" (Herrmann & Bojowald, 2020).

Konkret widmete sich in diesem Medientheater während der schon genannten Kooperationstagung *Akustische Interfaces* u. a. eine Lectureperformance der Echtzeitdemonstration eines Datenhandschuhs zur Sonifikation elektromagnetischer Wellen im Raum – als „Demo" im konkreten Sinn der Computerspielszene: live, keine Aufzeichnung.[2] So wurde der Ort der wissenschaftlichen und künstlerischen Thematisierung akustischer Interfaces zeitweise selbst zur medienaktiven Agentur des von Marshall McLuhan definierten „acoustic space", der darunter vor allem die Übertragung von Signalen in Form elektromagnetischer Wellen verstand: also nicht schlicht akustische Hörbarkeit, sondern implizit sonische, elektrotechnische Medienereignisse, d. h. „Sonik" (Ernst, 2008).

Sind die immanenten Artikulationen des „Techno*lógos*" (Ernst, 2021) das, was sich dem menschlichen Vernehmen grundsätzlich entzieht, weil dazu überhaupt kein akustisches Interface gebildet werden kann? Im Fall von Radioempfang ist das Stimmen (Tuning) des Drehkondensators und die akustische Wahrnehmbarkeit aus dem Lautsprecher bereits eine Rückübersetzung elektromagnetischer Wellen vonseiten der Elektronik an den Menschen in seiner ganzen Beschränktheit des Sinnesapparats. Die eigentliche elektrotechnische Operation liegt beim Rundfunk auf der für Menschen nicht wahrnehmbaren Ebene von HF-Sendung und -Empfang. Ein elektronisches Modul aus Spule und Kondensator, der Schwingkreis (Dörfling, 2022), bildet im Radioempfänger das innertechnische Interface gegenüber dem Sender. Was Menschen am Lautsprecher als akustisches Interface vernehmen, sind gerade *nicht* die eigentlichen Radiowellen (Kittler, 1993).

Der allerersten Hertz'schen Funkensendung – experimentell vollzogen in einem akademischen Hörsaal – eignete als medienarchäologisches Momentum vielmehr eine implizite Sonik, vernommen im elektrotechnischen Phänomen der Resonanz. Auch das Medien-

---

[1] Dort fand ein gleichnamiger Workshop vom 4. bis 6. Mai 2022 statt, der den Ausgangspunkt dieser Überlegungen darstellt.

[2] Vergleiche hierzu den Beitrag von Jan Class van Treeck in diesem Band.

theater der Humboldt-Universität zu Berlin begreift sich im Sinne Marshall McLuhans, den eine techniknahe Medienwissenschaft in Ehren hält, nicht primär als Spektakel, sondern vor allem als „acoustic space" im erweiterten Signalsinn. Wenn es nicht gerade als Tagungsraum oder Hörsaal umgenutzt und damit auf das gesprochene Wort oder PowerPoint-Projektionen fokussiert ist, fungiert das Medientheater als Studio für nicht nur visuelle, sondern auch auditive (und andere sinnesmodale) Experimente mit Signalen aus Menschen und Maschinen: als eine Konfrontation des Performativen mit dem Operativen.

In der Vernissage des Seminars *Dramaturgie der Signale*[3] hat der Masterabsolvent David Friedrich *im* und *als* Medientheater der Humboldt-Universität, in schönster Verbindung eines Studiums sowohl von Medien- als auch von Musikwissenschaft, sein „Theremin for the Deaf" in Szene gesetzt[4] (vgl. Abb. 1).

Dieses spezielle Theremin erlaubt es, die im Radiofeld erzeugten und von nahen Menschenkörpern als Kondensator modulierten Klänge – aber eben auch andere Ereignisse im „acoustic space" – vermittels eines Audiotransmitters, per Cochleaimplantat (Mi-

Abb. 1 David Friedrichs Operativierung seines „Theremin for the Deaf" als „Dramaturgie der Signale" im Medientheater des Instituts für Musikwissenschaft und Medienwissenschaft der Humboldt-Universität zu Berlin, 15. Februar 2018. Copyright: David Friedrich

---

[3] Humboldt-Universität zu Berlin, WiSe 2017/2018, Dozenten: Florian Leitner und Stefan Höltgen.
[4] Siehe auch https://www.musikundmedien.hu-berlin.de/de/medienwissenschaft/medientheorien/fundus/thereminforthedeaf (zugegriffen am 06. September 2023).

yazaki, 2016) und geordnet durch Algorithmen, Gehörlosen als bioelektrische Signale durch Elektroden in den menschlichen Hörnerv zu senden, unter Umgehung des mechanischen Anteils im äußeren Hörkanal. Das eigentliche Interface ist hier nicht mehr akustischer Natur. Zur Beobachtung zweiter Ordnung vonseiten neutraler Anwesender wurden diese elektromagnetischen Wellen in Friedrichs Installation auf einem peripher angeschlossenen Oszilloskop sichtbar. Was hier bloß verbal beschrieben werden kann, vernimmt das „Gehör" der Messmedien selbst als „wave forms". Und so kommt der Technológos schalltoter Signale in Hörgeräten, akustischen Prothesen und in der Transducer- und Verstärkertechnik zur externen (menschenseitigen) *und* technikimmanenten Sprache. Am elektroakustischen Interface kommt etwas zum Erklingen, was elektronikseitig nichtakustischer Natur ist. Bereits der Doyen der Elektronenröhrenforschung in Deutschland, Heinrich Barkhausen, registrierte mit Erstaunen diese Äquivalenz elektronischer (also implizit sonischer) und mechanischer (also akustischer) Schwingungen (Barkhausen, 1958).

Senderseitig ist schon jedes Mikrofon eine Schnittstelle zwischen Elektrotechnik und (Gesang-)Stimme respektive Instrument. Diese operative Ebene ist die unabdingbare Voraussetzung dafür, dass Schallwellen überhaupt als Wechselstrom auf Draht gespeichert (wie im Falle des Wire Recorders der Firma Webster, Chicago, um 1950) oder gar drahtlos, also elektromagnetisch, gesendet und empfangsseitig wieder mit Menschenohren interagieren können. Die Überführung von Luftschwingungen in elektromagnetische Induktion, als Übersetzung von Mechanik in analoge Stromschwankungen, verweist auf einen medienarchäologisch tiefgründigeren Sinn: Wesenswandlungen des Signals. Eine nichtokularzentrische Medienarchäologie von analogen und digitalen Interfaces sucht dementsprechend nicht nur die Bedeutung des Akustischen, sondern auch die damit implizierte Epistemologie für die Ausdifferenzierung gegenwärtiger Interfacekulturen explizit zu machen.

2 Für eine medienarchäologische Entgrenzung der „akustischen" Schnittstellen zugunsten der Sonik

Der dieser Argumentation zugrunde liegenden Tagung ging es zunächst darum, ausdrücklich akustische Interfaces in ihrer Ästhetik und Medialität, oder schärfer formuliert: in ihrer „aisthesis" und Technik in den Fokus zu rücken. Zum Zweck der definitorischen Schärfung akustischer Interfaces steht es ebenso an, zu fragen, was sie *nicht* sind. Im Sinne des implizit Sonischen (Sonik), als Bezeichnung für tempor(e)ale Signalformen elektronischer Art, lassen sich damit auch nicht manifest akustische Interfaces dennoch mit medienwissenschaftlichem Ohr „vernehmen" – ein technikseitiger Nebensinn von McLuhans kanonischem Buchtitel *Understanding Media*. Der erweiternde Begriff des „implizit Sonischen" erlaubt es, in der Diskussion akustischer Interfaces nicht den anthropozentrischen Beschränkungen auf das Akustische zu unterliegen, das zumeist selbstredend als auf das menschliche Gehör ausgerichtet verstanden wird. Buchstäblich *zwischen* der „Unterfläche" (Nake, 2006) und der Oberfläche technischer Medien gilt es, gegenwärtige Interfaceoperationen herauszuarbeiten.

Eine Geschichte akustischer Interfaces bleibt immer noch primär menschenseitig und phänomenologisch gedacht; das medienarchäologische Gehör aber widmet sich auch den „ears of the machine" (Riis, 2015). Neben eine bloße Geschichte und Ästhetik akustischer Interfaces tritt damit eine Archäologie sonischer Interfaces, in Anlehnung an (und zugleich Ausdifferenzierung gegenüber) Lev Manovichs „Archaeology of the Screen" (1998).

3 Die Medienbotschaft akustischer Interfaces: Schnittstellen zur tempor(e)alen Information

Die Audifikation innertechnischer Signale dient der direkten Signal-to-Sound-Konversion und behandelt sie als Wellenform. Sonifikation hingegen rechnet mit Daten (nach digitaler Wandlung aus Signalen) und macht sie damit – bis hin zum „parameter mapping" – mathematischer (algorithmischer) Manipulation zugänglich (Kramer, 1994).

So ermöglicht etwa das Rasterkraftmikroskop das Mikro-„Skopieren" atomarer Oberflächen gerade deshalb, weil es nicht mehr mit optischen Medien (Licht und Linse) operiert, sondern die betreffende Oberfläche mit einer auf einer Feder gelagerten Tastspitze (etwa aus Wolfram) zeilenweise überstreicht: eine Art funktionales Fernsehen, näher an der Praxis der Abtastung mechanischer Tonträger. Aus dem Mittelwert solcherart gewonnener Daten in der x-, y- und z-Achse wird dann etwas errechnet, was gegenüber dem Menschen auf Interfaceebene wahlweise als etwas erscheint, das sich nach und nach zeilenweise auf dem Bildschirm aufbaut. Und dennoch bleibt der epistemische Gehalt dieser Operation phänomenologisch nicht auf (r)eine Sichtbarkeit verwiesen. So wird etwa dem genannten Verfahren Folgendes bescheinigt:

> „Doch wichtig für den Mikroskopierer ist zunächst nicht das Auge, sondern vor allem das Ohr. Denn dank einer zweifachen Verstärkung kann der Messende seiner Spitze, während sie über die Probe fährt, zuhören. Diese Geräusche sind wesentlich näher dran am Geschehen als das Bild. Man hört, wie die Nadel zeilenweise über die Probe rumpelt. Sie produziert in der Verstärkung ähnlich Geräusche, wie die Plattenspielernadel beim Scratchen." (Soentgen, 2006, S. 104)

Damit lenkt die sonische Wahrnehmung die epistemische Aufmerksamkeit vor allem auf das Prozesshafte (die Zeit), im Unterschied zur referenziellen Illusion des zweidimensionalen Bildes. Mit der Alternative Visualisierung *versus* Sonifikation sind zwei dezidiert verschiedene Erkenntnisregime adressiert. Während Verbildlichung als Computer*imaging* eine codierende, also symbolische Repräsentation ist (Soentgen, 2006, S. 104), stellt die funktionale Verklanglichung als epistemisches Interface einen indexikalischen Bezug zur Zeitlichkeit her. Akustik ist genuin „time-based". Im Sinne von Jacques Lacan (Kittler, 1986) herrscht damit ein privilegierter Bezug des Sonografischen zum Tempor(e)-alen: „[D]as Geräusch entspricht sehr genau dem eigentlichen Messprozess" (Soentgen,

2006, S. 109), im Unterschied zum Imaginären des Bildes oder des Symbolischen digitaler Daten. Navigation im Meer von Klang und Geräusch entbirgt das zeitkritische Wesen des technischen Signals. Mit dem Begriff des „implizit Sonischen" lässt sich das Feld des Akustischen auf eine Medienphänomenologie der Zeitsignale hin erweitern. Durch direkte Audifikation oder indirekte Sonifikation von Datenverarbeitung lässt sich das Zeitverhalten der Maschine viel treffender fassen – einer der Gründe, akustische Interfaces gegenüber der herkömmlichen Suprematie der visuellen Information zu privilegieren.

4 Vom akustischen Interface zum elektronischen Intraface

Eine auf Cultural Studies fokussierte Medienwissenschaft sucht Interfaces gerade nicht nur als Schnittstelle und Ort zwischen zwei (oder mehr) Entitäten wie Maschine/Maschine oder Mensch/Maschine zu verstehen, sondern den Begriffshorizont auf Medien der Darstellung und Repräsentation von Daten sowie als Kommunikations-, Interaktions- und Kooperationsbedingungen zu erweitern. Doch mahnt eine radikale Medienarchäologie akustischer Interfaces, bei aller Öffnung und Entgrenzung des Begriffs nicht das technophysikalische Kind mit dem diskursiven Bade auszuschütten und das Interface als „Techno-Logie" (Dotzler & Roesler-Keilholz, 2017) zuallererst *beim Wort* (englisch „face value") zu nehmen, sprich: als technische Schnittstelle. Diese beschränkt sich nicht auf das Verhältnis von Mensch und Technik, sondern ereignet sich längst viel machtvoller als technikimmanente „Intrafaces" (Galloway, 2012).

Im Sinne der subtilen Signifikantenverschiebung („différance") vom Interface zum Intraface – und im Unterschied zu traditionellen Kulturtechniken – steuert jedes Musical Instrument Digital Interface (MIDI) als Datenübertragungsprotokoll die Kommunikation zwischen elektronischen Instrumenten. Das Prinzip strikter Sequenzialität elektronischer Datenprozessierung im von Neumann'schen Konzept der Computerarchitektur – wie es sich in der bitseriellen Schnittstelle technisch konkretisiert – beschreibt „eine komplexe Maschine, deren Ausführungszeiten idealiter gegen Null tendieren" (Hagen, 1994, S. 143), als maximale Minimierung von „latency". Echtzeit ist jene Tempor(e)alität, welche der menschlichen Wahrnehmung zumeist entgeht: „Es gäbe auf CD-Platten gar keine Musik zu hören, wenn die Ohren bei einer Abtastfrequenz von 43 Kilohertz lauter diskrete Amplitudenwerte wahrnehmen würden" (Kittler, 1998, S. 255).[5] Doch *zeitigen* digitale MIDI-Schnittstellen je nach Übertragungskanal – etwa im Internet – bisweilen einen Verzug („latency") der Signalverarbeitung im Millisekundenbereich, auf den das menschliche (Ersatz-)Organ für Zeitwahrnehmung, nämlich das Gehör, empfindlich reagiert.

---

[5] Tatsächlich werden im Format der CD akustische Signale mit einer Abtastrate von 44,1 kHz digitalisiert.

5 Die ultimative Schnittstelle des Computers zur akustischen Welt: A/D- und D/A-Wandler

Die Operation der Analog-zu-digital-Wandlung (und ihre Rückwandlung) bildet in der Epoche computerbasierter Kommunikation das ultimative Interface: nämlich zwischen der physikalischen Welt (des Analogen) und ihrer technologischen Berechenbarkeit (im Digitalen). So attestierte bereits 1999 Thomas Levin der A/D-Wandlung: „Dank dieser Technik findet der Ton zunehmend Eingang in digitale Informationsverarbeitungssysteme, die bisher weitgehend von Texten (d. h. Daten und Textverarbeitung) bzw. Bildern (CAD, Photoshop usw.) dominiert wurden" (Levin, 1999, S. 284). Durch A/D-Wandler als technikseitiges Interface wird im Sample-and-Hold-Modul als Schnittstelle zwischen externer (stetiger) und interner (diskreter) Welt des Computers das textfremde akustische Signal tatsächlich selbst zum Symbol. Stimme und Klang werden hier nicht mehr als Phonografie, sondern (idealiter) in binären Zeichenketten gespeichert, gleich einer Partitur zweiter Ordnung.

6 Harte Arbeit am Begriff der akustischen Schnittstellen

Praktiken und Dispositive akustischer Interfaces verlangen nicht nur nach präzisen Apparaturen, sondern zu ihrer Erfassung ebenso eine genuine, eigenständige Begrifflichkeit, um sie nicht länger der Metaphorik menschenseitiger Wahrnehmung zu unterwerfen. In der Tradition G. W. F. Hegels gehört die „Arbeit am Begriff" zu den vornehmsten Aufgaben der Medientheorie. Sie hat den Vorzug, sich nicht in philosophischen Spekulationen verirren zu müssen, da ihre Sprache in konkreten Objektivierungen des technologischen Geistes geerdet ist. Es sind buchstäblich „termini technici", auf welche techniknahe Medienanalyse zurückgreift.

Medienwissenschaftliche Analyse ist primär (wenngleich nicht exklusiv) in technischen Gegenständen geerdet – und damit in jenen Ingenieurskünsten, denen sich die Entwicklung solcher Schnittstellen überhaupt erst verdankt. Während das Interface im physikalischen Sinne Grenzflächen als solche bezeichnet, liegt der Fokus der Medienwissenschaft auf deren technologisch gestalteten (In-)Formationen. So stellt beispielsweise der piezoelektrische Effekt ein naturwissenschaftliches Phänomen dar, doch erst in Form des Piezolautsprechers und -mikrofons wird er zu einem von der „Ingenieurwissenschaft des Geistes" (Ganzhorn, 1986, S. 45 f.) intendierten Schallwandler. Zwischen Mediensoziologien und Akteur-Netzwerk-Analysen der akustischen Nutzerschnittstelle einerseits und (quanten-)physikalischer Grenzflächenforschung andererseits ist der medienwissenschaftliche Blick auf Technologien akustischer Interfaces fokussiert, sodass bei aller diskursiven Öffnung hin zu diversen Wissensgeschichten nicht die Medienspezifik analytisch verloren geht. Diese „media specificity" gründet im Wesen des Technischen – und sei es (mit Gaston Bachelard formuliert) als apparative „Phänomenotechniken" (Alloa, 2015).

Gemäß der Deutschen Industrie-Norm für Begriffe der Informationsverarbeitung (DIN 44300) ist die Schnittstelle ein „gedachter oder tatsächlicher Übergang an der Grenze zwischen zwei gleichartigen Einheiten, wie Funktionseinheiten, Baueinheiten oder Programmbausteinen", mit vereinbarten Regeln für die Übergaben von Daten oder Signalen (Ghassemi-Tabrizi, 2000, S. 344). Dabei handelt es sich zumeist um Übergangsstellen, an denen „zwei verschiedene Systeme kooperieren" (Schulze, 1989, S. 2350), um analoge Signale oder digitale Daten (Texte, Bilder, Sprache, Nachrichten) auszutauschen. Anders gewendet: Bei Schnittstellen handelt es sich mitunter um innertechnische Medien der Kooperation. Um diesen Zweck erfüllen zu können, „muß an der Übergangsstelle dafür gesorgt werden, daß die Daten usw. in die jeweils gültige Form des anderen Systems umgesetzt werden" (Schulze, 1989, S. 2350) – mithin also eine Wandlung der Form, nicht aber des Wesens der Information. Eine solche Kopplung gilt sowohl für Hardware wie für Software (wobei der Techno*lógos* diese Unterscheidung selbst gar nicht kennt). Prinzipiell sind damit technische Dispositive gemeint; erst „[i]m übertragenen" – und weniger metaphorisch: nachrichten*übertragenden* – „Sinne gibt es auch Sch[nittstellen] zwischen dem Menschen und Datenverarbeitungssystemen (Benutzerschnittstellen)" (Schulze, 1989, S. 2350). Jede (medien-)wissenschaftliche Analyse verlangt *per definitionem* nach Trennschärfe, zumal hinsichtlich des Begriffs der Human-Machine-Interaction.

7 „Patchen" als nichtmetaphorisches elektroakustisches Interface

Der finnische Künstler-Ingenieur Erkki Kurenniemi entwickelte eine frühe digital ansteuerbare Musikelektronik. Sein Film *Electronics in the World of Tomorrow* (Kurenniemi, 1964) zeigt Kabelsalat bis hin zu den lithografischen Schaltungen eines Mikrochips. „Kurenniemi's devices demand some engineering skills from the musician operating them; mostly experimental prototypes, the user interface does not hide the inner design of electrical circuits" (Ojanen et al., 2007, S. 92). Die Schaltung fungiert hier selbst als Interface für eine transitive elektronische Klangerzeugung. Kurenniemis elektroakustische Instrumente offenbaren ihre technische Funktionalität „at the hardware level" (Ojanen et al., 2007, S. 92); auf medienarchäologischer Ebene gereicht damit die sonische Wahrnehmung zu einer Weise, Elektronik zu erfahren und als Medium zu wissen. „The input mechanism was mainly ‚plug in' type" (Ojanen et al., 2007, S. 92) – mithin Computermusik im nichtalgorithmischen Sinn musikalischer Komposition. Der Analogcomputer ist der Zwilling des Musiksynthesizers. An dessen Stelle tritt nun im Digitalcomputerspiel das „live programming" (Wang & Cook, 2004) respektive das Brain-Computer-Interface, wo Biofeedback-Signalwege die semantische Lücke zwischen Klang und Sinn(en) austesten.

8 Visuelle Interfaces zu akustischen Signalen?

Wie aber sind sonische Interaktion und akustische Repräsentation adressier- und beschreibbar, wo sie sich in ihrer Flüchtigkeit Festschreibungen doch gerade entziehen? Genau dazu bedarf die technoakustische Schnittstelle ihrerseits schriftsymbolischer, operativ-diagrammatischer und signaltechnischer Medien. Pikanterweise operieren Messgeräte und Software zur Erfassung von Klang und Musik zumeist mit optischen Interfaces. Um 1800 haben Chladnifiguren Klangwellen visuell fixiert; heute wandelt das elektronische Oszilloskop akustische Wellen in dynamische optische Muster, während Spektrogramme sie analysieren. Medienontologisch ist damit die Frage verbunden, ob die Visualisierung von Klängen durch diesen Wechsel der signaltechnischen Sinnesmodalität gerade das Wesen des Klangs verfehlt – oder es analytisch geradezu erst entbirgt. Tatsächlich aber interessiert sich Elektronik an sich, und in ihrer sprichwörtlichen Blitzgeschwindigkeit, nicht für den Unterschied von Ton und Bild; die entsprechenden Interfaces dissimulieren dies gegenseitig. Fotozellen wandeln im Verbund mit elektronischen Verstärkern und Lautsprechern visuelle Klangmuster mit Freude wieder zurück (oder überhaupt erst arbiträr) in Schallwellen. Dieses vom filmischen Lichtton her, aber auch als „visible speech" vertraute Verfahren (Potter et al., 1947) ist eine List der technischen Vernunft, mithin des Techno*lógos*. Jedes elektronische Interface unterläuft mithin die menschlichen Wahrnehmungsschwellen „und trägt seinen Namen Interface aus purem Spott" (Kittler, 1998, S. 256). Die elektroakustische Schnittstelle ist nichts als eine Peripherie zuliebe des Narzissmus der menschlichen Wahrnehmung.

9 „Intermediales" Ge-Sprech: Bluetooth

Interapparatives Ge-Sprech ist zuallererst nicht akustischer Natur. Der Industriestandard Bluetooth bildet eine Schnittstelle, über die Kommunikationsmedien wie Mobiltelefone, aber auch Computer und deren Peripheriegerät miteinander kommunizieren. So ermöglicht laut Wikipedia Bluetooth die Datenübertragung zwischen Geräten „über kurze Distanz per Funktechnik (WPAN)" (Wikipedia, 2023) – Telekommunikation, so nah sie auch sein mag. Der Appell des Techno*lógos* wird hier konkret fassbar. Die einzelnen Bluetoothcontroller identifizieren sich – analog zum humanen Zeitfenster der Gegenwartswahrnehmung (bis zu drei Sekunden) – über eine unverwechselbare Adresse. In Bereitschaft „lauschen [sic] unverbundene Geräte in Abständen von bis zu 2,56 s nach Nachrichten (Scan Modus) und kontrollieren dabei 32 Hop-Frequenzen" (Wikipedia, 2023) – die polyglotte Hörigkeit hochtechnischer Nachrichtenmedien.

10 Den Computer vernehmen?

In Videospielen wie Pong (1972) oder Space Invaders (1978) resultierte der Klang noch aus zu Zwecken der Audifikation umgenutzten elektronischen Bauteilen respektive Schaltkreisen in Transistor-Transistor-Logik (TTL). In der Atari-Computerspielkonsole VCS hingegen kam 1977 ein Programmable Sound Generator (PSG) zum Einsatz. Zum Protagonisten der 8-Bit-Klänge wurde das Sound Interface Device (SID) des Commodore-64-Heimcomputers (vgl. Dittbrenner, 2007). Neben dem 64 KByte RAM und den Grafikfähigkeiten des C64 war (und ist es im medienarchäologischen „reenactment" nach wie vor) dieser programmierbare dreistimmige – also polyphone – hybrid (teils analog, teils digital) operierende Soundsynthesizer legendär. Bemerkenswerterweise scheint in der Bezeichnung des SID der Begriff der akustischen Schnittstelle gegenüber der menschlichen Wahrnehmung (die sich am ferroelektrischen Lautsprecher orientiert) – gut medienarchäologisch – ins Innere der Technologie selbst gewandert: die technologische Möglichkeitsbedingung der Klangerzeugung als implizite Sonik. Tatsächlich aber ist hier schlicht die Mehrfachnutzung des SID als Klanggenerator *und* A/D-Wandler für die Steuerung der stetigen Eingabegeräte (Paddles) zur Steuerung des Spielgeschehens auf dem Bildschirm benannt. Allemal gilt: Die eigentliche sonische „media message" der damit komponierten (präziser: programmierten) Chiptunes ist die implementierte Computerlogik selbst, quer zur Harmonik der alteuropäischen Kunstmusik (vgl. Abb. 2) (Braguinski, 2018).

Abb. 2 Sonifikation des elektromagnetischen Feldes, wie es vom Commodore 64 Sound Chip SID 6581 während der Prozessierung einer Computerspielmelodie emittiert wird, mittels des stereophonen „Hörgeräts" Elektrosluch (für ein sonisches Verständnis solch medienarchäologischer Analyse im Signallabor siehe und höre https://www.youtube.com/watch?v=FvBAwOqLryg [zugegriffen am 6. September 2023]). Vergleiche dazu auch Höltgen (2018). Copyright: Stefan Höltgen

Dem mathematischen Wesen des algorithmischen Mechanismus (mithin: der Turing-Maschine) ist „Klang" als akustisches Ereignis eigentlich wesensfremd. *Jeder* aus dem Computer emanierende Klang ist – abgesehen von den akustischen Artikulationen der Hardware – nicht technologisch und signaltechnisch nativ, sondern eine schlichte Sonifikation *qua* Soundkarte und Lautsprecherperipherie. Das „akustische" Interface ist damit eine pure Rücksicht auf die begrenzte Nachvollziehbarkeit komputativer Prozesse durch menschliche Sinne. Anders aber sieht es für den Begriff der „Musik" als symbolischer Ordnung aus, also die „Algorhythmik" (Miyazaki, 2013) von Computing. Per Sonifikation herunterskalierte Nachrichten über die Frequenzen und Zyklen der Datenverarbeitung gewähren dem menschlichen Ohr ein Interface zur unmittelbaren Musikalität des „rechnenden Raums" (Zuse, 1969) in bester pythagoreischer Tradition. Friedrich Kittler widmete sein bis in die altgriechische Antike zurückgehendes Spätwerk dem Serienthema *Musik und Mathematik*. Das Tonträgerlabel Decca hat seinerseits 1962 ein auf dem IBM 7090 gerechnetes Album unter dem Titel *Music from Mathematics* produziert. Hier entbirgt sich die Allianz von „Musik" und Komputation. Doch solch kognitive Erfahrung ist ein „musikalisches Interface" nur im metaphorischen Sinn. Die Hardware kennt keinen „lógos" der Musik, sondern nur die „techné" des Klangs. Gerade die teilweise analoge Signalverarbeitung im SID ereignet sich erst im Spiel (mit) der Hardware und ist von daher nur in Grenzen durch C64-Emulatoren replizierbar. Am erklingenden Ton erweist sich die Wahrheit der medienarchäologischen Welt.

Wo operative Technologien und sonische Artikulation sich ausdrücklich treffen und damit mithin ein medienepistemisches Interface bilden, wird der gemeinsame Nenner, nämlich der prozessuale „Zeit"-Faktor, sinnlich erfahrbar. Für die Inkubationsphase real praktizierender Digitalrechner waren die hörbaren Rhythmen der elektromechanischen Relaisrechner einmal sprichwörtlich (Höltgen, 2019). Inzwischen aber steht das Verstummen vollelektronischer Rechentechnik metonymisch für das Unsichtbarwerden der Turing-Maschine diesseits der Nutzer:inneninterfaces. Was auch immer aus dem Audioausgang ertönt, ist sekundärer, uneigentlicher Computersound; unerhört bleibt die implizite Sonik, das zeitkritische Abarbeiten der Bits als die eigentliche Musikalität des Computers.

Sobald konkrete „akustische" Schnittstellen *im* und *am* Computer entweder hardwareseitig (durch „Patchen") oder programmtechnisch variabel werden, wird das Interface selbst dynamisch, zum Interfacing (Holland, 1984). Das vollends „programmable interface" übersetzt die konkreten technologischen Schaltwerke (zurück) in Objektivierungen des Geistes.

11 Jenseits des „acoustic turn"? Medien techniknah „verstehen"

Das Inter*face* ist nicht vom „Gesicht" abgeleitet; gemeint ist vielmehr eine systemische Schnittstelle. Im Zusammenhang hochtechnischer Medien und als Begriff aus der elektronischen Nachrichtentechnik ist damit auch eine dezidiert nichtanthropozentrische Analyse des akustischen Interface nicht als musikalische Ästhetik, sondern als signalverarbeitende „aisthesis" gefordert. Die dominante menschenseitige Wahrnehmung technisch übertragener Signalwelten ist eben nicht schlicht „audiovisuell", sondern verlangt im Sinne Michel Chions eine getrennte Schreibweise (Chion, 1990). Selbst die kategoriale Trennung von „auditiv" und „visuell", die sich bis in die Titel akademischer Lehrveranstaltungen fortschreibt,[6] hinkt als „audiovisuelle Litanei" (Sterne, 2003) dem Wesen hochtechnischer Medien und der Signalverarbeitung längst schon hinterher.

Der Ruf nach einem „acoustic turn" war in den Geisteswissenschaften seinerzeit ein Aufbruch zu neuen Ufern jenseits des Primats visuellen Wissens (Meyer, 2008). Inzwischen aber ist diese „akustemische" (Volmar, 2015) Wendung hin zum Akustischen auf breiter Ebene vollzogen und geradezu flächendeckend akademisch etabliert worden. Dennoch reproduziert der Fokus auf das Akustische nach wie vor einen gewissen gehörbezogenen Anthropozentrismus in der kulturwissenschaftlich orientierten Medienwissenschaft. Umso spannender sind jene (im vorliegenden Band ansatzweise vorliegenden) Fragestellungen und Forschungsvorhaben, in denen sich eine Epistemologie genuin sonischer Schnittstellen jenseits des Akustischen abzeichnet. Sie transzendieren inzwischen eingeschliffenen Thematisierungen des „akustischen Interface" zugunsten neuer Paradigmen und verhelfen dem „self-understanding" technischer Medien selbst zur Verlautbarung.

Am Ende bemerkt es auch der Autor: Die vorliegenden Ausführungen vertraten eine nicht nur objekt-, sondern auch prozessorientierte „alien phenomenology" (Bogost, 2012) akustischer Schnittstellen, sind aber bereits im Titel (als „Sicht") in die Falle des Primats visuellen Wissenserwerbs getappt. Tatsächlich liegt wissenschaftliche Erkenntnis nicht allein im Hinsehen, sondern ebenso in deren „Vernehmen", durchaus im Sinne Heideggers (Bayreuther, 2013). McLuhans Begriff von *Understanding Media* beschreibt diese sonoepistemische Konnotation. Techniknahe Erkenntnis von Medienprozessen ist vielmehr eine solche, die nicht schlicht auf Maschinen, Schaltpläne und Codezeilen starrt, sondern mit deren prozessualer Implementierung resoniert.

Die direkte Speech-to-Text-Eingabe ermöglichte einst eine Versprachlichung der ansonsten nur im mathematischen Sinne „logischen" Maschine – eine Ekstase der antiken rhetorischen Figur der Prosopopöie als Begehren, nichtmenschlichen Wesen ein „Gesicht" zu geben. Gegenüber einer solchen Logozentrierung lauscht das medienarchäologische Ohr dem „lógos" der „techné" selbst. Medientheorie konstruiert damit ein epistemologisches Interface zum Vernehmen jenes Techno*lógos*, der sich in seinen Gegenständen artikuliert.

---

[6] So der Titel des Studienmoduls „Auditive und visuelle Medien" im allerersten Magistercurriculum Medienwissenschaft an der Humboldt-Universität zu Berlin (seit 2003).

12 Nachwort: Medienwissenschaft als privilegierter Ort zur Erkundung akustischer Interfaces …

Bleibt die Frage, in welchem disziplinären Rahmen das Thema „akustische Interfaces" seine akademische Heimstatt findet. Medienwissenschaft ist ein geeigneter akademischer Ort zur Diskussion akustischer Interfaces, gerade weil sie einerseits eine Strukturwissenschaft[7] quer zu den Technik- und Geisteswissenschaften darstellt, andererseits aber in ihrer Verpflichtung auf das medientechnische Apriori und die damit verbundene erkenntnisgeleitete Reflexion keine bloße interdisziplinäre Plattform darstellt.

Techniknahe Medienwissenschaft als akademische Praxis ebenso wie als operatives Medientheater lädt zur Debatte (und Kritik) akustischer Schnittstellen ein, gerade weil sie – im nachrichtentechnischen Sinne – so „kulturfrei" gegenüber geisteswissenschaftlicher Hermeneutik und ästhetischer Semantik operiert, und „unmusikalisch" den Signalen lauscht (gegenüber dem Fokus der Musikwissenschaft auf der Kunstform). Sie gewährt einen Forschungsfreiraum auch für nichtanthropozentrisches Wissen um Klang und Geräusch. Die „blind application of existing techniques … without having a clear musicological goal" (Tzanetakis et al., 2007, S. 12) aufseiten der Medienarchäolog:innen und Informatiker:innen mag von der Fachwissenschaft lamentiert werden, doch gerade der Mangel am „understanding of the specific music(s) involved" (Tzanetakis et al., 2007, S. 12) gewährt die Chance, im phänomenotechnischen Experiment zu unerwarteten Informationen (wenn nicht gar Wissen) vonseiten der Maschine zu gelangen. Gerade ein Spektrogramm als „content-aware user interface for exploring melodic structure" (Tzanetakis et al., 2007, S. 14) legt als die eigentliche Medienbotschaft dieser analytischen visuellen Schnittstelle für akustische Signale die automatisierte Mustererkennung nahe, während das „labeling as a particular pattern … is performed by an expert" (Tzanetakis et al., 2007, S. 15). Der Mensch verstrickt sich damit nach wie vor in den klassifikatorischen Metadaten seines kulturellen Wissens, während das algorithmische Gehör des Music Information Retrieval längst im Medium des Klangs selbst, nämlich seinen Signalen und Rauschen, navigiert. Die wissenserschließende Hoffnung liegt damit aufseiten der Machine-Learning-Intelligenz künstlicher neuronaler Netzwerke und von Self-Organizing Maps (Tzanetakis et al., 2007, S. 8).

In der Klimaforschung ebenso wie in der Teilchenphysik werden weltweit Sensoren (Detektorenarrays) zur Erfassung von Daten eingesetzt, die sich gewiss in medienkünstlerischer Absicht sonifizieren lassen, etwa Tim Otto Roths Berliner Installation *Astroparticle Immersive Synthesizer³* (AIS³).[8] Doch dem, was dann aus den Lautsprecherarrays als Schnittstelle zu Menschenohren erklingt, ist als eigentliches „Auditorium" der technische Empfänger (im Sinne von Shannons Nachrichtendiagramm) vorgeschaltet – also ein hoch elektronisches, technomathematisches „Gehör". Auf der Ebene technischer „aisthesis" werden im Moment der Quantisierung von gesampelten Signalen inter-

---
[7] Strukturwissenschaft verstanden im Sinne von Artmann (2010).
[8] August/September 2018, St. Elisabeth (Kultur Büro Elisabeth); vgl. www.imachination.net/ais3 (zugegriffen am 6. September 2023).

pretationsfreie, „kulturlose", operative Entscheidungen getroffen, bevor sie dann künstlerischer Ästhetisierung zur Verfügung stehen.

Medienwissenschaftliche Analysen sind dem Klang gegenüber unvoreingenommener als manche andere Wissenschaften, gerade weil sie das Geräusch nicht als „störend" meiden, sondern den „noise" gegenüber dem „signal" (Shannon & Weaver, 1949) gar zu einer Fundamentalkategorie von Nachrichtentechnik erklären. Und Medienarchäologie als spezifische Methode techniknaher Medienwissenschaft vernimmt ebenso die Zeitsignale der technisch impliziten Klänge, der Sonik – technoepistemologisch buchstäblich „unerhört".

13 … und das Auseinanderbrechen der diesbezüglichen Allianz mit der Musikwissenschaft

Für die Kooperationstagung „Akustische Interfaces" bot im Mai 2022 der Gastgeber, das Institut für Musikwissenschaft und Medienwissenschaft der Humboldt-Universität zu Berlin, auf den ersten Blick den idealen Rahmen nicht nur in raumakustischer Hinsicht (das Medientheater), sondern auch als akademische Formation. Tatsächlich sind diese ungewöhnliche Fachkombination und der selige Bachelorstudiengang „Musik und Medien" ein dezidiertes Experiment der hiesigen Medienwissenschaft, die eben nicht – wie viele andere Media Studies – nur Augen zum Lesen und Schauen, sondern auch Ohren und medieninvasive Hände hat.

Zugespitzt wurde zur Zeit der Tagung indessen im Hintergrund eine dramatische Verschiebung in diesem Feld debattiert: die mögliche Scheidung der Fächer dieses Instituts.[9] Lässt sich eine solche scheinbar bloß formale akademische Loslösung von Musikwissenschaft und Medienwissenschaft darüber hinaus auch als ein epistemisches Indiz für die Auswanderung des technischen Klangs aus der „Musik" und als seine Emanzipation hin zum Sonischen lesen, verbunden mit seiner Autonomisierung in Forschungsfeldern jenseits der Musikwissenschaft? Zwar berücksichtigen die eben nicht nur geistes-, sondern bisweilen auch naturwissenschaftlichen Methoden (das „Berliner Profil") der Musikwissenschaft auch die Materialisierungen von Musik.[10] Dennoch ist die Befassung mit sonischen Prozessen kein Privileg dieses Faches. Medienwissenschaft und diverse Kulturwissenschaften schenken längst schon akustischen Prozessen ihr Ohr; speziell die Berliner Medienarchäologie fokussiert in ihrem Signallabor auch das Gehör der Maschinen selbst. Treffend formuliert, adressiert der Begriff der akustischen Interfaces eben „auch Fragen jenseits des musikalischen Designs".[11]

---

[9] Post Scriptum: Am 11. Juli 2024 hat das Institut dann tatsächlich seine Selbstauflösung beschlossen.
[10] So betonte es Arne Stollberg vonseiten der Historischen Musikwissenschaft in einer Präsentation gegenüber dem Vizepräsidenten für Forschung der Humboldt-Universität zu Berlin am 3. Mai 2022.
[11] So hieß es im Call for Papers für die Tagung „Akustische Interfaces".

Zwischen Musik- und Medienwissenschaft herrscht an sich eine privilegierte Liaison (Ernst, 2008), welche in der Realität des Zeitsignals gründet. „Die direkte Beeinflussung von Parametern in der Zeit scheint … eine Kategorie zu sein, die übergreifend konsensfähig ist" (Großmann, 2010, S. 196). Dennoch kommt das universitäre Experiment, akademische Schnittstellen zwischen Musik- und Medienwissenschaft zu bilden, bisweilen an seine Grenzen. Neigt Musikwissenschaft zur institutionellen Autopoiesis, indem sie gerade den natur- und technikwissenschaftlichen „Sound"-Begriff wieder zur Disposition stellt? Dem gegenüber steht das Modell einer Befassung mit dem Sonischen, welches den Klang nicht in die Medienwissenschaft auswandern lässt, sondern die signalnahe Analyse mit tiefer musikwissenschaftlicher Kompetenz verschränkt. Zahlreiche Programme berücksichtigen eine im doppelten Sinne „sound science" längst schon wie selbstverständlich. Techniknahe Medienwissenschaft jedenfalls nimmt den Klang als Erkenntnisgegenstand gerne mit in neue Allianzen der Wissens- und Kulturtechnikforschung.

Literatur

Alloa, E. (2015). Produzierter Schein. Phänomenotechnik zwischen Ästhetik und Wissenschaft. *Zeitschrift für Ästhetik und Allgemeine Kunstwissenschaft, 60*(2), 169–182.
Artmann, S. (2010). Kybernetik zwischen Ingenieurswesen und Metaphysik. Eine Fallstudie zum Gebrauch von Analogien in den Strukturwissenschaften. *Acta Historica Leopoldina, 56*, 399–417.
Babbage, C. (1989 [1837]). The ninth bridgewater treatise. A fragment. In M. Campbell-Kelly (Hrsg.), *The works of Charles Babbage* (2. Aufl., Bd. 9). Pickering.
Barkhausen, H. (1958). *Einführung in die Schwingungslehre*. Hirzel.
Bayreuther, R. (2013). „Phänomenologische Grundlegung" einer Disziplin. In D. Thomä, K. Meyer, & H. Schmid (Hrsg.), *Heidegger-Handbuch. Leben – Werk – Wirkung* (S. 509–512). Metzler.
Bogost, I. (2012). *Alien phenomenology, or what it's like to be a thing*. Univ. of Minnesota Press.
Braguinski, N. (2018). *RANDOM. Eine Archäologie elektronischer Spielzeugklänge*. projektverlag.
Chion, M. (1990). *Audio-vision. Sound on screen*. Columbia University Press.
Dittbrenner, N. (2007). *Soundchip-Music. Computer- und Videospielmusik von 1977–1994*. epOs.
Dörfling, C. (2022). *Der Schwingkreis: Schaltungsgeschichten an den Rändern von Musik und Medien*. Brill/Fink.
Dotzler, B., & Roesler-Keilholz, S. (2017). *Mediengeschichten als Historische Techno-Logie*. Nomos.
Ernst, W. (2004). *Medienwissen(schaft), zeitkritisch. Ein Programm aus der Sophienstraße; Antrittsvorlesung (Lehrstuhl Medientheorien) 21. Oktober 2003*. (P. d.-U. Berlin, Hrsg.). http://edoc.hu-berlin.de/humboldt-vl/ernst-wolfgang-2003-10-21/PDF/Ernst.pdf. Zugegriffen am 06.09.2023.
Ernst, W. (2008). *Zum Begriff des Sonischen (mit medienarchäologischem Ohr erhört/vernommen)*. (F. P.-U. Berlin, Hrsg.). Schriftenreihe. https://edoc.hu-berlin.de/handle/18452/21055. Zugegriffen am 06.09.2023.
Ernst, W. (2021). *Technológos in being. Radical media archaeology & the computational machine*. Bloomsbury Academic.
Galloway, A. (2012). *The interface effect*. Polity Press.
Ganzhorn, K. (1986). 75 Jahre IBM Deutschland in der Informationstechnik. In W. Proebster (Hrsg.), *Datentechnik im Wandel. 75 IBM Deutschland* (S. 23–48). Springer.

Ghassemi-Tabrizi, A. (2000). *Realzeit-Programmierung*. Springer.
Großmann, R. (2010). Distanzierte Verhältnisse? Zur Musikinstrumentalisierung der Reproduktionsmedien. In M. Harenberg, & D. Weissberg (Hrsg.), *Klang (ohne) Körper. Spuren und Potenziale des Körpers in der elektronischen Musik* (S. 184–199). transcript.
Hagen, W. (1994). Computerpolitik. In N. Bolz, F. Kittler, & G. Tholen (Hrsg.), *Computer als Medium* (S. 139–167). Fink.
Herrmann, K., & Bojowald, M. (20. November 2020). *Die Zeit ist mehr als nur eine Variable*. https://www.weltderphysik.de/gebiet/universum/die-zeit-ist-mehr-als-nur-eine-variable. Zugegriffen am 06.09.2023.
Holland, R. (1984). *Microcomputers and their interfacing*. Pergamon Press.
Höltgen, S. (2018). Play the Pokey Music: Computer archeological gaming with vintage sound chips. *Computer Game Journal, 7*, 213–230.
Höltgen, S. (2019). Sound Bits. Computerarchäologische(s) Spiele(n) mit historischen Sound-Prozessoren. Zeitschrift für Computerspielforschung: https://www.paida.de/computerarchaeologisches-spielen-mit-historischen-sound-prozessoren. Zugegriffen am 06.09.2023.
Kittler, F. (1986). *Grammophon – Film – Typewriter*. Brinkmann & Bose.
Kittler, F. (1993). Die letzte Radiosendung. In Verein Transit (Hrsg.), *„On the air". Kunst im öffentlichen Datenraum* (S. 71–80). Transit.
Kittler, F. (1998). Gleichschaltung. Über Normen und Standards der elektronischen Kommunikation. In M. Faßler & W. Halbach (Hrsg.), *Geschichte der Medien* (S. 255–267). Fink.
Kramer, G. (1994). *Auditory display. Sonification, audification, and auditory interfaces*. Addison Wesley.
Kurenniemi, E. (Regisseur). (1964). *Electronics in the world of tomorrow* [Kinofilm].
Levin, T. Y. (1999). Vor dem Piepton. Eine kleine Geschichte des Voice Mail. In U. Raulff & G. Smith (Hrsg.), *Wissensbilder. Strategien der Überlieferung* (S. 279–317). Akademie.
Manovich, L. (1998). Towards an archaeology of the computer screen. In T. Elsaesser & K. Hoffmann (Hrsg.), *Cinema futures: Cain, abel or cable?* (S. 27–43). Amsterdam University Press.
Meyer, P. (2008). *Acoustic turn*. Fink.
Miyazaki, S. (2013). *Algorythmisiert. Eine Medienarchäologie digitaler Signale und (un)erhörter Zeiteffekte*. Kulturverlag Kadmos.
Miyazaki, S. (2016). Elektrode im Ohr. Gewebe-Metall-Schalkreise und Cochlea-Implantate – bis 1984. In B. Ochsner & R. Stock (Hrsg.), *SenseAbility. Mediale Praktiken des Sehens und Hörens* (S. 125–145). transcript.
Nake, F. (2006). Das Doppelte Bild. *Bildwelten des Wissens. Kunsthistorisches Jahrbuch für Bildkritik, 3*(2), 40–50.
Ojanen, M., Suominen, J., Kallio, T., & Lassfolk, K. (2007). Design principles and User Interfaces of Erkki Kurenniemi's Electronic Musical Instruments of the 1960's and 1970's. *Proceedings of the 2007 conference on new interfaces for musical expression (NIME07)* (S. 88–93). New Yok.
Potter, R. K., Kopp, G. A., & Green, H. C. (1947). *Visible speech*. Van Nostrad.
Riis, M. (2015). Where are the Ears of the Machine? Towards a sounding micro-temporal object-oriented ontology. *Journal of Sonic Studies, portal issue 10*. https://www.researchcatalogue.net/view/219290/219291. Zugegriffen am 06.07.2025.
Schulze, H. H. (1989). *Computer-Enzyklopädie. Lexikon und Fachwörterbuch für Datenverarbeitung und Telekommunikation* (Bd. 6). Rowohlt.
Shannon, C., & Weaver, W. (1949). *The mathematical theory of communication*. University of Illinois Press.
Soentgen, J. (2006). Atome Sehen, Atome Hören. In A. Nordmann, J. Schummer, & A. Schwarz (Hrsg.), *Nanotechnologien im Kontext* (S. 97–113). Akadem. Verl. ges.
Sterne, J. (2003). *The audible past. Cultural origins of sound reproduction*. Duke University Press.

Tzanetakis, G., Kapur, A., Schloss, A., & Wright, M. J. (2007). Computational ethnomusicology. *Journal of Interdisciplinary Musik Studiens, 1*(2), 1–24.

Volmar, A. (2015). *Klang-Experimente. Die auditive Kultur der Naturwissenschaften 1761–1961.* campus.

Wang, G., & Cook, P. (2004). On-the-fly programming. Using code as an expressive musical instrument. In *Proceedings of the 2004 international conference on new interfaces for musical expression (NIME)*. Hamamatsu.

Wikipedia. (2023, Juli 29). *Bluetooth.* https://de.wikipedia.org/w/index.php?title=Bluetooth&oldid=235927645. Zugegriffen am 06.09.2023.

Zuse, K. (1969). *Rechnender Raum (Schriften zur Datenverarbeitung)* (Bd. 1). Vieweg.

Appunns Tonometer. Zu den Politiken eines zeitkritischen akustischen Interfaces im Phonogramm-Archiv Berlin

Christopher Klauke

Zusammenfassung

Der Artikel diskutiert die medienspezifischen Politiken des Appunn'schen Tonometers – und die damit einhergehende tonmetrische Praxis – im Phonogramm-Archiv Berlin um 1900. Dieser Apparat stellt ein akustisches Interface dar, das zwischen dem Phonographen und den darauf erklingenden nichtwestlichen Musiken auf der einen Seite sowie den wissenschaftlichen, spezialisierten Hörsubjekten auf der anderen Seite vermittelte. Die durch eine bestimmte Form der „Zeitachsenmanipulation" (Kittler, *Draculas Vermächtnis*. Reclam, Leipzig, S 182–207, 1993) am Phonographen angehaltenen Töne konnten durch das Interface als Mikrozeitereignis – nämlich als Frequenz – auditiv bestimmt und somit die verschiedenen Tonleitern nichtwestlicher Musiken extrahiert werden. Anhand der Erläuterung der konkreten tonmetrischen Praxis zeigt der Artikel zunächst, inwiefern die auditive Adressierung des Phonographentons eine stets zeitkritisch vermittelte machtpolitische Relation aus erfassenden Forscher:innen und erfassten Musiken etablierte, die sich einerseits durch die Affordanz des Interface, andererseits durch die benötigten Hörfähigkeiten ergab. Im Anschluss daran wird erläutert, inwiefern das akustische Interface eine „contact zone" eröffnete, in der Forscher:innen des globalen Nordens nichtwestliche Musiken als epistemische Ressourcen ausbeuten konnten, wodurch die Musiken jedoch auch „agency" erlangen konnten, da sie sich ihrer apparativen Erfassung widersetzten.

C. Klauke (✉)
Max-Planck-Institut für Wissenschaftsgeschichte, Berlin, Deutschland
E-Mail: cklauke@mpiwg-berlin.mpg.de

Schlüsselwörter

Medienarchäologie · Phonogramm-Archiv Berlin · (Post-)Kolonialität · Sonic Skills · Vergleichende Musikwissenschaft · Wissensgeschichte · Zeitkritische Medien

1 Einleitung

„Anne ben hastayım marul isterim
Haftanın başında düğün isterim
Alacaklarımı görmek isterim
Anne ben vuruldum ona yanarım,
Tekirdağlı Cemal beyden imdād isterim[1]"
(VII W 4533, Luschan Vorderasien, VII 5 alte Kopie)

Dies sang der 12-jährige Avedis, Sohn des Avedis, aus der südanatolischen Stadt Gaziantep, im Jahr 1902 in dem kleinen Dorf Zincirli – in dem er sich temporär, aufgrund einer Krankheit, aufhielt – in einen Phonographen.[2] Ich höre ein äußerst eingängiges Lied, das mich durch seine markanten melodischen Wendungen lange als Ohrwurm begleitet hat. Ich höre einen 12-Jährigen singen, von dem ich gerne wüsste, wie er auf die Aufnahme seiner Stimme reagiert hat, ob er in seinem späteren Leben weiterhin musizierte und ob heute Nachfahren existieren, die gerne eine Kopie des Gesangs ihres Urgroßvaters besitzen würden. Ich höre einen armenischen Jungen singen, nur wenige Jahre nach dem ersten großen Massaker an der armenischen Bevölkerung im Osmanischen Reich und nur einige Jahre vor dem Genozid an dieser Gruppe (Bloxham, 2005). Ich höre eine von insgesamt 16.000 historischen Aufnahmen des Berliner Phonogramm-Archivs, das seit 1999 zum UNESCO-Weltdokumentenerbe zählt, dessen Bestände sich heute im Humboldt Forum befinden und teils in die dortige Dauerausstellung integriert sind. Ich – obgleich ich noch nie in Anatolien war – höre die phonographische Aufnahme als Digitalisat im MP3-Format, das mir freundlicherweise vom Phonogramm-Archiv Berlin zur Verfügung gestellt wurde, über meine Kopfhörer. Ich höre eine Aufnahme, die vom österreichischen Arzt und Anthropologen Felix von Luschan, am Rande seiner archäologischen „Ausgrabungskampagne" der antiken Stadt Sam'al, angefertigt wurde (Luschan, 1904a, S. 177).

---

[1] Ich danke Orkan Akin und Serdar Akin ganz herzlich für diese Transkription, die Übersetzung und den Austausch über diese Aufnahme. Zudem bedanke ich mich herzlich bei Albrecht Wiedmann vom Phonogramm-Archiv Berlin (Ethnologisches Museum der Staatlichen Museen zu Berlin) für den Zugang zu den Archivmaterialien sowie die umsichtige Betreuung. Eventuell entstandene Fehler sind selbstverständlich mein Verschulden.

[2] Diese biografischen Angaben entnehme ich einem Forschungsartikel Felix von Luschans, der auf die Aufnahmesituation eingeht. Die Beschreibung ist also aus Sicht eines in Zentraleuropa aufgewachsenen Forschungsreisenden formuliert und durch Avedis selber nicht verifiziert. Luschan (1904b, S. 179) beschreibt den Sänger zudem als „Sohn eines kleinen Krämers" und betont „[s]eine ungewöhnliche Intelligenz, seine wirklich liebenswürde Gefälligkeit uns seine unverwüstlich gute Laune".

Zur (musik-)wissenschaftlichen Weiterverarbeitung überließ von Luschan seine gesamten Aufnahmen dem Phonogramm-Archiv Berlin: einer Institution, die seit 1900 bestand, an das Psychologische Institut der Friedrich-Wilhelms-Universität angegliedert war und schon bald zu einer zentralen Einrichtung der sich konstituierenden vergleichenden Musikforschung werden sollte. In der Anfangszeit – bis etwa 1914 – diente das Archiv in erster Linie nicht der Ergründung musikwissenschaftlicher Erkenntnisinteressen, sondern konzentrierte sich auf weitreichende Fragestellungen in den Bereichen von Anthropologie bzw. Völkerkunde, Psychologie und Sprachwissenschaft (Ziegler, 1998, S. 148 f.).

Doch zurück zu Avedis: Was hörten die Forscher des Phonogramm-Archivs, Erich Moritz von Hornbostel und Otto Abraham, 120 Jahre vor mir in den Gesängen?

Abb. 1 zeigt das Resultat ihres wissenschaftlich intendierten Hörens. Offensichtlich übersetzten sie die Klänge der Walzen in diagrammatische Systeme, um Erkenntnisse aus ihnen abzuleiten. Sie transformierten Avedis phonographisch gespeicherte Gesänge in Zahlen und Symbole. Die Abbildung ist dem Forschungsartikel Abrahams und Hornbostels zu den Gesängen von Avedis entnommen und zeigt eine für die Anfangszeit des Phonogramm-Archivs typische „musikwissenschaftliche[] Bearbeitung" (Abraham & Hornbostel, 1904a, S. 203) der Aufnahmen.[3] Oben in der Abbildung ist eine Transkription der Klänge in der westlich etablierten musikalischen Notation zu sehen. Doch unter dieser gewöhnlichen Darstellung findet sich eine weitere Grafik, welche die im Gesang genutzte

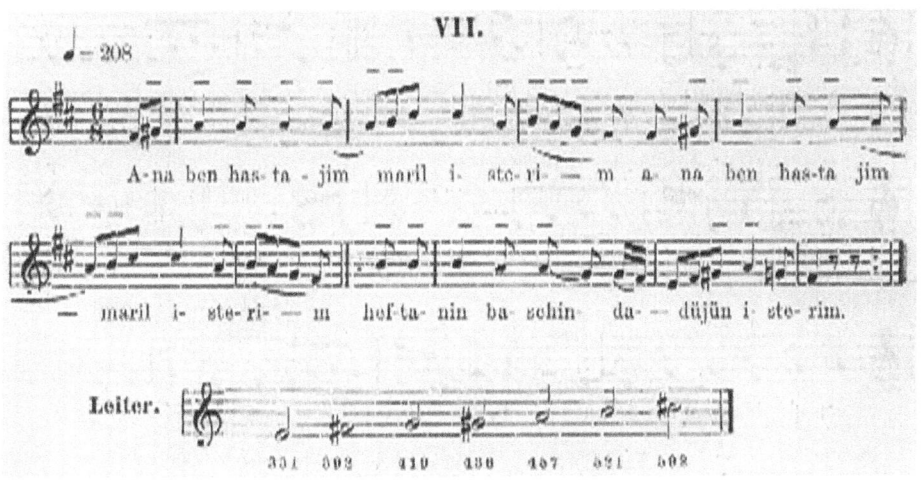

Abb. 1 Musikalische Transkription und tonometrische Messergebnisse von „Anna ben hasta", Gesungen von Avedis. (Abraham & Hornbostel, 1904a, S. 214)

---

[3] Um aus den Vermessungen der einzelnen Aufnahmen Erkenntnisse über das Tonsystem zu gewinnen, wurden in einem weiteren Schritt die Mittelwerte der einzelnen Intervalle und Tonhöhen aus allen Messungen gebildet und durch diese Summierung der Daten das vermeintlich hinter den Gesängen stehende überindividuelle Tonsystem der Kultur ermittelt. Siehe Abraham und Hornbostel (1904a, S. 206 f.) sowie Abraham und Hornbostel (1909 S. 23 f.).

Leiter wiedergeben soll und unterhalb der Noten auch Zahlen notiert. Diese numerischen Werte repräsentieren die Frequenzen der jeweiligen Leitertöne. Die in dieser Form bestimmten Töne bildeten das zentrale Material für den von der vergleichenden Musikwissenschaft angestrebten empirischen Kulturvergleich (Klotz, 2004). Doch wie lassen sich aus phonographischen Aufnahmen die Frequenzen der einzelnen Tonhöhen extrahieren? Wie konnten die Forscher die einzelnen Töne in dieser mikrozeitlichen Form, als Schwingung in der Sekunde, hören?

Die Forscher des Phonogramm-Archivs nutzen dazu eine akustische Messmethode, die vom britischen Gelehrten Alexander J. Ellis gemeinsam mit dem Klavierstimmer und Musikwissenschaftler Alfred J. Hipkins entwickelt und erprobt wurde (Ellis & Hipkins, 1884).[4] Um die musikalischen Tonleitern nichtwestlicher Musikinstrumente, die den Forschern auf Völkerschauen oder Völkerkundemuseen in London zur Verfügung standen, zu ermitteln, bestimmte Hipkins die *Frequenzen* der einzelnen Tonhöhen der Instrumente. Bei den historisch vorangegangenen Forschungsbemühungen wurden die Leitertöne zumeist in Form des 5-Linien-Notensystems angeschrieben (Engel, 1874), was einen gleichen Abstand zwischen den einzelnen Tönen der Tonleiter implizite. Dagegen ermöglichte die tonometrische Bestimmung, auch Tonhöhen jenseits dieses spezifischen Rasters sichtbar zu machen und damit die Diversität verschiedener Tonleitern in Rechnung zu stellen (Ellis, 1885, S. 526 f.). Entscheiden für diese Bestimmung war der Stimmgabeltonometer[5]: ein aus 100 einzelnen und aufeinander abgestimmten Stimmgabeln bestehendes Set, bei dem die Frequenz um jeweils vier Hertz zur benachbarten ansteigt (also etwa 440, 444, 448 usw.). Hipkins brachte den zu bestimmenden Ton eines Musikinstruments zum Erklingen und glich diesen so lange mit den Stimmgabeln des Sets ab, bis die passende – also diejenige mit derselben Tonhöhe – gefunden war. Der Großteil der gesuchten Tonhöhen lag jedoch zwischen den vorhandenen Gabeln. In diesem Fall brachte der Forscher die nächstliegende Gabel zum Klingen und nutzte das akustische Phänomen der Schwebung, um den Ton zu bestimmen. In einem nächsten Schritt konnten durch Rechenoperationen und die Überführung der Messergebnisse in das sogenannte Centsystem, welches ebenfalls von Alexander J. Ellis (1876) entwickelt wurde, die Leitern verschiedener Messungen miteinander verglichen werden. Inspiriert und beeinflusst von Ellis' empirischer Methode und seinen Forschungsergebnissen, wandten die Forschenden des

---

[4] In diesem Artikel werde ich mich auf die Praxis der tonometrischen Methode im Phonogramm-Archiv Berlin fokussieren. Über Ellis und Hipkins wissenschaftliche Biografien, ihr tonometrisches Vorgehen sowie die kolonialen Kontexte ihrer Forschungsbemühungen haben Harry Liebersohn (Liebersohn, 2019, S. 29–78), Bennett Zon (Zon, 2007, S. 129–140) und Jonathan Stock (Stock, 2007) ausführlich berichtet.

[5] Ausführlich beschreibt Myles Jackson (Jackson, 2006, S. 151–181) die Entwicklungsgeschichte dieses Messinstruments, das von Johann Heinrich Scheibler erstmals 1834 vorgestellt wurde und zur präzisen Stimmung von Klavieren und Orgel diente. Als „Britain's leading piano technician" (Jackson, S. 156) war Alfred J. Hipkins – seit dem Alter von 14 Jahren beim Klavierhaus *John Broadwood & Sons* angestellt – sowohl mit der scheiblerschen Stimmmethode als auch dem Tonometer gut vertraut.

Phonogramm-Archivs die tonometrische Methode 15 Jahre später dann auch dazu an, die Musiken auf Wachswalzen, und eben nicht mehr nur Musikinstrumente – wie im Falle Ellis' –, zu vermessen. Ferner nutzten sie für die Messung nicht mehr einen Stimmgabeltonometer, sondern den sogenannten Tonometer nach Appunn.

In diesem Artikel werde ich diesen Tonometer anhand der konkreten Forschungssituation im Phonogramm-Archiv Berlin als akustisches Interface befragen und dabei herausstellen, dass sich an dieser Schnittstelle unterschiedliche machtpolitische Dynamiken entzündeten. Inwiefern lässt sich hier von einem akustischen Interface sprechen, was zeichnet dieses in seiner Medienspezifik aus, zu was für einem Hören von Musik verleitete es und welche Hörfähigkeiten forderte es? Welches Verhältnis zwischen Hörenden und den Musiken bzw. Musiker:innen ergibt sich durch diese medienvermittelte Relation? Wie und welche machtpolitischen Konstellationen artikulieren sich im Umgang mit dem Interface? Diese mikrohistorische Perspektive auf das akustische Interface im Phonogramm-Archiv Berlin gestattet nicht nur eine detaillierte Rekonstruktion einer bestimmten Interfacepraxis, sie eröffnet davon ausgehend auch einen Raum, um medienwissenschaftliche Fragestellung allgemeiner Art auf die in der Forschungsliteratur bisher vernachlässigte *akustische* Dimension von Interfaces in Aussicht zu stellen. Konkret lassen sich dabei drei Fragenkomplexe aufwerfen: Erstens, inwiefern verlangen akustische Interfaces für ihre Nutzung oder Aktivierung bestimmte Hörfertigkeiten, inwiefern bilden sie solche Fertigkeiten aus? Zweitens, zeichnen sich akustische Interfaces grundsätzlich durch ihre spezifische sonische bzw. zeitkritische Operativität aus, sind sie als „interface effect" (Galloway, 2012, S. 23) notwendig zeitlich konstituiert? Drittens, wie artikulieren diese Interfaces durch ihren Bezug zum Klanglichen konkrete politische Modalitäten, welche Positionierung eröffnen Interfaces und welche Gegenpositionen lassen sie zu?

Nicht nur als Bedienoberfläche bzw. als Controller wird das akustische Interface dabei insgesamt betrachtet (Enders, 2005; Dolan, 2012; Haffke, 2019), sondern auch als Relation (Hookway, 2014) sowie als „zone ... of interaction" (Galloway, 2012, S. vii) bzw. „contact zone" (Pratt, 1991). Damit greife ich an einigen Stellen auf einen verhältnismäßig weiten Begriff von Interface zurück, wie er am prominentesten von Alexander Galloway vorgeschlagen wurde. Demnach ist ein Interface „not a thing, an interface is always an effect. It is always a process or a translation" (Galloway, 2012, S. 33).

Einerseits werde ich die verschiedenen Facetten dieses Interface anhand der historischen Entwicklung seines Einsatzes als tonometrisches Messinstrument erläutern und dabei besonders sein zeitkritisches[6] Operieren hervorheben. Viktoria Tkaczyk und Carolyn Birdsall haben argumentiert, „that scholarly sound archives truly became ‚time machi-

---

[6] Ich verwende den Begriff hier in Anlehnung an den durch Friedrich Kittler eröffneten Diskurs über von und durch Medien konstituierte Zeitweisen (Krämer, 2004). Nach Axel Volmars (2009, S. 10) Präzisierung zeichnet die „‚zeitkritische' Verfasstheit der Medien" aus, dass „der Faktor ‚Zeit' zwischen der *Operativität* der Medien und den medialen *Prozessen*, die sie erzeugt, eine entscheidende Rolle spielt" [Hervorhebung im Original]. Nachdrücklich hat Wolfgang Ernst (2003, 2015) an verschiedenen Stellen auf die mikrozeitliche Affinität zwischen Akustik und technischen (auditiven) Medien hingewiesen.

nes' in multiple fields of knowledge processing as they produced, collected, stored, preserved, and reused sonic artifacts" (Tkaczyk & Birdsall, 2019, S. 4). Dieser zeitlich bestimmten „Archive as Technology"-Perspektive werde ich damit im Hinblick auf Mikrozeitprozesse folgen. Andererseits werde ich in diesen Zusammenhang auf die medienspezifischen politischen Implikationen der zeitkritischen Interfacepraxis von nichtwestlichen Musiken eingehen, die sich besonders im Hinblick auf die kolonialgeschichtliche Einbettung des Archivs[7] ergeben. Leitend wird dabei die grundsätzliche Annahme sein, dass akustische Interfaces nicht nur rein technisch zwischen zwei (oder mehreren) Entitäten vermitteln, sondern sie über diese Form des In-Beziehung-Setzens auch politische Positionen (re-)produzieren.

Dazu werde ich den Tonometer anhand von drei verschiedenen Perspektiven näher befragen. Zunächst wird das Funktionsprinzip und die Affordanz des Interface erläutert. Es folgt eine nähere Auseinandersetzung mit der zeitkritischen Operativität des Tonmessers und der für die Bedienung benötigten „sonic skills" (Bijsterveld, 2019), um schließlich verstärkt und programmatisch auf die politische Dimension des Interface als „contact zone" einzugehen.

2 Appunns Tonometer – ein zeitkritisches Interface zur Erfassung von Musik im Phonogramm-Archiv Berlin

Im September 1900 besuchten der Psychologe Carl Stumpf und sein Assistent Otto Abraham eine Völkerschau der 35-köpfigen thailändischen Theatergruppe Boosra Mahins im Zoologischen Garten Berlin. Die Forscher nutzten diese Gelegenheit, um sich ausführlich mit der dort gespielten Musik zu beschäftigen. Angeregt durch den einschlägigen Forschungsartikel zu den „musical scales of various nation", von Ellis (1885), ging es ihnen dabei vor allem um die Untersuchung und Überprüfung der von Ellis beschriebenen eigensinnigen 7-stufigen Leiter der thailändischen Musik (Stumpf, 1901, S. 70). Auch Stumpf und Abraham vermaßen so die Instrumente der Musiker:innen tonometrisch und konnten die von Ellis aufgestellte These bestätigen. Bei dieser Gelegenheit nahmen sie zudem die dargebotene Musik phonographisch auf und transkribierten diese. Diese Aufnahmen stellten den Beginn des Phonogramm-Archivs dar, dessen Bestand in den darauffolgenden Jahren, durch ähnlich gelagerte Aufnahmekampagnen, kontinuierlich wuchs.

1904 untersuchten Erich Moritz von Hornbostel und Otto Abraham zum ersten Mal auch phonographische Aufnahmen tonometrisch. Fortan bestimmte die Transkription und

---

[7] Eindrücklich und einschlägig wies Ann Laura Stoler (Stoler, 2008) auf den brisanten Status der kolonialen Archive hin. Eine Reihe jüngerer Arbeiten hat sich darüber hinaus mit den kolonialen Implikationen von Klangarchiven im Besonderen auseinandergesetzt (Müske, 2011; Ajotikar & van Straaten, 2021; Hilden, 2022). In diesem Zusammenhang sind vor allem die Arbeiten Britta Langes (2013, 2019) hervorzuheben, in denen eine kritische und postkolonial informierte Perspektive auf die Forschungsideologien, die wissenschaftlichen Praktiken, die Sammlungspraktiken sowie das Archiv und seine Klänge selbst entwickelt wird.

die tonometrische Messung der Walzen die Forschungspraxis des Phonogramm-Archivs. Denn, wie Stumpf konstatierte, „ist nicht die Sammlung [sic] sondern die Verwertung letztes Ziel" (Stumpf, 1911, S. 63) – mithin die Auflösung von Musik in Daten. Erst durch diese spezifische Verwertungspraxis konnte das Musikarchiv als epistemische Ressource erschlossen werden.

In ihrem einschlägigen Methodenartikel zur Transkription von phonographischen Aufnahmen schilderten Otto Abraham und Erich Moritz von Hornbostel das tonometrische Vorgehen für phonographische Aufnahmen am ausführlichsten und in idealisierter Form. Auf Grundlage einer vom Phonogramm-Archiv zur Verfügung gestellten Gebrauchsanweisung (Abraham & Hornbostel, 1904c, S. 232 f.; Luschan, 1904a, S. 61 f.) wurden etwa Forschungsreisende oder Missionare angehalten, Musikaufnahmen von lokalen Musikkulturen anzufertigen. Die Wachswalzen-Aufnahmen wurden anschließend nach Berlin gesendet und mit einem galvanoplastischen Verfahren durch die Firma Moldenhauer – mit der das Archiv ab 1906 kooperierte – nicht nur reproduziert, sondern bei diesem Prozess in ein beständigeres Material überführt (Ziegler, 1998, S. 161 f.). Im Unterschied zu dem fragilen Wachs ermöglichten die so produzierten Hartgusskopien überhaupt erst ein vermehrtes Abhören sowie die spezifische medientechnische Operation der tonometrischen Messung. Der epistemologische Prozess im Engeren beginnt mit einer genauen Transkription der einzelnen Musikstücke, also der Übersetzung des Klangereignisses in musikalische Notation. Zentral ist dabei die Verwendung verschiedener „Zeitachsenmanipulationen[en]" (Kittler, 1993, S. 183), die der Phonograph bereithält. Für die Transkription können Musikstücke „nach Belieben langsam und schnell" abgespielt oder „in kleine Bruchstücke zerleg[t]" werden (Abraham & Hornbostel, 1904a, S. 229). Die so generierte Transkription diente als Vorlage, ja gar als grafisches Interface, für die sich anschließende tonometrische Vermessung. Auf dieser Grundlage konnten die Forschungssubjekte im musikmedialen Material navigieren, um etwa möglichst lang gehaltene oder laute Töne, die sich zur Vermessung besonders gut eignen, zu identifizieren.

Für die eigentliche tonometrische Arbeit mussten nun möglichst sämtliche durch die Transkription angezeigten Einzeltöne mit dem Phonographen – durch Abschalten der Laufmechanik, die das kontinuierliche Voranschreiten der Aufnahme sicherstellt – angehalten und isoliert zu Gehör gebracht werden. An dieser Stelle kam der sogenannte Tonometer nach Appunn als Interface zum Einsatz: Die einzelnen isoliert erklingenden Töne des Phonographen – die „Versuchs[töne]" (Abraham & Hornbostel, 1909, S. 18) – wurden mit den Tönen des Tonometers – dem „Meßton" – abgeglichen und darüber in Hertz bestimmt. Die so vermessenen Töne wurden in eine Leiterlogik aufgereiht und durch den Centmaßstab als Tonsystem angeschrieben.[8]

---

[8] Auf musiktheoretischer Ebene ergibt sich dabei ein komplexeres Verständnis der extrahierten Skalen. Hornbostel (1905, S. 89 f.), der weiterhin auch Musikinstrumente tonometrisch bestimmte, spricht in Bezug auf die vom Phonographen extrahierten Leitern von „Gebrauchsleitern" – also solchen, die im musikalischen Vortrag tatsächlich genutzt werden –, in Bezug auf von Musikinstrumenten extrahierten Leitern von „Materialleitern".

2.1 Entwicklung, Funktionsprinzip und Affordanz des Appunn'schen Tonometers

Ab 1870 lässt sich vorrangig in deutschsprachigen Arbeiten zur experimentellen Physiologie des Hörens der Einsatz eines bestimmten Apparateprinzips zur Hervorbringung spezifischer Tonhöhen und -leitern finden, welches vom Orgel- und Instrumentenbauer Georg Appunn[9] – später von seinem Sohn Anton – gefertigt wurde und in mehreren Variationen vorliegt (Wolf, 1871, S. 15 f.; Appunn, 1863 sowie Stumpf, 1894). Diese Variationen unterscheiden sich durch die Anzahl und Ordnung bzw. Stimmung der einzelnen Töne voneinander, das äußere Design und das Prinzip der präzisen Klangerzeugung sind jedoch identisch. Ein Modell besitzt etwa 64 Töne, die im Obertonverhältnis zu dem ersten bzw. tiefsten Ton stehen; ein anderes verfügt über 27 Töne, die in bestimmten Intervallverhältnissen zu dem ersten bzw. tiefsten Ton stehen. Große Verbreitung fand jedoch besonders ein Modell, das unter der Bezeichnung Appunns Tonometer bekannt wurde (vgl. Abb. 2). Die Ordnung der Töne ähnelt hier der des Stimmgabeltonometers, welchen schon Alfred J. Hipkins für die Vermessung von Musikinstrumenten nutzte.[10]

Der große Vorzug gegenüber dem aus Stimmgabeln zusammengesetzten Tonometer liegt im spezifischen Funktionsprinzip des Apparats begründet. Die Stimmgabeln ließen Töne nur leise und kurz ertönen und die jeweilige Stimmung war darüber hinaus sehr anfällig für kleine Temperaturschwankungen (Abraham & Hornbostel, 1909, S. 18). Die Töne des Appunn'schen Tonometers hingegen konnten beliebig lang zum Klingen gebracht werden und die klangerzeugenden durchschlagenden Metallzungen, die ebenfalls im Bau von Harmonien eingesetzt wurden, garantierten ein hohes Maß an Stimmstabilität.

Im Unterschied zum Harmonium verfügt Appunns Tonometer jedoch über ein höchst eigensinniges musikalisches Interface. Denn die Metallzungen werden hier eben nicht durch eine Klaviatur aktiviert, die immer schon eine auf 12 Halbtöne festgelegte Teilung der Oktave impliziert, sondern durch herausziehbare Stäbe. Ferner sind die einzelnen Stäbe nicht mit absoluten Tonhöhen bezeichnet oder repräsentiert, sondern mit der Angabe der Frequenzen. Buchstäblich wird mit diesem Interface also nicht etwa a' als tonpsychologischer Höreindruck aktiviert, sondern 440 Schwingungen in der Sekunde als reales Mikrozeitereignis.[11] Die Affordanz der Benutzer:innenoberfläche ermöglicht außerdem

---

[9] Georg Appunn studierte unter anderem Komposition, Harmonielehre, Klavier, Orgelbau und besuchte außerdem Kurse bei Hermann von Helmholtz, für welchen er in seinem späteren Beruf als Instrumentenbauer in Hanau Instrumente herstellte. Er fertigte in seiner Werkstatt „vornehmlich Harmonien und Stimmgabelsätze mit besonderer Stimmung" (Freudenberg, 1999, S. 830).

[10] Stumpf (1901, S. 73) beschreibt die Tonordnung des Phonogramm-Archiv-Tonometers wie folgt: Es handle sich um ein Exemplar, welches „die Oktave von 400 bis 800 umfaßt und 120 Zungen enthält, die zwischen 400 und 480 um je zwei Schwingungen, zwischen 480 und 600 um je 3, zwischen 600 und 800 um je 5 Schwingungen differieren".

[11] Der amerikanische Musikpsychologe Benjamin Gilman nutzte in seiner Studie, in der erstmals phonographisch aufgezeichnetes musikalisches Material wissenschaftlich ausgewertet wurde, für die Transkription der Aufnahmen ein Harmonium mit klassischer Klaviatur als Interface zur Be-

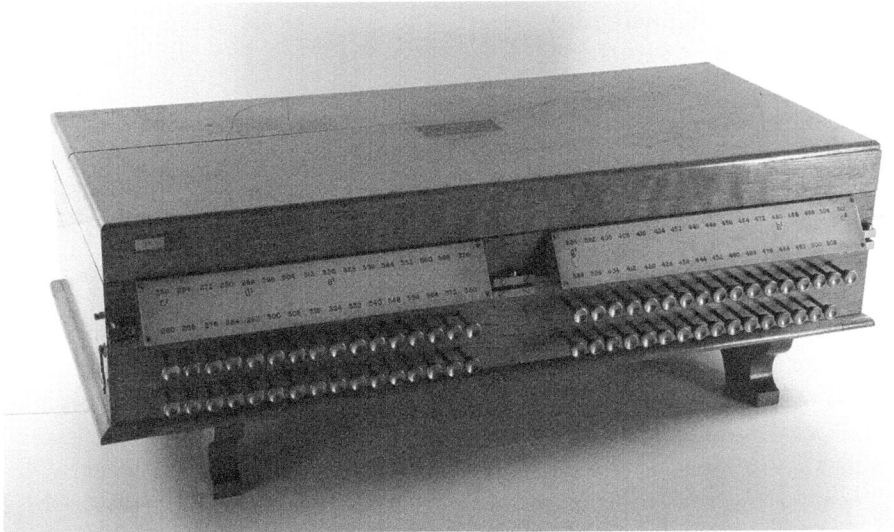

Abb. 2 Appunns Tonometer (64 Metallzungen, 256-512 Hz), gefertigt von der Max Kohl AG. (Copyright: Franz Sachslehner, https://phaidra.univie.ac.at/o:1176634. [letzter Zugriff am 28.08.2024])

ein verhältnismäßig schnelles Hin- und Herspringen zwischen einzelnen Frequenzen und bestimmt dadurch eine spezifische „Hörhaltung" (Schulze, 2016, S. 414). In Bezug auf die konkrete Praxis der Tonhöhensuche im Kontext der tonometrischen Untersuchung können sich die Forschungssubjekte langsam an die vom Phonographen erklingende Tonhöhe auditiv heran*tasten*, um die Musik zu er*fassen*. Wurde etwa in der der Messung vorausgehenden Transkription ein Ton als a' bestimmt, ließen sich anschließend einzelne Stäbchen dieses potenziellen Bereichs nach und nach aktivieren und so konnte sich den auditiven Abgleich zwischen dem Instrumenten- und Phonographenton der gesuchten Tonhöhe – tastend *und* hörend – angenähert werden. Erfassung lässt sich vor diesem Hintergrund im taktilen Sinne des Wortes verstehen, als Akt des Ergreifens mit der Hand. Bereits durch die Affordanz des Interface wird ein bestimmter gestischer Umgang mit Musik nahegelegt, der Hörsubjekte zu Erfassenden werden lässt und die abgehörten nichtwestlichen Musiken zu Erfassten.

---

stimmung der Tonhöhen (Gilman, 1891). Die gesuchten Tonhöhen konnten damit ausschließlich in der wohltemperierten Logik gehört und angeschrieben werden. Harmonien waren nicht nur in akustischen Laboren als wissenschaftliche Demonstrations- und Experimentalinstrumente verbreitet – wie Julia Kursell (2018, S. 72–83) etwa anschaulich für Hermann von Helmholtz dargestellt hat –, auch in der Musiktheorie dieser Zeit dienten sie als Instrumente, um verschiedene Stimmungssysteme zu erforschen (Walden, 2019, S. 199–248).

2.2 Mikrozeitlichkeit adressieren – die „sonic skills" des akustischen Interface

Als ein wesentliches medientechnisches Merkmal der Phonographie hat Friedrich Kittler die Zeit*achsen*manipulation herausgestellt. Im Unterschied zur „historisch erste[n] … Zeitmanipulationstechnik[]" (Kittler, 1993, S. 183), der Schrift, würde der technisch operierende Medienverbund nicht mehr in der symbolischen Ordnung verfahren, sondern Operationen bzw. Manipulationen am „akustisch Reellen" (Kittler, 1993, S. 188) bzw. an „dem Realen" erlauben (Kittler, 1986, S. 28). Aufgrund dieser zeitmanipulierenden Fähigkeit wurden Phonographen einerseits in verschiedenen akustisch-physiologischen Laboren als beliebtes Forschungsinstrument genutzt (Kursell, 2011), andererseits wurde diese Funktion in den verschiedenen Phonogrammarchiven als Analysemittel für Musiken genutzt (Tkaczyk & Birdsall, 2019, S. 3, 7). In Bezug zur tonometrischen Untersuchung besteht die konkrete Manipulation der Zeitachse darin, ein so kleines Zeitintervall aus dem auf der Walze eingeschriebenen musikalischen Geschehen zu loopen, dass nur ein einziger Ton zu hören ist.

Die Akteure des Phonogramm-Archivs nutzten für ihre spezifische Zeitachsenmanipulation ein bestimmtes Phonographenmodell, welches eine präzise repetitive Wiedergabe kleinster Zeitintervalle gestattete. Denn um die einzelnen Töne anzuhalten bzw. stetig zu Gehör zu bringen, musste die Führung des Phonographen ausgestellt werden und die Membran auf die gesuchte Stelle gesetzt werden (Abraham & Hornbostel, 1909, S. 19). Ausführlich beschrieben Abraham und Hornbostel ihren medienpraktischen Umgang mit dem Phonographen in ihrer Studie zu den türkischen Melodien:

> „Wir sind imstande, an unserem Phonographen den Hebel, der die Reproduktionsmembrane [sic] trägt, so einzustellen, dass zwar der Stift die Walze berührt, die Schraubenführung aber, durch die die Membran parallel der Rotationsachse verschoben wird, ausgehoben ist. Der Stift springt also, sobald er einen Schraubengang der Schallkurve durchlaufen hat, über den Rand der Furche in die Anfangsstellung zurück und bringt den gewünschten Ton kontinuierlich oder in beständiger Wiederholung zu Gehör (Abraham & Hornbostel, 1904a, S. 204)."

Mit dem Hebel ließ sich also das Fortlaufen der Walze temporär anhalten, sodass Töne isoliert zu Gehör gebracht werden und mit dem passenden Ton des Appunn'schen Tonmesser verglichen werden konnten. In seinem späteren Methodenartikel beschrieb Erich Moritz von Hornbostel (1930, S. 429 f.) ferner eine „Skala – ähnlich dem ‚Tabulator' der Schreibmaschine", die auf dem Phonographen unterhalb der Führung angebracht werden soll, um besondere Stellen zu markieren und mühelos wiederzufinden. In den Beständen des Phonogramm-Archivs Berlin findet sich ein Phonograph, der diesen Beschreibungen entspricht (vgl. Abb. 3).

Doch erst Appunns Tonmessapparat als akustisches Interface gestattete es den Forschenden, auf diese vom Phonographen angebotene Mikrozeitebene auditiv zuzugreifen, sich an dieses Zeitregime heranzutasten und es handhabbar zu machen. Die beiden Instrumente – Phonograph und Tonometer – kooperieren über diese Ebene geradezu miteinander.

Abb. 3 Modifizierter Excelsiorphonograph mit Hebelmechanik, Tabulator und Anzeigenadel. Aus den Beständen des Phonogramm-Archivs Berlins. (Foto: Christopher Klauke)

Das „kalte, passionslose Ohr", welches Wolfgang Ernst den privilegierten Hörmodus des Sonischen beschreibt (Ernst, 2015, S. 13), war in dieser konkreten Situation stets bewirtschaftet durch den Tonmesser. Indem dieser eine ansteigende Reihe von Schwingungen in der Sekunde bereithält, kann er auch als akustischer Zeitmesser betrachtet werden: Er misst schließlich einen gegebenen Ton nicht unter philologischen Vorzeichen der absoluten Tonhöhe, sondern unter akustischen, als Frequenz, materialisiert damit also ein bestimmtes Konzept von Ton, das dem des Phonographen entspricht. Ohne die apparative Bewirtschaftung eines solchen „Hörgeräts" (Papenburg, 2012) wäre es den Hörenden nicht möglich, die Klangereignisse als Frequenzen zu erkennen und so die in den Walzen verborgenen Tonleitern freizulegen. Als akustisches Interface erweist sich Appunns Tonometer als datengenerierende Schnittstelle, an der das durch den Phonographen eröffnete Sonische der Musik für Forschungssubjekte nicht nur taktil oder grafisch *hand*habbar, sondern eben auch hörend adressierbar wird. Hier festigte sich die bereits in der Affordanz der Bedienoberfläche eingeschriebene Relation aus erfassenden Hörer:innen und erfasster Musik: Erfasst – d. h. zu Daten – werden Musiken, wenn sie als Zeitsignale adressiert und transformiert werden.

Dabei ist jedoch zentral, dass die Position des erfassenden Hörers sowie die produktive Bedienung des Interface hoch spezialisierte Hörfertigkeiten voraussetzt. Karin Bijsterveld hat in Bezug auf dahin gehend gelagerte wissensgenerierende Hörpraktiken den Begriff der „sonic skills"[12] geprägt (Bijsterveld, 2019, S. 4). In Hinblick auf die konkrete Situation im Phonogramm-Archiv lässt sich darunter nicht nur die beschriebene komplexe Bedienung des Phonographen verorten, sondern auch die entscheidende Fähigkeit zum Schwebungshören. Befand sich die gesuchte Tonhöhe nicht auf einer der Metallzungen des Tonometers – was in den meisten Fällen der Fall war –, wurde die nächstliegende aktiviert und die Schwebung[13] der beiden Töne abgezählt und der Ton darüber bestimmt. Das akustische Interface lässt sich mithin als „Anwendung ... zeitdiskreter Signalverarbeitung" (Volmar, 2009, S. 13) verstehen, da es das zeitachsenmanipulierte akustische Signal des Phonographen (ab-)zählbar werden ließ.

Der Umstand, dass der zeitachsenmanipulierte Ton am Phonographen verhältnismäßig kurz und in schlechter Tonqualität erklang, dürfte das ohnehin anfordernde Schwebungshören massiv beschwert haben. Vor diesem Hintergrund ist es umso erstaunlicher, dass Hornbostel (1911, S. 605) den Messfehler seiner Tonbestimmungen mit „0,5 pCt." angab, also scheinbar in der Lage war, mit dem Interface eine hohe Genauigkeit zu erzielen.[14] Daraus geht deutlich hervor, dass nur ausgebildeten und erfahrenen Hörsubjekten eine produktive Nutzung des Tonometers als Interface zur sonischen Adressierung phonographischer Musik gestattet war. Ja Hyun Ku (2006, S. 405 f.) hat darauf hingewiesen, dass die Fähigkeit zum Schwebungshören sowohl in Klavierstimmer-Kreisen und dem Orgelbau als auch in akustischen Laboratorien verbreitet war. Damit setzte das Interface nicht nur eine bestimmte mediale Umgebung voraus, sondern ebenso ein gewisses Hörsubjekt. Das „subject of the interface" (Hookway, 2014, S. 5) ist im Falle dieses Interface nicht ein bloßes Produkt des konkreten Umgangs mit dem Interface, sondern bereits ein in akustisch assoziierten, wissenschaftlichen Milieus geformtes.

Die machtpolitische Frage, wer im Phonogramm-Archiv Berlin nichtwestliche Musik sonisch adressieren konnte, in Daten transformierte und dadurch die Deutungshoheit über nichtwestliche Kulturen erhielt, muss damit auch in Hinblick auf das akustische Interface gestellt werden. Nicht allein der Zugang zu Forschungsinfrastrukturen ist für eine solche Erfassung von Musik notwendig, sondern ebenso waren „sonic skills" erforderlich, damit

---

[12] Bijsterveld (2019, S. 4) definiert ihren Begriff wie folgt: „Sonic skills ... include not only listening skills, but also the techniques that doctors, engineers, and scientists need for what they consider an effective use of their listening and recording equipment. ... To understand listening for knowledge, therefore, we need to study not only the skills related to listening proper, but also those that ensure sounds can be amplified, captured, reproduced, edited, compiled, accessed, and analyzed."

[13] Wenn zwei Schwingungen, die sich in ihrer Frequenz minimal unterscheiden, aufeinandertreffen, hört man einen gleichmäßig schwingenden Ton. Zählt man die Schwingungen in der Sekunde dieses Tons, erhält man die Differenz der beiden sich überlagernden Klänge. Genaueres zur Geschichte der Schwebung im Diskurs der Akustik bis Helmholtz ist bei Julia Kursell (2018, S. 34–39) und Christina Dörfling (2022, S. 49 f.) einzusehen.

[14] Auch Carl Stumpf (1926, S. 12 f.) bemerkt in seiner Studie zu den Sprachlauten Hornbostels herausragende auditive Fähigkeiten: „Bei einer konstant tönenden Metallzunge von 50 Schwingungen pro Sekunde konnte v. Hornbostel noch den 56. Teilton heraushören." Das spricht für außerordentlich spezialisierte Hörfähigkeiten im Umgang mit Obertonhören von Metallzungen, welches auch für Schwebungshören relevant ist.

der Tonmesser als Interface zwischen Phonographen und Hörsubjekt fungieren konnte. Das für die Herkunftskulturen zumeist implizite „vernacular knowledge" (Valk, 2022) über ihre Tonsysteme wurde in diesem Prozess expliziert und von einer wissenschaftlichen Institution in Besitz genommen.

2.3 Politiken des Sonischen – das akustische Interface als „contact zone" der Erfassung

Von einer ganzen Reihe aktueller Publikationen aus den Bereichen der Musikwissenschaft, Medienwissenschaft und Wissens(chafts)geschichte wurde der kolonialgeschichtliche Zusammenhang des Phonogramm-Archivs kritisch befragt. So ist auch eine medienarchäologische Perspektive auf akustische Interfaces, wie sie im vorangegangenen Kapitel unter dem Aspekt des Zeitkritischen eröffnet wurde, herausgefordert, nicht auf sich selbst bezogen zu bleiben, sondern ihren techniksensiblen Blick auf die machtpolitischen Konsequenzen zu richten und so ihr eigentümliches kritisches Potenzial zu erproben. Die tonometrische Erfassung nichtwestlicher Musiken vollzog sich nicht im machtneutralen Raum, sondern war von verschiedensten Machtasymmetrien gekennzeichnet: Das Sonische wurde in seiner lokalspezifischen Situierung im Phonogramm-Archiv durch das akustische Interface zum Politikum.

Bereits die Herstellung der Aufnahmen geschah, wie im Falle Karl Weules (Piotrowski, 2015) oder Julius Smends (Kalibani, 2019), im Zusammenhang umfangreicher und organisierter kolonialer Expeditionen. Auf theoretischer Ebene kommen die teilweise am Evolutionismus oder der Kulturkreislehre orientierten Interpretationsmodelle hinzu, die nicht selten rassistische Annahmen wissenschaftlich legitimierten (Lange, 2013; Steege, 2017). Vor dem Hintergrund der gegenwärtigen Restitutionsdebatten um die im Kolonialismus geraubten materiellen Kulturgüter sowie Aufrufe zur Dekolonialisierung der Archive stellt sich auch die Frage nach den Besitzverhältnissen und dem Umgang mit immateriellem Kulturerbe neu (Kalibani, 2021; Abels, 2021). Lassen sich also ausgehend von einem dahin gehend informierten kritischen Blick auch im Umgang mit akustischen Interfaces Machtasymmetrien ausmachen?

Mit Branden Hookway (2014, S. 4) lassen sich Interfaces als „*form of relation* [Hervorhebung im Original]" verstehen: „This is to say that what is most essential to a description of the interface lies not in the qualities of an entity or in lineages of devices or technologies, but rather in the qualities of the relation between entities." In diesem Sinne lässt sich Appunns Tonometer als akustisches Interface nicht nur als Oberfläche zur auditiven Adressierung der mikrozeitlichen Dimension von Musik begreifen – also als eine rein technische Vermittlung zwischen Hörsubjekt und Phonograph –, sondern ebenso als Vermittlungsinstanz zwischen Wissenschaftlern des globalen Nordens und Musizierenden nichtwestlicher Kulturen. Es sind nicht nur akustische Signale, die vermessen wurden, sondern immer auch musizierende Menschen.[15]

Mary Louise Pratt hat solche machtpolitischen Zonen, in denen Kulturen in eine bestimmte Relation zueinander gesetzt werden, als „*contact zones* [Hervorhebung im Original]" bezeichnet: „I use this term to refer to social spaces where cultures meet, clash, and grapple with each other, often in contexts of highly asymmetrical relations of power, such as colonialism, slavery, or their aftermaths" (Pratt, 1991, S. 34). Das akustische Interface Appunns Tonometer eröffnet, gewissermaßen als konkreter „interface effect" (Galloway, 2012, S. 23), eine solche „contact zone", da hier auditiv vermittelt Kulturen aufeinandertreffen. Die Forschenden begaben sich nicht ohne Grund in diese „contact zone". Ihre Intention war es, ein „objektives" Wissen über die Tonsysteme der Welt zu generieren. Méhéza Kalibani hat in seiner kritischen Auseinandersetzung mit der Provenienz und der postkolonialen Bedeutung der Sammlung Julius Smends im Phonogramm-Archiv Berlin den Begriff „das koloniale Ohr" geprägt und versteht darunter „die akustische Repräsentation des Kolonisierten durch den Kolonisator anhand der phonographischen Aufnahme" (Kalibani, 2019, S. 3).[16] In Erweiterung der bzw. Kopplung mit der phonographischen Aufnahme bestimmte das Interface diese akustische Repräsentation als Mikrozeit und ermöglichte dem kolonisierenden Subjekt, das komplexe und teilweise implizite Wissen über die jeweiligen nichtwestlichen Tonsysteme zu explizieren und in Besitz zu nehmen. Das akustische Interface stellt in der Situation des Phonogramm-Archivs eine ausbeuterische Relation zwischen Musiker:innen und Wissenschaftler:innen bzw. Erfassten und Erfassenden her: Nichtwestliche Musiken können in der „contact zone" als epistemische Ressourcen ausgebeutet werden.[17] Ähnlich wie bei den großen völkerkundlichen Sammlungen, die zur selben Zeit im Zuge der kulturellen Ausbeutung der Kolonien entstanden, ist bereits das Sammeln der Phonogramme, mit der Intention einer „Rettungsethnologie" (Lange, 2019, S. 72), als koloniale Wissensform zu bestimmen. Doch erst das akustische Interface öffnete den Weg zur Verwertung der Musiken als Ressourcen des Wissens. Nutzbarmachung ist in diesem konkreten Fall folglich als „interface effect" (Galloway, 2012, S. 23) zu beschreiben.

Dennoch lassen sich in den verschiedenen im Zusammenhang des Phonogramm-Archivs entstandenen Studien wiederholt Beschreibungen finden, in denen ein zeit-

---

[15] Britta Lange (2013, S. 29) hat aufgezeigt, dass die Schellackaufnahmen von Kriegsgefangenen im Wiener Phonogramm-Archiv von den zeitgenössischen Anthropologen selbst als „‚Menschenmaterial'" bezeichnet und konzipiert wurden; sie seien ein „symptomatisches Beispiel für ‚Zugriffe' auf Menschen als ‚Forschungsmaterial'" (S. 143).

[16] Ähnlich hat auch Kathrin Dreckmann (2017, S. 101 f.) auf die machtpolitische Dimension des „Abhörens" als wissensgenerierende Praxis im Phonogramm-Archiv hingewiesen.

[17] Carl Stumpf (1908, S. 245) geht in seiner Denkschrift auf das Phonogramm-Archiv Berlin explizit auf diesen ausbeuterischen Charakter ein: Angesichts der „materiell[en] ... Ausbeutung" der Kolonien durch das Kaiserreich, sei es „Pflicht, die wissenschaftliche Ausbeutung, d. h. die Erforschung der Natur und der einheimischen Kultur der neuen Länderteile, damit zu verbinden".

kritisches Hören mit dem Interface fehlschlug. Die nichtwestlichen Musiken waren also keineswegs passive Objekte, sie leisteten auf dem Tableau des Sonischen vielmehr Widerstand gegen ihre tonometrische Erfassung und artikulierten eine eigensinnige „agency". Der vorrangige Grund für die partielle Unerfassbarkeit war die Art des Vortrags der jeweiligen Musizierenden auf den phonographischen Aufnahmen (Abraham & Hornbostel, 1904a, S. 203, 1904b, S. 352, 1906a, b, S. 471 f.; Wertheimer, 1910, S. 301). Denn wenn dieselben Töne auf einer Walze bzw. innerhalb eines gesanglichen Vortrags unterschiedlich intoniert wurden, also eine voneinander abweichende Tonhöhe besitzen (*a*' wird an der einen Stelle etwa mit 438, an einer anderen mit 448,5 gemessen), lässt sich die Leiter nur ungenau extrahieren. Exemplarisch deutlich wird dies in Abrahams und Hornbostels (1904b) Auseinandersetzung mit Aufnahmen indischer Musik, welche die Forscher 1902 im Rahmen der Hagenbeck'schen Völkerschau der sogenannten „‚Malabaren'-Truppe" (Abraham & Hornbostel, 1904b, S. 350) aufgenommen hatten. An diesen Phonogrammen

> „verbot sich die Messung durch die in der Unsauberkeit des Unisonos deutlich zutagetretende [sic] äußerst schwankende Intonation der Sänger; wir hatten es eben mit musikalisch (und wohl auch sonst) wenig gebildeten Leuten mit ungeschulten Ohren und Kehlen zu tun, von denen man keine technische und künstlerische vollendete Leistung erwarten durfte (Abraham & Hornbostel, 1904b, S. 352 f.)."

Musikaufnahmen mit starken Intonationsschwankungen bleiben dem akustischen Interface und dem damit ausgerüsteten „kolonialen Ohr" verborgen, eine mikrozeitliche Adressierung dieser Töne ist nicht möglich. Die „contact zone" ist damit nicht nur eindimensional charakterisiert, durch den vermeintlich unerschöpflichen Hang zur Erfassung durch die Forschenden; auf der anderen Seite des Interface wirken, in Form von Musik, ebenfalls Kräfte, die Widerstand gegen die epistemische Ausbeutung zu leisten vermögen. Es sind nicht die Musiker:innen selbst, die in der „contact zone" handeln können, aber ihre Musiken, die im Sonischen mit den kolonialen Subjekten in Verhandlung traten.

3 Fazit

An dieser Stelle möchte ich noch mal auf das in der Einleitung dieses Artikels beschriebene Szenario eingehen: Auf der einen Seite stand der 12-jährige Avedis, der im kleinen Dorf Zincirli vom Anthropologen Felix von Luschan dazu aufgefordert wurde, in einen Phonographen zu singen. Auf der anderen Seite standen Otto Abraham und Erich Moritz von Hornbostel, die seine Gesänge im etwa 3000 km entfernten Berlin hörten. Bereits auf dieser Ebene ist die Begegnung hierarchisiert: Die Forscher können Avedis Hören, Avedis aber umgekehrt Hornbostel und Abraham nicht – geschweige denn, dass er davon weiß, dass diese ihn hören. Nun strukturiert das Interface diese auditive Begegnung aber noch weiter, indem es – in den Worten Galloways (2012, S. 30) – gleich einer Tür oder eines Fensters, als ein „threshold …", als ein „gateway that opens up and allows passage to some place beyond", eine bestimmte zeitliche Relation und einen bestimmten Umgang mit der Musik von Avedis konstituiert. Dieses Interface vermittelt in der Situation des Phonogramm-Archivs Berlin damit nicht nur rein technisch zwischen Phonographen und Hörenden, sondern ebenfalls zwischen Avedis sowie Abraham und Hornbostel. So verstärkt es vorhandene oder artikuliert neue politische Positionierungen, Verhältnisse und Akte.

Diese Politiken des akustischen Interface im Phonogramm-Archiv Berlin wurden im vorliegenden Artikel in ihrer Vielschichtigkeit erläutert. Durch eine detaillierte, mikrohistorische Auseinandersetzung mit der Interfacepraxis der tonometrischen Untersuchung konnte einerseits die Komplexität des Gefüges deutlich gemacht werden; andererseits konnten dabei drei verschiedene machtpolitische Koordinaten des akustischen Interface ausgemacht werden. Dabei wurde zunächst die Funktionsweise und die Affordanz des Tonometers beschrieben. Die audiotaktile Performativität der Bedienoberfläche ermöglichte dem:der Benutzer:in ein erfassendes, ein ergreifendes Hören nichtwestlicher Musiken. Das Interface artikuliert bereits auf dieser Ebene eine Positionierung von erfassenden Wissenschaftler:innen und erfassten Musiken bzw. Musiker:innen. Im Anschluss daran wurde die zeitkritische Dimension des Interface in Hinblick auf die machtpolitischen Konsequenzen herausgestellt. Das Interface ermöglichte eine auditive Adressierung des Sonischen bzw. der mikrozeitlichen Dimension der phonographischen Aufnahmen, insofern sich hierüber ein Hören von Tonhöhen als Frequenz ergibt. Dabei diente Appunns Tonometer jedoch nur dann als ein solches Interface, wenn der:die Benutzer:in über die hoch speziellen zeitkritischen „sonic skills" des Schwebungshörens verfügte. Die Interfacenutzung war damit nur einer gewissen Gruppe vorenthalten. Vor dem Hintergrund der kolonialgeschichtlichen Brisanz des Archivs ergab sich schließlich die dritte machtpolitische Dimension dieser sonischen Vermittlung von Musik. Das akustische Interface eröffnete eine „contact zone", in der die erfassenden Wissenschaftler die erfasste Musik als epistemische Ressource ausbeuten können, indem sie nichtwestliche Tonsysteme explizieren und in Besitz nehmen. Auf der anderen Seite erlangen in dieser stets sonisch vermittelten Zone auch die Musiken „agency" und verweigern sich – mittels Intonationsschwankungen – ihrer Erfassung.

Nach allem, was mit den Gesängen des 12-jährigen Avedis geschehen ist, kann ich, über 120 Jahre nach der Aufnahme in Zincirli, noch immer seine Stimme vernehmen. Vermutlich werden dies auch noch weitere Generationen nach mir können. Die Existenz der Aufnahme ist also nicht an die in diesem Artikel beschriebene Abhörpraxis gebunden. Viel eher laden solche „dynamische[n] Wissensressource[n]" (Klotz, 2020, S. 30) immer wieder zu neuen Befragungen ein und können so etwa auch als wissenschaftliches Material für die historische Untersuchung lokaler Musikkulturen in den jeweiligen Herkunftskulturen dienen (Abels, 2021, S. 111 f.).

Literatur

Abels, B. (2021). Zur Eigenästhetik des Schallarchivs. Eine Einlassung zur Diversifizierung des Wissensbegriff. *Die Musikforschung, 74*(2), 104–114.

Abraham, O., & Hornbostel, E. M. (1904a). Studien über das Tonsystem und die Musik der Japaner. *Sammelbände der Internationalen Musikgesellschaft, 4*(2), 1–58.

Abraham, O., & Hornbostel, E. M. (1904b). Phonographierte türkische Melodien. *Zeitschrift für Ethnologie, 26*(2), 203–221.

Abraham, O., & Hornbostel, E. M. (1904c). Phonographierte indische Melodien. *Sammelbände der Internationalen Musikgesellschaft, 5*(3), 348–401.

Abraham, O., & Hornbostel, E. M. (1906a). Phonographierte Indianermelodien aus British Columbia. *Boas Anniversary Volume. Anthropological Papers*, 447–474.

Abraham, O., & Hornbostel, E. M. (1906b). Phonographierte Indianermelodien aus British Columbia. Vorschläge für die Transkription exotischer Melodien. *Sammelbände der Internationalen Musikgesellschaft, 11*(1), 1–25.

Abraham, O., & Hornbostel, E. M. (1909). Phonographierte Indianermelodien aus British Columbia. Vorschläge für die Transkription exotischer Melodien. *Sammelbände der Internationalen Musikgesellschaft, 11*(1), 1–25.

Ajotikar, R., & van Straaten, E.-M. A. (2021). Postcolonial sound archives. Challenges and potentials. An introduction. *The World of Musik, 10*(1), 5–20.

Appunn, G. (1863). Ueber die Helmholtz'sche Lehre von den Tonempfindungen als Grundlage für die Theorie der Musik, nebst Beschreibungen einiger, zum Theil ganz neuer Apparate, welche zur Erläuterung, und zum Beweis dieser Theorie geeignet sind. *Berichte der Wetterauischen Gesellschaft für die gesamte Naturkunde zu Hanau*, 73–90.

Bijsterveld, K. (2019). *Sonic skills. Listening for knowledge in science, medicine and engineering*. Palgrave Macmillan.

Bloxham, D. (2005). *The great game of genocide. imperialism, nationalism, and the destruction of the Ottoman Armenians*. Oxford University Press.

Dolan, E. (2012). towards a musicology of interfaces. *Keyboard Perspectives, 5*, 1–12.

Dörfling, C. (2022). *Der Schwingkreis. Schaltungsgeschichten an den Rändern von Musik und Medien*. Wilhelm Fink.

Dreckmann, K. (2017). *Speichern und Übertragen. Mediale Ordnungen des akustischen Diskurses*. Wilhelm Fink.

Ellis, A. J. (1876). On sensitiveness of the ear to pitch and change of pitch in music. *Proceedings of the Musical Association, 3*, 1–31.

Ellis, A. J. (1885). On the musical scales of various nations. *Journal of the Society of Arts, 1688*(33), 485–527.

Ellis, A. J., & Hipkins, A. J. (1884). Tonometrical observations on some existing non-harmonic scales. *Proceedings of the Royal Society of London, 37*, 368–385.

Enders, B. (2005). Mathematik ist Musik für den Verstand, Musik ist Mathematik für die Seele. In I. B. Enders (Hrsg.), *Mathematische Musik – musikalische Mathematik. Music in Numbers – Numbers in Music* (S. 7–37). Pfau.

Engel, C. (1874). *A descriptive catalogue of the musical instruments in the South Kensington Museum*. George E. Eyre.

Ernst, W. (2003, Oktober 21). Medienwissen(schaft) zeitkritisch. Ein Programm aus der Sophienstraße. *Antrittsvorlesung*. https://edoc.hu-berlin.de/items/72ab79bc-4a66-4050-b56a-29d7612fd27c.

Ernst, W. (2015). *Im Medium erklingt die Zeit*. Kadmos.

Freudenberg, K. (1999). Apunn. In L. Finscher & MGG (Hrsg.), *Die Musik in Geschichte und Gegenwart. Zweite, neubearbeitete Auflage*. Bärenreiter.

Galloway, A. (2012). *The interface effect*. Policy Press.

Gilman, B. I. (1891). Zuni Melodies. *A Journal of American Ethnology and Archaeology, 1*, 63–92.

Haffke, M. (2019). *Archäologie der Tastatur. Musikalische Medien nach Friedrich Kittler und Wolfgang Scherer*. Wilhelm Fink.

Hilden, I. (2022). *Absent presences in the colonial archive. dealing with the Berlin sound archive's acoustic legacies*. Leuven University Press.

Hookway, B. (2014). *Interface*. MIT Press.

Hornbostel, E. M. (1905). Die Probleme der vergleichenden Musikwissenschaft. *Zeitschrift der Internationalen Musikgesellschaft, 7*(3), 85–97.

Hornbostel, E. M. (1911). Über ein akustisches Kriterium für Kulturzusammenhänge. *Zeitschrift für Ethnologie, 43*(3/4), 85–97.

Hornbostel, E. M. (1930). Phonographische Methode. In E. Abderhalden (Hrsg.), *Handbuch der Biologischen Arbeitsmethoden. Abteilung V: Methoden zum Studium der Funktionen der einzelnen Organe des tierischen Organismus, Teil 7: Methoden zur Untersuchung der Sinnesorgane, 1. Hälfte* (S. 419–438). Urban & Schwarzenberg.

Jackson, M. (2006). *Harmonious triads. Physicists, musicians and instrument makers in nineteenth-century Germany*. MIT Press.

Kalibani, M. (2019). *Das koloniale Ohr. Phonographische Aufnahmen aus deutschen Kolonien und ihre Bedeutung im (post)kolonialen Kontext am Beispiel der Smend-Sammlung im Berliner Phonogramm-Archiv (Masterarbeit)*. Universität Siegen.

Kalibani, M. (2021). The less considered part. Contextualizing immaterial heritage from German colonial contexts in the restitution debate. *International Journal of Cultural Property, 28*(1), 43–53.

Kittler, F. (1986). *Grammophone, film, typewriter*. Brinkmann & Bose.

Kittler, F. (1993). Real time analysis, time axis manipulation. In F. Kittler (Hrsg.), *Draculas Vermächtnis* (S. 182–207). Reclam.

Klotz, S. (2004). Musikforschung als Kulturvergleich. 1911. Erich von Hornbostel entwickelt akustische Kriterien für die kulturelle Zuordnung. In A. Honold, & K. Scherpe (Hrsg.), *Mit Deutschland um die Welt. Eine Kulturgeschichte des Fremden in der Kolonialzeit* (S. 407–417). J. B. Metzler.

Klotz, S. (2020). Klänge als Erkenntnisquelle. Phonogramm-Archive in der Wissensgesellschaft. *Internationales Forum on Audio-Visual Research – Jahrbuch des Phonogrammarchivs* (S. 13–27). Verlag der Österreichischen Akademie der Wissenschaften.

Krämer, S. (2004). Friedrich Kittler – Kulturtechniken der Zeichenachsenmanipulation. In A. Lagaay, & D. Lauer (Hrsg.), *Medientheorien. Eine philosophische Einführung* (S. 13–37). Campus.

Ku, J. H. (2006). British acoustics and its transformation from the 1860s to the 1910s. *Annales of Science, 63*(4), 395–423.

Kursell, J. (2011). A Gray box. The phonograph in laboratory experiments and fieldwork. In I. T. Pinch & K. Bijsterveld (Hrsg.), *The Oxford handbook of sound studies* (S. 176–199). Oxford University Press.

Kursell, J. (2018). *Epistemologie des Hörens. Helmholtz' physiologische Grundlegung der Musiktheorie*. Wilhelm Fink.

Lange, B. (2013). *Die Wiender Forschungen an Kriegsgefangenen 1915–1918. Anthropologische und ethnografische Verfahren im Lager*. Verlag der Österreichischen Akademie der Wissenschaften.

Lange, B. (2019). *Gefangene Stimmen. Tonaufnahmen von Kriegsgefangenen aus dem Lautarchiv 1915–1918*. Kadmos.

Liebersohn, H. (2019). *Music and the new global culture. From the great exhibition to jazz age*. Chicago University Press.
Luschan, F. V. (1904a). Einige türkische Volkslieder aus Nordsyrien und die Bedeutung phonographischer Aufnahmen für die Völkerkunde. *Zeitschrift für Ethnologie, 2*, 177–202.
Luschan, F. V. (1904b). Anleitung für ethnologische Beobachtungen und Sammlungen in Afrika und Oceanien. *Zeitschrift für Ethnologie* (Sonderdruck), 1–128.
Müske, J. (2011). Constructing sonic heritage: The accumulation of knowledge in the context of sound archives. *Journal of Ethnology and Folkloristics, 4*(1), 37–47.
Papenburg, J. G. (2012). *Hörgeräte. Technisierung der Wahrnehmung durch Rock- und Popmusik (Dissertation)*. Humboldt-Universität zu Berlin: Universitätsbibliothek der Humboldt-Universität zu Berlin.
Piotrowski, C. (2015). Übersetzungen von Musik. Wie musikalische Phänomene zu wissenschaftlichen Objekten werden. *Mitteilungen zur Kulturkunde, 61*, 217–236.
Pratt, M. L. (1991). Arts of the contact zone. *Profession, 1*, 33–40.
Schulze, H. (2016). Der Klang und die Sinne. Gegenstände und Methoden eines sonischen Materialismus. In I. T. Cress, T. Röhl, & Materialität. (Hrsg.), *Herausforderungen für Sozial- und Kulturwissenschaften* (S. 413–434). Wilhelm Fink.
Steege, B. (2017). Between race and culture. Hearing Japanese music in Berlin. *History of Humanities, 2*(2), 361–374.
Stock, J. (2007). Alexander J. Ellis and his place in the history of ethnomusicology. *Ethnomusicology, 51*(2), 361–374.
Stoler, A. L. (2008). *Along the archival grain. Epistemic anxieties and colonial common sense*. Princeton University Press.
Stumpf, C. (1894). Bemerkungen über zwei akustische Apparate. *Zeitschrift für Psychologie und Physiologie der Sinnesorgane, 6*, 33–43.
Stumpf, C. (1901). Tonsystem und Musik der Siamesen. *Beiträge zur Akustik und Musikwissenschaft, 3*, 69–138.
Stumpf, C. (1908). Das Berliner Phonogramm-Archiv. *Internationale Wochenschrift für Wissenschaft, Kunst und Technik, 2*, 225–246.
Stumpf, C. (1911). *Die Anfänge der Musik*. Johann Ambrosius.
Stumpf, C. (1926). *Die Sprachlaute. Experimentell-phonetische Untersuchungen. Nebst einem Anhang über Instrumentalklänge*. Julius Springer.
Tkaczyk, V., & Birdsall, C. (2019). Listening to the archive. sound data in the humanities and sciences (introduction). *Technology and Culture (Supplement), 60(2)*, 1–13.
Valk, Ü. (2022). An introduction to vernacular knowledge. In Ü. Valk & M. Bowman (Hrsg.), *Vernacular knowledge – Contesting authority, expressing beliefs* (S. 1–21). Equinox.
Volmar, A. (2019). *Klang-Experimente. Die auditive Kultur der Naturwissenschaften 1761–1961*. Campus.
Walden, D. K. (2019). *The politics of tuning and temperament: transnational exchange and the production of music theory in the 19th-century Europe, Asia, and North America (Dissertation)*. Harvard University, Graduate School of Arts & Sciences.
Wertheimer, M. (1910). Musik der Wedda. *Sammelbände der Internationalen Musikgesellschaft, 11*(2), 300–309.
Wolf, O. (1871). *Sprache und Ohr. Akustisch-physiologische und pathologische Studien*. Friedrich Vieweg und Sohn.
Ziegler, S. (1998). Erich M. von Hornbostel und das Berliner Phonogramm-Archiv. In I. S. Klotz (Hrsg.), *Vom tönenden Wirbel menschlichen Tuns. Erich M. von Hornbostel als Gestaltpsychologe, Archivar und Musikwissenschaftler* (S. 146–168). Schibiri.
Zon, B. (2007). *Representing non-western music in nineteenth-century Britain*. University of Rochester Press.

Werkzeuge und Medienpraktiken. Intelligente persönliche Assistenten und das Paradigma objektorientierten Programmierens

Benedikt Merkle und Tim Hector

Zusammenfassung

Die Entwicklung eines Paradigmas des objektorientierten Programmierens (OOP) war ein zentraler Schritt auf dem Weg, die Bedienung persönlicher Computer mit visuellen, „glatten" Oberflächen und der Repräsentation symbolischer Operationen zu ermöglichen. Im vorliegenden Beitrag vollziehen wir die historischen Entwicklungslinien des OOP als einer Art des Interfacedesigns nach und verlängern diese bis zu akustischen Interfaces. Daran anschließend werfen wir die Frage auf, inwiefern Medienpraktiken mit Smart Speakern – stationären intelligenten persönlichen Assistenten (IPAs) mit stimmlicher Benutzer*innenschnittstelle – die Grenzen des Mediums ausloten. Dazu arbeiten wir auf Grundlage eines Datenkorpus von Audioaufzeichnungen von sequenziellen, akustisch prozessierten Interaktionen mit IPAs und zeigen mit medienlinguistischen Verfahren die dabei entstehenden Limitierungen der Medialisierung auf. Gerahmt wird der Beitrag durch eine methodologische Reflexion zu den Erhebungsverfahren, die bei der Forschung zum Einsatz kamen. Diese bedient sich selbst des OOP-Paradigmas, womit eine Perspektive auf ein Medium als relationales Gefüge angelegt ist. Wir argumentieren für eine medienhistorische Reflexion, die die Implikationen von Forschungspraktiken in Medienpraktiken zu entwirren hilft.

B. Merkle
Virtual Humanities Lab, Ruhr-Universität Bochum, Bochum, Deutschland
E-Mail: benedikt.merkle@rub.de

T. Hector (✉)
SFB 1187 Medien der Kooperation, Universität Siegen, Siegen, Deutschland
E-Mail: tim.hector@uni-siegen.de

© Der/die Autor(en), exklusiv lizenziert an Springer Fachmedien Wiesbaden GmbH, ein Teil von Springer Nature 2025
C. Borbach et al. (Hrsg.), *Akustische Interfaces*, ars digitalis, https://doi.org/10.1007/978-3-658-47635-9_4

Schlüsselwörter

Mensch-Maschine-Interaktion · Objektorientiertes Programmieren · Voice-User-Interfaces · Smart Speaker · Medienpraktiken · Interfacedesign · Methodologie der Medienwissenschaft

1   Einleitung

Ein empirisch ausgerichtetes Forschungsprojekt zu den Medienpraktiken mit Smart Speakern – stationären intelligenten persönlichen Assistenten (IPAs) für den häuslichen Gebrauch – steht vor der methodischen Frage, wie es die ständig auf Aktivierungsworte lauschenden Geräte seinerseits überwachen könnte. Das ist notwendig, um an Audioaufzeichnungen zu gelangen, auf denen zu hören ist, wie sich der Austausch mit den „Voice-User-Interfaces" praktisch vollzieht (vgl. Habscheid et al., 2021, S. 44–45). Wie überwacht man aber die Überwacher? Indem man, das weiß die „Sousveillance"-Bewegung schon lange, ihre Technologie imitiert und sie sich aneignet (Mann, Nolan, & Wellman, 2003). Abzüglich eines explizit politischen Anliegens bediente sich das Forschungsprojekt „B06 – Un-/erbetene Beobachtung in Interaktion: Intelligente Persönliche Assistenten" (IPA)", das an der Universität Siegen im DFG-Sonderforschungsbereich 1187 „Medien der Kooperation"[1] angesiedelt ist, für seine medienlinguistischen Studien Strategien der Sousveillance, wie sie Mann, Nolan und Wellmann beschreiben: „relocating the relationship of the surveillance society within a more traditional commons notion of observability" (2003, S. 333). Wo Hersteller der Endgeräte „black-boxing" (Latour, 2002) betreiben, soll Beobachtbarkeit vonseiten der Medienpraktiken geschaffen werden, um aus Richtung der Nutzung der Geräte Daten über deren Einsatz, Funktion und Einfluss auf Akteure zu sammeln. Zu diesem Zweck adaptierte das Projekt eine von Martin Porcheron u. a. für ein ähnliches Forschungsprojekt entwickelte Technologie (Porcheron et al., 2018). Porcheron u. a. konstruierten eine quelloffene Software zur Erfassung von Smart-Speaker-Interaktionen. Das Ergebnis, die Software des „Conditional Voice Recorder" (CVR), ist auf GitHub der Öffentlichkeit einsichtig. Das System wird von Porcheron in seiner Funktion zusammengefasst als „system that listens for a hotword and begins audio capture".[2] In der Folge wurde es von den Forscher*innen in Siegen repliziert und weiterentwickelt (Hector et al., 2022), um auch Smart-Speaker-Interaktionen mit Gerätetypen anderer Her-

---

[1] Gefördert durch die Deutsche Forschungsgemeinschaft (DFG) – Projektnummer 262513311 – SFB 1187 Medien der Kooperation. Das Projekt trug in der zweiten Laufzeit des Sonderforschungsbereichs (2020–2023) den hier genannten Titel und wird in der dritten Laufzeit (2024–2027) mit dem Titel „Un-/erbetene Beobachtung in Interaktion: Smart Environments, Sprache, Körper und Sinne in Privathaushalten" fortgesetzt. Das Projekt leiten Prof. Dr. Stephan Habscheid und Prof. Dr. Dagmar Hoffmann. Zum Projekthintergrund siehe Habscheid et al. (2025).
[2] https://github.com/MixedRealityLab/conditional-voice-recorder.

steller neben Amazon erfassen zu können.³ Daran anschließend wurde das Gerät in verschiedenen Haushalten untergebracht. Dort zeichnete es automatisch Interaktionen mit IPAs auf, die einen Teil des Korpus bilden, das dem Forschungsprojekt als Grundlage für die medienlinguistischen Analysen dient.

Bei der Implementierung der Funktionalität des wissenschaftlichen Werkzeugs zur Untersuchung akustischer Interfaces kommt eine Vielzahl von Techniken des Softwareengineerings zum Einsatz, die mit den Forschungszielen im engeren Sinn nichts zu tun haben. So wird etwa zur Generierung eines Modells zur Erkennung des Aktivierungsworts „Alexa" in dem von Porcheron entwickelten Gerätetyp eine Programmierschnittstelle namens „Snowboy" genutzt, wobei die Architektur neuronaler Netze zum Einsatz kommt. Wissenschaftliche Praxis bedient sich so aktueller, schnell veränderlicher Technologien, deren eigene Pfadabhängigkeiten der Reflexion bedürfen: Die Entwicklung von „Snowboy" wurde Ende 2020 laut „Kitti.ai" mit der Notiz eingestellt, dass „[t]he field of artificial intelligence is moving rapidly. As much as we like our products, we still see that they are getting outdated and are becoming difficult to maintain."⁴ Dieser Vorgang ist ein deutlicher Hinweis darauf, dass digitale Forschungspraktiken sich volatiler Technologien mit eigenen historischen Dimensionen bedienen – wir kommen darauf zurück.

Im vorliegenden Artikel konzentrieren wir uns auf das Paradigma des objektorientierten Programmierens (OOP), das auch bei der Entwicklung des CVR zur Anwendung kam, und setzen es in Beziehung zu akustischen Interfaces. Das OOP-Paradigma unterteilt einzelne Funktionen des Programms in Objekte, die von einer Hauptmethode aufgerufen werden und mittels definierter Methoden in Relationen des Datenaustausches treten (Joque, 2016, S. 351). Wir gehen auf Entstehung und grundlegende Ideen dieses Paradigmas ein, das oft als Grundlage der Medialisierung des Computers apostrophiert wird (Alt, 2011, S. 285), und reflektieren vor diesem Hintergrund die historische Dimension einer Art des Interfacedesigns, das bis zu aktuellen akustischen Interfaces der IPAs reicht. Darauf aufbauend gehen wir im zweiten Schritt entlang von linguistischen Beispielen der Frage nach, inwiefern und wie Medienpraktiken mit IPAs – d. h. akustischen Interfaces – die Grenzen eines Mediums ausloten. Dazu führen wir in einer detaillierten, sequenzanalytischen Untersuchung einzelner Auszüge unterschiedliche sprachliche Strategien der Nutzer*innen im Umgang mit akustischen Interfaces vor. Wir beschränken uns also hinsichtlich der Empirie auf die qualitativ-explorative Analyse von praktischen Vollzügen zwischen Anwender*innen und Voice-User-Interfaces. Abschließend reflektieren wir vor diesem Hintergrund, inwiefern Forschungsmethoden mit den Grenzen jener Medien arbeiten, die sie zum Einsatz bringen, und plädieren für die medienhistorische Situierung von Forschungspraktiken parallel zur Erhebung von Daten.

---

³ Dazu wurde schließlich die Firma „Kernel Concepts" aus Siegen mit der Anpassung beauftragt, die ihren Entwicklungsprozess ebenfalls öffentlich dokumentierten: https://www.kernelconcepts.de/case-study-conditional-voice-recorder/.
⁴ https://web.archive.org/web/20210108151816/https://github.com/Kitt-AI/snowboy/.

2 Vom Werkzeug zum Medium

Historische Betrachtungen des Computers haben dessen technische Entwicklung oft als eine Art Metamorphose von der Rechenmaschine über das Werkzeug hin zum Medium dargestellt (Friedewald, 1999; Schelhowe, 1997; Hillgärtner, 2008, S. 114–133). Heidi Schelhowe unterstreicht dabei, dass „das Digitale Medium … mit seinen Algorithmen direkt an der Inhaltsproduktion beteiligt [ist]. … [E]s ist ein Medium aus der Maschine" (Schelhowe, 2018, S. 30). Eine solche Position kann mit Blick auf die Allgegenwart algorithmischer Automatismen in Alltag und Arbeitswelt der Gegenwart nicht bestritten werden. Im Rahmen praxistheoretischer Zugänge interessiert indessen aktuelle Forschung vielmehr, in welchen konkreten technischen Konfigurationen der universale Rechner aktualisiert wird und wie diese Aktualisierungen von menschlichen und nichtmenschlichen Akteur*innen kooperativ, im Sinne einer „praktischen Reflexivität" (Gießmann & Schüttpelz, 2015, S. 33–39) verfertigt werden. Das war einst anders: Der Medienbegriff, der der Rechenmaschine eine prägende Funktion bezüglich der mit ihr ermöglichten sozialen Praktiken einräumt, musste gegen die Vorstellung eines neutralen Übertragungskanals durchgesetzt werden. In Deutschland fanden medientheoretische Diskussionen dazu in den 1990er-Jahren statt. Für das Wechselverhältnis von Mensch und Maschine in digitalen Arrangements zur Symbolmanipulation stellt Sibylle Krämer im Jahre 2000 daher folgende Hypothese auf:

> „Unsere Hypothese ist, dass sich im Umgang mit virtuellen Realitäten wie auch in der telematischen Kommunikation eine neue Kulturtechnik abzuzeichnen beginnt, die darauf beruht, dass wir mit symbolischen Ausdrücken in ein Wechselverhältnis eintreten können. Allerdings ist diese Kulturtechnik der Interaktion mit symbolischen Welten an eine Bedingung geknüpft: Die Möglichkeit, mit Symbolen via Computer zu interagieren, ist an die Voraussetzung gebunden, dass der Nutzer selbst sich dabei in einen symbolischen Ausdruck, in ein Zeichen verwandeln muss." (Krämer, 2000, S. 47)

Digitale Medien werden bei Krämer zu Apparaten, denen die geradezu magische Fähigkeit innewohnt, ihre Nutzer*innen zu verwandeln. Ein solcher rhetorischer Aufwand zur Untermauerung der Medienspezifik digitaler Interaktionsformen ist heute nicht mehr nötig. Demgegenüber lohnt die Reflexion der Wege, auf denen ein Medienbegriff im mittleren 20. Jahrhundert zum Computer kam. Denn der Begriff, der sich in den 1990er-Jahren unter dem Eindruck eines globalen Kommunikationsnetzwerkes geradezu aufdrängte, war schon Jahrzehnte zuvor an unterschiedlichen Stellen eingeführt worden. Jens Schröter verfolgt ihn in die Zeit früher künstlerischer Experimente mit Computern, genauer zu Michael Nolls programmatischem Text „The Digital Computer as a Creative Medium" von 1967. Der Medienbegriff, den Noll auf den Computer anwendet, entstammt dem modernistischen Kunstdiskurs und bezieht sich auf die spezifischen Eigenschaften derjenigen Materialien, mit denen Künstler*innen arbeiten, um Form zu schaffen (Noll, 1967). Ausgehend davon, so Schröter über Noll, bemerkt dieser, „dass das Neue des neuen Mediums Computer nun darin besteht, die spezifischen Prozesse, die andere Medien auszeichnen …, mathematisch zu modellieren. In dem Maße, in dem der Computer zur Simulation traditioneller Medien verwendet wird, erscheint er selbst als ein Medium" (Schröter, 2021, S. 162). Indem das digitale Medium mittels informatischer Modelle Aspekte der physischen Materie simuliert, bildet es eine eigene Erscheinung als Medium aus.

Ebenfalls im Jahre 1967 stellten die norwegischen Informatiker Kristen Nygaard und Ole-Johan Dahl die Programmiersprache *Simula* (Nygaard & Dahl, 1978) vor, die zur Simulation von Prozessen komplexer Systeme entworfen wurde. Sie gilt als erste objektorientierte Programmiersprache, von der ausgehend sich ein einflussreiches Paradigma zur Programmierung ausbildete. Bei diesem werden entlang der Metapher des Objekts gewünschte Funktionalitäten der Software als Vernetzung computationaler Objekte modelliert. Ein computationales Objekt stellt dabei, wie es Alan Kay später formuliert, eine Rekursion des Computers auf sich selbst dar, sodass das Zusammenspiel vieler solcher Objekte einem Netzwerk aus Computern gleichkommt, die parallel operieren. Die Formalisierung der Kommunikation zwischen Objekten erzeugt das Verhalten des Systems. „Everything we can describe can be represented by the recursive composition of a single kind of behavioral building block that hides its combination of state and process inside itself and can be dealt with only through the exchange of messages" (Kay, 1996, S. 512). An dieser Stelle beginnt Alan Kay, Entwickler der von *Simula* beeinflussten objektorientierten Programmiersprache und grafischen Entwicklungsumgebung *Smalltalk*, von der Vision eines „personal dynamic medium" (Kay, 1996, S. 523) zu sprechen. Kays historische Reflexionen zu seiner Arbeit an *Smalltalk*, die später die Entwicklung der Desktopumgebung an persönlichen Computern maßgeblich beeinflussten, sind voll von Gedanken zum umweltlichen Wirken des Computers, sei es dessen Ausdehnung auf verschiedene Aspekte der Lebenswelt, sei es das Design der Nutzer*innenoberflächen als „learning environment" (Kay, 1996, S. 511). Die Ausdehnung des Computers auf seine Umwelt mittels Modellierung und Simulation von Systemen beförderte die Idee des Mediums. Das Prinzip der Rekursion maschineller Operationen auf sich selbst führte zur Idee einer neuen Objektivität, mit der in Interaktion getreten werden kann. Diese Idee verdeckt gewissermaßen die rein symbolische Natur des Interface (Fuller & Cramer, 2008, S. 150) und ist von vornherein mit visuellen Formen der Repräsentation symbolischer Operationen verbunden, die die glatten Oberflächen des populären, persönlichen Computing bilden.

Eng verknüpft mit der Modellierung von Aspekten der Umgebung des Computers, wie etwa die von Noll gemeinten, physischen Medien der traditionellen Kunst, war für die objektorientierte Programmierung die Entwicklung visueller Repräsentationen der computationalen Objekte. Diese zweite, visuelle Wurzel der objektorientierten Programmierung stellt Ivan Sutherlands Innovation eines grafischen Interface zur direkten Manipulation der Zustände des Computers dar. 1963 als Dissertation bei Claude Shannon eingereicht, sollte „Sketchpad. A Man-Machine Graphical Communication System" (Sutherland, 1964) zunächst grafische Entwurfstechniken für das Arbeiten an technischen Zeichnungen simulieren. Nach Diskussion mit Shannon änderte Sutherland seinen Plan und suchte nach einem allgemeinen System, das es erlaubt, Abhängigkeiten zwischen grafischen Elementen zu definieren (Joque, 2016, S. 346–349). Es entstand so ein grafisches Stiftinterface, dessen zentrale Innovation darin besteht, sogenannte Masterzeichnungen anzufertigen, in deren Abhängigkeit Instanzen dupliziert werden konnten. Wird die Masterzeichnung verändert, verändert das auch alle ihre Instanzen. Neu an diesem hierarchisch strukturierten Modell sind die Modalitäten der Interaktion in Echtzeit: Stifteingaben erfolgen unter Verwendung von grafischen Repräsentationen der Anweisungen zur Modifikation des grafischen Displays. Kay wird diese Methode der Interaktion später als „iconic programming" (Kay, 1996, S. 532) fassen.[5] Eingaben der Nutzer*innen werden sofort grafisch nachvollziehbar umgesetzt.

Das Medium, das mittels objektorientierter Programmierung konzipiert wurde, vereint somit zweierlei: die computationale Simulation von Aspekten der materiellen Welt und Formen der visuellen Repräsentation dieser Simulation. Justin Joque verweist für die Erfindung des computationalen Objekts daher auf eine virtuelle und eine visuelle historische Schneise: „Within computation, the object arises out of a desire to create a model of the world within the computer but at the same time out of an attempt to create a whole new visual world native to the computer" (Joque, 2016, S. 349). Hinsichtlich der genutzten Medientechnik lässt sich festhalten, dass die sequenziellen Operationen des Rechners durch visuelle Repräsentationen dem räumlichen Operieren mit Symbolen zugeführt werden. Es lässt sich des Weiteren von einem „conceptual model" sprechen, welches zur Interaktion von Mensch und Computern popularisiert wird und „als mentales Modell Vorstellungen über mögliche Operationen des Systems und über mögliche Handlungen mit dem System enthält" (Ernst, 2017, S. 100). Was Alan Kay „iconic programming" nennt, heißt bei Ben Shneiderman 1983, dem Jahr, in dem mit *Apples* „Lisa" der erste kommerzielle persönliche Computer mit grafischer Nutzer*innenoberfläche erscheint, „direct manipulation". Shneiderman reformuliert das Interaktionsparadigma in Begriffen von Interface-Designstrategien und listet als erste, zentrale Idee der Human-Computer-Interaction die „visibility of the object of interest" (Shneiderman, 1983, S. 57). Nachdem er zentrale Bereiche der Popularisierung direkter, visueller Manipulation computationaler Objekte in Desktopumgebungen und Unterhaltungsmedien beschrieben hat, führt er die Unterscheidung von semantischem und syntaktischem Wissen ein, um den Erfolg solcher Interfaces zu erfassen. Syntaktisches Wissen bezieht sich auf arbiträr festgelegte, symbolische Eigenschaften eines Interface, etwa festgelegte Tastenkombinationen zur Aktivierung von Funktionen („Strg+S" für das Speichern eines Dokuments). Semantisches Wissen speist sich dagegen aus „general explanation, analogy and example" (Shneiderman, 1983, S. 65) und lässt sich leichter memorisieren.[6] Unter Verweis auf kognitionswissenschaftliche und entwicklungspsychologische Studien argumentiert Shneiderman, dass mit

---

[5] Vergleiche zur spezifischen Visualität der Nutzer*innenoberflächen von *Smalltalk* Pratschke (2008, S. 73).

[6] Shneiderman verwendet die Kategorien Syntax und Semantik in einem sehr weiten Sinn, der sich nicht mit der linguistischen Einschränkung auf das Sprachliche deckt. Wo die Begriffe im Folgenden verwendet werden, beziehen sie sich aber, wenn nicht anders gekennzeichnet, auf den in der Linguistik üblichen Gebrauch.

visuellen Repräsentationen die Arbeit mit Computern auf der höheren Ebene des Verständnisses von Problem und Problemlösung stattfindet. Er resümiert daher:

> „The success of direct manipulation is understandable in the context of the syntactic/semantic model. The object of interest is displayed so that actions are directly in the high-level problem domain. There is little need for decomposition into multiple commands with a complex syntactic form. On the contrary, each command produces a comprehensible action in the problem domain that is immediately visible. ... Dealing with representations of objects may be more ‚natural' and closer to innate human capabilities." (Shneiderman, 1983, S. 66)

Shneidermans Argumentation zeigt zweierlei: Zum einen macht sie deutlich, dass durch OOP ein „conceptual model" der Interaktion mit Computern popularisiert wird, das auf visuelle Repräsentationen von computationalen Objekten aufbaut. Zum anderen kehrt sie die „Natürlichkeit" von Interaktionen hervor, die beim Interfacedesign angestrebt wird und die sich für das Feld der HCI auf kognitionswissenschaftliche und entwicklungspsychologische Studien stützt. Die Interfaces der OOP werden auf diese Weise oft als Design der Verkettung von Kognition und Maschine verstanden – was tendenziell die Dimension von situativem Praxiswissen ausklammert. Was Shneiderman als semantisches Wissen der GUIs einordnet, lässt sich auch als Wissen um die Grundlage von Interaktionen auf Ebene der (Medien-)Praktiken untersuchen. Cecile Crutzen und Erna Kotkamp unterscheiden dazu das Programmierparadigma von einem allgemeineren objektorientierten Ansatz des Interfacedesigns. „Software production based on the OO approach ... results in the predictable and planned interaction of artificial actors" (Crutzen & Kotkamp, 2008, S. 202), ein Vorgang, den Crutzen und Kotkamp als Kolonisierung subjektiver Analyseprozesse durch die Routinen eines objektorientierten Systems zuspitzen. Unter subjektiven Analyseprozessen werden Prozesse der Wahrnehmung verstanden, die mittels kognitionswissenschaftlicher Erkenntnisse auf das Design von Interfaces übergehen. Sowohl Prozesse visueller Wahrnehmung als auch der „natürlichen" Sprache lassen sich für diesen Zweck instrumentalisieren.

Folgt man dieser Einordnung, so ist die erfolgreiche Ausbildung eines „conceptual models" nicht an die vermeintliche „Natürlichkeit" einer Interaktion gebunden, sondern entsteht in konkreten, kulturellen Settings subjektiver Analyseprozesse. Für akustische Interfaces stellen die spezifisch visuellen Prägungen des digitalen Mediums durch OOP ein Problem dar. Auf Gewohnheiten der Interaktion mit visuellen Repräsentationen computationaler Objekte lässt sich in der sequenziellen, zeitlichen Form des Turn-Takings bei sprachlicher Interaktion nicht zurückgreifen. Visuell eingeübte Praktiken wie der Versand von Nachrichten, das Abspielen von Musik oder das Abrufen von Wetterinformation müssen im akustischen Interface streng sequenziell ablaufen. Die Vorstellung einer Welt computationaler Objekte verdeckt das maschinelle, lineare Abarbeiten von Befehlen nicht mehr, sodass in Situationen konkreter Interaktion mit einem IPA der Status der Maschine als Medium fraglich wird und neu verhandelt werden muss. Dabei wurde dieser Status des Computers bereits in der Vergangenheit durch die Abgrenzung von linguistischen Interaktionsformen konturiert. Jörg Pflüger (2004) zeichnet nach, wie Alan Kays *Smalltalk* sich gegenüber frühen, konversationellen Interfaces zur Steuerung und Programmierung von Computerfunktionen abgrenzt.[7] Werkzeuge wie Stift oder Maus zur direkten Manipulation grafischer Repräsentationen am Display prägten zunächst ein Verständnis des Rechners als zuhandenes Werkzeug für unterschiedliche Aufgaben. Darauf aufbauend entstanden Gewohnheiten und Erwartungshaltungen, die in einem Betriebssystem samt Desktopoberfläche vereint die Maschine als Medium kreativer Ausdrucks- und Kommunikationsmöglichkeiten bewerben. Insofern bildet die Gegenüberstellung von Medium und Werkzeug ein Spannungsverhältnis: Der Computer als funktionales Werkzeug ist die Grundlage der von Krämer angesprochenen Interaktion mit Symbolen. Pflüger zitiert an dieser Stelle die Entwickler des Xerox Star, dem ersten kommerziell erhältlichen Computer mit grafischem Nutzer*innen Interface: „Systems having direct-manipulation user interfaces encourage users to think of them as tools rather than as assistants, agents, or coworkers. Natural-language user interfaces which are inherently indirect, encourage the reverse" (Johnson et al., 1989, S. 11). Der werkzeughafte Gebrauch symbolprozessierender Maschinen ist ein entscheidender Entwicklungsschritt, der gegenüber dialogisch-sequenziell strukturierten Interfaces durchgesetzt wurde.

Seit einigen Jahren kann jedoch ein durch Machine Learning (ML) gestütztes Natural Language Processing (NLP) hinreichend stabile Modelle zur Erkennung gesprochener Sprache erzeugen, sodass Interfaces auf den Bereich der gesprochenen, als „natürlich" bezeichneten Sprache aufbauen können. Solch ein Interfacedesign knüpft erneut an Versuche an, Interfaces an der kognitionswissenschaftlich als „natürlich" ausgewiesenen Interaktionssituation von Subjekten mit materieller Umwelt auszurichten (Ernst, 2017, S. 103). Das „conceptual model" der akustischen Interfaces der IPAs, wie es in Werbematerialien deutlich wird, ist die Interaktion mit menschlichen Dialogpartner*innen, die das Gerät als Teil von Gesprächssituationen nahtlos in den Alltag integrieren soll (Lind & Dickel, 2023). Auf diese Weise sollen funktionale Werkzeuge der Interaktion entstehen, die direkte Manipulation in sprachlichen Abläufen erlaubt. Im Folgenden geht es uns nicht um die technischen Details dieser noch jungen Technologie, sondern um Medienpraktiken im Umgang mit einem ungewohnten Interface. In linguistischen Beispielen lässt sich zeigen, wie ein im Interface suggeriertes Interaktionsdesign in der Interaktion mit IPAs in einem prekären Verhältnis gehalten wird mit der Variabilität von Medienpraktiken (siehe auch Habscheid, Hector, & Hrncal 2025). Sprachlich vollzogene Medienpraktiken verhandeln, so unsere These, über den Status der Geräte als Medien und vermitteln zwischen einem Angebot „natürlichen" Sprachgebrauchs und der instrumentellen Verwendung eingeübter Befehlsstrukturen.

---

[7] Eines der bekanntesten dieser Dialoginterfaces ist das „JOHNNIAC Open-Shop System (JOSS)", das von 1963 bis in die 80er-Jahre genutzt wurde (Pflüger, 2004, S. 376).

3 Vom Werkzeug zur Medienpraktik

Die These, dass sich für die Bedienung von Maschinen ein *Computer Talk* (Krause & Hitzenberger, 1992), ein spezifisches sprachliches Register mit bestimmten Eigenschaften, etabliert hätte, wurde in der sprachwissenschaftlichen Forschung zurückgewiesen und gilt heute als nicht haltbar: Zu unterschiedlich sind die tatsächlichen sprachlichen Formen, die zum Einsatz kommen, und zu sehr sind sie an die sozialräumliche Situation gebunden (Fischer, 2006, S. 149). Der Aufbau eines „conceptual models", das mit der „Natürlichkeit" der Sprache arbeitet und das Werbeversprechen, mit Alexa zu sprechen „wie mit einem Menschen", wären allerdings gar nicht notwendig, wenn nicht wenigstens Annahmen über die Limitierungen der Konversationsfähigkeiten von Interfaces bestehen würden – weil ihnen das Gegenstück („sprechen wie mit einer Maschine") fehlen würde. Wir gehen daher zunächst einmal davon aus, dass Anwender*innen von Smart Speakern sich an Formen von konversationellen Abläufen zwischen zwei Menschen orientieren und sich dies auch in gesprochensprachlichen Äußerungen zeigen lässt. Das illustriert beispielsweise das folgende Transkript eines Dialogs zwischen dem Anwender Julian Riker (JR)[8] und dem Smart Speaker Siri (SI):[9]

Beispiel (1): Wasserkocher[10]
```
001 JR:   HE:Y siri;
002       (0.4)
003 JR:   MACH (.) den wasserkocher an,
004       (4.8)
005 SI:   bin DRAN.
006       (3.2)
007 SI:   oKAY (.) der wasserkocher ist an.
008       (3.3)
009 JR:   hey siri (.) stell deine STIMme auf achzig prozent;
010       (3.1)
011 SI:   ich werde LAUter sprechen.
012       (0.3)
013 JR:   DANke;
```

---

[8] Alle Klarnamen und andere Hinweise in den Transkripten, die eine Identifikation der Sprecher*innen ermöglichen könnten, wurden pseudonymisiert.
[9] Das Beispiel stammt, wie auch die übrigen im Folgenden gezeigten Ausschnitte, aus dem Datenkorpus, das im eingangs beschriebenen Forschungsprojekt mithilfe des CVR aufgebaut wurde. Das Korpus umfasst insgesamt 226 Audio- und sechs Videoaufnahmen mit einer Gesamtlänge von rund 30 h Gesprächsmaterial. Die Aufnahmen wurden inventarisiert und anschließend gemäß den Notationsregeln des gesprächsanalytischen Transkriptionssystems „GAT 2" (Selting et al., 2009) transkribiert.
[10] Für Arbeiten an den Transkripten sowie für hilfreiche Anmerkungen zu einer früheren Version dieses Texts danken wir Franziska Niersberger-Gueye.

Der hier gezeigte Dialog zwischen JR und dem Voice-User-Interface (VUI) Siri ist sequenziell strukturiert: Nach der technisch notwendigen Anrede (Z. 001), die einem „summons" zur Fokussierung der wechselseitigen Aufmerksamkeit ähnlich ist (Schegloff, 1968), folgt eine dem Satzbau nach geschlossene Äußerung (Z. 003), die ein Kommando darstellt – und sich durch die Nutzung des Imperativs auch eindeutig als solches zeigt. Dies macht eine Antwort des VUI konditionell erwartbar (Schegloff, 1968) und das VUI antwortet darauf zwei Mal: einmal mit einer Zwischenmeldung (Z. 005) sowie mit einer Vollzugsmeldung (Z. 007). Diese sind sprachlich ebenfalls an zwischenmenschliche Konversationen angelehnt: Dies illustrieren sowohl der elliptische Ausdruck „bin DRAN" wie auch die Verwendung von „oKAY" als Scharnier zwischen dem vorherigen und dem Folgeturn (Beach, 1993). Zwar enthält der daran anschließende Turn von JR (Z. 009) mit der Wiederholung der Aktivierungsformel „hey siri" einen Hinweis auf die technischen Bedingungen, unter denen der Dialog stattfindet, doch zugleich vollzieht sich auch der daran anschließende sequenzielle Verlauf in Anlehnung an Verfahren aus zwischenmenschlichen Gesprächen und beinhaltet mit dem dritten Zug zum Sequenzabschluss („DANke;", Z. 013) sogar einen Hinweis auf „phatische" Bestandteile in der Kommunikation (Jakobson, 2007 [1960]).

In diesem Beispiel scheint also eingelöst zu werden, was die Hersteller versprechen: Eine Annäherung an zwischenmenschliche Interaktionssituationen über ein akustisches Interface, das konversationelle Ein- und Ausgaben prozessiert. Die sprachlichen Formen zeigen, dass sowohl der Anwender wie auch die Ausgaben des Interface daran orientiert sind. Allerdings lässt sich dies nicht verallgemeinern, denn dem gegenüber zeigt sich das folgende Beispiel als sprachlich extrem reduzierter Austausch:

Beispiel (2): Wohnzimmerlicht
```
001 AR:    hey SIri,
002        WOHNzimmerlicht aus.
003        (101.9)
```

Das Kommando ist hier syntaktisch nicht geschlossen. Nach der Aktivierung (Z. 001) äußert der Anwender Alexander Reschke (AR) lediglich die Bezeichnung des zu steuernden Smart-Home-Elements – das Wohnzimmerlicht – sowie den gewünschten Zustand, der sich auf das Element bezieht. Eine prädikative Verknüpfung zwischen diesen beiden Elementen unterbleibt, ebenso wie eine verbalisierte Antwort des Geräts (jedenfalls bis zum Ende der Aufnahme). Es ist anzunehmen, dass lediglich die Umsetzung des Befehls als Antwort genügt.

Nicht nur Selting und Couper-Kuhlen (2000, S. 81–84) warnen vor muttersprachlicher Introspektion und kontextfreier Bewertung von erfundenen Ausdrücken oder Situationen bei der Untersuchung von Sprache in ihrem interaktionalen Habitat. Gleichwohl lässt sich sagen, dass ein Imperativkommando wie aus Beispiel (1) und erst recht syntaktisch unverbundene und uneingebettete Äußerungen wie in Beispiel (2) gesichtsbedrohendes Potenzial haben. Das Ausbleiben jeder Form von phatischer Kommunikation, jeder Strategie zur Realisierung von Face-Work (Goffman, 1955), wie sie sprachlich z. B. durch Indirektheit oder Frageformulierungen umgesetzt wird (Brown & Levinson, 1987, S. 132–145), wäre jedenfalls stark markiert – selbst dann, wenn das VUI noch einmal verbalsprachlich auf das Kommando antwortet, wie im folgenden Auszug:

Beispiel (3): Tageslicht
```
001 JR:   HEY siri,
002       (1.5)
003 SI:   M_hm,
004       (0.3)
005 JR:   TAges[licht;]
006 SI:        [M_hm, ]
007       (2.1)
008 SI:   FERtig.
```

Das Kommando hier ist noch kürzer und besteht nur aus einem einzigen Substantiv (Z. 005). Diese Art des Austauschs weicht also ab von dem als konversationell bezeichneten Sprachgebrauch. Sie weist allerdings Eigenschaften „knappen Sprechens" (Baldauf, 2002) auf, das u. a. im Kontext der Begleitung oder des Vollzugs anderer Handlungen auftritt.[11] Solches, mit Bühler (1965 [1934], S. 155–159) „empraktisches" Sprechen ist z. B. aus institutionalisierten Kontexten bekannt. Dort zeichnet es sich – wie auch in den hier beobachteten Auszügen – durch Asymmetrie in der Beziehung der Interaktionsbeteiligten, eine starke Verwobenheit von Sprache und Handlung sowie einen hohen Grad an Routinisierung und Effizienz aus (Drew & Heritage, 1992). Beobachtbar ist dies etwa in Interaktionen am Operationstisch (Mondada, 2014) oder in Fahrschulanweisungen (Deppermann, 2018). Der Sprachgebrauch der Nutzer JR und AR scheint sich an solchen Formen zu orientieren – hinzu kommt aber auch eine Verbindung mit den (vermuteten) Verarbeitungsfähigkeiten des VUI. Interaktion wird dabei entlang arbiträrer, symbolischer Befehlsstrukturen strukturiert, die auf dem eingeübten Wissen um deren Wirksamkeit aufbauen. Das „natürliche" Interface gesprochensprachlicher Interaktionsformen „kippt" in solchen Situationen zu dem, was Shneiderman als „syntaktisches Wissen" bezeichnete.

Das folgende Beispiel zeigt, dass diese nutzer*innenseitige Variabilität in der sprachlichen Gestaltung der Dialogführung auch als Reparaturinstrument bei Fehlschlägen dienen kann:

---

[11] Goffman spricht in diesem Zusammenhang von Vorhaben, „in which nonlinguistic events may have the floor" (Goffman, 1979, S. 15), d. h. solchen Praxisvollzügen, in denen bei geteiltem Aufmerksamkeitsfokus nicht eine Konversation, sondern ein anderer Zusammenhang verfertigt wird, z. B. eine ärztliche Untersuchung.

Beispiel (4): Geburtsdatum

```
074 BW:    hey GOOgle;
075 p:     (0.7)
076 BW:    wann wurde MOhammed geboren,
077 p:     (1.7)
078 GA:    MEKka (.) saudi arAbien-
079 p:     (2.5)
080 BW:    he.
081 p:     (1.3)
082 BW:    <<p> nein.>
083 p:     (1.7)
084 BW:    hey GOOgle;
085 p:     (0.4)
086 BW:    <<langsam sprechend> geBURTSdatum->
087        MOhammed (-) prophet;
088 p:     (3.8)
089 GA:    auf der WEBsite hanisauland punkt de: e:
           steht dazu fOlgendes;
090 p:     (0.4)
091 GA:    abul kasim mUhammed i: be:
           en a: be: de: allAh wurde im jahr
           fÜnfhundertsiebzig in MEKka geboren;
092 p:     (462.0)
```

Die Nutzerin Beate Würz (BW) erfragt darin eine Information (Z. 076) über den Google Assistant. Dabei nutzt sie eine „offene Ergänzungsfrage" (Graf & Spanz-Fogasy, 2018, S. 25), wobei die „Offenheit" sich aus der Eröffnung einer inhaltlichen Leerstelle ergibt, an deren formaler Position das Fragepronomen „wann" platziert wird (Köller, 2004, S. 666). Die Aufgabe, diese Leerstelle zu füllen, wird dem VUI übertragen und folglich der Versuch einer Wissensabfrage unternommen. Das VUI antwortet jedoch „MEKka (.) saudi arabien," (Z. 078) und liefert somit nicht die gewünschte Information, was auch von BW artikuliert wird (Z. 080–082), die sodann einen Reparaturversuch unternimmt.

Reparaturen gehören zu den gesprächsanalytisch gut beleuchteten Interaktionsmechanismen, die Schegloff zu den „generischen Organisationsprinzipien" sprachlicher Organisation zählt (Schegloff, 2012, S. 246). Sie kommen etwa bei Versprechern zum Einsatz, um den reibungslosen Verlauf der sprachlichen Interaktion nicht zu stören. Reparaturen lassen sich grundlegend in Selbst- und Fremdreparaturen unterscheiden, wobei eine Präferenz für die selbst initiierte und durchgeführte Reparatur besteht (Schegloff et al., 1977). Für Selbstreparaturen stehen sprachlich gesehen verschiedene Reparaturoperationen zur Verfügung, die Pfeiffer (2015, S. 97 ff.) typologisiert. BW setzt hierbei eine projektionsverändernde Substitution ein: Statt „wann" produziert sie nun „geBURTSdatum". Sie tilgt die zum Verbgefüge gehörenden Äußerungen vollständig („wurde … geboren", Z. 076) und ergänzt eine weitere Spezifikation („prOphet"). Was Egbert als

„Problemquelle" bezeichnet (Egbert, 2009, S. 65), scheint also BW als die syntaktische Struktur der Ergänzungsfrage zu identifizieren, die sie damit ersetzt durch eine nicht syntaktisch verbundene Aneinanderreihung von Substantiven. Für die Syntax in der Grammatik des akustischen Interface hingegen scheint genau dies zu funktionieren: Die Begriffe können nun als „Keywords" verarbeitet werden und das VUI gibt eine entsprechende Antwort aus (Z. 089–092). Es bleibt dabei unklar, was genau den Fehler in dem vorliegenden Beispiel (Z. 078) ausgelöst hat, denkbar wäre auch ein Fehler in der Speech Recognition („Wo" statt „Wann") und ob insofern tatsächlich die Tilgung der Ergänzungsfragenstruktur „notwendig" war. Das ist mit Blick auf die vollzogenen Medienpraktiken allerdings auch nicht entscheidend – zentral ist, dass die Nutzerin die Tilgung produziert hat, vermutlich in der Annahme, dass die Reduktion der syntaktischen Komplexität zu einem besseren Suchergebnis führen würde. Auch für diese Annahme sind die Gründe vielfältig: Syntaktisch komplexere Strukturen sind anfälliger für Fehler in allen Bereichen der Verarbeitung – im Wesentlichen aufgrund der höheren Interdependenzstrukturen der einzelnen Bestandteile –, sodass einzelne nicht verstandene Elemente auf unterschiedlichen Ebenen (Spracherkennung, Sprachverarbeitung, Informationsgewinnung) zum Nichtverstehen der ganzen Sequenz führen können. Die von AR, JR und BW verwendeten asyntaktischen Substantivverkettungen oder auch deontische Infinitivkonstruktionen wie „Licht ausschalten" (Deppermann, 2006) erwiesen sich demgegenüber als robuster. Die Beispiele zeigen, dass Nutzer*innen solche Überlegungen bei der Bedienung des Geräts anstellen und sie ihre Äußerungen daraufhin (teilweise) anpassen. In diesen Situationen der Grenzerfahrung mit Interfaces tritt deren Status als Medium hervor: Der IPA erscheint als dritter Akteur in der Beziehung zwischen menschlichem Subjekt und Datenbank. Dabei werden eigene, medienspezifische Bedingungen der Relation offenbar, die sich durch das Prozessieren gesprochener Sprache ergeben und Medienpraktiken mitbestimmen.

Das letzte Beispiel illustriert die Kaskaden medialer Verbergung und Eröffnung von Relationen noch einmal auf andere Weise. Darin präsentiert sich das VUI auch selbst als maschineller Konversationspartner mit Limitierungen:

Beispiel (5): Kuchenrezept
```
046 BW:   oKAY google?
047       (1.5)
048 BW:   was ist das SCHNELLste kuchenrezept?
049       (3.3)
050 GA:   oKAY,
051 GA:   (.) ich hab hier ein rezept von CHEFkoch
          nAmens (.) der schnEllste kuchen der wElt;
052       (0.7)
053 GA:   dieses reZEPT ist für eine person,=
054       =und die ZUbereitung dauert etwa
          eine stUnde und zehn minUten;
```

```
055       (0.8)
056  GA:  ist das in ORDnung?
057       (0.4)
058  BW:  JA_a?
059       (1.9)
060  GA:  SUper;
061       (0.2)
062  GA:  wOmit möchtest du ANfangen?
063  GA:  (-) mit den ZUtaten,
064  GA:  (-) oder mit der ANleitung?
065  BW:  mit der ZUtaten(xxx).
066       (0.2)
067  GA:  es gibt sechs ZUtaten.
068  GA:  (.) du kannst dir die nächste davon
          VORlesen lassen oder gleich mit den
          arbeitsschritten weitermachen;
069       (0.7)
070  GA:  die erste ZUtat ist vier ei (.) Er;
071       (1.9)
072  BW:  NÄCHste?
073       (4.1)
074  BW:  NÄCHste zutat?
075       (2.0)
076  BW:  oKAY google?
077       (1.4)
078  BW:  lies mir die nächste ZUtat vor.
079       (2.0)
080  GA:  die ZWEIte zutat ist zwei becher zUcker;
```

Die Nutzerin BW plant, einen Kuchen zu backen, und nutzt dafür das Assistenzsystem, sie lässt dieses ein Rezept vorschlagen und anschließend eine Zutatenliste und Anleitung vorlesen (es bleibt dabei unklar, ob die Nutzerin den Kuchen tatsächlich parallel zur Anleitung backt, die Aufnahmen legen allerdings nahe, dass dies nicht der Fall ist). Der Ablauf ist vergleichsweise nah an zwischenmenschlichen Gesprächskonventionen orientiert: BW formuliert ihre Fragen syntaktisch komplex (etwa die Ergänzungsfrage, Z. 048), das VUI produziert ebenfalls Merkmale aus konversationellen Dialogen (Z. 051, 062). Es zeigt sich aber, dass die Notwendigkeit zur strikten sequenziellen Verfertigung des Dialogs zwischen VUI und Nutzerin bei der instruktiven Gattung des Backrezepts zu Herausforderungen in der Reihenfolge der einzelnen Handlungsschritte führt: Ist ein Handlungspfad eingeschlagen, lässt sich nur durch Umstände wieder zurück in den anderen Pfad wechseln und dieser Wechsel ist zudem fehleranfällig, was ggf. zur Notwendigkeit des Neustarts der Backanleitung führen könnte. Daraus resultierend stellt das VUI die Nutzer*innen an bestimmten Punkten im Verlaufe der Backanleitung vor Auswahlmöglichkeiten. Während die erste Entscheidung über die Reihenfolge (Zutaten oder Anleitung, Z. 063f.) noch als handlungsstrukturierende Frage daherkommt, die nicht unbedingt auf das VUI selbst bezogen ist, ist die anschließende Abfrage (erst die Zutaten vorlesen oder direkt zu den Arbeitsschritten springen, Z. 068f.) expliziter in Bezug auf das Hervortreten des VUI als Medium: Die Optionen werden auf einer konversationellen Metaebene vorgeschlagen und auch wenn durch die Verwendung der 2. Person („du kannst", Z. 068) das VUI als Handlungsträger „verdeckt" wird, bleibt dieser in der infinitivischen Verbalkonstruktion „vorlesen lassen" erhalten.

Das Beispiel illustriert noch einen weiteren interessanten Aspekt: Während in Beispiel (4) von der syntaktisch komplexeren zur syntaktisch reduzierten bzw. sogar asyntaktischen Struktur gewechselt wurde – und dieser Wechsel auch ausweislich der Datenkollektion der häufigere Fall ist –, repariert die Nutzerin BW in diesem Fall mit genau der gegenteiligen Strategie die Fehlschläge beim Versuch, zur nächsten Zutat zu gelangen (Z. 072, 074): Nach einer Reaktivierung (Z. 076) verwendet sie einen syntaktisch geschlossenen Imperativsatz (Z. 078). Es wird dadurch noch einmal deutlich, dass die Limitierungen des Mediums auf Ebene der Medienpraktiken nicht unidirektional z. B. zu syntaktisch reduzierten sprachlichen Formen zugeordnet werden können – wie eingangs erwähnt ist die Entstehung solcher sprachlichen Register auch nicht nachweisbar. Vielmehr zeigen sich situationsgebunden sprachliche Variationen, die mit der hier im Fokus stehenden Komplexität des Satzbaus ebenso arbeiten wie mit Lexik und Prosodie. Die Nutzer*innen haben dabei (meist nicht verbalisierte) Annahmen über die Möglichkeiten und Grenzen der Interfaces sowie die Fehlerquellen und beziehen diese in die Formulierung ihrer Kommandos ein. Medienpraktiken konstituieren auf diese Weise das mediale Gefüge der IPAs ungeachtet „natürlicher" sprachlicher Formen, die das Interface in seinen Rückmeldungen suggeriert. Es entstehen Nutzungskontexte, in denen die spezifischen Grenzen des Mediums rekursiv auf dessen Interaktionsdesign zurückwirken.

Diese Beobachtung stützt die oben angedeutete Entwicklung einer Übertragung des werkzeughaften Gebrauchs visueller Interfaces auf sequenziell verfahrende Dialoginterfaces. Die Kognitionswissenschaftlerin Susan Brennan stellte bereits 1990 fest, dass eine Gegenüberstellung der Pragmatik visueller Interfaces und sprachlicher Interfaces zu kurz greift:

> „First, direct manipulation interfaces succeed because they share important features with real conversations. Second, when so-called ‚conversational' interfaces fail, it is because they lack these pragmatic features – that is, words alone do not a conversation make. Third, real conversations actually fulfil many of the criteria for direct manipulation." (Brennan, 1990, S. 393)

Unsere Untersuchung konnte an dieser Stelle zeigen, dass neuere, durch maschinelles Lernen gestützte Interfaces pragmatische Funktionen haben – jedoch nicht per Design, sondern aufgrund der Aushandlung von Medienpraktiken durch Nutzer*innen.

4 Fazit: Parasitäre Forschungsmethoden

Dieser Text setzte ein mit der Beschreibung einer Forschungsmethode zur unbemerkten Beobachtung von IPAs. Die Methoden des eingangs vorgestellten Forschungsprojekts zu IPAs, aus dem die analysierten Aufzeichnungen stammen, nutzen selbst das Paradigma des objektorientierten Programmierens. Entlang der historischen Schnitte konnte gezeigt werden, dass der eingesetzte Recorder (CVR) in einer Geschichte des Designs suggestiver Interfaces steht, wobei unbemerkt vorprogrammierte Routinen die Interaktion mit Maschinen strukturieren sollen. IPAs zeigen, dass dieser Ansatz des Interfacedesigns digitaler Medien bis heute Bestand hat.

Trotz der Suggestion von Verhalten bei der Interaktion mit den Interfaces bleiben Medien praktisch verfertigt und werden alltäglich produziert (Gießmann, 2018, S. 108). Entlang linguistischer Erhebungen und Analysen war es möglich, einige Variabilitäten in der Interaktion von IPAs hervorzuheben, die auf ein Bewusstsein der Anwender*innen um die Grenzen medialer Relationen bei den „artificial actors" einer Interaktion hindeuten. Im Rahmen des Forschungsprojekts wurden in Interviews mit den Studienteilnehmer*innen auch Selbstauskünfte der Anwender*innen eingeholt. Diese geben über die Aufzeichnungen des Gebrauchs hinaus Aufschluss darüber, wie die Akteur*innen die vollzogenen Medienpraktiken reflektieren (Englert et al., 2022). Wie demgegenüber die „accountability" über die in technischen Systemen angelegten Medienpraktiken einzuholen wäre, ist auch methodologisch eine schwierige Frage, da sich die Handlungsmacht bzw. „agency" hier auf ein Netzwerk von Entwickler*innen, Nutzer*innen und Codeobjekten ausbreitet (Natale & Guzman, 2022). Im letzten linguistischen Beispiel haben wir diesen Fragenkomplex angedeutet.

Aus der Analyse von Befehlsstrukturen geht hervor, dass das Medium hier auf bestimmte, intendierte Zwecke hin zugerichtet wird. Im Rahmen der im ersten Abschnitt dieses Textes aufgerufenen Historiografie ließe sich konstatieren, dass das Medium sich zurück zum Werkzeug entwickelt. Entgegen einer solchen Konsequenz zirkulären Geschichtsverständnisses möchten wir eine andere Perspektive vorschlagen: Im instrumentellen Gebrauch eines Interface stabilisieren sich Medienpraktiken aus dem Bewusstsein um die Grenzen seiner Möglichkeiten. Nicht das Design einer „natürlichen" Sprechsituation, sondern gerade die Reflexion des Mediums in seiner Begrenztheit und Spezifizität im Unterschied zu anderen Praktiken kann zur Transparenz des Mediums beitragen, wie auch Christoph Ernst argumentiert, der das implizite Wissen, das in Interaktion mit Interfaces konstituiert wird, „als ein Wissen um die Grenzen der Anordnung" beschreibt (Ernst, 2017, S. 108).

Die Methodik des Forschungsprojekts selbst steht dafür exemplarisch: Eine neue mediale Relation wird mithilfe von OOP konstruiert und bringt unsichtbare Routinen in Haushalten unter. Die praktische Einbettung macht sich dem Forschungsgegenstand ähnlich und etabliert dadurch parasitär die erwünschte Relation. Der IPA wird so zu einem Grenzobjekt im Sinne Susan Leigh Stars: Über ihn werden unterschiedliche

Praxisgemeinschaften miteinander verbunden (Star, 1989). Praxisgemeinschaften privater Haushalte stehen in Relation mit jenen des Forschungsprojektes nicht trotz, sondern gerade aufgrund der spezifischen Grenzen medialer Relationen. Die in diesem Text unternommenen Beobachtungen entlang des Datensatzes zeigen, dass auch Nutzungskontexte, die nicht auf den Gewinn von Erkenntnissen über das Funktionieren von Interfaces abzielen, Wissen über die Grenzen digitaler Systeme sammeln und rekursiv in Medienpraktiken kondensieren.

Literatur

Alt, C. (2011). Objects of Our Affection. How Object Orientation Made Computers a Medium. In E. Huhtamo & J. Parikka (Hrsg.), *Media archaeology: Approaches, applications, and implications* (S. 278–301). University of California Press.

Baldauf, H. (2002). *Knappes Sprechen*. Niemeyer.

Beach, W. A. (1993). Transitional regularities for 'casual' "Okay" usages. *Journal of Pragmatics, 19*(4), 325–352.

Brennan, S. (1990). Conversation as direct manipulation: An iconoclastic view. In B. Laurel (Hrsg.), *The art of human-computer interface design* (S. 393–404). Addison-Wesley.

Brown, P., & Levinson, S. (1987). *Politeness. Some universals in language usage*. Cambridge University Press.

Bühler, K. (1965). *Sprachtheorie*. Gustav Fischer. [1934].

Crutzen, C., & Kotkamp, E. (2008). Object orientation. In M. Fuller & F. Cramer (Hrsg.), *Software studies: a lexicon* (S. 200–207). MIT Press.

Deppermann, A. (2006). Deontische Infinitivkonstruktionen: Syntax, Semantik, Pragmatik und interaktionale Verwendung. In S. Günthner & W. Imo (Hrsg.), *Konstruktionen in der Interaktion* (S. 239–262). De Gruyter.

Deppermann, A. (2018). Instruction practices in German driving lessons: Differential uses of declaratives and imperatives. *International Journal of Applied Linguistics, 28*(2), 265–282.

Drew, P., & Heritage, J. (1992). *Talk at work. Interaction in institutional settings*. Cambridge University Press.

Egbert, M. (2009). *Der Reparatur-Mechanismus in deutschen Gesprächen*. Verlag für Gesprächsforschung.

Englert, K., Hoffmann, D., & Waldecker, D. (2022). „Tut mir Leid, ich verstehe nicht ganz". Smart Speaker als vermeintliche Gesprächspartner*innen. *merz – Zeitschrift für Medienpädagogik, 66*(2), 24–34.

Ernst, C. (2017). Implizites Wissen, Kognition und die Praxistheorie des Interfaces. *Navigationen, 17*(2), 99–116.

Fischer, K. (2006). *What computer talk is and isn't: Human-computer conversation as intercultural communication*. AQ-Verlag.

Friedewald, M. (1999). *Der Computer als Werkzeug und Medium. Die geistigen und technischen Wurzeln des Personal Computers*. Verlag für Geschichte der Naturwissenschaften und der Technik.

Fuller, M., & Cramer, F. (2008). Interface. In M. Fuller & F. Cramer (Hrsg.), *Software studies: a lexicon* (S. 149–152). MIT Press.

Gießmann, S. (2018). Elemente einer Praxistheorie der Medien. *Zeitschrift für Medienwissenschaft, 10*(19), 95–109.

Gießmann, S., & Schüttpelz, E. (2015). Medien der Kooperation. Überlegungen zum Forschungsstand. *Navigationen, 15*(1), 7–54.

Goffman, E. (1955). On face-work. An analysis of ritual elements in social interaction. *Psychiatry, 18*, 213–231.

Goffman, E. (1979). Footing. *Semiotica, 25*(1–2), 1–30.

Graf, E.-M., & Spanz-Fogasy, T. (2018). Welche Frage, wann und warum? Eine qualitativ-linguistische Programmatik zur Erforschung von Frage-Sequenzen als zentrale Veränderungspraktik im Coaching. *Coaching Theorie & Praxis, 4*(1), 17–32.

Habscheid, S., Hector, T., & Hrncal, C. (2025). Linguistic Practices as a Means of Domesticating Voice-Controlled Assistance Technologies. In S. Habscheid, T. Hector, D. Hoffmann, & D. Waldecker (Hrsg.), *Voice Assistants in Private Homes. Media, Data and Language in Interaction and Discourse* (S. 207–239). Transcript.

Habscheid, S., Hector, T., Hrncal, C., & Waldecker, D. (2021). Intelligente Persönliche Assistenten (IPA) mit Voice User Interfaces (VUI) als ‚Beteiligte' in häuslicher Alltags-interaktion. Welchen Aufschluss geben die Proto-kolldaten der Assistenzsysteme? *Journal für Medienlinguistik, 4*(1), 16–53.

Habscheid, S., Hoffmann, D., Hector, T., & Waldecker, D. (2025). Voice Assistants in Private Homes. Introduction to the Volume. In S. Habscheid, T. Hector, D. Hoffmann, & D. Waldecker (Hrsg.), *Voice Assistants in Private Homes. Media, Data and Language in Interaction and Discourse* (S. 9–29). Transcript.

Hector, T., Niersberger-Gueye, F., Petri, F., & Hrncal, C. (2022). The 'Conditional Voice Recorder': Data practices in the co-operative advancement and implementation of data- collection technology. *Working Paper Series Media of Cooperation (CRC 1187), 23*, 1–15.

Hillgärtner, H. (2008). *Das Medium als Werkzeug: Plädoyer für die Rehabilitierung eines abgewerteten Begriffes in der Medientheorie des Computers.* Hülsbusch.

Jakobson, R. (2007). Linguistik und Poetik. Übersetzt von Stephan Packard. In H. Birus, & S. Donat (Hrsg.), *Poesie der Grammatik und Grammatik der Poesie. Sämtliche Gedichtanalysen. Kommentierte deutsche Ausgabe. Band 1: Poetologische Schriften und Analysen zur Lyrik vom Mittelalter bis zur Aufklärung* (S. 155–216). De Gruyter [1960].

Johnson, J., Roberts, T. L., Verplank, W., Smith, D. C., Irby, C. H., Beard, M., & Mackey, K. (1989). The xerox star: A retrospective. *IEEE Computer, 22*(9), 11–26.

Joque, J. (2016). The invention of the object: Object orientation and the philosophical developmentt of programming languages. *Philosophy & Technology, 29*(4), 335–356.

Kay, A. C. (1996). The early history of Smalltalk. In T. J. Bergin & R. Gibson (Hrsg.), *History of programming languages II* (S. 511–598). ACM.

Köller, W. (2004). *Perspektivität und Sprache. Zur Struktur von Objektivierungsformen in Bildern, im Denken und in der Sprache.* De Gruyter.

Krämer, S. (2000). Über den Zusammenhang zwischen Medien, Sprache und Kulturtechniken. In W. Kallmeyer (Hrsg.), *Sprache und Neue Medien* (S. 31–56). De Gruyter.

Krause, J., & Hitzenberger, L. (1992). *Computer talk.* Olms.

Latour, B. (2002). *Die Hoffnung der Pandora.* Suhrkamp.

Lind, M., & Dickel, S. (2023). Speaking, but having no voice. Negotiating agency in advertisements for intelligent personal assistants. *Convergence, 3*(3), 1008–1024.

Mann, S., Nolan, J., & Wellman, B. (2003). Sousveillance: Inventing and using wearable computing devices for data collection in surveillance environments. *Surveillance & Society, 1*(3), 331–355.

Mondada, L. (2014). Instructions in the operating room. How the surgeon directs their assistant's hands. *Discourse Studies, 16*(2), 131–161.

Natale, S., & Guzman, A. (2022). Reclaiming the human in machine cultures: Introduction. *Media, Culture & Society, 44*(4), 627–637.

Noll, A. M. (1967). The digital computer as a creative medium. *IEEE Spectrum, 4*(10), 89–95.

Nygaard, K., & Dahl, O.-J. (1978). The development of the SIMULA languages I., *13*(8), 245–272.

Pfeiffer, M. (2015). *Selbstreparaturen im Deutschen*. De Gruyter.

Pflüger, J. (2004). Konversation, Manipulation, Delegation: Zur Ideengeschichte der Interaktivität. In H. D. Hellige (Hrsg.), *Geschichten der Informatik: Visionen, Paradigmen, Leitmotive* (S. 367–410). Springer.

Porcheron, M., Fischer, J., Reeves, S., & Sharples, S. (2018). Voice interfaces in everyday life. In C. '18, *Proceedings of the 2018 CHI conference on human factors in computing systems* (S. 1–12). ACM Press.

Pratschke, M. (2008). Interaktion mit Bildern. Digitale Bildgeschichte am Beispiel grafischer Benutzeroberflächen. In H. Bredekamp, V. Dünkel, & B. Schneider (Hrsg.), *Das technische Bild* (S. 68–81). Akademie.

Schegloff, E. (1968). Sequencing in conversational openings. *American Anthropologist, 70*(6), 1075–1095.

Schegloff, E. (2012). Interaktion: Infrastruktur für soziale Institutionen, natürliche ökologische Nische der Sprache und Arena, in der Kultur aufgeführt wird. In R. Ayaß & C. Meyer (Hrsg.), *Sozialität in Slow Motion. Theoretische und empirische Perspektiven* (S. 245–268). Springer VS.

Schegloff, E., Jefferson, G., & Sacks, H. (1977). The preference for self-correction in the organization of repair in conversation. *Language, 53*(2), 361–382.

Schelhowe, H. (1997). *Das Medium aus der Maschine. Zur Metamorphose des Computers*. Campus.

Schelhowe, H. (2018). Vom Digitalen Medium und vom Eigen-Sinn der Dinge: Was Medienpädagogik mit der informatischen Bildung gewinnen kann. *Medien & Erziehung, 62*(4), 27–33.

Schröter, J. (2021). Digitally Re-Inventing the Medium II. Was könnte ein Machine-Learning-Modernismus sein? *Navigationen, 21*(1), 159–177.

Selting, M., & Couper-Kuhlen, E. (2000). Argumente für die Entwicklung einer ‚interaktionalen Linguistik'. *Gesprächsforschung, 1*, 79–95.

Selting, M., Auer, P., Bart-Weingarten, D., Bergmann, J., Bergmann, P., Birkner, K., et al. (2009). Gesprächsanalytisches Transkriptionssystem 2 (GAT 2). *Gesprächsforschung, 10*, 353–402.

Shneiderman, B. (1983). Direct manipulation. A step beyond programming languages. *Computer, 16*(8), 57–69.

Star, S. L. (1989). The structure of ill-structured solutions. Boundary Objects and Heterogeneous Distributed Problem Solving. In L. Gasser & M. Huhns (Hrsg.), *Distributed artificial intelligence, Bd.II* (S. 37–54). San Mateo.

Sutherland, I. E. (1964). Sketchpad: A man-machine graphical communication system. *Simulation, 2*(5), R3–R20.

Körper/Sinne

Der Mensch als akustisches Interface: Über Prozesse der Einhörung, Übertragung und Übersetzung bei der Liveaudiodeskription und im Blindenfußball

Judith Willkomm

Zusammenfassung

Der Beitrag plädiert dafür, den Begriff des Interface weiter zu fassen und ihn nicht nur auf die Beziehungen anzuwenden, die wir Menschen zu Technologie haben, sondern auch auf zwischenmenschliche Formen der Übertragung und Übersetzung. Bei einer Liveaudiodeskription in einem Fußballstadion wird beispielsweise Visuelles unmittelbar und instantan in gesprochene Sprache übersetzt, damit die anwesenden sehbehinderten und blinden Fans das Geschehen auf dem Spielfeld besser nachvollziehen können. Bei der Sportart Blindenfußball sorgen der rasselnde Ball, die Banden, die Torpfosten, die „Voy" rufenden Spieler:innen, die pfeifenden Schiedsrichtenden und die kommandogebenden Guides dafür, dass das Runde auch ohne Sicht ins Eckige geschossen wird, ohne dass sich dabei die blinden Spieler:innen verletzen oder verirren. Eine Kombination aus nichtmenschlichen und menschlichen Akteuren transformiert sich in diesen beispielhaften Situationen zu akustischen Interfaces, die die Teilhabe und das Zusammenspiel ermöglichen. Dieser Beitrag erläutert aus einer medienethnografischen Perspektive, welche Einhörungs-, Übertragungs- und Übersetzungsprozesse dabei relevant werden und welches Potenzial dieses Umdenken von Schnittstellenlogiken mit sich bringt.

Schlüsselwörter

Audiodeskription · Blindenreportage · Interfacing · Simultanübersetzung · Akustische Verortung · Medienethnografie

J. Willkomm (✉)
Literatur-, Kunst-, und Medienwissenschaften, Universität Konstanz, Konstanz, Deutschland
E-Mail: judith.willkomm@uni-konstanz.de

1 Einleitung

Ich stehe auf dem Roncalliplatz in Köln, vor mir ragt der Kölner Dom als imposante Silhouette über einer Zuschauertribüne empor. Sie liegt an der Frontseite eines temporär installierten kleinen Fußballfeldes, das mit Kunstrasen ausgelegt ist. Links und rechts ist das Feld mit Banden eingefasst (vgl. Abb. 1). Ich erkenne zwei Teams auf dem Platz, die Spielenden tragen fast alle Dunkelbrillen und manche eine Art Kopfschutz auf der Stirn. Sie rufen in regelmäßigen Abständen „Voy, voy, voy" und andere Kommandos, am Spielfeldrand stehen andere Personen, die ebenfalls rufen: „Hier, hier, hier!", „Verlust" oder „rechte Bande", „Lauf!" oder die Namen der Spielenden und „zwei vor", „tiefer", „Schuss". Ich höre den Ball, er gibt ein rasselndes Geräusch von sich, wenn er gespielt oder von den Schiedsrichtenden in der Hand geschüttelt wird. Und ich höre die Bande – ziemlich laut und präsent –, wenn der Ball an ihr abprallt oder Füße gegen sie treten, Körper auf sie prallen. Das Publikum ist erstaunlich still. Ich sehe Kamerateams am Spielfeldrand, es scheint eine professionelle Liveübertragung zu geben. Hinter der einen Längsseite des Spielfeldes stehen Faltpavillons. Der eine ist von dem Schiedsrichterteam und dem Moderator besetzt, die auch ab und zu über eine Lautsprecheranlage das Feld mit ihren Ansagen beschallen.

Abb. 1 Rechts in der Ecke zwei Blindenreporter mit Headsets in Aktion, den Blick auf das Spielfeld gerichtet. Aufgenommen am Städtespieltag der DBFL in Köln am 11.05.2024. (Quelle: Judith Willkomm)

In dem anderen Pavillon befindet sich auf Bierzeltgarnituren jede Menge Medienequipment: Laptops, Mischpulte, Bildschirme etc. Vor den Tischen am Spielfeldrand stehen zwei Personen, die Headsets tragen, die mit einem der Mischpulte verkabelt sind (vgl. Abb. 1). Sie schauen auf das Spielgeschehen und scheinen dieses im Wechsel zu kommentieren. Ich gehe näher heran und höre zu, was der eine von ihnen gerade sagt:

> „Bayraktar an der Mittellinie, zwei Verteidiger vor ihm, [er] steigt auf den Ball, Richtung Broken Line, zentrale Position, jetzt halb rechts, bewegt sich auf die Bande zu, verstolpert den Ball aber, zwei Spieler um ihn herum, versucht den Ball [an] die Bande nach hinten zu spielen zu seinem Teamkollegen und den kann er auch anspielen: Aydeniz. Aydeniz läuft in den Sechser, Schuss! Gehalten. Noch ein Schuss – Tooor! Wahnsinn! Aydeniz schießt aus kurzer Distanz auf Saygili, der hält, dann poppt der Ball – ja – zu ihm zurück und dann mit einem Halbvolley eigentlich überhebt er den Keeper, den am Boden liegenden Hüseyin Saygili aus rechter Position, der Schuss war direkt vor dem Zwei-Meter-Bereich gespielt worden, also ungefähr zweieinhalb Meter vor dem Tor eine … ja … vielleicht nicht so spektakulär aussehende Aktion, aber wirklich schwer zu machen für den Spieler ohne den Ball zu sehen – einen Ball zu treffen, der sich in der Luft befindet, also Hut ab (Transkription der Szene zum 4:0 aus dem Spiel Hertha BSC gegen Schalke 04 am letzten Spieltag der deutschen Blindenfuß-Ballbundesliga [DBFL] in Köln, 16.09.2023, 25. Spielminute, kommentiert von Joseph-Sebastian Steinlechner)."

Wäre dies ein Vortrag, hätte ich zu Beginn eine Tonaufnahme abgespielt, die verdeutlicht, wie viele unterschiedliche Klang- und Informationsebenen hier gleichzeitig zu verarbeiten sind, sowohl für die Spielenden auf dem Platz als auch für die Personen, die das Geschehen in Form einer Liveaudiodeskription für das blinde Publikum oder abwesende Fans kommentieren, und natürlich für mich als Zuhörende und Zuschauende. So bleibt mir nur, die verschiedenen für mich sichtbaren und hörbaren Elemente zu beschreiben und die Person zu Wort kommen zu lassen, die den Moment mit Worten festhalten konnte, sodass dieser beeindruckende Torschuss nun vielleicht auch für diejenigen nachvollziehbar wird, die ihn nicht sehen konnten (DFB, 2023).[1]

Doch wie ist dieser Schuss möglich gewesen? Wie konnte ein blinder Spieler, dessen Augen zusätzlich mit einer Dunkelbrille abgeschirmt sind, so zielsicher ins Tor schießen? Und was hat dieser Umstand mit akustischen Interfaces zu tun? Hookway versteht Interfaces als eine Form der Beziehung: einerseits ganz konkret bezogen auf die Beziehung, die wir Menschen zu Technologie haben; andererseits allgemeiner als Prozess, in dem zwei oder möglicherweise mehrere Entitäten oder Zustände aktiv eine Beziehung miteinander eingehen (Hookway, 2014, S. 4). Ziel dieses Beitrages ist es, die Beziehungen zu charakterisieren, die akustische Interfaces ausmachen, und die Prozesse zu benennen, die sie ermöglichen. Dabei möchte ich den Begriff der akustischen Schnittstelle weiter fassen: Zum einen sollen damit alltagspraktische Handlungen, wie z. B. das Schütteln einer Tasche, um

---

[1] Die Szene kann unter folgendem Link angeschaut werden: DFB-TV, Timecode: 01:04:00 – 01:04:52: https://tv.dfb.de/video/finalspieltag-der-blindenfussball-bundesliga-hertha-bsc-fc-schalke-04/39824/. (Zugegriffen am 15.8.2024).

die Anwesenheit eines Schlüssels durch sein Klappern zu identifizieren, als akustisches Interfacing verstanden werden. Am Beispiel des Blindenfußballs möchte ich erläutern, dass diese Wahrnehmungs- und Identifikationspraktiken umso komplexer werden, je mehr Stimmen und Geräusche zur Verortung und Orientierung genutzt werden. Zum anderen wird der Begriff auch auf jene Momente übertragen, in denen Visuelles in gesprochene Sprache übersetzt wird, wie im Falle der Audiodeskription.

Mit dem Begriff des „Interfacing" betone ich die Prozesshaftigkeit, die mit der Nutzung, Aneignung oder Generierung von Interfaces einhergeht. Anders als Lipp, der in seiner *Analytik des Interfacing* am Beispiel der robotergestützten Pflege „die prekäre Verschaltung von menschlichem und maschinischem Verhalten" als ein drohendes Scheitern für Entwickler:innen identifiziert (Lipp, 2017, S. 108), möchte ich erläutern, wie der Mensch Teil jenes Prozesses wird und damit auch Teil eines akustischen Interfaces werden kann. Hookways Denken in konkreten Interfacesituationen „as a facing between" (Hookway, 2014, S. 11) werde ich praxistheoretisch wenden und Interfacing nicht als fertiges Produkt einer Mensch-Maschine-Interaktion verstehen, sondern als einen sich immer wieder neu formierenden und verändernden Akt der Transformation und Verschaltung zwischen menschlichen und nichtmenschlichen Akteuren.

Durch die Analyse von für sehende Menschen ungewohnte Hörsituationen lässt sich verdeutlichen, wie voraussetzungsvoll die Beziehungsarbeit von und die Kommunikation über akustische Interfaces im Speziellen ist, aber auch welche Bedingungen für das Funktionieren von Interfaces ganz allgemein erfüllt sein müssen. Anhand der eingangs beschriebenen Szene werde ich schrittweise erläutern, welche Prozesse des Einhörens, der Übertragung und der Übersetzung wirksam werden, damit etwas oder jemand Teil eines akustischen Interface werden kann. Meine Überlegungen basieren auf teilnehmender Beobachtung, Feldnotizen und Interviews, die ich im Rahmen meiner Feldforschung über Liveaudiodeskription und Blindenfußball seit dem Jahr 2020 durchführe. Diese Studien sind noch nicht abgeschlossen, daher präsentiere ich an dieser Stelle erste Zwischenergebnisse.

Analytisch werde ich mich diesen Prozessen aus einer medienwissenschaftlichen Perspektive annähern und dabei auf Schnittstellen zu den Sound und Disability Studies, den Sportwissenschaften, aber auch den Translationswissenschaften verweisen, in denen sich die Audiodeskription (AD) als Teil des Feldes der Audio-Visual Translation (AVT) verorten lässt (Taylor & Perego, 2022). Ursprünglich aus ehrenamtlicher Arbeit entstanden hat die AD – im Gegensatz beispielsweise zur Synchronisation oder dem Gebärdensprachdolmetschen[2] – im akademischen Diskurs lange Zeit ein Nischendasein geführt, konnte aber in den letzten zwanzig Jahren ein wichtiges Forschungsfeld eröffnen, in dem Wissenschaft und Praxis in einen Dialog treten (Taylor & Perego, 2022). Diverse Handbücher zeugen davon, dass für die Praxis der AD eine zunehmende Professionalisierung einsetzt (AWO Bundesverband e.V., 2017; Remael et al., 2015; Snyder, 2020).

---

[2] Systematische linguistische Analysen zur Gebärdensprache erfolgten ab den 1960er-Jahren initiiert durch William Stokoe (1960).

Im ersten Teil gehe ich auf die Prozesse des Einhörens und die Schulung der Sinne ein und erkläre, wie diese im Kontext der Audiodeskription und im Blindenfußball zum Tragen kommen. Eine wichtige Voraussetzung, damit eine Schnittstelle wirksam sein kann, ist die Übertragungsfähigkeit der Information oder des Ereignisses. Daher erläutere ich im zweiten Teil, welche medientechnischen Voraussetzungen für die Audiodeskription (AD) erfüllt sein müssen, wie sich die Blindenreportage in den deutschen Fußballstadien etabliert hat und welche Transformationsmechanismen beim Blindenfußball wirksam werden. Der dritte Teil erörtert, welche Übersetzungsleistung die AD mit sich bringt, deutet aber auch an, was die Zuhörenden leisten müssen, um das Gesagte zu verstehen oder die Geräusche einordnen zu können. Die Komplexität dieser Übersetzungsketten wird im Blindenfußball um wichtige menschliche und nichtmenschliche Akteure erweitert. Im Fazit fasse ich zusammen, wie Übertragungsmechanismen, Übersetzungsprozesse, Spezialwissen und Einhörungsprozesse zu Momenten führen, in denen jemand oder etwas zu einem Interface wird, und verweise auf das Potenzial, das hinter dem Ansatz steht, den Menschen als Interface in Kommunikationsprozessen mitzudenken.

Ein besonderes Ohrenmerk wird der Beitrag auf die Praxis der Audiodeskription legen. Am Ende jedes Kapitels werde ich jedoch die Logik der akustischen Interfaces jeweils auf das Eingangsbeispiel des Blindenfußballs beziehen, um zu verdeutlichen, wie komplex, aber auch wie präzise die akustische Verortung und Vermessung einer (Spiel-)Situation sein kann, wenn Dinge und Mitspielende zu akustischen Interfaces werden, die Visuelles in gesprochene Sprache und Sound übersetzen. Mack Hagood schreibt, dass „media technologies are often implicated in the emergence of bodies as ‚able' or ‚disabled' in a given moment" (Hagood, 2019, S. 39) Ich möchte in diesem Beitrag die Perspektive wechseln und anstatt über die (eingeschränkte) Mediennutzung von „dis/abled bodies" zu reflektieren, auf ermöglichende Medienpraktiken und die interaktiven Elemente in der Beziehungsarbeit zwischen Menschen oder zwischen Menschen und nichtmenschlichen Akteuren aufmerksam machen. Dabei möchte ich die Menschen zu Wort kommen lassen, mit denen ich über ihre erlebte Teilhabe sprechen durfte.

2 Prozesse des Einhörens

Akustische Interfaces sind aus medientechnischer Sicht betrachtet Schnittstellen, an denen akustische Schwingungen in etwas anderes übersetzt werden und umgekehrt. Friedrich Kittler markiert mit dem Aufkommen von Stummfilm und Phonograph eine Epochenschwelle, seit der „Sinnesdaten zum erstenmal [sic!] speicherbar gemacht" werden (Kittler, 1986, S. 10). Schallwandler wie Mikrofon und Lautsprecher werden schnell zu wichtigen Akteuren, um die neue Form der elektrischen Speicherung und Signalgebung – auch medientheoretisch – „vom Übertragungsakt, von der Prozessualität her" (Ernst, 2003, S. 20) zu denken.

Doch diese Übertragungsprozesse funktionieren nicht immer fehlerfrei und widerstreben häufig – zumindest am Anfang – den menschlichen Wahrnehmungsgewohnheiten. Es gibt fortan zwar Sinnesdatenspeicher, „die akustische und optische Daten in ihrem Zeitfluß selber festhalten und wiedergeben können" (Kittler, 1986, S. 10), aber nicht immer auf die Weise, wie wir sie selbst wahrnehmen. Unsere unterschiedlichen Sinnesebenen überlagern sich, eine klare Trennung von Akustischem, Visuellem oder auch Haptischem und Olfaktorischem ist selten gegeben. Medien besitzen eine Eigenlogik oder vielmehr eine Eigensinnlichkeit (Willkomm, 2017), an die wir uns erst gewöhnen müssen. Für akustische Medien heißt das z. B. ganz banal, dass ihre Wiedergabe zeitkritisch ist und bestimmten Filtermechanismen unterliegt. So kommt es z. B. auf die Qualität des Inputs und Outputs an, ob etwas hörbar gemacht werden kann. Wie viel Rauschen lässt sich – durch mechanische oder technische Filterungen oder auch aktiv durch unser Gehör – unterdrücken? Sterne verweist auf die kulturellen und historischen Dimensionen, die Hörgewohnheiten prägen können:

> „If we use concepts drawn from the study of human auditory perception, we must account for the history of that knowledge (rather than simply saying ‚this is how your ear works' as if the ear is the same in all times and places) … . Depending on the positioning of hearers, a space may sound totally different. If you hear the same sound in two different spaces, you may not even recognize it as the same sound. Hearing requires positionality (Sterne, 2012, S. 4)."

Neue Formen der Soundreproduktion oder auch andere Arten der Tradierung von Musik und Erzählungen führen zu anderen Formen des Zuhörens oder Ästhetisierens von Klängen. Das menschliche Gehör wird dabei oft dahin gehend unterschätzt, wie gut es darin ist, sich auf bestimmte Klänge oder Stimmen einzuhören. In meinen früheren Arbeiten zu den Forschungspraktiken der Bioakustik habe ich bereits herausgearbeitet, wie bei den Forschenden ein spezifisches Hörwissen entsteht, das nicht nur das Erkennen und Zuordnen der Lautäußerungen von Tieren betrifft, sondern sich auch auf die Möglichkeiten und Grenzen der Aufnahmetechnik bezieht (Willkomm, 2018, 2022). Die Erfahrung lehrt die Forschenden, sehr präzise einschätzen zu können, welche Tonfrequenzen das projektspezifische Aufnahmeequipment erfassen kann, wie Wind und Wetterbedingungen die Tonaufnahmen beeinflussen und was alles nicht erfasst wird, weil es nicht zu hören ist. Aber auch ihre eigene Hörfähigkeit wird im Abgleich mit den Tonaufnahmen ständig auf den Prüfstand gestellt. Diese Beobachtung habe ich in Anlehnung an Grasseni (2004, 2007) „skilled listening" genannt (Willkomm, 2016; Grasseni, 2022).

Dieses „skilled listening" lässt sich auch auf andere Forschungs-, aber auch Lebensbereiche übertragen. Nicht nur Menschen, die bioakustisch forschen, entwickeln ein geschultes Ohr für die Lautäußerungen ihrer Forschungsobjekte, sondern z. B. auch Gamer:innen für den Soundscape des Spiels, Pilot:innen und Kapitän:innen für die Codes und Übertragungsprobleme im Funkverkehr (Boersma, 2022) oder blinde Menschen für die Eigenheiten der akustischen Interfaces, die sie täglich benutzen (Dokumaci, 2016; Saerberg, 2016). So kommt es häufig ganz selbstverständlich zu Einhörungsprozessen bei der Nutzung von computergestützten und automatisierten Sprachassistenzen oder Text-to-Speech-Readern. Hier lassen sich gegenseitige Anpassungen und Disziplinierungen beobachten, denn es erfolgt nicht nur eine Gewöhnung an die Sprachausgabe von

Computerstimmen, diese werden häufig auch modelliert, z. B. indem sie aus Zeitersparnis mit einer vielfachen Geschwindigkeit abgespielt werden.[3] Wird die Sprachsteuerung oder Diktierfunktion im Smartphone benutzt, wird die eigene Sprechweise angepasst. Umgekehrt ist es dank maschineller Lerntechnologie heutzutage möglich, dass sich die Sprachassistenten auch auf die Spracheingabe ihrer Nutzer:innen „einhören".

Text-to-Speech-Anwendungen oder Screenreader machen blinden und sehbehinderten Menschen viele Medieninhalte zugänglicher.[4] Doch Filme, Fernsehsendungen, Theateraufführungen oder andere Ereignisse, wie Museums- oder Stadionbesuche, lassen sich nicht einfach automatisch in einen akustischen Kanal übertragen. Sie müssen zu einem Hörerlebnis gemacht werden. Dabei hilft die Audiodeskription. Sie „heißt übersetzt nichts anderes als Hörbeschreibung. Es handelt sich um einen Service für Menschen mit einer Sehbehinderung. Menschen, die etwas nicht sehen können, bekommen eine Hilfe durch eine Beschreibung dessen, was zu sehen ist" (Eib & Koop, 2023). Es gibt verschiedenste Formen und Situationen, in denen die Audiodeskription (AD) zum Einsatz kommt. Das wohl bekannteste Beispiel, das auch die meisten Sehenden – oft aus Versehen – zu hören bekommen, ist eine Form der AD, „bei der optische Informationen in einem zumeist audiovisuellen Inhalt (Film, Theaterstück, Oper etc.) in einen geschriebenen Text transferiert werden, der dann akustisch präsentiert wird" (Benecke, 2020, S. 455). Diese Form der AD ist also „geskriptet", Teil der Postproduktion und mündet in ein neues Medienprodukt, das auch als Hörfilm oder Hörfilmfassung (bzw. Höroper, Hörtheater) bezeichnet wird. Einmal produziert, lässt sich die AD als ergänzende Tonspur in das laufende Fernsehprogramm oder in Filmformate einspeisen. Auf ihr werden „die im Bild sichtbaren zentralen Handlungselemente, sowie Orte, Personen, Gesten und Mimik durch eine Sprecherin bzw. einen Sprecher knapp und möglichst präzise erklärt" (Verband Deutscher Sprecher:innen e.V., 2021).

Auch hier kommen Einhörungsprozesse zum Tragen, sowohl auf der Sprecher:innen- als auch auf der Rezipient:innenseite, denn die Prämisse ist, dass die AD möglichst nur in Dialogpausen erfolgt und wichtige Sound- und Musikeffekte nicht überspricht. Daher ist das richtige Timing beim Einsprechen sehr wichtig. Aber insbesondere bei Spielfilmen muss die Stimme auch die Stimmung transportieren, dabei gilt es, das richtige Maß zu finden zwischen neutraler Beschreibung und emotionaler Interpretation, damit die AD nicht zum Störfaktor wird, der das Filmerlebnis beeinträchtigt. Umgekehrt müssen sich die Rezipient:innen der AD erst einmal in den Film einhören, sich ein imaginäres Bild von der Filmszene machen und die unterschiedlichen Soundebenen und -elemente im Kopf zusammendenken.

---

[3] Wiederum ganz andere Einhörungsprozesse werden wirksam, wenn Menschen mithilfe eines Sprachcomputers (Talker) sprechen müssen. Zu ethnografischen Studien über den Alltag von Menschen ohne Lautsprache Wagenknecht (2018).

[4] Auf die alltäglichen Herausforderungen im Umgang mit dieser Form von akustischen Interfaces kann ich an dieser Stelle leider nicht eingehen, siehe exemplarisch Goggin (2012), Sankhi und Sandnes (2022) sowie Wobbrock (2021).

Bei einer Liveaudiodeskription (L-AD) verändern sich diese Einhörungsprozesse, da sich das Event mit in die Übersetzungs- und Hörprozesse einschreibt. Die L-AD erfolgt instantan und die Sprechenden müssen situativ entscheiden, welche Seheindrücke ihrer Meinung nach wichtig sind, um das Geschehen verfolgen zu können. Auch hier gibt es z. T. Skripte, Protokolle oder Programmpläne, an denen sich die Sprecher:innen einer L-AD orientieren können (z. B. bei Konzerten, aber auch bei Gottesdiensten, royalen Hochzeiten oder Krönungszeremonien), aber je nach Art und Charakter des Events sind die Handlungsabläufe mehr oder weniger vorhersehbar. Bei Sportveranstaltungen muss beispielsweise das Geschehen auf dem Platz und auf den Stadionrängen gleichzeitig beschrieben werden. Hier muss also die Stimmung vor Ort mit in die Beschreibung einbezogen werden und die Einhörungsprozesse hängen davon ab, ob man die Spielregeln kennt und prinzipiell versteht, was gerade vor sich geht. Beim Fußball beispielsweise muss die L-AD die Spielzüge nachvollziehbar machen und beschreiben, wo sich der Ball gerade auf dem Spielfeld befindet.

Doch was passiert, wenn man nicht nur mit den Ohren nachvollziehen möchte, wie ein Angriff zustande kommt und welche Person den Ball wie ins Tor geschossen hat, sondern die Tatsache, wo der Ball sich befindet, nicht mehr Element einer Spielbeschreibung ist, sondern Grundlage für die eigene Handlungsfähigkeit wird? Wie wir aus der Eingangsszene mitbekommen haben, gibt es auch im Blindenfußball (gelegentlich) eine Liveaudiodeskription für das Publikum (vgl. Abb. 1). Aber das Einzigartige an dieser Sportart ist, dass das Spiel nur möglich ist, weil Sehende und Blinde miteinander und aufeinander hören und somit nur *zusammen*spielen können.

Gespielt wird auf einem 20 mal 40 m großen Spielfeld, das an den Längsseiten mit stabilen Seitenbanden abgetrennt ist. Ziel ist es, den Ball ins gegnerische Tor zu schießen. Es gibt vier Feldspieler:innen, die nichts sehen, da sie Dunkelbrillen tragen,[5] und eine Person im Tor, die sehend ist. Sie hat eine Doppelrolle, denn sie muss nicht nur die Bälle halten, sondern den Mitspieler:innen Anweisungen geben, damit sie helfen können, das eigene Tor zu verteidigen. Ein weiteres zentrales Element des Regelwerkes sieht nämlich vor, dass mithilfe von klar definierten sehenden Guides oder Rufer:innen der Abstand zum Ball, zu den Mit- und Gegenspielenden oder „die Torposition immer klar lokalisiert werden" können (Schwarze, et al., 2024). Neben dem Torwart oder der Torwartin darf im Mittelfeld nur die Trainer:in an der Seitenlinie rufen und der Angriff wird durch eine Person, die hinter dem gegnerischen Tor platziert ist, koordiniert.

In den Ball sind kleine Schellen eingenäht, damit er ein rasselndes Geräusch macht, wenn er rollt. Er ist kleiner und schwerer als ein gewöhnlicher Fußball. Sobald sich die Spielenden dem Ball nähern, müssen sie „Voy" rufen, das ist spanisch und heißt „Hier bin ich, hier komm ich". Ein zu spätes oder gar kein „Voy"-Sagen, kann zu schweren Zu-

---

[5] Vorgesehen ist, dass die Spielenden blind oder sehbehindert sind. Der Grad der Sehbeeinträchtigung ist medizinisch definiert (B01–B04). Er entscheidet auch, ob die Spielenden bei internationalen Turnieren mitspielen dürfen, da hier häufig nur B01-Blinde zugelassen sind.

Der Mensch als akustisches Interface: Über Prozesse der Einhörung, Übertragung und … 105

Abb. 2 Spielszene im Blindenfußball, links im Bild: Hinter dem Tor steht die Ruferin (Guide), an der Bande in Schwarz gekleidet einer der Schiedsrichtenden, rechts: Borussia Dortmund in gelb-schwarzen Trikots vollzieht gerade einen Angriff gegen FC Ingolstadt 04 (in Weiß). Aufgenommen am Städtespieltag der DBFL in Köln am 11.05.2024. (Quelle: Judith Willkomm)

sammenstößen führen und wird daher mit einem Teamfoul geahndet.[6] Zwei (sehende) Schiedsrichtende auf dem Platz pfeifen das Spiel (vgl. Abb. 2).

Um sich frei auf dem Platz bewegen zu können, müssen die Spielenden also nicht nur ein gutes Ballgefühl entwickeln, sondern auch eine Vorstellung von dem Spielfeld und der sich ständig verändernden Verteilung der Feldspieler:innen im Kopf haben. Eine Blindenfußballerin beschreibt die zentrale Rolle des Hörens dabei wie folgt: „Wenn man auf dem Platz ist, hat man ja die Orientierung, wo die Banden sind, wo meine Mitspieler sind, wie laut der Ball auch ist. Man muss sich ja auf den Sound komplett verlassen, um das überhaupt spielen zu können. Da ist das Gehör sehr wichtig" (anonymisiertes Interview geführt am 16.09.2023, DBFL in Köln).

Sich „auf den Sound komplett verlassen" ist für viele der Spielenden zunächst einmal eine vollkommen neue Erfahrung, denn ganz unabhängig von dem medizinisch definierten Grad des Sehvermögens sieht jeder Mensch, der blind oder sehbehindert ist, je nach Situation andere Dinge gut, weniger gut oder überhaupt nicht mehr. Einige können im Alltag nur noch Schatten wahrnehmen, andere können mit entsprechenden Sehhilfen punktuell und auf nahe Distanz noch Menschen oder sogar Schrift erkennen. Durch die Dunkelbrille

---
[6] Es gibt bereits einige wissenschaftliche Studien zu den Verletzungsgefahren im Blindenfußball (Tsutsumi, et al., 2024).

und zusätzliche Pads, die die Augen abkleben, werden sie alle zwecks Chancengleichheit quasi blind „gemacht". Ein Spieler, der medizinisch „nur" als sehbehindert eingestuft wird, beschreibt das so:

> „Es ist eine sehr große Umstellung, gerade wenn man sehbehindert ist, da man dann ja noch seinen Sehrest oft nutzt. Man schult natürlich sein Gehör, dass das besser wird. Wir verlassen uns – da denke ich, spreche ich für uns alle – auf Intuition. Also man kriegt auch irgendwann eine gewisse Intuition dafür. Aber natürlich wird der Gehörsinn am meisten gefordert und benutzt (anonymisiertes Interview geführt am 16.09.2023, DBFL in Köln)."

Stimmen, Gegenstände oder Barrieren werden zu akustischen Berührungs- oder Ankerpunkten, die Welt wird akustisch verortet. Hier werden die Einhörungsprozesse ganz zentral. Ob man die Mitspieler:innen, den Ball, die Guides oder die Spielenden des gegnerischen Teams hören und die Höreindrücke auseinanderhalten und verarbeiten kann, wird zur wichtigen Voraussetzung, um mitspielen zu können. Kann man das, was man hört, auch verstehen und in eine Bewegung übertragen? Kommt die Botschaft an, die die Guides hinter dem Tor rufen? Eine wichtige Voraussetzung für Prozesse des Interfacing ist, dass die Übertragung der Information funktioniert. Auf dem Platz wird das immer wieder aufs Neue ein Einhörungsprozess, denn jeder Austragungsort klingt anders. Aber auch bei der Liveaudiodeskription wird die Frage, wer, wann von wo spricht und wie, wann von wem zu hören ist, wichtig. Hier kommen die Prozesse der Übertragung ins Spiel.

3 Prozesse der Übertragung

Im Grunde kann man zwischen zwei unterschiedlichen Übertragungsarten der AD unterscheiden. Bei der sogenannten Open AD müssen die Zuhörenden nur physikalisch anwesend sein, um die AD empfangen zu können. Sie wird z. B. bei einer öffentlichen Filmvorführung entweder live vor Ort von Sprecher:innen vorgetragen oder über die Lautsprecheranlage des Kinos abgespielt, es bedarf also keiner zusätzlichen Übertragungstechnik (Figiel & Albin, 2022, S. 354 f). Ein Nachteil ist, dass diese Veranstaltungen sehr exklusiv sind und selten von sehenden Menschen besucht werden. Closed AD sind Formate, in denen die AD als zusätzlicher Soundkanal auswählbar ist, sei es im analogen Fernsehen, auf DVD, im Onlinestreaming oder bei öffentlichen Events mittels Kopfhörer (Figiel & Albin, 2022). Bei akustischen Interfaces allgemein und bei der AD im Speziellen stellt sich also die Frage: Wie wird die Information übertragen und wer hört mit? Es bedarf entsprechender institutioneller und infrastruktureller Voraussetzungen und gezielter Maßnahmen, um die Übertragung der AD – allein schon rein medientechnisch – gewährleisten zu können.[7] Kinofilme wurden lange Zeit noch live vor Ort kommentiert, bis

---

[7] Die Geschichte der Implementierung von Audiodeskription in Film und Fernsehen sowie bei öffentlichen Veranstaltungen ist so komplex und länderspezifisch, dass ich an dieser Stelle nur exemplarisch darauf eingehen kann. Allerdings würde sich ein systematischer Vergleich aus einer medien-

sich schließlich – auch begünstigt durch die Einführung des Mehrkanalsoundsystems *Dolby Digital* und die Umstellung von VHS auf DVD – eine professionelle Integration von Untertiteln und Audiodeskription in der Postproduktion der Filme etablieren konnte.[8] Dies stand letztendlich im Zusammenhang damit, dass sich erst durch die UN-Behindertenrechtskonvention (BRK)[9] und andere Gesetzgebungen[10] ein Bewusstsein (und gezielte Fördermaßnahmen) etablierten, um Menschen mit Behinderung den Zugang zu kulturellen Aktivitäten und Medieninhalten strukturell zu ermöglichen. Heutzutage lassen sich durch personalisierte Anwendungen für das Smartphone oder Tablet wahlweise die Audiodeskription oder die „closed caption" von Filmen herunterladen, die sich dann beim Abspielen (auch offline) mit dem Filmton automatisch synchronisieren, z. B. bei der kostenlosen App GRETA (Debese, 2024).[11]

Bei diesem akustischen Interface bieten die technischen Möglichkeiten also eine Wahl, ob die AD z. B. bei einem gemeinsamen Kinobesuch mit Sehenden via Kopfhörer oder im heimischen Wohnzimmer über Lautsprecher laufen kann. Ob eine laut laufende AD als störend empfunden wird oder als bereichernder zusätzlicher Sprachkanal, hängt häufig von den Hörgewohnheiten der sehenden Mehrheitsgesellschaft ab. Egal ob Open oder Closed AD, der Übertragungsweg kann die Nutzungsform des akustischen Interface also vorgeben oder technisch limitieren. Anders als bei visuellen oder haptischen Interfaces, bei denen ein Sichtkontakt oder eine direkte Berührungsfläche notwendig werden, können die Übertragungswege bei akustischen Interfaces räumlich entkoppelt werden und das Empfangsgerät wird zum wichtigen Akteur im relationalen Gefüge des akustischen Interfacing. Daher identifizieren Figiel und Albin diese Geräte („receptor tools") auch als Eingangstor („gateway"), um die AD zugänglich zu machen (Figiel & Albin, 2022, S. 353), und problematisieren die unterschiedlichen Hürden, die sich in der Bedienung und Nutzung dieser Geräte für blinde und sehbehinderte Menschen ergeben, beispielsweise, wenn

---

historischen Perspektive sehr lohnen. In den USA – die zu den Vorreitern in Sachen AD zählen – wurde z. B. 1984 national ein sogenanntes *Secondary Audio Programme* (SAP) für Kabelfernsehen etabliert. Dieses war ursprünglich für die Übertragung von synchronen Sprachkanälen angelegt. 1988 wurde dann über diesen Kanal die erste AD für eine Fernsehserie *(American Playhouse)* im Public Broadcasting Service übertragen (Snyder, 2022, S. 535).

[8] Zum Beispiel ist *Titanic* (1997, Cameron) die erste große Studiodirektveröffentlichung eines Films mit Audiodeskription und „closed captions" (CC) – also Untertiteln für taube und schwerhörige Menschen (Snyder, 2022, S. 535). Die enge Verbindung zwischen Untertitelung und Audiodeskription sollte aus medienwissenschaftlicher Sicht auch noch näher untersucht werden.

[9] In Deutschland ist diese erst seit 2009 in Kraft.

[10] Obama unterzeichnete z. B. 2010 einen speziellen Communications and Video Accessibility Act (CVAA), „which mandated by law, for the first time, audio description for television broadcasts" in den USA (Snyder, 2022, S. 537).

[11] Jana Künzel hatte bei der vorbereitenden Tagung zu diesem Band einen Vortrag über die GRETA-App gehalten. Für eine Auflistung weiterer Apps aus Spanien, Schweden und Polen siehe Walczak (2018, S. 834).

die AD nicht ohne die Hilfe von Sehenden aktiviert werden kann oder die Bedienung für blinde Menschen nicht zugänglich ist (Figiel & Albin, 2022, S. 362).

Für Liveevents werden daher häufig die technischen Set-ups verwendet, die bei Simultanübersetzungen genutzt werden, oder Tourguide-Systeme, bei denen die Sprecher:innen mit einem kleinen Sender und Mikrofon ausgestattet sind. Bei den drahtlosen Empfangsgeräten lassen sich mittels erhabener Drehknöpfe der richtige Kanal und die Lautstärke regulieren (vgl. Abb. 3). Diese Art von Technik wird in der Regel auch bei den sogenannten Blindenreportagen (also einer L-AD) in Fußballstadien verwendet. „Die Idee … stammt ursprünglich aus England und wurde erstmals in den 1990er-Jahren von Manchester United umgesetzt" (Rother, 2018, S. 60). Der Bundesligist Bayer 04 Leverkusen griff die Idee mit Unterstützung der *Sehhunde* (einem damals noch lokalen inzwischen bundesweiten Fußball-Fanklub für Blinde und Sehbehinderte) auf und richtete Blindenplätze in seinem Stadion ein, von denen aus die in der Nähe befindlichen Blindenreporter:innen gut zu empfangen waren (Rother, 2018, S. 60; Trede, 2007, S. 113).

Dieses Angebot weitete sich sukzessive auch auf andere Vereine und Stadien in Deutschland aus, erfuhr aber durch die Fußballweltmeisterschaft der Männer 2006 als Teil der Initiative barrierefreier Stadionbesuch eine Konjunktur (AWO Bundesverband e.V., 2017, S. 16; Deutsche Fußball Liga [DFL], 2023). Im Zuge des Zuschauerverbots in den

Abb. 3 Zwei Varianten der Empfangsgeräte für die L-AD. Links sogenannte Kinnbügelempfänger für Tourguide-Systeme, rechts die Taschenempfänger, die auch für mehrsprachige Dolmetscheranwendungen geeignet sind und an die Kopfhörer oder Induktionsschlingen für Personen mit Hörgeräten angeschlossen werden können. (Quelle: Judith Willkomm)

Stadien während der Covid-19-Pandemie gingen viele Blindenreporter:innen dazu über, die Liveübertragung der Pay-TV-Sender von den Bundesligaspielen zu beschreiben und online zu streamen. *T-Ohr, das Zentrum für Sehbehinderten- und Blindenreportage in Gesellschaft und Sport*, klärte die rechtlichen Beanstandungen der Bezahlsender, führte in dieser Zeit extra Schulungen für die L-AD von Fernsehbildern durch und beriet die Klubs in der Anschaffung oder dem Ausbau des technischen Equipments und der Streamingdienste.[12] Durch diese Anpassungen erfolgte schließlich an vielen Standorten eine Transformation der „Blindenreportage ... zu einem inklusiven Fan Radio" (Deutsche Fußball Liga, 2023), die fortan wieder aus den Stadien senden können. Der VFL Wolfsburg benutzt inzwischen sogar vor Ort im Stadion eine Smartphone-App, um die Blindenreportage zu übertragen, somit können die Zuhörenden überall im Stadion sitzen und ihr eigenes Gerät nutzen (VfL Wolfsburg, 2023).

An diesem Beispiel zeigt sich die Ausweitung der Übertragungsmöglichkeiten von akustischen Interfaces. Es macht aber auch deutlich, dass akustische Interfaces von zeitkritischen Prozessen – im Sinne der Signalverarbeitung (Ernst, 2003) – abhängig sind. Denn eine Zeitverzögerung der Übertragung der L-AD (z. B. durch eine instabile Internetverbindung) irritiert und beeinträchtigt das Stadionerlebnis. Andersherum kann das Radiosignal bis zu zehn Sekunden schneller übertragen werden als das TV-Bild, was wiederum Auswirkungen bei der gleichzeitigen Rezeption der Fernseh- und Radioübertragung eines Fußballspiels hat (Rönnau, 2014). Seit der Fußballweltmeisterschaft der Männer 2014 in Brasilien müssen blinde und sehbehinderte Menschen für die Länderspiele, die im öffentlich-rechtlichen Fernsehen übertragen werden, nicht mehr auf die asynchrone Übertragung von Radio- bzw. Blindenreportage und Fernsehbild zurückgreifen, sondern können auf dem zweiten Tonkanal des Fernsehers oder des Onlinelivestreams der jeweiligen Mediathek eine L-AD einschalten (Rönnau, 2014).[13]

Im Blindenfußball überträgt sich der Soundscape des Spiels quasi von selbst: Die geschulten Ohren (Willkomm, 2016, 2018) blinder und sehbehinderter Fans und Spieler:innen können vom Spielfeldrand dem Ball lauschen und somit nachvollziehen, wie er gespielt, gepasst, ins Tor geschossen wird oder an Banden oder Pfosten abprallt. Sie hören die Spielenden und die Guides rufen, die Schiedsrichtenden pfeifen und bekommen zusätzliche Informationen durch die über die Lautsprecheranlage übertragenen Ansagen vom Schiedsrichtertisch. Daher scheint es hier eher eine Entweder-oder-Entscheidung zu sein, ob man der inzwischen bei allen Spielen der Blindenfußball-Bundesliga (DBFL) angebotenen L-AD zuhört oder die akustischen Eindrücke des Spiels auf sich wirken lässt.

---

[12] Diese Informationen stammen aus einem persönlich am 20.05.2021 geführten Telefonat mit Florian Schneider, dem damaligen Projektleiter von T-Ohr.

[13] Allgemein nimmt das Angebot der L-AD in Deutschland für viele Sportarten zu, so z. B. im Handball und Basketball, auch hier gibt es regionale und länderspezifische Entwicklungsgeschichten, auf die ich an dieser Stelle nicht eingehen kann. Es zeigt aber, dass sich die L-AD im Sport oft sehr dezentral und aufgrund von individuellen (meist ehrenamtlichen) Initiativen weiterentwickelt.

Steht man hingegen selbst auf dem Spielfeld, muss den rasselnden Ball finden, sich gleichzeitig zum gegnerischen Tor orientieren und nebenbei darauf achten, dass man die anderen Spielenden nicht umrennt, wird der akustische Übertragungsraum zum Handlungsraum und es wird entscheidend, wen oder was man wann hört und wie schnell sich diese akustischen Informationen in Aktionen umsetzen lassen. Ein dabei nicht zu unterschätzender Faktor ist, dass jeder Austragungsort eine eigene Geräuschkulisse mit sich bringt, die wiederum auch zu Übertragungsschwierigkeiten führen kann. Das Turnier, das regelmäßig vor dem Kölner Dom stattfindet, muss beispielsweise zeitlich möglichst so getaktet werden, dass die Domglocken, die einfach alles übertönen, nicht mitten im Spiel läuten. Bei meinem ersten Blindenfußballturnier, dem Sächsischen Blindenfußball-Cup (SBF-C) 2022 in Leipzig, teilte mir eine Spielerin, die noch nicht so erfahren war und für die es der erste Wettkampf in einer Halle war, mit:

> „Also ich kann nicht beurteilen, wie es in anderen Hallen ist, aber ich weiß nur, dass man hier … die Trainer und Guides, die halt an der Bande stehen, oder auch im Tor, … nicht so gut hört, also man hört einfach fast gar nichts, muss ich sagen und so wird es deutlich erschwert, weil eigentlich der Sinn der Sache, dass die da draußen stehen, ist ja, dass sie sozusagen sagen, wie ähm also wo man hinsoll, was man machen soll, einfach halt coachen. Nur wenn man halt nicht versteht, was sie sagen oder überhaupt, dass sie was sagen, dann ist es halt echt schwierig (anonymisiertes Interview geführt am 01.10.2022, 9. SBF-C in Leipzig)."

Ich selbst war damals auch ziemlich überfordert mit den ganzen Hallengeräuschen und habe erst im Nachhinein erfahren, dass das Publikum eigentlich während der Spielszenen – wie beim Tennis – leise sein sollte. Dass das Nichthören der Guides bei den unerfahrenen Teams streckenweise zur Orientierungslosigkeit geführt hat, konnte ich beobachten. Aber es findet sich keine Notiz in meinen ersten Aufzeichnungen über das verpflichtende „Voy"-Rufen, das eigentlich ein so zentrales Element des Spieles ist. Außerdem ist mir die bereits erwähnte Doppelrolle der Person, die im Tor steht, nicht klar geworden, die nicht nur die Bälle halten, sondern auch die Abwehr verbal koordinieren muss und dass neben dieser nur bestimmte Personen außerhalb des Spielfeldes rufen dürfen. Um die verbalen Anweisungen und Hinweise, die von außerhalb in das Geschehen hineingegeben werden, kanalisieren und limitieren zu können, ist das Spielfeld durch eine gestrichelte Linie, die sogenannte Broken Line, je 12 m vor dem Tor in drei Hälften eingeteilt, die sogenannten Rufzonen. Die Trainer:innen dürfen nur Anweisungen geben, wenn der Ball sich im Mittelfeld befindet – also zwischen den beiden Broken Lines. Die Personen vor bzw. hinter dem Tor dürfen erst dann guiden, wenn der Ball die Broken Line in Richtung des Tores passiert hat. Das heißt, die Übertragungswege der Guides sind zum einen durch das Regelwerk zeitlich und räumlich limitiert. Zum anderen müssen die Kommandos und Anweisungen gut getaktet, auf die einzelnen Spielenden angepasst und auf die Spielsituation abgepasst sein. Das gesendete Signal kann durch äußere Einflüsse oder durch das gegnerische Team gestört werden, denn es geben immer zwei Personen gleichzeitig Anweisungen, das gegnerische Team funkt mit und hört mit. Im Blindenfußball werden keine zusätzlichen medientechnischen Hilfsmittel wie Megafone oder Headsets benutzt, aber

Abb. 4 Strafschuss für FC St. Pauli, Schütze zeigt auf das Tor, Guide steht direkt hinter dem Torwart von FC Schalke 04 und ruft, die Hände trichterförmig am Mund, um akustisch zu markieren, wo die Mitte des Tors ist. Aufgenommen am Städtespieltag der DBFL in Köln am 11.05.2024. (Quelle: Judith Willkomm)

ich habe beobachtet, dass einige Guides ihre Hände trichterförmig an den Mund halten, damit ihre Rufe gerichteter sind (vgl. Abb. 4). Die Übertragungsprozesse beim Blindenfußball sind hochgradig situativ, der Ball bestimmt, wann die Spielenden oder Guides rufen müssen oder dürfen, sie schalten sich als akustische Interfaces permanent an und aus. Das Gleiche gilt für die eingenähten Schellen im Ball und die anderen nichtmenschlichen Akteure, durch die sich Geräusche (auch indirekt – z. B. bei den Banden, den Torpfosten) übertragen und somit helfen, den Ball akustisch zu verorten.

Wie bereits erwähnt, wird auch in der DBFL eine L-AD angeboten (vgl. Abb. 1). Ein Telekommunikationsunternehmen stellt den Sender und WLAN-Router zur Verfügung. Aber zur Not – das ist auch schon vorgekommen – lässt sich die L-AD auch über einen mobilen WLAN-Hotspot z. B. über das Smartphone verschicken. Empfangen werden kann die L-AD per Livestream (etwas zeitverzögert) z. B. über die offizielle Homepage der Liga (Blindenfussball-Bundesliga, o.J.) oder auch über das Telefon (via Phonepublisher). Das Mischpult und die Empfangsgeräte für die Nutzer:innen vor Ort passen in einen großen Koffer (vgl. Abb. 3). Für das blinde und sehbehinderte Publikum ist das ein toller Service, der aber vor allem auch von den Fans genutzt wird, die nicht vor Ort sein können.

Die L-AD im Blindenfußball kann man also als Übertragung eines Übersetzungsprozesses verstehen, in dem visuelle Eindrücke nicht nur in gesprochene Sprache, sondern auch auf der Basis von akustischen Eindrücken in Handlungen übersetzt werden. Dabei sind viele unterschiedliche Übersetzende und Übersetzungsprozesse am Werk, auf die ich im Folgenden eingehen werde.

4   Prozesse der Übersetzung

Jonas Bargmann macht seit sechs Jahren regelmäßig an den Spieltagen der DBFL, die seit 2008 ausgetragen wird, die L-AD. Vor seiner ersten Blindenreportage wurde er von einem Kollegen instruiert, der ihm riet: „Beschreib einfach das, was du siehst. Versuch dich einfach in die Situation hineinzuversetzen, dass die Leute nichts sehen können und Du musst ihnen einfach mit Deinen Worten so viel Wissen, so viel Beschreibung wie möglich liefern innerhalb kurzer Zeit" (Interview Bargmann, geführt am 16.09.23, DBFL in Köln, 01:56 min). Die Übertragung und Übersetzung erfolgt bei der L-AD also zeitgleich, es findet – im Gegensatz zur geskripteten AD von Hörfilmen – kein technischer Bearbeitungsschritt statt und beides wird von ein und derselben Person ausgeführt. Der Mensch wird zum zentralen Element im Einhörungs-, Übertragungs- und Übersetzungsprozess und folglich selbst zu einem akustischen Interface.

Denn ein kritisches Element, das eine gute L-AD ausmacht – zumindest bei einem Sportevent, in dem es um das Mitfiebern und Miterleben sportlicher Wettkämpfe geht –, ist ein gutes Timing der Kommentare oder eine simultane Übersetzung der Situation. Wolf Schmidt, der Trainer der Blindenfußballmannschaft des FC St. Pauli, hat schon oft für blinde und sehbehinderte Menschen die L-AD bei Sportveranstaltungen im Stadion oder bei Fernsehübertragungen gemacht, beispielsweise bei den Olympischen Spielen. In einem Interview, das ich mit ihm geführt habe, erklärt er mir sehr lebhaft und hörbar nachvollziehbar, was er damit meint, dass man bei einer Blindenreportage möglichst nicht nachbeschreiben sollte:

> „Das weiß ich von unseren Blinden, die mögen es sehr gerne, wenn sie wirklich live mit dabei sind, denn es gibt dann welche, die sind total gute Beschreiber, aber die beschreiben nach, da kommt die Szene immer danach, das heißt du bist immer mit Deiner Information hinten dran. Was macht ne Blindenreportage im Stadion? [imitiert kollektiven Ausruf im Stadion]: ‚Ohaah …uhhh' und während alle ohaa … uhh machen, die es sehen, müssen die wissen ‚Oh ha, Schuss aus nächster Nähe ging gerade knapp am rechten Lattenkreuz vorbei.' Und das muss in der Sekunde kommen! (Interview Schmidt, geführt am 15.04.23, DBFL in Stuttgart, 10:17 min)."

Aber wie und warum funktioniert die simultane Übersetzung einer solchen Torschuss-Situation? Es müssen spezifische sprachliche Fertigkeiten entwickelt werden, um so viel Beschreibung wie möglich innerhalb kurzer Zeit zu liefern. Bei Fußballreportagen werden ein „zeitökonomischer Sprachgebrauch" und viele „deiktische Ausdrücke" wichtig (Eib &

Bose, 2021, S. 256), aber vor allem werden genrespezifische Begriffe wie z. B. Umkehrspiel, Ballbesitz, Abseits, Ecke, Elfmeter, Pfosten, Flügel etc. gebraucht, die die verkürzte Darstellung überhaupt erst ermöglichen. „Selbsterklärendes Fachvokabular dient oftmals als hauptsächliches Werkzeug der Reporter, um die Szenerie auf dem Spielfeld anschaulich und kongruent abbilden zu können" (Rother, 2018, S. 65).

Doch „selbsterklärend" sind diese „allgemeingültige[n] Formulierungen" (Rother, 2018, S. 65) nur, wenn man das nötige Fußballfachwissen besitzt, die Spielregeln und ggf. auch die Spieler:innennamen des jeweiligen Teams kennt und sich eine Vorstellung davon machen kann, wie der Platz aussieht und was darauf geschieht. Viele linguistische Analysen zeugen von einem breiten Forschungsinteresse an Fußballsprache und Sportreportagen und wie diese die Alltagssprache und das Alltagswissen in vielen Ländern geprägt haben (Dankert, 1969; Lavric et al., 2008; Taborek, 2012). Darauf aufbauend setzt inzwischen eine wissenschaftliche Auseinandersetzung mit Blindenreportagen und ein systematischer Vergleich mit Radioreportagen im Fußball ein (Eib & Bose, 2021; Bywood & Eardley, 2023; Rother, 2018; Trede, 2007). „Bei einer Blindenreportage liegt der Fokus deutlich stärker auf der Vermittlung des Spielgeschehens, vor allem auf der exakten Vermittlung der Position des Balles (Verortung)" (Eib & Bose, 2021, S. 245). Diese Verortung erfolgt beispielsweise dadurch, dass „das Spielfeld in spezielle Abschnitte eingeteilt" und dabei „stadionspezifische Orientierungspunkte" mit einbezogen werden (Rother, 2018, S. 68). Der Ballverlauf wird durch Räume (z. B. Strafraum, Mittelfeld), Punkte (z. B. linkes Strafraumeck, Elfmeterpunkt, Eckfahne) und Linien (Mittellinie, Außenlinie, Torauslinie), kombiniert mit „Lagebeziehungen auf dem Feld" oder „Bezugspunkte[n] auch in Verbindung mit Abstandsangaben" verortet (Rother, 2018, S. 67). Diese Definitions- und Abgrenzungsprozesse zeugen auch von einer zunehmenden Professionalisierung der Blindenreportage im Fußball, ebenso wie besondere Schulungsangebote[14] und Handbücher (AWO Bundesverband e.V., 2017).

Betonen möchte ich, dass die L-AD in der konkreten Praxis immer Teamarbeit bedeutet. Da es bei einem Fußballspiel viel zu beschreiben gibt und man diese Beschreibungen nicht wie in Spielfilmen in Dialogpausen einpassen muss, findet eigentlich ein permanenter Redefluss statt. Das ist für die Sprechenden ziemlich anstrengend, daher gibt es in der Regel mindestens zwei, manchmal sogar drei Blindenreporter:innen, die sich alle fünf bis zehn Minuten abwechseln. Die Übergaben erfolgen ebenfalls situativ, z. B. indem ein kurzer Dialog durch eine Frage zur Spieleinschätzung kreiert wird, manchmal wird die Übergabe auch stimmlich angekündigt oder stumm mit Gesten kommuniziert. Übersetzt wird für blinde und sehbehinderte Stadionbesucher:innen vor Ort, manchmal werden diese Reportagen gleichzeitig auch online für ein abwesendes Publikum gestreamt, dann erfolgt

---

[14] Am Institut für Sportjournalistik der Universität Hamburg werden seit 2003 in Kooperation mit dem Hamburger SV und dem bereits erwähnten Fanklub „Sehhunde" unter der Federführung von Broder-Jürgen Trede Schulungen zu Blindenreportagen angeboten (Rother, 2018, S. 64). Seit 2008 organisiert und finanziert auch die Deutsche Fußball Liga (DFL) jährliche Schulungen (Reinecke, 2012).

die Adressierung an ab- und anwesende Fans. Schließlich gibt es wie bereits erwähnt noch die Möglichkeit, eine Fernsehübertragung in L-AD zu kommentieren.

Die Übersetzung des Fernsehbildes hat einige Umstellungen zur Folge. Die bereits erwähnten Schulungen dazu in Coronazeiten lehrten etwa, wie man mit Schnittbildern umgeht und Re-Plays, Zeitlupen, Grafiken oder animierte Spielzuganalysen übersetzt. Hier setzen, ebenso wie bei der L-AD im Stadion, Selektions- und Filterprozesse ein, denn alles lässt sich nicht übersetzen. Trotzdem fällt es Wolf Schmidt z. B. einfacher, aus dem Stadion heraus zu reportieren, da man dann „seine eigene Bildregie ist", die ja – anders als die Fernsehübertragung – extra auf die für blinde und sehbehinderte Menschen relevanten Zusatzinformationen fokussiert ist (Interview Schmidt, 2023, 10:57 min). Dies beschreibt auch Florian Eib, der ausgebildeter Sprecher und Sportreporter ist und inzwischen für das ZDF die L-AD bei Fußball-Länderspielen macht: „Die Reporter signalisieren ein starkes Situationsbewusstsein für ihre Zielgruppe, indem sie Reaktionen im Stadion, die blinde Fans sonst nicht einordnen könnten, in ihrer Reportage erklären" (Eib & Bose, 2021, S. 260). Eine nicht unwesentliche Aufgabe der Berichtenden ist es auch, in regelmäßigen Abständen den Spielstand und die Spielzeit anzusagen – und, für die, die sich eventuell dazuschalten – wer gegen wen spielt. Hier ersetzt die Liveaudiodeskription quasi die Anzeigetafel im Stadion oder die Spielstandanzeige auf dem Fernsehbildschirm, das visuelle Display wird also in ein akustisches umgewandelt. Aber auch die nonverbalen Gesten z. B. von Schiedsrichterentscheidungen oder Auswechslungen müssen übersetzt werden.

Beim Blindenfußball geht die Übersetzungskette noch eine Ebene weiter oder tiefer, denn hier wird nicht nur Visuelles in gesprochene Sprache übersetzt, sondern das visuelle Geschehen des Georaums realisiert sich durch verbale und klangliche Ereignisse, die wiederum in Handlungen übersetzt werden. Dabei kommt das Zusammenspiel von nichtmenschlichen und menschlichen Akteuren zum Tragen, die z. T. strukturell, z. T. sehr situationsbedingt, zu akustischen Interfaces werden. Hierbei wirken unterschiedliche Übersetzungsprozesse und Übersetzungsmomente. Die Rolle der Guides ist in diesen Situationen nicht nur, das Sichtbare in gesprochene Sprache zu übersetzen, sondern es so präzise und vorausschauend zu übersetzen, dass die Spielenden die Anweisungen der Guides in Handlungen umsetzen können (vgl. Abb. 4). Dabei setzen sie ebenso wie bei der L-AD auf eine zeiteffiziente Sprache, doch diese besteht meist nur noch aus 1–2 Wort-Aufforderungssätzen und Kommandos. Es werden Codes und Abkürzungen entwickelt für Positionsangaben oder Spielzüge und es werden Absprachen getroffen.

> „Zum Beispiel die Entfernungen – die werden in Schritten angesagt – das muss wohl individuell angepasst werden, denn Rasmus [ein großgewachsener Spieler des FC St. Pauli] macht sicher größere Schritte als seine Mitspielenden. Dann sprechen sie vorher ab, ob die Angaben spiegelverkehrt gemacht werden bzw. wie sie gemacht werden, wenn man mit dem Rücken zum Tor steht (Feldnotiz Schiedsrichterlehrgang in Hannover, 01.04.2023)."

Die Person, die hinter dem Tor steht, sieht die Spieler:innen auf sich zukommen (vgl. Abb. 4). Es scheint effizienter zu sein, wenn sie in dieser Situation seitenverkehrt anleitet, damit die Angreifer:innen diesen Übersetzungsschritt nicht selbst machen müssen. Die

Entfernungs- und Abstandsangaben werden hier auch zum zeitkritischen Element, denn die Guides müssen die Bewegung der Spielenden in ihre Angaben mit einberechnen:

> „Als Beispiel, wenn man im Dribbling ist und er sieht ah ok Du bist auf 10 Metern [vor dem Tor] sagt er acht Meter, weil, Du bist ja in der Bewegung und somit müssen wir ja auch erstmal die Information aufnehmen und verarbeiten. Also wann werden wir höchstwahrscheinlich auf 8 Meter sein. Diese Differenz muss er erstmal überbrücken. Zudem ist es finde ich sehr gut, wenn man mit Zahlen arbeitet. Es gibt auch welche, die einfach nur ‚rechts, rechts, rechts' sagen. Aber wenn man z. B. sagt, zwei Schritte rechts oder einer vor Dir oder so ist das ein genaueres Guiding (anonymisiertes Interview geführt am 16.09.23, DBFL in Köln, 04:42 min)."

Die Angaben müssen also so gezielt sein, dass die Spielenden sich dadurch besser orientieren und ihre Aktionen genau ausführen können. Je präziser und effektiver die Informationen sind, die die Spielenden über die Position der Mit- und Gegenspieler:innen, des Tors oder des Balles bekommen, desto eher eröffnen sich Handlungsspielräume für sie, die sie strategisch nutzen können.

Doch der wichtigste Orientierungspunkt im laufenden Spiel scheinen häufig die Stimmen des eigenen Teams hinter oder direkt vor dem Tor und natürlich der rasselnde Ball zu sein. Er überträgt seine Standortinformation in einer direkten akustischen Umsetzung seiner Bewegung. Neben der akustischen Deixis, die der Ball durch das Rasseln anzeigt, spielen die Banden eine wichtige Rolle bei der Orientierung und Navigation der Spielenden. Je nachdem, wie geübt die Spielenden sind, können sie diese nämlich akustisch orten, wenn sie sich ihnen nähern oder an ihnen entlanglaufen. Und natürlich machen sie sich akustisch bemerkbar, wenn der Ball oder die Spieler:innen sie im Spiel berühren. Sie werden zu akustischen Ankerpunkten und somit zu wichtigen Interfaces, ebenso wie die Torpfosten bei Standardsituationen. Die Regeln besagen, dass diese vor Frei- oder Strafstößen von den Hintertorguides systematisch abgeklopft werden, während die Guides genau beschreiben, wo ggf. die Mauer positioniert wurde und in welchem Abstand sich das Tor befindet. Hier findet eine akustische Lokalisierung des Tores statt, zumal die Person sich am Ende noch mittig hinter das Tor stellt und ruft: „Hier ist die Mitte" (vgl. Abb. 4). Geschulten Ohren reichen diese akustischen Hinweise, um danach sicher aufs Tor zu zielen. Die aus den Standardsituationen erzielten Torschüsse – von denen ich schon viele während meiner Feldforschung gesehen habe und die mich trotzdem immer wieder faszinieren – geben eine beeindruckende und vor allem sehr übersichtliche Demonstration davon ab, wie das Zusammenspiel zwischen Schütz:innen und Guides funktioniert, da in diesen Situationen erst das Guiding und dann die Handlung erfolgt (vgl. Abb. 4). Das akustische Feedback, das die Torpfosten geben, ist auch viel statischer als der rollende, rasselnde Ball im Spiel. Doch das Prinzip ist das gleiche, eine Kombination aus nichtmenschlichen (Ball, Bande, Pfosten, Pfeifen etc.) und menschlichen (Guides, Mitspielende, gegnerische Mannschaft) Akteuren transformiert sich in der Situation zu akustischen Interfaces, die in ihrem Zusammenspiel den Blindenfußball ermöglichen.

Die eigentliche Übersetzung oder besser Zusammensetzung der ganzen akustischen Eindrücke erfolgt im Kopf der einzelnen Spieler:innen. Es ist eine hochgradig komplexe und kognitiv extrem anspruchsvolle und anstrengende Leistung, die die Spieler:innen da erbringen.[15]

> „Sie treffen den Ball nicht immer, sie müssen ihn ertasten und erhören – das ist das spannende Element, zuzugucken, wie der Ball gesucht, gefunden, kontrolliert und wieder verloren wird. Manchmal wirkt es hilflos und ungeschickt, doch die meiste Zeit ist es einfach faszinierend, wie die Spielenden den Ball unter Kontrolle bringen, wie sie sich auf dem Spielfeld bewegen, wie mutig sie sind (Feldnotiz, 01.10.22, SBF-C in Leipzig)."

Das letzte Glied der Übersetzungskette formiert sich, wenn das Geschehen vor Ort in eine L-AD übersetzt wird. Die Übersetzungsmechanismen sind ähnlich wie bei der L-AD im sehenden Fußball, allerdings werden hier Spielhandlungen und -regeln – wie z. B. das Abklopfen der Torpfosten bei Frei- und Strafstößen – häufig am Anfang noch einmal erklärt und die Fußballfachsprache wird der Situation angepasst. Der Ball wird öfter als wichtiger Akteur in die Spielbeschreibung mit einbezogen und es werden spezifische Fachbegriffe des Blindenfußballs etabliert. Außerdem erfolgt – ebenso wie im sehenden Fußball – eine situative Einschätzung der Leistung der Spielenden, wie z. B. bei der eingangs zitierten L-AD, in der der Blindenreporter Joseph-Sebastian Steinlechner betont, wie schwierig es ist „ohne den Ball zu sehen einen Ball zu treffen, der sich in der Luft befindet".

5 Fazit: Prozesse des Interfacing

Wie herausragend die Fähigkeiten sind, die die Spielenden beim Blindenfußball entwickeln, und wie komplex hierbei die Einhörungsprozesse sind, erahnt man erst, wenn man selbst einmal blind mit einem rasselnden Ball spielt und dabei feststellt, wie wichtig die Stimmen und Geräusche sind, die einen dabei begleiten und leiten. Doch auch in die L-AD während eines Fußballspiels muss man sich einhören, obwohl unser Alltag von so viel Fußballsprache geprägt ist. Die Übertragungsprozesse sind sowohl bei der L-AD als auch auf dem Spielfeld im Blindenfußball von zeitkritischen Aspekten beeinflusst. Bei Übertragungsschwierigkeiten oder Störungen treten diese Aspekte oder auch die Eigenlogik der Übertragungsmedien und Übertragungswege hervor.

Der Übersetzungsprozess während der L-AD erfolgt nicht nur im Sinne der Signalverarbeitung auf einer medientechnischen Ebene, sondern der Mensch wird selbst zum tragenden Akteur dieses Interfacing, denn die Übersetzung ereignet sich auf einer sprachlichen

---

[15] In den Sportwissenschaften gibt es bereits einige experimentelle Studien, die die Wahrnehmungsfähigkeiten von Blindenfußballer:innen (häufig auch im Vergleich zu sehenden Proband:innen) versuchen zu quantifizieren und messbar zu machen. Vergleiche exemplarisch Watanabe (2024) sowie Velten et al. (2016).

Ebene und erfolgt so schnell und direkt, dass sie quasi wie unvermittelt wirkt. Diese empfundene Unmittelbarkeit im Übersetzungsprozess zeigt sich z. B. durch Aussagen wie die von Wolf Schmidt, der betont, dass er während einer L-AD so im Geschehen ist, dass er durch das kontinuierliche Verbalisieren der Situation diese auf eine ganz andere Weise durchlebt und dabei zu einem Mittler wird, der sich selbst und alles um sich herum vergisst:

> „Dann ist es manchmal so, nach dem Spiel, ich weiß dann nicht mal mehr wie es steht oder wer die Tore geschossen hat. Ich kenne Leute, die simultan übersetzen und die sagen: genau das ist das Ding, ich bin Simultanübersetzer und ich habe eine Übersetzung gemacht und [wenn sie ge]frag[t] werden, wie fands du denn das ... , dann ... sagen [die] wie, was? Ich weiß gar nichts mehr! Weil es geht darum, es direkt zu übertragen (Interview Schmidt, 2023, 06:48 min)."

Dieses direkte Übertragen, das Wiedergeben der Ereignisse, ohne das Gesendete selbst zu speichern, lässt den Menschen zu einer Schnittstelle, einem Interface werden. Simultanübersetzer:innen übernehmen Funktionen oder Mechanismen, die in anderen Kontexten (z. B. bei Text-to-Speech-Readern) von nichtmenschlichen Akteuren in automatisierten Transformationsprozessen ausgeführt werden. Diese besondere Konstellation, in der der Mensch zu einem entscheidenden Element eines akustischen Interface wird, eröffnet eine andere Perspektive auf Prozesse des Interfacing. Es ist dieses „Eingeschaltet-Sein", das den Menschen in seiner Funktion als orts- und situationsgebundenen Bildbeschreiber wirksam werden lässt. Konkret ist das gesprochene Wort die vermittelnde Instanz. Die Stimme der Blindenreporter:innen erzeugt und transportiert Spannung, wird als Instrument eingesetzt, es wird ein „individueller Sprachstil" (Eib & Bose, 2021, S. 250) entwickelt.[16] Je nach Kontext wird „eine emotionale Nähe zum Verein" geschaffen (S. 259), da die Reportierenden „nicht nur als Vermittler*innen des Spielgeschehens gefordert sind, sondern auch als Teil des Stadionpublikums" (S. 276).[17] Rother beschreibt die Blindenreportage in Abgrenzung zur „Medienreportage im herkömmlichen Sinn" als eine „spezielle Form der Gruppenkommunikation, die im Sinne der Teilhabe blinder und sehbehinderter Menschen im Fußballstadion stattfindet" (Rother, 2018, S. 57). Jonas Bargmann verweist dabei auf die Glaubwürdigkeit als wichtiges Qualitätsmerkmal: „Wenn Du auf Krampf versuchst, emotional zu sein und dem Rezipienten das auffällt, dass das – ich sag mal so – ein bisschen aufgesetzt wirkt, das kann halt relativ schnell nach hinten losgehen" (Interview Bargmann, 2023, 23:24 min).

Die Qualitäten von menschlichen Akteuren in dem Interfacingprozess liegen in ihrem interpretierenden und situationsbedingten Agieren, das Interfacing wirkt dynamisch und verbindend, macht gleichzeitig aber auch deutlich, wie viel Übersetzungsarbeit hier instantan geleistet werden muss, welche außergewöhnlichen Fähigkeiten sich dabei sowohl

---

[16] Dies gilt für Fußballreportagen im Allgemeinen, zu erzähltheoretischen und deiktischen Aspekten in der Berichterstattung siehe z. B. Martínez (2002) oder Schütt (2013).

[17] Zur Doppelrolle von Fan und Fußballkommentator:innen siehe exemplarisch Woodward und Woodward (2024).

aufseiten der Sprechenden als auch aufseiten der Zuhörenden und Handelnden herausbilden und wie wichtig in diesen Momenten die Einhörungsprozesse sind. Dieser Übersetzungs- oder besser Umsetzungsprozess erfolgt aber nicht nur auf der sprachlichen Ebene, auch nichtmenschliche Akteure können in der L-AD und im Blindenfußball zu akustischen Interfaces werden. Die Tourguide-Systeme im Stadion sind ebenso wichtige Elemente des akustischen Interfacing wie der rasselnde Ball oder die Banden im Blindenfußball. Dieses klanglich verfasste Gefüge kann als eine produktive Übersetzungskette verstanden werden, dabei wird das Interface nicht in einem Glied verortbar, sondern konstituiert sich durch die gesamte Kette.[18]

In dem Zusammenwirken von menschlichen und nichtmenschlichen Akteuren lässt sich Hookways Interfacetheorie weiterdenken. Er schreibt: „The interface is defined in its coupling of the processes of holding apart and drawing together, of confining and opening up, of disciplining and enabling, of excluding and including" (Hookway, 2014, S. 4). Diese Kopplungsmomente lassen sich sowohl bei der L-AD als auch im Blindenfußball auf vielen verschiedenen Ebenen beschreibbar machen. Sie zeigen, wie sich alle beteiligten Akteure in den Einhörungs- oder Anpassungsprozessen gegenseitig disziplinieren, wie sich menschliche Fähigkeiten und medientechnische Eigenlogiken in der Übertragung verbinden oder zu Abgrenzungsprozessen führen, aber auch wie medientechnische oder menschliche Transformationspraktiken zu Entfremdungseffekten oder zu mehr zwischenmenschlicher Nähe führen können. Für Letzteres sehe ich ein großes Potenzial bezogen auf „sinnesübergreifende Übersetzungen (Gebärdensprache, Audiodeskription, taktile Modelle)" (Saerberg, 2022, S. 247) im Allgemeinen.

Denn betrachtet man Interfaces aus der Perspektive der Disability Studies, so muss die berechtigte Kritik angeführt werden, dass sie als Form einer Beziehung zwischen Menschen und technischen Medien aus Entwickler:innenperspektive häufig so designt, gedacht, genutzt und analysiert werden, dass sie Normvorstellungen von dem idealen User hervorbringen, unterstützen und verfestigen und somit Machtverhältnisse und Ungleichheiten zwischen Menschen schaffen und zementieren. So verweist Parisi beispielsweise darauf, dass „game interfaces both at the level of hardware and software, encode normative models of bodily sensory, and cognitive functioning" (Parisi, 2017). Es muss folglich ein Umdenken stattfinden, sowohl diskursgeschichtlich als auch in der praktischen Umsetzung und Gestaltung von Schnittstellen. Dabei gilt es nicht nur, die medientechnischen Ein- und Ausgabefunktionen anpassungsfähiger und für diverse Kommunikationskanäle zugänglich(er) zu machen, sondern bestimmte menschliche Praktiken (wie beispielsweise die AD) in ihrer Interfacingfunktion ernst zu nehmen und in ihren interaktiven, kommunikativen, integrativen, manchmal sogar symbiotischen Formen produktiv zu machen. „What most defines the interface are the processes by which it draws together two or more otherwise incompatible entities into a compatibility, within which they become available

---

[18] Ich danke Christoph Borbach für diesen Gedanken. Siehe hierzu auch Borbach und Thielmann (2019). Inwiefern sich diese Übersetzungskette als Operationskette im Sinne der Akteur-Netzwerk-Theorie interpretieren lässt, werde ich an anderer Stelle diskutieren.

to one another to the extent allowable within the operation of the interface" (Hookway, 2014, S. 17). Anders als Hookway spreche ich hier von einem Zusammenbringen und Zusammendenken nicht nur von menschlichen und nichtmenschlichen Akteuren, sondern auch von zwischenmenschlichen Aktionen im Kontext von Mediennutzung.

Audiodeskription eröffnet Kommunikation, liefert die nötige Zusatzinformation, um das Geschehen auch ohne Sichtkontakt auf das Ereignis nachzuvollziehen, und fördert das Mitreden. Daher ist es ein Service, der nicht nur für blinde und sehbehinderte Menschen nützlich ist.[19] Der Blindenfußball kann sinn- und identitätsstiftend sein (Mycock & Molnár, 2021; Richardson & Fletcher, 2024), lädt aber auch dazu ein, Prozesse des Interfacing vollkommen neu zu interpretieren und den Menschen als akustisches Interface mitzudenken.

Literatur

AWO Bundesverband e.V. (2017). *Handbuch für Blindenreportage im Fußball*.
Benecke, B. (2020). Audiodeskription–Methoden und Techniken der Filmbeschreibung. In C. Maaß & I. Rink (Hrsg.), *Handbuch Barrierefreie Kommunikation* (Bd. 3, S. 455–470). Frank & Timme, Verlag für wissenschaftliche Literatur.
Blindenfussball-Bundesliga. (o.J.). *Aktuelles*. (D. B.-u. DFB-Stiftung Sepp Herberger (Hrsg.)) https://www.blinden-fussball.de/. Zugegriffen am 15.07.2024.
Boersma, A. (2022). *The shore turns the ship: A (historical) media ethnography of inland navigation and control rooms*. Universität Siegen.
Borbach, C., & Thielmann, T. (2019). Arbeiten am Luftlagebild. Über das Denken in Ko-Operationsketten. In S. Gießmann, R. Trischler, & T. Röhl (Hrsg.), *Materialität der Kooperation* (S. 115–167). Springer Fachmedien Wiesbaden.
Bywood, L. P., & Eardley, A. F. (2023). Inclusive football commentary : Should radio commentary learn from audio description to create a richer experience for audiences who cannot see the match? In S. Halder & G. Squires (Hrsg.), *Inclusion and diversity: Communities and practices across the world* (S. 209–222). Routledge India.
Dankert, H. (1969). *Sportsprache und Kommunikation: Untersuchungen zur Struktur der Fußballsprache und zum Stil der Sportberichterstattung, (Volksleben; 25)*. Tübinger Vereinigung für Volkskunde.
Debese, S. (2024). *GRETA und STARKS | Audiodeskription und Untertitel*. Kino einfach gemeinsam erleben mit GRETA und STARKS: https://www.gretaundstarks.de/greta/impressum. Zugegriffen am 10.07.2024.
Deutsche Fußball Liga (DFL). (2023). *Mehr als 80 Teilnehmende: Vollversammlung für audiodeskriptive Live-Reportage im Fußball*. (Deutsche Fußball Liga (DFL)) https://www.dfl.de/de/fans/mehr-als-80-teilnehmende-vollversammlung-fuer-audiodeskriptive-live-report. Zugegriffen am 13.03.2024.
DFB. (16. 09 2023). *DFB-TV*. Finalspieltag der Blindenfußball-Bundesliga: Hertha BSC – FC Schalke 04. https://tv.dfb.de/video/finalspieltag-der-blindenfussball-bundesliga-hertha-bsc-fc-schalke-04/39824/. Zugegriffen am 10.07.2024.

---

[19] "It can also help improve children's literacy skills. AD can be useful for anyone who wants to truly notice and appreciate a more full perspective on any visual event." (Snyder, 2020, S. 192).

Dokumaci, A. (2016). Mikro-aktivistische Affordanzen. Critical Disability als Methode zur Untersuchung medialer Praktiken. In B. Ochsner & R. Stock (Hrsg.), *senseAbility. Mediale Praktiken des Sehens und Hörens* (Bd. Bd. 23, S. 257–279). transcript.

Eib, F., & Bose, I. (2021). „dass der Hörer das Kopfkino einschalten kann" Spannungsphasen und Formatbezug in Fußballreportagen. In I. Bose & C. L. Fink (Hrsg.), *Medien – Sprechen – Klang: Empirische Forschungen zum medienvermittelten Sprechen* (S. 243–278). Frank & Timme.

Eib, F., & Koop, T. (2023). HörMal Audiodeskription – Was ist Audiodeskription? Zugegriffen am 05. 07 2024

Ernst, W. (2003). Medienwissen(schaft) zeitkritisch. Ein Programm aus der Sophienstraße. Antrittsvorlesung. In: H.-U. z. Jürgen Mlynek (Hrsg.), *Humboldt-Universität zu Berlin, Philosophische Fakultät III*. https://doi.org/10.18452/1675

Figiel, W., & Albin, K. (2022). Receptor tools. In C. Taylor & E. Perego (Hrsg.), *The Routledge handbook of audio description (Routledge handbooks in translation and interpreting studies)* (S. 353–364). Routledge.

Goggin, G. (2012). Cellular disability: Consumption, design and access. In J. Sterne (Hrsg.), *The sound studies reader* (S. 372–387). Routledge.

Grasseni, C. (2004). Skilled vision. An apprenticeship in breeding aesthetics. *Social Anthropology, 12*(1), 44–55.

Grasseni, C. (2007). *Skilled visions. Between apprenticeship and standards*. Berghan Books.

Grasseni, C. (2022). More than visual: The apprenticeship of skilled visions. *Ethos*.

Hagood, M. (2019). *Hush. Media and sonic self-control*. Duke University Press.

Hookway, B. (2014). *Interface* (Online-Ausg). The MIT Press.

Kittler, F. A. (1986). *Grammophon/film/typewriter*. Brinkmann & Bose.

Lavric, E., Pisek, G., Skinner, A., & Stadler, W. (Hrsg.). (2008). *The linguistics of football*. Gunter Narr.

Lipp, B. (2017). Analytik des Interfacing : zur Materialität technologischer Verschaltung in prototypischen Milieus robotisierter Pflege. *Behemoth. a Journal on Social Dis/Order, 10*(1), 107–129.

Martínez, M. (2002). Nach dem Spiel ist vor dem Spiel. Erzähltheoretische Bemerkungen zur Fußballberichterstattung. In M. Martínez (Hrsg.), *Warum Fußball? Kulturwissenschaftliche Beschreibungen eines Sports* (S. 51–71). Aisthesi.

Mycock, D., & Molnár, G. (2021). 'The blind leading the blind'. A reflection on coaching blind football. *European Journal of Adapted Physical Activity, 14*(1), 1–13.

Parisi, D. (2017, Mai 30). Game Interfaces as Disabling Infrastructures. *Analog Game Studies, 4*(3). https://analoggamestudies.org/2017/05/compatibility-test-videogames-as-disabling-infrastructures/. Zugegriffen am 05.07.2024.

Reinecke, F. (19. 10 2012). *Wo ist eigentlich Robben? Fanzone | 5. Schulung für Sehbehindertenreporter in Kamen*. https://www.bundesliga.com/de/bundesliga/news/wo-ist-eigentlich-robben-_0000226744.jsp. Zugegriffen am 05.07.2024.

Remael, A., Reviers, A., & Vercauteren, G. (2015). *Mit Wörtern Bilder malen. ADLAB Richtlinien für die Audiodeskription*. EUT Edizioni Università di Trieste.

Richardson, K., & Fletcher, T. (2024). Blind football and sporting capital: Managing and sustaining participation among youth blind football players in Zimbabwe. *European Sport Management Quarterly, 4*(2), 449–469.

Rönnau, J. (2014, Mai 03). Blinde Fans bei Fußball-WM: Endlich den Torjubel nicht mehr unterdrücken. *DER SPIEGEL*. https://www.spiegel.de/sport/fussball/fussball-weltmeisterschaft-ard-projekt-fuer-blinde-fans-a-968487.html. Zugegriffen am 05.07.2024.

Rother, P. (2018). Räume, Linien, Punkte: die Verortung als stilistisches Mittel der Sehbehinderten-Reportage. In J. L. Wilhelm (Hrsg.), *Geographien des Fussballs: Themen rund ums runde Leder im räumlichen Blick* (Bd. 14, S. 55–76). Universitätsverlag Potsdam.

Saerberg, S. (2016). Widerständigkeiten blinden Flanierens. In B. Ochsner & R. Stock (Hrsg.), *senseAbility – Mediale Praktiken des Sehens und Hörens* (S. 301–322). transcript.

Saerberg, S. (2022). Disability Culture & Digital Arts. In A. Waldschmidt & S. Karim (Hrsg.), *Handbuch Disability Studies* (S. 235–254). Springer VS.

Sankhi, P., & Sandnes, F. E. (2022). A glimpse into smartphone screen reader use among blind teenagers in rural Nepal. *Disability and Rehabilitation: Assistive Technology, 17*(8), 875–881.

Schütt, T. (2013). *Orientierungsprobleme. Deiktische Prozeduren in Fußballreportagen* (Bd. 4). LIT.

Schwarze, S., Bargmann, J., Fangmann, A., Harms, J., Plattek, P., & Schneider, J. (2024). *Blindenfußball. Alles rund um das rasselnde Leder – Regeln und Spielweise*. https://blindenfussball.net/der-blindenfusball/regeln-und-spielweise/. Zugegriffen am 05.07.2024.

Snyder, J. (2020). *The visual made verbal. A comprehensive training manual and guide to the history and applications of audio description*. Æ Academic Publishing.

Snyder, J. (2022). Audio description in the United States. In C. Taylor & E. Perego (Hrsg.), *The Routledge handbooks in translation and interpreting studies* (S. 531–543). Routledge.

Sterne, J. (2012). Sonic imaginations. In J. Sterne (Hrsg.), *The sound studies reader (S* (S. 1–17). Routledge.

Stokoe, W. C. (1960). *Sign language structure: An outline of the visual communication systems of the American deaf* (Bd. Studies in linguistics: Occasional papers (No. 8)). University of Buffalo.

Taborek, J. (2012). The language of sport: Some remarks on the language of football. In H. A. Lankiewicz & E. Wąsikiewicz-Firlej (Hrsg.), *Informed teaching – Premises of modern foreign language pedagogy* (S. 239–255). Wydawnictwo PWSZ. http://hdl.handle.net/10593/6073. Zugegriffen am 05.07.2024

Taylor, C., & Perego, E. (2022). *The Routledge handbook of audio description (Routledge handbooks in translation and interpreting studies)*. Routledge.

Trede, B.-J. (2007). Ich sehe was, was du nicht siehst: Fußball – Live – Reportage für Blinde und Sehbehinderte: Inhalte, Funktionen und Perspektiven einer jungen journalistischen Darstellungsform. In W. Settekorn (Hrsg.), *FUSSBALL – MEDIEN, MEDIEN – FUSSBALL: Zur Medienkultur eines weltweit populären Sports* (2., korr. Aufl. Ausg., Bd. 7, S. 110–127). Institut für Medien und Kommunikation des Departments Sprachen, Literatur, Medien SLM I.

Tsutsumi, S., Sasadai, J., Maeda, N., Tamura, Y., Nagao, T., Watanabe, T., . . . Shimizu, R. (02. 04 2024). Head impact differences in blind football between Rio 2016 and Tokyo 2020 Paralympic Games: Video-based observational study. *BMJ Open, 14*(4), S. e081942. https://doi.org/10.1136/bmjopen-2023-081942

Velten, M. C., Ugrinowitsch, H. L., Portes, L., Hermann, T., & Bläsing, B. (2016). Auditory spatial concepts in blind football experts. *Psychology of Sport and Exercise, 22*, 218–228.

Verband Deutscher Sprecher:innen e.V. (10. 04 2021). *Glossar: Audiodeskription (AD)*. https://www.sprecherverband.de/glossar/audiodeskription/. Zugegriffen am 05.07.2024.

VfL Wolfsburg. (08. 04 2023). *Nutzung der Blindenreportage in der Volkswagen Arena*. https://www.vfl-wolfsburg.de/fans/infos-fuer-fans-mit-behinderungen/volkswagen-arena/nutzung-der-blindenreportage-in-der-volkswagen-arena.html. Zugegriffen am 05.07.2024.

Wagenknecht, A. (2018). Geil mit dem Talker sprechen. Aspekte der ethnographischen Forschung mit technisch generierter Sprache. In R. Hitzler, M. Klemm, S. Kreher, A. Poferl, & N. Schröer (Hrsg.), *Herumschnüffeln – aufspüren – einfühlen. Ethnographie als ‚hemdsärmelige' und reflexive Praxis* (S. 211–223). Oldib.

Walczak, A. (2018). Audio description on smartphones: Making cinema accessible for visually impaired audiences. *Universal Access in the Information Society, 17*(4), 833–840.

Watanabe, M. (2024). Sound source localization in blind soccer: Differences between sighted and visually impaired players. *Journal of physical therapy science, 36*(4), 161–166.

Willkomm, J. (2016). skilled listening: Zur Bedeutung von Hörpraktiken in naturwissenschaftlichen Erkenntnisprozessen. In A. Symanczyk, D. Wagner, & M. Wendling (Hrsg.), *Klang – Kontakte: Kommunikation, Konstruktion und Kultur von Klängen* (S. 35–56). Reimer.

Willkomm, J. (2017). Ein Kommentar zur Eigensinnlichkeit von Medien. *Willkomm, J. (2017). Ein Kommentar zur Eigensinnlichkeit von Medien. In K. Braun, C.-Kulturen der Sinne. Zugänge zur Sensualität der sozialen Welt* (S. 330–333). Königshausen & Neumann.

Willkomm, J. (2018). „Ich seh´ ja nichts, ich hör nur was.". Vom Wissen über das Hören und Nicht-Hören von Fledermäusen und Schwirlen. In M. Winter & B. Brabec de Mori (Hrsg.), *Auditive Wissenskulturen. Das Wissen klanglicher Praxis* (S. 201–218). Springer Fachmedien.

Willkomm, J. (2022). *Tiere – Medien – Sinne. Eine Ethnographie bioakustischer Feldforschung.* J.B. Metzler.

Wobbrock, J. O. (2021). Understanding blind screen-reader users' experiences of digital artboards. In Y. Kitamura (Hrsg.), *Proceedings of the 2021 CHI conference on human factors in computing systems* (S. 1–19). ACM Digital Library.

Woodward, J., & Woodward, K. (2024). The football commentator and the social commentator: A conversation. *Soccer & Society, 25*(4–6), 737–747. https://doi.org/10.1080/14660970.2024.2332096

Voice Interfacing: Zum Ermöglichungspotenzial digitalen Spielens mit der Stimme für Menschen mit Behinderungen

Markus Spöhrer

Zusammenfassung

In diesem Beitrag werden verschiedene Arten des Voice Interfacing (Sprachsteuerung) für digitale Spiele als spielermöglichende Praktiken diskutiert, die als Alternative zur Norm bzw. zum Standard digitaler Spieldispositive verstanden werden können. Am Beispiel von drei Voice-Interface-Dispositiven – einem Smartphonespiel, einer PC-Game-Modification und einem Alexa-Game – werden unterschiedliche Ermöglichungspraktiken sowie verhindernde oder ermöglichende Infrastrukturen beschrieben. Jedes der Dispositive leistet zwar das „enacting" einer handfreien Bedienung und umgeht herkömmliche Barrieren normativer Eingabegeräte, allerdings generieren sie hinsichtlich der Lautstärke, Aussprache und Syntax der eingesprochenen Befehle spezifische kognitive und sprachliche Zugangsbedingungen.

Schlüsselwörter

Videogames · Voicegames · Disability Studies · Intelligent Personal Assistance · Voice Recognition · Minecraft

---

M. Spöhrer (✉)
Internationales Zentrum für Ethik in den Wissenschaften (IZEW), Universität Tübingen, Tübingen, Deutschland
E-Mail: markus.spoehrer@uni-tuebingen.de

1 Einleitung

Aufgrund der Ubiquität digitaler Sprachsteuerungstechnologien wie etwa Intelligent Personal Assistants (v. a. Amazons Alexa, Apples Siri und der Google Assistant), ihrer wachsenden ökonomischen Relevanz (Research and Markets, 2022) und den damit verbundenen Möglichkeiten für Alltagsanwendungen (Terzopoulos & Satratzemi, 2020), wird zunehmend die Frage nach der kulturellen und ökonomischen Bedeutung von Voice Interfacing für digitale Spiele gestellt (Allison et al., 2020, S. 91 f.). Obwohl Sony, Gerüchten zufolge, an einem sprachgesteuerten Controller für die Playstation 5 arbeitet (Bauer, 2021), gegenwärtige Konsolengenerationen Voice Assistants zur „handfreien Bedienung" der Optionsmenüs zur Verfügung stellen, PC-Gamer bereits seit Jahren Sprachsteuerungssoftware nutzen können und von Entwickler*innenseite, in Internetforen sowie Gamingzeitschriften die zukünftige Möglichkeit einer Ablösung handbedienter Controller durch Spracheingabe imaginiert und diskutiert wird, so bleibt abzuwarten, ob Voice Gaming tatsächlich einen „Game changer in gaming" (Akkas, 2018) darstellen wird. Spracherkennungs- und Sprachsteuerungstechnologien sind im Gamingbereich keine Neuheit und mit Spracheingabe im Kontext digitaler Spiele wird bereits seit den 1970er-Jahren geforscht und experimentiert (Allison et al., 2020; Spöhrer, 2022). Für die Gegenwart kann festgestellt werden, dass das akademische sowie ökonomische Interesse an Spracherkennungstechnologien ein günstiges Milieu für die Implementierung im AAA-Sektor[1] digitaler Spiele bietet (Zargham et al., 2022; Allison et al., 2020; Qin & Li, 2017).

Neben den offensichtlichen Usabilityverbesserungen, die Spracherkennung und -steuerung potenziell mit sich bringen (Terzopoulos & Satratzemi, 2020), werden diese im Zuge von computertechnologischem Fortschritt vor allem auch in Accessibilitykontexten diskutiert (Pradhan et al., 2018). Während assistive und Accessibilitytechnologien – und vor allem Voice-Interaction-Technologien – historisch gesehen (im digitalen Bereich) vornehmlich für Arbeits-, Rehabilitations- und Bildungsanwendungen beforscht, entwickelt und vertrieben wurden (Spöhrer, 2022), so lässt sich zunehmend auch ein Diskurs um „voice-enabled gaming" als inklusive Technologie für Menschen mit Behinderungen erkennen (Harada et al., 2011; Colman & Gnanayutham, 2014; Sanchez & Campbell, 2021).

In diesem Beitrag werden verschiedene Arten des Voice Interfacing als spielermöglichende Praktiken diskutiert, die als Alternative zur Norm bzw. zum Standard digitaler Spieldispositive verstanden werden können. Zunächst wird skizziert, wie normative Gameinterfaces, die üblicherweise mit zwei Händen und Daumen bedient werden, nicht nur idealtypische Spieler*innenkörper und entsprechende Bedienungsskripte per Design voraussetzen, sondern diese ebenso auch im Zuge des Spielens herstellen. Im Gegenzug wird dann Voice Interfacing als Ermöglichungsbedingung, als „Umgehung" (Schabacher, 2017) für diversfähige Spieler*innen vorgestellt, die diesen Normen nicht entsprechen

---

[1] Bei AAA- oder auch „Triple A"-Games handelt es sich um digitale Spiele, die mit besonders hohem Budget und Aufwand entwickelt wurden und für eine immense Spieler*innenzielgruppe vertrieben und beworben werden.

können/wollen. Voice Interfacing wird dabei als Praktik des „matching" (Westin et al., 2020, S. 36) zwischen Spieler*innen und Spieldispositiv konzipiert, das verschiedene ludische Konstellationen ermöglicht und je nach Kompatibilität (Parisi, 2017) eine Spielbehinderung („being disabled") oder Spielermöglichung („being enabled") erst hervorbringen kann, anstatt diese kategorisch vorauszusetzen (Galis, 2011). Das medienwissenschaftliche Erkenntnisinteresse verlagert sich somit von einer Fixierung von Gameinterfaces als stabile technische Vermittlungsinstanzen hin zu einer Beschreibung des Game bzw. Voice Interfacing als Mediationsprozess (Otto, 2018), der sich in konkreten Spiel- und Alltagspraktiken vollzieht und somit ein „enacting" (Galis, 2011) von Dis/Abilities bewirkt.

Anhand dreier unterschiedlicher Voice Interfaces werden die jeweiligen soziotechnischen Bedingungen, die damit verbundenen Ermöglichungspraktiken sowie die verhindernden oder ermöglichenden Infrastrukturen beschrieben, die aus dem „Wechselspiel" menschlicher und nichtmenschlicher Akteur*innen emergieren (Spöhrer, 2022). Selbst wenn es sich bei allen drei Beispielen um Gamingdispositive handelt, die per Spracheingabe gespielt werden, so ist die These dieses Beitrags, dass die entsprechenden Interfacingpraktiken divergierende Arten des Zugangs ermöglichen bzw. verhindern. Jedes der Dispositive ermöglicht zwar das „enacting" einer handfreien Bedienung und umgeht somit materiell-haptische Barrieren, allerdings generieren sie hinsichtlich der Lautstärke, Aussprache und Syntax der eingesprochenen Befehle spezifische kognitive und sprachliche Zugangsbedingungen, die sich weniger auf der materiellen Seite der Hardware und stärker in der Software bzw. im Gameplay der Games manifestieren.

2 Wege um das normative Gamingdispositiv und Dis/Ability als Praxis und Prozess

„Game interfaces, and game mechanics, have long been sites where hegemonic models of physical, sensory, and cognitive functioning are expressed and enacted – spaces where normative machinic subjectivities are constructed." Mit dieser Aussage beginnt David Parisi einen Aufsatz, der den Status quo digitaler Spielökonomien und -praktiken nach wie vor zutreffend beschreibt (Parisi, 2017): Digitale Spieldispositive, Soft- und Hardwareprodukte und darauf basierende Spielweisen werden größtenteils auf Basis eines normativen, idealtypischen Spieler*innenkörpers gestaltet, entwickelt und vermarktet. In diesem Zusammenhang sind vor allem das visuelle Primat digitalen Spielens (Boluk & Lemieux, 2017, S. 121 f.) sowie der zumeist beidhändig zu bedienende Gamecontroller als zentraler Mediateur des Spielgeschehens und des Handlungsspielraums zu nennen: Spielbedingung ist in „normativen Spielsituationen", die grafische Darstellung der Spielabläufe visuell wahrzunehmen, sowie die sensomotorische Reaktion auf bzw. Interaktion mit diesen durch die Spieler*innen.[2] Dies hat zur Folge, dass Spieler*innen, die diese Bedingungen nicht erfüllen (können oder wollen), AAA-Spieldispositive als „disabling infrastructures" (Parisi, 2017) wahrnehmen und somit vom Spielprozess exkludiert werden oder diesen zumindest als frustrierende, übermäßig schwierige, zeitintensive und/oder psychisch belastende Praxis erfahren (Beeston, 2020, S. 117 f.).[3]

Diese Problemlage ist in diversen wissenschaftlichen Kontexten seit Längerem bekannt (Mangiron, 2012; Ellis & Kao, 2019; Yuan et al., 2011). Dennoch hat die Spieleindustrie erst in den letzten Jahren mit adaptiven und/oder hochgradig konfigurierbaren Spielen[4] und Peripheriegeräten[5] reagiert. Wie verschiedene videospielhistorische Belege zeigen (Spöhrer, 2021; Wilds, 2020), haben Spieler*innen bereits seit der Popularisierung von Spielhallen und besonders mit der Einführung von PCs und Heimkonsolen Interaktionspraktiken, Software, Peripheriegeräte, Hacks und Modifications entwickelt, um digitale Spielsituationen unter veränderten Ausgangsbedingungen zu ermöglichen. Solche „Workarounds" sind (mitunter arbeitsaufwendige) Umgehungen des Kompatibilitätsproblems zwischen Spieler*in und Videospieldispositiv: „Bei Workarounds handelt es sich also, so ließe sich diese computerbezogene Definition verallgemeinern, um spezifische Praktiken des Umwegs bzw. der Abkürzung, die sich durch eine gewisse Robustheit auszeichnen und stets eine Form der Problemlösung darstellen" (Schabacher, 2017, S. xiv). Workarounds mit digitalen Spieldispositiven können auf unterschiedlichste Weise bewerkstelligt werden, z. B. durch spezifische Körpertechniken, den Austausch eines Controllers bzw. die Verwendung von zusätzlichen assistiven Geräten oder Personen sowie Accessibilitymodifikationen von Mainstreamgames (Castello, 2020).

Neben Soft- und Hardware, die explizit als Voice-Interaction-Games (Allison et al., 2020) bzw. als sprachgesteuerte Geräte konstruiert sind, lassen sich die Praktiken des Voice Interfacing entsprechend auch als Praktiken des „working-around" verstehen, die bereits seit den 1980er-Jahren von Spieler*innen betrieben werden (Spöhrer, 2023.). Für die Betrachtung von Voice Interfacing als soziotechnische Praktik zur Ermöglichung digitalen

---

[2] Die Verwendung von Musik oder Sound kann durchaus ebenfalls als spielbedingend verstanden werden, wobei die akustische Dimension in Mainstreamgames deutlich häufiger als ästhetisches-narratives und weniger als interaktives Element genutzt wird und somit der Anteil an visuell-interaktiven Cues tendenziell überwiegt, auf die es zu reagieren gilt.

[3] Barrierefreies digitales Spielen kann demgegenüber für Spieler*innen mit sozialer Teilhabe, sozialem Kapital, gamespezifischen „Werten" sowie positiven emotionalen Effekten zusammenhängen (Cairns et al., 2021).

[4] Beispielsweise Naughty Dog's *The Last of Us: Part 2* (2020), das – mit über 60 „accessibility settings" für die individuelle Konfiguration des Spiels durch die Spieler*innen –, als eines der zugänglichsten Spiele der Videospielgeschichte gilt (Ochsner & Spöhrer, 2025; Wilds, 2020).

[5] Hierzu zählen der Microsoft Xbox Adaptive Controller, das Logitech Adaptive Kit sowie der Access Controller von Sony, die es Spieler*innen ermöglichen, das Videospieldispositiv an die individuelle Körperkonfiguration bzw. entsprechende Spielsituationen anzupassen (Ochsner & Spöhrer, 2025; Spöhrer, 2022).

Spielens aus der Perspektive der Disability Studies[6] ergibt sich bei den wenigen vorhandenen Publikationen zur Thematik ein zentrales Problem: Die Forschung hierzu fokussiert hauptsächlich auf Design- und Accessibilitylösungen, die dem Forschungsvorgang einerseits festgestellte Spieler*innen-Subjekte („abled"/„disabled" bzw. kompatibel/inkompatibel) voranstellen und andererseits Interfaces als „starre" technologische Vermittler (Gazzard, 2013, S. 125) und geschlossene Konstante der Hardware (McDonald, 2009, S. 130) konzipieren. Anstelle derart einseitig gelagerter anthropozentrischer bzw. technikdeterministischer Prämissen werden die Beispiele in diesem Beitrag in einem relationalen Beschreibungsmodus konzipiert (Hookway, 2014). Subjekte, Techniken und Technologien werden als in Spielprozessen hergestellte und mediatisierte Relationen verstanden, in denen sich sowohl Teile als auch Teilhabende ko-konstitutiv in digital-ludischen Praktiken verschalten, übersetzen und verfertigen. Dies erlaubt es zu vermeiden, von einer apriorischen Kategorisierung von Spieler*innen als „spielunfähig" oder Dispositiven als „unbespielbar" auszugehen. Gaming kann dann vielmehr als „processes of subjectivation" (Hookway, 2014, S. 32) beschrieben werden, in denen menschliche Akteur*innen zu Spieler*innen *werden*, denen bestimmte Attribute oder Fähigkeiten zu- bzw. abgeschrieben werden. Diese konstitutive Funktion des (Gaming-)Interface und dessen zugrunde liegende Reziprozität und Relationalität, die sich zwischen menschlichen und nichtmenschlichen Akteur*innen in der Spielsituation ergibt, kann mit Branden Hookways Interfacetheorie wie folgt gefasst werden:[7]

> „[The interface is] a disputed zone, a site of contestation between human beings and machines as much as between the social and the material, the political and the technological. In staging and resolving this contestation, the interface both defines and elides difference; it at once separates classes and draws them together as a single augmented body (Hookway, 2014, S. ix)."

Dieser Differenzen übergehende Prozess des In-Beziehung-Setzens, so lässt sich anschließen und wird zu zeigen sein, offenbart sich im Falle von digitalen Spielsituationen vor allem im „Gelingen" (oder „enabling") von Zugang zu und in der Kontrolle der manipulierbaren Elemente einer digitalen Spielsituation (Spöhrer, 2022, S. 190–197). Im Zuge des Interfacing vollzieht sich ein „process[] of subjectivation" (Hookway, 2014, S. 32), in dem menschliche Akteur*innen zu Spieler*innen werden. Demgegenüber entfalten sich jene Elemente eines Interfacingprozesses als übersetzungsresistent, als „mismatching", wenn

---

[6] Hierbei beziehe ich mich auf Publikationen im Kontext der Disability Studies, die auf Ansätzen der Science and Technology Studies (STS) gründen. So z. B. Galis (2011): „The focus of the analysis shifts from merely defining disability as an impairment, handicap, or social construction (epistemology) to how disability is experienced and enacted in everyday practices, in policy-making, in the body, and in the built environment (ontology)" (Galis, 2011, S. 825).

[7] Hierfür spricht, dass Hookway in seiner Theorie des Interface sowohl auf Johan Huizinga als auch auf Roger Caillois Bezug nimmt, die bekannterweise viel zitierte und mittlerweile klassische Spieltheorien entworfen haben, die bis heute die Grundlage des Game-Studies-Kanons bilden. Siehe „The Interface and the Game" (Hookway, 2014, S. 32 f.).

Zugang gestört, verweigert oder „behindert" wird – wenn der Versuch eines erfolgreichen In-Beziehung-Setzens misslingt (Hookway, 2014, S. 32).

Wie in den folgenden drei Beispielen gezeigt wird, lassen sich via Voice Interfacing zwar Workarounds durchführen und Zugänglichkeit herstellen, allerdings emergiert durch jedes „enabling" einer spezifischen Eingabepraktik auch ein „disabling" alternativer Zugangsmöglichkeiten. Die Übersetzung der bimanuellen Bedienung in die Sprach- oder Geräuscheingabe beeinflusst die Kompatibilitätsbedingungen des Spieldispositivs und lässt dann konsequenterweise infrastrukturelle Barrieren emergieren, wenn die Spieler*innen die entsprechenden Befehle nicht gemäß der Eingabeprompts artikulieren. Im Folgenden wird diese Logik einer Herstellung von „Fähigkeit/Unfähigkeit" zum digitalen Spielen am Beispiel des mobilen Casual-Voice-Games *Scream Go Hero*, des *Minecraft*-Mods *Voicecraft* sowie des sprachgesteuerten Gamings mit Amazons *Echo* exemplifiziert.

3 Lautstärke: Scream Go Hero

Spätestens seit Mitte der 2000er-Jahre gehören Mikrofone sowie Headsets zur standardmäßigen Peripherie digitaler Spieldispositive, was sich vor allem im PC-Gaming-Bereich zeigt, aber durchaus mittlerweile auch für Heimkonsolen gilt. Hierbei spielt vor allem die wachsende Popularität von Multiplayergames eine Rolle, die eine flexible Player-to-Player-Kommunikation mittels Voicechat voraussetzen (Allison et al., 2020, S. 99).[8] Resultierend aus der Verfügbarkeit der technischen Infrastruktur – es ist davon auszugehen, dass der Großteil der Spieler*innenzielgruppe ein Mikrofon/Headset besitzt –, wurden in den letzten Jahren zahlreiche Videospiele mit Spracheingabe-Option für PCs, Smartphones und Intelligent Personal Assistants veröffentlicht. Im Gegensatz zum Einsatz von Spracheingabe als „Spielerei" bzw. als ästhetisch-narratives Element, das in vorherigen Jahrzehnten von Entwickler*innenseite relativ spärlich, optional und mit ökonomischem Risiko behaftet für Heimkonsolen-Games eingesetzt wurde (Allison et al., 2020), finden sich nun durchaus digitale Spiele, die Voice Interaction als spielbedingendes Element oder als Usabilityfunktion implementieren. So wird in den relativ aufwendig produzierten kommerziellen PC-Spielen *Lurking* (DigiPen 2014), *There Came an Echo* (Iridium 2015) und *Bot Colony* (North Side 2013) durch Spracherkennung ermöglicht, dass die Spieler*innen Befehle auf die Sprachsteuerung auslagern und somit (zumindest teilweise) eine optionale Bedienung des Avatars erwirken können. Eine derartige Optionalität und Konfigurabilität der Soft- und Hardware kann bereits eine Ermöglichungsbedingung für Spieler*innen sein, die beispielsweise eine Hand nicht nutzen können/möchten und diese durch Sprach-

---

[8] Die populärsten Beispiele sind dabei MMORPGs wie *World of Warcraft* (Blizzard 2004) oder Tactical Shooters wie *Counter-Strike* (Valve 2000), bei denen es nötig ist, Spielstrategien während des Spielprozesses mit den Mitspieler*innen verbal zu diskutieren. Spätestens seit der Covid-19-Pandemie 2020 sind auch Onlinemultiplayerspiele wie *Among Us* (Innersloth 2018) überaus populär, welche ohne verbale Diskussion über z. B. Discord nicht spielbar sind.

befehle ersetzen möchten. In dieser Hinsicht wird Usability zur Accessibilityfunktion. Während hier die Anordnung der normativen Spieldispositive verhandel- und umgehbar bleibt und eine hybride Interfacing-Situation zwischen haptischer und verbaler Eingabe entstehen kann, werden besonders im „Free-to-Play"-Gamingbereich digitale Spiele für Smartgeräte veröffentlicht, die Sprach- bzw. Soundeingabe akzeptieren. Die niedrigschwellige Produktion und Distribution von Flash Games oder mobilen Game Apps für den Digitalmarkt ermöglicht (Independent-)Entwickler*innen einerseits eine weniger risikoreiche Implementierung von Sprachsteuerung sowie die Möglichkeit zum Experimentieren mit dieser. Dies zeigt sich in der Fülle von browserbasierten Voicegames auf Internetseiten wie z. B. der Software- und Videospielplattform *Itch.io*, die eine eigene Suchkategorie für Voiceinput anbietet.[9] Dennoch bleibt Voice Interfacing im Gamingbereich, wie Allison, Carter und Gibbs (2018) es formulieren, eine „notoriously difficult modality to design a satisfying experience for" (S. 1) und grundsätzlich handelt es sich bei derartigen Games für Smartphones und Browseranwendungen um „Minigames" mit rudimentären Spielmechaniken und audiovisuellen Ästhetiken, die auf klassischen 2D-Arcade-Genres (Plattformer, Shoot 'em' Up) basieren. Während diese Spiele zwar – anders als sogenannte Audiogames[10] – in der Regel nicht gezielt für Menschen mit Behinderungen gestaltet und entwickelt werden, ermöglicht ihre mediale Infrastruktur die Umgehung eventueller Barrieren, die gewöhnliche Spiele dieser Genres aufgrund der Steuerung mittels Controller, Joystick oder Touchpad darstellen.

Ein populäres Beispiel hierfür ist das virale Minigame *Scream Go Hero* (Ketchapp 2017), dessen Spielprinzip mit „people screaming at their phones" (Harbison, 2019) beschrieben wurde (vgl. Abb. 1).

Die Spielmechanik ist eine Übersetzung klassischer Jump 'n' Runs, wobei der Avatar – eine abstrahierte, comichaft gezeichnete Silhouette eines Ninjas – jedoch nicht durch das Drücken eines Buttons oder das Berühren eines Touchpads gesteuert wird, sondern durch die Intensität der Stimme der Spieler*innen. Die Sound Recognition des Spiels unterscheidet dabei nicht zwischen unterschiedlichen Wörtern, wie es bei Spracherkennung üblich ist, sondern verarbeitet Unterschiede in der Lautstärke der Geräusche, die durch das Mikrofon des PCs, Smartphones oder Tablets eingehen. In gängigen Jump-'n'-Run-Spielen wird, wie der Name bereits beschreibt, von den Spieler*innen verlangt, den Avatar über Steuerungstasten (WASD oder D-Pad) in eine Richtung zu bewegen und mittels Aktionstaste über erscheinende Hindernisse zu springen.[11] Der Ninja in *Scream Go Hero*

---

[9] Siehe hier eine Liste der Games, die Sprachsteuerung implementieren: https://itch.io/games/input-voice.

[10] Audiogames sind Spiele, die teilweise oder vollständig auf grafische Elemente zur Repräsentation der ästhetisch-narrativen oder ludischen Dimension verzichten. In der Regel werden diese Games an blinde Spieler*innen adressiert und/oder von blinden Entwickler*innen hergestellt (Mangiron & Zhang, 2016).

[11] Das Jump-'n'-Run-Prinzip wurde durch Spieleklassiker wie *Super Mario Bros* (Nintendo 1985) oder *Sonic the Hedgehog* (Sega 1991) weltweit bekannt.

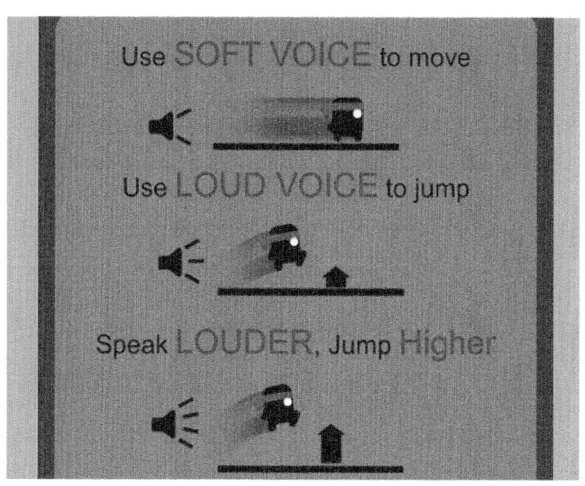

Abb. 1 Voice-Interfacing-Hinweise von Scream Go Hero. (Harbison, 2019)

kann sich lediglich in eine Richtung bewegen (vorwärts) und tut das, sobald die Spieler*innen leise Geräusche erzeugen. Besonders laute Geräusche hingegen lassen den Avatar, je nach Intensität, nach oben springen, wodurch eine kontinuierliche Fortbewegung und Überwindung von Plattformen und Hindernissen ermöglicht wird. Aufgrund seiner spektakulären Natur (Spieler*innen schreien das Telefon an) wurde *Scream Go Hero* Thema von zahlreichen YouTube-Videos (vgl. Abb. 2) und Gamingstreams auf Twitch. Die Popularität von *Scream Go Hero* lässt sich mitunter auch daran erkennen, dass Jimmy Fallon das Spiel in *The Tonight Show* präsentiert und zur Belustigung seiner Zuschauer*innen zusammen mit seiner Band getestet hat.[12] Das Spiel bzw. dessen Konzept ist jedoch kein Einzelfall und lässt sich als Browservariante und für Smartphones in zahlreichen Variationen kostenlos spielen.

Konsequenterweise handelt es sich hierbei um eine Alternative zum normativen Gamingdispositiv und zur konventionalisierten bzw. normativen Jump-'n'-Run-Spielmechanik, die eine „handfreie" Bedienung und somit eine Umgehung des Standards ermöglicht. Wie dadurch ersichtlich wird, sind Spieler*innen, die ihre Hände nicht benutzen können, aufgrund dessen nicht kategorisch als „spielunfähige" bzw. „behinderte" Subjekte zu beschreiben. Die konkrete Voice-Interfacing-Situation von *Scream Go Hero* ist, sofern Spieler*innen sich an die Soundeingabe mittels Mikrofon anpassen können, eine ermöglichende („enabling") Spielsituation. Es geht hier also nicht um die Beschreibung einer Interaktivität (bzw. eines Interface), „die die in Verbindung stehenden und dann interagierenden Elemente voraussetzt, statt sie zu bestimmen" (Passoth, 2017, S. 66), sondern um das prozessuale Hervorbringen von Unterscheidungen, zu denen auch „being enabled" (ermöglicht sein) und „being disabled" (be-/verhindert sein) gehört. Wie Peter McDonald argumentiert, geht der „gelingende" Zugang zum digitalen Spieldispositiv mit einem für

---

[12] Ein Mitschnitt der *The Tonight Show*-Episode findet sich auf YouTube: https://www.youtube.com/watch?v=u7Mk75m8-Ic (zugegriffen am 13.2.2023).

Abb. 2 Jimmy Fallon spielt Scream Go Hero in *The Tonight Show*. https://www.youtube.com/watch?v=u7Mk75m8-Ic (zugegriffen am 25.8.2024)

Controller konstitutiven Eindruck einer „non-mediation" (McDonald, 2009, S. 110) einher, was schlichtweg bedeutet, dass die Aufmerksamkeit der Spieler*innen im Spielprozess von der Benutzung des Controllers auf die audiovisuellen Elemente der virtuellen Welt verschoben wird. In solchen „enabling gaming situations" führt der Körper einstudierte, inkorporierte Bedienungspraktiken durch, die „automatisch" ablaufen, um die Aufforderungen der Spielsoftware zu beantworten. Hier könnte man mit Hookway argumentieren, dass Subjekt-Objekt-Trennungen durch den gelingenden bzw. stabilen Interfacingprozess „übergangen" (Hookway, 2014, S. ix) werden. Im Umkehrschluss kann durch die Störung/Unterbrechung eines der Beziehungsvorgänge im Interfacingprozess ebenso auch eine spezifische Differenzbildung erfolgen, die die Spieler*innen und technische Infrastruktur als inkompatible Subjekte bzw. Objekte begrenzt:

> „It is obvious that in situations in which controllers work as expected but bodies do not, the controller's normed design and technological make-up remain fairly silent, while the supposedly ‚deficit' body becomes (or rather is constructed as) the ‚trigger' for a perceived interference, a ‚shattering' of an otherwise supposedly ‚smooth' operational chain. While during a ‚successful' or ‚flowing' gaming situation, bodies and peripherals are usually intended to shift to the background of perception, such ‚disabling practices' can be considered ‚material-discursive boundary-making practices that produce ‚objects' and ‚subjects' and other differences out of, and in terms of, a changing relationality' (Spöhrer, 2022, S. 194)."[13]

In diesem Falle ist „being disabled" dann folglich als ein Effekt nicht gelungener Anpassungsversuche in einer konkreten Spielsituation aufzufassen und nicht etwa ein inhärentes Merkmal bestimmter Körperkonfigurationen. Nun kann im Umkehrschluss aber gerade das Anpassen an die Soundeingabe mittels Mikrofon ebenfalls eine mediale Infra-

---

[13] Bei der zitierten Quelle handelt es sich um (Barad, 2007, S. 92 f.).

struktur hervorbringen, die Kompatibilitätsbedigungen voraussetzt, die bei Menschen mit bestimmten Stimm- oder Kehlkopfcharakteristika den Zugang zum Spiel maßgeblich erschwert: So können Heiserkeit, Schwierigkeiten beim Schlucken oder Atmen, Verlust der Stimme oder, z. B. im Fall von Dysphonie (Stimmstörung), Schwierigkeiten bei der Variation der Lautstärke oder Tonhöhe der Stimme die Steuerung des Avatars von *Scream Go Hero* maßgeblich beeinflussen (oder verunmöglichen). Allerdings können auch hier mittels eines adaptiven Ansatzes, der ein „reciprocal tuning of machines and disciplined human performances" (Pickering, 1995, S. 20) involviert, Workarounds entwickelt werden, die Zugang zur virtuellen Welt des Spiels herstellen und ein wechselseitiges Disponibelmachen (Lipp, 2017, S. 114) von Spieler*innen und Spieldispositiv ermöglichen.

Spieler*innen, die Luft produzieren, aber die Intensität der Stimme nicht erhöhen können, stehen vor dem Problem, dass sich ihr Avatar lediglich vorwärtsbewegen kann, aber nicht über die auftauchenden Objekte springt. Harry Slater stellt hierzu fest, dass die Sound-Erkennungstechnologie des Spiels auf jede Art von Geräusch reagiert und diese daher nicht mit der Stimme generiert werden müssen. Sofern es hard- oder softwaretechnisch nicht möglich ist, die Mikrofonsensitivität zu erhöhen, können Spieler*innen auch Befehle pfeifen oder blasen:

> „Whistling and blowing are great ways to control the level of noise that you're making. Words have natural ups and downs in them, whereas you can keep a whistle level for as long as you can breathe. Try and figure out what works for you – there's no set system that's best here, because we're all different (Slater, 2021)."

Wenngleich es sich bei der Stimm-, Blas- oder Pfeifeingabe um ein eher „zufälliges", aber wirksames Accessibilityfeature (in bestimmten Situationen) handelt und *Scream Go Hero* für die Großzahl von Geräten kostenlos zum Download verfügbar/zugänglich ist, so handelt es sich dennoch um ein relativ „simples" Design, das im Gegensatz zu anderen Mainstreamtiteln desselben Genres unterkomplex wirkt. Ähnlich wie im Audiogamebereich wird auch bei sprachgesteuerten Spielen häufig bemängelt, dass ein „Ausweichen" auf Casual- oder Minigames keine angemessene Alternative zu handgesteuerten kommerziellen AAA-Games bietet. In dieser Hinsicht stellen Mods (Modifikationen) von AAA-Games eine Zugangsmöglichkeit mittels Spracheingabe dar, wie im nächsten Beispiel anhand von *VoiceCraft* dargestellt wird.

4 Aussprache: *VoiceCraft*

Während Game Accessibility erst seit wenigen Jahren als dringliches Anliegen im Mainstreamgaming-Sektor diskutiert wird, beschäftigen sich Laienentwickler*innen, Gameenthusiast*innen, verschiedene Disabled Gamer Communitys und Charityorganisationen wie z. B. AbleGamers bereits seit mehreren Jahrzehnten mit Zugänglichkeitstechnologien und -praktiken, die „handfreies" Gaming für bestehende Spiele ermöglichen. Über das World Wide Web werden nicht nur angepasste Gamecontroller (z. B. der QuadStick zur Bedienung mit dem Mund), sondern auch zahlreiche Accessibilitymods für AAA-Games von derartigen DIY-Communitys vertrieben. Bei Mods – also Modifikationen – handelt es sich um (meist kostenlose) Softwarezusätze, die einem digitalen Spiel bestimmte Funktionen oder ästhetische bzw. narrative Elemente hinzufügen oder Spielmechaniken abwandeln, verbessern oder entfernen (Champion, 2012).

Ein eindrucksvolles Beispiel für solch einen Mod ist *VoiceCraft*, ein kostenloses Plugin für die PC-Version von *Minecraft* (Mojang 2011), das es ermöglicht, die Maus- und Tastatursteuerung vollständig durch Sprachbefehle zu ersetzen. Als eines der erfolgreichsten Spiele der Videospielgeschichte hat *Minecraft* eine besonders umfangreiche und diverse Spieler*innengemeinde – eine monatliche Spieler*innenanzahl von 74 Mio., die sich über alle kommerziell relevanten Plattformen erstreckt (PC, iOS, Android, Nintendo Switch, Playstation 4, Xbox One) (Hjorth et al., 2020, S. 9 f.). Nicht nur haben nichtprofessionelle bzw. unabhängige Entwickler*innen eine Vielzahl an variationsreichen Mods und Plugins für *Minecraft* entwickelt, die im *Minecraft* Marketplace[14] zum Download bzw. Kauf angeboten und somit zentralisiert zugänglich gemacht werden. Das Spiel hat auch im wissenschaftlichen Diskurs beträchtliche Aufmerksamkeit erfahren. Während der letzten Jahre war das Sandbox-Game und die später veröffentlichte *Education Edition* (2016) Fokus zahlreicher Forschungsanliegen, die dessen Potenzial für verschiedene Lern-, Inklusions- und Accessibilitykontexte herausgearbeitet und ebenfalls zielgerichtet Mods erstellt haben (Worsley et al., 2021). Im wissenschaftlichen Diskurs um *Minecraft* wird u. a. die These vertreten, dass das Spiel Kreativität, Kooperativität sowie soziale Bindungen fördert und vor allem auch für autistische Kinder und Jugendliche Inklusion ermöglicht (z. B. Dundon, 2019). Allerdings lässt sich das vergleichsweise komplizierte „hybride" Interfacing des Spiels mittels einer Kombination von Keyboard und Maus als hochgradig „indisponibel" – als „disabling infrastructure" – beschreiben, sofern die Spieler*innen ihre Hände nicht zum Spielen einsetzen können/wollen. *Minecraft* hat, im Gegensatz zu vielen AAA-Games dieser Kategorie, mittlerweile allerdings ein umfangreiches Accessibility-Optionsmenü, was mit Sicherheit auf die kollaborativen Bestrebungen sowie Beschwerden vonseiten der Nutzer*innen und auf den akademischen Diskurs zurückzuführen ist. Nicht zuletzt sind es aber auch Do-it-yourself-Mods von User*innen, die nicht nur kreative Kritik ausüben, sondern mit der kostenlosen Veröffentlichung funktionierender Accessibilityabwandlungen des Spiels auch Lösungsvorschläge präsentieren, die wiederum vom Hersteller Mojang als stetiges Usability/Accessibility-Element implementiert werden können. Wie Wu (2016) beschreibt, sind derartige Bottom-up-Praktiken vor allem bei *Minecraft* gängig, wobei die aktive und zielgerichtete Zusammenarbeit von verschiedenen Laiengruppen und Onlineressourcen – Open-Source-Bibliotheken, Codingtutorials und Netzwerke der Wissensdistribution (z. B. öffentliche Foren) – eine verbesserte Konfigurabilität und Anpassbarkeit des Spiels erwirken kann. Während zahlreiche dieser Mods dem Spiel alternative Texturen, Lores (narrative Ele-

---

[14] Siehe https://www.minecraft.net/en-us/marketplace (zugegriffen am 25.8.2024).

mente), Items oder Charaktere hinzufügen, so ist *VoiceCraft* dezidiert auf eine Manipulation des normativen Gamingdispositivs hin ausgerichtet, die die Usability des Spiels steigert – durch Auslagerung von Tastenbefehlen auf das Mikrofon – und somit auch die Zugänglichkeit erhöht.

VoiceCraft folgt dem Prinzip klassischer Voice-Interaction-Overlay-Software wie *DragonDictate* (Nuance Communications 1997), *Game Commander* (Sontage Interactive 1998), *Game Commander 2* (Mindmaker 2000) oder Microsofts *Game Voice* (2007), die als „voice-recognition system[s] designed especially for gaming" (Chambers & Smith, 2000, S. 115) verstanden werden können und die ein „virtual programmable keypad for your mouth" (Marks, 2020) ermöglichen. Diese Software lässt Spieler*innen Makros (Skripte, Befehlsoperationen) erstellen, die es erlauben, jede Form von durch Buttons aktiviertem Input auf Spracheingabebefehle zu verschieben. Bei *VoiceCraft* steht den Spieler*innen allerdings, anders als bei den oben genannten Overlays, keine individuelle Konfiguration der Befehle zur Verfügung. Somit ist die Sprachsteuerung auf festgelegte (deutsche oder englische) Begriffe (z. B. „anhalten" oder „springen") beschränkt, die es zu erlernen und entsprechend anzuwenden gilt. Wie Videos auf YouTube[15] dennoch zeigen, bewirkt die Möglichkeit der alternativen Sprachsteuerung von *Minecraft* nicht nur eine Übersetzung der normativen Handsteuerung, sondern inspiriert Spieler*innen ebenso dazu, neue Herausforderungen und Spielweisen hervorzubringen: So ist z. B. die „Hands-Free Challenge" ein populäres Thema auf Video- oder Streamingplattformen, in denen nicht nur Menschen mit motorischen Einschränkungen, sondern auch Progamer*innen ihre favorisierten Spiele mittels Voice Interfacing variieren. Die reziproke Konfigurierung von Körpern und technischer Infrastruktur – die Individualisierung des Interface – lässt sich hier ebenfalls als „enabling practice" beschreiben. Es handelt sich um ein „interfacing" (Otto, 2018, S. 110) zwischen Spieler*innen, Eingabe- und Ausgabegeräten, im Zuge dessen die beteiligten Akteur*innen erst in ihrer Relationierung, im Prozess des Spielens, als spielende/nichtspielende, spiel(un)fähige oder (in)kompatible Subjekte/Objekte hervorgebracht werden. Die körperliche Unfähigkeit zu spielen ist in dieser Hinsicht dieser Hinsicht die Unmöglichkeit eines Zusammenfindens von soziotechnischer Infrastruktur und menschlicher Körperbeschaffenheit, die sich durch die Übersetzung der Maus- und Tastatursteuerung in ein Spracheingabe-Interface zur „Spielfähigkeit" und alternativen „Spielweise" transformieren lässt. Behinderung ist demnach nicht länger als statisch zu begreifen, sondern als relativ zu den Affordanzen der entsprechenden Infrastruktur zu verstehen.

Ebenso wie bei *Scream Go Hero* können Stimm- und Kehlkopferkrankungen hier den Spielprozess be-/verhindern, allerdings ist die Lautstärke der Stimme bei *Minecraft* (vgl. Abb. 3) weniger ein Problem, da das Spiel ab Werk ohnehin auch Maus-, Tastatur- und Game-Pad-Steuerung zulässt, die auf vielfältige Weise konfiguriert werden können. Im

---

[15] Zum Beispiel das Video „Minecraft, but I Can Only Use My Microphone (Voice Control)" von User SkipTheTutorial: https://www.youtube.com/watch?v=gjbVo2G_VH4 (zugegriffen am 22.9.2022).

Abb. 3 YouTube-Video von baastiZockt: „Minecraft mit der Stimme steuern" (baastiZockt 2012), https://www.youtube.com/watch?v=9gzeW62TMsM (zugegriffen am 25.8.2024)

Falle einer solchen Erkrankung wäre die Sprachsteuerung mittels *VoiceCraft* als Accessibilitymod ohnehin nicht als primärer Eingabemodus erforderlich. Darüber hinaus können die Sprachbefehle mit entsprechend adaptierter Mikrofonsensitivität auch mit niedriger Stimmlautstärke erfolgreich eingegeben und verarbeitet werden. Bei *VoiceCraft* spielt jedoch vor allem die präzise und verzögerungsfreie Artikulation der Befehle und deren Verarbeitung durch die Spracherkennungssoftware eine maßgebliche Rolle für das „enabling" der Spielsituation. Neben morphologischen Charakteristika des Mundes oder der Zunge, die die Artikulation bestimmter Konsonanten und Vokale bedingen, können somit auch Stimm- und Kehlkopferkrankungen, wie etwa spasmodische Dysphonie, den Kommunikations- und Verstehensprozess zwischen Spieler*in und Voiceinterface auf der sprachlichen Ebene beeinflussen. In dieser Hinsicht hat die Spielsoftware konsequenterweise „Schwierigkeiten zu verstehen" (Sasaki, 2020), was die Spieler*in ihr aufträgt, und reagiert eventuell mit der Verweigerung der gewünschten Spielhandlung, sofern sich ein artikulierter Befehl nicht innerhalb eines programmierten bzw. definierten Grenzwerts befindet. Da der Mod nicht in verschiedenen Sprachen verfügbar ist – dies ist letztendlich abhängig von den Updates, die die Moddingcommunity zu diesem Mod bereitstellt –, kann die Aussprache allerdings auch von den Fremdsprachkompetenzen der Spieler*innen abhängen. Hier ist also nicht ausschlaggebend, aus welchem Grund ein Befehl nicht verarbeitet werden kann – z. B. können Befehle auch aufgrund spezifischer kognitiv-intellektueller Charakteristika der Spieler*innen von *VoiceCraft* fehlinterpretiert oder nicht verarbeitet werden (Balasuriya et al., 2018). Relevant ist hier lediglich, ob die Spieler*in in einem gewissen, streng limitierten Rahmen und Regelkreis antwortet. Die Sprachsoftware reagiert in diesen Fällen entweder mit der Ausführung einer von den Spieler*innen nicht intendierten Spielhandlung, was auch bei *Minecraft* durchaus mit dem „symbolischen Tod des Spielers und ein[em] Ende aller Kommunikation" (Pias, 2015, S. 328) bestraft werden kann, oder behandelt die Spielsituation so, als ob gar kein Befehl eingegeben wurde – als regelrechte Vernachlässigung der Kommunikationspflichten der Spieler*innen. In diesen Fällen ist die Software somit nicht flexibel bzw. adaptiv genug, einer Spieler*in, die nicht dem implizierten „Idealtypus" (Parisi, 2017) von sprachlicher Kommunikation entspricht – oder drastisch formuliert: sich als solchen zurichten lässt –, Zugang zu gewähren. Ob eine aktualisierte Version des Mods veröffentlicht wird, die eine individuelle Konfiguration von Befehlen auf Basis der persönlichen Aussprachegewohnheiten zulässt, ist bislang nicht abzusehen.

5 *Escape the Room*: Audiogames und Voice Interfacing mit Alexa

Zusätzlich zum Voicegame-Angebot für PCs, Konsolen, Smartphones und Tablets bieten sprachgesteuerte Audiogames für Intelligent Personal Assistants eine weitere Form des Voice Interfacing für digitale Spiele. Da die Smart-Speaker-Technologie einerseits aufgrund ihrer medialen Eigenheiten auf Voice Interfacing und Audiooutput zugerichtet ist und somit generell auf visuelle Darstellungen verzichtet, bieten sie ein günstiges Milieu für Audiogame-Entwicklung und -Vertrieb. (Full) Audiogames sind digitale Spiele, die im Gegensatz zum Videospieldispositiv (lat. „videre", sehen) Sound, Musik und Verbalsprache spielbedingend einsetzen und sowohl auf narrativer und ästhetischer Ebene als auch hinsichtlich der Spielmechaniken ohne visuellen Output (Grafik) auskommen. Audiogames haben eine reichhaltige, aber nur spärlich erforschte Subkulturgeschichte, die spätestens Mitte der 1990er-Jahre beginnt (Spöhrer, 2021). Dennoch wurden Audiogames häufig aufgrund ihres Inklusions- und Bildungspotenzials und, im Falle von „Blind Gaming" (Campana, 2016), hinsichtlich ihres Zugänglichkeitspotenzials beforscht (z. B. Mangiron & Zhang, 2016).

Die „Audio Only"-Prämisse von Audiogames markiert einen fundamentalen Unterschied zu den bislang in diesem Beitrag beschriebenen Voice-Interfacing-Konstellationen, die auf grafischer Ebene operieren bzw. die visuelle Cues als Interaktionsspielraum, immersives sowie ästhetisch-narratives Element ausgeben (Allison et al., 2018, S. 11). Zum größten Teil verarbeiten und übersetzen Audiogames Spielmechaniken, die in der literarischen bzw. sprachgebundenen Tradition des „Choose-your-own-Adventure Book" oder „Text-Adventure-Genres" stehen und Spiel- und Handlungselemente in Form von gesprochener Sprache und Erzählungen repräsentieren.[16] Audiogames für Smart Speaker wie

---

[16] Nichtsdestotrotz haben Entwickler*innen auch actiongeladene Audiogames entwickelt, die auf Sprache verzichten und ludische Soundscapes ermöglichen, die durch das Lokalisieren von und Reagieren auf abstrakte Sounds bedingt sind (z. B. *Snake 3D*). Eine umfangreiche Zusammenstellung derartiger und anderer Audiogames findet sich unter AudioGames.net.

Amazon Echo oder Siri sind überwiegend sprachbasiert und verarbeiten die Konventionen sogenannter „conversational style game mechanics" (Allison et al., 2020), bei denen die Spielsituation durch ein Frage-/Aussage-Antwort-Feedback geprägt ist. Derartige Spiele wurden in der Vergangenheit größtenteils von kleineren Softwarestudios oder einzelnen Laienprogrammierer*innen hergestellt und in subkulturellen Kontexten distribuiert (Spöhrer, 2021). Als Folge der ubiquitären Nutzung und Verfügbarkeit von Smart Devices wurden Audiogames jedoch in der letzten Dekade auch über Plattformen wie den Google Playstore oder den Apple Store einer größeren Zahl an Spieler*innen zugänglich gemacht, was Independententwickler*innen dazu ermutigt hat, aufwendigere Audiogames mit komplexen Narrativen und Spielmechaniken zu entwickeln und auf diesem Wege zu veröffentlichen. Ein herausragendes Beispiel hierfür ist das auf binauraler Aufnahme- und Ausgabetechnologie basierende Actionadventure *A Blind Legend* (Dowino 2015), das in der Kategorie „Best Accessibility Experience" für die Google Play Awards 2017 nominiert wurde (Oates, 2017).

Dass Audiogames auch im Smart-Speaker-Bereich profitabel sein können, zeigen nicht nur die Vielzahl an verfügbaren Games dieser Sorte in Onlinestores, sondern ebenfalls die zahlreichen „Let's Plays" auf YouTube (vgl. Abb. 4) und Twitch, in denen Influencer*innen ihren Subscriber*innen und Zuschauer*innen die Spielmöglichkeiten vorführen, die das Amazon Echo bzw. Alexa zu bieten hat.

Amazon fördert die Entwicklung von Audiogames für den Smart Speaker Alexa durch die Veröffentlichung offizieller Guidelines, Know-hows und Plugins für das Erstellen von

Abb. 4 YouTuber beim Spielen von Audio Games mit Alexa, https://www.youtube.com/watch?v=5sjKA3dRgBk (zugegriffen am 25.8.2024)

Abb. 5 Alexa Game Skills, https://developer.amazon.com/en-US/alexa/alexa-skills-kit/get-deeper/custom-skills/game-skills (zugegriffen am 15.2.2023)

sprachgesteuerten Audiogames (vgl. Abb. 5). Dies manifestiert sich vor allem im Alexa-Game-Skill-Toolkit, einer API zur Entwicklung und Programmierung von sprachgesteuerten Spielen, die die Besonderheiten von Voicegaming und deren Attraktivität für den Casualgaming-Markt hervorhebt:

> „Voice games give customers an entirely new way to play games—including interactive adventures, family-friendly games, and quiz games. You can build a game skill for Alexa to reach customers through hundreds of millions of Alexa devices and drive player awareness and engagement of your games. (Amazon)."

Im Gegensatz zu komplexen zeitintensiven Games wie *A Blind Legend* gestalten sich die sprachgesteuerten Audiogames für Smart Speaker häufig als relativ simple Minigames mit kurzer Spieldauer – z. B. Party- oder Quizspiele für verschiedene Themenfelder, bei denen Alexa eine verbal geäußerte Frage stellt, die dann von den Spieler*innen ebenfalls verbal beantwortet werden muss. Demgegenüber steht das Escape-Abenteuerspiel *Escape the Room* (Stoked Skills 2018) in der literarischen Tradition von narrativen Audiogames, in denen die Spieler*innen einem verbal repräsentierten Labyrinth oder einer scheinbar ausweglosen Situation entkommen müssen. Das Spielziel von *Escape the Room* besteht, ähnlich wie in „realen" Escape-Rooms oder Escape-Brettspielen, darin, mittels gezielter Fragen und Antworten einen Weg aus einem Bürogebäude zu finden. Dazu stehen den Spieler*innen eine eng definierte Syntax und konkrete Wörter zur Verfügung, die entsprechend der Spielsituation kombiniert, von der Spracherkennungssoftware erkannt und sodann als Hinweis bzw. Antwort sprachlich repräsentiert werden können: Insgesamt stehen den Spieler*innen drei Basisaktionen zur Verfügung, die mit Orten oder Objekten kombiniert werden können: 1) Blicke nach (Richtung), 2) inspiziere/betrachte/nutze (Objekt), 3) wende (Gegenstand) auf (Objekt) an. So lässt sich z. B. mit dem Befehl „Blicke nach links" von Alexa eine detaillierte Beschreibung der Raumhälfte erwirken, die die Spieler*innen darüber informiert, dass sich im Zimmer ein Schreibtisch befindet. Mittels des Befehls „Inspiziere Schreibtisch" erfahren sie sodann, dass sich darauf ein Brief befindet, der Informationen enthält, wie die deaktivierte Stromsicherung wieder eingeschaltet werden kann. Im weiteren Verlauf können Objekte eingesammelt und benutzt werden, um einen Spielfortschritt zu erwirken. Dies kann aufgrund der kniffligen Rätsel sowie der Tatsache, dass Spieler*innen „lediglich" akustische Informationen erhalten, durchaus kognitiv anspruchsvoll sein, wie verschiedene Reviewer bestätigen (Klein, 2019).

Sobald der Smart Speaker für die vollständige Sprachsteuerung eingerichtet ist, ermöglicht dieses soziotechnische Arrangement das Spielen von Minigames, ohne die Hände oder andere Körperteile zur Befehlseingabe benutzen oder sich auf visuelle Interaktion beschränken zu müssen. Wie vielfach von Forscher*innen attestiert wurde, sind Smart Speaker und digitale Sprachassistenten daher potenziell zugänglich für Menschen mit diversen Fähigkeiten (z. B. Pradhan et al., 2018; Masina et al., 2020). Allerdings gilt auch hier, dass „Fähigkeit" und „Behinderung" entsprechend den Affordanzen emergieren, die sich letztlich erst aus den Interfacingpraktiken zwischen Spieler*in und soziotechnischem Arrangement ergeben. Während beispielsweise ein(e) User*in, die aufgrund einer Rückenmarksverletzung gelähmt ist oder unter verminderter Sehfähigkeit leidet, im Smart-Speaker-Dispositiv zum digitalen Spielen „enabled" ist, so gerät diese Situation für eine gehörlose Spielerin ohne weitere assistive Technologie zur „disabling infrastructure". Wie für die Zugänglichkeit von Voiceinterfaces bereits argumentiert wurde, können diese vor allem auch für Menschen mit diversen intellektuellen Charakteristika zu behindernden Infrastrukturen werden (z. B. Balasuriya et al., 2018). Für *Escape the Room* gilt dies im Besonderen nicht nur für Artikulation und Lautstärke der Befehle, sondern besonders auch für die Syntax, in der die Befehle angeordnet werden. Zum einen gibt das Spiel eine strenge Reihenfolge vor, in der die verschiedenen „Sätze" zur Lösung des Rätsels eingesprochen werden müssen, und zum anderen akzeptiert das Spiel nur Befehle, die sowohl in Syntax und Aussprache dem recht limitierten Grenzwert der Spracherkennung entsprechen. Dies kann je nach der Ausprägung der kognitiven bzw. intellektuellen Charakteristika oder der Sprachkompetenzen der Spielenden dazu führen, dass der oben genannte Kommunikationsvorgang zwischen menschlichen und nichtmenschlichen Elementen im Spielprozess zum Stagnieren kommt und dass ein Voranschreiten im Spielnarrativ „disabled" wird. Dies ist u. a. auf die technischen Limitierungen der Spracherkennungsalgorithmen zurückzuführen, die in Intelligent Personal Assistants wie Echo zum Einsatz kommen. So wurde Alexa beispielsweise bescheinigt, komplexe Phrasen oder Befehle regelmäßig misszuverstehen, was besonders in Accessibilitykontexten oder in Freizeitsituationen – beim Spielen von Games – auf Spieler*innen frustrierend wirken kann (Pradhan et al., 2018).

Wie bereits im Zusammenhang mit sprachgesteuerten Spielen für Smartphones diskutiert wurde, ist die gegenwärtige Beschränkung auf Minigames und auditive Übersetzungen des „Text-Adventure"-Genres bei Smart Speakern ebenfalls problematisch. Spielkonzepte wie die von *Escape the Room* sind bereits seit den 1970er-Jahren, überwiegend für PCs, verfügbar und gelten außerhalb des Casualgaming-Markts als veraltet. Während klassische Text Adventures mit der Computertastatur bedient werden müssen, ermöglichen es Text-to-Speech-Software und Voice Interaction Overlays, auch diese Spiele hand- und sichtfrei zu spielen. Hinzu kommt, dass klassische Text Adventures wie etwa *Zork* (Infocom 1980) im Gegensatz zu *Escape the Room* hinsichtlich der sprachlichen Kreativität, die die Spieler*innen anwenden können, weit weniger limitiert sind und mitunter eine beträchtlich längere Spielzeit bieten.

6   Fazit: Diversität, Adaptivität und Konfigurierbarkeit

Obwohl Spracherkennungs- und -steuerungstechnologien gegenwärtig stetig verfügbarer, akzeptierter und vermarktbarer werden, befindet sich Voice-Interaction-Gaming außerhalb des Casualgaming-Markts noch in einer Experimentierphase und ist „far from exhausting the possibilities of this modality" (Allison et al., 2018, S. 11). Wie Allison et al. (2020) zeigen, hängen die Nutzung, das Design und die Popularität von sprachgesteuertem Gaming stark von regionalen, kulturellen und individuellen Charakteristiken und Unterschieden ab, was eine Vermarktung im AAA-Sektor stark kontext- und zielgruppenabhängig macht. Ungeachtet dessen lässt sich allerdings argumentieren, dass Voice Interfacing durchaus eine plausible und funktionale Accessibilityalternative darstellen kann, sofern es nicht als beschränkendes, sondern als ergänzendes Usabilityelement angeboten wird, das alternative Spielweisen zulässt (Boluk & Lemieux, 2017, S. 281). Wie in diesem Beitrag gezeigt wurde, fehlt es den meisten populären digitalen Spielen mit Sprachsteuerung hinsichtlich des Gameplays und der Spielmechaniken an Komplexität. Obwohl Audiogames – mit oder ohne Voice-Interaction-Element – in der Regel auf eine reichhaltige literarische Tradition zurückgreifen und durchaus anspruchsvolle Narrative generieren können, so werden diese meist im Casualsektor oder von Independent- oder Laienentwickler*innen angeboten. Im Bereich des populären AAA-Gamings mit hohem Produktionswert und ökonomischer Relevanz sind sprachgesteuerte Games kaum zu finden. Dies ist problematisch, da nicht jede(r) Spieler*in mit diversen Körperfähigkeiten sich als Casualgamer*in identifiziert und vielmehr anspruchsvolle oder kompetitive Spielerfahrungen sucht, die über die Funktion einer kurzweiligen „Ablenkung" oder „Unterhaltung" hinausgehen. Dies gilt vor allem für sprachgesteuerte Spiele, die speziell für Menschen mit Behinderungen entwickelt werden:

> „Design for only one group is problematic as it tends to lead to gaming segregation, a notion of separate games for separate groups. Such design invariably leads to accessible games that, by and large, are lower quality than their inaccessible ‚mainstream' counterparts. Disabled gamers themselves dislike this model, as again they want to play the same games as everyone else (Glinert, 2008, S. 11)."

Es ist davon auszugehen, dass die Mehrheit der Spieler*innen mit diversen körperlichen, kognitiven oder sensorischen Charakteristika stärker auf hochgradig adaptier- oder konfigurierbare Technologien bzw. „räumlich-topologische Umwege" (Schabacher, 2017, S. xiv) ausweicht. Überzeugende Beispiele hierfür sind adaptive Controller oder, im Falle von Voice-Interaction-Gaming, Voice-Overlay-Software wie *Game Commander* oder *DragonDictate* sowie Mods wie *Voicecraft*, die flexiblere Zugangskonfigurationen erlauben, um AAA-Games spielbar zu machen. In dieser Hinsicht ist es auch fraglich, ob „voice control could evolve to outpace touch control and other traditional interfaces" (Stettner, 2019), wie Jeferson Valadares, CEO von Doppio, behauptet. Wie die Videospielgeschichte und ebenso auch die Geschichte der Gaming Accessibility zeigt, koexistieren unterschiedliche Zugangsmodi in verschiedenen ökonomischen Nischen, Genres und Spieler*innen-Peergroups oder überlappen sogar (wie z. B. bei den Joycons der Nintendo Switch oder der Wiimote der Nintendo Wii zu erkennen ist). Diese Feststellung hat schließlich besondere Relevanz für die Ermöglichung von diversen Spielpraktiken und Accessibility, da die Ersetzung eines vermeintlich nichtzugänglichen oder „behindernden" Elements durch ein anderes, vermeintlich ermöglichendes Element dazu tendiert, Einschränkungen und „disabling infrastructures" in anderen Bereichen oder für andere Körper- oder Sinneskonfigurationen zu generieren. Zudem können bestimmte konventionalisierte Zugangsmodi das Gamegenre, bestimmte narrative Charakteristika oder Spielmechaniken grundlegend beeinflussen oder definieren. Das Ersetzen oder Auswechseln eines Zugangsmodus im Gamingbereich kann somit nicht nur eine „künstlerische" Limitierung bewirken, sondern ebenfalls potenziell exkludierende Medienkonstellationen und „Behinderung" von Diversität begünstigen. Wie die Einführung des Microsoft Adaptive Controllers – einem konfigurier- und individualisierbaren Controllerbaukasten – zeigt, birgt die Verfüg- und Nutzbarkeit von medialen Ökosystemen (Software und Peripheriegeräte), die einen hohen Grad an Konfigurierbarkeit, Kompatibilität und Adaptivität ermöglichen, ein hohes Potenzial für Empowerment, individuelle Setups und diverse Spielweisen, die die veraltete und eindimensionale Unterscheidung zwischen „dis/abled" obsolet machen. Wie mit diesem Beitrag gezeigt werden sollte, muss „any attempt to unify the abundantly diverse classifications of video game bodies into a single conceptual entity" als „futile at best and dishonest at worst" (Anderson, 2017, S. 30) bezeichnet werden, wenn digitales Spielen als prozessuales und relationales Interfacing verstanden wird, das, der jeweiligen Situation entsprechende, materielle, (körper)technische und mediale Bedingungen und Effekte hervorbringt.

Voice Interfacing könnte im Gamingbereich als eine unter vielen optionalen Alternativen in AAA-Games implementiert werden und den Spieler*innen so die Möglichkeit bieten, selbst zu wählen, ob dies der Eingabemodus oder Workaround ihrer Wahl ist. Nicht nur böte dies Usability und Accessibility für größere Spieler*innenzielgruppen, sondern würde der Diversität an Spielweisen und -herausforderungen sowie dem Wiederspielwert von Games generell zuträglich sein.

Literatur

Akkas, E. (2018). *The game changer in gaming: Voice recognition technology*. Von Speech Technology: https://www.speechtechmag.com/Articles/ReadArticle.aspx?ArticleID=123647. Zugegriffen am 15.08.2023.

Allison, F., Carter, M., Gibbs, M., & Smith, W. (2018). Design patterns for voice interaction in games. *Design Patterns for Voice Interaction in Games*. https://www.researchgate.net/publication/328548359_Design_Patterns_for_Voice_Interaction_in_Games. Zugegriffen am 15.08.2023.

Allison, F., Carter, M., & Gibbs, M. (2020). Word play: World play: A history of voice interaction in digital games. *Games and Culture, 15*(2), 91–113.

Amazon. (o.J.). *Alexa game skills*. https://developer.amazon.com/en-US/alexa/alexa-skills-kit/get-deeper/custom-skills/game-skills. Zugegriffen am 15.08.2023.

Anderson, S. L. (2017). The corporeal turn: At the intersection of rhetoric, bodies, and video game. *Review of Communication, 1*(1), 18–36.

Balasuriya, S., Sitbon, L., Bayor, A. A., Hoogstrate, M., & Brereton, M. (2018). Use of voice activated interfaces by people with intellectual disability. *OzCHI'18: Proceedings of the 30th Australian conference on computer-human-interaction* (S. 102-112). : ACM.

Barad, K. (2007). *Meeting the universe halfway: Quantum physics and the entanglement of matter and meaning*. Duke University Press.

Bauer, M. (5. 4 2021). *PlayStation arbeitet möglicherweise an einem „Voice-Controller"*. Von Daily Game: https://dailygame.at/playstation-voice-controller-patent-spieler-sony-kalifornien-usa/. Zugegriffen am 15.08.2023.

Beeston, J. (2020). *Social experiences of people with disability in playing (in)accessible digital games*. Online: University of York.

Boluk, S., & Lemieux, L. (2017). *Metagaming: Playing, competing, spectating, cheating, trading, making, and breaking videogames*. Minnesota University Press.

Cairns, P., Power, C., Barlet, M., Haynes, G., Kaufman, C., & Beeston, J. T. (2021). Enabled players: The value of accessible games. *Games and Culture, 16*(2), 262–282.

Campana, A. (26. 9 2016). *The neglected history of games for the blind*. Von Kill Screen. https://killscreen.com/previously/articles/real-sound-audiogames-blindness-shadow-history-gaming/. Zugegriffen am 15.08.2023.

Castello, J. (2020). *The modders creating accessibility modes for notoriously difficult games*. Von RockPaperShotgun. https://www.rockpapershotgun.com/the-modders-creating-accessibility-modes-for-notoriously-difficult-games. Zugegriffen am 15.08.2023.

Chambers, M. L., & Smith, R. (2000). *Computer gamer's Bible*. IDG Books.

Champion, E. (2012). *Game mods: Design, theory and criticism*. ETC Press.

Colman, J., & Gnanayutham, P. (2014). Assistive technologies for brain-injured gamers. In G. Kouroupetroglou (Hrsg.), *Assistive technologies and computer access for motor disabilities* (S. 28–56). IGI Global.

Dundon, R. (2019). *Teaching social skills to children with autism using minecraft*. Jessica Kingsley Publishers.

Ellis, K., & Kao, K.-T. (2019). Who gets to play? Disability, open literacy, gaming. *Cultural Science Journal, 11*(1), 111–125.

Galis, V. (2011). Enacting disability: How can science and technology studies inform disability studies? *Disability & Society, 26*(7), 825–838.

Gazzard, A. (2013). Standing in the way of control. Relationships between gestural interfaces and game spaces. In M. Wysocki (Hrsg.), *Ctrl-alt-play: Essays on control in video games* (S. 121–132). Jefferson.

Glinert, E. M. (2008). *The human controller: Usability and accessibility in video game interfaces*. Online: Massachusetts Institute of Technology. https://dspace.mit.edu/handle/1721.1/46106. Zugegriffen am 15.08.2023.

Harada, S., Wobbrock, J. O., & Landay, J. (2011). Voice games: Investigation Into the use of non-speech voice input for making computer games more accessible. In P. Campos, N. Graham, J. Jorge, N. Nunes, P. Palanque, & M. Winckler. : Springer.

Harbison, C. (15. 3 2019). This mobile game has people screaming at their phones, but not for the reason you think. *Newsweek*. https://www.newsweek.com/scream-go-hero-game-where-you-scream-jump-quiet-voice-move-screaming-mobile-1365106. Zugegriffen am 15.08.2023.

Hjorth, L., Richardson, I., Davied, H., & Balmford, W. (2020). *Exploring minecraft: Ethnographies of play and creativity*. Palgrave Macmillian.

Hookway, B. (2014). *Interface*. The MIT Press.

Klein, U. (2019, Februar 10). *Alexa Skill Espace Room – sprachgesteuertes Abenteuerspiel*. Von Home and Smart. https://www.homeandsmart.de/alexa-skill-escape-room. Zugegriffen am 15.08.2023.

Lipp, B. (2017). Analytics of interfacing. On the materiality of technological interconnection within the prototypical milieu of roboticized care. *BEHEMOTH A Journal on Civilisation, 10(1)*, 107–129.

Mangiron, C. (2012). Exploring new paths towards game accessibility. In A. Remael, P. Orero, & M. Carroll (Hrsg.), *Audiovisual translation and media accessibility at the crossroads* (S. 43–59). Rodopi.

Mangiron, C., & Zhang, X. (2016). Game accessibility for the blind. Current overview and the potential of audio application as the new forward. In A. Matamala & P. Orero (Hrsg.), *Researching audio description. New approaches*. Palgrave Macmillan.

Marks, B. (2020). *Game Commander 2*. Von Combatism. https://www.combatsim.com/memb123/htm/2000/11/gc2bmarks/index.htm. Zugegriffen am 15.08.2023.

Masina, F., Orso, V., Pluchino, P., Dainese, G., Volpato, S., Nelini, C., et al. (2020). Investigating the Accessibility of Voice Assistants With Impaired Users: Mixed-Methods Study. *Journal of Medical Internet Research, 22*(9), 1–12.

McDonald, P. (2009). On couches and controllers: Identification in the video game apparatus. In M. Wysocki (Hrsg.), *Ctrl-alt-play: Essays on control in video games*. McFarland.

Oates, J. (2017). *The Google Play award nominees for best accessibility experience at Google*. Von Cool Blind Tech. https://coolblindtech.com/the-google-play-award-nominees-for-best-accessibility-experience-at-google-io-2017/. Zugegriffen am 15.08.2023.

Ochsner, B., & Spöhrer, M. (2025). Assistive gaming technologies: Accessibility as a game changer? In P. Macele, J. Müggenburg, & A. L. Wiechern (Hrsg.), *Assistive media*. transcript.

Otto, I. (2018). Interfacing als Prozess der Teilhabe: Zur Ästhetik von Smartphone Gemeinschaften am Beispiel von Snapchat. In I. O. Ruf (Hrsg.), *Smartphone-Ästhetik: zur Philosophie und Gestaltung mobilder Medien* (S. 105–122). transcript.

Parisi, D. (30. 5 2017). *Game interfaces as disabling infrastructures*. Von Analog Game Studies. http://analoggamestudies.org/2017/05/compatibility-test-videogames-as-disabling-infrastructures/. Zugegriffen am 15.08.2023.

Passoth, J.-H. (2017). Hardware, Software, Runtime: Das Politischer der (zumindest) freifachen Materialität des Digitalen. *BEHEMOTH: A Journal on Civilisation, 10(1)*, 57–73.

Pias, C. (2015). Die Pflichten des Spielers. Der User als Gestalt der Ausschlüsse. In M. Warnke, W. Coy, C. Tholen, & I. I. Hyperkult (Hrsg.), *Zur Ortsbestimmung analoger und digitaler Medien* (S. 313–341). transcript.

Pickering, A. (1995). *The mangle of practice: time, agency and science*. Chicago University Press.

Pradhan, A., Mehta, K., & Findlater, L. (2018). Accessibility came by accident': Use of voice-controlled intelligent personal assistants by people with disabilities. In *Conference on human factors in computing systems* (S. 1–13). Association for Computing Machinery.

Qin, W., & Li, C. (2017). Voice-control as a new trend in games applications. In I. T. Ahram & C. Falcão (Hrsg.), *advances in human factors in wearable technologies and game design* (S. 232–240). Springer.

Research and Markets. (1. November 2022). Global Speech Technology Market (2022 to 2027).

Sanchez, K., & Campbell, I. C. (1. 5 2021). *When games are hard on their hands, some players turn their voices into controllers.* Von The Verge. https://www.theverge.com/22303517/disabled-players-game-accessibility-voice-control. Zugegriffen am 15.08.2023.

Sasaki, C. T. (1 2020). *MSD Manual.* Von Spasmodische Dysphonie (Stimmbandkrampf). https://www.msdmanuals.com/de-de/heim/hals-.-nasen-und-ohrenerkrankungen/erkrankungen-des-kehlkopfs/spasmodische-dysphonie. Zugegriffen am 15.08.2023.

Schabacher, G. (2017). Im Zwischenraum der Lösungen. Reparaturarbeit und Workarounds. *ilink – Berliner Beiträge zur Kulturwissenschaft (4)*, S. xiii–xxviii.

Slater, H. (25. 4 2021). *Scream hero go strategy guide – Top 5 best hints, tips and tricks.* Von Gamezebo. https://www.gamezebo.com/walkthroughs/scream-hero-go-strategy-guide-top-5-best-hints-tips-and-tricks/. Zugegriffen am 15.08.2023.

Spöhrer, M. (2021). "Hear the difference": Audio game prosumer communities in a postmedia context. *Augenblick: Konstanzer Hefte zur Medienwissenschaft, 80*, 17–38.

Spöhrer, M. (2022). Unpacking the blackbox of 'normal gaming': A sociomaterial approach to video game controllers and 'disability'. In B. Beil, G. S. Freyermuth, H. C. Schmidt, & R. Rusch (Hrsg.), *Playful materialities. The stuff that games are made of* (S. 187–222). transcript.

Spöhrer, M. (2023). A History of disability and voice-enabled gaming from the 1970s to intelligent personal assistants. In M. Spöhrer, & B. Ochsner (Hrsg.), *Video games and disability: En-/disabling modes of play*. Palgrave MacMillan.

Stettner, J. (23. 9 2019). *Doppio games the 3% challenge. Interview with Jeferson Valadares, co-founder and CEO at Doppio Games.* Von Gamer Headquarters. https://gamerheadquarters.com/articles/doppio-games-the-3-percent-challenge-interview.html. Zugegriffen am 15.08.2023.

Terzopoulos, G., & Satratzemi, M. (2020). Voice assistants and smart speakers in everyday life and in education. *Informatics in Education, 19*(3), 473–490.

Westin, T., Hamilton, I., & Ellis, B. (2020). Game accessibility. Getting started. In R. Dillon (Hrsg.), *The digital gaming handbook* (S. 37–52). CRC/Routledge.

Wilds, S. (2020). *The last of us 2 goes beyond accessibility and difficulty levels: Naughty dog is trying something new with in-game options.* Von Polygon. https://www.polygon.com/2020/7/2/21310396/last-of-us-2-accessibility-vision-difficulty-gameplay-opinions. Zugegriffen am 15.08.2023.

Worsley, M., Mendoza, T. K., Timothy, M., Zhen, M., & Jiang, M. (2021). A multimodal interface for supporting and studying learning in minecraft. In X. Fang (Hrsg.), *HCI in games. Serious and immersive games. Part II* (S. 113–143). Springer.

Wu, H.-A. (2016). Video game prosumers: Case study of a minecraft affinity space. *Visual Arts Research, 42*(1), 22–36.

Yuan, B., Folmer, E., & Harris, F. C. (2011). Game accessibility: A survey. *Universal Access in the Information Society, 10*, 81–100.

Zargham, N., Pfau, J., Schnackenberg, T., & Malaka, R. (2022). "I Didn't Catch That, But I'll Try My Best": Anticipatory error handling in a voice controlled game. In *CHI conference of human factors in computing systems* (S. 1–13). Association for Computing Machinery.

Körper, Stimmen, Prothesen. Eine Geschichte sprechender Interfaces als Assistenztechnologien

Christoph Borbach und Benjamin Lindquist

Zusammenfassung

Von den Science and Technology Studies inspirierte Analysen zum Verhältnis von Technologie und Dis/Ability bleiben nicht auf Ontologien von Körperlichkeit verwiesen, sondern erlauben die Fokussierung wechselseitiger Inskriptionen: von Technologien in menschliche Körper – wie es der Cyborgdiskurs seit den 1980er-Jahren betont – und insbesondere von menschlichen Körpern in Technologien. Die Entwicklung akustischer Interfaces illustriert dies exemplarisch. Trotz der aktuellen Ubiquität akustischer Schnittstellen stellt eine Geschichte auraler Mensch-Maschine-Kommunikation, die ihre Gender- und Dis/Abilityimplikationen mitreflektiert, ein Desiderat dar. Zwar wurde in der aktuellen Forschung zu interaktiven sprechenden Interfaces angemerkt, dass die als gehorsam identifizierte Stimme von Siri normative Genderrollen reproduziert, um Formen der Überwachung zu verschleiern. Dieser Diskurs folgt aber selbst einem Narrativ von technologischer Innovation und Disruption. Die historische Analyse sprechender Maschinen zeigt, dass synthetische Stimmen, die auf Geschlechtlichkeiten verweisen und denen Körperlichkeiten eingeschrieben sind, einer historischen Trajektorie folgen. Maschinenstimmen sollten lange vor rezenten Smart Speakern das Leben von Menschen mit Behinderung unterstützen. In diesem Beitrag werden exemplarische Episoden aus der Geschichte der Sprachsynthese fokussiert und

C. Borbach (✉)
SFB 1187 Medien der Kooperation, Universität Siegen, Siegen, Deutschland
E-Mail: christoph.borbach@uni-siegen.de

B. Lindquist
Science in Human Culture Program, Northwestern University, Evanston, Vereinigte Staaten
E-Mail: benjamin.lindquist@northwestern.edu

hinsichtlich der Verwobenheit von Technologie, Körperlichkeit und Gender befragt. Beispiele wie frühe Stimmprothesen und Lesegeräte liegen noch vor der marktökonomisch begründeten Miniaturisierung sprechender Maschinen – zugleich sind sie Teil der Geschichte heutiger Voice Assistants.

Schlüsselwörter

Dis/Ability Media Studies · Lesegeräte · Sprachsynthese · Mensch-Maschine-Kommunikation · Körperlichkeit · Gender Media Studies · Mediengeschichte

1 Kempelens Sprechmaschine und Fabers Euphonia – mechanische Sprachsynthese

„There is no mistake about it", berichtete der *Philadelphia Inquirer* im Jahr 1844, „we have got at last a machine that can talk" (Anonym, 1844b). Anlass dieser Feststellung war der Auftritt eines vokalen Instruments in den USA: Nachdem er in Europa keine Bekanntheit erlangte, hatte ein österreichischer Emigrant namens Joseph Faber eine von ihm gebaute Sprechmaschine in die USA gebracht. Obwohl derartige Apparaturen das US-amerikanische Publikum begeisterten und die Aufmerksamkeit lokaler Medien auf sich zogen, waren sie tatsächlich nicht neu. In Europa ahmten mechanische Geräte schon seit längerer Zeit menschliche Stimmen nach. Bereits 1769 begann der ungarische Erfinder Wolfgang von Kempelen mit der Arbeit an einer Apparatur, die an ein Musikinstrument erinnerte: Das Instrument kombinierte verschiedene Klänge zu „Sprachtönen", wie Kempelen es formulierte (1791, S. 183), und erlaubte es, Wörter und kurze Sätze zu verlautbaren. Kempelen ist heute bekannt für seinen vermeintlich schachspielenden Automaten, den „mechanischen Türken", der als wichtige Referenz in die Geschichte der Automation und Künstlichen Intelligenz (KI) eingegangen ist. Im Gegensatz zum Schachautomaten war Kempelens Sprechmaschine allerdings mehr als eine trickreiche Täuschung. Das bedeutete nicht, dass sie den Ansprüchen menschlicher Konversationspartner:innen genügte: Prominent bescheinigte etwa Johann Wolfgang von Goethe, die Maschine sei „nicht sehr beredt" (1797). Derartige Kritik beantwortete Kempelen in der Regel mit Verweis auf technische Restriktionen der Apparatur, zum Beispiel indem er darlegte, dass seine Maschine durch ihre kleine künstliche Luftröhre limitiert sei. Weitere Einschränkungen wie ihr klarinettenartiger künstlicher Mund machten es kompliziert, mit der Apparatur die komplexen gutturalen Klänge der deutschen Sprache zu artikulieren. Dennoch gibt es Berichte von Zeitzeugen, die dem Apparat die Fähigkeit der Produktion zusammenhängender Sprache attestierten. So berichtete der deutsche Philosoph Karl Friedrich Hindenburg in seiner Schrift *Ueber den Schachspieler des Herrn von Kempelen. Nebst einer Abbildung und Beschreibung seiner Sprachmaschine*, dass diese „laut für sich selbst" sprechen könne (1784, S. 56). Auch dokumentierte Hindenburg, dass ihm die Sprechmaschine die Gretchenfrage der Sprachsynthese stellte, die durch den Akt des Verstehens zugleich zum Beweis der

Funktionalität des Instruments avancierte: „Verstehen Sie mich?" (1784, S. 55). Ungeachtet aller Mängel behauptete Kempelen darüber hinaus, seine zwanzigjährige Arbeit sei nicht vergebens, wenn gehörlose Zuschauer:innen ihre Artikulation durch Beobachtung der Mechanik der Sprechmaschine verbessern könnten (von Kempelen, 1791, S. 4 u. 456). Explizit koppelte Kempelen die Praxis seines sprechenden Apparats an vermeintliche Belange der Disability Community ihrerzeit.

Solch eine soziotechnische Rückbindung von Sprechmaschinen an Belange der Gehörlosengemeinde nahm auch Joseph Faber zum Ausgangspunkt. Im Vergleich zu Kempelens unpräziser Nachbildung des menschlichen Stimmapparates war Faber der Meinung, dass eine akkurate Imitation der Physis der menschlichen Stimmerzeugung der Gehörlosengemeinschaft, der es nach Fabers Ansicht an geeigneten Mitteln zur Verbesserung ihrer Artikulation mangelte, einen immensen Nutzen bringen könnte. Doch die menschliche Stimmproduktion mechanisch zu replizieren, erwies sich nicht als einfach. Anatomische Lehrbücher und Zeichnungen oder Kempelens Beschreibungen gaben Faber keine hinreichende Auskunft über die Klangerzeugung menschlicher Sprechorgane. In seinem Bestreben, die physiologischen Grundlagen menschlichen Sprechens apparativ zu imitieren, sezierte Faber schließlich menschliche Körper, die ihm die anatomischen Theater der Universität Freiburg und der Universität Wien beschafften (Kaiser, 1840a, S. 711).

Nachdem Faber die Hälse seiner Leichen seziert und den Geräuschen, die sich mit ihnen erzeugen ließen, gelauscht hatte – „[u]eber hundert Leichenköpfe hatte Faber zerlegt" (Kaiser, 1867) –, begann er mit der Suche nach geeigneten Materialien, welche die „fleischigen Sprachwerkzeuge" (Kaiser, 1840a, S. 711) effektiv zu imitieren erlaubten. Er entschied sich für indischen Gummi für die Lippen, den Gaumen und die Zunge. Die Lungen tauschte er durch Blasebälge aus; menschliche Muskeln ahmte er mit komplexen Gefügen aus Zügen und Hebeln nach. Zudem konstruierte er einen Mechanismus, um seine „Orgeln" mit Tasten zu steuern. Die Tasten wurden von ihm nach der Art der von ihnen erzeugten Klänge angeordnet – von Vokalen und Halbvokalen bis hin zu Explosivlauten. Dieses Steuerungselement, welches die Apparatur in die Nähe von bekannten Tasteninstrumenten wie Klavieren rückte, weckte in der Rezeption der Sprechmaschine besonderes Interesse. So wurde in zeitgenössischer Berichterstattung betont, die Sprechmaschine besitze eine „Art Klaviatur von 16 Tasten, auf welchen der Mechaniker durch Fingerdruck das ganze Alphabet, die Empfindungslaute, und nicht nur beliebige Worte, sondern auch ganze Sätze deutlich und vernehmlich hervorbringt" (Kaiser, 1840b, S. 652). Verschiedentlich wurde diese Klaviatur als Besonderheit von Fabers Maschine herausgestellt (Du Bois-Reymond, 1862, S. 134). Mit ihr modulierte Faber auch einen künstlichen Nasengang, der den Atemfluss in die Lungen seiner Maschine steuerte (Anonym, 1847, S. 5).

Fabers Nachahmung der Physiologie des menschlichen Sprechapparats zahlte sich aus. Nach rund 17 Jahren Arbeit an der Sprechmaschine, die er *Euphonia* taufte, wurde sie 1840 fertiggestellt. Faber hatte in den Jahren der Forschung und Konstruktion einiges dafür getan, dass seine Maschine zu einer besseren Artikulation und Verständlichkeit fähig war, als es Kempelens Gerät vermochte. Durch ihr elaboriertes, an der Organizität des menschlichen Körpers orientiertes Design, gelang es Faber, mit der Sprechmaschine jedes Wort jeder europäischen Sprache zu artikulieren (Henry, 1992 [1846], S. 361).

Fabers Zeitgenoss:innen erkannten seine Konstruktionsleistung an, beklagten jedoch, „that the admirable ingenuity and perseverance of Mr. Faber should have been wasted on a superfluity – (for there is more talking than enough)" (Anonym, 1844a, S. 2). Zudem war unklar, wofür seine Sprechmaschine über ihren Selbstzweck hinaus genutzt werden könnte. So wurde ihr bescheinigt, ein beeindruckendes „Kunstwerk" zu sein, jedoch „ohne … einen besonderen Nutzen zu erzwecken" (Kaiser, 1840a, S. 711). Allerdings gab es eine Ausnahme, zumindest in der journalistischen Diskussion: Neben einem zukünftigen Einsatz der Maschine als „akustischer Telegraph" (Kaiser, 1869) wurde bereits 1840 ein „Nutzen" für den „Sprach-Unterricht der Taubstummen" visioniert (Kaiser, 1840a, S. 711).[1] Die *New York Post* wiederum bezeichnete die Maschine als sprechendes Klavier, mit welchem Stumme und Gehörlose zukünftig öffentliche Vorträge halten könnten (Anonym, 1844c). Auch ein Professor des „Kaiserlich-Königlichen Taubstummen-Instituts Wien", der das Gerät inspizierte, bescheinigte ihm einen unschätzbaren pädagogischen Wert (Kaiser, 1840a, S. 711).

Wie die Kulturwissenschaftlerin Brigitte Felderer argumentiert, lässt sich bereits Kempelens Sprechmaschine als visionärer Versuch verstehen, der Gehörlosengemeinschaft eine Stimme zu verleihen (Felderer, 2002, S. 260 u. 275–276). Über die Sprechmaschine hätte diese mehr gesellschaftliche Teilhabe, ein buchstäbliches Mitspracherecht, artikulieren können, um sich – mit Jacques Derrida gesprochen – technisch unterstützt in die phonozentristische Kultur zu integrieren (Derrida, 1974). Allerdings gibt es neben historischen Technikfiktionen und retrospektiven Einordnungen keinen verbürgten Beleg, dass irgendjemand die Sprechmaschinen von Kempelen oder Faber tatsächlich als Stimmprothesen verwendet hätte. Zur Zeit ihrer Erfindung waren die Apparate vor allem Darbietungen mechanischer Raffinesse und blieben utopisch anmutende Apparaturen, die – wie nahezu alle Formen künstlicher Lebendigkeit (Adamowsky & Tekampe, 2020) – vor allem auch in ihrer Irritation menschlicher Körperlichkeit und Autonomie fasziniert haben dürften. Aufschlussreich sind dahin gehend auch Berichte von Zeitzeug:innen, die die Unheimlichkeit der Erscheinung der Euphonia hervorhoben, wie jener des Theaterdirektors und Journalisten John Hollingshead. Dieser wohnte einer öffentlichen Vorführung der Sprechmaschine bei und nahm das Erlebnis in aller Ausführlichkeit in sein Tagebuch auf:

> „In the centre [of the Egyptian Hall in London] was a box on a table, looking like a rough piano without legs and having two key-boards. This was surmounted by a half-length weird figure, rather bigger than a full-grown man, with an automaton head and face looking more mysteriously vacant than such faces usually look. Its mouth was large, and opened like the jaws of Gorgibuster in the pantomime, disclosing artificial gums, teeth, and all the organs of speech. There was no lecturer, no lecture, no music – none of the usual adjuncts of a show. The exhibitor, Professor Faber, was a sad-faced man, dressed in respectable well-worn clothes

---

[1] Zum problematischen historischen Begriff der „Taubstummheit" siehe Stock (2023, S. 83).

that were soiled by contact with tools, wood, and machinery. The room looked like a laboratory and workshop, which it was. The Professor was not too clean, and his hair and beard sadly wanted the attention of a barber. I have no doubt that he slept in the same room as his figure – his scientific Frankenstein monster – and I felt the secret influence of an idea that the two were destined to live and die together. " (Hollingshead, 1895, S. 68)

Mit dieser schaurigen Beschreibung animierte Hollingshead nicht nur das Motiv des „verrückten Professors", sondern illustrierte auch Fabers Beziehung zu seiner Apparatur. Wie das Zitat indiziert, war Euphonia für Faber mehr als eine apparative Technik zur Erzeugung sprachlicher Laute. Durch ihre Stimmlichkeit und zudem vokale Weiblichkeit kam sie geradezu einem Objekt der Begierde gleich: eine Begierde, die sich durch Sprache artikulierte, weshalb Hollingshead Euphonia als Fabers „one and only treasure" beschrieb (Hollingshead, 1895, S. 69).

Fabers Begehren ist mehr als eine technikhistorische Anekdote, es hat medienepistemologische Konsequenzen. Einerseits wurde hier eine – wenn nicht gar die erste – Kulturtechnik zur Erzeugung zusammenhängender synthetischer Sprache explizit als *feminin* personifiziert, inszeniert und (durch Berichte wie den Hollingsheads) tradiert. Eine Maschine zur Vokalproduktion nicht nur als menschlich, sondern als *weiblich* zu konnotieren, war eine Konstruktionsleistung Fabers. Aus Perspektive der verwendeten Technik wäre ebenso die Produktion einer als männlich rezipierten Stimme möglich gewesen. Die in patriarchalen Gesellschaften zu identifizierende kulturhistorische Dominanz der Assoziierung von Weiblichkeit mit Service jedoch lässt die Produktion einer weiblich konnotierten Stimme geradezu logisch erscheinen (was auch für die Stimmen rezenter Smart Speaker-Technologien gehaltvoll ist).[2] Zudem erfüllte Euphonia mehr als nur die Funktion der künstlichen Stimmproduktion. Nimmt man die historisch verbürgte Beschreibung Hollingsheads ernst, so imaginierte Faber seine Sprechmaschine nicht nur als funktionale Prothese, sondern als potenzielle nichtmenschliche Partnerin – eine Partnerin, die ihre Künstlichkeit durch eine menschliche Stimme kaschierte. Digital-vernetzte Smart Speaker mit weiblicher Stimme wie Siri oder Alexa finden damit in der Euphonia eine mediengenealogische Vorfahrin und reihen sich in eine Technikgeschichte von Assistenz- und Serviceagenturen ein, die von Anfang an geschlechtlich markiert, inszeniert und rezipiert wurden. Ein durch Apparaturen realisiertes menschliches Sprechen wurde *feminisiert*. Wohingegen Kempelens Sprechmaschine genderneutral die Schaubühnen der mechanistischen Theater ihrzeit betrat, ist Fabers Euphonia die erste Apparatur, die künstliche Stimmproduktion als weiblich personifizierte. Hollingsheads Beschreibung legt zudem den Schluss nahe, dass Fabers Sprachassistentin aufgrund genuin maskuliner Projektionen „verweiblicht" wurde. Dies geschah einerseits stimmlich, aber auch optisch durch Elemente plastischer Gestaltung wie ein künstliches Gesicht. Stellte man rezente Sprachassistenzen wie Siri in eine medienhistorische Linie mit der Euphonia, so wird

---

[2] Wir danken Charlotte Bolwin für diesen Gedanken; ebenso danken wir ihr insgesamt für ihre kritischen Anmerkungen bei der Überarbeitung dieses Beitrags und ihr hervorragendes Lektorat.

offenkundig, dass sie keineswegs zufällig weiblich sind, sondern dass ihre geschlechtliche Signatur einer männlich dominierten Kultur- und Technikgeschichte folgt, deren Protagonisten kulturelle Begehren in technische Apparaturen auslagerten und in synthetischen Stimmkörpern fixierten.

Bei Fabers Zeitgenoss:innen jedoch hinterließ die Sprechmaschine keinen bleibenden Eindruck – weder als Reflexionsgegenstand noch als Beitrag zur Ingenieurskunst. Immer wieder stand hingegen die Echtheit der mechanischen Konstruktion zur Disposition. Gerade angesichts der mimetischen Potenziale wurde der Apparatur immer wieder ein geschickter Schwindel unterstellt, wie es der nur vermeintlich autonom agierende Schachautomat von Kempelen nahelegte, der sich bereits als Attrappe erwiesen hatte. Zwar zog Faber das Interesse des Princeton-Professors Joseph Henry auf sich, der über die Apparatur berichtete, allerdings blieben die öffentlichen Vorführungen der Sprechmaschine schlecht besucht. Die Zurschaustellungen des Apparats waren derart entmutigend, dass Faber „in a fit of despair and intoxication" eine erste Version der Maschine zerstörte und anschließend verbrannte (Henry, 1992 [1846], S. 361).

Im Unterschied zur späteren Phonographie und der umfangreichen Vorführung früher Phonographen seit circa 1900 wurde der sprachsynthetischen Arbeit Fabers im historischen Kontext keine große Aufmerksamkeit zuteil, und zwar weder vonseiten der wissenschaftlichen Community noch vonseiten der Öffentlichkeit. War Thomas Edison seit der Frühphase der Phonographie sorgsam darauf bedacht, dem akustischen Medium potenzielle praktische Anwendungsmöglichkeiten beiseitezustellen und eine Relevanz des Apparats zu konstruieren (Edison, 1878), antwortete Fabers Apparatur nicht in offensichtlicher Weise auf ein anerkanntes gesellschaftliches, soziales oder kulturelles Problem. Die Vision, Gehörlose könnten mit der Maschine als Stimmprothese sprechen lernen, blieb im 19. Jahrhundert reine Technikfiktion. Zu jener Zeit war das Potenzial von Techniken zur *Produktion* künstlicher Stimmen – im Unterschied zur späteren phonographischen *Reproduktion* tatsächlicher Menschenstimmen – nicht antizipiert worden. Es zeichnete sich nicht deutlich ab, welchen Zweck eine Maschine erfüllen sollte, die eine Stimme erklingen ließ, die von keinem Menschen gesprochen wurde. Ihrerzeit waren unbelebte sprechende Dinge bestenfalls Sache animistischer Fantasien. Bereits 1879 stellte der französische Physiker Théodose Du Moncel daher fest, die Sprechmaschine von Faber „was so discredited that it is now unnoticed" (Du Moncel, 1879, S. 261).

Auf struktureller Ebene liegt die Pointe von Fabers Artefakt darin, dass es ein frühes akustisches Interface im Schnittpunkt von Wissenschafts-, Technik- und Mediengeschichte bildet. Aus der hier eingenommenen historischen Perspektive ist Fabers Maschine ein instruktiver Gegenstand, an dem sich die Geschichte akustischer Interfaces und ihrer geschlechtlichen Signaturen ein Stück weit rekonstruieren lässt. In diesem Kontext ist es ein bemerkenswertes Novum, dass Faber eine Sprechmaschine konstruiert hatte, die über eine Tastatur präzise bedient werden konnte; ganz im Unterschied zur Maschine Kempelens, die durch manuelle Verformungen einer künstlichen Luftröhre in den – mit Bernhard Siegert gesprochen – „Unberechenbarkeiten des Realen" (2000, S. 304) zu operieren hatte. Indem er die Produktion künstlicher Stimmen mittels eines akustischen Interface diskretisierte, hatte Faber die Kulturtechnik der Sprachsynthese in bestimmter Weise formalisiert. Nicht nur historisch, sondern auch epistemologisch markiert seine Apparatur daher einen Anfangspunkt einer Mediengenealogie der modernen Sprachsynthese, die nicht zuletzt als eine Technikgeschichte der Rationalisierung und Operationalisierung menschlichen Sprechens zu denken ist.

Insgesamt ist es naheliegend, die Euphonia in eine Tradition moderner Informationsprothesen zu stellen. Als funktionsgleiche, künstliche Elemente dienen Prothesen gemeinhin dazu, einen verlorenen oder eingeschränkten Körperteil zu ersetzen bzw. zu ergänzen. Dabei lassen sich Techniken auch insgesamt als Prothesen verstehen. Bereits 1877 beschrieb Ernst Kapp Technik als eine Projektion des Organismus und begründete eine Theorie der technischen Organprojektion (Kapp, 1877, S. 29 ff.), die sich bis zu Marshall McLuhans populärer „Prothesentheorie" und seiner Idee, Medien als technische Extensionen des Menschen zu verstehen, fortschreiben ließe: McLuhans Hauptwerk, *Understanding Media*, ist so auch programmatisch mit *Extensions of Man* untertitelt (McLuhan, 1964). Derartige Ausweitungen beschränken sich nicht auf die Supplementierung der Körperteile der Fortbewegung, sondern können als Informationsprothesen menschliche Sinnesfunktionen ergänzen oder erweitern. In diesem Sinne ließe sich Fabers Euphonia als eine informatische Prothese *avant la lettre* verstehen, da sie zwischenmenschlichen Informationsaustausch in Form verbaler Kommunikation von menschlichen Sprechapparaten entkoppelte und apparativ externalisierte.[3] Obgleich Euphonia eine imaginierte Prothese blieb, erfuhren Sprechmaschinen im Laufe der Zeit Verwendung als ebensolche: für Menschen mit vokaler Disability – zunächst wiederum als Technikfiktion, dann als gesellschaftliche Realität – und später für die breite Öffentlichkeit, wie wir im Folgenden darlegen. Im Zuge dessen trug die Technologie der Sprachsynthese schließlich dazu bei, sog. Lesemaschinen zu vokalisieren, die ihrerseits breite Verwendung in der Blindengemeinschaft erfahren sollten.

2   Voder und Vocoder – elektronische Sprachsynthese

Bei Joseph Faber und anderen Pionieren der Sprachsynthese wie etwa Johannes Müller, der eine Sprechmaschine nicht aus synthetischen Imitationen des menschlichen Stimmapparats, sondern aus Leichenteilen baute (Müller, 1839), war es nicht immer eindeutig, welches Erkenntnisinteresse sie mit ihren Apparaturen verfolgten. Es ist durchaus naheliegend anzunehmen, dass die Maschinen Selbstzweck im Kontext modernen Erfindertums waren und ihre Performanz in öffentlichen Vorführungen zentral war; dass sie also vornehmlich unterhaltende Funktion erfüllten und zur Präsentation mechanischer Möglich-

---

[3] Es wäre auch die genau gegenteilige Lesart möglich: Euphonia, als programmatische Repräsentantin von Techniken synthetischer Stimmproduktion, stellt keine Verlängerung oder Ausweitung menschlicher Stimmproduktion dar, sondern ist Ergebnis physiologischer Untersuchungen, d. h. der Vermessung des Menschen. Schließlich hatte Faber, ebenso wie diverse andere Pioniere der Sprachsynthese, die Charakteristika menschlicher Stimmproduktion zunächst eingehend an Leichen untersucht (Borbach, 2018).

keiten ihrer Zeit dienten. Dahingegen wurde sprachsynthetische Forschung im 20. Jahrhundert genuin an Praxisbelange gekoppelt. Die Erforschung und Implementierung der künstlichen Produktion menschlicher Stimmen in der ersten Hälfte des 20. Jahrhunderts lässt sich deutlich verorten: In den 1930er-Jahren fand Sprachsynthese zunehmend im Kontext von Telekommunikationstechnik statt.[4] John Q. Stewart, Professor für Astrophysik an der Princeton University und Ingenieur bei der American Telephone and Telegraph Company (AT&T), entwickelte unter Verwendung einfacher elektrischer Schaltkreise bereits 1922 eine „functional copy of the vocal organs" (Stewart, 1922, S. 311–312). Stewarts Arbeitgeber AT&T betrieb seinerzeit das erste Telefonnetz der USA. Dass Stewart als Mitarbeiter der AT&T einen ersten vollelektronischen Sprachsynthesizer baute, ist somit kein Zufall: Grundlegend ist das Telefon eine elektronische Medientechnik, die darauf basiert, menschliche Stimmen als Signale nicht nur zu übertragen, sondern zudem authentisch zu reproduzieren – d. h. menschliche Stimmen elektronisch *wiedererklingen* zu lassen. So war im Jahr 1939 in der *Baltimore Sun* zu lesen:

> „Sound at last has fallen prey to the dissecting knife of science. And up at the Bell Telephone Laboratories in New York a little group of men are picking up the fragments and putting them back together again with remarkable effects—mixing them as a painter would mix his paints." (Wyatt, 1939)

Die *Baltimore Sun* beschrieb den in den Bell Telephone Laboratories, die für die Forschungs- und Entwicklungsarbeit von AT&T gegründet wurden, entwickelten „Vocoder" („voice encoder"). Beim Vocoder handelte es sich im Wesentlichen um eine Technologie der Stimmkompression. Diese maßgeblich vom Bell Labs Ingenieur Homer Dudley entwickelte Maschine, die mit ihrer elektrotechnischen Komplexität über die frühere Konstruktion von Stewart hinausging, komprimierte die menschliche Stimme und reduzierte die Bandbreite für ihre telefonische Übertragung, wodurch ein mechanischer Stimmklang erzeugt wurde. Die Arbeit am Vocoder in Verbindung mit einem Wissen über frühere sprechende Maschinen, wie etwa der von Stewart, brachte Homer Dudley zu der Überzeugung, dass er ein elektronisches Gerät entwickeln könnte, das Sprache vollständig simulieren und nonverbale Eingaben in erkennbare Worte umwandeln würde. Dieses daraufhin von ihm konstruierte Gerät wurde später als „Voder" („voice operating demonstrator") bekannt. Anstatt seine Maschine nach dem physiologischen Vorbild des menschlichen Kehlkopfs zu konstruieren, replizierte Dudley die Effekte menschlichen Sprechens. Dabei war es nicht mehr nötig, einen Sprechapparat zu imitieren (vgl. Abb. 1). Der Voder war damit die erste Maschine, die menschliches Sprechen vollelektronisch synthetisierte. So schrieb Dudley über die elektroakustische Analogie zum menschlichen Sprechapparat, dass das menschliche Stimmsystem mit einem mechanisch-akustischem Oszillator mit bestimmten

---

[4] Vergleiche hierzu auch den Beitrag von Coreen McGuire in diesem Band.

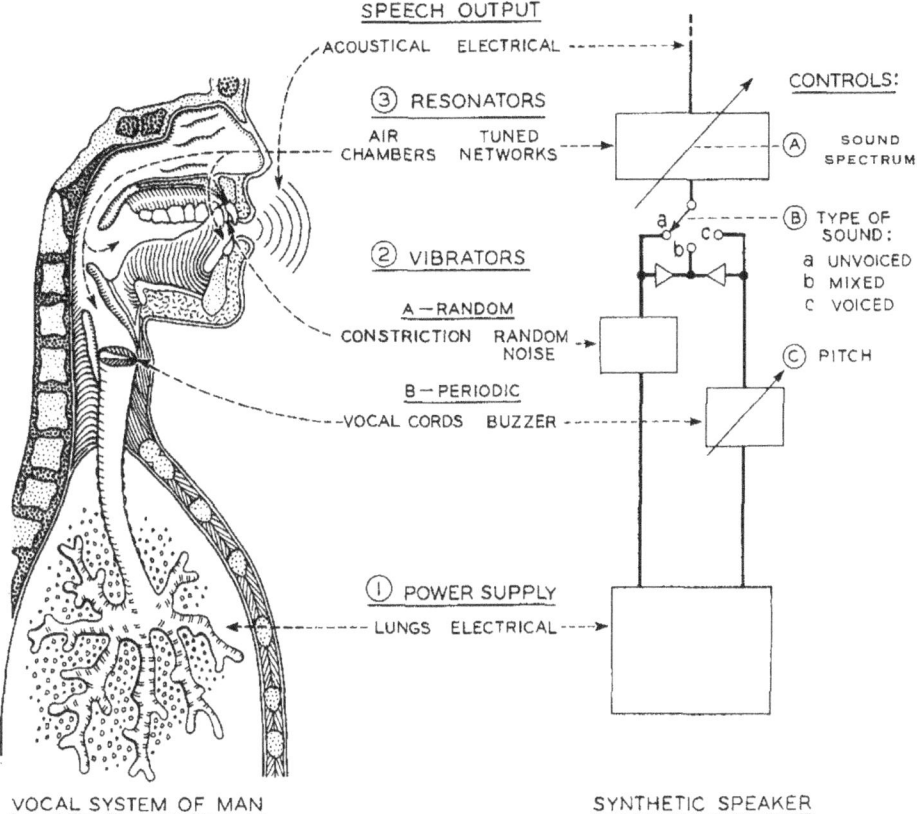

Abb. 1 Schematische Gegenüberstellung eines menschlichen und maschinellen Sprechapparats im Falle des Voders. (Dudley et al., 1939, S. 747)

festen Schaltungen und einigen variablen mechanischen Elementen verglichen werden könne:

> „To make the analogy just referred to more specific, consider that the vocal system is, in principle, like the ordinary electrical oscillator mounted in a box as a fixed piece of apparatus, the variability being obtained by switches for starting the oscillator and for choosing the desired inductances, by continuously variable dials for selecting the capacitance, and by step variable dials for adjusting the resistance controlling the output." (Dudley, 1937, S. 1)

Der Vocoder war noch der Medieneffekt eines nachrichtentechnischen Problems – nämlich das der Reduzierung von Bandbreite in der Langstreckentelefonie – und konnte eine Annäherung an originäre menschliche Stimmen lediglich reproduzieren. Dahingegen konnte sein Nachfolger, der Voder, über eine Klaviatur, dem „Voder keyboard" (Dudley et al., 1939, S. 755), „gespielt" werden, um menschliche Stimmen quasi ohne Vorbild zu produzieren. Bei der Suche nach geeigneten „Voder operators" wurde sich bei tätigen

„telephone operators" bedient, da diesen nicht nur „a good ear" zu bescheinigen war, sondern auch „the ability to control the fingers independently of one another" (Dudley et al., 1939, S. 755). Aus der Belegschaft der New York Telephone Company sowie von AT&T wurden zur Vorbereitung der New York und San Francisco World Fair im Jahr 1939, wo der Voder erstmals prominent präsentiert wurde, über 320 „switchboard operators" getestet, von denen schließlich 24 zu Expertinnen wurden, den „Voderettes" (Dudley et al., 1939, S. 760). Diese hatten ein akustisches Interface mit zehn Tasten zur Modulation des Sprachsignals, ein Fußpedal zur Tonhöhenregelung und konnten über Handgelenk zwischen einem Rauschgenerator für stimmlose und einem Sinuswellengenerator für stimmhafte Laute wechseln.

Zwar konnte mit dem Voder Sprachsynthese nunmehr dezidiert unter elektronischen Bedingungen stattfinden und sie bedurfte keines anatomischen Sprechapparats mehr. Ähnlich Fabers Euphonia war Sprechen aber noch immer eine *haptische* Praxis. Es konnte zwar *über* den Voder gesprochen werden – als Ergebnis manueller Operationen –, es war hingegen unmöglich, *mit* dem Voder zu kommunizieren, verstanden als verbaler Dialog zwischen menschlichen und nichtmenschlichen Akteuren. Zudem haftete auch Homer Dudleys Grundlagenforschung im Bereich der elektroakustischen Erzeugung synthetischer Stimmen, ähnlich wie im Falle Kempelens und Fabers, die Vision an, Stummen ein Sprechen zu ermöglichen. Allerdings wurde der Voder letzten Endes nie dafür verwendet.

Spannend ist in der medienhistorischen Retrospektive auch, dass Voder und Vocoder in einer prominenten Technikfiktion ihrerzeit zum paradigmatischen Beispiel eines verbalen Dialogs zwischen Mensch und Computer figurierten und damit in Verbundschaltung ein bidirektionales akustisches Interface realisierten. Der damalige Direktor des US-amerikanischen Federal Office of Scientific Research and Development, Vannevar Bush, war mit der Funktionsweise der Maschinen vertraut und imaginierte sie als auditorische Schnittstellen. In seinem Essay *As We May Think*, der im Juli 1945 im *Atlantic Monthly* und im September 1945 im *Life Magazine* veröffentlicht wurde, konzeptualisierte er den fiktiven *Memex*, den „memory extender", und damit die Idee des Personal Computers. Bush visionierte:

> „At a recent World Fair a machine called a Voder was shown. A girl stroked its keys and it emitted recognizable speech. No human vocal chords entered into the procedure at any point; the keys simply combined some electrically produced vibrations and passed these on to a loud-speaker. In the Bell Laboratories there is the converse of this machine, called a Vocoder. The loudspeaker is replaced by a microphone, which picks up sound. Speak to it, and the corresponding keys move. This may be one element of the postulated [Memex] system." (Bush, 1945, S. 114)

Dies ist ein sehr produktives Missverstehen des Vocoders. Die Konsequenz dieser fiktiven auditiven (statt mechanischen) Dateneingabe ist dabei, so betonte Vannevar Bush, dass die Autorin, die am Memex arbeite, nicht zu schreiben bräuchte, sondern sie ihre Gedanken der Maschine *erzählen* könne. Die Kombination von Voder und Vocoder sollte ein

Interface realisieren, das eine automatische Übersetzung von gesprochener in geschriebene Sprache, und umgekehrt, vornehmen konnte. Kommunikation zwischen Mensch und Maschine artikulierte sich mithin akustisch. War das Sprechen mit Maschinen bereits ein beliebtes Motiv der Science-Fiction-Literatur,[5] inspirierten mithin auch aktuale Elektrotechniken der Sprachsynthese Imaginationen eines Dialogs mit Maschinen, der sich über gesprochene Sprache vollziehen sollte.

3   Lesemaschinen für Blinde

Mara Mills hat gezeigt, welche Rolle das Lippenlesen für Homer Dudleys Entwicklung jener oben genannter Techniken der Sprachkompression spielte und wie sich mithin Disability und technische Medien ko-konstituieren (Mills, 2012). Sie weist dabei auf die Ironie hin, die in der Tatsache auszumachen ist, dass Dudleys Forschung zur Verbreitung von Klangtechnologien beitrug, die für die Gehörlosengemeinschaft unzugänglich waren, obgleich diese entscheidend für deren originäre Entwicklung war. Weiter zeigt sie, dass Disability, welche technologische Innovation initial inspirierte, später oft unsichtbar gemacht werde. Dieselben Technologien, die während ihrer Genese einen dezidierten Bezug zu menschlichen Körpern hatten, wurden mithin als vermeintlich losgelöst von eben diesen Körpern diskursiviert und inszeniert. Mills und Jonathan Sterne haben diese Form der Unsichtbarmachung in Bezug auf Technikentwicklung als „technology removal" bezeichnet (Mills & Sterne, 2017, S. 372). Dieses Attest kann insbesondere für die Entwicklung von Technologien der Sprachsynthese gelten, waren es doch die Körper und Körpertechniken Gehörloser, die essenziell für Dudleys Forschung waren – eine Forschung, die später aber als losgelöst von eben jenen Körpern vermarktet wurde und, mehr noch, in Apparaturen mündete, die ausgerechnet für Gehörlose unbenutzbar waren.

„Different bodies require and create new modes of representation", hält Tobin Siebers in *Disability Theory* fest (2008, S. 54). So lesen die Hände blinder Menschen beispielsweise seit Langem Texte via Blindenschrift. Tatsächlich beschleunigten die Körper erblindeter Kriegsveteranen die technologische Übersetzung von alphanumerischem Text in andere Sinnesmodalitäten. Ganz in diesem Sinne bleiben von den Science and Technology Studies inspirierte Analysen zum Verhältnis von Technologie und Disability nicht auf vermeintliche Ontologien von Körperlichkeit verwiesen, sondern erlauben die Fokussierung wechselseitiger Inskriptionen: nicht nur von Technologien in menschliche Körper – wie es der Cyborgdiskurs seit den 1980er-Jahren betont (Haraway, 1985) –, sondern auch umgekehrt von menschlichen Körpern in Technologien. Die Entwicklung akustischer Schnittstellen illustriert dies im Besonderen: Erste Versuche, geschriebenen Text automatisch in gesprochene Sprache zu konvertieren, waren motiviert durch Hilfsgeräte, die für erblindete Veteranen des Zweiten Weltkriegs entwickelt wurden. Jene Soldaten hatten Mühe, die

---

[5] Vergleiche den Beitrag von Liz Faber in diesem Band.

Braille-Schrift[6] zu lernen. Außerdem vollzieht sich das Ertasten von Text selbst für Expert:innen vergleichsweise langsam. Geübte Braille-Lesende (eine Minderheit der Blinden in den USA) können etwa sechzig Wörter pro Minute lesen – ein Drittel der Geschwindigkeit, mit der eine sehende Person ein gedrucktes Buch mit den Augen lesend erfasst. Demgegenüber kann Sprache ungleich schneller rezipiert werden, wenn sie auditiv codiert ist. Zudem waren die wenigen Bücher, die es in Blindenschrift gab, teuer und oft schwer zu finden. Mitglieder der Blindengemeinschaft konnten zwar jemanden bezahlen, der ihnen vorlas, doch dies war eine teure Lösung, die überdies neue Abhängigkeiten produzierte. Zwar gab es ab 1930 in den USA die Möglichkeit, mit einem ärztlichen Blindheitsattest aufgezeichnete Hörbücher von der Library of Congress auszuleihen, allerdings bevorzugten paternalistische Auswahlkomitees akustische Fassungen von Büchern mit ästhetischem oder moralischem Wert. Die Bibel, Werke von Shakespeare oder die US-amerikanische Verfassung mögen Anlass zu moralischer Reflexion liefern, doch sie waren nicht das, was sich Blinde zu hören wünschten – zumindest nicht ausschließlich. Die Sammlung akustisch aufgezeichneter Bücher der US-amerikanischen Library of Congress hatte nach dem Zweiten Weltkrieg rund tausend Titel zu verzeichnen (Rubery, 2016, S. 61–109), nur hatten diese für die Blindengemeinschaft keine alltägliche Relevanz. Was sie brauchte, war ein Lesegerät, das ihnen Zugang zu verschiedenen Informationen ermöglichte – und nicht nur zu Texten der vermeintlichen Hochkultur.

Linguist:innen und Verfechter:innen der politischen, aber auch sozialen und kulturellen Gleichberechtigung von Menschen mit Disability begannen daher, die Möglichkeiten der automatisierten Übersetzung von gedruckten Texten jeglicher Art – also nicht nur von Romanen oder Epen, sondern auch von Gebrauchsliteratur wie Betriebsanweisungen, Handbüchern oder Kontoauszügen – in gesprochene Sprache zu erforschen. Als ein Resultat entstand die regelbasierte Sprachsynthese in den US-amerikanischen Haskins Laboratories zur Mitte des 20. Jahrhunderts. Ein Ergebnis ihrer Arbeit mit versehrten Veteranen des Zweiten Weltkriegs bestand in der Entwicklung eines akustischen Interface, welches grafische Muster in Töne übersetzte: das „pattern playback". Wie Löcher in einer Notenrolle für automatische Klaviere wurden gemalte Formen mit diesem Verfahren mechanisch in unterschiedliche Töne umgewandelt. Das Verfahren basierte also auf der Sonifikation von Grafiken. In den späten 1950er-Jahren gelang es Frances Ingemann, dieses Wissen in maschinenlesbaren Code umzuwandeln, der beschrieb, wie sich synthetisches Sprechen *malen* ließ. Sie hatte gehofft, dass ihre Grundlagenforschung zur synthetischen Erzeugung von Stimmen auf Basis grafischer Muster – wie es eben auch Buchstaben sein konnten – zu einer Lesemaschine für Blinde führen würde. Stattdessen wurde ihre Arbeit von J. C. R. Licklider übernommen, der Ingemanns Regelwerk als „a digital code, suitable for use by computing machines" bezeichnete (1960, S. 10). Licklider nutzte damit die in den

---

[6] Die um 1825 vom Franzosen Louis Braille entwickelte Blindenschrift verwendet für das Lesen keine für menschliche Augen sichtbare Schrift, sondern basiert auf der händischen Erfassung symbolischer Codierungen und ist daher für sehbeeinträchtigte Menschen eine Möglichkeit des haptischen Lesens.

Haskins Laboratories durchgeführte Grundlagenarbeit, um sein Konzept der „Man-Computer Symbiosis" voranzutreiben, verschwieg aber den Anteil, zu welchem dieser digitale Code erst aus den körperlichen Besonderheiten verwundeter Veteranen entstanden war. Die vergessene Geschichte früher Text-to-Speech-Technologien zeigt, dass interaktives Computing und digitale Codierung untrennbar mit den materiellen Praktiken, der Prothetik und der Embodied Cognition verbunden sind, aus denen sie entstanden sind (Lindquist, 2023).

Mitarbeitende der Bell Telephone Laboratories bemühten sich daraufhin um die Digitalisierung der sog. Paint-by-Rule-Algorithmen. In der Werbeliteratur der Laboratories wurde zwar behauptet, dass ihr sprechender IBM-7090-Computer – der weltweit erste sprachfähige Computer – blinden Menschen beim Lesen helfen und „a typing-actuated talking machine for people who cannot speak" darstellen würde (Laboratories, 1961). Aber die digitale Sprache dieses „singing computer" war träge und Ergebnis einer langwierigen technologischen Operationskette – mit anderen Worten: sie war buchstäblich unpraktisch für die Alltagsbelange der Blindengemeinschaft. Obgleich die Bell Labs an den Computer die Imagination knüpfte, Stumme könnten sich via den Computer artikulieren – „There is also the possibility that talking machines could be built for people who are unable to speak" (VanLenten, 1963) – blieb auch dies wie im Falle von Fabers Euphonia, dem Voder oder dem Memex reine Technikfiktion.

4 Kommerzialisierung von Computerstimmen

Die weitere Entwicklung von Techniken der Sprachsynthese richtete sich nach wie vor an versehrten Körpern aus, wie sich im Kontext früher Lesegeräte zeigt. Aus Frustration über den langsamen Prozess der Digitalisierung arbeiteten Veteranenverbände nach dem Zweiten Weltkrieg mit Linguist:innen zusammen, um Lesegeräte für erblindete Soldaten zu entwickeln. Im Gegensatz zu den parallel stattfindenden Forschungen in den Haskins Laboratories hatte die Arbeit dieser Gruppen einen unmittelbaren Zweck. Anstatt sich um die Perfektionierung komplexer Algorithmen zu bemühen, um gesprochene Sprache vollständig synthetisch zu erzeugen, realisierten jene Linguist:innen Sprachsynthese, indem sie einzelne auf Tonband gespeicherte Wörter und Buchstaben zusammenfügten. Diese Form der Signalprozessierung zur Produktion ganzer gesprochener Sätze – die „concatenation synthesis" bzw. Verkettungssynthese – wurde explizit für Lesegeräte entwickelt.

Angesichts jener Fortschritte von Lesegeräten als intendierte Hilfstechnologien für blinde Menschen haben Informatiker:innen und Computerwissenschaftler:innen wie J. C. R. Licklider seit Ende der 1950er-Jahre dafür votiert, Mensch-Maschine-Kommunikation mit zukünftigen Digitalcomputern intuitiv und über menschliche Stimmen zu realisieren. Licklider argumentierte, die seinerzeit verwendeten Medien des Interfacedesigns – Lochkarten und Ausdrucke – seien semantisch in die Sprache der Mainframes eingeschlossen. Jene setzte eine Literalität von codebasierter Programmierung auf Papier voraus und war dementsprechend lediglich Expert:innen sowie exklusiven Zirkeln von Wissenschaftler:innen oder militärischem Personal vorbehalten. Im Gegensatz dazu bestand das visionierte Potenzial von Lesegeräten darin, Computer durch die Möglichkeit der Artikulation für Laien zugänglich zu machen. Intuitive Mensch-Computer-Interaktion, so die Idee, würde verwirklicht, wenn Computer menschliche Sprache sprächen, denn diese stelle das „natürlichste Mittel" effektiven Schnittstellendesigns dar:

> „Yet there is continuing interest in the idea of talking with computing machines. In large part, the interest stems from realization that one can hardly take a military commander or a corporation president away from his work to teach him to type. If computing machines are ever to be used directly by top-level decision makers, it may be worthwhile to provide communication via the most natural means …." (Licklider, 1960, S. 10)

Mit der seinerzeit aktuellen Forschung zur elektronischen Produktion gesprochener Sprache war Licklider vertraut. So verwies er explizit auf die im Haskins Laboratory stattgefundene Forschung – konkret auf den im November 1959 im *Journal of the Acoustical Society of America* erschienenen Beitrag „Minimal Rules for Synthesizing Speech" –, aber auch auf andere grundlegende Publikationen zur Sprachsynthese wie den Aufsatz „Some Experiments on the Perception of Synthetic Speech Sounds" von F. S. Cooper (1952) oder das Paper „The Calculation of Vowel Resonances, and an Electrical Vocal Tract" von H. K. Dunn, das bereits 1950 publiziert wurde.

Tatsächlich boten Geräte, die Texte automatisch vorlasen, ein immenses kommerzielles Potenzial. Dasselbe galt für künstliche Stimmen, die einfache, auf Digitalcomputern gespeicherte Informationen für Nutzer:innen artikulierten. In den 1960er-Jahren hatten sich die größten Computerhersteller am Prinzip von Lesemaschinen orientiert, um digitale Technologien zu realisieren, die ihren Output akustisch formulierten, statt auf Papierarbeit zu basieren. Diese Stimmen transformierten gewöhnliche Telefone in Computerkonsolen, die in entfernten Datenbanken gespeicherte Informationen stimmlich anzeigten (Volmar, 2019). Bereits im Jahr 1961 war es technisch möglich, aus einzelnen vorab aufgezeichneten Wörtern kurze Sätze algorithmisch zusammenzufügen. Mit diesen Phrasen konnten einfache Fragen am Telefon beantwortet werden, beispielsweise zu Flugreservierungen oder Ticketbuchungen. In den 1970er-Jahren erweiterten Informatiker:innen und Physiker:innen jene sprachsynthetischen Vokabulare und schufen erste automatisierte verbale Informationsprothesen, deren elektronische Stimmen den Berufs-, Bildungs- und Freizeitbedürfnissen der Blindengemeinschaft dienten. Die Arbeiten des blinden Physikers Kenneth Ingham oder des blinden Informatikers James Kutsch sind hierfür programmatisch.

Um 1970 entwickelte Ingham *ARTS*, ein „audio-response time-shared system", das eine virtuelle „personal secretary" verwirklichte, wie es in damaliger Berichterstattung hieß, insofern das System für blinde Nutzer:innen u. a. ein verbales „dictionary" oder für finanzielle Angelegenheiten einen „full bookkeeping and accounting service" realisierte und über 16 Telefonleitungen mit anderen Digitalcomputern kommunizieren konnte: „The ARTS System can receive information from other computers, operate on the information, store it, retrieve it, and transduce it to spoken language, thus enabling the blind operator to work as a computer programmer" (Foulke, 1972, S. 208). Für das Projekt digitalisierte

Abb. 2 Kenneth R. Ingham verwendet das „Audio Response Time-shared System" (ARTS-1) an einem Schreibtisch. Ingham arbeitete zu dieser Zeit, 1971, am Research Laboratory of Electronics des Massachusetts Institute of Technology (Ingham, 1971)

Ingham die Stimme seiner Sekretärin, die ihm zuvor Nicht-Braille-Texte vorgelesen hatte. Weiterhin ersetzte Inghams System die limitierten Tasten des Telefons durch umfangreichere Tastaturen (vgl. Abb. 2), die mit einem zentralen Computer verbunden waren. Dabei handelte es sich um Konsolen, die die Rechenleistung eines zentralen Computers teilten – das Time-Sharing-Prinzip – und damit trotz eines einzelnen Digitalrechners mehreren Nutzer:innen Zugriff auf das System ermöglichten. Diese Konsolen, die nicht an Bildschirme gekoppelt waren, erzeugten verständliche Stimmen und realisierten damit u. a. Kalender, Bücher, Wetterdienste oder Textverarbeitungsprogramme.

Im Jahr 1976 entwarf der blinde Informatiker James Kutsch den ersten sprechenden Personal Computer (PC). Sein System synthetisierte eine noch stockende, aber gut verständliche Stimme. Die Praxisbelange legitimierten diese vermeintlichen Defizite in der Klanglichkeit künstlicher Stimmen, schließlich dienten sie keiner musikalischen Ästhetik, sondern den Alltagsbelangen der Blind Community: Diese brauchte keine Lesemaschine, die „wohlklingende" Stimmen erzeugte – notwendig waren vielmehr Stimmen, die ihnen Informationen übermittelten, ganz gleich, wie sie klangen. Was Kutsch mit seinem „communications medium for blind computer users" und „talking computer terminal" (Kutsch, 1977, S. 357) realisierte, war eine mediengenealogische Vorform rezenter Smart Speaker, mithin sprechender Interfaces zwischen menschlichem User und digitaler Rechenmaschine. Seitens der User:in setzte das „talking computer terminal" keine Expertise in der

Logik informatischer Codes voraus, sondern folgte bereits einem Paradigma des intuitiven Computings. So fasste Kutsch die Vorteile synthetischer Stimmen für künftige Interfacedesigns prägnant zusammen:

> „Synthetic speech seems to be the optimal medium for the computer to communicate with blind users, indeed, with man. There is sufficient reason to believe that no arbitrary letter-by-letter code could ever be as efficient and understandable as the spoken language of the user." (Kutsch, 1977, S. 359)

Konkret realisierte sich das Sprechen des Terminals mit einem „Votrax"-Sprachsynthesizer, der von der Abteilung – unter dem bezeichnenden Namen – „Vocal Interfaces" von Federal Screw Works produzierte wurde (Kutsch, 1977, S. 361). Allerdings muss festgehalten werden, dass auch dieses akustische Interface, ebenso wie vorige Lesegeräte, keine bidirektionale Kommunikation ermöglichte, sondern allein als informatischer Output fungierte (vgl. Abb. 3).

Vor ihrer Kommerzialisierung waren die meisten künstlichen Stimmen für Menschen mit Disability männlich konnotiert. Dies hat einen nicht zuletzt pragmatischen Grund: Es waren die Stimmen der Linguisten und Kommunikationsingenieure, die diese Sprechmaschinen entwickelten. Zugleich waren diese Männer in erster Linie mit der männlichen

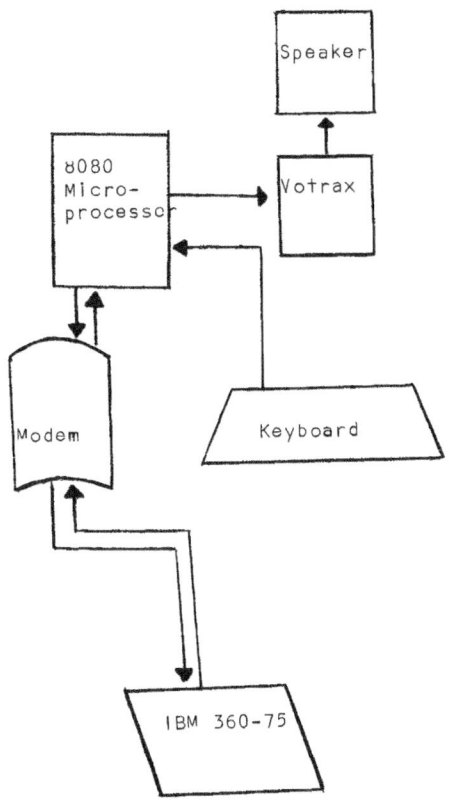

Abb. 3 Schematisierung des von James Kutsch konzipierten Talking Computer Terminal unter Verschaltung eines Votrax-Sprachsynthesizers (Kutsch, 1977, S. 360)

Stimmdynamik vertraut und nahmen eine vermeintliche Neutralität der Stimmen von weißen Männern mittleren Alters an. Als mechanische Stimmen ihre Laborumfelder verließen und in die gesellschaftliche und soziale Sphäre von Telefonist:innen und Bibliothekar:innen übergingen, konzentrierte sich das Forschungsinteresse ebenso auf die Ästhetik synthetischer Stimmen und auf eine Änderung der Genderreferenz jener elektronischen Stimmakteure: Es galt, aufgrund der als weiblich konnotierten Berufe „Bibliothekarin" und „Telefonistin", synthetische Frauenstimmen zu erzeugen. In diesem Kontext wurde es nunmehr durchaus wichtig, *wie* diese Stimmen klangen. Die Arbeit an der Ästhetik von Maschinenstimmen führte wiederum zu technischen Problemen, denn die bloße Erhöhung der Frequenz der bereits in Datenbanken vorhandenen männlichen Stimmen resultierte nicht in als authentisch empfundenen weiblichen Stimmen.

Als das kommerzielle Interesse an der Konzeption ähnlicher Systeme wie dem von Ingham oder Kutsch für sehende Nutzende wuchs, lag der Fokus mithin darauf, die harten mechanischen Sounds künstlicher Stimmen durch einen „natürlichen" und „weiblichen" Klang zu ersetzen. Dies begründet sich auch in der Geschlechtsspezifik der Stimmen, die es zu synthetisieren galt: Als automatisierte Stimmen sukzessive die weiblichen Telefonistinnen ersetzten, wurde auch synthetische Sprache zunehmend verweiblicht. In den frühen 1970er-Jahren dienten automatische Systeme wie das allererste, bereits um 1950 in den Bell Labs entwickelte Spracherkennungssystem „Audrey" (Davis et al., 1952) als akustische Interfaces, um menschliche Kund:innen bei Bankgeschäften oder Einkäufen zu unterstützen. Die sprachsynthetische Imitation vertrauter Stimmen von Sekretärinnen und Telefonistinnen verbarg dabei im historischen Kontext sowohl ihre technologische Innovation als auch ihre sukzessive Verbreitung: Da sie bereits habitualisierte soziale und berufliche Genderrollen replizierten, kaschierten sprechende Interfaces effektiv die disruptiven Aspekte der zugrunde liegenden Technologien.

Wie diese Genealogie verdeutlicht, dienten Abweichungen von gesellschaftlichen Normen und mithin vermeintlich eingeschränkte Menschkörper als Motiv für die Finanzierung und Rechtfertigung von Projekten, denen es an einer direkten Anwendung mangelte. Wolfgang von Kempelen hoffte, dass seine Sprechmaschine gehörlosen Schüler:innen das Sprechen beibringen könnte. Dieses ehrgeizige Vorhaben blieb jedoch sowohl unverwirklicht als auch unerprobt. Sein Nachfolger im 19. Jahrhundert, Joseph Faber, prophezeite, dass seine Euphonia eine Stimmprothese werden würde. Auch dies ist nie geschehen. Im 20. Jahrhundert schließlich hatte sich die Aufmerksamkeit auf im Kampf erblindete Soldaten verlagert. Blinde Veteranen lieferten eine beständige Motivation für die Erforschung von Lesegeräten für Blinde oder zumindest ein profundes Argument für staatliche Subventionen. Aber in Wahrheit nutzten die meisten Sprachwissenschaftler:innen Disability lediglich als wiederholtes Narrativ, um ihre Forschung zu rechtfertigen (Hauger, 1996). Dies änderte sich erst in den 1970er-Jahren, als der Aktivismus beeinträchtigter Verbraucher:innen synthetische Stimmen aus den Laboren holte und für tragbare Alltagsgeräte nutzte. Die unbefriedigende Tonqualität und der hohe Preis früher mobiler Text-to-Speech-Geräte schreckten jedoch Nutzer:innen ab, die nicht erblindet waren, zumal die Stimmen der Geräte schwer zu verstehen waren. Zwar erforderte es keinen großen Zeitaufwand, sich an diese künstlichen Stimmen zu gewöhnen, aber das war zu lang für Kund:innen, für die diese Stimmen kaum mehr als eine technische Spielerei waren. Nur blinde Nutzer:innen waren aufgrund ihrer Angewiesenheit bereit, die Zeit aufzuwenden, die erforderlich war, um sich mit den synthetischen Stimmen vertraut zu machen. Ein prominentes Beispiel hierfür ist Stevland Hardaway Morris, besser bekannt als Stevie Wonder, der einer der ersten Blinden war, der diese neuen Stimmtechnologien nutzte.

1979 war Wonder im Besitz einer Maschine, die gedruckten Text mit einer synthetischen Stimme vorlesen konnte. Aufgrund ihres hohen Preises waren diese Geräte vorwiegend in Bibliotheken, Blindengemeinschaftszentren oder Universitäten zu finden, aber Wonder konnte sich eines leisten. Wonder wurde ein prominenter Fürsprecher von Lesegeräten und spielte in Werbungen für jene kommerziellen Geräte mit. So trug er dazu bei, die Art und Weise zu ändern, wie sprechende Informationsprothesen in Bezug auf den menschlichen Körper konzipiert und inszeniert wurden. Er half essenziell mit, aus einer Technologie, die beispielsweise in Time-Shared-Telefoninfrastrukturen verwendet wurde, informatische Prothesen zu machen, mithin sprechende „Personal Digital Assistants".

Sprechende akustische Interfaces haben also nicht mit Siri begonnen – weder in der Technikfiktion ihrer Konstrukteure noch im Sinne einer historischen Analyse tatsächlicher Alltagspraktiken. Lange bevor digitale Bildschirme irreduzibler Bestandteil von Medienkulturen wurden, waren es digitale Lesegeräte, die ein möglichst intuitives Schnittstellendesign realisierten – und zwar genuin gekoppelt an Belange der gesellschaftlichen Teilhabe blinder Menschen.

5 Fazit – für eine Körpergeschichte der Medien

Verstehen wir Interfaces gemäß Branden Hookway als grundlegend relational (2014, S. 39), dann artikulierten die hier betrachteten Apparaturen buchstäblich nicht nur eine akustische, sondern auch eine vokale Beziehung zwischen menschlichen Usern und technischen Medien. Dass erst rezente Smart Speaker die jahrhundertealten Phantasmen und Technikfiktionen einer alltäglichen, stimmbasierten Kommunikation mit bzw. mittels Maschinen einlösten, mag daran liegen, dass die frühen Klaviaturen von Sprechmaschinen nicht dem Paradigma eines intuitiven Schnittstellendesigns folgten, sondern zunächst der Professionalisierung in ihrer Bedienung bedurften. Ebenso mag es schlicht am Preis des späteren Lesegeräts von u. a. Stevie Wonder gelegen haben, dass es sich um eine eher exklusive Interfacepraxis handelte. Der Nutzen stimmbasierter Mensch-Maschine-Kommunikation war historisch entweder exklusiven Praktiken vorbehalten oder musste andererseits – meist mit Referenz zu blinden Menschen – konstruiert werden, da sich ihre alltäglichen Praxisvorteile nicht deutlich konturierten. Vor diesem Hintergrund ist es erst die „Umweltlichkeit" der digitalen Vernetzung von Siri, Alexa und Co. – sie sind eingebettet in Wohnungen, bedürfen keiner körperlichen Zuwendung und sie sind „always on" (Turkle, 2008) –, die ihre Verwendung veralltäglichte.

Trotz der aktuellen Ubiquität akustischer Interfaces stellt eine Mediengeschichte auraler Mensch-Maschine-Kommunikation, die ihre Gender- und Disabilityimplikationen nach dem Vorbild der Science and Technology Studies mitreflektiert, noch immer ein Desiderat dar. Nachdem sich bereits vor mehreren Jahrzehnten ein wissenschaftshistorisches Interesse an „Stimmmaschinen" zur synthetischen Produktion menschlichen Sprechens konsolidierte (Hankins & Silverman, 1995), erstarkte um das Jahr 2000 herum ein medien- und kulturwissenschaftliches Interesse an Techniken und Praktiken der Produktion synthetischer Stimmen. In diesem Kontext erschienen der Band *Zwischen Rauschen und Offenbarung* (Kittler et al., 2002) sowie die Arbeiten von Thomas Y. Levin (2003), Doris Kolesch und Jenny Schrödl (2004) oder Dave Tompkins (2010), Andrey Smirnov (2012) und Mara Mills (2012). Zugleich fokussieren aktuelle geisteswissenschaftliche Forschungen vornehmlich auf rezente Phänomene synthetischer Stimmlichkeit, wie sie neben stimmbasierten Assistenzsystemen beispielsweise durch synthetische Akteure wie Hatsune Miku nahezu globale popkulturelle Relevanz erfahren (Sabo, 2019). Stand bei den frühen medien- und kulturwissenschaftlichen Arbeiten vornehmlich die Materialität des Phänomenbereichs im Fokus – die verwendeten Stimmapparaturen, ihre Technizität, aber ebenso die Materialität der Stimme selbst –, so konzentrieren sich die aktuellen Arbeiten verstärkt auf die performativen und mimetischen Charakteristika synthetischer Stimmen, insofern diese Geschlechterrollen und -normen reproduzieren (Phan, 2017; Woods, 2018; Bergen, 2016; Fryxell, 2021).

Rezente Smart Speaker-Technologien sollten dahingegen, wie wir aufgezeigt haben, auch als Konsequenz einer Geschichte informatischer Prothesen begreifbar gemacht werden, insofern es wiederholt menschliche Körper waren, die Kulturtechniken der Produktion synthetischer Stimmen evozierten. Vernachlässigt man jene Menschkörper in der Geschichte der Sprachsynthese, so vernachlässigt man gleichfalls ihren Index als imaginierte Prothesentechnik – und damit gleichfalls ihre Signifikanz aus einer disabilitysensiblen Perspektive. Dies eröffnet eine Geschichte der Sprachsynthese, die nicht bei den Kulturtechniken ihrer Produktion ihren Ausgangspunkt nimmt, sondern auch vermeintlich entkörperlichte Stimmen immer in Verbindung zu menschlichen Körpern denkt und das heißt: als „Stimmkörper" begreift. Eine solche Perspektivierung erlaubt es, gängige Diskursivierungen umzukehren, die davon ausgehen, dass Technologien erst nachträglich für beeinträchtigte Personen barrierefrei nutzbar gemacht werden, wie es Elizabeth Petricks Buch *Making Computers Accessible* schon titelgebend für den Fall von Computertechnologien suggeriert (2015). Es waren menschliche Körper und der Aktivismus der Disability Community als spezifische Community of Practice, die historisch früh Sprachsynthese praktizierten – und zwar lange bevor sich diese in Form assistiver Technologien in Smart Homes konsolidierte.

Abschließend bleibt festzuhalten, dass die hier aufgeführten Beobachtungen nicht allein für Techniken und Praktiken der Sprachsynthese gelten. Die Erzeugung synthetischer Stimmen ist nur ein Teil eines größeren historischen Mosaiks der digital vernetzten Gegenwart. Die Technologien des Postdigitalen wurden lange Zeit nicht nur als frei von geografischen Rückbezügen, sondern ebenso als befreit von Gender- und Körperreferenzen imaginiert – ganz so, als stünden sie mit menschlichen Körpern in keiner Korrelation, als hätten die Technologien und Algorithmen des Digitalen keinen körperlichen Index. Es gehört mittlerweile zum medienwissenschaftlichen Konsens, dass beispielsweise digitale Plattformen, obgleich sie sich als neutral inszenieren, ebenso Politiken repräsentieren (Gillespie, 2010) oder dass semiautonomen Big Data-Prozessen wie der automatisierten Gesichtserkennung ein irreduzibler „Databias" eingeschrieben ist (Chun, 2021). Die Analyse historischer Kultur-, aber auch Körpertechniken im Sinne Marcel Mauss' (1974 [1934]), kann in diesem Sinne zeigen, dass zumindest eine Ursache des *per se* non-objektiven Charakters von Apparaturen, Technologien, Plattformen oder Algorithmen in den Körpern jener menschlichen Akteure zu finden sein wird, die in Akteursnetzwerken an ihrer Genese beteiligt waren.

Literatur

Adamowsky, N., & Tekampe, A. M. (2020). *Automaten, Androiden, Avatare. Diskurse zu Technik und Lebendigkeit*. Turia + Kant.
Anonym. (1844a, März 6). The Talking Automaton. *The North American and Daily Advertiser (Philadelphia)*, S. 2.
Anonym. (1844b, Januar 26). A Talking Machine. *Philadelphia Inquirer*, S. o.A.
Anonym. (1844c, März 23). o.A. *The New World*, S. 365.
Anonym. (1847, Februar 24). Professor Faber's Speaking Instrument. *The Guardian*, S. 5.
Bergen, H. (2016). 'I'd Blush if I Could': Digital assistants, disembodied cyborgs, and the problem of gender. *Word and Text, A Journal of Literary Studies and Linguistics, 6*(1), 95–113.
Borbach, C. (2018). Sprachspiele | Stimmsynthesen. Zur nachrichtentechnischen Genese des auditiven Pendants von ELIZA. In S. Höltgen, & M. Baranovska, *Hello, I'm ELIZA. Fünfzig Jahre Gespräche mit Computern* (S. 177–198). Bochum u. Freiburg: Projektverlag.
Bush, V. (1945, September 10). As we may think. A top U.S. scientist forsees a possible future world in which man-made machines will start to think. *Life*, S. 112–124.
Chun, W. H. K. (2021). *Discriminating data. Correlation, neighborhoods, and the new politics of recognition*. MIT Press.
Davis, K. H., Biddulph, R., & Balashek, S. (1952). Automatic recognition of spoken digits. *The Journal of the Acoustical Society of America, 24*(6), 637–642.
Derrida, J. (1974). *Grammatologie*. Suhrkamp.
Du Bois-Reymond, F.-H. (1862). *Kadmus oder Allgemeine Alphabetik vom physikalischen, physiologischen und graphischen Standpunkt*. Ferdinand Dümmler.
Du Moncel, T. (1879). *The telephone, the microphone and the phonograph: Authorised translation with additions and corrections by the author*. Harper & Brothers.
Dudley, H. (1937, Juli 4). System for the artificial production of vocal or other sounds. *United States Patent Office No. 2.121.142*.
Dudley, H., Riesz, R., & Watkins, S. (1939). A synthetic speaker. *Journal of the Franklin Institute. Engineering and Applied Mathematics, 227*(6), 739–764.
Edison, T. A. (1878). The phonograph and its future. *North American Review, 126*(262), 527–536.
Felderer, B. (2002). Stimm-Maschinen: Zur Konstruktion und Sichtbarmachung menschlicher Sprache im 18. Jahrhundert. In F. Kittler, T. Macho, & S. Weigel (Hrsg.), *Zwischen Rauschen und Offenbarung zur Kultur- und Mediengeschichte der Stimme* (S. 257–278). Akademie-Verlag.

Foulke, E. (1972). Computer services for the blind. *The Braille Monitor. Voice of the National Federation of the Blind*, 207–210.

Fryxell, A. R. (2021). Artificial eye: The modernist origins of AI's gender problem. *Discourse*, *43*(1), 31–64.

Gillespie, T. (2010). The politics of 'platforms'. *New Media & Society, 12*(3), 347–364.

von Goethe, J. W. (1797, Juni 12). *SwissCollections*. https://swisscollections.ch/Record/991170524995105501. Zugegriffen am 05.07.2025.

Hankins, T. L., & Silverman, R. J. (1995). Vox Mechanica: The history of speaking machines. In T. L. Hankins & R. J. Silverman (Hrsg.), *Instruments and the imagination* (S. 178–220). Princeton University Press.

Haraway, D. (1985). Manifesto for cyborgs: Science, technology, and socialist feminism in the 1980s. *Socialist Review, 80*, 65–108.

Hauger, J. S. (1996). *Reading machines for the blind: A study of federally supported technology development and innovation (Ph.D. Dissertation)*. Virginia Polytechnic Institute and State University.

Henry, J. (1992 [1846]). Letter to Nathan Reingold, January 6, 1846. In J. Henry, & A. Molella (Hrsg.), *The Papers of Joseph Henry* (Bd. 6, S. 361). Smithsonian Institution Press.

Hindenburg, K. F. (1784). *Ueber den Schachspieler des Herrn von Kempelen. Nebst einer Abbildung und Beschreibung seiner Sprachmaschine*. Johann Gottfried Müllersche Buchhandlung.

Hollingshead, J. (1895). *My lifetime. Vol. I*. Sampson Low, Marston & Company.

Hookway, B. (2014). *Interface*. MIT Press.

Ingham, K. R. (1971, Februar 19). *MIT Museum / MIT History*. Von mitmuseum. https://mitmuseum.mit.edu/collections/object/GCP-00011467. Zugegriffen am 05.07.2025.

Kaiser, F. (1840a, Juli 14). Jos. Fabers Sprach-Maschine. *Allgemeine Theaterzeitung. Originalblatt für Kunst, Literatur, Musik, Mode und geselliges Leben*, S. 710–711.

Kaiser, F. (1840b, Juni 27 und 29). Joseph Fabers neu erfundene Sprachmaschine. *Allgemeine Theaterzeitung. Originalblatt für Kunst, Literatur, Musik, Mode und geselliges Leben*, S. 652.

Kaiser, F. (1867, Juli 27). Verstorbene und Lebende. Erinnerungen von Friedrich Kaiser. *II. Beilage des Neuen Fremden-Blattes*, S. o.A.

Kaiser, F. (1869, September 06). Wichtige Mittheilung über die Faber'sche Sprachmaschine. *Neues Wiener Tageblatt, Demokratisches Organ*, S. o.A.

Kapp, E. (1877). *Grundlinien einer Philosophie der Technik. Zur Entstehungsgeschichte der Cultur aus neuen Gesichtspunkten*. Georg Westermann.

von Kempelen, W. (1791). *Mechanismus der menschlichen Sprache nebst der Beschreibung seiner sprechenden Maschine*. Degen.

Kittler, F., Macho, T., & Weigel, S. (2002). *Zwischen Rauschen und Offenbarung. Zur Kultur- und Mediengeschichte der Stimme*. Akademie.

Kolesch, D., & Schrödl, J. (2004). *Kunst-Stimmen*. Theater der Zeit.

Kutsch, J. A. (1977). A talking computer terminal. In *Proceedings of the June 13–16, 1977, National computer conference* (S. 357–362). *Association for Computing Machinery*.

Laboratories, B. T. (1961). *Computer speaks, sings, recites Shakespeare* (AT&T Archives, Number 86-300125 to 86-300133). Bell Telephone Laboratories.

Levin, T. Y. (2003). Tones from out of nowhere: Rudolf Pfenninger and the archaeology of synthetic sound. *Grey Room, 12*, 32–79.

Licklider, J. C. R. (1960). Man-computer symbiosis. *IRE Transactions on Human Factors in Electronics*, 4–11.

Lindquist, B. (2023). *Conversational computing: Speech synthesis from assistive technology to artificial intelligence, 1930–1980*. Princeton University.

Mauss, M. (1974 [1934]). Die Techniken des Körpers. In M. Mauss, *Soziologie und Anthropologie*, Bd. 2 (S. 197–220). Carl Hanser.

McLuhan, M. (1964). *Understanding media. The extensions of man.* McGraw-Hill.
Mills, M. (2012). Media and prosthesis: The vocoder, the artificial larynx, and the history of signal processing. *Qui Parle: Critical Humanities and Social Sciences, 21*(1), 107–149.
Mills, M., & Sterne, J. (2017). Afterword II: Dismediation – Three proposals, six tactics. In E. Ellcessor & B. Kirkpatrick (Hrsg.), *Disability media studies* (S. 365–378). New York University Press.
Müller, J. (1839). *Über die Compensation der physischen Krähe am menschlichen Stimmorgan. Mit Bemerkungen über die Stimme der Säugethiere, Vögel und Amphibien. Fortsetzung und Supplement der Untersuchungen über die Physiologie der Stimme.* A. Hirschwald.
Petrick, E. (2015). *Making computers accessible: Disability rights and digital technology.* Johns Hopkins University Press.
Phan, T. (2017). The materiality of the digital and the gendered voice of Siri. *Transformations, 29,* 23–33.
Rubery, M. (2016). *The untold story of the talking book.* Harvard University Press.
Sabo, A. (2019). Hatsune Miku: Whose Voice, whose body? *INSAM Journal of Contemporary Music, Art and Technology, 2*(1), 65–80.
Siebers, T. (2008). *Disability theory.* University of Michigan Press.
Siegert, B. (2000). Schüsse, Schocks und Schreie. Zur Undarstellbarkeit der Diskontinuität bei Euler, d'Alembert und Lessing. In I. Baxmann, M. Franz, & W. Schäffner (Hrsg.), *Das Laokoon-Paradigma. Zeichenregime im 18. Jahrhundert* (S. 291–305). Akademie.
Smirnov, A. (2012). Synthesized voices of the revolutionary Utopia: Early attempts to synthesize speaking and singing voice in post-revolutionary Russia (1920s). In D. Zakharine & N. Meise (Hrsg.), *Electrified voices: Medial, socio-historical and cultural aspects of voice transfer* (S. 163–185). V & R Unipress.
Stewart, J. Q. (1922). An electrical analogue of the vocal organs. *Nature, 110,* 311–312.
Stock, R. (2023). Einzelhörer und Vielhörer. Eine historische Situierung von Hörgeräten als Operatoren medialer Teilhabe. In B. Ochsner (Hrsg.), *Mediale Teilhabe. Partizipation zwischen Anspruch und Inanspruchnahme* (S. 81–104). meson press.
Tompkins, D. (2010). *How to wreck a nice beach: The vocoder from World War II to Hip-Hop.* Melville House.
Turkle, S. (2008). Always-on/always-on-you: The tethered self. In J. E. Katz (Hrsg.), *Handbook of mobile communication studies* (S. 121–137). MIT Press.
VanLenten, D. H. (1963). Computer speech – Hee Saw Dhuh Kaet (He Saw The Cat) [Aufgezeichnet von I. 704]. Bell Telephone Laboratories, USA.
Volmar, A. (2019). Productive sounds. Touch-tone dialing, the rise of the call center industry and the politics of virtual voice assistants. In A. Sudmann (Hrsg.), *The democratization of artificial intelligence. Net politics in the era of learning algorithms* (S. 55–75). Transcript.
Woods, H. S. (2018). Asking more of Siri and Alexa: Feminine persona in service of surveillance capitalism. *Critical Studies in Media Communication, 35*(4), 334–349.
Wyatt, K. (1939, Juli 23). Science turns to sound, taking voice to pieces: All sorts of odd effects obtained with components of human speech. *The Baltimore Sun,* S. o.A.

Die Kategorisierung von Schwerhörigkeit durch Telefonie im Großbritannien der Zwischenkriegszeit

Coreen Anne McGuire

Zusammenfassung

Das Telefon bildete im Großbritannien der Zwischenkriegszeit eine elektroakustische Schnittstelle zwischen der technischen Kategorisierung und der sozialen Identifizierung von Schwerhörigkeit. Zwischen 1912 und 1981 kontrollierte die britische Post das staatliche Telefonsystem. Die Verbindung zwischen Telefonie und Gehör wird von Klang- und Wissenschaftshistoriker:innen schon seit Langem festgestellt, und die Techniker:innen der Post verfügten in der Zwischenkriegszeit über beträchtliches Fachwissen sowohl im Bereich der Telekommunikation als auch der Hörhilfen. Dieser Beitrag zeigt zunächst, wie die Post in der Zwischenkriegszeit verschiedene Arten von Hörverlusten kategorisierte, indem sie die Fähigkeit ihrer Nutzer:innen, effektiv mit dem Telefon zu kommunizieren, standardisierte. In einem zweiten Schritt wird untersucht, wie erfolgreich sie dabei war. Anhand des umfangreichen, aber bisher wenig genutzten Materials, das im BT-Archiv aufbewahrt wird, kann die Entwicklung des „Telefons für gehörlose Abonnent:innen" („deaf subscribers") der britischen Post nachvollzogen und untersucht werden, wie es eingesetzt wurde, um die Variabilität des Hörens und der Schwerhörigkeit innerhalb des Telefonsystems zu verwalten und zu standardisieren.

Dieser Artikel ist eine überarbeitete und übersetzte Version von „The categorisation of hearing loss through telephony in inter-war Britain", der 2019 in *History and Technology* erschien (DOI: https://doi.org/10.1080/07341512.2019.1652435). Die Forschung wurde durch einen Wellcome Trust Senior Investigator Award (Grant No. 103340) ermöglicht. Vielen Dank an Robert Stock für die hilfreichen redaktionellen Vorschläge, die mir geholfen haben, den Beitrag zu aktualisieren.

C. A. McGuire (✉)
Department of History, Durham University, Durham, UK
E-Mail: coreen.mcguire@durham.ac.uk

© Der/die Autor(en), exklusiv lizenziert an Springer Fachmedien Wiesbaden GmbH, ein Teil von Springer Nature 2025
C. Borbach et al. (Hrsg.), *Akustische Interfaces*, ars digitalis, https://doi.org/10.1007/978-3-658-47635-9_8

Schlüsselwörter

Telefonie · Behinderung · Hörverlust · User · Standardisierung

1 Einleitung

Die Fähigkeit, normal zu hören, wurde durch das Telefon sowohl definiert als auch beeinflusst. Das Telefon wurde 1876 durch den schottisch-amerikanischen Erfinder und Gehörlosenpädagogen Alexander Graham Bell patentiert und entwickelte sich bald zu einem Instrument, mit dem Menschen mit einem als von der Gesellschaft als normal konstruiertem Hörvermögen miteinander kommunizieren konnten. Es war somit ein rein akustisches Gerät, das dazu führte, Menschen mit eingeschränktem Hörvermögen von wichtigen Bereichen des Alltagslebens weiter zu isolieren. Das Telefon wurde in Großbritannien eingeführt, nachdem der Erste Weltkrieg eine Generation von Soldaten an seinen Gebrauch gewöhnt hatte, und es avancierte in den Zwischenkriegsjahren zu einem unverzichtbaren Businesstool. In dieser Zeit wurde das Telefon für viele Benutzer:innen von einem Luxusgut zu einer Notwendigkeit, und die Fähigkeit, das Telefon zu nutzen, wurde zu einer Voraussetzung für soziale Teilhabe. Für die Gesellschaft im Allgemeinen und für die Telekommunikationsabteilung der Post im Besonderen bedeutete die Fähigkeit, ein Telefon zu benutzen, an der hörenden Welt teilzuhaben. In diesem Artikel wird aufgezeigt, dass die Fähigkeit, das Telefon zu nutzen, von einem „normalen Hörvermögen" abhing und dieses voraussetzte, auch wenn sich die Schwelle für eine solche Einstufung aufgrund sich ändernder Normen und Verbesserungen des Telefonsystems als unbeständig erwies. Das Telefon war nicht nur eine elektroakustische Schnittstelle zwischen Technologien und Nutzer:innen, sondern prägte auch die sozialen Beziehungen seiner Nutzer:innen zueinander: Die Definitionen der verschiedenen Höreinschränkungen entstanden durch die Schnittstellen zwischen technologischer Entwicklung, unterschiedlichen körperlichen Konstitutionen und die Aneignung auditiven Wissens sowie der Werte der Nutzer:innen, die durch das Telefon etabliert wurden.

Ich beginne den ersten Teil dieses Beitrags mit einer Erläuterung der Bedeutung des „künstlichen Ohrs" („artificial ear") der Post, das von der sich entwickelnden Audiometrie zur Konstruktion von Normalitätsgrenzen und zur Definition der Nulllinie (der Normalschwelle) auf Audiogrammen zur Prüfung des Hörvermögens verwendet wurde.[1] Die Messung des Gehörs im Versuch der Standardisierung seiner notorischen Variabilität fand ihrerzeit oft losgelöst von medizinischen oder labortechnischen Praktiken statt. Das Audiogramm schrieb dahingegen einen neuen medizinischen Standard fest, durch den Höreinschränkungen abgebildet werden konn-

---

[1] Audiogramme stellen das mit Audiometern gemessene Hörvermögen in grafischer Form dar. Seit dem 19. Jahrhundert wurde die Telefontechnik für Audiogramme verwendet und 1922 wurden kommerzielle Vakuumröhren-Audiometer zur Prüfung des Hörvermögens eingesetzt. Für eine Geschichte der audiometrischen Tests in Großbritannien (Virdi & McGuire, 2018, S. 123 f.).

ten. Wie Mills (2020) jedoch gezeigt hat, war die Erforschung des durchschnittlichen menschlichen Gehörs durch die Etablierung des Audiogramms mit Verzerrungen behaftet, die aus der Schnittstelle zwischen Telefontechnologie und Hörtests resultierten. Im britischen Kontext wurden diese Vorurteile auf folgende Weise in die Technik eingeschrieben: Ein mechanisches Ohr wurde von der National Telephone Company im Jahr 1908 ursprünglich als Gerät für Hörtests entworfen. Dieser Entwurf wurde 1928 von der Post geändert, um ein Standardohr zu etablieren, mit dem das System auf den für die telefonische Kommunikation erforderlichen Mindeststandard der Effizienz getestet werden konnte. Für Personen, deren Hörvermögen nicht diesem Standard entsprach, bot die Post verstärkte („amplified") Telefone an, die im Rahmen des Abonnements „Telephone for Deaf Subscribers" bezogen werden konnten. Dieses Angebot steht im Mittelpunkt des vorliegenden Beitrages und wird im zweiten Abschnitt analysiert.

Die Geschichte des verstärkten Telefons im Vereinigten Königreich ist bislang wenig erforscht – abgesehen von einigen Beiträgen in audiologischen Fachzeitschriften (Castle, 1978, S. 91 f.). In der Tat sind historische Berichte über die allgemeine Telefonie und ihre Bereitstellung durch die Post spärlich.[2] Perrys „Verzögerungsthese" (1977), die besagt, dass das Postamt und das Finanzministerium die Einführung der Telefonie in Großbritannien verzögert haben (Perry, 1992), wurde kürzlich von Kay infrage gestellt (Kay, 2014). Mit Ausnahme von Kay wird in diesen Berichten wenig darauf eingegangen, wie das Telefon von der Öffentlichkeit aufgenommen wurde. Wie Pool es formuliert: „social scientists have neglected the telephone not only along with but also relative to, other technologies" (Pool, 1977, S. 2). Obwohl Pools Analyse von 1977 versuchte, dieses Desiderat zu beheben, lieferte auch er nur ein kurzes Kapitel über die britischen Erfahrungen und konzentrierte sich hauptsächlich auf die USA. Außerdem stellte er nicht infrage, dass die Telefonie in Großbritannien hinter der Telefonie in den USA zurückblieb (Kay, 2014). Im Gegensatz dazu wird im letzten Abschnitt dieses Artikels anhand von Mills' Analyse der Verbindung zwischen Gehörlosigkeit und Telefonie in den USA gezeigt, dass ein Vergleich zwischen der Geschichte des Telefons in den USA und im Vereinigten Königreich Aufschluss darüber geben kann, wie sich der staatliche Kontext der britischen Telefonie auf ihre Entwicklung und die Berücksichtigung „gehörloser Nutzer:innen" auswirkte.

Die „gehörlosen" Telefonnutzer:innen warteten nicht darauf, dass die Post ihnen entgegenkam. Vielmehr waren sie aktiv an der Entwicklung der verstärkten Telefontechnik beteiligt (McGuire, 2017, S. 70 f.). Wie auch andere Untersuchungen zeigen, war die aktive Beteiligung von behinderten Nutzer:innen entscheidend für die Entwicklung von

---

[2] Siehe: Crutchley, *GPO* 1938; Robertson, J. H., *The Story of the Telephone* (1947); Perry, C. R., *The Victorian Post Office: The Growth of a Bureaucracy* (1992); Campbell-Smith, D., *Masters of the Post: The Authorised History of the Royal Mail* (2011).

Medientechnologien. So argumentiert Mills in ihrem Beitrag, dass das Feedback von Hörgerät-Nutzer:innen routinemäßig und indirekt in technische Modifikationen einfloss. In der Tat wurde der enge Zusammenhang zwischen Taubheit und Klangtechnologien bereits durch Forscher:innen der Sound Studies herausgearbeitet. Seit Schafers Konzept der Soundscape im Jahr 1977 haben sich diese Historiker:innen zunehmend darauf konzentriert, wie Auralität unser Leben beeinflusst (Schafer, 1977).[3] Jonathan Sterne schreibt in seinem paradigmatischen Werk *The Audible Past:* „deafness was at the very beginning of sound reproduction" (Sterne, 2003, S. 41). Sterne erklärt, dass Gehörlosigkeit ein wesentlicher Bestandteil der Entwicklung von Hörtechnologien war, von der Telefonie bis zur Phonographie. Tatsächlich sind Menschen mit Hörverlust seit Langem überproportional stark an der Entwicklung von Hörprothesen beteiligt.[4] Die Pionierarbeit von Mara Mills hat gezeigt, dass das Konzept der Ertaubung („deafening") durch den Aktivismus von Menschen mit Hörverlust in das Telefonsystem integriert wurde (Mills, 2011, S. 122). In ähnlicher Weise waren taube Menschen im Vereinigten Königreich, wie in Abschn. 3 zu sehen sein wird, nicht passiv gegenüber der Medikalisierung, sondern wendeten verschiedene Strategien an, um den Zugang zur Telefonie für sich sicherzustellen.[5]

Die vorliegende Analyse leistet einen Beitrag für die historische Disabilityforschung und die Auseinandersetzung mit medizinisch geprägten Darstellungen von Behinderung, indem sie die Rolle von Technologien bei der Entstehung von Behinderung verdeutlicht. Darüber hinaus wird die Handlungsfähigkeit der behinderten Nutzer:innen hervorgehoben und ihre Rolle bei der Modifikation von Technologien in den Vordergrund gestellt. Dies ist auch für diejenigen in der Medizingeschichte relevant, die den Verlust der Stimme der Patient:innen kritisiert haben, da meine Lesart eine breitere Interpretation von Patient:innen als Nutzer:innen ermöglicht (Linker, 2013, S. 499 f.). Dabei ist es problematisch, verstärkte Telefone als „Medizin" oder ihre Benutzer:innen als „Patient:innen" zu bezeichnen, da die adaptierte Telefontechnologie nicht eindeutig als medizinisches Hilfsmittel eingeordnet wurde. Daher könnte es sinnvoller sein, das verstärkte Telefon im Kontext einer „interpretativen Flexibilität" zu betrachten (Oudshoorn & Pinch, 2005, S. 17 f.). Das verstärkte Telefon besaß einen hybriden Status als einzigartige Prothese – und wurde insofern weder als rein medizinisch noch bloß technisch begriffen. Das Verständnis des verstärkten Telefons als Schnittstelle und Prothese folgt aus der grundlegenden Arbeit von Ott, Serlin und Mihm (2002), die die Definition und Kategorisierung von Prothetik infrage stellten. Diesen Ansatz beziehe ich hier auf meine Analyse des verstärkten Telefons.[6] Die Relevanz dieses Ansatzes für die Disability History hat Claire Jones in einem Sammelband über

---

[3] Siehe auch: Pinch und Bijsterveld (2012).
[4] Siehe die ursprünglichen verstärkten Telefone, beschrieben in McGuire (2019): *Inventing Amplified Telephony* (S. 80–84), Oliver Heavisides Arbeit im Bereich des Fernsprechwesens und der Funksignale, untersucht in: Gooday und Sayer, *Managing Hearing Loss* (2017, S. 8), und Edisons Experimente mit Hörgeräten in Mills (2009, S. 142).
[5] Ähnlich argumentiert Virdi in dem Buch *Hearing Happiness* (2020).
[6] Siehe auch: McLuhan, *Understanding Media* (1987).

Prothesen in angloamerikanischen Warenkulturen aufgezeigt, der einen umfassenden Blick auf Prothesen wirft, um die Vielfalt der Prothesenfunktion und -herstellung zu betonen (Jones, 2017, S. 1 f.). Die kritische Analyse der Genese derartiger Kategorien ist ein zentrales Anliegen dieses Beitrages. Ich zeige auf, wie die Standardisierung von Hörverlust, Hörmessung und Testgeräten zur sozialen Ausgrenzung derjenigen führte, die nicht den von der Post und ihrem künstlichen Ohr festgelegten standardisierten Hörwerten entsprachen (vgl. Abb. 1). Das „artificial ear" war ein integraler Bestandteil dieses Prozesses, da diese Technologie zur Kategorisierung und Durchsetzung normativer Standards des Hörens beitrug. Indem gezeigt wird, wie das verstärkte Telefon das Verständnis von Behinderung beeinflusste, ergänzt meine Analyse die von den Befürworter:innen des sozialen Modells von Behinderung entwickelten Einsichten: Die kritische Einordnung von Telekommunikationstechnologien komplementiert Untersuchungen hinsichtlich der Diskriminierung und gesellschaftlicher Probleme, mit denen behinderte Menschen täglich in nichtzugänglichen sozialen Umfeldern und gebauten Umwelten konfrontiert sind. Wenn im Folgenden die Kategorisierung „gehörlose:r Abonnent:innen" durch die Post analysiert

Abb. 1 Fotografie des Künstlichen Ohres: „Artificial Ear – PO Research Station, Dollis Hill", Aufzeichnungen erstellt und verwendet vom Post Office telegraph and telephone service 1854–1969, TCB 473/P 3513, British Telecomm Archives, London, England

wird, so wird dabei an rezente Ansätze wie das „postsoziale" Modell von Behinderung angeknüpft: Dabei geht es um die Relevanz standardisierter Klassifizierungssysteme auf die Konstruktion vereinfachter Schwellenwerte und deren Einfluss auf die Bestimmung von Schwerhörigkeitsgraden. Die Telefontechnologie trug zu einer zunehmenden Quantifizierung des menschlichen Körpers bei und bewirkte eine zunehmende Verlagerung des Schwerpunkts auf mechanisierte praktische Messungen des Gehörs in der Zwischenkriegszeit.

2   Das künstliche Ohr

Die Idee eines künstlichen Ohrs zur Qualitätsprüfung von Telefonübertragungen stammt aus der Zeit vor der britischen Post und lässt sich bis zu ihrem Vorgänger, der National Telephone Company (NTC), zurückverfolgen. Es handelte sich um das Konglomerat Bell und Edison, das den größten Teil der Telefonie in Großbritannien kontrollierte, bevor das Urteil von 1880 zum Telegraphengesetz von 1869 einen staatlichen Dienst vorschrieb, der 1911 eingeführt wurde.[7] 1908 entwickelte die NTC ein „mechanisches Ohr", das in Verbindung mit einer künstlichen Stimme funktionieren sollte. Um die künstliche Stimme zu entwerfen, nahm die NTC Frequenzen von fünf Frauen auf, die wiederholt die Zahlen von 1 bis 5 aussprachen, wie es bei Übertragungstests üblich war, und stellte entsprechende Messungen an. Die Frau mit der „angenehmsten" Stimme wurde durch eine Befragung der Abteilung ermittelt. Zudem wurde eine professionelle Sopranistin hinzugezogen, um die als *ideal* empfundene Frequenz aufzuzeichnen. Die endgültige Zusammensetzung wurde mit einem künstlichen Ohr gemessen, das eher einem Aufnahmegerät als einer Nachbildung des menschlichen Ohrs ähnelt. Dies ermöglichte eine schnelle und mechanische Bewertung der Übertragungsqualität des Telefons. Der Vorteil bestand darin, dass die Telefonleitung nicht gestört wurde und das künstliche Ohr vergleichbare Ergebnisse wie ein mit Menschen durchgeführter Test lieferte, dabei aber 218 min schneller war. Der NTC-Bericht kam zu folgendem Schluss: „There is thus a saving of 67 % in time, in addition to the fact that mechanical testing is of course not nearly so exhausting as speech testing."[8]

Der nächste vorliegende Bericht (1928) belegt, dass die Post in den dazwischen liegenden 20 Jahren weiterhin das System der NTC verwendete.[9] Doch 1928 zeichnet sich ein

---

[7] Der „Telegraph Act" von 1869 gewährte dieses Monopol für die Kommunikation und 1880 wurde bestätigt, dass dieses Gesetz auch die Telefonie umfasste, obwohl das Telefon zum Zeitpunkt der Ausarbeitung des Gesetzes noch nicht erfunden war (siehe Campbell-Smith, 2011, S. 193).

[8] Engineer in Chief's Department, „The selection of suitable substitutes for the human voice and ear in transmission testing", 26. Februar 1908, 29. The National Telephone Company, TCB 22 T0339, British Telecomm Archives, London, England (nachfolgend BTA).

[9] Die Post behielt die Struktur des NTC bei und übernahm dessen gesamte veraltete Ausrüstung, da das Unternehmen nicht mehr in seinen Bestand investierte, als es erkannte, dass es diesen an die Regierung abgeben musste. Die Post musste auch enorme Mengen an Material und Forschung in den Krieg investieren, was diese Lücke in Forschung und Entwicklung erklären würde.

entscheidender Wandel in der Praxis und besonders in der Art und Weise ab, wie das künstliche Ohr konzipiert und eingesetzt wurde. Anstatt nur als Testsystem zu fungieren, konzipierte die Post das künstliche Ohr so, dass es funktionell dem menschlichen Ohr möglichst nahekam und die Funktionen des Außen-, Mittel- und Innenohrs nachbildete (Abb. 1 von links nach rechts). Der Bericht erläuterte: „the present investigation aims at a quantitative determination of the acoustical impedances of a reasonable number of normal (male) ears over a considerable frequency range".[10] Diese „angemessene" Anzahl bestand aus Daten von zwölf „normalen" Ohren und zwei „abnormalen" Ohren, allesamt von Männern. Die Daten, die durch Tests mit zehn „normal"-hörenden Personen generiert wurden, dienten als repräsentativer Standard für normales Hören. Das „normale" Hören wurde auf die mittleren und extremen Widerstände für verschiedene Frequenzen getestet, wobei der Durchschnittswert für die Konstruktion des künstlichen Ohrs verwendet wurde. Es liegt jedoch auf der Hand, dass auch die Ohren, die nicht wie erwartet funktionierten, relevante Informationen lieferten, da die beiden vom Normalwert abweichenden Ohren weiteren Tests unterzogen wurden, um ihre „Impedanz"-Werte zu ermitteln. Das bedeutete, dass die Ingenieure der Post untersuchten, inwieweit das Gehör dieser Personen in der Lage war, Schall durch Vibrationen zu übertragen.[11] Das Verständnis der Impedanz (der Umwandlung von Schwingungen) war wichtig, um das Design des künstlichen Ohrs zu verbessern, da seine elektrische Impedanz zuvor anhand eines menschlichen Ohrs eingestellt worden war.

Das Postamt war der Ansicht, dass ein künstliches Ohr den menschlichen Ohren bei Tests zur Prüfung der Qualität von Telefonübertragungen aus mehreren Gründen überlegen sei. Erstens lieferte es quantitative Daten zur Messung der Leistung von Empfängern.[12] Zweitens verbesserte es die Möglichkeiten, Lautstärkemessungen zu testen und auf dieser Grundlage verschiedene Schaltungen und Techniken zu vergleichen.[13] Vor allem aber lieferte das künstliche Ohr eine dauerhafte Spur, eine Aufzeichnung, die nicht von einer konsistenten Reproduktion und einer großen Anzahl von Tests abhängig war. Bei der Verwendung menschlicher Ohren für die Forschung waren wegen der Variabilität des Hörvermögens viele Tests erforderlich: „wide discrepancies between results with different observers necessitates a larger number of tests and observers in order to obtain a representa-

---

[10] A. J. Alridge und W. West, *Measurements of the acoustical impedance of human ears,* Forschungsbericht Nr. 4697. Für die Forschung in Dollis Hill Mai-September 1928, S. 2. TCB 422 04697, BTA. Die akustische Impedanz wurde in dem Bericht definiert als „the ratio of alternating pressure to alternating rate of volume displacement, i.e. if a piston of area is vibrating with velocity v and a pressure p per unit area is developed at its surface due to its contact with the medium (air)".

[11] A. J. Alridge und W. West, *Measurements of the acoustical impedance of human ears,* Forschungsbericht Nr. 4697. Für die Forschung in Dollis Hill Mai-September 1928, S. 15. TCB 422 04697, BTA.

[12] A. J. Alridge und W. West, „An Artificial Ear", Research Report No. 4946 For Research Station at Dollis Hill, 21. Oktober 1929, S. 7. TCB 422 04946, BTA.

[13] A. J. Alridge und W. West, „An Artificial Ear", Research Report No. 4946 For Research Station at Dollis Hill, 21. Oktober 1929, S. 8. TCB 422 04946, BTA. Ebenda, 8.

tive average."[14] Ein solches Testverfahren wurde aufgrund seines subjektiven Charakters als besonders problematisch erachtet, weshalb das künstliche Ohr für die „elimination of personal bias" benötigt wurde.[15] Die Techniker:innen konzipierten das künstliche Ohr als eine objektive Technologie, mit der sich die Variabilität des Hörvermögens steuern ließ. Die daraus resultierende Maschine legte Standards für normales Hören in engen mechanischen Parametern fest. Das führte dazu, dass diejenigen, die nicht den telefonischen Standards der Post entsprachen, als taub eingestuft wurden und daher einen „Telefondienst für Gehörlose" benötigten.

Die von den Techniker:innen des Postamts für das künstliche Ohr verwendeten Daten schufen die Hörstandards, die für die Entwicklung von „normalen Telefonen" in Großbritannien verwendet wurden. Wenn die Nutzer:innen nicht in der Lage waren, die normalen Telefone zu benutzen, mussten sie folglich den „Telefondienst für Gehörlose" in Anspruch nehmen. Diese in das Telefon eingespeisten Daten wurden somit zum Indikator eines medizinischen Zustands. Wie diese Dokumente eindrücklich zeigen, folgte die Klassifikation von Behinderung den technischen Parametern des Interface. Gehörlosigkeit wurde relational konstruiert, wobei das „artical ear" als akustisches Interface zunehmend in diese willkürliche Rolle erhoben wurde. Außerdem versuchte das National Institute for the Deaf, die in der Zwischenkriegszeit verkauften elektrischen Hörgeräte zu verbessern, indem es sie mit diesem Gerät testete.[16] Es wurde auch bei der Entwicklung des ersten NHS-Hörgeräts Medresco verwendet.[17] Dieses Hörgerät war für Kinder gedacht, und dennoch wurden die Daten über das Gehör von Kindern bei der Entwicklung des künstlichen Ohrs nicht verwendet. Ein Großteil der erhobenen Daten wurde aber im expandierenden Feld der Audiometrie gesammelt. Dort wurden Telefone eingesetzt, um das Gehör mit Audiometern zu messen (Virdi & McGuire, 2018, S. 123–146). Insofern gibt es eine eindeutige Wechselwirkung zwischen der Entwicklung des Telefonsystems und der Standardisierung des Hörvermögens, die für die Kalibrierung erforderlich ist. Diese Wechselbeziehung funktionierte in beide Richtungen, da eingeschränkte Hörfähigkeit zur Verbesserung des Telefonsystems benutzt wurden, während das Telefonsystem gleichzeitig

---

[14] A. J. Alridge und W. West, „An Artificial Ear", Research Report No. 4946 For Research Station at Dollis Hill, 21. Oktober 1929, S. 8. TCB 422 04946, BTA.

[15] A. J. Alridge und W. West, „An Artificial Ear", Research Report No. 4946 For Research Station at Dollis Hill, 21. Oktober 1929, S. 8. TCB 422 04946, BTA.

[16] Die Post testete Hörgeräte in der Dollis Hill Research Station im Auftrag des National Physical Laboratory und in Zusammenarbeit mit dem National Institute for the Deaf. Siehe: Wharry und Crowden (1932, S. 1189).

[17] Die Planungen für ein NHS-Hörgerät begannen 1947. Medresco war eine Abkürzung für „Medical Research Council" (Medizinischer Forschungsrat), und dieser Name hat dazu geführt, dass die Rolle des MRC bei der Entwicklung des Geräts überbetont und die Arbeit der Post vernachlässigt wurde. Anstatt ein neues verstärktes Telefon zusammen mit dem NHS-Hörgerät zu entwickeln, entwarfen die Postingenieur:innen einen Adapter, um die neuen Hörgeräte mit Telefonapparaten zu verbinden. Auf diese Weise konnten die Nutzer:innen jedes beliebige Telefon nutzen und nicht nur ihre eigenen Geräte. Siehe McGuire und Carel (2018).

dazu diente, Höreinschränkungen zu definieren und zu „verbessern". Diese Beobachtung ist sowohl für die Geschichte der Behinderung als auch für die neuere Literatur über die Kategorisierung von Daten, die in algorithmischen Technologien verwendet werden, relevant, denn sie veranschaulicht, wie kategorische Vorurteile durch scheinbar neutrale Technologien etabliert und verstärkt werden (Fiore-Gartland & Neff, 2015, S. 1466 f.).

Das Testen und die Annahme des durchschnittlichen männlichen Zuhörers als Standard kann Verzerrungen im Hinblick auf die Geschlechterspezifik sowohl in den Instrumenten als auch in den Tests zur Folge haben (Krebs, 2020, S. 232). Das künstliche Ohr war jedoch keine Blackbox, sondern Teil einer Schnittstelle, die sowohl ein System „definiert" als auch „the means by which it may be known" (Hookway, 2014, S. 63) bestimmt. Es bildete die fließenden Grenzen zwischen menschlichem Hören, Telefonie und Audiometrie – und zwar in einer Weise, dass „a dynamic process of forming may become visible, legible, knowable, measurable, or available for capture in the production of work" (Hookway, 2014, S. 63). Die Entwicklung von Messstandards für Qualitätstests weist relevante Ähnlichkeiten mit medizinischen Untersuchungen auf. Wie Mills betont, ginge es beiden darum, „[to establish] limits on variability, eliminating sources of extreme variance, and either ‚junking' or rehabilitating those objects or people who fall outside the limits" (Mills, 2020, S. 27). Für diejenigen, die außerhalb der Grenzen der Telefonstandards des künstlichen Ohrs lagen, wurde der Telefondienst für Gehörlose geschaffen.

Verstärkte Telefone wurden in der Zwischenkriegszeit durch eine Reihe von Innovationen entwickelt, die von den Benutzer:innen vorangetrieben wurden. Es ist im Rahmen dieses Beitrages nicht möglich, die Konfrontation zwischen den Nutzer:innen, die auf ihren individuellen Schwerhörigkeitsgrad adaptierte Telefone verlangten, und den Bemühungen der Post um eine Standardisierung vollständig darzustellen.[18] Es ist jedoch wichtig klarzustellen, dass die Schaffung einer Kategorie der „gehörlosen Abonnent:innen" durch die Post mit ihrer Verpflichtung zusammenhing, Telefonie für alle Bürger:innen bereitzustellen, ohne die Kontrolle über ihr Netz oder ihre Geräte aufzugeben. Die Konstruktion und Verwendung des Begriffs „gehörlose Teilnehmer:innen" war darauf ausgerichtet, darunter Menschen mit jeder Art von Hörbehinderung zusammenzufassen, ohne das breite Spektrum an Hörfähigkeiten oder die verschiedenen Formen von Hörverlust zu berücksichtigen. Infolgedessen waren beispielsweise Telefonnutzer:innen mit Hörverlust unzufrieden und verlangten, dass die Post ihrer Pflicht nachkomme, allen Bürger:innen ausnahmslos Telefonzugang zu gewähren. Im Folgenden verwende ich den Begriff „eingeschränktes Hörvermögen", um das gesamte Spektrum des individuellen Hörvermögens zu erfassen und die Erfahrungen all derer einzubeziehen, die sich mit der verstärkten Telefonie beschäftigt haben. Esmail (2013) hat jedoch festgestellt, dass die Telefonie trotz des anfänglichen Optimismus bezüglich ihrer Nutzung von der Gehörlosengemeinschaft nicht angenommen wurde. Daher wird auch der Begriff „Hörverlust" verwendet, um die Erfahrungen derjenigen genauer zu beschreiben, die in dieser Zeit verstärkte Telefone be-

---

[18] Eine ausführlichere Diskussion über die Beteiligung der Benutzer:innen an der ursprünglichen Entwicklung von verstärkten Telefonen findet sich in McGuire (2017) sowie McGuire (2020).

nutzen, da sie zu der neuen Gruppe derjenigen gehörten, die aufgrund von alters- oder lärmbedingtem Hörverlust „ertaubt" waren und die diese Veränderung als Verlust erlebten und versuchten, ihr Gehör mithilfe der neuen Technologie wiederzuerlangen.

Wie eingangs erwähnt, hatte die Post die vollständige Kontrolle über das Telefonnetz in Großbritannien. Die staatliche Unterstützung bedeutete auch, dass die Post unter den finanziellen Zwängen des Finanzministeriums arbeiten musste und als Teil der Regierung agierte. Aufgrund ihrer Stellung innerhalb der Regierung entwickelte die Post die verstärkte Telefontechnologie entsprechend ihrer sich ändernden Beziehung zum Finanzministerium, dessen Prioritäten in Bezug auf die Wohlfahrt sich gleichzeitig verschoben. Der Staat und die zunehmend privatisierte Öffentlichkeit erwarteten jedoch von der Post, dass sie Telefone bereitstellte, die auch von Menschen mit leichter Schwerhörigkeit genutzt werden konnten. Die Entwicklung der verstärkten Telefonie erfolgte parallel zu den sich abzeichnenden Prioritäten des Wohlfahrtsstaates. Dabei war es für private Unternehmen oder Einzelpersonen illegal, die Geräte zu verändern oder zu manipulieren. Das bedeutete vor allem, dass private Hörgerätehersteller keine Zusatzgeräte an Posttelefonen anbringen konnten und Schwerhörige keine eigens angeschafften Telefone an ihren Anschlüssen benutzen durften. Infolgedessen sah sich das Postamt durch engagierte Nutzer:innen herausgefordert, die sich ein Telefon wünschten, das auch von Menschen genutzt werden konnte, deren Gehör vom Standard abwich. So forderte beispielsweise Horace Buckley, ein Schullehrer und Kriegsveteran, zwischen 1928 und 1934 immer wieder ein günstigeres verstärktes Telefon für diejenigen, die im Ersten Weltkrieg ihr Gehör verloren hatten und sich mit ihrer mageren Kriegsrente (die nur knapp die Hälfte derjenigen für Sehbehinderte betrug) keine hohen Telefongebühren leisten konnten.[19] Buckley drohte der Post mit rechtlichen Schritten, weil er deren verstärktes Telefon für ineffektiv und unnötig teuer hielt. Seine Beschwerden wurden erst 1934 beigelegt, als die Post einen verbesserten Verstärker zu einem reduzierten Preis einführte. Buckleys Beschwerde wurde auch deshalb ernst genommen, weil er selbst im Ersten Weltkrieg ertaubt war und sich gegenüber der Post auf sein Recht berief, Unterstützung zu erhalten. Diese öffentliche Forderung führte zur erstmaligen Bereitstellung eines „Telefons für gehörlose Abonnent:innen".

3   Ein Telefon für gehörlose Teilnehmer:innen

Das erste Telefon, das speziell für Menschen mit eingeschränktem Hörvermögen entwickelt wurde, wurde 1924 von der Post beworben, als eine kurze Beschreibung des „Repeater Telephonic 9A" in einer Pressemitteilung erschien, die ein Telefon „for the use of ‚Deaf Subscribers' who experience difficulty in the use of the standard telephone", beschrieb.[20] Dieses erste verstärkte Telefon, der Repeater 9A, verfügte über eine Steuertaste, mit der

---
[19] Hansard, 6. März 1917, Zeile 251.
[20] Memorandum der Buchhaltung an den Oberingenieur, 23. Oktober 1924, POST 33/1491C, BTA.

die Lautstärke je nach Bedarf erhöht oder verringert werden konnte und die zusammen mit dem Röhrenverstärker in einem separaten Holzkasten untergebracht war.[21] Es handelte sich um eine Blackbox, in der die Daten des künstlichen Ohrs enthalten waren. Dieser Aspekt des Designs wurde jedoch später aufgrund von Beschwerden von Kund:innen geändert. Das Design für den Schreibtisch entsprach den Vorstellungen der vorgesehenen geschäftlichen Nutzer:innen, aber die Box war bei den Kund:innen sehr unbeliebt, die sie als umständlich und stigmatisierend empfanden.

Nach anhaltenden Beschwerden von Kund:innen wurde 1934 mit dem Repeater 17A ein verbessertes verstärktes Telefon auf den Markt gebracht (McGuire, 2017, S. 74). Dabei handelte es sich um einen günstigeren Verstärker mit einem freihändig bedienbaren Mikrotelefon. Dieses Modell war nicht nur frei stehend (das heißt, der Lautstärkeregler befand sich im Telefon selbst und nicht in einer Box), sondern verwendete auch ein leistungsstärkeres Ventil, um das Signal zu verstärken und die Lautstärke zu erhöhen. Der integrierte Empfänger – ein Novum gegenüber den älteren kerzenförmigen Empfängern und Sendern – zog jedoch den Zorn von Nutzer:innen mit sensorineuraler Taubheit auf sich, die die älteren Modelle verwendet hatten, um das Telefon über Knochenleitung zu hören. Die Post erklärte, dass solche Nutzer:innen „had been accustomed to holding the bell receiver to the bone at the back of the ear to obtain best reception for his [sic] particular deafness".[22] Als die Post das neue integrierte Empfänger:innendesign einführte, das eine solche Verwendung ausschloss, war sie überrascht, eine Flut von Beschwerden von Nutzer:innen zu erhalten, die das Telefon auf diese unerwartete Weise benutzt hatten (McGuire, 2020, S. 86). Die Charakterisierung der Phänomenologie des Hörens ergab sich also direkt aus der Auseinandersetzung mit dem Telefon. Als Reaktion auf solche Beschwerden entwickelte die Post ihren Telefonverstärker 17B, der eine andere Frequenz als der Verstärker 17A aufwies. Er war 13,5 dbs lauter als der 17A und verfügte über eine Taste zur Klangregelung, wie in Abb. 2 (rechts) zu sehen ist.

Die Anzeige in Abb. 2 (links) wurde 1936 im Rahmen einer Kampagne zur Vermarktung des verstärkten Telefons als „A Telephone for Deaf Subscribers" und in einer überarbeiteten Version 1938 (rechts) als „A Telephone Service for Deaf Subscribers" (vgl. Abb. 2) veröffentlicht. Der Begriff „Deaf Subscriber" wurde erfunden, um Menschen mit eingeschränktem Hörvermögen zusammenzufassen, ohne dabei jedoch das breite Spektrum der Hörfähigkeiten zu berücksichtigen. In der Zwischenkriegszeit war man sich darüber im Klaren, dass das Gehör unterschiedlich stark eingeschränkt war, aber das Verständnis für den Unterschied zwischen sensorineuraler und konduktiver Taubheit stand noch am Anfang. Die Notwendigkeit, die Lautstärke bei bestimmten Frequenzen zu verändern, wurde von der Post erst 1936 in Betracht gezogen, als ein Bericht über

---

[21] Memorandum des Chefingenieurs (Buchhaltung) an den leitenden Ingenieur betreffend die Versicherung des Verstärkers 9A, 23. Oktober 1924, POST 33/1491C, BTA.
[22] *Aids to telephone reception for partially deaf subscribers*, Forschungsbericht Nr. 9150, Post Office Research Station, 21. April 1936, TCB 422 09150, BTA.

Abb. 2 Werbebroschüre „A Telephone for Deaf Subscribers", 1936 (links), und „Telephone Service for the Deaf", 1938 (rechts), TCB 318/PH 632, British Telecomm Archives, London, England

„Aids to Telephone Reception for Partially Deaf Subscribers" die Möglichkeit untersuchte, ein Hilfsmittel zu entwickeln, das den Ton wie auch eine andere Frequenzcharakteristik verstärken würde.[23]

Das Verständnis der Post für die Variabilität und Individualität von Hörbehinderungen wurde zu diesem Zeitpunkt durch die Zusammenarbeit mit der Medizinerin Dr. Phyllis Kerridge beeinflusst. Ihr 1935 im *British Medical Journal* erschienener Beitrag über „Aids for the Deaf" wurde in dem Bericht ausführlich zitiert.[24] Das „Problem der Taubheit" wurde somit von einem Problem, das von Techniker:innen zu lösen war, in den Bereich der Medizin verlagert. Jedoch hätte sich die Hauptzielgruppe, auf die die Post mit ihren Versuchen, verstärkte Telefone populär zu machen, abzielte, nicht automatisch als gehörlos identifiziert und wäre in allen anderen Aspekten ihres Lebens vielleicht als hörend durchgegangen (Esmail, 2013, S. 15–32).

Diejenigen, die sich in der Zwischenkriegszeit Zugang zu Telefonie wünschten, hätten die Gehörlosengemeinschaft und ihre Kultur des späten 20. Jahrhunderts mit Sicherheit nicht wiedererkannt. Doch wurde denjenigen, die ihr Gehör erst später im Leben verloren und sich nicht der Gehörlosengemeinschaft zuordneten, weniger wissenschaftliche Aufmerksamkeit geschenkt. Dies liegt zum Teil daran, dass es keine ausgewiesene Gemeinschaft von Menschen mit Hörverlust gab, und zum Teil daran, dass die Stigmatisierung von Gehörlosigkeit dazu führte, dass sich Menschen mit eingeschränktem Hörvermögen als hörend identifizierten und die Bedeutung ihres Hörverlustes herunterspielten. Dass die Stigmatisierung von Schwerhörigkeit in dieser Zeit sehr ausgeprägt war, zeigt sich an der Rhetorik der Werbung für Hörgeräte in der Zwischenkriegszeit. Die Hörgerätehersteller machten überzogene Behauptungen und benutzten eine lebhafte Sprache und Bilder, um die Kund:innen von der Wirksamkeit ihrer Geräte zu überzeugen. Häufig wurde in solchen Werbungen gerade das Stigma der Taubheit genutzt, um die Unauffälligkeit und Unsichtbarkeit der Hörgeräte zu betonen.[25] Die Wirksamkeit derartigen Marketings beruhte also auf dem gesellschaftlich konstruierten Imperativ, Behinderung sollte verborgen werden.[26] Die Stigmatisierung von Gehörlosigkeit verschärfte sich zu Beginn des 20. Jahrhunderts noch, als die Anforderungen der Industrialisierung nach standardisierten Praktiken zunahmen. Wie Gooday und Sayer erklären, bedeutete diese Forderung, dass sich Gehörlose bestmöglich anpassen mussten: Sie standen vor der Herausforderung „[to] adapt to the hearing world's oral norms or face marginalisation in unemployment" (2017, S. 84).

In der gegenwärtigen Gehörlosenkultur wird Hörverlust oder -einschränkung nicht primär als Behinderung und medizinischer Status betrachtet. Vielmehr sehen sich Gehörlose

---

[23] *Aids to telephone reception for partially deaf subscribers,* Forschungsbericht Nr. 9150, Post Office Research Station, 21. April 1936, TCB 422 09150, BTA.
[24] Siehe auch: Kerridge (1935, S. 1314–1317).
[25] Briefmarkenheft mit Anzeigen für Hörgeräte, die von klagenden Kund:innen an die Post geschickt wurden. BPMA POST 33/3481B, British Postal Museum Archives, London, England.
[26] Siehe Mills, *When Mobile Communication Technologies were New* (2009, S. 144), sowie den Beitrag von Mills im vorliegenden Band.

durch ihren sozialen und politischen Status definiert.[27] Bei der Diskussion über die Terminologie geht es darum, das Spektrum der Erfahrungen von Gehörlosen hervorzuheben und herauszustellen, dass diejenigen, die sich in der untersuchten historischen Periode als gehörlos bezeichneten, das Telefon wahrscheinlich nicht benutzten und diejenigen, die Probleme mit den bei der Post implementierten Telefonstandards hatten, sich als hörend oder möglicherweise als schwerhörig bezeichneten. Entscheidend war, dass das verstärkte Telefon es den Nutzer:innen ermöglichte, sich am Telefon als hörend auszugeben, und das in einer Zeit, in der Schwerhörigkeit ein soziales Stigma darstellte (Brune & Wilson, 2013). Das verstärkte Telefon versprach, sowohl Hörprobleme beim Telefonieren als auch die Stigmatisierung zu lösen, ohne für Anrufer:innen am anderen Ende der Leitung sichtbar zu sein. Obwohl das Zusatzgerät, das beim verstärkten Telefon verwendet wurde, sperrig und für Nutzer:innen offensichtlich war, war es für die Person am anderen Ende der Leitung unsichtbar. Diese relative Unsichtbarkeit des verstärkten Telefons, das hier als Prothese fungiert, ist im Kontext des Hörverlusts beachtenswert. Der Letztere stellt selbst eine unsichtbare Behinderung dar, die oft erst durch die entsprechende Hilfstechnologie sichtbar wird.[28]

Das verbesserte verstärkte Telefon (der Repeater 17B) kostete jedoch £1 mehr (Miete pro Jahr) als das ältere Modell. Dies war für die Nutzer:innen in vielen Fällen nicht akzeptabel. Herr Mousley weigerte sich zum Beispiel „to pay any additional rental in respect of it". In einem Schreiben vom 28. Juli drohte er damit, sich direkt an den Postdirektor zu wenden.[29] Besonders war er darüber verärgert, dass er sowohl am Wohnsitz als auch am Geschäftsanschluss £3 zahlen musste. Entsprechend verweigerte er ab dem 9. November 1938 jegliche Zahlung der Telefongebühren.[30] Dies war eine wirksame Strategie. Die Telekommunikationsabteilung forderte den Telefondirektor von Birmingham auf, den Forderungen des Nutzers nachzukommen, um weitere Verluste zu vermeiden: „Messrs. Winn & Co. are good customers, the account being in the neighbourhood of £50 per quarter."[31]

Die Verkaufsabteilung gewährte Herrn Mousley daher einen kostenlosen dreimonatigen Testzeitraum für den verbesserten Verstärker. Ihre eigentliche Hoffnung war jedoch, „to convince the subscriber that the difficulty that he is experiencing is not due to the service but rather to his affliction".[32] Der Verkaufsleiter erläuterte gegenüber Herrn Mousley zudem, „there were a good number of amplifiers existing in the Birmingham telephone area

---

[27] Für einen Überblick über die Geschichte der Gehörlosen und die Geschichte der Schwerhörigkeit siehe: Gooday und Sayer, *Managing Hearing Loss* (2017), sowie Davis, *Enforcing Normalcy* (1995).
[28] Zur Frage, wie sich dies auf die Ablehnung von Hilfsmitteln durch die Nutzer:innen auswirkt, siehe: McGuire & Carel, 2018 (S. 1–21).
[29] Brief von Herrn Mousley an die Telekommunikationsabteilung, 28. Juli 1938, TCB 2/171-2/172, BTA.
[30] Schreiben von Charles Winn & Co an den Service- und Verkaufsleiter, 9. November 1938, TCB 2/171-2/172, BTA.
[31] Schreiben der Telekommunikationsabteilung, Telephone Branch, 2. November 1938, TCB 2/171-2/172, BTA.
[32] Schreiben des Verkaufsleiters im Gebiet Birmingham an den Dienst- und Verkaufsleiter, 30. Juli 1938, TCB 2/171-2/172, BTA.

and that he was the only subscriber that complained".[33] Im Mittelpunkt dieses Falls steht die Diskrepanz zwischen der Messung und Klassifizierung von Taubheit auf der einen Seite und der Wirksamkeit der Technologie auf der anderen Seite. Herr Mousley schrieb: „I resent very much having to pay for an amplifier at all considering the reason is not really my deafness but the inefficiency of some of the Post Office lines and functions."[34] Dies wurde von der Post bestritten, insbesondere als der Superintendant feststellte, dass Mousley begonnen hatte, für alle Gespräche im Alltag ein spezielles Hörgerät zu tragen:

> „Mr Mousley now regularly uses special apparatus with which to carry on his normal business conversation. It consists of a headgear receiver connected to a portable valve amplifier, the power being drawn – I am told – from a 2 volt dry battery. The subscriber carries on a conversation apparently without difficulty when wearing the headgear; but in my opinion he is deafer than ever when not utilising this apparatus."[35]

Dieser Dialog ist ein Beispiel für das, was als behindertenspezifische epistemische Ungerechtigkeit beschrieben wurde (Scully, 2018, S. 106 f.). Das Expert:innenwissen behinderter Menschen darüber, wie den Bedürfnissen ihres Körpers am besten entsprochen werden kann, wurde im beschriebenen Fall durchweg unterbewertet. Dadurch entstand ein Kreislauf der Ungerechtigkeit, der die Kenntnisse von Menschen mit Behinderung untergräbt. Nicht nur wurde die neue Sichtbarkeit von Herrn Mousleys Hörverlust dazu benutzt, seine Behauptungen über die unzureichende Versorgung mit Telefonen zu diskreditieren. Auch sein Wissen über die Art von Hörhilfen, die ihm hätten helfen können, wurde missachtet.

Es ist unklar, ob das Hörgerät von einem privaten Unternehmen zur Verfügung gestellt wurde oder ob es eine Erfindung von Herrn Mousley war.[36] Derartige von Nutzer:innen selbst entworfene Innovationen waren damals allerdings nicht ungewöhnlich. 1935 wurden im *BMJ* Berichte über ähnliche Konstruktionen veröffentlicht. Die Physiologin Dr. Phyllis Kerridge berichtete etwa über „Aids for the Deaf" und erklärte: „Amateur wireless constructors have often designed very satisfactory circuits for themselves or their relatives by the method of trial and error" (1935, S. 1314 f.). Sie beschrieb ein selbst entwickeltes Hörgerät, das von einem Laborassistenten entworfen wurde:

> „[He] has a quadruple microtelephone instrument, and wears the microphone hidden under his overall. With this help conversation is possible, and he is able to take instructions and keep his job. He uses one battery a week, and finds that the old ones will light his bicycle lamp after they are no good for the hearing aid (Kerridge, 1935, S. 1316)."

---

[33] Vermerk des amtierenden Verkaufsleiters in Birmingham, 17. November 1938, TCB 2/171-2/172, BTA.

[34] Schreiben von Herrn Mousley an den Bezirksleiter, 20. April 1938, TCB 2/171-2/172, BTA.

[35] Schreiben des Superintendenten an den Service- und Verkaufsleiter, April 1938, TCB 2/171-2/172, BTA.

[36] Aus dem Briefkopf der Firma Charles Winn geht hervor, dass sie Ventile herstellte und dass Herr Arthur Mousley ein MBE besaß. TCB 2/171-2/172, BTA.

Der Bericht erlaubt hier Einblick in die alltäglichen Bemühungen hörbehinderter Menschen, die vorhandene Telefontechnologie zu nutzen und dabei auch Umgangsweisen mit dem Hörverlust zu etablieren. Es ist erstaunlich, wie oft die Apparate durch Modifikationen der Benutzer:innen verändert wurden. Ein weiteres Beispiel für die aktiven Nutzer:innen ist die behelfsmäßige Konstruktion einer kabellosen Struktur durch einen Nutzer

> „[who] made himself a valve amplifier set, incorporating a tone control, with which he can hear conversation quite easily … He finds the tone control satisfactory for clear understanding, and a further advantage is that he can tune out the unpleasant qualities of voices which he disliked in his hearing days (Kerridge, 1935, S. 1316)."

Dieses selektive Hören und die Verwendung von Hörgeräten als Mittel zur Kontrolle wurde auch bei der Verwendung von analogen akustischen Hilfsmitteln wie Hörrohren festgestellt, die von ihren Nutzer:innen wirkungsvoll eingesetzt wurden, um Langeweile in einem Gespräch zu signalisieren (ebd.). Wie diese analogen konnte auch das elektroakustische Interface dazu gebraucht werden, zu filtern, was überhaupt wahrgenommen wird.

Wie bereits beschrieben, war die Entwicklung der verstärkten Telefonie in Großbritannien von Spannungen zwischen dem Monopol der Post und ihrer Verpflichtung geprägt, einen Service für Bürger:innen mit unterschiedlichen Hörvermögen anzubieten. Das verstärkte Telefon wurde in einem Prozess entwickelt, der von den Anregungen der Nutzer:innen und entsprechenden Designmodifikationen geprägt war. Der Ausbau der verstärkten Telefonie wurde dadurch beeinträchtigt, dass es schwierig war, die individuellen Bedürfnisse der Nutzer:innen mit den institutionellen Strukturen der Post in Einklang zu bringen, und dass die gelebte Hörerfahrung der:des Einzelnen mit dem Wunsch der Post nach Standardisierung in Konflikt gerieten. Als Regierungsbehörde war die Standardisierung ein wesentlicher Bestandteil des allgemeinen Ethos der Post in Bezug auf ihre Kund:innen, da die Bereitstellung gleicher Dienstleistungen für alle ein integraler Bestandteil ihrer demokratischen Haltung war. Das Streben nach Standardisierung war aber auch ein fester Bestandteil der Telefonnetzwerke im Allgemeinen und wurde teilweise durch technische Notwendigkeiten angetrieben. Heute wird die Telefonie von Technikhistoriker:innen oft als Beispiel dafür herangezogen, wie ein Gerät einen Netzwerkeffekt erzeugen kann, da die Attraktivität des Telefons direkt mit der Anzahl der Nutzer:innen desselben Systems korreliert (Agar, 2003, S. 64). Allerdings gab es in der Zeit vor der Verstaatlichung in Großbritannien Spannungen zwischen den verschiedenen Telefonanbietern und ihren Netzen. So profitierten beispielsweise lokale Kund:innen stärker von lokalen Vermittlungsstellen, und der Bau öffentlicher Telefonanlagen war für die Telefongesellschaften teurer als der von privaten Kabelsystemen (Kay, 2014, S. 150 f.). Unterschiedliche Vermittlungsstellen, die verschiedene Arten von Anschlüssen anboten, passten wiederum nicht zum verstaatlichten Dienstleistungsethos der Post. Auch wenn die American Telephone and Telegraph Company (im Folgenden AT&T) kein staatlich vorgeschriebenes Monopol besaß, übte sie dennoch ihre Vorherrschaft über die Kommunikationsnetze in einer Weise aus, die als eine Art „amerikanischer Sozialismus" beschrieben wurde, was durch den AT&T-Slogan veranschaulicht wird: „One policy, One system, Universal service" (Sterling, 1996, S. 37). Im Gegensatz zu diesem Streben nach Standardisierung bot das erste verstärkte Telefon der Post nicht allen Menschen ein Telefon, das sie benutzen konnten: Diejenigen, deren Hörverlust für diesen Apparat der Post zu groß war, wurden als Menschen an der Schwelle zur „Taubheit" neu definiert. Dies bedeutete, dass die Nutzer:innen sich aktiv und individuell mit der Technologie auseinandersetzen mussten, um die Post dazu zu bringen, ein verstärktes Telefonmodell zu entwickeln, das sowohl dem Grad der Schwerhörigkeit (durch Lautstärkeverstärkung) als auch der Art der Schwerhörigkeit (durch Frequenzanpassung) entsprach. Auf diese Weise etablierten die Telefongesellschaften Standards für normales Hören außerhalb des medizinischen Bereichs. Wie Mara Mills argumentiert, verlief diese Situation parallel zu den Aktivitäten der privaten Telefongesellschaft AT&T.

4 Transatlantische Verbindungen

Mills Arbeit über AT&T wird in diesem letzten Abschnitt herangezogen, um einen transatlantischen Vergleich über die Kommodifizierung von Gehörlosigkeit im Telefonwesen anzustellen. Obwohl es in den Vereinigten Staaten kein einziges verstaatlichtes Unternehmen gab, das wie in Großbritannien ein staatlich sanktioniertes Monopol auf den Telefonservice besaß, hatte AT&T zu dieser Zeit praktisch ein Monopol auf das Telefonsystem in den USA. Das Monopol von AT&T wurde zwar nicht von der Regierung gesetzlich verankert, aber in der Praxis kontrollierte AT&T den Telefonsektor und bekämpfte jegliche Konkurrenz, um seine Position zu halten. Ein bahnbrechendes Beispiel für die monopolistischen Befugnisse von AT&T ist der Rechtsstreit zwischen den Vereinigten Staaten und der Hush-A-Phone Company in den Jahren 1949–1968, bei dem es um das Hush-A-Phone ging, ein Gerät, das von Nutzer:innen am Telefon angebracht wurde, um die Hörbarkeit zu verbessern. AT&T war der Ansicht, dass es sich dabei um ein illegales Zusatzgerät handelte, das gegen das AT&T-Monopol verstieß, und zog vor Gericht, um das Hush-A-Phone-Gerät erfolgreich zu verbieten (George, 1969, S. 460–462).[37] Im Gegensatz dazu wurde der Post in einer ähnlichen Situation, in der es um private Hörgerätefirmen ging, die Koppler zur Verbindung von Hörgeräten mit ihren Telefonen anboten, geraten, keine Anklage zu erheben, da diese Firmen keine *physischen* Anbauteile verwendeten. Dies war eine ungewöhnliche Entscheidung, da die Post ein striktes und generelles Verbot für alle privaten Geräte in ihrem Netz verhängte. Dennoch stellte die Post in der Zwischenkriegszeit verstärkte Telefone für ihre schwerhörigen Kund:innen zur Verfügung, was eine deutliche Abweichung von der Politik von AT&T darstellte und eventuell auf einen etwas inklusiveren Ansatz gegenüber Menschen mit Hörbehinderungen hindeutet, die durch die sich entwickelnde Ideologie des britischen Wohlfahrtsstaates bedingt war.

---

[37] Vielen Dank an Mara Mills, die mich auf diesen Fall aufmerksam gemacht hat.

AT&Ts Spezialisierung auf Schwerhörigkeit über allgemeine Telefonleitungen stand im Gegensatz zu ihrer Weigerung, den Kund:innen ein für Gehörlose geeignetes Telefonsystem zur Verfügung zu stellen, was in den späten 1960er-Jahren zum Gegenstand einer breit angelegten Kampagne wurde.[38] Die Bell Telephone Labs arbeiteten jedoch 1936 mit dem US Public Health Service zusammen und testeten das Gehör von 9000 Erwachsenen mit ihrem Audiometer (Mills, 2011, S. 132). Dies ermöglichte es, die audiologische Gesundheit der Nation zu testen, und lieferte AT&T umfassendere Daten, um den Standard der Normalität festzulegen. Mills erklärt, dass AT&Ts Studie über Sprache und Gehör weitreichend und umfassend war, um einen möglichst effizienten Telefondienst zu gewährleisten: „in the hopes of connecting its system to the average ear, and in turn exploiting that ear's limitations to establish the requisites for ‚intelligible' transmission across imperfect lines (and later still, to transmit compressed speech) …" (S. 120). Mills weist jedoch darauf hin, dass solche Erhebungen darauf abzielten, normal hörende Menschen zu identifizieren, und ältere Menschen und Menschen mit Höreinschränkungen unberücksichtigt ließen, sodass der resultierende Durchschnitt nicht die Norm, sondern eher das obere Quartil der Norm darstelle. AT&T suchte nach dem Durchschnitt des vorab ermittelten *normalen Hörvermögens,* anstatt die tatsächliche Variabilität des Hörvermögens in der Bevölkerung zu erfassen.

Der unterschiedliche Kontext von Verstaatlichung und privater Entwicklung bedeutete, dass die Normen für das sogenannte normale Hörvermögen (die Nulllinie des Audiometers) im Vereinigten Königreich und in den USA bis 1964 unterschiedlich waren (Noble, 1978, S. 178–179). Dieser entscheidende Punkt zeigt den subtilen Einfluss, den die in Technologien wie dem Telefon verwendeten Klassifizierungssysteme auf unsere Vorstellung vom normalen Körper und dessen Funktionsweise haben. Vergleicht man die Dienste von AT&T für Hörgeschädigte mit denen der britischen Post, so wird deutlich, wie das Streben nach Standardisierung sowohl von lokalen Gegebenheiten als auch von wirtschaftlichen Zwängen beeinflusst wurde. Mills hat aufgezeigt, dass es zahlreiche Zusammenhänge zwischen Gehörlosigkeit und der Entwicklung der Telefonie bei AT&T gab. Erstens beleuchtet sie, dass Menschen mit Hörverlust sich aktiv für die Entwicklung von Rehabilitationsgeräten einsetzten und mit AT&T zusammenarbeiteten (Mills, 2011, S. 121). Zweitens wurde das neuartige Konzept des „deafening" von AT&T sowohl als nützliche Kategorie als auch als angewandter Fachbegriff für Telefontechniker:innen verwendet. Drittens wurden die audiometrischen Experimente und Erhebungen von AT&T über das Niveau des normalen Hörvermögens in der Medizin genutzt und zur Definition des „normalen" Hörniveaus für die in Hörtests verwendeten Audiogramme verwendet (Mills, 2011, S. 118–143). Dass sich die US-Norm in der Zwischenkriegszeit von der britischen Norm unterschied, zeigte sich an der viel größeren (wenn auch immer noch nicht repräsentativen) Stichprobe, die von AT&T zur Erstellung der Norm verwendet wurde. Trotz dieser Unterschiede versuchten sowohl die US-amerikanischen als auch die briti-

---

[38] Dieser Konflikt wurde in Lang (2000) dokumentiert. Die Arbeit unterstrich auch die Schwierigkeiten bei der Zusammenarbeit mit der britischen Post.

schen Telefongesellschaften, die Variabilität des Hörens durch Mechanismen in den Griff zu bekommen, die einen schmalen Durchschnittswert als repräsentativen Standard für die Norm propagierten.

5 Fazit

Die Versuche der Post, eine gemeinsame Lösung für alle ihre Kund:innen zu finden und eine technische Standardisierung zu erreichen, die ihren Wohlfahrtsrichtlinien entsprach, erforderten eine Standardisierung des Hörvermögens in einer mechanistischen Weise. Das daraus resultierende idealisierte Durchschnittsmaß des normalen Hörvermögens führte jedoch zu einer zunehmenden Diskrepanz zwischen der objektiven Messung des Hörvermögens und dem subjektiven Korrelat. Darüber hinaus wurden die normativen Standards, die in solchen Instrumenten verankert sind, immer unsichtbarer, je länger sie aufrechterhalten wurden. Stuart Blume erläutert dennoch: „the user ‚inscribed' in a technology, imagined by its designers, may not correspond with real users in the real world" (Blume, 2010).

Die Telefonie wurde schließlich zu einem Interface, das der Post zur Einstufung von Nutzer:innen als behindert diente. Das verstärkte Telefon wurde von der Post benutzt, um die Identität ihrer Nutzer:innen in folgende Kategorien einzuteilen: hörend (konnte das Standardtelefonmodell benutzen), schwerhörig (konnte das Telefon mit Verstärkung benutzen) oder gehörlos (konnte das Telefon nicht benutzen, auch nicht mit Verstärkung). Die Kategorisierung hing weitgehend von der Effizienz der Technologie und nicht vom Hörvermögen des Telefonnutzenden ab. Gleichzeitig nutzten Ärzt:innen das Telefon in Form eines Audiometers, um standardisierte Werte für das normale Hörvermögen festzulegen, und definierten die Abweichung von dieser Norm als Taubheit, die mit geeigneten Hörhilfen korrigiert werden konnte.

In der Zwischenkriegszeit wurde der Status des Gehörlosen oder Hörenden durch die Fähigkeit definiert, bestimmte Arten von Telefonen zu benutzen – sowohl buchstäblich in Form des Audiometers als auch sozial durch die Fähigkeit, mit dem Telefon zu agieren. Um ihre hörende Identität zu bewahren und nicht als taub kategorisiert und stigmatisiert zu werden, nutzten Menschen mit Hörverlust verstärkte Telefone. Durch solche Wechselwirkungen bildete die Telefonie ein elektroakustisches Interface, das den Grad der Schwerhörigkeit kategorisierte. Die Nutzer:innen des Telefons wiederum modifizierten die Technologie, um sie an ihre persönlichen Bedürfnisse, Erfahrungen und Identitäten anzupassen. Dieses Versprechen auf Verbesserung wurde jedoch in der Praxis nicht eingelöst, da das Standardmodell der Post für verstärkte Telefone weder die große Vielfalt der Hörfähigkeit der Nutzer:innen noch die Variabilität des Hörverlusts widerspiegelte. Die Standardisierung des normalen Hörens und die Kategorisierung der Ertaubten wurden also im Einklang mit den Prioritäten des Telefonsystems der britischen Post sowohl erleichtert als auch hergestellt. Diese Analyse zeigt die fluktuierenden und kontingenten Schwellenwerte der Normalitätskonstruktion auf und offenbart, wie Gehörlosigkeit im Großbritannien der Zwischenkriegszeit sozial und technologisch konstruiert wurde.

Eine wachsende Zahl von Historiker:innen befasst sich mit der Geschichte von Behinderung und untersucht die vielfältigen Möglichkeiten, wie soziale Kontexte Behinderung und Fähigkeit formen und definieren. Demgegenüber bietet die oben ausgeführte Analyse eine neue Perspektive auf die fließenden Grenzen zwischen Hören und Taubheit, die durch das künstliche Ohr geschaffen wurden. Diese bisher vernachlässigte Geschichte der Telefonie des frühen 20. Jahrhunderts definiert die Beziehung zwischen Technologie, Kommunikation und Behinderung neu und erweitert unser historisches Verständnis von Gehörlosigkeit. Die Wissenschafts- und Technologiestudien haben deutlich gemacht, dass Technologien nicht neutral sind, sondern vielmehr von den Kulturen, Kontexten und den Akteur:innen, die sie herstellen, geprägt werden.[39] Indem wir die Kräfte und Normen fokussieren, die Technologien hervorbringen, die soziokulturellen und anthropologischen Entscheidungen sichtbar, in die sie eingebettet sind. Aufgrund der normativen Kraft von Technologien wie dem künstlichen Ohr und dem Telefonsystem im Allgemeinen ist dies ein wichtiges Thema für die Disability Studies. Wie dieser Artikel gezeigt hat, ist die Entwicklung der Technologie mit der Klassifizierung und Durchsetzung normativer Kategorien verknüpft. Unsere Verehrung von Big Data steht jedoch im Zusammenhang mit einer längeren Geschichte der Messtechnik als Form der Kontrolle. Um diese Themen in ihrer Komplexität zu erforschen, ist noch mehr interdisziplinäre Arbeit zwischen Mediengeschichte, Medizingeschichte, Science and Technology Studies und Disability History zu leisten. Durch die Verknüpfung dieser Bereiche kann wiederum ein besseres Verständnis der sozialen und technologischen Konstruktion von Normalität und der kulturellen Macht der Technologie gefördert werden.

Übersetzt aus dem Englischen von Celine Keuer

Literatur

Agar, J. (2003). *Constant touch: A global history of the mobile phone.* Icon Books.

Alridge, A. J., & West, W. (1928). *Measurements of the acoustical impedance of human ears (Nr. 4697).*

Blume, S. (2010). *The artificial ear: Cochlear implants and the culture of deafness.* Rutgers University Press.

Brune, A., & Wilson, D. J. (2013). *Disability and passing: Blurring the lines of identity.* Temple University Press.

Campbell-Smith, D. (2011). *Masters of the post: The authorised history of the royal mail.* Penguin Books.

Castle, D. L. (1978). Telephone communication for the hearing impaired: Methods and equipment. *Journal of the ARA, 11*, 91–104.

Crutchley, E. T. (1938). *GPO.* Cambridge University Press.

---

[39] Für vergleichbare Fälle siehe Winner (1993) und Winner (1999) sowie Rosenberg (1982).

Davis, L. (1995). *Enforcing normalcy: Disability, deafness and the body*. Verso.
Esmail, J. (2013). *Reading victorian deafness: Signs and sounds in victorian literature and culture*. Ohio University Press.
Fiore-Gartland, B., & Neff, G. (2015). Communication, mediation, and the expectations of data: Data valances across health and wellness communities. *International Journal of Communication, 9*, 1466–1484.
George, G. F. (1969). The federal communications commission and the bell system: Abdication of regulatory responsibility. *Indiana Law Journal, 44*(3), 459–477.
Gooday, G., & Sayer, K. (2017). *Managing the experience of hearing loss in Britain, 1830–1930*. Palgrave Macmillan.
Hookway, B. (2014). *Interface*. The MIT Press.
Jones, C. (2017). Introduction: Modern prostheses in Anglo-American commodity cultures. In C. Jones (Hrsg.), *Rethinking modern prostheses in Anglo-American commodity cultures, 1820–1939* (S. 1–23). Manchester University Press.
Kay, M. (2014). *Inventing telephone usage: Debating ownership, entitlement and purpose in early British telephony*. Dissertation, University of Leeds.
Kerridge, P. M. (1935). Aids for the deaf. *British Medical Journal., 3886*(1), 1314–1317.
Krebs, S. (2020). Testing spatial hearing and the development of Kunstkopf technology, 1957–1981. In V. Tkaczyk, M. Mills, & A. Hui (Hrsg.), *Testing hearing: The making of modern aurality* (S. 213–242). Oxford University Press.
Lang, H. G. (2000). *A phone of our own: The deaf insurrection against Ma Bell*. Gaulladet University Press.
Linker, B. (2013). On the borderland of medical and disability history: A survey of the fields. *Bulletin of the History of Medicine, 87*(4), 499–535.
McGuire, C. (2017). Inventing amplified telephony: The co-creation of aural technology and disability. In C. Jones (Hrsg.), *Rethinking modern prostheses in Anglo-American commodity cultures, 1820–1939* (S. 70–90). Manchester University Press.
McGuire, C. (2020). *Measuring difference, numbering normal: Setting the standards for disability in the interwar period*. Manchester University Press.
McGuire, C., & Carel, H. (2018). Stigma, technology and masking: Hearing aids and ambulatory oxygen. In D. Wasserman & A. Cureton (Hrsg.), *Oxford handbook of the philosophy of disability* (S. 1–21). Oxford University Press.
McLuhan, M. (1987). *Understanding media: The extensions of man*. Ark.
Mills, M. (2009). When mobile communication technologies were new. *Endeavour, 33/4*, 140–146.
Mills, M. (2011). Deafening: Noise and the engineering of communication in the telephone system. *Grey Room, 26*, 118–143.
Mills, M. (2020). Testing hearing with speech. In V. Tkaczyk, M. Mills, & A. Hui (Hrsg.), *Testing hearing: The making of modern aurality* (S. 23–48). Oxford University Press.
Ministry of Pensions. (1917). Hansard HC debate. Vol. 91, S. Col. 241–354.
Noble, W. G. (1978). *Assessment of impaired hearing: A critique and new method*. Academic Press.
Ott, K., Serlin, D., & Mihm, S. (2002). *Artificial parts, practical lives: Modern histories of prosthetics*. New York University Press.
Oudshoorn, N., & Pinch, T. (2005). *How users matter. The co-construction of users and technology*. The MIT Press.
Perry, C. R. (1977). The British experience. In I. D. Pool (Hrsg.), *The social impact of the telephone*. The MIT Press.
Perry, C. R. (1992). *The victorian post office: The growth of a bureaucracy*. Boydell Press.
Pinch, T., & Bijsterveld, K. (2012). *The Oxford handbook of sound studies*. Oxford University Press.
Pool, I. D. (1977). *The social impact of the telephone*. The MIT Press.

Post Office Research Station. (1936). *Aids to telephone reception for partially deaf subscribers* (Forschungsbericht Nr. 9150).

Robertson, J. H. (1947). *The story of the telephone: A history of the telecommunications industry of Britain*. Sir Isaac Pitman & Sons.

Rosenberg, N. (1982). *Inside the black box: Technology and economics*. Cambridge University Press.

Schafer, R. M. (1977). *The soundscape: Our sonic environment and the tuning of the world*. Destiny Books.

Scully, J. L. (2018). From 'she would say that, wouldn't she?' to 'does she take sugar?' Epistemic injustice and disability. *International Journal of Feminist Approaches to Bioethics, 11/1*, 106–124.

Sterling, B. (1996). The hacker crackdown: Evolution of the US telephone network. In N. W. Heap (Hrsg.), *Information technology and society* (S. 33–40). Sage.

Sterne, J. (2003). *The audible past: Cultural origins of sound reproduction*. Duke University Press.

Virdi, J. (2020). *Hearing happiness: Deafness cures in history*. University of Chicago Press.

Virdi, J., & McGuire, C. (2018). Phyllis M. Tookey Kerridge and the science of audiometric standardisation in Britain. *British Journal of the History of Science, 51/1*, 123–146.

Wharry, H. M., & Crowden, G. P. (1932). Correction of hearing defects. *The British Medical Journal, 3729/1*, 1189.

Winner, L. (1993). Upon opening the black box and finding it empty: Social constructivism and the philosophy of technology. *Science, Technology & Human Values, 18/3*, 362–378.

Winner, L. (1999). Do artefacts have politics. In D. Mackenzie & J. Wijcman (Hrsg.), *The social shaping of technology* (S. 121–136). The Open University Press.

Umwelten/Räume

Mobiles Musikhören als Interface

Eva Schurig

Zusammenfassung

In diesem Beitrag wird anhand theoretischer Überlegungen und empirischer Beispiele diskutiert, wie das mobile Musikhören, das die gegenwärtige Musikrezeption entscheidend prägt, als Interface verstanden werden kann. Mit Bezug auf Hookways Interfacekonzept (2014) wird nachvollzogen, wie sich das mobile Musikhören als Interface konfiguriert. Dazu werden zunächst die einzelnen beteiligten Komponenten vorgestellt (Separation). Anschließend wird erläutert, wie sich durch Agency ein Interface konstituiert, welches Handlungsoptionen bietet, die nur im Zusammenspiel der einzelnen Elemente möglich sind (Augmentation). Als Interface ermöglicht das mobile Musikhören z. B. eine veränderte Wahrnehmung der Umgebung oder Affektregulation, welche genauer betrachtet und aus dem Blickwinkel der Kontrolle, die sowohl das mobile Musikhören als auch das Interface gut beschreibt, erläutert werden soll. Der Beitrag verdeutlicht, dass sich mobiles Musikhören als Interface denken lässt und dass darin neue Perspektiven für die Interfaceforschung liegen, während umgekehrt das Interface eine strukturelle Beschreibung des mobilen Musikhörens ermöglicht.

Schlüsselwörter

Mobiles Musikhören · Interface · Urbane Umgebung · Veralltäglichung · Wohlbefinden

E. Schurig (✉)
Institut für Musik/Institut für musikpädagogische Forschung, Carl von Ossietzky Universität Oldenburg/Hochschule für Musik, Theater und Medien Hannover,
Oldenburg, Hannover, Deutschland
E-Mail: eva.schurig@uni-oldenburg.de

© Der/die Autor(en), exklusiv lizenziert an Springer Fachmedien Wiesbaden GmbH, ein Teil von Springer Nature 2025
C. Borbach et al. (Hrsg.), *Akustische Interfaces*, ars digitalis,
https://doi.org/10.1007/978-3-658-47635-9_9

Kim ist erschöpft. Es war ein langer Arbeitstag und sie ist endlich auf dem Heimweg. Das Wetter ist trüb und ihre Stimmung auch. Deshalb setzt sie ihre kabellosen Kopfhörer auf und stellt ihre Entspannungsplaylist an. Mit der Stimme von Ed Sheeran im Ohr steht sie an der Haltestelle und wartet an der Haltestelle auf den Bus. Ein junger Mann, der neben ihr steht, telefoniert lautstark mit jemandem. Kim stellt ihre Musik ein bisschen lauter und ist froh, dass sie dadurch vom Telefonat abgelenkt wird. Sie möchte einfach nur ihre Ruhe haben.

Als der Bus kommt, schiebt sie kurz ihre Kopfhörer nach hinten, während sie beim Busfahrer ihre Fahrkarte vorzeigt, und geht dann bis nach hinten durch, wo nicht so viele Leute sitzen. Sie setzt sich ans Fenster und lässt die Außenwelt an sich vorüberziehen. Mittlerweile hat es angefangen zu regnen und die Tropfen treffen auf die Fensterscheibe und rinnen langsam nach hinten. Das nächste Lied fängt an – es handelt sich um Filmmusik aus der Truman Show. Die sanfte Klaviermusik passt genau zum Regen draußen und sie hat das Gefühl, als würde sich vor ihren Augen ein Video abspielen; die Musik untermalt die Regentropfen auf dem Fenster, als wäre sie dafür gemacht.

Die ganze Busfahrt über hört sie ruhige Musik, aber kurz bevor ihre Haltestelle kommt, wechselt sie die Playlist. Sie hat heute noch einiges zu erledigen und muss sich irgendwie motivieren. Aus ihrer Motivationsplaylist sucht sie den Titel „Wake me up before you go" von Wham! aus und merkt sofort, wie sich ihre Stimmung aufhellt. Sie steigt aus und geht schnellen Schrittes in die nächste Drogerie. Sie muss nicht lange nachdenken, was sie dort kaufen möchte, sondern holt sich das, was sie braucht, und stellt sich dann an der Selbstbedienungskasse an. Ihre Kopfhörer behält sie auf und ihre Musik spielt weiter – sie möchte nur schnell wieder raus hier und ist froh, dass sie schnell ihren Einkauf erledigen kann und dabei mit niemandem sprechen muss.

Draußen hat sich mittlerweile eine Menschenmenge zu einer Demonstration versammelt. Kim ändert wieder ihre Musik – jetzt hört sie „I will survive" von Gloria Gaynor – und läuft auf dem kürzesten Weg durch die Massen. Mit der Musik im Ohr fühlt sie sich unbeeindruckt von der Nähe der anderen Leute und es stört sie auch nicht, dass sie ab und zu angerempelt wird oder dass aus allen Ecken Geräusche, Gespräche und sogar Musik kommen. Einige der Leute versuchen, Kim anzusprechen, aber sie sehen die Kopfhörer und wenden sich jemand anderem zu. Kim ist das nur recht. Sie ist in ihrer eigenen kleinen Welt unterwegs.

Den Rest des Weges läuft sie zu Fuß und ihre Stimmung wird immer besser. Das Wochenende steht bevor und sie hat schon viele tolle Pläne. Da fällt ihr ein, dass sie noch schnell ihre beste Freundin anrufen muss. Sie pausiert die Musik, wählt die Nummer ihrer Freundin und kommt während des Gesprächs mit ihr zu Hause an.

1   Einleitung

Wie bei Souza e Silva und Frith (2012) beginnt auch dieser Beitrag mit einer Beschreibung, die einen Eindruck vermitteln soll, welche Erfahrungen beim mobilen Musikhören gemacht werden können. Diese Beschreibung wurde aus den Erlebnissen, Verhaltensweisen und Berichten mehrerer Teilnehmer*innen meiner Dissertationsstudie zusammengesetzt (Schurig, 2019).[1] Mobiles Musikhören wird für diesen Beitrag definiert als das Hören von Musik über Kopfhörer, während man unterwegs ist. Diese Alltagspraktik kann mit vielen verschiedenen Geräten realisiert werden, die zu unterschiedlichen Handlungen „auffordern", d. h., sie haben unterschiedliche Speichergrößen, sind internetfähig oder verfügen über weitere Connectivityoptionen. So kann beispielsweise auf einem internetfähigen Gerät unterwegs spontan Musik ausgewählt werden, während ohne Internet die Musik vorher auf das Gerät geladen werden muss. Während die Art der Geräte in diesem Beitrag eine Rolle spielt, liegt das Hauptaugenmerk darauf, dass alle Geräte das mobile Musikhören ermöglichen, egal ob es sich um einen iPod, einen MP3-Player oder ein Smartphone handelt. Daher steht nicht die Technologie im Vordergrund, sondern das Verhalten und Erleben während des mobilen Musikhörens – unter anderem auch deshalb, weil sich die Technologien so schnell entwickeln, dass sie vermutlich schon obsolet sind, wenn das Buch publiziert wird (Farman, 2020, S. xii).

Das mobile Musikhören ist ein Thema, das zwischen ca. 2013 und 2017 besonders intensiv beforscht wurde (z. B. Randall & Rickard, 2016; Krause, 2014; Bergh et al., 2014; Lepa & Hoklas, 2015). Die Ergebnisse aus diesen Studien und Überlegungen sind bis heute relevant. Während die Technologie sich verändert hat, sind die Funktionen und Praktiken des mobilen Musikhörens auch heute noch so gültig wie vor 10 Jahren. Auch gibt es heute mehr Smartphonenutzer*innen denn je (88,8 % in Deutschland[2]) und damit eine große Anzahl an Menschen, die mobil Musik hören können. Eine Umfrage aus dem Jahr 2021 zeigte etwa, dass 53 % der Befragten ihr Smartphone zum Musikhören nutzen – knapp 1 % weniger als das Radio (Denk et al., 2022).

In diesem Beitrag werde ich das mobile Musikhören als ein Interface beschreiben, welches aus dem Zusammenwirken von Hörer*in, Musik und Musikabspielgerät entsteht und zugleich über diese einzelnen Elemente hinausgeht. Das Interface des mobilen Musikhörens ermöglicht es, dass beispielsweise die Wahrnehmung der Umgebung verändert oder die Stimmung der Hörer*innen reguliert werden kann. Anders als bei Souza e Silva und Frith (2012) wird das Interface mobiles Musikhören nicht einfach als Filter zwischen den Hörer*innen und ihrer Umgebung gesehen, sondern als eine neue Dimension, die durch den aktiven Bezug einzelner Elemente zueinander entsteht und dadurch neue Erfahrungen ermöglicht (Hookway, 2014). Mit Bezug zum Interfacekonzept kann sich das mobile Musikhören in seinen verschiedenen Facetten anders verstehen lassen und es eröffnen sich spannende neue Perspektiven, die auch für zukünftige Forschung interessant sein können.

Bei allen Überlegungen in diesem Beitrag wird der Bezug zu empirischen Forschungsergebnissen hergestellt, die zum Teil im Rahmen einer qualitativen Studie (Interviews

---

[1] Siehe auch Erklärung weiter unten zur Studie.
[2] https://de.statista.com/statistik/daten/studie/585883/umfrage/anteil-der-smartphone-nutzer-in-deutschland/ (zugegriffen am 16.08.2024).

gekoppelt mit Beobachtungen) als Teil meiner Dissertation erhoben (Schurig, 2019)[3] oder von anderen Forscher*innen erarbeitet wurden. Es geht also nicht um rein theoretische Betrachtungen, wie sie z. B. Niklas (2014) vorlegt. In diesem Beitrag werden die Beschreibungen und Definitionen von Hookway (2014) vielmehr direkt auf konkrete Szenen des mobilen Musikhörens übertragen und dieses als Interface diskutiert. Zuerst sollen daher die einzelnen Komponenten des Interface vorgestellt werden (Separation). Anschließend wird erläutert, wie sie (durch Agency) zu einem Interface zusammenkommen. Letztlich sollen die durch das Interface ermöglichten Handlungsoptionen (Augmentation) der Musikhörenden genauer beleuchtet werden. Dabei wird vor allem auf den Aspekt der Kontrolle bzw. Regulation eingegangen.

2   Mobiles Musikhören als Interface – Annäherungen

Da es in diesem Beitrag um eine Interfaceperspektive auf das mobile Musikhören geht, soll zunächst geklärt werden, was unter einem Interface verstanden werden kann. Laut Hookway (2014, S. 9) kann man beispielsweise einen „between-faces approach" verwenden, welcher erforscht, was zwischen Mensch und Technologie geschieht, wie die Technologie verwendet wird, und welche Handlungen sie ermöglicht. Der Fokus liegt dabei auf der Mensch-Technologie-Beziehung und stellt keinen darüber hinaus gehenden Bezug, z. B. zur veränderten Wahrnehmung der Umgebung, her. Dieser Ansatz, den Hookway zwar erwähnt, aber nicht verfolgt, wäre auch im Zusammenhang mit dem mobilen Musikhören anwendbar, doch er wird der Vielfalt des Erlebens und der qualitativen Veränderungen zwischen Mensch, Medientechnik und Umwelt nicht gerecht, weshalb hier ein anderer Ansatz verfolgt wird.

Farman definiert ein Interface als „a set of cultural relations that serve as the nexus of the embodied production of social space" (Farman, 2020, S. 64). Hier wird das Interface räumlich verstanden, d. h., es erlaubt dem Nutzer, gleichzeitig an mehreren Orten zu sein – seien es virtuelle oder physische Orte (Beer, 2007; Turkle, 2006). Sicherlich ist dies ein Aspekt, der beim mobilen Musikhören eine Rolle spielt, beispielsweise weil man dabei das Gefühl hat, nicht allein zu sein oder an einen anderen Ort erinnert wird. Dennoch erfasst auch diese Definition nicht das ganze Spektrum des Erlebens beim mobilen Musikhören.

Eine weitere, häufig rezipierte Konzeption stammt von Galloway (2012), der das Interface als eine Art Schwelle oder Vermittler zwischen zwei Zuständen versteht: „It describes itself as a door or a window or some other sort of threshold across which we must simply step to receive the bounty beyond" (Galloway, 2012, S. 53). Ähnlich sehen es auch Souza e Silva und Frith (2012), die mit Bezug auf Gane und Beer (2008, S. 61) ein Interface als

---

[3] Im Rahmen meiner Studie habe ich 11 Hörer*innen von mobilen Musikabspielgeräten zu ihrem Musikhörverhalten gefragt. Ein besonderes Augenmerk lag dabei auf der Entscheidung, welche Musik gehört wird, wie sie dabei von ihrer Umgebung beeinflusst werden und wie genau sie beim mobilen Musikhören vorgehen.

eine Membran definieren, die in unseren Alltag integriert und in kulturelle und soziale Prozesse eingebunden ist; also als eine Art Filter (Souza e Silva & Frith, 2012, S. 14). Sie beschreiben Interfaces als „systems that enable people to filter, control, and manage their relationships with the space and people around them" (Souza e Silva & Frith, 2012, S. 5). In ihrem Buch beziehen sich die Autor*innen auch explizit auf das mobile Musikhören und erklären etwa, dass das Ausblenden der Umgebungsgeräusche nicht bedeutet, dass die Umgebung nicht mehr bemerkt wird; sie wird nur anders wahrgenommen (Souza e Silva & Frith, 2012, S. 42). Jedoch möchte ich argumentieren, dass das mobile Musikhören viel mehr bedeutet als nur eine Filterfunktion. Es ermöglicht die Entstehung einer von Grund auf neuen Erfahrungswelt, die zugleich von den Hörer*innen an die je individuellen Bedürfnisse angepasst wird, wie eingangs beschrieben.

Statt die Funktionen des mobilen Musikhörens auf die eines Filters zwischen Umgebung und Mensch zu beschränken, soll das mobile Musikhören in diesem Beitrag als Interface nach Hookway (2014) beschrieben werden. Hookway versteht unter einem Interface mehr als die Mensch-Technologie-Kopplung und führt aus, wie sich aus beiden Komponenten zusammen etwas Neues bildet, d. h., wie ein völlig neues, relationales System entsteht. Laut Hookway ist ein Interface also Grenze und Verbindung zugleich: „a boundary condition that comes into being through the active relation of two or more distinct entities or conditions" (Hookway, 2014, S. 12). Hierbei ist wichtig zu wissen, dass man zwar die Komponenten oder Konditionen separat erforschen kann, aber dabei nur Aspekte und nicht das ganze Interface erfassen kann (S. 4), denn das Interface ist mehr als die Summe seiner Teile. Zudem ist das Interface kontextabhängig – es ist in jedem Zusammenhang anders, wird anders genutzt und eröffnet unterschiedliche Möglichkeiten. Bevor das Interface entsteht, sind die beiden Komponenten unabhängig voneinander (Separation), doch durch Agency bildet sich eine Verbindung oder Beziehung und das so entstandene Interface bietet zahlreiche Handlungsoptionen oder -erweiterungen (Augmentation) (S. 17).

Ein Überblick über die verschiedenen Auffassungen von Interfaces in der Forschungsliteratur zeigt, dass sich die Begriffsbestimmung von Hookway – häufig auch gemeinsam mit der von Galloway – vor allem in den Kommunikations- und Medienwissenschaften durchgesetzt hat.[4] Im Anschluss an diese theoretischen Diskurse möchte mein Beitrag

---

[4] Viele Definitionen des Interfacebegriffs stützen sich auf Hookway, darunter auch Verhoeff (2017), die das Interface als Begegnungen und Beziehungen mit und durch Technologien beschreibt, die sozial, kulturell und historisch sind (S. 308). Ihr zufolge sind Interfaces mehr als nur Schwellen zwischen zwei Räumen oder Ebenen, sondern sie gehen darüber hinaus, indem sie „spatial transformations of a third kind" (S. 315) produzieren. Eine ähnliche Definition, aber ohne Bezug zu Hookway, stammt von Drucker (2011, 2013), die unter Interface ein „set of conditions, structured *relations*, that allow certain behaviors, actions, readings, events to occur" (Drucker, 2013, S. 9) versteht. Ein Interface ist damit als eine Zone zu begreifen, in der unser Verhalten und unsere Aktionen stattfinden (Drucker, 2011, S. 9 f.). Diese Zone ist durch die Mensch-Technologie-Beziehung geprägt und bewirkt somit die von Hookway beschriebenen „spatial transformations". Black (2018) sieht das ähnlich, nur dass er das Verb „interfacing" statt des Nomens „interface" verwendet, um die diskursiven

Hookways Interfacekonzept nutzen, um die Handlungsmöglichkeiten zu analysieren, die sich durch das mobile Musikhören ergeben. Du Gay, Hall, Janes, Mackay und Negus (1997) etwa erklären, dass beim Musikhören eine „second world" entsteht, die durch eine „inner landscape of feelings, emotions and associations" gekennzeichnet ist (Du Gay et al., 1997, S. 20). Diese „second world" kann als Pendant zu dem System angesehen werden, welches laut Hookway durch die Mensch-Technologie-Beziehung entsteht.

3 Beschreibung der räumlichen Umgebung des mobilen Musikhörens

Die für diese Untersuchungen relevanten Betrachtungen zu Interfaces finden oft in Bezug zu einer räumlichen, meist städtischen Umgebung statt und diskutieren dann thematische Aspekte wie privat vs. öffentlich (z. B. Souza e Silva & Frith, 2012, Kap. 2), An- und Abwesenheit (Verhoeff, 2017, S. 308) oder Verkörperung (Black, 2018, S. 7). Auch das mobile Musikhören findet per Definition draußen und damit potenziell in Anwesenheit anderer Menschen statt. Die soeben genannte „second world" wird in dem Kontext von den Hörer*innen auch „own little world" (Bull, 2000, S. 37; Schurig, 2019, S. 101) genannt und immer im Zusammenhang mit der Umgebung oder umgebenden Personen besprochen. Das äußert sich beispielsweise darin, dass sie so in dieser Welt versunken waren, dass sie nicht bemerkt haben, dass sie angesprochen wurden. Das mobile Musikhören findet jedoch auch in ländlichen Umgebungen und ohne die Anwesenheit anderer Menschen statt. Auch ist die Reaktion auf die Umgebung (Bull, 2000; Dibben & Haake, 2013) nur eine von vielen Funktionen des mobilen Musikhörens, die teilweise gleichzeitig vorhanden sein können (Greasley & Lamont, 2011). So kann das mobile Musikhören etwa gleichzeitig ungewollte Klänge aus der Umwelt überspielen oder gewünschte Klänge bereitstellen (Skånland, 2011), die der Affektregulation dienen (Randall et al., 2023). Viele der Teilnehmer*innen aus meiner eigenen Studie erwähnen ersteres kurz und gehen in den meisten Fällen auf den Aspekt der Affektregulation genauer ein. Die Umgebung spielt ihnen zufolge zwar eine Rolle bei der Auswahl der gehörten Musik, aber vor allem ist der Wunsch vorherrschend, die Umgebung und ihre Reize, z. B. störende Geräusche, auszublenden. Im Rahmen dieses Beitrags werde ich mich vor allem auf den Zusammenhang mit der Umgebung und den sich darin befindlichen Personen beziehen, da die Verwendung des Interface als Beschreibung des mobilen Musikhörens am Beispiel der „second world" (Du Gay et al., 1997) als Alternative zur physischen Umgebung besonders deutlich wird.

Konnotationen des letzteren zu vermeiden und den Prozess der „engagements between bodies and technological artefact" zu betonen (Black, 2018, S. 5 sowie S. 9). Ihm geht es dabei um die Interaktion zwischen Menschen und technologischen Artefakten und die Entwicklung von etwas Neuem durch ihr Zusammenwirken (Black, 2018, S. 148). Im Fokus steht dabei, wie das Mensch-Objekt-Konstrukt zusammen die Welt verändert und mit ihr interagiert und nicht, wie dies durch die einzelnen Komponenten bewirkt wird (Mensch oder Objekt) – diese bleiben dabei zwar separat, aber verändern sich gegenseitig (Black, 2018, S. 37).

3.1 Separation

Um zu verstehen, wie ein Interface entsteht, welche Handlungsoptionen es bietet und wie es seine einzelnen Komponenten beeinflusst, werde ich zuerst die einzelnen Komponenten untersuchen, die Hookway (2014, S. 5) definiert hat. Hookway beschreibt, dass die Bestandteile eines Interface zuerst getrennt vorliegen, um dann gemeinsam ein Interface zu bilden und damit, wenn auch nur kurz, ein gewisses Maß an Vollständigkeit zu erreichen: „interface, whose subject must first endure a separation that is also a fragmentation, before achieving, at least in a spectral, momentary sense, a completeness in augmentation" (S. 155). Dieser Beschreibung folgend werde ich zuerst kurz auf die Separation eingehen und dabei die einzelnen Komponenten beschreiben, nämlich *Hörer*innen*, *Geräte* und *Musik*.

Hörer*innen sind in diesem Fall Menschen, die in einer Stadt leben bzw. sich aufhalten und dort Musik hören. Sie hören sowohl zu Hause aus auch unterwegs Musik, wobei hier das mobile Musikhören im Zentrum steht. Sie hören nicht permanent Musik – so entscheiden sie beispielsweise, dass sie keine Musik hören, wenn sie mit anderen Personen unterwegs sind oder wenn sie in der Natur sind, z. B. bei einem Spaziergang oder einer Wanderung, wie Ben[5] auf dem Jakobsweg: „[I]t's like a forty day walk and I would never listen to music. 'Cause then it's about me enjoying walking. I know it would totally ruin my experience if I was listening to music doing something like that" (Ben). Dabei gibt es durchaus Uneinigkeit, ob und wann in der Natur Musik gehört werden sollte (Maslen, 2022). Ein weiterer Grund, warum die Musik ausgestellt wird, liegt vor, wenn die Hörer*innen nachdenken wollen oder sich konzentrieren müssen, wie etwa Jonathan beim Einkaufen. Trotzdem hören die Befragten meistens und regelmäßig unterwegs Musik auf ihren mobilen Endgeräten und werden daher in diesem Beitrag als mobile Musikhörer*innen bezeichnet.

Geräte sind technologische Artefakte, die das mobile Musikhören ermöglichen (d. h. Handlungspotenziale eröffnen, die aus der Mensch-Technologie-Beziehung entstehen und im Sinne von Faraj und Azad auch entsprechend gebraucht werden, Faraj & Azad, 2012). Dies sind also die mobilen Musikabspielgeräte selbst und die Kopfhörer, mit denen die Musik gehört wird. Heutzutage werden dazu meistens Smartphones verwendet, aber einige Teilnehmer*innen meiner Studie von 2015/16 benutzten auch iPods, die mittlerweile nicht mehr verkauft werden (Auel, 2022).[6] Wie eingangs schon erwähnt, ist die genaue Art des Geräts hier nur insofern wichtig, als es sich durch verschiedene Affordanzen auszeichnet – alle ermöglichen aber die Entstehung der von Hookway angedeuteten und von Du Gay, Hall, Janes, Mackay und Negus (1997) beschriebenen „second world". Max wäre hier als Beispiel zu nennen: Im Sommer, wenn er kurzärmelige Kleidung trägt, verwendet er eine Apple Watch beim Fahrradfahren, um dadurch leichter die Musik ändern zu können.

---

[5] Namen von Teilnehmer*innen aus meiner Dissertationsstudie sind anonymisiert.
[6] Für einen genaueren Überblick über die Anfänge und die Entwicklung der mobilen Musikabspielgeräte siehe z. B. Du Gay, Hall, Janes, Mackay und Negus (1997) oder Niklas (2014).

Anne benutzt aus demselben Grund Bluetooth-Kopfhörer, mit denen sie die Musik umschalten kann (s. Zitat unten), während Jane, die einen iPod nano besitzt (der kein Display hat), schon seit 6 Jahren dieselbe Playlist hat, weil sie damit weiß, an welcher Stelle sich welches Lied befindet, und sie leicht ihre gewünschte Musik auswählen kann. „And when I stop, I press the button on my headphones. That just works for me easily. I don't need to faff around with digging the phone out or anything like that" (Anne).

Musik ist das dritte Element, welches im Kontext des mobilen Musikhörens von Bedeutung ist. Dabei reicht es nicht, nur ein mobiles Endgerät zu besitzen, sondern es muss auch Musik darüber abgespielt werden, damit die „own little world" (Schurig, 2019, S. 101) entstehen kann. Andererseits macht das Gerät das mobile Musikhören erst möglich. Dabei gibt es verschiedene Möglichkeiten, wie die Musik auf das Gerät kommt und auf welche Art sie dort gespeichert ist: Codys Partner beispielsweise tauscht regelmäßig für ihn den Inhalt des iPods aus; Max synchronisiert sein Gerät mit der iCloud und hat dadurch immer seine aktuellen Lieblingslieder bei sich, die er durch einen Filter aussucht (s. Zitat unten), während Hayley eine Playlist mit Lieblingsliedern hat, die schon eine Zeit lang nicht mehr aktualisiert wurde. Anders als in anderen Beschreibungen von Interfaces geht es hier also nicht nur um die Komponenten Mensch und Technik, sondern es braucht noch die Musik. Erst durch das Zusammenspiel aller drei Elemente kann das Interface des mobilen Musikhörens entstehen:

> „I shuffled my music library, I create playlists where I select the music that I currently like the most, the songs that I like the most and I tap them as loved and then I create the filter in iTunes where all the songs that I love become in that playlist and I shuffle that playlist" (Max, sic).

3.2 Agency

Um aus der Separation heraus die Augmentation zu erreichen, braucht es Agency, also „the will and means to action" (Hookway, 2014, S. 5). Hookway beschreibt zwar Agency nicht als separaten Schritt zwischen Separation und Augmentation, seine Erklärungen zeigen aber deutlich, dass Agency und Interface eng verwoben sind und Agency eine Rolle beim Übergang von der Separation zur Augmentation spielt. Hookway (S. 17) schreibt: „[T]he interface comes into being as it is actively worked through by its user", d. h., dass die Hörer*innen zuerst etwas tun müssen, damit überhaupt ein Interface entstehen kann. Im Fall des mobilen Musikhörens muss erst Musik auf das Gerät geladen werden oder im Internet vorhanden sein; Kopfhörer müssen angeschlossen werden und das Gerät sollte aufgeladen sein. So lässt sich Thomas beispielsweise daran erinnern, regelmäßig sowohl seine Bluetooth-Kopfhörer als auch sein Smartphone aufzuladen, und Koko hat oft ein zweites Gerät dabei, in welches er die SD-Karte seines Handys legen kann, um weiter Musik hören zu können, sollte die Batterie nicht reichen. Es ist nicht nur Vorbereitung notwendig, sondern die Hörer*innen müssen unterwegs auch aktiv das Gerät einschalten und die Kopfhörer aufsetzen. Welche Aktion der/die Hörer*in dann ausführt, beeinflusst auch die Art des Interface – es kann jederzeit die Musik gewechselt, das Interface wieder gestoppt oder die Musik beeinflusst werden (z. B. nutzt Koko den Equalizer in seinem Smartphone, um die Klangqualität der Musik seinen Wünschen anzupassen).

Sobald das Interface besteht – und hier beginnt bereits der Prozess der Augmentation – beeinflusst das Interface aber auch die menschliche Agency (Hookway, 2014, S. 17). Die Hörer*innen verwenden das Interface für ihre Zwecke – und brauchen es zugleich regelrecht, da das Interface definiert, was die Hörer*in damit machen kann. Entsprechend eröffnet das Interface einen Spielraum, in dem Dinge passieren können, und dieser Spielraum ist ebenso von den restriktiven Aspekten der beteiligten Elemente beeinflusst wie von einer Freiheit, die sich aus ihrem Zusammenspiele ergibt. Mit dem Interface des mobilen Musikhörens können beispielsweise Umgebungsgeräusche ausgeblendet werden; das Interface kann zur Motivation beim Sport genutzt werden oder zur Regulation der Emotionen. Aber es kann auch dazu dienen, dass die Umgebung transformiert und ästhetisiert wird, bis das Gefühl entsteht, dass man anderswo oder in einem Film ist. Für all diese Effekte muss jedoch zuallererst das Interface selbst vorhanden sein (Galloway, 2012).

3.3 Augmentation

Das temporär stabilisierte Interface ist nicht statisch und abgeschlossen, sondern es ermöglicht „enhancements or augmentations" (Hookway, 2014, S. 16). So erlaubt es z. B., Zeit und Raum zu verändern (S. 18). Kurz gesagt bietet das Interface Handlungsoptionen, die die einzelnen Bestandteile des Interface – also Mensch, Musik und Technologie – für sich genommen nicht bereitstellen, oder es erweitert bestehende Handlungsoptionen. Kontrolle ist dabei ein relevanter Aspekt, der auch von Hookway in seiner Interfacetheorie beschrieben wird:

> „While theory of the interface addresses issues of power and causation, it is concerned first with control. Control is not only the final product of the interface, but also the means by which the interface is internally organized and by which it functions. Control describes what takes place within the interface as much as it describes the relationship of the interface to its constituent elements, human or machine (Hookway, 2014, S. 24)."

Bezüglich des Letzteren, der Macht über die konstituierenden Elemente, beeinflusst das Interface, wie das Gerät genutzt wird, wie die Hörer*innen sich fühlen und welche Funktion sie in dem Moment wie nutzen können, aber auch, wie die Musik wirkt. Wie bereits beschrieben, wirkt sich das Interface ebenso auf die menschliche Agency aus.

Kontrolle ist auch einer der zentralen Gründe, weshalb Menschen mobil Musik hören. So könnte man sagen, dass die Hörer*innen darauf abzielen, verschiedene Aspekte zu kontrollieren, die sie selbst und ihre Umgebung betreffen. Einige der Aspekte, die durch das Interface mobiles Musikhören kontrolliert werden, möchte ich im Folgenden eingehender betrachten. Hauptsächlich werde ich auf räumliche und zeitliche Faktoren eingehen, weil sich in diesem Zusammenhang das mobile Musikhören als Interface besonders gut greifen lässt und die räumliche Umgebung, wie bereits oben erwähnt, als essenzieller Faktor in der Literatur zu Interfaces begriffen wird. Wichtig ist hier, zu betonen, dass die Funktionsweisen des Interface mobiles Musikhören nicht zwangsläufig nacheinander oder separat voneinander ablaufen müssen, sondern auch gleichzeitig stattfinden können. Musik kann also gleichzeitig die Zeit vertreiben und dazu führen, dass die Stimmung gehoben wird und unliebsame Geräusche aus der Umgebung überspielt werden.[7]

Affektregulation ist einer der Hauptgründe, warum Menschen (mobil) Musik hören (Chen et al., 2007; DeNora, 2001; Saarikallio, 2011), auch weil sie damit zum Wellbeing der Hörer*innen beiträgt (Schurig, 2023a, b). Dabei wird oft zwischen komplementierender Musik, die eine gegebene Emotion[8] zulässt oder gar verstärkt, oder kontrastierender Musik abgewogen, die die Stimmung verändern soll (Schellenberg et al., 2008; Skånland, 2013). Annabel beispielsweise hört gerne ruhige Musik, wenn sie nachdenklich ist, während Koko immer danach strebt, seine Stimmung zu verbessern: „[I]f I'm too happy I try to put [a] playlist that makes me happier. If it's possible. And I don't want to change my mood. So basically, it's all about happiness" (Koko, sic).

Motivation ist eine Funktion von Musik, die dazu führt, dass sie häufig bei anstrengenden Tätigkeiten – etwa beim Sport; im Zusammenhang mit mobilem Musikhören gerade auch beim Joggen – gehört wird. Hierbei hilft das Interface, sich von der Anstrengung abzulenken oder einen Flowzustand zu erreichen, in dem die Aktivität wie von selbst abzulaufen scheint (Karageorghis & Priest, 2008). Gerade der Zustand des Flows bietet sich als Beschreibung für das Interface an, weil dabei offensichtlich mehr geschieht, als dass nur Musik abgespielt wird. Vielmehr kommt es zu einer qualitativen Veränderung der Situation: Alle einzelnen Bestandteile des Interface arbeiten zusammen und bilden die oben beschriebene „second world", was in vielen Fällen mit einem Flowerleben korrespondiert.

Gerade am Beispiel der Motivation zeigt sich, dass es nicht egal ist, welche Musik gehört wird. Dies hat auch DeNora in ihrem Buch *Music Asylums* betont (DeNora, 2013). Sie schlägt vor, dass Musikabspielgeräte dazu dienen können, ein „music asylum" herzustellen (DeNora, 2013, S. 64), und definiert dieses folgendermaßen: „Asylum can be understood as activity oriented to furnishing the social environment with things (symbolic and material) that are conducive to, or afford wellness" (DeNora, 2013, S. 136). Wenn man diese Definition weiterdenkt und sie nicht nur auf Wellness und das soziale Umfeld beschränkt, dann ist vorstellbar, dass unterschiedliche Musik verschiedene Räume öffnet, die verschiedenen Aktivitäten und Bedürfnissen zuträglich sind, beispielsweise Räume für Sport, für Erholung, für das soziale Miteinander oder für Ablenkung und Zerstreuung. Es

---

[7] Siehe beispielsweise Kuch und Wöllner (2021) oder Schurig (2019) für genauere Einblicke in die Funktionen des mobilen Musikhörens.

[8] „Stimmung" und „Emotionen" werden hier synonym verwendet, da sowohl kurzfristige als auch langfristige Gemütszustände als auch solche mit unterschiedlichen Ursachen und Zielen (siehe Beedie, Terry & Lane, 2005, für eine Beschreibung der Unterschiede zwischen „mood" und „emotion") von Musik beeinflusst werden können und auch auf die Musikauswahl einwirken.

ist unwahrscheinlich (aber nicht unmöglich), dass ein Raum für Sport bei derselben Person auch ein Raum für Entspannung sein kann, weil er eben unterschiedlichen Bedürfnissen angepasst ist. Das Interface mobiles Musikhören und seine Funktionen sind daher stark von der Musik abhängig, die gehört wird.

Die räumliche Umgebung ist ein weiterer Aspekt, der durch die aktive Nutzung des Interface verändert wird. Hookway (2014, S. 18) argumentiert sogar, dass das Interface die zeitliche und räumliche Wahrnehmung verändern und dabei gleichzeitig diese Wahrnehmung als real vermitteln kann – im Gegensatz zu einem unwirklichen, surrealen Erlebnis. Black (2018, S. 109) erklärt, dass dabei nicht das Gehirn überlistet wird, sondern dass das Gehirn selbst diese neue Wirklichkeit herstellt, indem es alle verfügbaren Stimuli zu einem Ganzen zusammensetzt. Dies ist besonders beim subjektiven Zeitempfinden im Zusammenhang mit dem Musikhören bemerkbar. So hat etwa eine Studie von 2009 ergeben, dass Teilnehmer*innen die Wartezeit mit angenehmer Musik als kürzer einschätzten (Areni & Grantham, 2009), und auch die Teilnehmer*innen meiner Studie gaben an, Musik zu hören, um Wartezeiten oder lange Arbeitswege subjektiv zu verkürzen.

Das mobile Musikhören wirkt sich zudem darauf aus, welche Aspekte der Umgebung bemerkt und wie das Umfeld wahrgenommen wird. Hayley erzählte beispielsweise, wie sie durch einen Wechsel der Musik ihren altbekannten Arbeitsweg immer wieder anders sieht und andere Details registriert. Umgekehrt kann die räumliche Umgebung wiederum auch die Musikauswahl beeinflussen. Diese Einflussnahme war in meiner Studie nicht direkt zu finden, aber einige Teilnehmer*innen berichteten, dass die Umgebung auf die Stimmung wirkt, welche wiederum die Musikauswahl prägt.[9] In diesem Zusammenhang spielte vor allem das Wetter eine große Rolle: Wenn es trüb ist, dann ist auch Annabels Stimmung entsprechend trüb und sie hört andere Musik, als wenn sie gut gelaunt wäre. Bei Anne wiederum beeinflusst die physische Umgebung direkt ihre Stimmung: „Maybe it is a result in the end of my environment, what it's told me and how that's made me feel, but I don't consciously weigh environmental factors in unless there's like a lot of distraction" (Anne).

Da sich die physische Umgebung partiell auf die Musikhörer*innen auswirkt, ist es sehr nützlich, dass das Interface eine neue Dimension erzeugt, welche die Umgebungsgeräusche ausblendet oder zumindest davon ablenkt – so entsteht eine „eigene kleine Welt" (so beschreibt es beispielsweise Hayley (Schurig, 2019, S. 101)). Dies scheint eine der wichtigsten Funktionen des mobilen Musikhörens in Bezug auf die Umgebung zu sein. Dabei spielt es keine Rolle, ob die unerwünschten Geräusche Verkehrslärm, Kindergeschrei oder ein Streit zwischen Mitfahrenden in der Bahn sind. Der Wunsch nach einer Klangwelt mit selbst gewählter Musik ist meistens nicht situationsspezifisch, sondern könnte überall in der urbanen Umgebung aufkommen. Diese „eigene kleine Welt" (Hay-

---

[9] An dieser Stelle sollte erwähnt werden, dass nur ein kleiner Teil der Antworten aus meiner Studie sich auf die Umgebung selbst bezog und dann meistens auch nur, wenn ich direkt danach gefragt habe. In anderen Studien (z. B. Bull, 2000) scheint die Umgebung eine größere Rolle beim mobilen Musikhören zu spielen.

ley) wird in der Literatur zum mobilen Musikhören auch „auditory bubble" (Bull, 2005, S. 344) genannt, nur dass Bull und andere Wissenschaftler (z. B. Beer, 2012) sich in diesem Zusammenhang darüber uneinig sind, ob diese dazu führt, dass die Hörer*innen in ihrer physischen Umgebung abwesend sind oder nicht. Wenn diskutiert wird, ob die „auditory bubble" durchlässig ist oder nicht (Prior, 2013, S. 32), dann steht dahinter ein Verständnis dieser „bubble" als Filter, was auch die entsprechende Argumentation über das mobile Musikhören als „audiovisuelle Sonnenbrille" (Bull, 2007, S. 32) erklärt. Meines Erachtens wäre hier vor dem Hintergrund des Interface im Sinne von Hookway aber die Erklärung von Black zur virtuellen Umgebung passender, weil die Hörer*innen alle Reize zu einem Ganzen zusammensetzen, wodurch diese „auditory bubble" entsteht. Diese bildet sich aus einem Zusammenspiel aller Stimuli und bietet damit eine Realität für die Hörer*innen, in der die Umgebung teilweise und, wenn es nötig ist, mit eingearbeitet wird. Es kann also sein, dass die Verkehrsgeräusche beim Überqueren der Straße besondere Aufmerksamkeit erhalten, aber später dann das Augenmerk auf der Begrüßung durch eine Kollegin liegt, während der Verkehr unwichtig ist.

Ein Ergebnis des Interface des mobilen Musikhörens, welches häufiger in der Literatur erwähnt wird (z. B. Souza e Silva & Frith, 2012, oder Bull, 2000), ist die filmische Wahrnehmung der Umgebung. Hierfür gibt es auch in meiner eigenen Studie explizite Hinweise. Hayley hört beispielsweise Musik und stellt sich dabei vor, in einem Musikvideo zu sein. Sie nimmt dadurch ihre Umgebung anders wahr – wie aus der Perspektive der/des Künstlers*in, der/die das Video produziert hat. Es kann aber auch sein, dass das Musikvideo innerlich abläuft, während Hayley die Musik dazu hört.

H: „Just put on a song and pretend that I'm in the music video."
E: „Have you then seen the real music video to it before?"
H: „Yeah, yeah, yeah. But some of them don't have music videos, so you're free to imagine. (laughs) It's weird 'cause when you've seen the music video it plays in the back of your head as well with the song" (Hayley).

Auch Thomas nimmt seine Umgebung manchmal so wahr, als wäre er in einem Film. Er produziert selbst gerne kurze Filme und das führt dazu, dass er Situationen im Alltag bemerkt, in denen die Musik, die er gerade hört, sehr gut zur Stimmung passt.

> „,Money on my Mind' is really energetic and it really reminds me of like, you know it's, when you hear the lyrics and the song as well, like I imagine a city full of people that just, you know, buy things and all they care about is the money and I think that's what he's singing about as well" (Thomas).

Die Interfaceperspektive kann an dieser Stelle gut erklären, wie das filmische Element beim mobilen Musikhören entsteht. Aus dem Zusammenspiel von Mensch, Gerät und Musik bildet sich eine neue, als filmisch erfahrene Welt, die ebenfalls durch die räumliche Umgebung beeinflusst wird. Diese temporär stabilisierte Welt wird als ästhetisch erfahren, wobei besonders die Integration der tatsächlichen Umgebung in das Video den Reiz ausmacht. Die Hörer*innen fühlen sich dabei so, als wären sie in einem Video, sind sich aber dessen bewusst, dass die Menschen um sie herum dieses Erlebnis nicht haben. Die Befragten wissen durchaus, dass diese Erfahrung durch das Interface mobiles Musikhören entsteht und dass die Realität ohne dieses anders aussehen würde.

E: „Ok, so if the music video is one you'd like to watch at the moment, you keep the music. And if it doesn't fit, then you skip it."
M: „Yeah" (Max).

Auch Max erlebt seine Umgebung durch das mobile Musikhören als Video und erklärt, dass er seine Musik passend zu diesem Video auswählt. Wenn die Musik nicht dem Video entspricht, dann wird sie geändert, bis sie sich dafür eignet. Dies zeigt, dass alle Komponenten des Interface aufeinander abgestimmt sein müssen, damit das Interface entsteht. Wenn ein Teil nicht funktioniert, dann bildet sich diese „second world" mit allen ihren Funktionen auch nicht.

4 Fazit

In diesem Beitrag habe ich gezeigt, wie das mobile Musikhören im Sinne Hookways (2014) als Interface beschrieben werden kann. Es stellt sich heraus, dass die Interfaceperspektive einen Mehrwert für die Beschreibung und Erforschung mobilen Musikhörens bietet, und zwar besonders, wenn es darum geht zu erfassen, dass durch die Beziehung zwischen Mensch, Musik und Gerät etwas völlig Neues entsteht – eine „eigene kleine Welt", so Hayley, eine Teilnehmerin (Schurig, 2019, S. 101) oder eine „second world", wie Du Gay et al. es ausdrücken (1997). Auch Kontrolle ist ein wichtiger Aspekt beim mobilen Musikhören. Mobile Musikhörer*innen zielen quasi permanent darauf ab, ihre innere und äußere Welt zumindest teilweise zu kontrollieren und zu regulieren, was mal mehr und mal weniger gut funktioniert. Hinsichtlich des Interface ist Kontrolle ebenfalls von großer Bedeutung; sie erklärt, wie sich das Interface den konstituierenden Elementen (hier Musik, Mensch und Gerät) gegenüber verhält, aber auch, wie es funktioniert. Daher bietet das Interface eine gute Möglichkeit, das mobile Musikhören genauer zu beschreiben, gerade auch weil es eher als eine Art angestrebter Idealzustand zu verstehen ist, der zeitlich begrenzt ist und bei dem alle Elemente gut balanciert zusammenspielen müssen.

Der relationalistischen Ansatz des Interface als Verbindung zwischen Mensch, Gerät und Musik geht einen Schritt über die Definition von Interface als Filter (Souza e Silva & Frith, 2012) hinaus, was sich als produktive Erweiterung in Bezug auf die hier untersuchten Szenen mobilen Musikhörens verstehen lässt. Während ein Filter auch eine Erklärung für Aspekte des Verhaltens und Erlebens beim mobilen Musikhören bietet (wie Souza e Silva & Frith, 2012, schon zeigten), ermöglicht es das Konzept des Interface, mehr über die Beziehungen der einzelnen beteiligten Elemente über die Erlebniswelt der Hörer*innen zu erfassen. Dadurch kann die durch das mobile Musikhören entstehende neue Erfahrungsdimension besser beschrieben werden.

Wie der Beitrag zeigt, erweist es sich als produktiv, für die Analyse von Praktiken des mobilen Musikhörens auf Hookways Interfacetheorie zurückzugreifen. Dies könnte in weiteren Untersuchungen ausgebaut und tiefergehend angewendet werden. Es wäre beispielsweise möglich, das Zusammenspiel der verschiedenen Interfacekomponenten in der Augmentationphase noch genauer zu beleuchten. Dabei könnte etwa die Frage nach der Macht (Hookway, 2014, S. 24) und welche Rolle sie bei der Beziehung zwischen Musik, Mensch und Gerät spielt, genauer untersucht werden. Außerdem haben sowohl die Hörer*innen als auch die Geräte und die Musik einen geschichtlichen und gesellschaftlichen Hintergrund, der in derartige Untersuchungen einzubeziehen wäre. Das Interface mobiles Musikhören entsteht nicht im luftleeren Raum, sondern entwickelte sich geschichtlich in kulturellen, ökonomischen und materiellen Kontexten. Die Musik etwa wird in bestimmten Zusammenhängen, mit bestimmten Konnotationen und Zwecken produziert. Wie beeinflussen diese Zusammenhänge, Konnotationen und Zwecke das mobile Musikhören? Und welche Rolle spielt der soziale Hintergrund der Hörer*innen? Können sich mobile Musikhörer*innen durch ihre Praxis Macht (zurück)holen, die sie sonst in einer von Reizen und Informationen überfluteten urbanen Umgebung nicht hätten? Oder kann das Interface mobiles Musikhören gar als neoliberale Machttechnik betrachtet werden, das dazu dient, die Arbeitskraft der einzelnen Personen durch Beeinflussung des Wohlbefindens aufrechtzuerhalten? Diese und weitere Fragen gilt es, vor dem Hintergrund des mobilen Musikhörens als Interface weiter zu untersuchen.

Literatur

Areni, C., & Grantham, N. (2009). (Waiting) Time flies when the tune flows: Music influences affective responses to waiting by changing the subjective experience of passing time. *Advances in Consumer Research, 36*, 449–455.

Auel, J. (2022, März 10). Das Ende des iPods ist gekommen. *Süddeutsche Zeitung*.

Beedie, C. J., Terry, P. C., & Lane, A. M. (2005). Distinctions between emotion and mood. *Cognition and Emotion, 19*, 847–878.

Beer, D. (2007). Tune out. Music, Soundscapes and the urban mise-en-scène. *Information, Communication & Society, 10*(6), 846–866. https://doi.org/10.1080/13691180701751031

Beer, D. (2012, Juli 11). *Bodies in musical bubbles*. http://www.berfrois.com/2012/07/david-beer-thats-the-power/. Zugegriffen am 17.10.2016.

Bergh, A., DeNora, T., & Bergh, M. (2014). Forever and ever; Mobile music in the life of young teens. In J. Stanyek & S. Gopinath (Hrsg.), *Handbook of mobile music (Vol. 1)* (S. 317–334). Oxford University Press.

Black, D. (2018). *Digital interfacing*. Routledge.

Bull, M. (2000). *Sounding out the city: Personal stereos and the management of everyday life*. Berg.

Bull, M. (2005). No Dead Air! The iPod and the culture of mobile listening. *Leisure Studies, 24*, 343–355. https://doi.org/10.1080/0261436052000330447

Bull, M. (2007). *Sound moves. iPod culture and urban experience*. Routledge.
Chen, L., Zhou, S., & Bryant, J. (2007). Effects of mood, mood salience, and individual differences. *Media Psychology, 9,* 695–713.
Denk, J., Burmester, A., Kandziora, M., & Clement, M. (2022). The impact of COVID-19 on music consumption and music spending. *PLoS One, 17*(5), S. O.S. (online). https://doi.org/10.1371/journal.pone.0267640
DeNora, T. (2001). Aesthetic agency and musical practice; new directions on the sociology of music and emotion. In P. N. Juslin, J. A. Sloboda, P. Juslin, & J. Sloboda (Hrsg.), *Music and emotion. Theory and research* (S. 161–180). Oxford University Press.
DeNora, T. (2013). *Music asylums; Wellbeing through music in everyday life*. Ashgate.
Dibben, N., & Haake, A. B. (2013). Music and the construction of space in office-based work settings. In G. Born & G. Born (Hrsg.), *Music, sound and space. Transformations of public and private experience* (S. 151–168). Cambridge University Press.
Drucker, J. (2011). Humanities approaches to interface theory. *Culture Machine, 12,* 1–20.
Drucker, J. (2013). Performative materiality and theoretical approaches to interface. *Digital humanities quarterly, 7,* 1.
Du Gay, P., Hall, S., Janes, L., Mackay, H., & Negus, K. (1997). *Doing cultural studies. The story of the Sony Walkman*. Sage.
Faraj, S., & Azad, B. (2012). The materiality of technology: An affordance perspective. In P. M. Leonardi, B. A. Nardi, J. Kallinikos, P. Leonardi, B. Nardi, & J. Kallinikos (Hrsg.), *Materiality and organizing* (S. 237–258). Oxford University Press.
Farman, J. (2020). *Mobile interface theory (2nd Edition)*. Routledge.
Galloway, A. R. (2012). *The interface effect*. Polity Press.
Gane, N., & Beer, D. (2008). *New media. The key concepts*. Berg.
Gibson, J. (2014). The theory of affordances (1979). In J. Gieseking, W. Mangold, C. Katz, S. Low, & S. Saegert (Hrsg.), *The people, place, and space reader* (S. 56–60). Routledge.
Greasley, A., & Lamont, A. (2011). Exploring engagement with music in everyday life using experience sampling methodology. *Musicae Scientiae, 15,* 45–71. https://doi.org/10.1177/1029864910393417
Hookway, B. (2014). *Interface*. MIT Press.
Karageorghis, C. I., & Priest, D.-L. (2008). Music in sport and exercise: An update on research and application. *The Sport Journal, 11*(3). http://thesportjournal.org/article/music-sport-and-exercise-update-research-and-application/. Zugegriffen am 30.06.2025.
Krause, A. E. (2014). *Research About Listening: Everyday Music Interactions* [Thesis]. Curtin University. http://hdl.handle.net/20.500.11937/314. Zugegriffen am 30.06.2025.
Kuch, M., & Wöllner, C. (2021). On the move: Principal components of the functions and experiences of mobile music listening *Research About Listening. Everyday Music Interactions, 4,* S. O.S. (Online). https://doi.org/10.1177/20592043211032852
Lepa, S., & Hoklas, A.-K. (2015). How do people really listen to music today? Conventionalities and major turnovers in German audio repertoires. *Information, Communication & Society, 18,* 1253–1268.
Maslen, S. (2022). 'You have got such a beautiful symphony in front of you!' Use and resistance to mobile music devices among adventurers. *Poetics, 92,* S. O.S. (Online). https://doi.org/10.1016/j.poetic.2021.101640
Niklas, S. (2014). *Die Kopfhörerin. Mobiles Musikhören als ästhetische Erfahrung*. Wilhelm Fink.
Prior, N. (2013, Dezember 13). *The iPod zombies are more switched on than you think*. https://theconversation.com/the-ipod-zombies-are-more-switched-on-than-you-think-21262. Zugegriffen am 11.10.2016.

Randall, W. M., & Rickard, N. S. (2016). Reasons for personal music listening: A mobile experience sampling study of emotional outcomes. *Psychology of Music, 45*, 479–495.

Randall, W. M., Baltazar, M., & Saarikallio, S. (2023). Success in reaching affect self-regulation goals through everyday music listening. *Journal of New Music Research*, 1–16. https://doi.org/10.1080/09298215.2023.2187310

Saarikallio, S. (2011). Music as emotional self-regulation throughout adulthood. *Psychology of Music, 39*, 307–327. https://doi.org/10.1177/0305735610374894

Schellenberg, E. G., Peretz, I., & Vieillard, S. (2008). Liking for happy- and sad-sounding music. Effects of exposure. *Cognition and Emotion, 22*, 218–237.

Schurig, E. (2019). *Two sides of the same coin: Opinions and choices of users and non-users related to mobile music listening* [Doctoral thesis]. University of Exeter, Exeter. https://ore.exeter.ac.uk/repository/bitstream/handle/10871/36818/SchurigE.pdf?sequence=1. Zugegriffen am 30.06.2025.

Schurig, E. (2023a). Mobile music listening and the self-management of health and well-being. In I. M. Schillmeier, R. Stock, & B. Ochsner (Hrsg.), *Techniques of hearing. History, Theory and Practices*. Taylor & Francis.

Schurig, E. (2023b). Mobile music listening and the self-management of health and well-being (Dissertation). In E. Schurig, M. Schillmeier, R. Stock, & B. Ochsner (Hrsg.), *Techniques of hearing. History, Theory and Practices* (S. 66–76). Taylor & Francis.

Skånland, M. (2011). Use of MP3-players as a coping resource. *Music and Arts in Action, 3*, 15–33.

Skånland, M. S. (2013). Everyday music listening and affect regulation. The role of MP3 players. *International Journal of Qualitative Studies on Health and Well-Being, 8*, 1–10.

Souza e Silva, A. d., & Frith, J. (2012). *Mobile interfaces in public spaces. Locational privacy, control, and urban sociability*. Routledge.

Turkle, S. (2006). Tethering. In C. A. Jones & C. Jones (Hrsg.), *Sensorium. embodied experience, Technology and contemporary art* (S. 220–226). MIT Press.

Verhoeff, N. (2017). Urban interfaces: The cartographies of screen-based installations. *Television & New Media, 18*, 305–319. https://doi.org/10.1177/1527476416667818

Als mobile Kommunikationstechnologien noch neu waren

Mara Mills

Zusammenfassung

Im 19. Jahrhundert eröffneten mechanische Hörgeräte neue Möglichkeiten zur Kontrolle von Schallwellen und ermöglichten damit auch neue mediale Formen der Gesprächsführung. Dieser Beitrag gibt einen Überblick über die frühe Geschichte von akustischen Interfaces, d. h. über die breite Palette von Instrumenten, die von gehörlosen Menschen verwendet wurden, um Schall zu modulieren, mit entfernten und nahestehenden Gesprächspartner:innen in kommunikativen Austausch zu treten und auf andere Weise das Hören als aktiven Prozess zu erleichtern. Mechanische Hörgeräte setzten dauerhafte Standards hinsichtlich Tragbarkeit und Diskretion in der Entwicklung persönlicher Kommunikationstechnologien. Komponenten und Ideale dieser akustischen Instrumente bildeten Grundlagen für die weitere Entwicklung elektroakustischer Medien, die grundsätzlich die Umwandlung von Klängen in auditorische Signale vornehmen.

Schlüsselwörter

Hörgeräte · Hörrohre · Gehörlosenexpertise · Mobile Medien · Disability Studies

---

Dieser Artikel ist eine überarbeitete und übersetzte Version von „When mobile communication technologies were new", der 2009 in *Endeavor* erschien (DOI: https://doi.org/10.1016/j.endeavour.2009.09.006).

M. Mills (✉)
Department of Media, Culture, and Communication, New York University, New York,, USA
E-Mail: mmills@nyu.edu

1 Kleine Telefone

Zu Beginn des 20. Jahrhunderts begann die Wilson Ear Drum Company aus Louisville, Kentucky, bei den gehörlosen Leser:innen von *McClure's, Cosmopolitan* und *Popular Mechanics* für „wire-less phones" zu werben. Die Firma bewarb ihre Gummieinsätze als „little telephones" und „listening machines", die Schall verstärken konnten. Die Optik und Akustik dieser Geräte waren gleichermaßen erstaunlich, wie eine Anzeige bestätigte: „They are so soft in the ear one can't tell they are wearing them. And no one else can tell, either, because they are out of sight when worn" (Berger, 1970, S. 17). Die Firma Wilson machte sich die zeitgenössische Mystik der Elektroakustik zunutze und distanzierte ihre „Ear Drums" rhetorisch von der Sichtbarkeit – und scheinbaren Unbequemlichkeit – von Drähten und Metall.

1912 veröffentlichte das Bureau of Investigation der American Medical Association im Rahmen seiner Serie *Nostrum Evil and Quackery* eine Broschüre über „Deafness Cures" (American Medical Association Bureau of Investigation, 1912).[1] „The viciousness of the victimization carried on by the deafness-cure quacks" unterschied diese sogar von ihren Verwandten in den Bereichen Fettleibigkeit, Alkoholismus und Männergesundheit, wie Packard (1963, S. 1161) ausführt. Die Behörde kam zu dem Schluss, dass die neuen elektrischen Hörgeräte, die aus Telefonbauteilen hergestellt wurden, „therapeutischen" Alternativen wie Klapperschlangenöl, Ohrbalsam, radioaktivem „Hörium" (Hearium), speziellen Tabaksorten, osteopathischer Fingerchirurgie, restriktiven Diätplänen, „electromagnetic head caps", Nasenduschen und Gurgelmitteln zwar überlegen waren. Wilsons Telefonprothesen wurden dennoch als „just as worthless as most devices of this sort and just as potent for harm" (American Medical Association Bureau of Investigation, 1912, S. 135) klassifiziert.

Mechanische Hörgeräte werden schnell pauschal in das Reich der Quacksalberei und der Komik oder in die Ära des „Präelektrischen" verwiesen. Doch technische Komponenten, Vokabular und Metaphern der frühen Hörgeräteindustrie tauchten auch in anderen akustischen – und schließlich auch elektroakustischen – Bereichen auf. So wurden Hör- und Gesprächsrohre ebenso wie Schnur- oder Drahtsender am Anfang des 19. Jahrhunderts als „telephone" bezeichnet (Winston, 1998, S. 30–34). Auch wurden die gängigen Trompeten, Röhren und Trommeln nicht einfach durch elektrische Erfindungen verdrängt. Aufgrund von Prozessen der Wiederverwendung sind einige der Gestaltungsprinzipien dieser mobilen Kommunikationstechnologien sogar bis heute erhalten geblieben.

In *The Soundscape of Modernity* stellt Emily Thompson fest: „[A] fundamental compulsion to control the behavior of sound drove technological developments in architectural acoustics, and this imperative stimulated auditors to listen more critically" (Thompson, 2002, S. 2). In ihrer Darstellung motivierte die Expansion des kommerziellen Theaters in Europa im späten 18. Jahrhundert die Erforschung der Schallverstärkung in Verbindung

---

[1] Eine Kopie dieser Broschüre befindet sich in den „Hearing"-Akten, Ordner „Pathological/Medical View", Division of Medical Sciences, Smithsonian NMAH.

mit der Echovermeidung in großen architektonischen Räumen. Später weckten die zunehmenden Maschinengeräusche und Effizienzmaßnahmen das öffentliche Interesse an der Schallkontrolle in städtischen Wohnungen und an Arbeitsplätzen in den Vereinigten Staaten. Das ganze 19. Jahrhundert hindurch experimentierten Architekt:innen und Wissenschaftler:innen mit Baumaterialien und Raumformen, aber ihre Bemühungen waren nur gelegentlich erfolgreich und selten, wenn überhaupt, wiederholbar. „The concert halls and opera houses built in America at mid-century pointed toward a new cultural ideal", erklärt Thompson (2002), „but did not yet attain it" (S. 48). Sie datiert die moderne Akustik auf das Jahr 1900, als Wallace Sabine seine Formel zur Messung des Nachhalls veröffentlichte (S. 235).[2] „Clear, direct, and nonreverberant [sound]" wurde in gebauten Umgebungen zunehmend zur Norm (S. 3).[3] Aufgrund der Gleichsetzung von Klängen mit elektrischen Signalen ging dieses Ideal schließlich in die Elektroakustik über und verbreitete sich über Mikrofone, Radios und Tonfilme immer weiter.

Das Interesse an der Kontrolle des Schallverhaltens prägte die Gestaltung von Hörgeräten im Kleinen ebenso wie die Architektur von Hörsälen im großen Maßstab. Die Geschichte der Gesprächshilfen zeigt sogar einen noch direkteren Übergang von der Akustik zur Elektroakustik: Die Bemühungen, gesprochene Sprache durch tragbare Geräte zu unterstützen, gewannen zwischen dem 16. und 19. Jahrhundert an Dynamik. Wie in Theatern und Auditorien musste auch hier die erwünschte Verstärkung gegen mögliche und unerwünschte Verfälschung des Klangs abgewogen werden. Die Konstruktion von Trompeten, Röhren und Pauken war oft zufällig und unvollkommen, doch diese Geräte antizipierten nichts weniger als die Zukunft der mobilen Kommunikation. Die Instrumentenbauer:innen improvisierten mit den physikalischen Eigenschaften der Reflexion, Absorption, Resonanz und Richtcharakteristik. Sie testeten die Fähigkeiten verschiedener Materialien, Schallwellen zu leiten oder zu transportieren, sowie die Tragbarkeit und den Komfort bestimmter Instrumentendesigns. Alltägliche Kommunikationsmittel waren, anders als Konzertsäle, nicht immer auf Klangtreue ausgelegt. Einige zielten darauf ab, Sprache aus Umgebungsgeräuschen zu *filtern;* andere wiederum verstärkten selektiv *Teile* der Sprache wie z. B. hohe Töne. Und als akustische Interfaces erleichterten Hör- und Sprachrohre die Kommunikation auf sowohl offensichtliche wie subtile Weise; so konnten sie beispielsweise die Kontrolle der Privatsphäre in der Kommunikation gewährleisten, aber auch Hintergrundgeräusche unterdrücken oder sogar den Einstieg ins Gespräch erleichtern. Diese verbesserte Kontrolle akustischer Signale war jedoch häufig mit einer Form von Verschleierung verbunden, da Schwerhörigkeit und kommunikative Missverständnisse zunehmend stigmatisiert wurden.

---

[2] Sabines architektonische Forschung war, wie sie sagt, „the first significant and successful effort to control the behavior of sound in rooms" (Thompson, 2002, S. 235).

[3] Thompson beendet *The Soundscape of Modernity* mit einer Diskussion über die postmoderne Abkehr vom „one best sound" und die gleichzeitige Zunahme simulierter Klänge und räumlicher Effekte. Trotz aller Veränderungen in der Hörkultur im Laufe des Jahrhunderts stellt sie fest, dass die Klang*kontrolle* paradigmatisch wurde (Thompson, 2002, S. 3).

2 Die lange Geschichte des Lautsprechens

In ihrem Überblick über antike Hörgeräte erklären Mary Lou Koelkebeck, Colleen Detjen und Donald Calvert, dass die zufällige Verstärkung lange vor der Geräteherstellung kam: Das Stehen neben einem Felsen oder einer Mauer sorgte für eine umweltlich bedingte akustische Verstärkung; Fächer, Regenschirme, Hüte mit Krempe und, gerüchteweise, Kopfbedeckungen von Native Americans dienten als tragbare „extemporized aids" (Koelkebeck et al., 1984, S. 5). Muscheln und Tierhörner konnten ebenfalls als akustische Prothesen genutzt werden.

Das Interesse an Hörgeräten stieg im 16. Jahrhundert im Zusammenhang mit der Gehörlosenpädagogik (Koelkebeck et al., 1984, S. 12). In seiner *Magia Naturalis* (1558) erwähnte Giovanni Battista della Porta „hollow catches", die der römische Kaiser Hadrian trug, sowie neuere Instrumente, die die Ohren von Tieren mit scharfem Gehör nachahmten. Francis Bacons *Sylva Sylvarum,* das kurz nach seinem Tod im Jahr 1626 veröffentlicht wurde, berichtete von spanischen kegel- und trompetenförmigen „ear-spectacles [for the] thick of hearing" (Bacon, 1626, S. 62).

Seit der Antike kommunizierten Seeleute, Jäger:innen und militärische Befehlshaber:innen auf Distanz mit Sprechtrompeten. Der Anspruch auf die Erfindung der leistungsfähigeren *lautsprechenden Trompete* war jedoch eine Quelle der Rivalität zwischen Samuel Morland und Athanasius Kircher. Morlands *Tuba Stentoro-Phonica,* die 1671 veröffentlicht wurde, beschreibt eine Reihe von Versuchen mit Hörnern unterschiedlicher Länge, Form und Materialien. Die lauteste dieser Trompeten, eine Kupfertrompete von 21 Fuß Länge mit einem Schalltrichter von 2 Fuß Durchmesser, trug Sprache bis zu 1,5 Meilen weit. Während eine Stimme die Trompete durchlief, so Morlands Theorie, wurde sie durch den Nachhall neu geformt, sodass sich der Klang verstärkte (Abb. 1). Francis Digby, Hauptmann von Deal Castle, schrieb einen Brief an Morland, in dem er bezeugte, „that by laying one of these Instruments to the Ear, the Words are heard more distinctly" (Morland, 1671, S. 4). Spekulationen über die Eignung des Horns zur Verbesserung von Schwerhörigkeit folgten; Interessent:innen konnten das Gerät beim Trompeter des Königs erwerben.

Athanasius Kircher beanspruchte die Erfindung der lautsprechenden Trompete für sich und stützte sich dabei auf seine Abhandlung zur Akustik *Musurgia Universalis* aus dem Jahr 1650, in der er ein riesiges, aufgerolltes Horn beschrieb, das durch die Außenwand eines Gebäudes hindurch installiert wurde und dem doppelten Zweck diente, zu senden und zu lauschen (Abb. 2) (Zielinski, 2006, S. 125).[4]

In *Phonurgia Nova* (1673) veröffentlichte er eine erweiterte Abhandlung über Hörgeräte. Um die Reflexion und Verstärkung von Schallwellen zu erhöhen, bevorzugte Kircher die Konstruktion von Cochleamodellen (Abb. 3), was Frederick V. Hunt auf die Darstellungen gekrümmter Ohrstrukturen zurückführt, die im Nachgang pathologischer Se-

---

[4] Siegfried Zielinski bezeichnet dieses Horn als „Panacousticon". 1787 baute Jeremy Bentham in sein Panopticon ein System von Sprechrohren aus Zinn ein, mit denen man sowohl abhören als auch Befehle erteilen konnte (Zielinski, 2006, S. 125).

Abb. 1 Illustration aus Samuel Morlands Katalog, *Tuba Stentoro-Phonica*, 1671

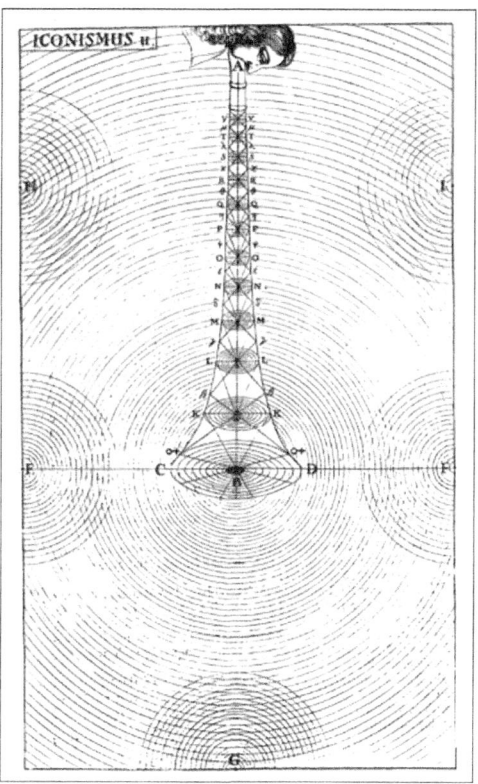

Abb. 2 Illustration aus Athanasius Kirchers *Musurgia universalis,* 1650

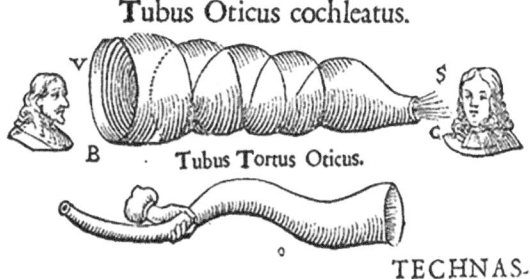

Abb. 3 Illustration aus Athanasius Kirchers *Phonurgia Nova*, 1673

zierungen im 17. Jahrhundert entstanden waren (Hunt, 1978, S. 126, 128 f.).[5] Dreh- oder Resonanzvorrichtungen schienen eine konstruktive Welleninterferenz und damit eine Verstärkung bestimmter Sprachkomponenten zu versprechen. Das Resultat der reflektierten Schallwellen, die sich mit den wechselnden Silben der laufenden Rede verbanden, war jedoch oft ein störender Nachhall.

3　Trompeten für die Ohren

Die mechanischen Hörgeräte, die sich im 19. Jahrhundert verbreiteten, waren Objekte, die die Vorstellungen von einem „normalen" Außen- und Mittelohr aufgriffen und erweiterten. Zu diesem Zeitpunkt war das Gehör bereits in verschiedene Bereiche unterteilt worden; es war klar, dass im Ohr Schallschwingungen von physikalischem Medium zu Medium (Luft, Trommelfell, Knochen, Flüssigkeit) übertragen und bei jedem Schritt verändert

---

[5] Hunt kritisiert Kirchers Theorie der passiven Verstärkung in *Origins in Acoustics* (Hunt, 1978, S. 126, 128 f.). Zur gemeinsamen Entwicklungsgeschichte von Ohranatomie und Prothesen siehe Békésy und Rosenblith (1948, S. 727–748).

wurden. Mit diesem Verständnis wurde das Hören buchstäblich *instrumentell* aufgefasst – es war zu einem aktiven Prozess geworden.[6]

Auf Grundlage des Modells einer vergrößerten Ohrmuschel und eines erweiterten Gehörgangs „verstärkten" die Hörrohre Schallwellen, die sich sonst zerstreuen würden, indem sie sie bündelten und konzentrierten. Im späten 18. Jahrhundert verkaufte die Tin Ware Manufactory von Arnold Finchett neben Tassen, Löffeln und Pfannen auch Hörrohre. Die erste Firma, die ausschließlich Hörgeräte herstellte, Frederick Rein aus London, begann 1800 mit der Produktion von Geräten für eine wohlhabende Kundschaft. In der zweiten Hälfte des Jahrhunderts folgten Wettbewerber in England, Frankreich, Deutschland und den Vereinigten Staaten. Diese Unternehmen und ihre Werbekampagnen veranlassten eine beträchtliche Anzahl von Menschen, die vermittelte Sprachkommunikation auszuprobieren. Hörgeräte wurden aus allen erdenklichen Materialien gegossen bzw. angefertigt: Elfenbein, Vulkanit, Guttapercha, Schildpatt, Leder, Gold (Bennion, 1994). Dennoch schienen Zinnohren, „tin ears", und andere leichte Metalle am besten geeignet, um die Frequenzen der gesprochenen Sprache zu verstärken.

Die Vergrößerung des Trompetenmundes und die Verlängerung des Trompetenhalses waren ihrerzeit die einzigen zuverlässigen Mittel der akustischen Verstärkung. Thomas Edison griff diese Experimente auf, indem er einen 7 Fuß langen Trichter an einer Sprechtrompete anbrachte und damit Sprache über eine Entfernung von 2 Meilen übertragen konnte. Er kombinierte dieses „megaphone" mit seinem Gegenstück, einem „telescopophone" oder „long-range ear", um weit entfernte Geräusche wahrzunehmen. In einem Rundschreiben aus dem Jahr 1878 an Freund:innen und Kolleg:innen erläuterte Edison, der selbst schwerhörig war, seinen Plan, diese Instrumente in eine Prothese zu integrieren:

> „I have now two assistants engaged at my laboratory in experimenting upon an apparatus for the benefit of the deaf. The results so far have been quite satisfactory, and I hope soon to have a practical apparatus for introduction to the public. The only draw-back yet is the large size of the apparatus (Edison, 1878)."[7]

Dieses Ringen um Verstärkung und Tragbarkeit der Apparaturen veranlasste die Hersteller von Hörgeräten, verschiedene Winkel und Kurven, gekoppelte Kammern und Systeme zur Regulierung der Lautstärke zu testen.

Die englische Schriftstellerin Harriet Martineau (1802–1876) wurde so sehr mit ihren Hörrohren assoziiert, dass eine populäre Version sogar nach ihr benannt wurde (Abb. 4). Nathaniel Hawthorne ging dabei sogar so weit, ihre Hörtrompete als ein neues Organ zu beschreiben:

---

[6] Die Funktionsweise des Innenohrs wurde im 19. Jahrhundert gerade erst detailliert erforscht, während die Ingenieure die Möglichkeiten der Tonübertragung ausloteten.
[7] Zu finden im Nachlass der Familie Bell, Box 16 (7. Ordner in der Box), Alexander Graham Bell Association for the Deaf and Hard of Hearing Archival Collection, The History Factory.

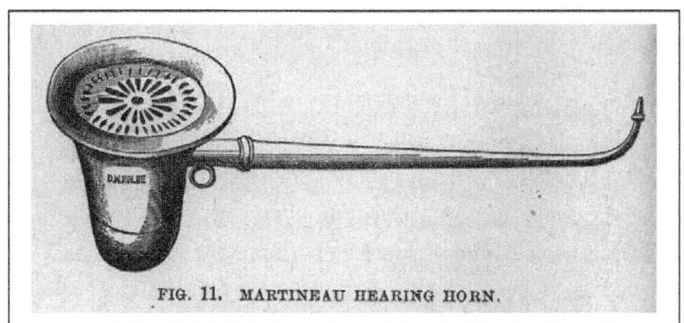

Abb. 4 Martineaus Hörrohr. Bild nachgedruckt aus (Campbell, 1882, S. 36)

„All the while she talks she moves the bowl of her ear-trumpet from one auditor to another, so that it becomes quite an organ of intelligence and sympathy between her and yourself. The ear-trumpet seems a sensible part of her, like the antennae of some insects. If you have any little remark to make, you drop it in; and she helps you to make remarks by this delicate little appeal of the trumpet, as she slightly directs it towards you, and if you have nothing to say, the appeal is not strong enough to embarrass you (Hawthorne, 1912, S. 518)."

Konversationshilfen veränderten also den Status von Zuhörer:innen und ermöglichten es ihnen, ein Gespräch stillschweigend auf subtile Weise zu lenken.

Dementsprechend waren Hörrohre auch in der Belletristik ein wiederkehrendes Symbol des (oft magischen) Abhörens, von Florence McLandburghs Erzählung *The Automaton Ear* von 1873 bis zu Leonora Carringtons *The Hearing Trumpet,* das ein Jahrhundert später veröffentlicht wurde. Verschiedene Trompeten wurden tatsächlich in der Praxis von Soldaten und Schiffskapitänen zur Detektion und Ortung von akustischen Signalen eingesetzt – damit waren sie ein wesentlicher akustischer Vorläufer des elektromagnetischen Radars. Martineau stellte fest, dass die Taubheit das Vergnügen des zufälligen Belauschens eigentlich ausschloss, obwohl die Trompete ihr andere Vorteile bot. Während einer Reise durch die Vereinigten Staaten im Jahr 1834 berichtete sie, dass sie dadurch in den Genuss vieler beabsichtigter Geheimnisse kam:

„This [deafness] does not endanger the accuracy of my information, I believe, as far as it goes; because I carry a trumpet of remarkable fidelity; an instrument, moreover, which seems to exert some winning power, by which I gain more in tête-à-têtes than is given to people who hear general conversation. Its charm consists in the new feeling which it imparts of ease and privacy in conversing with a deaf person. However this may be, I can hardly imagine fuller revelations to be made in household intercourse than my trumpet brought to me (Martineau, 1837, S. xiii–xiv)."

Einige sahen in Martineaus Trompete jedoch eine Ablenkung oder gar ein Hindernis für Konversationen. Einer ihrer Zuhörer in Massachusetts meinte, das Gerät errege *zu viel Aufmerksamkeit* und mache aus dem Medium der Sprache ein Spektakel. „Our ignorance and our imaginations of what we had never seen magnified it into an instrument of dreadful resonance, drawing every eye upon the speaker… gray-headed statesmen lost their presence of mind as they took it from her hand" (Weston Chapman, 1877, S. 267). Tatsächlich waren viele Hörrohrmodelle alles andere als diskret. Ein dänischer Kunde der Oticon Company betonte, dass ihre Aufdringlichkeit sowohl in ihrer Verwendung als auch in ihrem Aussehen begründet lag:

> „I remember when my grandfather came in from the countryside to visit us in Copenhagen, and my mother and I would ride with him on the town tram. He used to ask all sorts of questions and pull his hearing trumpet out from his pocket. Mother would shout so loud that everyone in the tram could hear the conversation. And I just sat there wishing I could disappear (Oticon, 2004, S. 65)."

Oticon merkte jedoch an, dass sich Hörrohre in Europa bis 1940 gehalten hätten, wobei ihr größter Vorteil möglicherweise gerade in ihrer Sichtbarkeit lag: „[P]eople automatically spoke up when presented with a hearing trumpet, so the hearing-impaired person automatically heard much better" (Oticon, 2004, S. 63).[8]

4 Sprech- und Konversationsrohre

Andere mechanische Hilfsmittel reagierten auf die unterschiedlichen Ursachen von Taubheit und nutzten die vielfältigen Möglichkeiten, Schallwellen umzuleiten. Das Konversationsrohr (bzw. Sprech- oder Hörrohr), das aus einem Schlauch mit einem Trichter an einem oder beiden Enden bestand, reduzierte das Problem der Hintergrundgeräusche und ermöglichte es, Gespräche in größerer Privatsphäre und in bequemer Entfernung zu führen (Koelkebeck et al., 1984, S. 10).[9] Johann Heinrich August von Duncker wird allgemein das Patent für den ersten Hörschlauch im Jahr 1819 zugeschrieben (Bennion, 1994). Seine Optische Industrie-Anstalt in Rathenow verkaufte bereits seit 1801 Brillengläser; um nicht menschliche Augen, sondern die Stimme zu verstärken, setzte er einen großen Metallkegel an das Ende eines tragbaren Lederrohrs. In jenen Jahren wurden „voicepipes" auf Schiffen installiert und längere Sprechrohre kamen häufig in britischen Bürogebäuden zum Einsatz (Schmidt, 2000, S. 117–121).[10]

In seiner 1832 erschienenen Publikation *On the Economy of Machinery and Manufactures* argumentierte Charles Babbage, dass architektonische Sprechrohre zumindest für

---

[8] Mechanische Hörrohre waren außerdem 20-mal billiger als elektrische Geräte und enthielten keine Batterien oder andere austauschbare Teile (Oticon, 2004, S. 63).

[9] Forscher:innen am Central Institute for the Deaf haben außerdem festgestellt, dass „the tube acts as a resonating device which transmits some frequencies better than others. In general, the larger the diameter of the tube, the lower the frequency region that would be reinforced" (Koelkebeck, Detjen, & Calvert, 1984, S. 10).

[10] Für eine Diskussion architektonischer Akustikröhren von der Aufklärung bis zum 19. Jahrhundert siehe Schmidt (2000, S. 117–121).

eine Art der Kommunikation von Vorteil waren – sie ermöglichten nämlich eine schnellere und einfachere Erteilung von Anweisungen:

> „The simple contrivance of tin tubes for speaking through, communicating between different apartments, by which the directions of the superintendent are instantly conveyed to the remotest parts of an establishment, produces a considerable economy of time. It is employed in the shops and manufactories in London, and might with advantage be used in domestic establishments, particularly in large houses, in conveying orders from the nursery to the kitchen, or from the house to the stable … The distance to which such a mode of communication can be extended, does not appear to have been ascertained, and would be an interesting subject for enquiry. Admitting it to be possible between London and Liverpool, about seventeen minutes would elapse before the words spoken at one end would reach the other extremity of the pipe (Babbage, 1832, S. 9 f.).

Sprechröhren aller Art wurden „telephones" genannt und ihr elektrischer Nachfolger sollte die Ökonomie der menschlichen Kommunikation noch weiter transformieren, indem er die Sprache selbst und die Zeit komprimierte und es erlaubte, durch Multiplexverfahren mehrere Nachrichten gleichzeitig über einen Kanal zu senden.

Obwohl Sprechrohre originär für den Unterricht von Gehörlosen entwickelt wurden, wurden sie quasi zwangsläufig zur Konversation umfunktioniert. Im Jahr 1860 installierte mindestens eine New Yorker Kirche ein Gruppengerät, das auf dem Prinzip der Konzentration gewünschter Klänge und der Auslöschung von Störungsgeräuschen basierte: Ein riesiger Kegel in der Nähe der Kirchenkanzel wurde in eine Reihe von Rohren separiert, die zu den Kirchenbänken der schwerhörigen Kirchenbesucher:innen führten. Ein Kommentator der *New York Times* stellte sich scherzhaft vor, dass solche Schallrohre in der ganzen Stadt verlegt werden könnten, um Kirchen ganz überflüssig zu machen. Und warum sollte ein solches Kommunikationssystem nicht auch für die Artikulation von Forderungen genutzt werden, die in die entgegengesetzte Richtung, nämlich von der Bevölkerung ausgingen? (Anonym, City Intelligence, 1860, S. 8)

5   Vibrierende Kommunikation

Eine andere Kategorie von Hörgeräten wurde so konzipiert, dass sie an den Schädel gepresst oder zwischen die Zähne geklemmt werden konnten, um die Schallleitfähigkeit der Knochen auszunutzen. Weniger gebräuchlich als Trompeten oder Sprechrohre, schufen „hearing fans" und „dentaphones" einen neuen Kommunikationskanal bei Mittelohrschwerhörigkeit, indem sie den Schall über die Schädelknochen zu einem intakten Hörnerv leiteten. Im 17. und 18. Jahrhundert stellten Ärzt:innen, Pädagog:innen und Gehörlose fest, dass ein zwischen den Zähnen gehaltener Gegenstand – ein Stab, ein Rohr, ein Speer – den Klang einer vibrierenden Quelle wie eines Musikinstruments übertragen konnte (Berger, 1976, S. 315–318). Außerdem wurde beobachtet, dass die Klänge von weit entfernten Quellen auf diese Weise von der Erde zum Mund und zum Innenohr übertragen werden konnten.

Zeitgenössische Wissenschaftler:innen theoretisierten Schall als mediales Phänomen, als eine Welle, die sich erstaunlicherweise nicht nur durch die Luft, sondern auch durch Wasser, Schnüre, Drähte und Knochen fortbewegen konnte. In seiner *Micrographia* von 1665 schlug Robert Hooke vor, dass die „infirmities" oder Einschränkungen des *normalen* Ohrs durch „artificial organs", die nach diesem Übertragungsprinzip funktionierten, behoben werden könnten:

> „It has not yet been thoroughly examin'd, how far Otocousticons may be improv'd, nor what other wayes there may be of quickning our hearing, or conveying sound through other bodies then [sic] the Air: for that is not the only medium, I can assure the Reader, that I have, by the help of a distended wire, propagated the sound to a very considerable distance in an instant (Hooke, 1665)."

In diesem Fall verwechselte Hooke die Einschränkungen des Gehörs nicht mit tatsächlicher Taubheit; vielmehr behoben die Verstärkung und die sofortige drahtgebundene Übertragung lediglich Mängel der Übertragung von Klang im Medium der Luft. Charles Wheatstone entwickelte Hookes These in den 1820er-Jahren explizit weiter. Seine „verzauberte Leier", von manchen auch als Telefon bezeichnet, schickte die Schwingungen eines Klaviers über eine Reihe von Metallstäben zu einer Leier auf dem Stockwerk darüber, die dann in Resonanz ging und gleichzeitig erklang. Wheatstone vertrat die Ansicht, dass diese musikalischen Experimente „objects of far less importance than the conveyance of the articulations of speech" seien; in der Zukunft könnte es leicht sein „to transmit sounds through conductors from Aberdeen to London, as it is now to establish a communication from one chamber to another" (Wheatstone, 1879, S. 62).

Das elektrische Sprechtelefon sollte schließlich einen konzeptionellen Wechsel von der mechanischen Wellenübertragung zwischen Medien zur *Transduktion* bzw. Energiewandlung (in diesem Fall die Umwandlung einer mechanischen Welle in eine elektromagnetische) erfordern. Viele frühe Forscher auf dem Gebiet der elektrischen Übertragung – darunter Wheatstone selbst, aber auch Heinrich Hertz – bildeten Analogien zwischen Akustik und Elektrizität, als sie das Verhalten von Wellen theoretisierten oder die Übertragungsmedien zur Leitung dieser Wellen planten (Appleyard, 1930).[11]

Auf dem Gebiet der Knochenleitung patentierte der Chicagoer Verleger Richard Rhodes 1879 eines der berühmtesten Geräte – das *Audiphone* (Abb. 5). Nach 20 Jahren Gehörlosigkeit und vielen gescheiterten Versuchen mit dem Hörrohr stellte Rhodes fest, dass er seine Uhr ticken hören konnte, wenn er sie im Mund hielt. Er konstruierte einen biegsamen Vulkanitfächer, der Schallwellen aus der Luft aufnahm und sie „through the medium of the teeth" übertrug, wenn man auf ein Blatt biss. Rhodes kündigte das Audiphone als eine Revolution in der Kommunikationsbiologie an: „An inventor has now come forward, however, who has struck out on a new path; who has discarded the ear as the means

---

[11] Einem Ingenieur zufolge transferierte Wheatstone „his ideas from acoustics to optics, and from optics to electricity" (Appleyard, 1930, S. 88). Eine weitere Reihe von Analogien zwischen Akustik, Optik und Elektrizität finden sich in (Hertz, 1893).

Abb. 5 Fan-Reenactment eines Audiophone-Fächers, 1954. American Hearing Aid Association, Kampagne „Hearing Aid Industry Progress". Foto mit freundlicher Genehmigung der Division of Medicine and Science, Smithsonian Institution's National Museum of American History

of hearing, and putting on one side all those ear trumpets, large and small...has utilized the mouth – or, to speak more directly, the teeth – as the means of making the deaf hear" (Rhodes & McClure, 1880, S. 8).[12]

6 Unsichtbare Disability, transparente Medien

Akustische Instrumente und Hörgerätefirmen verbreiteten sich im Laufe des 19. Jahrhunderts fortwährend weiter – und im Zuge dessen wurde der Aspekt der Kaschierung immer wichtiger. Indem sie die Aufmerksamkeit auf die Kommunikation lenkten, provozierten Hörgeräte Antagonismen zwischen visuellen und oralen Elementen: Einige Technologien waren ablenkend oder verwirrend, bestimmte Modetrends behinderten ihre Funktion. Offenbar fungierten mechanische Hörgeräte auch als Stigmata, die die an-

---

[12] 8. Pamphlet aus der Warschau-Sammlung, Box 5, Ordner 15, Smithsonian NMAH Archives Center.

sonsten unsichtbare Beeinträchtigung der Schwerhörigkeit optisch auswiesen.[13] Um dieses Paradoxon der Vermittlung zu lösen, begannen die Hersteller im 19. Jahrhundert, diskrete, weitestgehend unsichtbare Hörgeräte zu bewerben. Die Untergruppe der „getarnten" Hörgeräte versprach, sowohl die Behinderung als auch ihre Wettmachung zu verbergen. Diese Objekte stellten eine der ersten Anwendungen von *Transparenz* – den Designprinzipien der Natürlichkeit, Intuitivität und Unaufdringlichkeit – auf kommunikative Interfaces dar.

Die Mechanisierung der interpersonalen Kommunikation wurde vielfach durch Mode eskamotiert. Manche Hörhilfen wurden graviert oder anderweitig verziert, aus seltenen Materialien hergestellt und als Luxusartikel vermarktet. Andere waren so konzipiert, dass sie unauffällig waren und den üblichen Möbeln, Kleidungsstücken oder Accessoires ihrer Benutzer:innen ähnelten (Koelkebeck et al., 1984, S. 104).[14] Schon im ersten Katalog von F. C. Rein konnte man kleine „ear phones" oder geblümte „cornets" an Stirnbändern kaufen, um sich die Unannehmlichkeit zu ersparen, ein Hörrohr ans Ohr zu halten oder eine Prothese im Haar zu verstecken. Versteckte Hilfsmittel gaben dabei Aufschluss über das soziale Umfeld, insbesondere in Bezug auf Klasse und Geschlecht. Schallmuscheln, Blumenstraußhalter, Operngläser und Vasen unterstützten wohlhabende Frauen bei ihren formellen gesellschaftlichen Anlässen – insbesondere in ihrer Rolle als Zuhörerinnen. Mit Sprechrohren versehene Bürostühle ermöglichten es Managern, sich am Arbeitsplatz Gehör zu verschaffen, während falsche Bärte, Feldflaschen und Hörstöcke Männern Mobilität gewährten (Abb. 6). In einem medienhistorisch frühen Fall von „Konvergenz" kombinierten viele dieser getarnten mechanischen Hilfsmittel tatsächlich mehrere Funktionen. Die Schüler:innen der ersten Gehörlosenschule in Japan sammelten beispielsweise Geld, indem sie nach dem Vorbild des Audiphones Instrumente bauten, die wie lackierte Fächer aussahen und auch so funktionierten (Anonym, 1881, S. 3).

In einem Bericht über einen Hörregenschirm aus dem Jahr 1884 stellte ein Journalist der *New York Times* fest, dass herkömmliche Hörrohre „a grievous embarrassment *to the man with whom the deaf person desires to enter into conversation*" (Anonym, 1884a, b, S. 4; Sarli et al. 2003b) seien. Cathy Sarli (2003b) und ihre Kolleg:innen vom Central Institute for the Deaf argumentieren, dass in den Katalogen für Hörgeräte die Verschleierung der Apparaturen

---

[13] 1880 befürwortete der Internationale Kongress von Mailand den Oralismus als die wirksamste pädagogische Strategie für Gehörlosenschulen. Diese Verurteilung der Gebärdensprache war in Wirklichkeit ein Votum gegen Gehörlosigkeit in all ihren Formen. In der Folge nahm die Stigmatisierung von Gehörlosen und Schwerhörigen ebenso zu wie der doppelte Druck, den Hörverlust zu korrigieren und zu verbergen. (Es ist anzumerken, dass im 19. Jahrhundert „Schwerhörigkeit" oft ein euphemistisches Synonym für Gehörlosigkeit war, obwohl Gehörlose im klinischen Bereich zunehmend von „Halbtauben" unterschieden wurden.)

[14] Laut eines Katalogs aus dem Jahr 1883, „the sensitiveness of the sufferers should not be wounded by the necessity of having to use instruments either unsightly in form or objectionable in color or material ... the sound receivers or collectors are made to resemble in form some ordinary article of everyday life, where there is little to offend the taste beyond the slender elastic tube which connects the sound collector with the deaf person's ear" (Koelkebeck, Detjen, & Calvert, 1984, S. 104).

Abb. 6 „Acoustic cane or walking-stick". Fotografie aus (Goldstein, 1933, S. 339)

mit Begriffen wie „Ablenkung", aber auch „Schamgefühlen" assoziiert war. Entsprechend ermahnte Thomas Hawksley seine Kund:innen 1895, den Gesprächsfluss auf keinen Fall zu unterbrechen: „A deaf person is always more or less a tax upon the kindness and forbearance of friends. It becomes a duty, therefore, to use any aid which will improve the hearing and enjoyment of the utterances of others without anyone murmuring about its size and appearance" (Sarli et al., 2003b, S. 692).[15] Mode und Akustik konkurrierten bei der Entwicklung dieser Technologien miteinander. Sarli et al. kommen zu dem Schluss, dass „the majority of the population wanted and would pay for increasingly inconspicuous devices even if they were of little benefit to their hearing" (2003b, S. 692 f.).

Die Verschleierung erfolgte schließlich in Form von Miniaturisierung, allerdings zum Nachteil der akustischen Resultate. Die Hersteller von „inserts" und „invisibles" behaupteten, dass eine einfache Öffnung des Gehörgangs den Hörverlust lindern würde. „Obturators" und künstliche Ohrtrommeln (wie die von Wilson) dienten mit etwas besse-

---

[15] Eine hervorragende Website mit einer Zeitleiste der Hörgeräteentwicklung und zahlreichen Fotos von getarnten Geräten findet sich in (Sarli et al., 2003a).

rer Wirkung als Ersatz für durchstochene Trommelfelle (Yearsley, 1857, S. 201).[16] Durch die Vermarktung von „unsichtbaren" Produkten sorgten die Werbetreibenden dafür, dass Hörgeräte ein Stigma bleiben würden. Tatsächlich setzte sich die Tradition der Verkleinerung und Verschleierung von Hörgeräten bis in die elektronische Ära fort, in der miniaturisierte Komponenten die Anforderungen an Tragbarkeit *und* Unauffälligkeit gleichermaßen erfüllten.

7 Geschichte(n) von „neuen Medien"

In ihrem Fazit zu *Mobile Communication and Society: A Global Perspective* stellen Manuel Castells, Mireia Fernàndez-Ardèvol, Jack Linchuan Qiu und Araba Sey fest: „[B]ecause the first users are the shapers of the technology itself, the youth culture and the professional culture have framed the forms and content of wireless communication" (2007, S. 245 f.). Es ist vorstellbar, dass die „cutting edge cultural and technological innovation" (Castells et al., 2007, S. 247) im Bereich der drahtlosen Kommunikation und der akustischen Interfaces anders verlief – dass sie nämlich von den Hörgerätenutzer:innen, ob alt oder jung, in verschiedener Weise vorangetrieben wurde. Die gegenwärtige Nutzung sogenannter neuer Medien ist mithin von einer alten Geschichte geprägt. Die Elektroakustik erbte von den Nutzer:innen der ersten (kommerziellen) mobilen Kommunikationstechnologien, den mechanischen Hörgeräten, ihre Probleme: namentlich die Rauschunterdrückung, die gerichtete Übertragung, die Hörkontrolle, die selektive Verstärkung und die Fähigkeit, Sprache über verschiedene Medien zu übertragen. Dies ist die Geschichte, in der gesprochene Sprache zum Signal wurde: zu einem *Ding,* das nunmehr isoliert, verstärkt oder auf andere Weise verarbeitet oder optimiert werden konnte.

Die Experimente der Hörgerätehersteller mit den Eigenheiten von Resonanz, Knochenleitung und Schallkonzentration scheiterten in fachlicher Hinsicht oftmals. Ihre Konzepte und Geräte fanden jedoch Eingang in andere Forschungskontexte. Joseph Henry beispielsweise maß 1856 im Rahmen seiner Studie zur Bauakustik die Schallreflexion in einem Hörrohr und empfahl schließlich einen fächerförmigen Hörsaal, mit einer Sprecherposition „as it were in the mouth of an immense trumpet" (Henry, 1856, S. 134). Im folgenden Jahr berichtete Édouard-Léon Scott über seinen Phonautographen: eine an einer Goldschlägermembran befestigte Wildschweinborste, die über den Hals eines Hörrohrs („cornet acoustique") gespannt wurde (Scott, 1857). Dieser Apparat leitete und verdichtete Luftschallschwingungen und schrieb sie auf ein Stück verrußtes Glas; er beeinflusste maß-

---

[16] Die New York League for the Hard of Hearing empfahl künstliche Trommeln aufgrund ihrer „cheapness", wies aber darauf hin, dass sie gefährlich sein könnten, wenn sie nicht von einem Otologen eingesetzt würden (Peck, Samuelson, & Lehman, 1926, S. 63). James Yearsley, der in den 1840er-Jahren mit Wollpellets und anderen Einlagen zu experimentieren begann, beobachtete, dass sie die Ohren einiger Patient:innen „too sharp" machten – sie nahmen jedes Flüstern wahr und wurden durch Straßenlärm belästigt (Yearsley, 1857, S. 201).

geblich die Entwicklung der Telefonie und der Phonographie. In den 1880er-Jahren wurden in zahlreichen Patenten Hörrohre an Telefonen und Phonographen als Sender oder Rekorder angebracht (Wilson & Wilson, 1975, S. 194–199).[17] Mit dem Einsatz dieser Technologien tauchte auch das Stigma der Sichtbarkeit mitunter wieder auf. Ein Artikel der *New York Times* aus dem Jahr 1884 über „Women as Telephonists" behauptete, der Anblick von jungen Frauen, die ein Hörrohr an ihren Kopf hielten, „would appear ridiculous enough were it not well known how indispensable the telephone has been to civilization" (Anonym, Women as Telephonists, 1884).[18] Die Vorzüge der medial vermittelten Kommunikation – Verstärkung, Effizienz, verbesserte Kontrolle – wurden also von neuen Ablenkungen konterkariert. Neuartige Ansätze für das mediatisierte Sprechen und Hören konnten wiederum durch unsichtbare oder unauffällige Gestaltungsansätze normalisiert werden. Die zunehmende Besorgnis über den Hörverlust und auffällige technische Vermittlungsakte war en Teil desselben Milieus – eines Milieus, in dem Kommunikation als nahtloser Akt definiert und die Kontrolle über kommunikative Differenzen gefordert wurde.

Übersetzt aus dem Englischen von DeepL, Gina Pirsig und Timo Kaerlein

Literatur

American Medical Association Bureau of Investigation. (1912). *Deafness cures.* American Medical Association.
Anonym. (16. März 1860). City intelligence. 8.
Anonym. (12. Juli 1881). A rival of the audiphone. *New York Times*, 3.
Anonym. (02. September 1884a). A new umbrella. *New York Times*, 4.
Anonym. (25. Mai 1884b). Women as telephonists. *The New York Times*, 4.
Appleyard, R. (1930). *Pioneers of electrical communication.* Macmillan Company.
Aronson, S. H. (1977). Bell's electrical toy: What's the use? The sociology of early telephone usage. In I. de Sola Pool (Hrsg.), *The social impact of the telephone* (S. 15–39). The MIT Press.
Babbage, C. (1832). *On the economy of machinery and manufactures.* Charles Knight.
Bacon, F. (1626). Sylva sylvarum, or, A natural history in ten centuries: Together with the history natural and experimental of life and death, or of the prolongation of life.
Békésy, G. V., & Rosenblith, W. (1948). The early history of hearing - Observations and theories. *The Journal of the Acoustical Society of America, 20*(6), 727–748.
Bennion, E. (1994). *Antique hearing devices.* Vernier Press.
Berger, K. (1970). *The hearing aid: Its operation and development.* National Hearing Aid Society.
Berger, K. (1976). Early bone conduction hearing aid devices. *Arch Otolaryngology, 102*, 315–318.
Campbell, J. A. (1882). *Helps to hear.* Duncan Brothers.

---

[17] Die Verstärkung durch den Phonographen gab später den Anstoß zu zahlreichen Forschungen über kompakte „horns", die mit Sprachtrompeten verwandt waren. Wilson und Wilson (1975, S. 194–199) geben einen Überblick über diese Geschichte.

[18] Für ein ähnliches Argument siehe Aronson (1977, S. 22). Die Verbindung zwischen Hörgeräten und Telefonen wurde immer enger; um 1900 zählten Hörgeräte, die aus Telefonkomponenten zusammengesetzt waren, zu den ersten (elektrischen) „mobile phones".

Castells, M., Fernández-Ardèvol, M., Linchuan Qiu, J., & Sey, A. (2007). *Mobile communication and society: A global perspective*. The MIT Press.
Edison, T. (06. Juli 1878). *The megaphone* (Brief an Alexander Melville Bell).
Goldstein, M. (1933). *Problems of the deaf*. The Laryngoscope Press.
Hawthorne, N. (1912). *Our old home, and English note-books* (Bd. 1). Houghton Mifflin.
Henry, J. (1856). On acoustics applied to public buildings. *Proceedings of the American Association for the Advancement of Science, 10*, 134.
Hertz, H. (1893). *Electric waves: Being researches on the propagation of electric action with finite velocity through space* (D. E. Jones, Übers.). Macmillan and Company.
Hooke, R. (1665). *Micrographia: Or some physiological descriptions of minute bodies made by magnifying glasses. With observations and inquiries thereupon*. J. Martyn and J. Allestry.
Hunt. (1978). *Origins in acoustics*. Yale University Press.
Koelkebeck, M., Detjen, C., & Calvert, D. (1984). *Historic devices for hearing: The CID-Goldstein collection*. The Central Institute for the Deaf.
Martineau, H. (1837). *Society in America* (Bd. 1). Saunders and Otley.
Morland, S. (1671). *Tuba Stentoro-Phonica*. W. Godbid.
Oticon. (2004). Founded on care – Oticon through 100 years. 63, 65.
Packard, F. R. (1963). *The history of medicine in the United States* (Bd. 2). Hafner Publishing Co.
Peck, A., Samuelson, E., & Lehman, A. (1926). *Ears and the man: Studies in social work for the deafened*. F.A. Davis Company.
Rhodes & McClure. (1880). *The Audiphone: A new invention that enables the deaf to hear through the medium of the teeth, and the deaf and dumb to hear and learn to speak*. Rhodes & McClure.
Sarli, C., et al. (2003a). *Deafness in disguise: Concealed hearing devices of the 19th and 20th centuries*. Washington University St. Louis. Von http://beckerexhibits.wustl.edu/did/timeline/index.htm. Zugegriffen am 28.06.2025.
Sarli, C., Uchanski, R., Heidbreder, A., Readmond, K., & Spehar, B. (2003b). 19th-century camouflaged mechanical hearing devices. *Otology and Neurotology, 24*(4), 692f.
Schmidt, L. E. (2000). *Hearing things: Religion, illusion, and the American enlightenment*. Harvard UP.
Scott, É.-L. (1857). *Principes de phonautographie* (P. Feaster, Übers.). Von First Sounds Working Papers. http://www.firstsounds.org/working-papers/ . Zugegriffen am 28.06.2025.
Thompson, E. (2002). *The soundscape of modernity: Architectural acoustics and the culture of listening in America, 1900–1933*. The MIT Press.
Weston Chapman, M. (1877). *Harriet Martineau´s autobiography and memorials of Harriet Martineau* (Bd. 2, M. Weston Chapman, Hrsg.). James R. Osgood.
Wheatstone, C. (1879). On the transmission of musical sounds through solid linear conductors, and on their subsequent reciprocation. In *The scientific papers of Sir Charles Wheatstone* (S. 62). Taylor and Francis.
Wilson, P., & Wilson, G. L. (1975). Horn theory and the phonograph. *Journal of the Audio Engineering Society, 23*, 94–199.
Winston, B. (1998). *Media technology and society: A history from the telegraph to the internet*. Routledge.
Yearsley, J. (1857). *Deafness practically illustrated*. John Churchill.
Zielinski, S. (2006). *Deep time of the media*. MIT Press.

Schnittstellen-Hören. Auditory Display, Interfacedisplay und Sonic Display. Eine medienpraktische Verknüpfung

Sebastian Schwesinger

Zusammenfassung

Auditory Display ist ein etablierter Begriff in der medienwissenschaftlichen Forschung. Der Artikel geht dem Konzept und dessen Erweiterungen innerhalb der International Community for Auditory Display (ICAD) nach und erarbeitet Verknüpfungen zum Konzept des Interface. Unter medienpraxeologischer Perspektive geraten Interface- wie Displayeigenschaften an Prozessschwellen innerhalb von Operationsketten in den Blick und werden als neuralgische Integrations- und Interaktionspunkte nachgewiesen. Am Beispiel der raumakustischen Simulationspraxis wird der analytische Mehrwert verdeutlicht, den eine Integration aller Prozessartefakte in die Untersuchung hat – gegenüber der Fokussierung auf das klingende Simulationsergebnis. Diese als Interfacedisplays wirksamen Prozessschwellen werden mithilfe des Begriffs des Sonischen als verzahnte Instanzen einer geteilten raumakustischen Medienepistemologie des Klanglichen greifbar, indem deren aktuale Perzeptualisierung zugunsten eines erweiterten Klangbegriffs, der verschiedenste Aggregatzustände klanglicher Präsentation umfasst, in den Hintergrund tritt.

Schlüsselwörter

Auditory Display · Interface · Sonic Display · Raumakustik · Simulation · Operationskette · Medienpraxeologie

---

S. Schwesinger (✉)
Institut für Musik-, Medien- und Sprechwissenschaften, Martin-Luther-Universität Halle-Wittenberg, Halle, Deutschland
E-Mail: sebastian.schwesinger@medienkomm.uni-halle.de

© Der/die Autor(en), exklusiv lizenziert an Springer Fachmedien Wiesbaden GmbH, ein Teil von Springer Nature 2025
C. Borbach et al. (Hrsg.), *Akustische Interfaces*, ars digitalis, https://doi.org/10.1007/978-3-658-47635-9_11

1 Auditory Display. In Klang darstellen

„Die grosse Empfindlichkeit des Telephons gegenüber äusserst schwachen Inductionsströmen, welche ich häufig bemerkt hatte, brachte mich auf den Gedanken, ob das Telephon nicht verwendbar sei um die durch die Actionsströme im tetanisirten Muskel bewirkten Stromesschwankungen zu beobachten. Es würde dies zu den schon vorhandenen rheoscopischen Vorrichtungen einen nicht unerwünschten Zuwachs gewähren. Denn während das Galvanometer unübertrefflich ist zur Feststellung der Richtung, Intensität, Kraft etc. beständiger Ströme, das physiologische Rheoscop durch den Nachweis plötzlicher Schwankungen, hätten wir im Telephon nicht bloss ein zweites Mittel rasche Stromesschwankungen zu beobachten, sondern wir könnten durch die gehörte Tonhöhe auch die Frequenz der Stromesschwankungen messen, also die Forschung nach einer neuen Richtung ausdehnen (Hermann, 1878, S. 504)."

Mit dieser ungewöhnlich anmutenden Idee eröffnete Ludimar Hermann seinen Bericht „Ueber electrophysiologische Verwendung des Telephons" aus dem physiologischen Laboratorium Zürich von 1878. Wie zeitgleich auch Julius Bernstein, ein weiterer Schüler des berühmten Berliner Physiologen Emil Heinrich Du Bois-Reymond, experimentierte Hermann auf dem Gebiet der Muskelphysiologie mit dem erst kürzlich der Weltöffentlichkeit vorgestellten Telefon. Florian Dombois (2008) und Axel Volmar (2010) stellen diese in den letzten Jahren wiederentdeckten Versuche, physiologische Zustände explizit klanglich darzustellen und zu erkunden, in den Kontext einer langen Geschichte der Hörbarmachungen, deren Konjunktur erst Anfang der 1990er-Jahre eine begrifflich auf den Punkt gebrachte Forschungsgemeinschaft zu begründen vermochte. Gemeint ist die 1992 von Gregory Kramer ins Leben gerufene International Community for Auditory Display (ICAD). Auch wenn deren Gründungsakt eine Geburt des fortschreitenden Computerzeitalters zu sein scheint, so reicht die Geschichte der intendierten erkenntnisstiftenden Hörbarmachungen, so Dombois und Volmar, doch viel weiter zurück.

Die medialen Bedingungen sind demnach nicht unerheblich für das Verständnis von Auditory Displays. Mit Blick auf die relevanten Medienumbrüche wird deutlich, wie in den 1990er-Jahren die Computerisierung von Forschungs- und Gestaltungskontexten eine Vorlage dafür lieferte, derart disparate Hörbarmachungen wie das Klingeln eines Handyweckers, eine akustische Einparkhilfe oder Verklanglichungen astronomischer Datensets unter dem weitgefassten Konzept des Auditory Display zusammenzuführen. Analog scheint auch Dombois von der Elektrifizierung als medialer Bedingung dafür auszugehen, verschiedenste Wellenphänomene Ende des 19. Jahrhunderts mithilfe von Phonograph-, Radio- oder Telefontechnik in hörbare Signale zu transformieren (Dombois & Eckel, 2011, S. 303). Immerhin ist der Unterschied zu den weitaus früher etablierten Formen der medizinischen Auskultation und Perkussion, die sich ebenso als Methoden der informativen Hörbarmachung fassen lassen, eine Übersetzungsleistung, die man mit Douglas Kahn als eine „transduction-in-kind" beschreiben kann (Kahn, 2013, S. 55). Es bedurfte eines bestimmten Transducers, eines Wandlers, der Signale aus dem Register mechanischer Energie austreten bzw. in selbiges eintreten lassen kann, um auch nichtakustische Wellenphänomene auditiv darstellen zu können. Es ist erstaunlich, dass sich beide Medien-

sich bereits mit dem Verweis auf das „akustische Galvanoskop" (Volmar, 2012, S. 85) der Elektrophysiologie Ende des 19. Jahrhunderts zeigen ließ, benötigen diese Transformationen, auch wenn sie von Kramer als „direct translation of a data waveform into sound" (Walker & Kramer, 2004, S. 152) beschrieben werden, zumeist eine energetische Wandlung, um jegliche Vibrationsereignisse in hörbare Schallwellen überführen zu können. In dieser Weise können Gravitationswellen (Helmreich, 2016), aber auch seismografische Aufzeichnungen (Dombois, 2002) hörbar gemacht werden.

Im Unterschied hierzu stützen sich *Sonifikationen* auf symbolische Wandlungen, also die parameter- oder modellbasierte Übersetzung von Daten in hörbare Klangsignale. Die durchschlagende Computerisierung von Forschungs- und Gestaltungskontexten hat derartige Verwandlungen von Daten in verschiedenste Ausgabeformate erheblich erleichtert und so neben etablierten grafischen, bildlichen und textlichen Formaten auch mit klanglichen Darstellungen experimentieren lassen. Eine der frühesten und bekanntesten Formen, das Parameter Mapping, attribuiert klangliche Eigenschaften wie Tonhöhe, -dauer und -intensität oder Raum- und Frequenzfilter an verschiedene Datentypen oder -reihen, um deren Veränderungen akustisch kenntlich zu machen. Bei neueren modellbasierten Sonifikationen wird vollständigen Datensets in Form virtueller Instrumente Gestalt verliehen, die von den Nutzer:innen angeregt und derart ausgelesen werden können (Schoon & Volmar, 2012, S. 12). „The user excites the sonification model and receives acoustic responses that are determined by the temporal evolution of the model" (Hermann, 2008, S. 1). An diesem Verfahren lassen sich insbesondere die Interaktivität der Nutzer:innen mit der Modellierung sowie die Iterationen des Sonifikationsprozesses hervorheben.[2] Sonifikationen reichen entsprechend von einfachem Mapping wie bei akustischen Einparkhilfen bis zur Verklanglichung relativ großer Datensätze wie z. B. Wetterdaten, um Muster, Wiederholungen oder Korrelationen in der Datenstruktur aufzudecken.

Das Konzept des Auditory Display hat, wie gezeigt, bereits Eingang in einzelne medienhistorische Analysen gefunden und sich als Terminus technicus so auch über die Grenzen der ICAD hinaus etabliert. Anhand der folgenden Fallstudie soll diesem Umstand Rechnung getragen werden und dessen Nutzbarkeit in der medienwissenschaftlichen Forschung grundlegend ausgeleuchtet werden. Dabei wird vor allem konkret diskutiert, welche Korrespondenzen diese Fassung von klanglichen Darstellungsweisen zu alternativen medienwissenschaftlichen Arbeitsbegriffen wie dem Interface bereithält. Die einführenden technisch-historischen Anmerkungen zum Auditory Display werden folglich für medienepistemische, insbesondere konzeptuelle und methodische Überlegungen eingesetzt.

Hierfür möchte ich in eine akustische Simulationspraxis einführen, die mir geeignet scheint, die Konzepte von Auditory Display und Interface engführen zu können. Ich beziehe mich dabei auf Inhalte und Beobachtungen eines Forschungsprojekts, das ich von

---

[2] Dieser Forschungsstrang der interaktiven Sonifikation hat sich seit 2004 in einen eigenständigen Workshop ausgegliedert, der alle drei Jahre unabhängig von den ICAD-Konferenzen stattfindet. Für weitere Informationen siehe: https://interactive-sonification.org/ (zugegriffen am 25.8.2024).

2016 bis 2018 am Exzellenzcluster Bild Wissen Gestaltung initiiert und koordiniert habe.[3] Das interdisziplinäre Projekt ging der Frage nach, wie die öffentliche politische Kommunikation im antiken Rom mit den architektonischen Veränderungen am Forum Romanum in Einklang gebracht werden kann. Die Bearbeitung dieser archäologischen Fragestellung erfolgte auf der Grundlage der akustischen Simulation von Ansprache- und Hörsituationen auf dem antiken Forum unter Berücksichtigung verschiedener, im Laufe der baulichen Geschichte dokumentierter Rednerpositionen, um zu evaluieren, wie viele Menschen und wie gut diese einen Redner auf dem Forum verstanden haben könnten.

Softwarebasierte raumakustische Simulationen sind in der Akustik bereits seit mehreren Jahrzehnten im Einsatz. Ausgehend von wissenschaftlicher Forschung haben sich marktreife Softwareprodukte entwickelt, die heute (noch) hauptsächlich bei komplexeren Bauvorhaben die Schallausbreitung im fertigen Gebäude simulieren.[4] Für den konkreten Untersuchungsgegenstand des Projekts wurden zwei Simulationsausgaben bzw. Displays für die Sprachverständlichkeit gewählt. Der Speech Transmission Index (STI) errechnet die Qualität an jeweils einzelnen Hörpunkten auf Grundlage der „natürlichen" Modulationsintensität von Sprache, die sich durch das Akzentuieren von Silben, Wörtern und Sätzen ergibt. Dazu werden die simulierten raumakustischen Eigenschaften an diesen einzelnen Punkten hinsichtlich der für das Sprechen und Sprachhören wichtigen Frequenzbänder sowie unter Berücksichtigung von auftretenden anderen Geräuschquellen bewertet (DIN EN IEC 60268-16:2021-10, 2021). Am Ende dieses Berechnungsprozesses erhält man die STI-Werte für ein Raster an Hörpunkten, das meist in der Form einer Heat Map ausgegeben wird (Abb. 1).

Alternativ oder weiterführend lassen sich die der STI-Berechnung zugrunde liegenden (Stör-)Größen auch akustisch messen und aufzeichnen oder synthetisch erzeugen und in einer sogenannten Auralisation ausgeben. Die Auralisation ist ein seit den 1990er-Jahren computergestützt etabliertes Verfahren, das ein beliebiges nachhallfreies – also im schalltoten Raum aufgenommenes – Audiosignal mit den simulierten raumakustischen Eigenschaften an diesen Hörpunkten verrechnet und dem Ausgangssignal somit den spezifischen Raumabdruck aufprägt (Kleiner et al., 1993). Somit erzeugt man einen Höreindruck, als würde das Ausgangssignal in dem spezifischen Raum an der spezifischen Stelle gehört. Unterlegt man dieses Auralisationsergebnis mit den aufgenommenen oder er-

---

[3] Eine kurze Projektübersicht mit weiteren Informationen zu den Teilprojekten findet sich hier: https://www.interdisciplinary-laboratory.hu-berlin.de/de/content/analogspeicher-ii-auralisierung-archaologischer-raume/index.html (zugegriffen am 25.8.2024).

[4] Raumakustische Simulationssoftware ist grundsätzlich für die Modellierung geschlossener Räume konzipiert, kann aber dennoch mit höherem Rechenaufwand für die Modellierung offener Platzanlagen verwendet werden. Einen Überblick über die gängige Software bietet der letzte stattgefundene Ringvergleich, auch wenn mit CATT-Acoustic ein wichtiger Anbieter fehlte (Brinkmann et al., 2019).

Abb. 1 Erstellt im Projekt Auralisierung archäologischer Räume am Exzellenzcluster Bild Wissen Gestaltung, Autoren: Susanne Muth, Erika Holter, Jessica Bartz (Digitales Forum Romanum, HU Berlin), Christoph Böhm, Felicitas Fiedler, Stefan Weinzierl (TU Berlin)

zeugten Stör- oder Hintergrundgeräuschen, erhält man eine klangliche Simulationsausgabe, mit dem sich z. B. empirische Hörverständlichkeitstests durchführen lassen (Abb. 2).[5]

Unter der Maßgabe der ICAD-Definitionen lässt sich die STI-Darstellung als visuelles Display einordnen, während die Auralisation als ein klassisches Auditory Display bezeichnet werden könnte, das sich dem Format der Sonifikation zuordnen ließe. Die Auralisation fungiert in diesem Sinne als Teil und Display einer modellbasierten Simulation, die – ausgerichtet auf die Verklanglichung – erweiterte Interpretationsmöglichkeiten zur Verfügung zu stellen versucht.

> „Like visualization, auditory display is at its heart a representational technique and an activity of perceptualization. That is, its goal is to make perceptible some data set or other attributes of a system or entity, knowledge of which will enable meaning making to take place (Vickers, 2012)."

Auch wenn es intuitiv erscheint, dass modellierte akustische Vorgänge verklanglicht werden, sind die in der Simulation gewonnenen Daten nur durch einigen Aufwand in klingendes Material zu überführen, was sowohl die größere Verbreitung der visuellen Darstellung als auch die verhältnismäßig späte Integration der Auralisation in den Simulationsprozess nahelegen. In Vickers' Sinne lässt sich die Auralisation demnach als Bemühung um eine alternative bzw. komplementäre Perzeptualisierung der gewonnenen Simulations-

---

[5] Für einen vertiefenden Einblick in die Forschungsergebnisse auf dem Forum Romanum siehe Holter, Muth und Schwesinger (2019).

Abb. 2 Erstellt im Projekt Auralisierung archäologischer Räume am Exzellenzcluster Bild Wissen Gestaltung, Autoren: Susanne Muth, Erika Holter, Jessica Bartz, Dirk Mariaschk (visuelle Rekonstruktion, Digitales Forum Romanum, HU Berlin), Christoph Böhm, Felicitas Fiedler, Stefan Weinzierl (Auralisation, TU Berlin)

daten verstehen, die nicht zwingend im Gegenstand der Modellierung angelegt ist, auch wenn es sich um Schallausbreitung handelt. Der hörbare Vergleich der verschiedenen Anspracheposotionen auf dem Forum folgt entsprechend dem formulierten Zielanspruch des Einsatzes von Auditory Displays, „to enable a better understanding, or an appreciation, of changes and structures in the data that underlie the display" (Hermann et al., 2011, S. 1). In der gängigen Praxis raumakustischer Simulationen werden Auralisationen allerdings weiterhin als nicht zwingend notwendige Ausgabeform zur Beurteilung erachtet. Diese Reserviertheit gegenüber der Verklanglichung schließt an die von Alexandra Supper untersuchte Auseinandersetzung innerhalb der ICAD an, die sich um die Legitimierung auditorischer Displays in der Forschungspraxis rankte. Nach Supper gab es eine Gruppe, die für die wissenschaftliche Evidenz von Sonifikationen bürgen wollte, indem sie empirische Testungen durchführte, um die Ergebnisse unterschiedlicher Verklanglichungen zu evaluieren, d. h. objektive Kriterien für die Erstellung von Auditory Displays zu generieren. Die andere Gruppe folgte dem Objektivitätsverständnis des geschulten Urteils (Daston & Galison, 2007). Supper interpretiert diese Position als eine des geschulten Ohres, das parallel zu bildgebenden Verfahren Hörbarmachungen für thesengeleitete Forschungsbeobachtung etablieren möchte (Supper, 2012, S. 38–42). Dieses geschulte Ohr ist immer auf der Suche nach der Evidenz, die sich aus verklanglichten Datensätzen heraushören lässt. In der Auralisationspraxis der Akustik lassen sich ebenfalls beide Stränge ausmachen. Sie deuten – wie auch innerhalb der ICAD – auf unterschiedliche Zwecke hin, die mit Auditory Displays verfolgt werden. Einerseits werden mithilfe der Auralisation psychoakustische Hörversuche unternommen, um die Simulationsergebnisse auf die Abbildung relevanter Raumeindrücke zu untersuchen, die zwar stets von denen in realen Vergleichsräumen gemessenen objektiv abweichen, aber dennoch einen „plausiblen" Raumeindruck für Proband:innen erzeugen sollen (Lindau & Weinzierl, 2012). Andererseits zeigt die obige Fallstudie den auf dieser Legitimierung basierenden Einsatz der Auralisation, um mit den geschulten Ohren der Akustiker:innen und Archäolog:innen die historische Hörverständlichkeit zu analysieren. Dabei ist das Ohr, das interveniert und interpretiert, als Teil der Forschungsinfrastruktur zu akzeptieren, solange „es von geschulten Expertinnen und Experten angewendet wird, mit dem Ziel, Muster und Strukturen in Daten hörbar zu machen" (Supper, 2012, S. 42). In der Fallstudie vermochten diese Expert:innenohren, auch aus größeren Distanzen, als das STI-Mapping nahelegte, die wichtigen Schlagworte einer Rede zu hören und so Forschungsfragen zur Informationsdichte öffentlicher Ansprachen abzuleiten. Es besteht demnach ein wesentlicher Unterschied zwischen klanglicher Darstellung als Endzweck, z. B. in Form eines akustischen Warnsystems, und als Mittel zum Zweck, um z. B. Datensets auszuhorchen. In Anlehnung an Karin Bijstervelds Typologie des informationsgenerierenden Hörens adressiert Letzteres den Modus des explorativen Hörens (Bijsterveld, 2019, S. 68–69). Wie auch Bijsterveld betont, sind verschiedene Hörmodi im Kontext von Sonic Skills eingebettet, welche ebenso die Techniken der Klanggenerierung, -verarbeitung und -besprechung umfassen. In diesem Sinne skizziert der Disput innerhalb der ICAD und die Skepsis der Akustik gegenüber der Auralisation nicht nur den prekären Status des Hörens als Wissenspraxis, sondern gleichsam den ungeklärten Status innovativer explorativer Wissenschaftsstrategien und -techniken.

2 Interfacedisplay. Eingreifende Darstellung in Operationsketten

Für eine medienwissenschaftliche Betrachtung ist diese Kontroverse ungemein aufschlussreich, verweist sie doch auf die Limitationen des ursprünglichen Auditory-Display-Konzepts. Vor allem die Objektorientierung scheint hierbei problematisch zu sein. Ein Auditory Display referiert auf ein klingendes Objekt, dessen prinzipielle Abgeschlossenheit durch vorherige Qualifizierungsarbeiten größtmögliche Anwendungsoptionen für alle potenziellen Hörer:innen bieten soll. Die von Supper benannte zweite Gruppe weist, wie auch die offenen Höranalysen der verklanglichten Forumsansprache, hingegen auf die spezifische Einbettung in eine Forschungspraxis hin, auf die Funktion der Darstellung für die Exploration der Datengrundlage. Damit ist ein abgeschlossenes Objekt der Sonifikation infrage gestellt, weil die Exploration ein meist iterativer Prozess ist und erst nach mehreren Durchläufen und Annäherungen ein Ergebnis bereitstellt, das aus dem Prozess herausführt und anderen Zwecken, z. B. der Kommunikation mit Nichtinvolvierten, dient. An dieser Stelle können stärker praxisorientierte Interfacekonzepte vermitteln.

Während Wulf Halbach 1994 das Interface noch als das „Gesicht des Computers" (S. 19) beschrieb, um den Computer zum Medium individueller Wirklichkeitskonstruktionen hochzufahren, führen jüngere Theoretisierungen – auch unter Rückgriff auf die begrifflichen Ursprünge in der Strömungslehre des 19. Jahrhunderts – das Interface als Aktivitäts- und Transformationszone ein, „as the zone across which all activity must occur in order to possess meaning, force, or power" (Hookway, 2014, S. 63). Solche Ansätze betonen die Stiftung und Unterhaltung von Verbindungen durch und in Form von Interfaces als grundlegendes Definitions- und Analysekriterium, was sie für eine medienpraktische Lesart zugänglich macht. Am Beispiel der Human Computer Interaction wird hervorgehoben, wie diese eine spezifische Verbindung menschlicher Protagonist:innen mit den ablaufenden Prozessen der Datenorganisation und -verarbeitung stiftet. Das Interface ist dabei gleichzeitig die konstitutive Form eines geteilten Möglichkeitsraums, das meint die Relation, wie auch der konkrete Ort der Interaktion der beteiligten Entitäten, also seiner Relata. „What the theorization of the interface reveals is not the properties or essence of a thing but rather the interplay, within a relation, in the shaping of a mutually generated behavior or action" (Hookway, 2014, S. 14), wie Branden Hookway ausführt. Eine solche Verschiebung vom Interface als Objekt hin zum *Interfacing* als mediale Praxis öffnet eine medienanthropologische Ebene dieser Ansätze, wie Florian Hadler erklärt: „[T]he interface is not just a process or device, but rather a way to see, understand and act within our ubiquitous techno-ecological surroundings" (Hadler, 2018, S. 3). Solche in Verbform konzipierten Interfacingtheorien deuten sich bereits innerhalb der ICAD an. Wenige Jahre nach deren Gründung führten Thomas Hermann und Helge Ritter (1999) die Interaktion als fundamentale Komponente modellbasierter Sonifikationen ein. Gemeinsam mit Andy Hunt spezifizierte Hermann später: „Basically, a sonification model is a dynamic system, formed from the data under scrutiny, plus a set of interactions determining how the user may excite the system plus a fixed mechanism describing how the resulting dynamic behaviour determines the sound" (Hunt & Hermann, 2004, S. 5). Diese Bemühungen bezeugen die auch innerhalb der ICAD notwendig erscheinende Erweiterung einer objektorientierten Fokussierung von Auditory Displays, in welcher ein Auditorium als mehr oder weniger passiv gedachte Zuhörerschaft vorausgesetzt wird. Im Einklang mit praxisorientierten Interfacekonzepten wird bei modellbasierten Sonifikationen die Interaktion und Mediation ausschlaggebend für den Zweck einer Verklanglichung. Die Zuhörer:innen werden zu User:innen, die durch ein Auditory Display mit der Datengrundlage interagieren. Dies betont nicht zuletzt den performativen Charakter dieser Perzeptualisierungen.

In dieser Ko-Konstitution des Interface wird der Systemgedanke aus der spezifischen Verknüpfungsleistung mittels Handlung evident. „[T]he interface governs transformations from interior state to exterior relation, from inward to outward expression" (Hookway, 2014, S. 9). Jan Distelmeyer relativiert die Kittler'sche Kritik, dass in diesem erzeugten System der Mensch Untertan einer aufoktroyierten gemeinsamen Kondition sei. Im Anschluss an Harun Farocki und andere betont er die operative Dimension von Benutzeroberflächen, die User:innen in ihrem Handlungsrepertoire nicht lediglich einschränken, sondern Zugriff zuallererst indexikalisch mobilisieren (Distelmeyer, 2021, S. 73–80). Die Interfacenutzung greift auf die verknüpfte Datenverarbeitung zu und in sie ein und verweist dementsprechend auf einen systemischen Verständniszusammenhang, der größer ist und weiter reicht als die singuläre Kontaktzone. Interfaces verweisen auf die Prozessketten, in denen sie stehen, auf die größeren Vollzüge, in die sie eingebettet sind. Derart verstanden, sind Interfaces als Vermittlungs- und Verbindungsinstanzen darauf angelegt, dass sie Anschlüsse und Ketten aus Operationen erzeugen und nicht nur eine singuläre Brücke beschreiben. Indem Marianne van den Boomen den Vorgang des Interfacing als informativen Flaschenhals analysiert, als eine „purposive construction to withhold particular representations" (van den Boomen, 2014, S. 36), insinuiert sie gleichfalls die Kehrseite des von ihr als Depräsentation gekennzeichneten Phänomens. Eine solche Funktionalisierung des Interface ermöglicht eine Interaktion, die auf ein zweckgerichtetes Handeln entlang einer Kette von vorher und nachher erfolgenden Operationen ausgerichtet ist. Diese Denkweise ist der Medienwissenschaft als Theoretisierung von Operationsketten nicht unbekannt, in denen Handlungsverkettungen gegenüber technischen Medien priorisiert werden, d. h. Medien erst zu solchen in ihrem verketteten operativen Gebrauch werden. Christoph Borbach und Tristan Thielmann haben für die Analyse der Handlungsoptionen, die Operationsketten freisetzen und verknüpfen, auf die Bedeutung einer praxistheoretischen Sichtweise auf die Informationsverarbeitung hingewiesen: „Aus praxeologischer Perspektive können ‚kommunikative Pfade' als Darstellungsform und -technik von Operationsketten gelten … . Der Kommunikationspfad ist das Medium der Operationskette" (Borbach & Thielmann, 2019, S. 118).

Diesen Pfaden lässt sich nun folgen, indem die Sonifikation, „[the] technique of rendering sound in response to data and interactions", vom Auditory Display, „[which] encompasses all [technical] aspects of a human-machine interaction system" abgesetzt wird, wie es Thomas Hermann, Andy Hunt und John Neuhoff vorgeschlagen haben (Hermann et al., 2011, S. 1). Die Sonifikation stellt in diesem Sinne kein *Format* eines Auditory Display mehr dar, sondern entfaltet einen *Prozess*, in dem Auditory Displays als technische Ermöglichungsbedingungen gestaltet werden, um als Interfaces fungieren zu können, d. h. hier in den Prozess einzugreifen und Kontrolle über diesen auszuüben. Für das Fallbeispiel der raumakustischen Simulation von Forumsansprachen stellen sich entsprechend Fragen danach, welche Operationen der Prozess der Sonifikation umschließt, welche Prozessverkettungen diese Technik erzeugt und an welchen Stellen der Sonifikationsprozess wie voranschreitet, anstatt sich auf die klangliche Ausgabe als abgeschlossenes Objekt zu fokussieren. Hierfür lohnt es sich, den Simulationsprozess in seiner Gänze in den Blick zu nehmen. Auch wenn selbiges an dieser Stelle nur holzschnittartig erfolgen kann, werden damit die operativen Verkettungen einer Simulationspraxis hervortreten können.

Die Grundlage für die Modellierung einer akustischen Situation ist die Erstellung eines Raummodells. Das im Fallbeispiel verwendete Architekturmodell des Forums ist auf Grundlage von langjähriger archäologischer Forschung entstanden und bildet die Versammlungssituationen um die Rednertribünen ab. Das aus diesem Modell gewonnene akustische Raummodell, das in die Simulationssoftware integriert wurde, verzichtet bewusst auf den Detailreichtum des architektonischen Modells. Allen relevanten Grenzflächen sind akustische Parameter zugeordnet, die z. B. deren Absorptions- oder Streuungseigenschaften charakterisieren. Im nächsten Schritt sind in der Simulationssoftware von einer designierten Sprecherposition aus Strahlen- bzw. Partikelbündel in dieses Modell ausgesendet worden. Die in den Raum entlassenen Schallstrahlen oder -partikel wurden dabei auf ihrem Weg durch das Modell so lange verfolgt, bis ihre Schallenergie unter die Wahrnehmungsschwelle fiel. Trafen sie dabei z. B. auf Flächen oder Gegenstände, wurden sie anhand der eingepflegten Parameter reflektiert, abgelenkt und abgeschwächt. Diese Simulation erfolgte mit einer ausreichenden Menge an Strahlen, um für verschiedene Rezeptionsorte im Auditorium aufzuzeichnen, welche Schallstrahlen aus welcher Richtung mit welcher Raumfilterung auf einen Satz Ohren treffen und derart das charakteristische Hören an einer Position abbilden. Das anschauliche Ergebnis dieses Vorgangs war das sogenannte Reflektogramm einer Hörposition auf dem virtuellen Forum, das die eintreffenden Schallstrahlen zeitlich nach ihrem energetischen Niveau abträgt. Aus diesen und weiteren gewonnenen Informationen des Reflexionsmusters ließ sich durch die Software mit viel stochastischem und rechnerischem Aufwand eine Raumimpulsantwort erzeugen. Eine Raumimpulsantwort ist das ortsspezifisch aufgezeichnete, also wirklich auditive Ergebnis einer Anregung des Raumes mit einem idealen akustischen Impuls. In realen Räumen erzeugt man dazu am Emissionspunkt einen Knall oder einen Sinussweep und misst, was davon unter sonst stillen Umgebungsbedingungen an einer Hörposition ankommt. Bei der Umwandlung eines simulierten Reflexionsmusters in eine Raumimpulsantwort wird hingegen ein künstliches Audiosignal erzeugt, das dem im vergleichbaren realen Raum gemessenen Signal nahekommen sollte. Die simulierte Raumimpulsantwort war im Projekt dann die Grundlage für die bereits beschriebene Erstellung der STI-Mappings und der Auralisationen.

Nach diesem Parforceritt durch die raumakustische Simulationspraxis lassen sich also verschiedene Zwischenschritte festhalten (Abb. 3). Ausgehend vom *Architekturmodell* wird ein *akustisches Raummodell* erzeugt. Mithilfe dessen werden z. B. durch den Einsatz von Raytracing-Algorithmen ortsspezifische *Reflektogramme* generiert, die in hörbare *Raumimpulsantworten* transformiert werden. Diese bilden wiederum die Grundlage für weitere Analysen wie z. B. Sprachverständlichkeitsberechnungen für *STI-Mappings*. Mithilfe von Faltungsalgorithmen werden solche Raumimpulsantworten auch in *Auralisatio-*

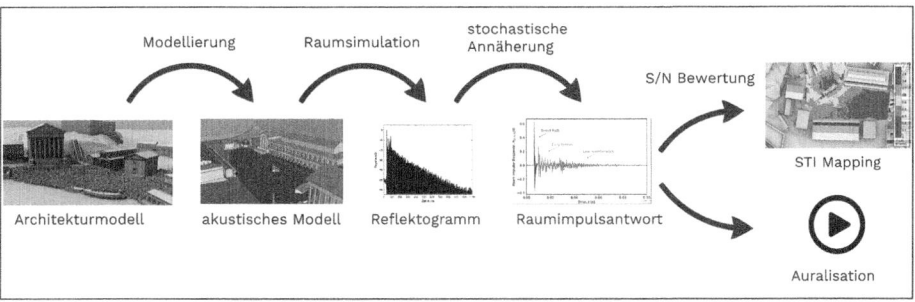

Abb. 3 Eigene Darstellung aus Materialien des Projekts Auralisierung archäologischer Räume am Exzellenzcluster Bild Wissen Gestaltung

nen, d. h. in hörbare virtuelle Raumeindrücke, übersetzt. Dieser gesamte Prozess erzeugt also eine Fülle an Artefakten oder Zwischenschritten, die in spezifischer Weise miteinander verknüpft sind. Prozessresultate stellen das Ausgangsmaterial für Folgeprozesse dar, die im Endeffekt die gesamte Kette einer raumakustischen Simulationspraxis abbilden.

Unter dem gängigen Begriff des Auditory Display wäre vornehmlich das hörbare Ergebnis der Auralisation in den Fokus gerückt. Als Objekt ist es lediglich das Endresultat der Simulation, die in Gänze als Sonifikationsprozess verstanden werden kann, d. h. als modellbasierte Übersetzung von Architekturdaten in einen hörbaren Klangeindruck mithilfe der Anregung eines nachhallfreien Audiosignals. Folgt man dem stringenten Kommunikationspfad vom Auralisationsergebnis zurück bis zum Ausgangspunkt des Architekturmodells, treten die genannten Prozessartefakte in ihren Interfaceeigenschaften hervor, die die einzelnen Prozessschritte verbinden und überhaupt erst einen kohärenten Gesamtprozess der raumakustischen Simulation sichtbar machen. Die mit und durch sie erzeugten Relationen lassen sich hinsichtlich ihrer Vermittlungs- und Anschlussleistungen untersuchen. Dabei wird einerseits deutlich, dass die Zweckrichtung der verketteten Operationen durch die Interfaces, d. h. durch die Depräsentation und die durch sie gefassten Handlungsoptionen, gesichert wird. Die „Operativität von Operationsketten" (Borbach & Thielmann, 2019, S. 116) speist sich aus dem Streamlining der praktischen Möglichkeiten an jedem Verkettungspunkt. Mit einem Architekturmodell lässt sich noch einiges anfangen. Mit der Umarbeitung in ein akustisches Raummodell sind diese Möglichkeiten derart beschnitten, dass Folgehandlungen nur noch schwerlich aus der in Gang gesetzten Operationskette ausscheren können. Dieser Punkt mag banal klingen, ist aber für die zunehmende Automatisierung und das Blackboxing solcher Simulationsprozesse entscheidend. Die softwareseitig standardisierte Transformation eines Reflexionsmusters in eine Raumimpulsantwort ist gleichzeitig ein neuralgischer wie undurchsichtiger Prozess, der von den User:innen kaum mehr nachvollzogen werden kann. Hier setzt eine Kritik an Interfaceinszenierungen an, die den Zugriff auf die „internen Schalt- und Leitungsprozesse des Computers" nur noch imitieren und die „Fan[s] der Kommandozeile" (Distelmeyer, 2021, S. 77–78) aufbrausen lassen. Auch wenn die meisten Blackboxes nach menschlichem Interfacing verlangen, wie Alexander Galloway schreibt (2011, S. 239), bringt die zur selbigen verkommene, rein symbolisch informationsverarbeitende Operationskette eine praxeologische Einsicht in ihre Subprozesse in dem Maße zum Verschwinden, wie die Interfaces zu bloßen *Surfaces* werden (Hookway, 2014, S. 12–15).

Andererseits lässt sich solchen Befürchtungen, dass die Evolution der Interfaces durch eine zunehmende Verschaltung der Operationen humane Agency höchstens noch *on-the-loop* (Rothrock & Nembhard, 2006) akzeptiert, mit Blick auf die Displayeigenschaften der Prozessartefakte beggenen. Am Fallbeispiel zeigt sich besonders auffällig, dass die so verstandenen Schnittstellen dieser Operationskette expressiv, sozusagen *on display* sind, d. h. grafische, visuelle oder klangliche Darstellungen erzeugen. Aus der Begleitung der Simulationspraxis heraus lässt sich dies damit erklären, dass die Schnittstellen nicht nur Übergangspunkte, sondern zugleich prädestinierte Beobachtungs- und Interaktionspunkte der Prozesskette sind. In Anlehnung an Bruno Latours Pedologenfaden resultiert dies daraus, dass jedes dieser Displays „die Rolle eines Zeichens für das vorangehende und die eines Dings für das nachfolgende" (Latour, 1996, S. 225) Prozessieren spielt. Die Displays dienen der Exploration der fortführend verarbeiteten Datengrundlage, z. B. zur Anpassung des Models, zur Untersuchung von Anomalien im Reflektogramm oder der Raumimpulsantwort, aber auch zur architekturplanerischen Optimierung eines dem Hören dienenden Zweckbaus. *Interfacedisplays* bieten die Möglichkeit der *Interaktion* an diesen Stellen, d. h. des Eingreifens in die Datengrundlage und -verarbeitung, und der daraus folgenden *Iteration* verschiedener Prozessabschnitte. Vielleicht lässt sich allgemeiner formulieren: Interfaces verschalten Prozesse und Entitäten nicht nur in einer Kette, sondern können *on display* als Beobachtungs- und Kontrollinstrumente der Kette selbst dienen. In Übereinstimmung mit der Kritik an der Interfaceinszenierung weist Branden Hookway allerdings ebenfalls darauf hin, dass solche Eingriffe stets einem modellierten Wissen der tatsächlichen Datenprozessierung unterliegen: „The more efforts to control a system from an outside vantage point are deemed effective, the more the means of access to that system appear equivalent to the actual events internal to the system" (Hookway, 2014, S. 72).

Die horizontale Verknüpfung der Operationen gerinnt in diesen Kontaktzonen des Kommunikationspfads zur Medienreife, was selbstredend allgemein verstanden nicht mit dem Auftreten menschlicher Agenten zusammenfallen muss, wie im Fallbeispiel der raumakustischen Simulation. An diesem wird allerdings deutlich, wie der Abschluss der Iterationen einer Prozesskette die Adresse der Darstellung ändert. Während die prozessinternen Interfacedisplays die konstituierten User:innen zur Interaktion auffordern, richtet sich die Darstellung des finalen Ergebnisses als klassisches Display – ob klanglich, grafisch oder visuell – meist an eine andere Adresse, seien es Stakeholder in planerischen Prozessen oder das geneigte Publikum einer Veröffentlichung. Diese Differenz in der Adressierung, die weitere Unterschiede z. B. in der Funktion und Konvention in sich trägt, mag noch einmal die erfolgte Differenzierung im medienpraktischen Sinne unterfüttern.

Die Akzentuierung dieser neuralgischen Punkte einer Prozesskette – sowohl als Interface als auch als Display – hat beide Konzepte in produktive Bezugnahmen verwickelt. Ohne damit ein neues oder zusammenhängendes Konzept vorschlagen zu wollen, weist die praxeologische Analyse darauf hin, dass solche Displays an Prozessschwellen Interfaceeigenschaften aufweisen und umgekehrt und dadurch deren Funktion und Stellung innerhalb der Prozesskette wie auch den Verständniszusammenhang der Kette als solcher erhellen.

3   Sonic Displays. Die Entobjektivierung von Klang

Die Betrachtung der Verkettungsfunktion von Interfaces und deren Displayeigenschaften hat die Prozessartefakte zunächst unabhängig von ihrer Art der *Perzeptualisierung* miteinander in Bezug gesetzt. Dadurch steht die Spezifik akustischer Interfaces erneut zur Disposition. Margarete Pratschke, die aus bildgeschichtlicher Perspektive zu grafischen Benutzeroberflächen gearbeitet hat, betont im Anschluss an Bildakttheorien die Eigenlogik des Bildlichen, die sich in allen visuellen Interfaces der Human Computer Interaction zeigt (2008). Analog ließe sich dies entsprechend als klangliche Eigenlogik auf akustische Interfaces übertragen, was auch die ICAD stets als spezifisches Darstellungs- und Erkenntnispotenzial von Auditory Displays betont hat. Dabei ist problematischerweise meist eine naturalisierte Vorstellung eines Klangobjekts und des Hörens am Werk, in deren akultureller Verfasstheit alle Potenziale begründet scheinen: „Audio's natural integrative properties are increasingly being proven suitable for presenting high-dimensional data without creating information overload for users" (Kramer et al., 1998, S. 4). Dennoch lässt sich jenseits ahistorischer und biologistischer Verortungen – und damit auch keiner audiovisuellen Litanei das Wort redend (Sterne, 2003, S. 14–19) – von einer Eigenlogik des Klanglichen sprechen, in der z. B. unter Nutzung klanglicher Topologien eine spezifische Sinngebung Verständniszusammenhänge prägt, wie dies Steven Feld nachgewiesen hat (Feld, 1988). Dass diese perzeptive Kategorisierung auch medienhistorisch produktiv gemacht werden kann, haben Arbeiten zur Sonifikationsgeschichte, wie die von Axel Volmar, gezeigt, der in seinem Abriss zur „Medienepistemologie auditorischer Displays" entsprechend auffordert: „Reden wir also über Ohren, die technischen Medien lauschen und über Displays, deren ästhetische Objekte im Gehör ihre sinnliche Adresse finden" (Volmar, 2007, S. 106).

Dennoch haben vor allem Wolfgang Ernst (2008) und Peter Wicke (2008), wenn auch in unterschiedlicher Weise, insistiert, dass eine auf das Ohr reduzierte Phänomenologie des Hörens, die hier am Werk zu sein scheint, nicht den einzigen Zugang zu einer klanglichen Medienepistemologie darstellen muss.[6] Unter dem Begriff des Sonischen bringt Wolfgang Ernst vor allem die nichtklingenden Aggregatzustände eines implizit Klanglichen zusammen, welches z. B. als digitale Pulsreihe oder elektrische Schwingung auftritt (Ernst, 2016, S. 13). Unter Einbezug dieses erweiterten Klangverständnisses lässt sich für die Prozesskette der raumakustischen Simulation auf knifflige Kategorisierungsversuche der Interfacedisplays zugunsten deren geteilter epistemischer Ausrichtung verzichten. Denn die Prozessschwelle, an der ein klangliches Resultat dieser Sonifikation zur Darstellung gelangt, ist nicht ohne Weiteres zu identifizieren. Die simulierte Raumimpulsantwort, welche die akustische Grundlage der Auralisation liefert, ist an sich abhörbar. Auch wenn sie als Audiosignal vorliegt, lässt sich indessen standardisiert grafisch auf sie zugreifen.

Aus der Begleitung der Simulationspraxis in der Raumakustik drängt sich anstelle der perzeptiven Einteilung der Darstellungen eine einheitliche Kategorisierung der Interfacedisplays auf, die sich in Anlehnung an den Begriff des Sonischen als *Sonic Displays* bezeichnen lassen. Im Gegensatz zu akustischen Interfaces und Auditory Displays sind damit nicht ausschließlich Darstellungsweisen gemeint, die sich auf hörbaren Klang als vermittelndes Medium beschränken. Erneut ist die medienpraxeologische Perspektive, die bereits an der Auflösung einer starren Objektorientierung des Displays oder Interface mitgewirkt hat, leitend für den Fokus auf den zusammenhängenden Mediengebrauch in dieser

---

[6] Für eine kulturwissenschaftliche Perspektivierung des Sonischen siehe Gerloff und Schwesinger (2017).

Operationskette, der die Bedeutung von Klang als Objektklasse für die Simulationspraxis relativiert. Wenn Borbach und Thielmann also vom Kommunikationspfad als dem „Medium der Operationskette" (2019, S. 118) schreiben, wird dieser durch eine konstitutive Logik und Epistemologie überspannt, die sich – mit Hadler gesprochen – ebenfalls praktisch-perzeptiv sedimentieren, als spezifischer „way to see, understand and act" (2018, S. 3). Damit ist keinesfalls das Hören als praktischer Vollzug getilgt, vielmehr möchte ich die Aussagen meiner Informant:innen der Raumakustik ernst nehmen, die auch Sprachverständlichkeits-Mappings, visualisierte Raumimpulsantworten oder Reflektogramme *sehend hören*. Dies ist natürlich eine andere Art des Hörens, vielleicht auch nur eine metaphorische, aber sie verweist sowohl auf den visuellen Wahrnehmungsmodus als auch auf die akustische Daten- und Verarbeitungsgrundlage dieser Darstellungen bzw. Interfacedisplays. Sonic Displays umfassen derart die unterschiedlichen Aggregatzustände des Klanglichen, z. B. als Partikelschwingung in Luft, als elektrische Wellenform oder eben als kartierte Sprachverständlichkeit. Und verhindern eine Konfusion mit dem Auditory Display als explizite Hördarstellung. Wofür diese Sichtweise dient, geht aber über die kategorische Praxisverkettung dieser Simulationsartefakte und die Wertschätzung der Feldaussagen hinaus, indem derart eine *raumakustische Medienepistemologie des Klanglichen* zusammenhängend untersuchbar wird. In der langen Mediengeschichte raumakustischer Simulationen wird die Schallausbreitung in Räumen spätestens seit dem 17. Jahrhundert grafisch modelliert und diagrammatisch gelesen.[7] Die Vervielfältigung der Darstellungsformate trägt in diesem Sinne, so lässt sich vielleicht thesenhaft zuspitzen, einer fundamentalen westlichen Unsicherheit im forschenden Umgang mit Klang Rechnung, die mit der unweigerlichen Reduktion bei den verschiedenen Verwandlungen von Schall und Hören in Zahl, Pfeil, Graph und Bild einhergeht.

Literatur

Andreopoulou, A., & Goudarzi, V. (2021). Sonification first. The role of ICAD in the advancement of sonification-related research. In *Proceedings of the 26th international conference on auditory display* (S. 65–73). Georgia Institute of Technology.

Bijsterveld, K. (2019). *Listening for knowledge in science, medicine and engineering (1920s-present)*. Palgrave Macmillan.

van den Boomen, M. (2014). *Transcoding the digital. How metaphors matter in new media*. Institute of Network Cultures.

Borbach, C., & Thielmann, T. (2019). Über das Denken in Ko-Operationsketten. Arbeiten am Luftlagebild. In I. S. Gießmann, T. Röhl, & R. Trischler (Hrsg.), *Materialität der Kooperation* (S. 115–167). Springer.

Brazil, E., & Fernstrøm, M. (2011). Auditory icons. In T. Hermann, A. Hunt, & J. G. Neuhoff (Hrsg.), *The sonification handbook* (S. 325–338). Lagos.

---

[7] Bereits antike Quellen erklären – allerdings ohne operativen Gebrauch der Geometrie im Sinne von Pen & Paper-Simulationen – z. B. Echoeffekte anhand von Analogien zu Lichtstrahlen (Darrigol, 2010).

Brewster, S. A. (1994). *Providing a structured method for integrating non-speech audio into human-computer interfaces.* Dissertation, York University.

Brinkmann, F., Aspöck, L., Ackermann, D., Lepa, S., Vorländer, M., & Weinzierl, S. (2019). A round Robin on room acoustical simulation and auralization. *The Journal of the Acoustical Society of America, 145,* 2746–2760.

Darrigol, O. (2010). The analogy between light and sound in the history of optics from the ancient Greeks to Isaac Newton. Part I. *Centaurus, 52,* 117–155.

Daston, L., & Galison, P. (2007). *Objektivität.* Suhrkamp.

DIN EN IEC 60268-16:2021-10. (2021). *Elektroakustische Geräte – Teil 16: Objektive Bewertung der Sprachverständlichkeit durch den Sprachübertragungsindex.* Beuth Publishing.

Distelmeyer, J. (2021). *Kritik der Digitalität.* Springer.

Dombois, F. (2002). Auditory seismology. On free oscillations, focal mechanisms, explosions and synthetic seismograms. In *Proceedings of the international conference on auditory display* (S. 1–4). Georgia Institute of Technology.

Dombois, F. (2008). The "muscle telephone". The undiscovered start of audification in the 1870s. In I. J. Kursell (Hrsg.), *Sound of science – Schall im labor (1800–1930)* (S. 41–45). Max-Planck-Institut für Wissenschaftsgeschichte.

Dombois, F., & Eckel, G. (2011). Audification. In T. Hermann & A. N. Hunt (Hrsg.), *The sonification handbook* (S. 301–324). Logos.

Ernst, W. (2008). Zum Begriff des Sonischen (mit medienarchäologischem Ohr erhört/vernommen). *PopScriptum, 10,* o. S.

Ernst, W. (2016). *Sonic time machines. Explicit sound, sirenic voices, and implicit sonicity.* Amsterdam University Press.

Feld, S. (1988). Aesthetics as iconicity of style, or 'lift-up-over-sounding'. Getting into the Kaluli Groove. In *Yearbook for traditional music* (Bd. 20, S. 74–113). Cambridge University Press.

Galloway, A. (2011). Black box, black bloc. In B. Noys (Hrsg.), *Communization and its discontents. Contestation, critique, and contemporary struggles* (S. 237–252). Autonomedia.

Gerloff, F., & Schwesinger, S. (2017). What does it mean to think sonically? Contours of noise as a sonic figure of thought. In N. v. Dijk, K. Ergenzinger, C. Kassung, & S. Schwesinger (Hrsg.), *Navigating noise* (S. 168–190). Walther König.

Hadler, F. (2018). Beyond UX. *Interface Critique Journal, 1,* 2–9.

Halbach, W. R. (1994). *Interfaces. Medien- und kommunikationstheoretische Elemente einer Interface-Theorie.* Wilhelm Fink.

Helmreich, S. (2016). Gravity's reverb. Listening to space-time, or articulating the sounds of gravitational wave-detection. *Cultural Anthropology, 31,* 464–492.

Hermann, L. (1878). Ueber electrophysiologische Verwendung des Telephons. *Archiv für die gesammte Physiologie des Menschen und der Thiere, 16,* 504–509.

Hermann, T. (2008). Taxonomy and definitions for sonification and auditory display. In *Proceedings of the 14th international conference on auditory display* (S. 1–8). Georgia Institute of Technology.

Hermann, T., & Ritter, H. (1999). Listen to your data. Model-based sonification for data analysis. In I. G. E. Lasker (Hrsg.), *Advances in intelligent computing and multimedia systems* (S. 189–194). Institute for Advanced Studies in System Research and Cybernetics.

Hermann, T., Hunt, A., & Neuhoff, J. G. (2011). Introduction. In T. Hermann, A. Hunt, & J. G. Neuhoff (Hrsg.), *The sonification handbook* (S. 1–6). Logos.

Holter, E., Muth, S., & Schwesinger, S. (2019). Sounding out public spaces in late republican Rome. In S. Butler & S. Nooter (Hrsg.), *Sound and the ancient senses* (S. 44–60). Routledge.

Hookway, B. (2014). *Interface.* The MIT Press.

Hunt, A., & Hermann, T. (2004). The importance of interaction in sonification. In *Proceedings of the 10th meeting of the international conference on auditory display* (S. 1–8). Georgia Institute of Technology.

Kahn, D. (2013). *Earth sound earth signal*. University of California Press.

Kleiner, M., Dahlenbäck, B.-I., & Svensson, P. (1993). Auralization. An overview. *Journal of the Audio Engineering Society, 41*, 861–875.

Kramer, G., Walker, B., Bonebright, T., Cook, P., Flowers, J., Miner, N., & Neuhoff, J. (1998). *Sonification report*. Report prepared for the National Science Foundation: Status of the Field and Research Agenda.

Latour, B. (1996). *Der Berliner Schlüssel. Erkundungen eines Liebhabers der Wissenschaften*. Akademie.

Lindau, A., & Weinzierl, S. (2012). Assessing the plausibility of virtual acoustic environments. *Acta Acustica united with Acustica, 98*, 804–810.

Pratschke, M. (2008). Interaktion mit Bildern. Digitale Bildgeschichte am Beispiel grafischer Benutzeroberflächen. In H. Bredekamp, B. Schneider, & V. Dünkel (Hrsg.), *Das Technische Bild. Kompendium zu einer Stilgeschichte wissenschaftlicher Bilder* (S. 68–81). Akademie.

Rothrock, L., & Nembhard, D. (2006). Team-in-the-loop simulations. Advances in the study of collaboration and conflict. In I. W. Karwoski (Hrsg.), *International encyclopedia of ergonomics and human factors* (S. 2407–2414). CRC Press.

Schoon, A., & Volmar, A. (2012). Informierte Klänge und geschulte Ohren. Zur Kulturgeschichte der Sonifikation. In I. A. Schoon & A. Volmar (Hrsg.), *Das geschulte Ohr. Eine Kulkturgeschichte der Sonifikation* (S. 9–26). transcript.

Sterne, J. (2003). *The audible past. Cultural origins of sound reproduction*. Duke University Press.

Supper, A. (2012). Wie objektiv sind Sonifikationen? Das Ringen um wissenschaftliche Legitimität im gegenwärtigen Diskurs der ICAD. In A. Schoon & A. Volmar (Hrsg.), *Das geschulte Ohr. Eine Kulturgeschichte der Sonifikation* (S. 29–45). transcript.

Vickers, P. (2012). Ways of listening and modes of being. Electroacoustic auditory display. *Journal of Sonic Studies, 2*, o. S.

Volmar, A. (2007). Die Anrufung des Wissens. Eine Medienepistemologie auditorischer Displays und auditiver Wissensproduktion. *Navigationen, 7*, 105–116.

Volmar, A. (2010). *Listening to the body electric. Electrophysiology and the telephone in the late 19th century*. M.-P.-I. f. Wissenschaftsgeschichte, The Virtual Laboratory.

Volmar, A. (2012). Stethoskop und Telefon. Akustemische Technologien des 19. Jahrhunderts. In I. A. Schoon & A. Volmar (Hrsg.), *Das geschulte Ohr. Eine Kulturgeschichte der Sonifikation* (S. 71–93). transcript.

Walker, B. N., & Kramer, G. (2004). Ecological psychoacoustics and auditory displays. Hearing, grouping, and meaning making. In I. J. G. Neuhoff (Hrsg.), *Ecological psychoacoustics* (S. 149–174). Elsevier Academic Press.

Wicke, P. (2008). Das Sonische in der Musik. *PopScriptum, 10*, o. S.

Materialitäten/Gestaltung

Ton auf Band: Raum-Zeit-Manipulationen und Materialwiderstände im BBC Empire Service

Viktoria Tkaczyk und Christina Dörfling

Zusammenfassung

Das Tonband wird in der Musik- und Medienwissenschaft oft als Technik zur Manipulation von Zeitachsen beschrieben. Dies aufgreifend zeigt unser Beitrag, in welchem Umfang die frühen Speichermedien Stahltondraht und -band in den 1920er- und 1930er-Jahren neben der Manipulation von Zeitachsen auch zur Manipulation geografischer Raumachsen dienten. Dabei konzentrieren wir uns auf den Empire Service der BBC, der Programme auf Band aufzeichnete und zeitversetzt in verschiedenen Zeitzonen des britischen Empire ausstrahlte. Diese Kopplung von Radio und Tondraht und -band ermöglichte eine Form globaler Rundfunkpolitik, die drahtlos operierte und doch von der Speicherkapazität des Stahls abhing. Der Beitrag beleuchtet dieses Paradox der „drahtlosen Verdrahtung", verstanden als akustisches Interface, das eine immense Reichweite aufweist, material- und ortlos wirkt und doch an widerständiges Material gebunden ist. Diese Materialabhängigkeit von Interfaces adressieren wir anhand der Lieferketten von Stahldraht für die BBC: importiert vom britischen Ingenieur Luis Blattner, entwickelt vom deutschen Ingenieur Curt Stille und hergestellt von der schwedischen Stahlindustrie mit Rohstoffen aus verschiedenen Weltregionen. Die Produktion von Klangspeichern aus Stahl war seinerzeit nicht nur mit einem politisch fragilen, ökologisch ausbeuterischen und toxischen Rohstoffregime verbunden. Das Drahtmaterial erwies sich auch als buch-

---

V. Tkaczyk (✉) C. Dörfling
Fachgebiet Medienwissenschaft, Humboldt-Universität zu Berlin, Berlin, Deutschland
E-Mail: viktoria.tkaczyk@hu-berlin.de; christina.doerfling@hu-berlin.de

stäblich unflexibel und war nur bedingt geeignet, die scheinbar reibungslose Manipulation von Zeit und Raum durch die BBC zu ermöglichen. Auch unser Versuch, ein Stille-Drahttongerät aus den 1930er-Jahren nachzubauen, zeigt: Das eigenwillige Material durchkreuzt den imperialen Anspruch eines weltumspannenden Interface.

Schlüsselwörter

Magnettonband · Interface · BBC Empire Service · Stahlmedien · Rohstoffextraktivismus · Lieferketten · Redoing

1   Einleitung

1959 veröffentlicht die Badische Anilin- & Soda Fabrik (BASF) den experimentellen, wegen der Filmmusik von Oskar Sala und Hans Posegga sehenswerten, aber inhaltlich bedenklichen Werbefilm *Das magische Band* (Khittl, 1959).[1] Titelgebend für den Film ist die vermeintlich magische Fähigkeit des aus Kunststoff gefertigten Magnettonbandes, akustische Ereignisse aufzuzeichnen, später verlangsamt oder beschleunigt wiederzugeben oder durch Schnitttechniken in neue zeitliche Ordnungen zu bringen. *Das magische Band* demonstriert dies anhand einer Aneinanderreihung von Etappen in der Geschichte der Audiotechnik – unter gezielter Aussparung der NS-Zeit und der Rolle, die die BASF bzw. ihre Vorgängerin IG Farben selbst seit 1934 in der Herstellung von Kunststoffband für militärische Zwecke gespielt hatten.

Am Ende dieses Beitrags kommen wir auf die NS-politische Verwendung des Tonbands zurück, die Friedrich Kittler einmal zur nicht wenig prominenten Bezeichnung der Magnettontechnik der Nachkriegszeit als „Mißbrauch von Heeresgerät" veranlasste. Kittler (1986, S. 170.) selbst befasst sich dann allerdings vorwiegend mit der Nutzung der Technologie im Kontext der tonbandgestützten Manipulation von Zeitachsen, im Rundfunk der 1950er-Jahre als „time delay" bezeichnet, bei der Livesendungen mithilfe eines zwischengeschalteten Tonbandgeräts um sieben Sekunden verzögert werden, um so Versprecher und andere Sendepannen auszugleichen. Auch Wolfgang Ernst (2015, S. 80–83) beschreibt die Magnettontechnik als zeitkritisches Medium, unter Verweis auf ihren Einsatz in professionellen Musikstudios der Nachkriegszeit, wo man durch Verlängerung von Tonsignalen um Millisekunden Echoeffekte (Slapback-Echos) erzeugt. Und Andrea Bohlman und Peter McMurray (2017, S. 3–24) beleuchten, wie die analoge Tonbandtechnologie in der experimentellen Kunst der 1960er-Jahre nicht länger als Fläche zur „Einschreibung des Realen" (nach Kittler) dient, wenn es gezielt für surreale Manipulationen der Zeitachse – Überblendungen, Schnitte, Neuarrangements – eingesetzt wird.

Die Manipulation von Zeitachsen durch Magnettontechnologie ist auch Thema unseres Beitrags. Dabei gehen wir in die 1920er- und 1930er-Jahre zurück, als man Tonbänder noch nicht aus Kunststoff, sondern aus Stahldraht und schließlich aus Stahlband herstellt. Der Prozess des „Medien-Werdens" des Stahltonbands interessiert uns sowohl auf der

---

[1] Für eine kritische Diskussion des Films siehe Dommann (2019).

diskursiven, nutzungsorientierten Ebene als akustisches Interface als auch auf Ebene des materiellen Entwicklungs- und Herstellungsprozesses, einschließlich seiner Ablösung durch das von der IG Farben konzipierte Kunststoffband.

Im Fokus steht die wohl extensivste Verwendung von Stahltonband im Empire Service der British Broadcasting Corporation (BBC). Die BBC nutzt die Technik ab 1932 systematisch, um ihre Programme aufzuzeichnen und zeitversetzt über Kurzwelle in verschiedene Zeitzonen und Regionen des britischen Empire auszustrahlen. Damit suggeriert der Sender seinen weltweiten Hörer:innen, stets nah an London zu sein, sodass die Praxis der Manipulation der Zeitachse hier mit einer Manipulation der geografischen Raumachse verbunden ist. Der Medienverbund von Tonband und Kurzwellensender ermöglicht ein politisches Manöver, das drahtlos operiert und doch auf die Speicherkapazität des Stahltonträgers angewiesen ist.

Dieses Paradox der „drahtlosen Verdrahtung" verstehen wir als akustisches Interface, das Raum- und Zeitgrenzen sprengt und dennoch an konkrete Technologien gebunden ist. Unter Interfaces werden in der Regel gut sicht- und hörbare Oberflächenstrukturen und leicht steuer- und verknüpfbare Komponenten von Medientechnologien verstanden. Zugleich stellen Interfaces auch eigenmächtige Beziehungs- und Verbindungsstücke dar, die verschiedene Technologien und Netzwerke mitgestalten und regeln, bestimmte Nutzungsweisen eröffnen, andere ausschließen. So verstanden sind Interfaces Zonen der Konfrontation und Aushandlung zwischen Mensch und Maschine, Sozialem und Materiellem, Politischem und Technologischem (siehe Hookway, 2014, insbes. S. IX und 4, sowie Hoins et al., 2014).

Solche Aushandlungsprozesse zeigen sich nicht allein am Design, der Oberflächenstruktur und Funktionalität eines Interface, sondern auch in Bezug auf die Materialien, aus denen die Technologien gefertigt sind, wie die Sendepraxis des britischen Rundfunks der 1930er-Jahre zeigt. Während die mediale Kopplung von Tonband und Rundfunk durch die BBC eine imaginierte, nahezu immaterielle und unabhängig von geografischen Grenzen und Zeitzonen verbundene Gemeinschaft von Zuhörenden schafft, erweist sich die konkrete Fabrikation von stählernem Tondraht und Tonband als abhängig von geophysischen und geopolitischen Prozessen. Dies verdeutlicht ein Blick auf die Versorgung der BBC mit hochwertigem Stahlband und die extraktivistischen Methoden der Stahlgewinnung und Stahlproduktion, der wir im Beitrag nachgehen. Zugleich geriert sich das Material Stahl in den 1930er-Jahren als buchstäblich unflexibel, widerspenstig und wenig geeignet für die möglichst reibungslose Manipulation von Raum und Zeit durch die Sendepraxis der BBC. Unser eigener Versuch, ein frühes Drahttongerät nachzubauen, bestätigt dies.

2 Manipulation

Dezember 1932. Die BBC startet ihren Empire Service und versteht diesen, ganz im Sinne eines imperialen Interface, als „connecting and coordinating link between the scattered parts of the British Empire."[2] Zunächst besteht der Empire Service aus einem zwei-

---

[2] Eröffnungsrede des Empire Service von John Reith, Gründungsgeneraldirektor der BBC: https://www.bl.uk/collection-items/inauguration-of-bbc-empire-service (zugegriffen am 19. Mai 2023).

stündigen Programm, das man von England aus über Kurzwelle zeitversetzt in verschiedene Zeitzonen des Commonwealth ausstrahlt: die „australische Zone", die „indische Zone", die „westafrikanische" und „afrikanische Zone" und die „kanadische Zone". Die „prime time" der jeweiligen Zeitzone wird durch umfangreiche Hörer:innenbefragung ermittelt.[3] Über die radiophone Synchronisation der Zeitzonen will man also geografische Distanzen überwinden und eine imaginierte Gemeinschaft von Zuhörer:innen stiften.

Zunächst „Daventry Calling" genannt, weil der Kurzwellensender in Daventry in Northamptonshire steht, heißt das Empire-Service-Programm bald „London Calling" und wird entweder mit dem Glockenschlag des Big Ben angekündigt, dem Wahrzeichen des Londoner Westminster-Palastes, oder per Pfeifsignal des Greenwich-Observatoriums, Symbol der britischen Zeitzone (British Broadcasting Corporation, 1933a).[4] „New Zealand listeners get out of our beds and are comparable satisfied if only Big Ben's chimes boom out in our own homes", heißt es 1932 in einem durch die BBC gern zitierten Hörer:innenbrief aus Neuseeland. „There is a constant heavy hum … and a rhythmic surge as the radio waves reach us. … Radio has linked us instantaneously with the heart of the Empire. We have not heard the whole programme, but our patriotic imagination has filled in the blanks."[2]

In den Folgejahren entwickelt die BBC den Empire Service weiter, von einem an britische Exilant:innen in den Kolonien und Dominions adressierten Programm zu einem an das gesamte Empire gerichteten, aber nicht weniger imperialen Format. Ab 1933 unterscheidet man zwischen dem „Exclusive Empire Programme", das für bestimmte Regionen des Empire konzipiert ist und live gesendet wird, und den „Special Relays" des home programme, die für alle Sendegebiete relevant sind und deshalb zeitversetzt ausgestrahlt werden.[5]

Rückblickend haben zahlreiche Studien den BBC Empire Service kritisch beleuchtet und in Beziehung zu anderen Strategien des britischen Medienimperialismus gesetzt, darunter die Reuters News, die ab 1923 die Printmedien des Commonwealth per Funk mit Informationen versorgen (Innis, 1950; Potter, 2012; Johnston & Robertson, 2018). Anders als die Reuters News will der BBC Empire Service seinerzeit aber nicht nur informieren, sondern mehr noch Formen nationaler Identität, von „Britishness" propagieren – durch akustische Vignetten wie Big Ben, Radioansprachen des regierenden Königs Georg V., Sendungen über britische Gartenkunst oder die Verwendung des Oxford-Akzents.

---

[3] Zunächst begab sich 1933 ein Mitarbeiter der BBC auf eine Rundreise durch das Empire, um Interviews mit Hörer:innen in Indien, Ceylon, den malaiischen Staaten, Hongkong, Shanghai, Australien, Neuseeland, Kanada und den Westindischen Inseln zu führen. Anschließend wertete man Hörer:innenbriefe aus und verschickte Fragebogen an ausgewählte Hörer:innen jeder Zeitzone (British Broadcasting Corporation T., 1934b, S. 245, 257–265).

[4] Kritik an der London-zentrierten Programmgestaltung der BBC und ihrem „Big-Ben-Blickwinkel" wurde erst 1937 laut, siehe Robertson (2008, S. 463).

[5] Die BBC begann 1931 mit der Aufnahme von Sendungen und setzte die Technik ab 1932 für den Empire Service ein (British Broadcasting Corporation T., 1933b). Für das BBC Empire-Programm von 1933 siehe „Empire Service Events" (British Broadcasting Corporation T., 1934a, S. 267–271).

Neben der Kultivierung von „Britishness" schlägt das nationale Programm der BBC in den 1930er-Jahren auch deutlich kritische Töne gegenüber dem Empire an. So spricht etwa der Schriftsteller und Soziologe Herbert George Wells in der Eröffnungsrede der Sendereihe „Whither Britain?" am 7. Januar 1934 von der Gefahr eines wachsenden, wirtschaftlich und ideologisch motivierten Nationalismus, mit Anspielungen auf den Imperialismus Großbritanniens und die politische Radikalisierung, die sich zu dieser Zeit in Deutschland abzeichnet (Wells, 1934). Es ist aber auch H. G. Wells, der 1937 in einer Rundfunkansprache die Vorzüge des BBC Empire Service für die Verbreitung des britischen Englisch als Weltsprache hervorhebt. Der Rundfunk, so Wells, könne eine „Umkehrung von Babel" einleiten (Wells, 1937). Hier zeigt sich exemplarisch die Ambivalenz, die dem BBC Empire Service in den 1930er-Jahren innewohnt. Er ist beides: Medium der Selbstkritik und größenwahnsinniges politisches Instrument.

3 Zirkulation

Damit Rundfunksprecher:innen ihre Beiträge nicht für jede der fünf Zeitzonen des BBC-Kurzwellen-Sendegebiets wiederholen müssen, werden sie auf Magnettonband aufgezeichnet und die Aufnahmen jeweils zeitversetzt ausgesendet. Die BBC verwendet dafür zunächst das Blattnerphone (vgl. Abb. 1), das der aus Deutschland emigrierte Unternehmer Louis oder Ludwig Blattner vermarktet. Blattner hat die „Weltlizenz" für das Magnetbandgerät 1928 vom deutschen Ingenieur Curt Stille erworben und will es eigentlich für den Tonfilm verwenden, denn Perforationen im Tonband ermöglichen die Synchronisation von Ton- und Filmspur (Stille, 1928; Patentnr. GB331.859 9.7.1930, 1929c). Das Geschäft mit der BBC ist aber attraktiver und gemeinsam mit Stille arbeitet Blattner deshalb ab 1929 an der Optimierung und schließlichen Nutzbarmachung der Technologie.[6]

Zentraler Bestandteil des Blattnerphones ist ein um eine große Spule gewickeltes Stahltonband. Läuft das Band durch die Aufzeichnungsköpfe – zwischen einem Elektromagneten und der Stromversorgung ist jeweils ein Mikrofon geschaltet, das die Schallwellen in elektrische Impulse umwandelt –, entsteht auf dem Band ein entsprechendes Magnetfeld. Passiert der Tonträger anschließend die mit einem Lautsprecher verbundenen Tonköpfe, wandelt sich die magnetisch gespeicherte Information wieder in Stromimpulse und weiter in Schallwellen. Durch gleichmäßige Polarisierung des Bands kann die Aufzeichnung gelöscht und der Draht neu bespielt werden (Barrett & Tweed, 1938, S. 73–93).

Damit ist dem Stahltonband eine von vorherigen Tonträgern abweichende Logik der Tonspeicherung eigen: Mit Blick auf die seit Ende des 19. Jahrhunderts aus Wachs hergestellten Phonographen-Walzen hat Jonathan Sterne (2003, S. 287–332) auf Parallelen zur langen Tradition wachsbasierter Praktiken der Einbalsamierung von Toten hin-

---

[6] Wann genau die Zusammenarbeit zwischen BBC und Blatter begann, lässt sich nicht eindeutig rekonstruieren (Lafferty, 1983).

Abb. 1 Blattnerphone auf Tonbandbasis. (British Broadcasting Corporation, 1932, S. 366)

gewiesen, wonach die Phonographie eine Form der Mumifizierung von Klangereignissen für die Ewigkeit wäre. Bei der Aufzeichnung auf Stahltonband werden Schallereignisse hingegen nicht in das Trägermedium eingeritzt, sondern in unsichtbarer Form auf der Oberfläche des Tonträgers magnetisch zwischengespeichert.[7] Im Vergleich zu den Phonographen-Walzen hat das Stahlband zudem eine größere Speicherkapazität und ist deutlich robuster: Dasselbe Band kann ohne Beschädigungen für mehrere Aufnahmen verwendet werden; auf Spulen aufgerollt lässt es sich kompakt lagern und transportieren; kurze Sequenzen lassen sich verändern, ohne die gesamte Aufnahme zu beeinträchtigen. Dementsprechend werden die zunächst teuren Tonbänder kaum für Archivzwecke und umso mehr für die Wiederverwendung eingesetzt. Es geht weniger darum, Klangereignisse dauerhaft zu fixieren, als sie im Fluss zu halten.

---

[7] Auf die Medienlogik einer buchstäblichen Oberflächlichkeit des frühen Tonbands verweist auch Peter McMurray (2017, S. 25–48) mit Blick auf Fritz Pfleumers Experimente mit stahlbestäubten Papiertonbändern ab 1928, deren Weiterentwicklung zu den Kunststoffbändern der BASF führt.

Speichern, zirkulieren, kopieren, löschen, überspielen – diese Eigenschaften sagt bereits 1925 ein Bericht der noch jungen Magnettontechnik voraus, als Curt Stille den ersten Prototypen des noch auf Stahltondraht basierenden Geräts vorstellt. Vielleicht werde man das Gerät bald, heißt es hier, direkt an Telefonhörer oder Radioempfänger anschließen und so Stimmen aus aller Welt aufnehmen und schnell verbreiten (Allgemeine Zeitung am Morgen, 1925, S. 4). Die BBC realisiert diese in die nahe Zukunft gerichtete Utopie schließlich durch Kopplung von Kurzwellensender und Blattnerphone (Patentnr. GB 329.702 26.05.1930, 1929a; Stone, 1934). Das Medienpaar dient dazu, das expandierende britische Imperium zu verwalten und zusammenzuhalten, unterschiedliche Zeitzonen zu nivellieren, imaginierte Gemeinschaften mit Tonband zusammenzuhalten und akustische Demarkationslinien zu errichten. Im drahtlosen, aber auf Stahlband angewiesenen Sendegebiet des BBC-Imperiums werden alte Hörtraditionen gepflegt und neue erfunden und zirkuliert.

In dieser Hinsicht reiht sich das Stahltonband auf den ersten Blick in das von Marshall McLuhan so genannte „Zeitalter der Marotte aus Eisen" ein. McLuhan denkt dabei an Medien wie die Schreibmaschine aus Eisenstahl, mit der man in der Zeit um 1900 das gesprochene und diktierte Wort schnell und zuverlässig festhält und um die Welt schickt (McLuhan, 1992, S. 297–304). In ähnlicher Weise wird die stählerne Stimmgabel als ein im 19. und frühen 20. Jahrhundert zirkulierendes Medium beschrieben, das musikalische Tonhöhen repräsentiert, standardisiert und die in Edelstahl gegossenen musikalischen Normen weltweit verbreitet (Jackson, 2006, S. 207–230; Gribenski, 2023). Im Vergleich dazu erweisen sich Stahltonband und Stahldraht allerdings als weniger leicht herstell- und standardisierbar.

4   Verdrahtung

Als magnetisierbarer Werkstoff eignet sich Stahl gut als Speichermedium. So wird er auch heute für neue Datenspeichertechnologien wie Shingled Magnetic Recording (SMR), Two-Dimensional Magnetic Recording (TDM) und Heat Assisted Magnetic Recording (HAMR) verwendet (Wood, 2022). Auch zu Beginn des 20. Jahrhunderts verspricht Stahldraht eine attraktive Alternative zur Tonspeicherung durch Inskriptionsmedien wie Phonograph und Grammophon zu sein. Doch Stahldrähte, die stabil und zugleich dünn und biegsam sind, lassen sich damals zunächst nur schwer herstellen.

Stahl ist eine Metalllegierung aus Eisen und etwa 0,008 % bis 1,7 % Kohlenstoff. Obwohl Eisen in der Erdkruste weitverbreitet ist, gibt es kein reines Eisen in menschlicher Reichweite, nur oxidierte Eisengemische, zu denen auch die Eisenerze gehören. Erze sind etwa 3500 bis 350 Millionen Jahre alt und entstehen durch Konvektionsströme flüssigen Eisens, die in den äußeren Erdkern strömen (und auch das Magnetfeld der Erde erzeugen); hier oxidiert das flüssige Eisen und lagert sich als Eisenerz ab. Als Jahrmillionen alte stoffliche Grundlage verleiht Eisen dem Stahl also nicht nur eine „Tiefenzeit",[8] wie Jussi Parrika es in seiner Geologie der Medien (2015, S. 29–58) beschreibt. Eisen besitzt auch ein Eigenleben oder, wie Jane Bennett es in ihrer ökologischen Philosophie formuliert, eine „materielle Vitalität", da es aktiv Verbindungen mit anderen Materialien eingeht (Bennett, 2010, S. 55, 60). Denn Eisenerze kommen in verschiedenen Oxidationsformen vor: als Limonit, Magnetit, Hämatit oder Siderit. Bei der Stahlproduktion müssen diese Oxidationsformen erst aufgelöst werden, um neue Legierungen herstellen zu können, ein Prozess, den die polykristalline Struktur des Eisens überhaupt erst ermöglicht. So gesehen hat es die Stahlindustrie also mit einem uralten Werkstoff zu tun, der die Form seiner Verarbeitung mitbestimmt.

Tatsächlich zeigt der Blick auf die lange Entwicklungsphase des Stahltonbands, welche Anstrengungen Ingenieure seit Ende des 19. Jahrhunderts unternommen haben, um die Vitalität dieses Materials unter Kontrolle zu bringen. Über fast drei Jahrzehnte entwickelte Curt Stille, von dem Louis Blattner 1928 die Lizenz für das Blattnerphone erwirbt, die Technologie weiter. Bezugnehmend auf das 1900 erworbene Patent des dänischen Ingenieurs Valdemar Poulsen für ein in der Praxis kaum funktionierendes Telegraphon spricht Stille 1929 hochtrabend von dem langen Weg, der von Poulsens Erfindung bis zum funktionsfähigen Tonbandgerät führte: „Eine Fülle von unvorhergesehenen Schwierigkeiten ist zu überwinden, alle Mittel der Wissenschaft und Technik sind anzuwenden, und oft müssen wichtige Nebenerfindungen gemacht werden", heißt es hier, „so dass Jahre, ja Jahrzehnte vergehen, bis im Kampf mit der zähen Materie der Natur ein Produkt abgerungen wird, das die Eigenschaften aufweist, die der Erfindergeist vorausgesehen hat" (Stille, 1929b, S. 191–194).[9]

Stilles vermeintlicher „Kampf mit der zähen Materie der Natur" bezieht sich nicht zuletzt auf die Suche nach geeignetem Draht- oder Bandmaterial für die Magnettontechnologie. Deutschland gehört seit dem 19. Jahrhundert zwar zu den führenden stahlproduzierenden Industrienationen, nicht zuletzt bedingt durch die Gründung von Unternehmen wie der Friedrich Krupp AG, die im Ruhrgebiet Eisenerz abbaut und zu Bau- und Edelstahl verarbeitet. Wie auch andere Stahlunternehmen, die stark von der Versorgung mit Kohle- und später Stromenergie abhängig sind, profitiert die Krupp AG von der in Deutschland vorhandenen Infrastruktur des Kohlebergbaus.[10] Produziert wird hier aber zunächst kein flexibles Stahlband, sondern Stahldraht, wie er in der Viehzucht und bald auch für Grenzzäune zwischen Nationen und für Gefangenenlager verwendet wird (Netz, 2004). Im späten 19. Jahrhundert ermöglichen effizientere, fein regulierbare Hochöfen sowie Experimente mit neuen chemischen Elementen dann weichere und dennoch robuste Stahllegierungen (Newbury & Notis, 2004, S. 33–37). Neben Kupfer- und Messingdraht

---

[8] In Anlehnung an Siegfried Zielinskis Begriff der „Tiefenzeit der Medien" schlägt Parikka vor, diese Tiefenzeit nicht nur in der langen und weitverzweigten Genealogie medialer Praktiken zu suchen, sondern, in Rückbindung an Stephen Jay Goulds Begriff der Tiefenzeit, auch im Alter der materiellen Ressourcen, die für Medienproduktionen verwendet werden.
[9] Bezugnehmend auf Valdemar Poulsen (Patentnr. US661.619, 1900).
[10] Seit den 1920er-Jahren waren Deutschland, Russland und die Vereinigten Staaten weltweit führend in der Stahlproduktion; siehe Ernst Pfohl (1938, S. 126).

wird nun auch Stahldraht für Musikinstrumente (insbesondere für Klaviersaiten) fabriziert. Parallel dazu erreicht um 1900 die Medienkultur der drahtgebundenen Übertragung ihren ersten Höhepunkt mit Telegraphen- und Telefonleitungen, die auf hochwertiges Drahtmaterial angewiesen sind.[11]

Überall Draht. Auch der Ingenieur Curt Stille verwendet in seiner Arbeit seit jeher verschiedene Stahldrahtlegierungen. Während des Ersten Weltkriegs konstruiert er ein drahtgestütztes Richtungstelefonsystem sowie ein Schallmessverfahren mit magnetischer Speicherung und führt Experimente zur Fernbildtelegraphie durch. Unter Verwendung der damals auf dem Markt verfügbaren Drähte entwickelt Stille ab etwa 1917 auch Poulsens Erfindung systematisch weiter und verkauft 1924 seine ersten Stahldrahtschreiber als Diktier- und Fernschreibgeräte über die von ihm selbst gegründete Vox Schallplatten- und Sprechmaschinen Gesellschaft (Abb. 2).[12]

Abb. 2 Vox-Drahttonschreiber mit Stahldraht (Stille'scher Fernschreiber), 1925, Museumsstiftung Post und Telekommunikation Frankfurt am Main

---

[11] Dazu auch Daniel Gethmann und Florian Sprenger (2014).

[12] Zu diesem Zweck hatte Stille bereits 1917 die Telegraphon Gesellschaft GmbH gegründet, die 1922 zur Vox Schallplatten- und Sprechmaschinen Gesellschaft wurde. Siehe Aktienunterlagen der Telegraphon mbH Berlin und Gesellschaftervertrag der VOX-AG, GStA PK, I. HA Rep. 120, C XI 1 Nr. 78 Beih. 1506.

Dabei erweist es sich als schwierig, den Stahldraht gleichmäßig und zuverlässig zu magnetisieren. Besondere Sorgfalt ist auf die Auswahl des Drahts zu verwenden, der stark, absolut gleichmäßig, aber gleichzeitig leicht zu wickeln sein muss, wie Stille berichtet. Die Drahtführung sollte so angeordnet sein, dass „der Tonträger möglichst schwingungsfrei abrollt". Das hat Konsequenzen für das Design: „Es versteht sich von selbst, dass bei dieser Konstruktion des Apparates Vorrichtungen geschaffen werden mussten, die ein gleichmäßiges Auf- und Abwickeln des Tonträgers ermöglichen, ohne dass er sich verwickelt oder gar reißt" (Stille, 1930, S. 449).[13]

Da Drähte das Erscheinungsbild der Medien des frühen 20. Jahrhunderts dominieren und Curt Stille selbst ausgiebig mit Stahldraht arbeitet, dauert es einige Jahre, bis der Ingenieur schließlich feststellt, dass nicht Stahldraht, sondern Stahlband das passende Trägermedium für die magnetische Tonaufzeichnung ist. 1928 experimentiert der Ingenieur, im Auftrag Louis Blattners, mit der Verwendung des Stille-Schreibers für den Tonfilm (synchrones Abspielen von Stille-Schreiber und Film). Jetzt ersetzt er den Stahldraht durch perforierbares Stahlband, das sich auch für die reine Tonaufzeichnung als deutlich geeigneter erweist.[14]

5   Redoing[15]

Vermeintlich solider Draht aus hartem Stahl kann empfindlich und eigensinnig sein. Das wurde uns bewusst, als wir versuchten, einen an Curt Stilles technischen Beschreibungen orientierten Drahttonapparat zu bauen (vgl. Abb. 3).[16] Inspiriert ist dieser Versuch von medienarchäologischen Ansätzen, die überlieferte Artefakte als „Zeitmaschinen" und Vehikel einer historische Distanzen überbrückenden Erkenntnisform begreifen (Ernst, 2015). Statt eines solchen rein epistemologischen „reverse engineering" steht für uns allerdings das konkrete Redoing des materiellen Artefakts im Vordergrund. Dabei geht es nicht so sehr um die exakte Reproduktion einer historischen Technologie, wie es etwa in der

---

[13] Vergleiche das entsprechende Patent der Telegraphie-Gesellschaft m. b. H. System Stille (1919) in Berlin. Die lange Suche nach korrosionsarmem, rostfreiem Edelstahlband dokumentiert auch Oliver Read (1952, S. 184–186).

[14] Die *Phonographische Zeitschrift* (1900, S. 12) berichtet über Versuche der Berliner Firma Mix und Genest, Poulsens Stahldraht durch ein Stahlband zu ersetzen und damit längere und zuverlässigere Aufnahmen zu erzielen. Diese Versuche bleiben in Stilles Werk unerwähnt.

[15] Für eine detaillierte Beschreibung unseres Drahttongerätes nach Stille mit Video und Klangbeispielen vgl. Christina Dörfling (2024).: Wired Sounds and Surface Noise: Redoing a 1930 „Tape Recorder". *Sound & Science: Digital History* 1.3.2024 https://soundandscience.net/contributor-essays/wired-sounds-and-surface-noise-redoing-a-1930-wire-recorder/ (zugegriffen am 25.8.2024).

[16] Die Konzeption und Realisierung des hier vorgestellten Redoing erfolgte seit März 2022 gemeinsam mit Ingolf Haedicke, dem Leiter der Medientechnischen Werkstatt der Humboldt-Universität zu Berlin. Ingolf Haedicke danken wir an dieser Stelle für seinen unermüdlichen Einsatz für dieses Vorhaben.

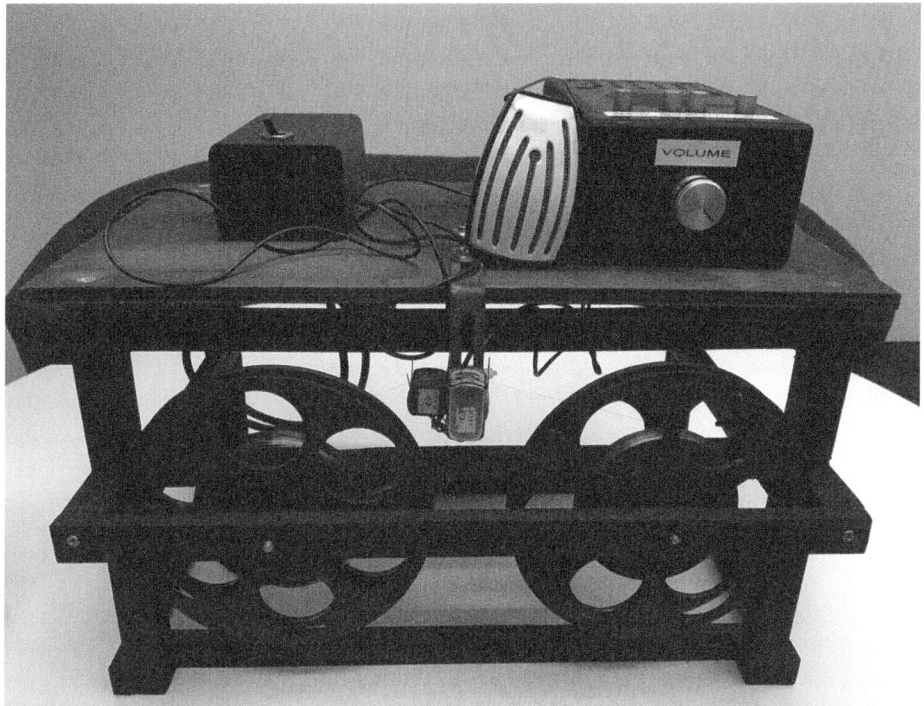

Abb. 3 Unser Nachbau des Stille-Drahttonapparates, Institut für Musikwissenschaft und Medienwissenschaft der Humboldt-Universität zu Berlin, 2022/23

wissenschaftshistorischen Nutzungsforschung und in pädagogischen Ansätzen angestrebt wird, sondern um das „re-working" einer medientechnischen Apparatur und der damit verbundenen Annäherung an eine vergangene Versuchsanordnung.[17] Unser Umgang mit vorhandenen Werkstoffen und Bauteilen ist dabei ein freier und weicht teilweise stärker von historischen Quellen ab als in vergleichbaren Ansätzen üblich. Denn Objekte wie Stilles Magnettonapparat entstehen in der Regel in vielen Zwischenschritten – über Jahre hinweg, an verschiedenen Orten und in unterschiedlichen Formen der personellen Zusammenarbeit – und sind das Ergebnis einer Kombination von jeweils verfügbaren Dingen und Wissenskorpora. Zentral für unseren Ansatz ist der Erkenntnis- und Erfahrungshorizont, der sich im Prozess des Redoing durch das Experimentieren und die Interaktion mit verschiedenen historischen Komponenten und Materialien eröffnet.[18]

---

[17] Wir folgen hier teilweise Sibum (2000, S. 56–77); Sibum (2020, S. 275–294).

[18] Dieser performativ-interaktive Aspekt wird in jüngster Zeit auch in einer Reihe von wissenschafts-, kunst- und musikhistorischen sowie anthropologischen Ansätzen der Rekonstruktion betont. Vergleiche Dupré, Sven et al. (2020, S. 9–34).

Bei unserem Drahttongerät erwies sich in der tatsächlichen Umsetzung als heikel, was dem Prinzip nach leicht realisierbar sein sollte, nämlich dass ein dünner Draht zu Zwecken der elektrischen Aufnahme und Wiedergabe von Tönen gleichmäßig an einem Elektromagneten vorbeigeführt wird: „,One simply can't go wrong'", verspricht zwar ein historisches DIY-Heft (Judge, 1949, S. 8). Und ein einfaches Drahttongerät besteht lediglich aus drei Elementen: Klangspeicher (Stahldraht), Elektronik (Ton- und Löschkopf, Aufnahme und Wiedergabe, Verstärker), Mechanik (Auf- und Abrollen, also Vor- und Zurückspulen). Doch die Herausforderung liegt in der Konstruktion, konkret in der Kombination dieser drei Komponenten zu einem zuverlässig funktionierenden, einfach bedienbaren Gerät.[19]

Unsere ersten Überlegungen betrafen die Form des Apparates, wobei wir uns an historischen Fotografien orientierten, die verschiedene Geräte Curt Stilles zeigen (Stille, 1930, S. 449–451; Lafferty, 1985, S. 676–682). Das Design des Gerätes ist im Falle von Magnetspeichertechnologien keine rein ästhetische oder nutzungsorientierte Frage. Zum einen gilt es, einen sicheren Mechanismus für das Führen und Bespielen des Klangspeichers mitzudenken. Zum anderen breitet sich Elektromagnetismus im gesamten Raum aus, d. h., Ton- und Löschkopf wirken nicht nur auf den Stahldraht, sondern auch aufeinander ein; gleichzeitig sind sie anfällig für andere elektromagnetische Einflüsse, interferieren z. B. mit dem Netzteiltransformator oder erzeugen Rückkopplungen mit dem Mikrofon. Um mit unseren Mitteln einen Drahttonapparat zu realisieren, der mechanisch und elektrisch sicher ist, wählten wir als Vorlage Stilles Prototyp eines Tonfilmgerätes, der das Design des späteren Blattnerphons antizipiert (dann mechanisch reduzierter in T-Form und in seinen Ausmaßen größer dimensioniert, vgl. Abb. 1) (Lafferty, 1985, S. 677 f.).

Die Suche nach passender Elektronik prägte die zweite Phase des Nachbaus. Den rein technikhistorischen Parametern nach nutzten Stilles Geräte bereits viele Elemente späterer Tonbandtechnik: Verstärker (für die Klangaufnahme und -wiedergabe), Vormagnetisierung des Stahldrahtes (beim Löschvorgang durch einen mit Gleichstrom betriebenen Elektromagneten), elektrisch betriebener Vor- und Rücklauf (mittels synchronisierter Elektromotoren) (Stille, 1929b, S. 193, 1930, S. 449). Statt eine aufwendige und kostspielige Röhrenschaltung zu verwenden, entschieden wir uns für eine einfach nachzubauende, transistorisierte Vorverstärkung nach Vorlage eines Batterietonbandgerätes (Typ Uran ČSSR, 1950er-Jahre) und für eine Endverstärkung mittels IC-Modul. Das Herzstück der Elektronik, der Tonkopf, erforderte die meiste Zuwendung. Wir versuchten in langwierigen Testreihen verschiedene Varianten, wickelten per Hand Pick-ups nach historischem Vorbild (Judge, 1949, S. 16f., 25, 38f.; Camras, 1988, S. 34; Read, 1952, S. 180, 184) und experimentierten mit industriell gefertigten Tonköpfen aus alten Tonband- und Kassettengeräten. Am Ende wies ein Studiotonkopf (VEB Goldpfeil Magnetkopfwerk, 1950er-Jahre) die nach unseren Ohren beste Aufnahme- und Wiedergabequalität auf. Zumindest solange wir ihn an unserem provisorischen Testaufbau ausprobierten (1 m gespannter Tondraht und händisch geführter Tonkopf). Montiert an unserem Gestell und verschaltet mit den Ver-

---

[19] Eine provisorische Veranschaulichung des Magnettonprinzips lässt sich hingegen vergleichsweise einfach einrichten, vgl. Science Buddies Staff (2020).

stärkern hörten wir nur stark verzerrte Sprache, unterlegt von Rauschen. Das leitete die dritte und schwierigste Phase unseres Nachbaus ein: die Auseinandersetzung mit dem Tonträger aus Stahldraht, und der Draht stellte sich bei allem quer.

Die Beschaffenheit des Drahtmaterials ist bei magnetischen Klangspeichern essenziell. Um eine ungleichmäßige Magnetisierung und daraus folgende Schwankungen in der Signalqualität zu vermeiden, muss die atomare Struktur homogen und der Tonträger gleichmäßig geformt sein. Da wir keinen Tondraht aus den 1930er-Jahren fanden, ersteigerten wir in einer Internetauktion Draht der Firma Recordophone (BRD, 1950er-Jahre). Dieser ist mit 0,08–0,09 mm Durchmesser zwar etwas dünner und weist eine minimal andere Legierung auf (Nickel statt Mangan), bietet aber zumindest eine ausreichende Länge und Stabilität, sodass wir nicht auf (zu kurze) Banjo-D-Saiten oder Sicherungsdraht aus dem Modellbau zurückgreifen mussten, die als Klangspeicher-Substitute empfohlen werden (Judge, 1949, S. 31, 35).

Doch auch „echter" Tondraht erfordert viel Aufmerksamkeit: Um ein komplettes Abspulen zu vermeiden, wird an den Enden des sehr dünnen Tonträgers ein Zwirn angeknotet, der das Lauf-Ende anzeigt. Dieser Knoten unterscheidet sich von jenem, der bei Rissen verwendet wird – in beiden Fällen eine Sisyphusarbeit (Schaik, 2002). Damit das komplizierte Verknoten hauchdünner Drähte möglichst vermieden wird, bedarf es einer optimierten Umgebung für den Draht. Glatte Oberflächen verhindern, dass er sich verhakt. Die symmetrische Anordnung der Auf- und Abwickelvorrichtungen und die exakte Synchronisierung der Geschwindigkeiten beider Drahtspulen – sowohl beim langsamen Aufnehmen/Hören als auch beim schnellen Zurückspulen – beugen Schlaufen, Kanten, Knoten und damit Rissen vor. Reißgefahr besteht auch am Tonkopf, wo der Draht unter Spannung eng entlangzuführen ist, um ihn ausreichend zu magnetisieren.

Bei unserem Nachbau eines Stille-Drahttongeräts ist das Zusammenspiel von Drahtlänge, -beschaffenheit und -geschwindigkeit regelrecht hörbar. Unebenheiten im Draht (durch Knoten, Kanten, Ecken, Risse) und Unregelmäßigkeiten in seiner Bewegung haben Auswirkungen auf den Klang: Verzerrungen, Rauschen, Lautstärkeschwankungen.[20] Vor allem die geringe Magnetisierungsfläche von 0,08 mm Stahl und der kreisförmige Querschnitt erfordern in der Konstruktion hohe mechanische Präzision und in der Nutzung wortwörtliches Fingerspitzengefühl. Zwei Aspekte, die dann weniger virulent sind, wenn komplizierter Draht durch planes Band ersetzt wird.

6 Lieferverkettungen

Das seit 1931 vom Empire Service der BBC genutzte Blattnerphone hat kurze Einschalt- und Verarbeitungsintervalle; die Stahltonbänder ermöglichen ein Frequenzspektrum von 50 bis 5000 Hz und können circa 30-mal neu bespielt werden, bevor man sie austauschen

---

[20] Stilles Drahttongeräte aus den 1920er-Jahren hatten ein eingeschränktes Frequenzspektrum von 250 bis 3000 Hz und einen Störabstand von 30d B, siehe Daniel, Mee und Clark (1999, S. 32).

muss. Um ihr Programm täglich in die verschiedenen Zeitzonen des Empire zu senden, benötigt die BBC demnach viel und ständig neues Stahltonband (British Broadcasting Corporation T., 1934c, S. 415–419). Die hauchdünnen, flexiblen Stahlbänder werden ihrerzeit aber weder auf der britischen Insel noch in Deutschland hergestellt. Man muss sie aus Schweden importieren, wo die Firma Uddeholm ein Patent auf die Bänder hält, die aus folgender Legierung bestehen: 92,6 % Eisen, 0,7 % Kohlenstoff (zur Erhöhung der Härte), 6 % Wolfram (zur weiteren Erhöhung der Härte), 0,3 % Chrom (zur Erhöhung der elektrischen Leitfähigkeit und der Korrosionsbeständigkeit), 0,2 % Silizium (zur Erhöhung der Zugfestigkeit ohne Verringerung der Dehnung) und 0,2 % Mangan (zur Verringerung der Abkühlgeschwindigkeit und der Sprödigkeitsgefahr). Die jeweils 1000 m langen, 3 bis 6 mm breiten und 0,08 mm dicken Bänder eignen sich für eine Aufzeichnungsdauer von 10 min (bei einer Bandgeschwindigkeit von 1,5 m/s); werden drei Bänder mit einer Silberlösung verlötet, ergibt sich eine Aufzeichnungsdauer von 30 min (Lafferty, 1985, S. 680f.; Pawley, 1972, S. 182).

Die dominierende Stellung des schwedischen Stahls in Europa geht bis ins 17. Jahrhundert zurück, als auch das bis heute bestehende Unternehmen Uddeholm in Hagfors in der Provinz Värmlands län gegründet wird und seitdem stetig expandiert (Andersson, 1960). Auf der Website von Uddeholm präsentiert ein Industriefilm, wie das Unternehmen ab den 1920er-Jahren dank des speziellen schwedischen Eisenerzes, des Aufkommens effizienter Elektrohochöfen, neuer Stahllegierungen und Stahlgießverfahren sowie des Ausbaus der schwedischen Hafen- und Eisenbahninfrastruktur eine weltweit führende Rolle bei der Herstellung von Stahlbändern einnimmt (Uddeholm AB, 2012, 00:00:43–00:01:52). Was hier aber nicht zur Sprache kommt, sind die extraktivistischen Praktiken der Materialgewinnung, die insbesondere im frühen 20. Jahrhundert toxischen Methoden der Stahlproduktion und die arbeitspolitisch prekären Lieferketten, die dem Einsatz von Medientechnologien häufig vorausgehen oder in der Entsorgungs- und Recyclingphase nachgelagert sind.

Auch die aus heutiger Sicht schwierigen arbeitshygienischen Aspekte der Stahlindustrie werden in den Dekaden um 1900 zunächst kaum thematisiert. Man kümmert sich wenig um Berufskrankheiten wie Silikose, die entsteht, wenn Arbeiter:innen ungeschützt Siliziumdioxidstaub ausgesetzt sind, wie dies beim Stahlgießen durch den Einsatz von Standstrahlern zur Reinigung der Gussteile von silikogenem Quarzstaub der Fall ist. Erst Ende der 1930er-Jahre beginnen Gewerkschaften, sich für geeignete Arbeitsschutzmaßnahmen einzusetzen. Und es dauert weitere Jahrzehnte, bis diese angemessen umgesetzt werden (Abb. 3) (Thörnquist, 2001, S. 71–101).[21]

Seit Kurzem erst werden die extensive Gewinnung und der Import von Rohstoffen durch die schwedische Stahlindustrie im frühen 20. Jahrhundert unter dem Stichwort des „Ressourcenkolonialismus" aufgearbeitet. Ein Beispiel: Zunächst importiert Schweden große Mengen an Chrom, das auch für die Stahlbandproduktion ein wichtiges Element ist (vgl. Abb. 4a, b), aus britischen und französischen Kolonien wie Südrhodesien (heute

---

[21] Zur Geschichte der Silikose siehe auch Rosner und Markowitz (2006).

Abb. 4 (**a** und **b**) Stahlbandproduktion in der schwedischen Firma Sandvik, mit der Uddeholm konkurrierte. (Sandvik AB, 2023; Voestalpine AB, 2023)

Simbabwe), Neukaledonien im Pazifik und Belutschistan in Britisch-Indien (heute Südwestpakistan). Angesichts der zunehmenden Dominanz des britischen Empire auf dem Weltmarkt für Chromerz bei zugleich steigender Nachfrage nach dem Mineral für die Edelstahlproduktion reagiert Schweden, das im 20. Jahrhundert keine Kolonien besitzt, ab 1928 mit der Gründung eines Konsortiums, das sich in der Türkei eine von den Briten unabhängige Chromiterzquelle sichern soll. Das Konsortium besteht aus mehreren ansonsten konkurrierenden schwedischen Stahlproduzenten, darunter Uddeholm, und profitiert von den neuen Handelsbeziehungen zwischen Schweden und der postosmanischen Türkei. Konkret ermöglicht wird das Projekt durch den türkisch-deutschen Unternehmer Orhan Brandt, der 1928 in Zentralanatolien Land mit kristallinem Schieferboden und reichen Chromerzvorkommen erwirbt und dort gemeinsam mit Schweden die Minen errichtet. Gleichzeitig wandelt sich die Region durch eine neue Straßen- und Eisenbahninfrastruktur, zu der Schweden ebenso beiträgt, wie es die türkische Vor-Ort-Expertise im Bergbau und das Vorhandensein entsprechender Arbeitskräfte nutzt.[22]

Dabei ist Schweden weder um die Umweltauswirkungen des Chromabbaus in der Türkei noch um die Folgen des Eisenerzabbaus im eigenen Land besorgt. Erst seit den 1970er-Jahren ist die massive Boden-, Wasser- und Luftverschmutzung durch die Stahlindustrie explizit Thema (Tyler, 1984, S. 18–24; Anderberg et al., 1989, S. 216–220). Heute werben Uddeholm und andere Stahlkonzerne zwar mit Strategien zur CO_2-freien Stahlproduktion – die ökologischen Konsequenzen des Abbaus spezifischer Legierungselemente wie Chrom oder Wolfram bleiben aber weiterhin häufig unbeleuchtet (Uddeholm AB, 2023).

Auch Curt Stille verwendet Ende der 1920er-Jahre das Stahlband der Firma Uddeholm. Der Ingenieur nutzt sein Telegraphiepatent-Syndikat, um die Tonträger-Patente zu halten und Lizenzen an Hersteller zu verkaufen – darunter zunächst die deutsche C. Lorenz AG mit dem Textophon und ihrer Stahlton-Bandmaschine (Stille, 1930, S. 449–451; Lafferty, 1985, S. 677, 680f.). Gemeinsam mit dem Patent für einen Tonbandgerätetyp verkauft Stille (1928) dann aber auch die Lizenz mit Uddeholm an Louis Blattner, sodass in London die Stille Inventions Limited gegründet wird, um das Blattnerphone zu vermarkten (Pawley, 1972, S. 179).[23] Interessant ist: Nachdem die Firma einen Vertrag mit der BBC abschließt, „beliefert" das Programm des Empire Service ab 1932 mitunter auch Regionen Schwedens und Zentralanatoliens, aus denen einige der materiellen Komponenten der zeitversetzten Sendetechnologie stammen. So gesehen kehrt „London Calling" die Lieferkette um. „Rohstoffkolonialismus" und „Sendeimperialismus" sind hier eng verbunden.

---

[22] Das von dem schwedischen Stahlunternehmen Sandviken initiierte und von Uddeholm unterstützte Projekt wird von der schwedischen Regierung gefördert, aber nach einigen Jahren wegen Unrentabilität weitgehend eingestellt (Vikström et al., 2017, S. 307–325; Avango et al., 2018, S. 324–347).

[23] Seit 1932 werden in der BBC-Sendung „Pieces of Tape" einige der Tonbandaufnahmen zusammengestellt und erneut ausgestrahlt: www.bbc.co.uk/programmes/p00d4lf8 (zugegriffen am 25.08.2024).

Sowohl in den Jahrbüchern der BBC als auch in Stilles Patentschriften und Veröffentlichungen wird die Magnettontechnik auf technischer Ebene detailliert erläutert, während der Import der Tonstahlbänder aus Schweden nur beiläufig Erwähnung findet. Auf die Legierung des Stahlbands und die geografische Provenienz einzelner Werkstoffe wird ebenso wenig Bezug genommen wie auf dessen teils gesundheits- und umweltschädliche Produktionsbedingungen. Stattdessen dominiert ein Narrativ von reibungslosen, globalen Lieferketten, die den Import beliebiger Rohstoffe aus aller Welt ermöglichen und Ingenieuren wie Medienunternehmen eine schier endlose Auswahl an Materialien bieten. Bei genauerem Hinsehen verlaufen die Produktions- und Lieferprozesse aber weniger reibungslos. Der Topos des „Materialflusses" (Dommann, 2023; Hockenberry, 2022, S. 263–280) kann nur aufrechterhalten werden, indem man ökologische Schäden, prekäre Arbeitsbedingungen und politische Friktionen ausblendet, wie Curt Stilles Patentschriften und die Werbebroschüren der BBC es handhaben.

Dabei scheint es uns rückblickend wichtig zu betonen, dass akustische Infrastrukturen und ihre Interfaces im Gegensatz zu visuell-haptischen Infrastrukturen zwar oft über weite Distanzen und kollektiv nutzbar sind. Diese scheinbare Erhabenheit über räumliche Grenzen und Zeitbindungen und die damit verbundene Möglichkeit, Raum- und Zeitachsen zu manipulieren, kollidiert jedoch mit der medientechnischen Verfasstheit und Materialabhängigkeit akustischer Interfaces. Gerade diese materielle Komponente, so eine unserer abschließenden Thesen, verleiht Interfaces eine Widerspenstigkeit, die über die eingangs mit Verweis auf die bestehende Interfaceforschung (Hookway u. a.) adressierte Eigenmächtigkeit technischer Beziehungs- und Verbindungsstücke hinausgeht. Es gibt kein materialfreies Interface und so lassen sich die von der bisherigen Forschung vorwiegend auf das Design und die Funktion von Interfaces applizierten politischen Aushandlungsprozesse bereits auf materieller Ebene aufzeigen. Auch akustische Infrastrukturen sind immer aus Werkstoffen gefertigt, die sich auf konkrete geologische Provenienzen zurückführen lassen und die durch ihre stoffliche Eigencharakteristik die Form und das Verhalten des jeweiligen Interface maßgeblich mitbestimmen.

7 Infrastrukturelle Bruchlinien

In der Genealogie des Magnettonbandes stellt das Blattnerphone nur eine kurze Etappe dar. Schon zwei Jahre nach Beginn der Zusammenarbeit mit der BBC geht Blattners Londoner Firma 1933 in Konkurs; daraufhin beauftragt der Sender die britische Marconi Wireless Telephone Company mit der Entwicklung eines neuen Tonbandgeräts für den Empire Service. Marconi übernimmt zugleich die Stille-Lizenz und schließt, nachdem Versuche, einen britischen Stahlbandlieferanten zu finden, gescheitert waren, neue Verträge mit Uddeholm (Pawley, 1972, S. 182). Obwohl die BBC auch mit anderen Aufzeichnungstechnologien experimentiert – darunter neue Wachsplatten-Fabrikate (Watts-Platten) und Tonfilmaufnahmen (Philips-Miller-System) – bleibt das Stille-Marconi-System bis in die Nachkriegszeit in Gebrauch (Pawley, 1972, S. 182, 188). Gleichzeitig verkauft Marconi seine Tonbandgeräte weltweit an Rundfunkanstalten, darunter die Canadian Radio Broadcasting Commission in Ottawa, deren Stille-Marconi-System vom Typ SCR-1 sich heute im Wissenschafts- und Technikmuseum Ingenium in Ottawa befindet (Lafferty, 1985, S. 678, 681).[24]

Die Praxis des BBC Empire Service, Zeit- und Raumachsen mithilfe von Radio und Stahlband zu manipulieren, wird in Deutschland nachgeahmt. Prominenz erlangt etwa der Einsatz der ebenfalls von Curt Stille entwickelten Lorenz-Stahlbandmaschine für Tonaufnahmen während der Olympischen Spiele, die über Lang- und Kurzwellensender im In- und Ausland ausgestrahlt werden (C. Lorenz AG, 1936, S. 21). Mit Beginn des Zweiten Weltkriegs unternimmt Deutschland jedoch Anstrengungen, um eine größtmögliche Unabhängigkeit von internationalen Rohstofflieferungen zu erreichen, darunter auch von der schwedischen Stahlindustrie (Fritz, 1973, S. 133–144; Karlbom, 1965, S. 65–93). Vor diesem Hintergrund wird das 1934 vom Ingenieur Eduard Schüller für die Magnetophon-Rekorder der Allgemeinen Elektricitäts-Gesellschaft (AEG) entwickelte und von der deutschen Interessengemeinschaft Farbenindustrie (IG Farben) fabrizierte Tonband aus Polyvinylchlorid (PVC) auch zum viel bemühten, von den Musik- und Klangkulturen der Nachkriegszeit umgewidmeten „Heeresgerät". Die Bänder dienen zur Überwachung von Feindsendern, zur Protokollierung und Archivierung politischer Verhandlungen und zur Gründung des Sendearchivs der deutschen Reichs-Rundfunk-Gesellschaft (RRG). Dabei gilt die Methode der PVC-Bandherstellung ihrerzeit als Industrie- und Militärgeheimnis (Clark, 1992, S. 114).

Nicht zuletzt deshalb halten Nationen wie Großbritannien bis in die Nachkriegszeit am Stahltonband fest. In Distanznahme zur deutschen Technologie scheut die BBC auch nicht die hohen Herstellungskosten und teuren Kriegsimporte von Bandstahl aus Schweden. Die alles andere als reibungslose Lieferkette verteuert das Bandmaterial enorm, dennoch unterhält die schwedische Firma Uddeholm während des Krieges Handelsbeziehungen mit verschiedenen europäischen Ländern, Nordamerika und Kanada.

In dem 1959 von der BASF veröffentlichten Werbefilm *Das magische Band* wird die inzwischen bekannte Rezeptur des PVC-Tonbands dann demonstrativ offengelegt. Der Film erklärt und zeigt einzelne Produktionsschritte, unterlegt mit irritierenden synthetisierten Klängen chinesischer Tanzmusik und mit Untertiteln in den Sprachen der BASF-Handelspartner der 1950er-Jahre in Europa, China und der arabischen Welt (Khittl, 1959, 00:01:58–00:02:56). So erscheint das Kunststoffband als ein global genutztes und zugleich gänzlich unpolitisches Interface der Magnettontechnologie. Zur geografischen Provenienz und Gewinnung der Zellstoffe, aus denen das PVC bei BASF in Ludwigshafen hergestellt wird, äußert sich der Film ebenso wenig wie zu den teils toxischen Produktionsverfahren und den Schwierigkeiten der PVC-Entsorgung.

Mittlerweile sind die ökologischen Problematiken von Plastikmedien in mehreren Studien kritisch aufgearbeitet worden (Westermann, 2007; Davis, 2022; Meikle, 1995; Duncan, 2019; Haid, 2023). Der Werkstoff Stahl hingegen hat trotz seiner Ubiquität in der Medienkultur des 19. und frühen 20. Jahrhunderts bisher vergleichsweise wenig Aufmerksam

---

[24] Siehe Stille-Marconi-Systeme Typ SCR-1 des Museum Ingenium: https://ingeniumcanada.org/scitech/artifact/marconi-blattnerphone-tape-recorder.

erfahren (Gribenski, 2023, S. 366–372; Christensen, 2022). Im vorliegenden Beitrag haben wir uns einer Etappe in der Verwendung von Stahl in der frühen Magnetik in Deutschland und Großbritannien gewidmet und ergänzen damit eine Reihe von Studien, die sich in den letzten Jahren mit Fragen des medialen Extraktivismus beschäftigt haben (z. B. Gabrys, 2011; Smith, 2015; Devine, 2019; Hockenberry et al., 2021) oder allgemeiner von einem infrastrukturellen Weltbild oder einem regelrechten „Infrastrukturalismus" sprechen, der selbst Materialien wie Eisen und Chrom als dienstbare „elementare Medien" einer hochtechnologischen Medieninfrastruktur erscheinen lässt (Peters, 2015; Starosielski, 2019).

Infrastrukturtheoretisch gesprochen lassen sich auch Materialien wie Stahl und daraus resultierende Speichertechnologien wie das Stahltonband als „interscalar vehicles" (Hecht, 2018, S. 109–141) verstehen, die unseren Blick von ihrer Funktion als Interface eines historischen Tonträgers der 1920er- und 1930er-Jahre auf größere infrastrukturelle und politische Maßstäbe lenken – auf Umwelteinflüsse des von der damaligen Medienindustrie unterstützten Rohstoffextraktivismus, auf die Arbeitsbedingungen in der Medienproduktion und die politischen Narrative gelingender bzw. misslingender Lieferketten. Dass solche Infrastrukturen fragil sind, ökonomischen Kalkülen unterliegen und häufig unter höchst prekären Bedingungen aufrechterhalten werden, kommt in Patentschriften wie denjenigen Curt Stilles, in den Jahrbüchern der BBC und in Werbefilmen wie *Das magische Band* nur nicht vor.

So dringlich es ist, die Emergenz neuer Medien in infrastrukturellen Zusammenhängen und über das jeweilige Regime der häufig extraktivistischen Ressourcenausbeutung zu verstehen, so wichtig erscheint es uns, den Prozess des „Medienwerdens" weiterhin bzw. wieder als einen diskursiven Vorgang zu betrachten, ähnlich wie es für das Teleskop im Umfeld Galileo Galileis im 17. Jahrhundert beschrieben wurde (Vogl, 2007, S. 14–25). Dieser Diskurs geht häufig über ein rein ökonomisches Kalkül und das Streben nach materieller oder technischer Perfektion hinaus und ist stark mit der gesellschaftspolitischen Funktion bestimmter Materialien verbunden. Deutlich wurde diese soziomaterielle Komponente in unserem Beitrag an der enormen Prominenz und Persistenz, die Stahldraht durch seine zunächst extensive Verwendung für Gefängnis- und Grenzzäune und dann für die Telegraphen- und Telefontechnik des 19. und frühen 20. Jahrhunderts aufweist. Auch für Magnettongeräte wird Stahldraht über mehrere Jahrzehnte verwendet, obwohl er sich – wie auch unser Versuch des Nachbaus eines Stille-Drahttongerätes zeigt – für diese Technologie schlecht eignet. Erst 1928, nach fast drei Jahrzehnten des Experimentierens, ersetzt der Ingenieur Curt Stille den Stahldraht durch das Stahltonband; beides findet auch nach der Entwicklung des Kunststoffbandes durch die IG Farben außerhalb Deutschlands bis in die Nachkriegszeit Verwendung.

Literatur

Allgemeine Zeitung am Morgen. (1925). Briefdiktate von Europa nach Amerika. *Allgemeine Zeitung am Morgen, 356*(128), 4.

Anderberg, S., Bergbäck, B., & Lohm, U. (1989). Flow and Distribution of Chromium in the Swedish Environment: A New Approach to Studying Environmental Pollution. *Ambio, 18*(4), 216–220.

Andersson, I. (1960). *Uddeholms Historia: Människor, Händelser, Huvudlinjer från äldsta tid till 1914*. P.A. Nordstedt & Söners Förlag.

Avango, D., Högselius, P., & Nilsson, D. (2018). Swedish Explorers, In-Situ Knowledge, and Resource-Based Business in the Age of Empire. *Scandinavian Journal of History, 43*(3), 324–347.

Barrett, A. E., & Tweed, C. J. (1938). Some Aspects of Magnetic Recording and Its Application to Broadcasting. *Institution of Electrical Engineers-Proceedings of the Wireless Section of the Institution, 13*(38), 73–93.

Bennett, J. (2010). *Vibrant Matter: A Political Ecology of Things*. Duke University Press.

Bohlman, A. F., & McMurray, P. (2017). Tape: Or, Rewinding the Phonographic Regime. *Twentieth-Century Music, 14*(1), 3–24.

British Broadcasting Corporation. (1932). *The BBC yearbook*. BBC.

British Broadcasting Corporation, T. (1933a). The time signals. The BBC=Yearbook 1933, S. 143–144.

British Broadcasting Corporation, T. (1933b). Voice records. The BBC=Yearbook 1933, S. 145–146.

British Broadcasting Corporation, T (1934a). Empire service events. In BBC (Hrsg.), *The BBC year-book* (S. 267–271). BBC Corporation.

British Broadcasting Corporation, T (1934b). Notes of the year: The empire. In *The BBC year-book* (S. 243–265). BBC.

British Broadcasting Corporation, T (1934c). The application of sound recording to broadcasting. In *BBC year-book* (S. 415–419). BBC Corporation.

Camras, M. (1988). *Magnetic Recording Handbook*. Van Nostrand Reinhold Company.

Christensen, P. H. (2022). *Precious Metal: German Steel, Modernity, and Ecology*. Penn State Press.

Clark, M. H. (1992). *The Magnetic Recording Industry, 1878–1960: An International Study in Business and Technological History*. University of Delaware.

Daniel, E. D., Mee, D. C., & Clark, M. H. (1999). *Magnetic Recording: The First 100 Years*. IEEE.

Davis, H. (2022). *Plastic Matter*. Duke University Press.

Devine, K. (2019). *Decomposed: The Political Ecology of Music*. MIT Press.

Dommann, M. (2019). Ludwigshafen 1959: Magnetbänder auf Zelluloid. In C. Kiening & M. Stercken (Hrsg.), *Medialität: historische Konstellationen* (S. 515–523). Chronos.

Dommann, M. (2023). *Materialfluss: Eine Geschichte der Logistik an den Orten ihres Stillstands*. Fischer.

Dörfling, C. (2024). Wired Sounds and Surface Noise: Re-Doing a 1930 „Tape Recorder". *Sound & Science: Digital History*, 01.03.2024. https://soundandscience.net/contributor-essays/wired-sounds-and-surface-noise-redoing-a-1930-wire-recorder/. Zugegriffen am 25.08.2024.

Duncan, P. (2019). Celluloid™: Cecil M. Hepworth, Trick Film, and the Material Prehistory of the Plastic Image. *Film History, 31*(4), 92–112.

Dupré, S. et al. (2020). Introduction. In S. Dupré, A. Harris, J. Kursell, P. Lulof, & M. Stols-Witlox (Hrsg.), *Reconstruction, Replication and Re-enactment in the Humanities and Social Sciences* (S. 9–34). Amsterdam University Press.

Ernst, W. (2015). *Im Medium erklingt die Zeit: Technologische Tempor(e)alitäten und das Sonische als ihre privilegierte Erkenntnisform*. Kadmos.

Ernst, W. (2021). *Technológos in Being: Radical Media Archaeology and the Computational Machine*. Bloomsbury Publishing USA.

Fritz, M. (1973). Swedish Iron Ore and German Steel 1939–40. *Scandinavian Economic History Review, 21*(2), 133–144.

Gabrys, J. (2011). *Digital Rubbish: A Natural History of Electronics*. University of Michigan Press.

Gethmann, D., & Sprenger, F. (2014). *Die Enden des Kabels: Kleine Mediengeschichte der Übertragung*. Kulturverlag Kadmos.

Gribenski, F. (2023). *Tuning the World: The Rise of 440 Hertz in Music, Science, and Politics*. University of Chicago Press.

Gribenski, F., & Pantalony, D. (2023). Sounding Acoustic Precision: Tuning Forks and Cast Steel's Nineteenth-Century Euro-American Networks. *Isis, 114*(2), 366–372.

Haid, J. (2023). The Raw Materials of Celluloid Film: Educational Animation Film's Plasticity, and Its Colonial History. In *Research in Film and History, 5*. Educational Film Practices.

Hecht, G. (2018). Interscalar Vehicles for an African Anthropocene: On Waste, Temporality, and Violence. *Cultural Anthropology, 33*(1), 109–141.

Hockenberry, M. (2022). Cellular Capitalism: Life and Labor at the End of the Digital Supply Chain. In M. Graham & F. Ferrari (Hrsg.), *Digital Work in the Planetary Market* (S. 263–280). MIT Press.

Hockenberry, M., Starosielski, N., & Zieger, S. (Hrsg.). (2021). *Assembly Codes: The Logistics of Media*. Duke University Press.

Hoins, K., Kühn, T., & Müske, J. (2014). *Schnittstellen. Die Gegenwart des Abwesenden*. Reimer.

Hookway, B. (2014). *Interface*. MIT Press.

Innis, H. A. (1950). *Empire and Communications*. Oxford University Press.

Jackson, M. (2006). *Harmonious Triads: Physicists, Musicians, and Instrument Makers in Nineteenth-Century Germany*. MIT Press.

Johnston, G., & Robertson, E. (2018). *BBC World Service: Overseas Broadcasting, 1932–2018*. Palgrave McMillan.

Judge, G. (1949). *Wire Recorder Manual* (Bernards radio manual, 88, 8). Bernards.

Karlbom, R. (1965). Sweden's Iron Ore Exports to Germany, 1933–1944. *Scandinavian Economic History Review, 13*(1), 65–93.

Khittl, F. (Regisseur). (1959). *Das magische Band* [Kinofilm].

Kittler, F. A. (1986). *Grammophone, Film, Typewriter*. Brinkmann & Bose.

Lafferty, W. (1983). Das Blattnerphone: An Early Attempt to Introduce Magnetic Recording into the Film Industry. *Cinema Journal, 22*(4), 18–37.

Lafferty, W. (1985). The Use of Steel Tape Magnetic Recording Media in Broadcasting. *SMPTE Journal, 94*(6), 676–682.

Lorenz, A. G. C. (Hrsg.). (1936). *Lorenz Nachrichtenmittel bei den Olympischen Spielen Deutschland 1936*. Druckschrift Nr. 681, Förster & Borries Zwickau.

McLuhan, M. (1992). *Die Magischen Kanäle* (M. Amann, Übers.). ECON.

McMurray, P. (2017). Once Upon a Time: A Superficial History of Early Tape. *Twentieth-Century Music, 14*(1), 25–48.

Meikle, J. L. (1995). *American Plastic: A Cultural History*. Rutgers University Press.

Netz, R. (2004). *Barbed Wire: An Ecology of Modernity*. Wesleyan University Press.

Newbury, B. D., & Notis, M. R. (2004). The History and Evolution of Wiredrawing Techniques. *JOM: The Journal of The Minerals, Metals & Materials Society, 56*(2), 33–37.

Parrika, J. (2015). An Alternative Deep Time of Media. In J. Parikka (Hrsg.), *A Geology of Media* (S. 29–58). University of Minnesota Press.

Pawley, E. (1972). *BBC Engineering 1922–1972*. British Broadcasting Corporation.

Peters, J. D. (2015). *The Marvelous Clouds. Towards a Philosophy of Elemental Media*. Chicago University Press.

Pfohl, E. (1938). *Rohstoff- und Kolonial-Atlas* (Bd. 2). Reimar Hobbing.

Phonographische Zeitschrift. (1900). Die Elektromagnetische Schallaufzeichnung. *Phonographische Zeitschrift, 1*, 11–13.

Potter, S. J. (2008). Who Listened When London Called? Reactions To the BBC Empire Service in Canada, Australia, and New Zealand, 1932–1939. *Historical Journal of Film, Radio and Television, 28*(4), 475–487.

Potter, S. J. (2012). *Broadcasting Empire: The BBC and the British world, 1922–1970*. Oxford University Press.

Poulsen, V. (1899, July 08). *Patentnr.* US661.619 13.11.1900.

Read, O. (1952). *The Recording and Reproduction of Sound: A Complete Reference Manual on Audio for the Professional and the Amateur*. Howard W. Sams.

Robertson, E. (2008). „I Get a Real Kick out of Big Ben": BBC Versions of Britishness on the Empire and General Overseas Service, 1932–1948. *Historical Journal of Film, Radio and Television, 28*(4), 459–473: 463.

Rosner, D., & Markowitz, G. E. (2006). *Deadly Dust: Silicosis and the On-going Struggle to Protect Worker's Health*. University of Michigan Press.

Sandvik AB. (2023). *Sandvik AB*. https://www.home.sandvik/contentassets/352b5c9d2805448084ecb5309660bbd9/history880x480.jpg?width=1200&height=0&rmode=crop&rsampler=bicubic&compand=true&quality=90&v=1507111745&hmac=26c8a99bea07bc39fe3e49b21858d6127f7acf3558c2500ea82ce57812dc9b0d. Zugegriffen am 25.08.2024.

Schaik, F. (2002). *Sterkrasder Radio Museum*. http://sterkrader-radio-museum.de/detaildraht.htm. Zugegriffen am 25.08.2024.

Science Buddies, S. (20. November 2020). *Recording on a wire*. Von Science Buddies. https://www.sciencebuddies.org/science-fair-projects/project-ideas/Elec_p015/electricity-electronics/recording-on-a-wire. Zugegriffen am 25.08.2024.

Sibum, H. O. (2000). Experimental History of Science. In S. Lindqvist, M. Hedin, & U. Larsson (Hrsg.), *Museums of Modern Science: Nobel Symposium 112* (S. 77–86). Canton.

Sibum, H. O. (2020). Science and the Knowing Body: Making Sense of Embodied Knowledge in Scientific Experiment. In S. Dupré, A. Harris, J. Kursell, P. Lulof, & M. Stols-Witlox (Hrsg.), *Reconstruction, Replication and Re-enactment in the Humanities and Social Sciences* (S. 275–294). Amsterdam University Press.

Silvers, M. (2018). *Voices of Draught: The Politics of Music and Environment in Northeastern Brazil*. University of Illinois Press.

Smith, J. (2015). *Eco-Sonic Media*. University of California Press.

Starosielski, N. (2019). The elements of media studies. *Media+Environment, 1*(1). https://doi.org/10.1525/001c.10780.

Sterne, J. (2003). *The Audible Past: Cultural Origins of Sound Reproduction*. Duke University Press.

Stille, C. (1900). Das Poulsen'sche Telegraphon. *Phonographische Zeitschrift, 1*, 11–13.

Stille, C. (1928). New Invention Makes Wire Records. *Wire & Wire Products, 3*(12), 419.

Stille, C. (1929a, Februar 25). *Patentnr. GB 329.702 26.05.1930a*.

Stille, C. (1929b). Elektromagnetische Aufzeichung akustischer Zeichen. *Filmtechnik, 5*, 191–194.

Stille, C. (1929c, April 09). *Patentnr. GB331.859 09.07.1930*.

Stille, C. (1930). Die Elektromagnetische Schallaufzeichnung. *Elektrotechnische Zeitschrift, 51*, 449–451.

Stille, T.-G. M. (20. Juli 1919). *Deutschland Patentnr. DE363.751 13.11.1922*.

Stone, P. (April 1934). Storing Speech and Music on a Steel Tape: A Description of the Blattnerphone Method of Sound Recording on Steel Tape. *Practical Mechanics*, S. 356f.

Thörnquist, A. (2001). The Silicosis Problem in the Swedish Iron and Steel Industry during the 20th Century. In A. Thörnquist (Hrsg.), *Work Life, Work Environment and Work Safety in Transition: Historical and Sociological Perspectives on the Development in Sweden During the 20th Century* (S. 71–101). Arbetslivsinstitutet.

Tyler, G. (1984). The Impact of Heavy Metal Pollution on Forests: A Case Study of Gusum, Sweden. *Ambio, 13*(1), 18–24.

Uddeholm AB. (2012). *Youtube*. https://www.youtube.com/watch?v=rm1qjn0yoyg&t=11s. Zugegriffen am 25.08.2024.

Uddeholm AB. (2023). *Uddeholm AB*. https://www.uddeholm.com/en/about-us/sustainability/climate-neutral-week/. Zugegriffen am 25.08.2024.

Vikström, H., Högselius, P., & Avango, D. (2017). Swedish Steel and Global Resource Colonialism: Sandviken's Quest for Turkish Chromium, 1925–1950. *Scandinavian Economic History Review, 65*(3), 307–325.

Voestalpine AB. (2023). *Voestalpine AB: Technology*. https://www.voestalpine.com/blog/en/technology/voestalpine-precision-strip-ab-in-sweden-early-days-on-the-klaralven/. Zugegriffen am 25.08.2024.

Vogl, J. (2007). Becoming-media: Galileo's Telescope. *Grey Room, 29*, 14–25.

Wells, H. G. (1934). *BBC archive*. https://www.bbc.co.uk/archive/whither-britain%2D%2Dtaking-stock/z4yt8xs. Zugegriffen am 25.08.2024.

Wells, H. G. (1937). *BBC archive*. https://www.bbc.co.uk/archive/as-i-see-it%2D%2Dhg-wells/zhq9scw. Zugegriffen am 25.08.2024.

Westermann, A. (2007). *Plastik und politische Kultur in Westdeutschland*. Chronos.

Wood, R. (2022). Shingled Magnetic Recording (SMR) and Two-Dimensional Magnetic Recording (TDMR). Journal of Magnetism and Magnetic Materials, *561*(11), 169670.

Sound be-greifen. Ein Versuch eines akustischen Interface für die (Un-) Hörbarmachung digitaler Signale

Jan Claas van Treeck

Zusammenfassung

Der Beitrag verschränkt eine technische Objektstudie mit medientheoretischen Überlegungen und untersucht dabei die Möglichkeiten, digitale Prozesse akustisch wahrnehmbar zu machen – beispielhaft durch die Nutzung von Praktiken wie dem Electrosniffing mithilfe von sonifizierenden Detektoren für elektromagnetische Felder. Theoretischer Ausgangspunkt sind medienmaterialistische, theoretische Konzepte von Friedrich Kittler und Wolfgang Ernst, die eine Erkenntnis technischer Medien in ihren grundlegenden Funktionen und Operationen privilegieren. Die Praxis der Sonifikation erscheint dabei als naheliegende Möglichkeit, um die der Sinneswahrnehmung verborgen bleibenden Operationen digitaler Medien sinnlich wahrnehmbar zu machen. Mithilfe eines einfach zu bauenden EM-Sniffers und dessen Erweiterung in Form eines Sonifizierungshandschuhs, dessen Bauanleitung nebst Schaltplan im Artikel selbst exemplarisch beschrieben wird, können so neue Interfaces möglich werden, die eine Annäherung an die postulierte privilegierte Erkenntnis der reinen Medienoperation ermöglichen könnten.

Schlüsselwörter

Electrosniffing · Sound · Sonifikation · Medientheorie · Medienarchäologie · Akustisches Interface

J. C. van Treeck (✉)
Hochschule Fresenius, Hamburg, Deutschland
E-Mail: jan_claas.van_treeck@hs-fresenius.de

1 Medienhyperborea

Eine der schönsten, weil in hohem Maße produktiv unklaren, fast antidiskursiven, eben poetischen Stellen in Friedrich Kittlers *Grammophon Film Typewriter*, ist diese kanonisch gewordene aus dem Vorwort:

> „Wem es also gelingt, im Synthesizersound der Compact Discs den Schaltplan selber zu hören oder im Lasergewitter der Diskotheken den Schaltplan selber zu sehen, findet ein Glück. Ein Glück jenseits des Eises hätte Nietzsche gesagt. Im Augenblick gnadenloser Unterwerfung unter Gesetze, deren Fälle wir sind, vergeht das Phantasma vom Menschen als Medienerfinder. Und die Lage wird erkennbar (Kittler, 1986, S. 5–6)."

Diese Stelle ist in vielerlei Hinsicht bemerkenswert. Sie ist nicht nur klassisch kittlerisch-raunend, sondern im Sinne der romantischen Ironie mehrdeutig, ein Moiré aus Bedeutungen, welches sich der Vereindeutigung entzieht. Dem Exgermanisten Kittler – der ja angeblich einmal sagte, man bräuchte Literatur vor 1900 überhaupt nicht zu lesen, und der seinen eigenen Lesern gleichzeitig permanent die eigene Höchstbelesenheit in Büchern auf das metaphorische Brot schmierte – war dieses Moiré aus Bedeutung wahrscheinlich nicht nur bewusst, sondern es war auch vermutlich intendiert. So wie Medien nach Stefan Münker immer weniger und mehr sind, als wir erwarten (Münker, 2008, S. 327), ist diese Kittler-Stelle über Medien selbst mehr, als wir erwarten und weniger, als wir erhoffen. Sie ist programmatisch: Nämlich im Sinne des inzwischen historischen kittlerischen Programms einer techniknahen Medienwissenschaft, die – mit Lötkolben und Programmierbrevier bewaffnet – den Geist aus den Geisteswissenschaften in den 1980er-Jahren austreiben wollte. Was es zu hören und sehen gilt, ist eben nicht der Inhalt, sondern der Schaltplan. Denn, so ein anderes bekanntes, mündlich kolportiertes Kittler-Bonmot: „Wenn wir etwa Radio hören, hören wir alles, nur nicht das Radio!" Was Lautsprecher oder Kopfhörer ihren Benutzer:innen anliefern, ist immer bloß Programm, nie das Radio selbst.

> „Nur im Ernstfall, wenn Sendungen abbrechen, Ansagestimmen ersticken oder Sender von ihrer Empfangsfrequenz wegdriften, gibt es für Momente überhaupt zu hören, was Radiohören wäre (Kittler, 1993, S. 72)."

Der Inhalt – oder neudeutsch Content – der Medien ist auch der Schleier, der das Medium selbst unsichtbar macht: Medien verschwinden in ihrem Gebrauch, sie werden uns als Medien im Gebrauch unzugänglich, werden „zuhanden", wie man es mit Martin Heidegger sagen könnte, oder mit Dieter Mersch, weil sie „in ihrem Erscheinen selbst verschwinden" (Mersch, 2008, S. 305).

Der utopisch anmutende Versuch, sogar den Schaltplan zu hören, ist daher ein Oxymoron: Unmöglich, nur mit romantischer Ironie wird er denkbar genauso wie Nietzsches

Glück jenseits des Eises, im mythischen Land Hyperborea.[1] Das Denken dieses Medienhyperborea der absoluten Annäherung an die reine Operation, ohne jedwede kulturalistische Verklärung, wird als Geste, als (uneinlösbarer) Anspruch zu einem Treiber von dem, was dann in der Nachfolge Kittlers zum Beispiel zur „radikalen Medienarchäologie" wird. Eine Denkschule die, wie es Wolfgang Ernst ausformuliert, den „kalten, medienarchäologisch aktiven Blick, die reine Registratur" anstrebt (Ernst, 2024, S. 6).[2]

2   Das Rumoren zwischen den Wellen

Aber wie denk- und machbar wäre experimentell ein Weg ins Medienhyperborea? Was passiert, wenn man das Radio auf zwischen Musik und Sprache tragende Frequenzen einstellt – dann hört man doch auch etwas: Rauschen. Und damit keinen symbolischen Inhalt, sondern vielleicht doch das *Wahre* des Mediums Radio? Dem medialen *Sein* könnte man so nachspüren: als Spur, als Irritation, so wie man am Warmwerden des Akkus des Laptops, am geräuschvollen Anspringen des Lüfters zumindest spurhaft Medialität als Technizität und als Operativität erahnen kann. Denn all das mehrfach symbolisch kodierte, was uns der Computermonitor visuell darstellt, ist vor allem das Resultat von Infrastrukturen, Prozessen, Operationen. Und wenn nach Norbert Wiener Information weder Materie noch Energie ist (Wiener, 1966 [1948], S. 166), so braucht sie doch Energie und Materie als Träger: jene *Materialität der Kommunikation*, deren Betonung einer der Ursprünge dessen ist, was Medientheorie zumindest in Deutschland zuallererst überhaupt ausmachte (Gumbrecht, 1988).

Aber damit sind wir immer noch fern von der Geisterfotohaftigkeit der Kittler-Textstelle, mit der diese Überlegung startete: Hier soll also gehört und gesehen werden, was nicht hör- und sehbar ist. Ein Spiel, das Abwesenheit des vordergründig Wahrgenommenen bei An-

---

[1] In Nietzsches Spätschrift *Der Antichrist,* aus dem Kittler seine Metapher vom „Glück jenseits des Eises" borgt, hat dieses Glück einen klaren Ort, eben jenen mythischen Ort „Hyperborea": ein paradiesisches Land hoch oben hinter dem eisigen Norden. Bei Nietzsche haben die Bewohner dieses Landes jene Erkenntnisse erlangt, die der von Nietzsche abgelehnte moderne Mensch nicht erlangen kann. Damit ist die Möglichkeit einer rationalen eben *modernen* Erkenntnis negiert. Bei Nietzsche ist es der Verweis etwa auf östliche Philosophien auf Mystik, die wahrere Erkenntniswege verspricht.

Mit diesem nur anzitierten, aber in der Ellipse verschwindenden (oder verschwurbelnden) Kontext zeigt sich das Problem der Kittler'schen Denkfigur: Sie positioniert sich im Utopischen und antirationalen, antidiskursiven und vermutet eine *wahre* Erkenntnis dessen, was Medien sind und leisten, in einem mythisch Unzugänglichen. Das Problem dieser mystischen Verabsolutierung liegt auf der Hand.

[2] Erstaunlich ist hier die Parallele in der Metaphorik. Wo Kittler sich die *Kälte* von Nietzsche borgt, ist es auch bei Ernst *kalt* und klar. Diese kalte Medienbetrachtung positioniert sich, so ließe sich spekulieren, als Antipol zur vermeintlich menschlich kulturalistischen Wärme, mit der die anderen Medientheorien das Wesen der Medien verdeckend aufladen.

wesenheit, aber nicht Wahrnehmbarkeit betont – exemplarisch bei Wolfgang Ernst, ab Minute 16:35 im Youtube-Video der ersten Sitzung seiner „Geistervorlesung" aus dem Jahr 2020:

> „Dies ist nicht der Körper von Wolfgang Ernst, der gerade vor Ihnen steht. ... Ich bin jetzt nicht derjenige, der vor Ihnen eine Vorlesung hält, sondern eine Datenkette aus einem Datenspeicher (Ernst, 2020)."

Das ist ein Appell an ein anderes Sehen, eine Beschwörung — aber sie geht nicht auf. Die Augen bekommen immer noch Input: das Bild Wolfgang Ernsts. Ein medientheatraler V-Effekt will sich nicht einstellen. Das eventuelle Medienhyperborea, die Wahrnehmung des Mediums per se, seiner reinen Operation kann Ernst eben nur beschwören. Aber kein Schaltplan, kein Datenstrom antwortet auf die Beschwörung. Was müsste man diesen Geistern opfern, damit sie sich vor unseren Augen materialisieren? Aber was wäre – spekulierend –, wenn wir den Schaltplan sehen könnten? Hätten wir damit das mediale Sein schauen können? Nein, muss die Antwort lauten, denn der Schaltplan ist ja eben nicht das Medium, sondern ein technisches Ding ist ein Medium erst im Vollzug, wie es Ernst sagen würde. Dementsprechend wäre der Schaltplan auch nur ein Symbol, ein Bild des Mediums, vielleicht eines, das auf den Vollzug hinweist, mehr aber nicht. Im „Synthesizersound" und „Lasergewitter" steckt nämlich noch jene mediale Operativitätsvoraussetzung, die dem Schaltplan fehlt: Zeit, Sein in der Zeit, Vollzug in der Zeit – und damit zum Kern der Wolfgang Ernst'schen Medientheorie:

> „Medien, die ich meine, werden vom Kanal her gedacht, vom Übertragungsakt, von der Prozessualität her: ein Kanal, der mit der Zeit rechnet. Damit kommt das zeitkritische Element ins Spiel. Die Objekte zählen hier weniger als die Operationen (Ernst, 2004, S. 20)."

Das Theorieangebot Kittlers einer materialistischen Medienforschung könnte mit dem von Wolfgang Ernst vertretenen, programmatischen Ansatz präzisiert werden. Zur Disposition stünde dann nicht mehr der Schaltplan in seiner formalen Logik, sondern die Operationen der im Schaltplan lokalisierten Funktionen im Vollzug. Der Synthesizersound zu Zeiten Kittlers war natürlich noch analog, wurde in Form der Compact Disc aber längst digital. Und wenn wir von jetztzeitigen Medien sprechen, dann müssen wir vor allem über digitale Medien reden – jene Medien nach der „Zäsur der Medien" (Tholen, 2002). Diese digitalen Medien zu hören, ist schwer. Der Trick mit dem analogen Radio, auf eine Frequenz zu stellen, auf der es nur rauscht, um beim Radiohören das Radio zu hören, will bei digitalen Medien partout nicht gelingen. Selbst das Anspringen des Lüfters eines Computers, etwa beim Abspielen von MP3-Dateien, ist weit entfernt von der Operation – der angeblichen Eigentlichkeit der Medien. Wie höre ich also etwa die Symbole 0 und 1 oder, noch präziser, das Durchlaufen der Zustände 0 und 1? Die Antwort liegt dann doch in so etwas wie Schaltplänen. Oder besser: dem genauen Blick auf technische Operationen.

Digitale Medien erzeugen ihre Zeitdiskretion in der Zeit durch Taktung – weshalb ja jeder Computer eine „clock" braucht –, die mitnichten eine Uhr ist, sondern ein Taktgeber. Medienmetaphern sind oft nur Verdeckungsmaschinerien. Eben dieser Takt erzeugt in der Zeit einen Rhythmus, der es erlaubt, aus der analogen Oszillation zwischen viel und wenig

Strom zwei diskrete Zustände abzulesen, also die Norbert Wiener'sche „time of nonreality" (Wiener, 2003, S. 158) wirklich nichtreal werden zu lassen, um so den digitalen Akt zu ermöglichen: Es geht darum, die zwei berühmten Zustände zu erzeugen, die symbolifiziert 0 und 1 werden. Erkennbar gemacht werden kann so etwas optisch durch oszillografische Verfahren, durch Logikanalysatoren, wie in Abb. 1, 2 und 3 bildlich dargestellt.

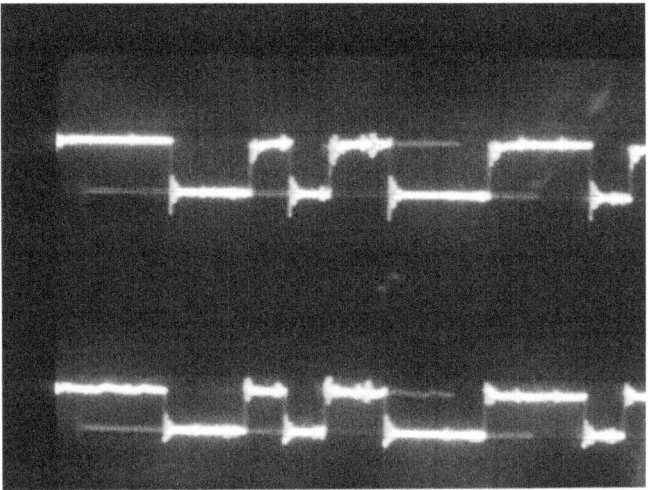

Oscillographic measuring of the current flow. Photo credit: Bernd Ullmann.

Abb. 1 Oszillogramm der Messung einer digitalen Operation. (Quelle und Fotocredits: Bernd Ullmann)

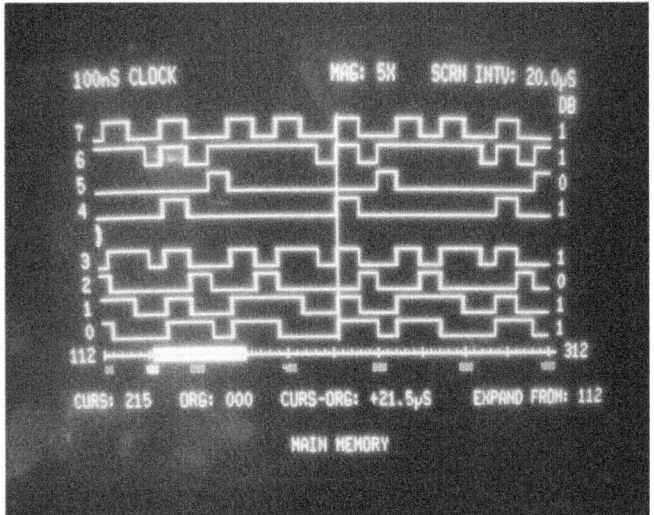

Logic analyzer imaging. Photo credit: Bernd Ullmann

Abb. 2 Logikanalysator-Messung von digitalen Operationen – diese bieten gegenüber der reinen oszillografischen Methode den Vorteil der Abbildung von mehreren Strömen gleichzeitig und der Reduktion auf diskrete Werte. (Quelle und Fotocredits: Bernd Ullmann)

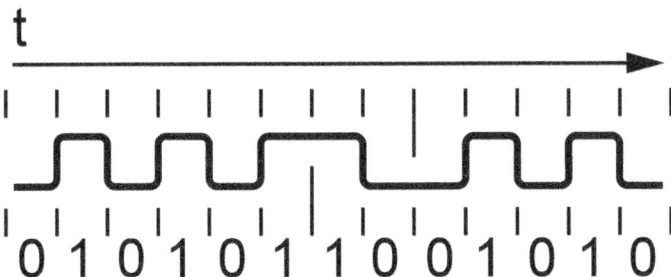

Abb. 3 Beispielhafte diagrammatische Darstellung eines getakteten digitalen Prozesses. Eigene Darstellung

3 Sonik und Sound – die strukturelle Verschränkung

Der epistemologische Charme dieser Verfahren ist die Erinnerung daran, dass jene Struktur der digitalen Operation als getaktete Zeitereignisse auch aus anderen Feldern bekannt ist: den für Menschen hörbaren Feldern des Sounds. Der Unterschied zwischen den hörbaren Oszillationen und etwa denen in digitalen Operationen ist lediglich, dass die hörbaren Schwingungen kinetische Schwingungen sind, während die Schwingungen der digitalen Operation im Feld der Elektrizität stattfinden – beide sind aber Oszillationen. Auf dem eigentlich banalen Grundgedanken dieser Strukturgleichheit gründet sich Wolfgang Ernsts Konzept der *Sonik* und *Sonizität* von Medien:

> „Sonicity is where time and technology meet. … Sonicity as a neologism is meant to be kept apart from acoustic sound and primarily refers to inaudible events in the vibrational (analog) and rhythmic (digital) fields. Sonicity is intended to sound awry so that it is differentiated from sound, a culturally familiar term that is academically somewhat restricted to musicology. Sonicity names oscillatory events and their mathematically reverse equivalent: the frequency domain as an epistemological object (Ernst, 2016a, S. 21–22)."

Mit diesem Gedanken wird die Idee des Sounds geöffnet, der ja vor allem musiktheoretisch verfasst ist und in weiten Teilen vor allem der anthropozentrischen Hörbarkeit oder im Falle des Basses vielleicht auch Spürbarkeit verhaftet ist. Betrachtet man Oszillationen, Schwingungen, jedoch abseits der Frage der Hörbarkeit als Struktur, dann können so die hörbaren und nichthörbaren Oszillationen unter einem Konzept verklammert werden. Ernsts terminologisches Angebot für technische *und* menschlich unhörbare Oszillationen ist dann ein eben jener Neologismus – *Sonizität*. Und um die nichthörbare Sonizität elektrotechnischer und digitaler Prozesse zu benennen, wird dann zusätzlich der Begriff *Sonik* eingeführt:

> „In its non-human embodiment within electronics, a special subclass of sonicity is sonics. This is meant to name sound that does not originate from physically resonant bodies but from electro-technical and technomathematical processes (Ernst, 2016a, S. 23)."

Die „frequency domain as an epistemological object" (Ernst, 2016a, S. 22) ist dann vielleicht jene Brücke zurück zu Kittler. Gehört werden kann vielleicht nicht der Schaltplan, sondern – sogar noch viel näher an der medialen Operation in der Zeit – die sonische, also eigentlich unhörbare Oszillation! „These become audible at all only by explicit sonification" (Ernst, 2016a, S. 23).

Ernsts Insistenz auf McLuhans Konzept vom „acoustic space" (McLuhan & Carpenter, 1960) ergibt nur Sinn, solange es eine nicht auf Menschen beschränkte Akustik ist. Wenn elektrische Oszillationen als Basis der Digitalität nur Oszillationen sind, dann ist es durchaus denkbar, sie zu hören. Somit wäre also ein echtes Hören von digitalen Operationen möglich, wenn es gelänge, die elektrische Vibration in eine kinetische zu übertragen. Und damit wären wir bei einem der einfachsten prädigitalen Geräte: dem simplen Lautsprecher, der nichts anderes macht, als eine Membran im Takt eines elektrischen Signals hin und her zu bewegen, um kinetische Oszillationen zu erzeugen, die hörbar sind.

Auf der Suche nach der Hörbarkeit digitaler Prozesse hieße dies, die taktgenaue Messung des digitalen Signals und damit die Symbolifizierung, die digitale Prozesse erst möglich macht, zu umgehen, sie zu ignorieren, um ganz direkt die Oszillationen digitaler Prozesse als Sonik zu begreifen, die dann Sound werden könnten. Das Verfahren zu einem solchen Hören von Oszillationen, die eigentlich nicht für menschliche Ohren bestimmt sind, ist vielleicht einigen bereits bekannt. Begriffe wie EM-Sniffing oder gar Medienkunstpraxen wie EM-Soundwalks beruhen auf Konstruktionen, die dies leisten, und Aktivist:innen, Hobbyist:innen, Enthusiast:innen stellen hierfür Geräte und/oder Bauanleitungen her. Geräte wie der Elektrosluch (Gruska, 2024) sind käuflich erhältlich und nachbaubar. Ausgerüstet mit solchen Geräten kann man nun qua Experiment auf Theorien Taten folgen lassen. Wenn der hier jetzt bereits mehrfach genannte Wolfgang Ernst fordert, man sollte „mit medienarchäologischen Ohren hören" (Ernst, 2016b), dann kann man genau dieses tun – allein die Frage bleibt, ob man damit näher an das kommt, was Kittler raunend das Hören des Schaltplans nennt; aber auf einen Versuch kommt es an.

4 EM-Detektion

Als medientheoretische und -praktische Erweiterung der Frage Kittlers, ob es möglich wäre, den Schaltplan zu hören, und der Vorschläge Ernsts, den elektronischen Raum als sonischen Raum zu begreifen, könnte also jener EM-Sniffer als Objekt der Befragung dienen – gebaut nach der Anleitung von Jonas Gruska mit einfach zu beschaffenden elektronischen Komponenten. Eine leicht erweiterte Version dieses Gerätes habe ich bei einem Forschungsaufenthalt im September 2018 am IXDM der Fachhochschule Nordwestschweiz selbst gebaut und verwendet.

Der Elektrosluch arbeitet nach dem simplen Prinzip der elektromagnetischen Induktion. Der Aufbau sieht wie folgt aus und kann auf einer Lochrasterplatte gemäß den folgenden Schemata (vgl. Abb. 4) mit ein wenig Lötgeschick aus preisgünstigen Teilen aus dem Elektronikfachhandel nachgebaut werden:

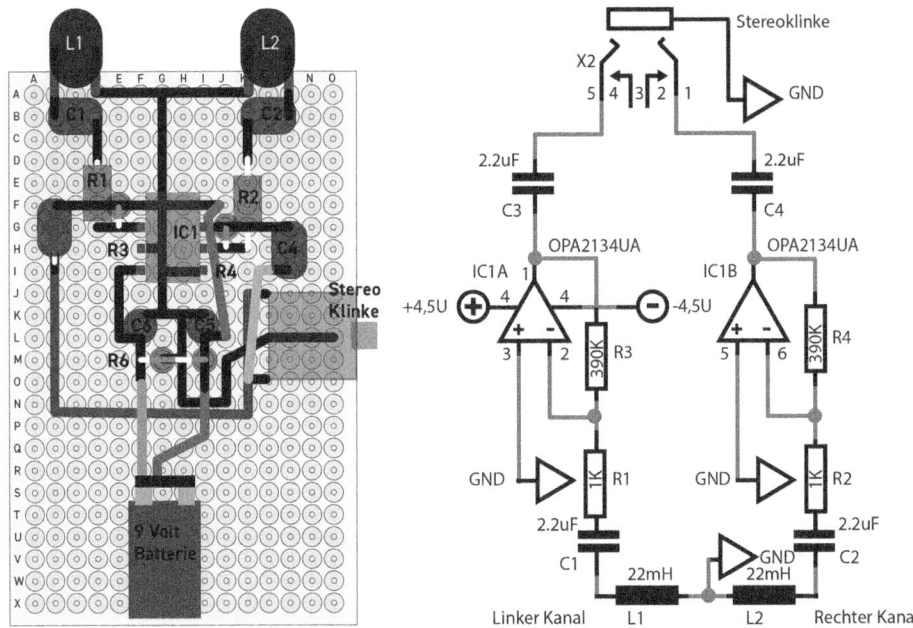

Abb. 4 Zwei Schemata des Elektrosluch EM-Sniffers. Eigene Darstellung

Bauschritt 1: Herzstück sind zwei Induktoren (L1 und L2 im Schema) – oder einfacher ausgedrückt simple Spulen, die am oberen Rand der Lochrasterplatte befestigt werden. Diese nehmen später die elektromagnetischen Oszillationen auf.

Bauschritt 2: Zwei 2,2-µF-Kondensatoren C1 und C2 werden mit den Induktoren verbunden. Diese Kondensatoren bestimmen die untere Grenzfrequenz der kompletten Schaltung. Je höher der Wert, desto mehr Bassfrequenzen werden gehört. Da die vom Elektrosluch aufgenommenen Bassfrequenzen meist aus dem 50/60-Hz-Netz stammen – den Taktraten üblicher westlicher Wechselstromnetze –, wäre es möglich, diese aus der Schaltung zu entfernen, um niedrigere Werte hören zu können. In diesem Falle habe ich sie eingelötet.

Bauschritt 3: Daran angeschlossen werden 1-kΩ-Widerstände R1 und R2. Diese bestimmen zusammen mit den Widerständen R3 und R4 (390 kΩ) aus dem nachfolgenden Bauschritt die Verstärkung der Schaltung – ein invertierender Verstärker, der mit den angegebenen Werten eine Verstärkung von −390 ergibt.

Bauschritt 4: Verbauen der 390-kΩ-Widerstände, R3 und R4.

Bauschritt 5: Anbringen eines Sockels mit einem OPA2134-Chip.

Bauschritt 6: Anbringen der 2,2-µF-Kondensatoren C3 und C4. Diese bestimmen zusammen mit C1 und C2 die Stärke der Bassfrequenzen, die die Schaltung erzeugen. Höhere Werte führen zu mehr Bass und umgekehrt.

Bauschritt 7: Anbringen der 100-µF-Kondensatoren, C5 und C6. Diese sind Teil des virtuellen Massekreises, der für den Betrieb mit Operationsverstärkern erforderlich ist.

Bauschritt 8: Einbau der zwei 100-kΩ-Widerstände R5 und R6. Diese beiden Widerstände definieren den Massepunkt. Sie fungieren als einfacher Spannungsteiler, der in diesem Fall die 9-V-Batterie in drei Potenziale unterteilt: 0 V, 4,5 V und 9 V. Für unseren IC werden daraus −4,5 V, 0 (virtuelle Masse) und +4,5 V.

Bauschritt 9: Anbringen der Kleine-Klinke-Kopfhörerbuchse und von Drähten. Diese verbinden den Ausgang von C3 und C4 mit dem Kopfhörerausgang.

Bauschritt 10: Herstellung der Drahtverbindung zwischen der positiven Spannungsversorgung des ICs und dem positiven Punkt im virtuellen Massekreis (C5/R5).

Bauschritt 11: Einlöten des Batteriekabels – so angeschlossen, dass das Minuskabel mit C6/R6 und das Pluskabel mit C5/R5 verbunden ist.

Mit angeschlossener handelsüblicher 9-V-Batterie und simplen Kopfhörern mit kleiner Klinke ist nun das Hören von elektromagnetischen Feldern möglich, indem man den Elektrosluch einfach an feldemittierende Geräte oder Leitungen hält. Was man dann hören kann, ist eigentlich unhörbar. Elektrische Signale werden in kinetische umgewandelt – der ganz praktische Beweis der strukturellen Oszillation als Form der Sonizität nach Wolfgang Ernst ist also somit vermeintlich einfach angetreten und für jeden wird die unhörbare Sonik durch Sonifizierung hörbar. Als medienarchäologische Fußnote sei hier erwähnt, dass der Elektrosluch in einer direkten mediengenealogischen Verwandtschaftsreihe mit anderen Geräten steht, die die Induktion elektrischer Felder zum Empfangsprinzip gemacht haben. Zu nennen sind hier vor allem die Detektorradios aus den Anfangstagen der Radiokultur. Diese empfingen ebenfalls mithilfe von Spulen elektromagnetische Wellen – eben Radiowellen – und ermöglichten so den Radioempfang. Andere Geräte dieser Ahnenreihe waren Abhörgeräte, die direkt an oder in der Nähe von Telegraphen- oder Telefonleitung benutzt wurden, um die mit den Signalen übertragenen Botschaften abzuhören.

Diesen mediengenealogischen Vorgängern gegenüber ist der Elektrosluch allerdings in einer gänzlich anderen, weil digital-umweltlichen Ausgangslage. Detektorradios und Telefonabhöreinrichtungen waren Geräte einer analogen Welt, in denen menschliche Botschaften wie Sprache direkt im Signal übertragen wurden (und im Falle des allerdings im Aussterben begriffenen Analogradios sogar immer noch werden). Unsere gegenwärtige Welt ist allerdings eine digitale: Analoge Signalübertragung ist eine Seltenheit geworden und die Geräte, die etwa unsere Kommunikationen übertragen – seien es Smartphones oder der Computer, auf dem dieser Text geschrieben wurde –, sind die Norm. Brachten Detektorradios direkt Sprache wieder zum Erklingen, so hört der Elektrosluch vielleicht jene Operationen ab, die infrastrukturell überhaupt erst die Kommunikation möglich machen, also jene Operationen technomathematischer Medien, die unsere Normalität sind. Aber ist dies jetzt jenes glückliche Hören des Schaltplans, von dem Kittler sprach?

5 Ein Audiohandschuh – Haptik/Akustik

1991 schrieb Mark Weiser jenen berühmt gewordenen kurzen Essay, in dem er das Konzept des „ubiquitous computing" vorhersah und benannte. Der Eingangssatz jenes Essays lautete:

> „The most profound technologies are those that disappear. They weave themselves into the fabric of everyday life until they are indistinguishable from it (Wieser, 1991, S. 99)."

Diese Erkenntnis ist natürlich nichts Neues. Marshall McLuhan sprach bereits in den 1960er-Jahren von der Environmentalisierung der Medien und Martin Heideggers Zeuganalyse mit der so trefflichen Unterscheidung von „Zuhandenheit" und „Vorhandenheit" stammt aus dem Jahr 1927. Weisers Update von 1991 jedoch geschieht im Zusammenhang mit digitalen Medien, also nach dem Umbruch hin zum „totalen Medienverbund auf Digitalbasis" (Kittler, 1986, S. 8). Weisers „ubiquitous computing" sah 1991 unsere aktuelle Gegenwart voraus: Eine Gegenwart, in der alles computerisiert ist und alle Computer potenziell im selben Netzwerk miteinander kommunizieren können, mehr oder weniger unproblematisch, aber eben als globale, totale Infrastruktur.

Weiser zitiert 1991 zwar Heideggers „Zuhandenheit", aber das, was er konkret mit „ubiquitous computing" eigentlich beschreibt, ist eine digitale Version dessen, was Heidegger seit 1949 in seinen Schriften zur Technik als „das Gestell" bezeichnete – die Verwebung der Technizität mit allem, die Infrastrukturwerdung der (digitalen) Technologie nicht nur in ökonomischer, sondern auch in kultureller und geistiger Hinsicht.

Wenn Sonik – also Oszillation – das Wesen der digitalen Medien ist, könnte also die Sonifizierung die Offenlegung dessen leisten. So schlägt es Wolfgang Ernst vor, der 2016 auf der Sound Art Conference in seinem Vortrag „Listening to Sonic Expressions with Media-Archaeological Ears" postulierte als Nutzung von Sonifikationen als medienarchäologische Ohren, die die sonische Verfasstheit der digitalen Umwelt offenlegen (Ernst, 2016b). Der EM-Sniffer könnte als akustische Provokation, vielleicht sogar als jenes erhoffte epistemische Instrument dienen, um in der digitalen Gestelllage jene Ubiquität des „ubiquitous computing" erfahrbar, nämlich hörbar zu machen. Aber was wäre, wenn sich diese Ohren an unseren Händen befänden? Ganz im Sinne von Martin Heideggers von „Vorhandenheit" und „Zuhandenheit" ergreifen wir ja noch immer die Welt. Aber selbst in unserer digitalen Welt be-greifen wir oft nicht, dass das, was etwa unsere Smartphonekommunikation möglich macht, nicht greifbar und damit vielleicht weniger be-greifbar ist: die elektromagnetischen Wellen.

Als technische Implementierung dieses Gedankens habe ich damals in Basel nicht nur den Elektrosluch nachgebaut, sondern ihn mit einem Handschuh verbunden (vgl. Abb. 5). Technisch wurden dabei die Induktoren mit Drähten verlängert, um sie über den Fingerspitzen von Zeige- und Mittelfinger anzubringen. Die Lochplatte mit allen anderen Komponenten blieb dabei unverändert und wurde zusammen mit der 9-V-Batterie auf dem Handrücken des Handschuhs befestigt.

Sound be-greifen. Ein Versuch eines akustischen Interface für die (Un-)Hörbarmachung ...

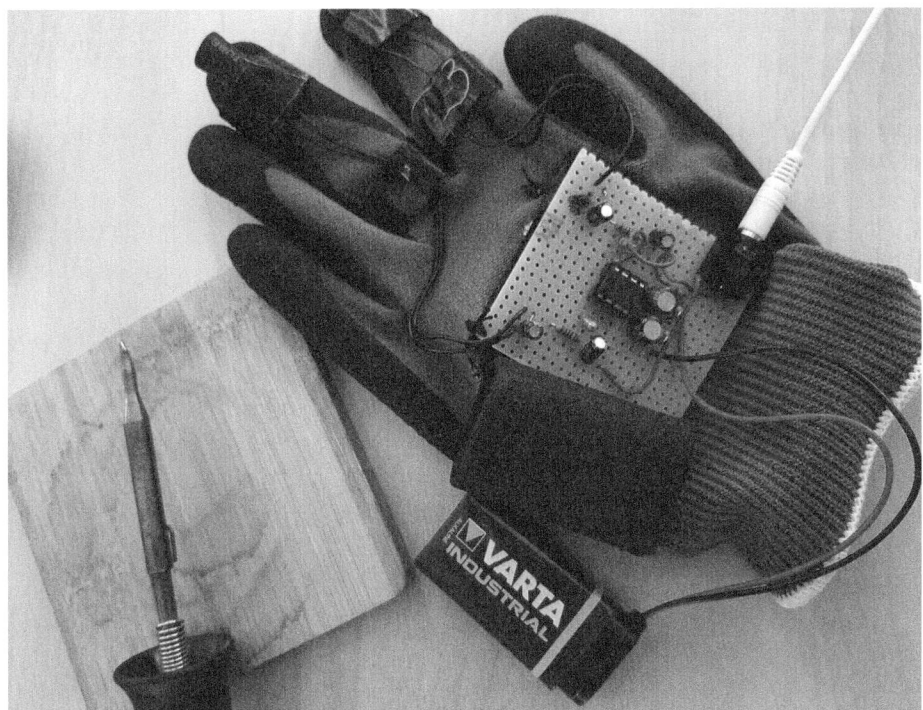

Abb. 5 Elektrosluch montiert auf einen Handschuh. Eigenes Foto, 2018

Meine Idee war die Sonifizierung der elektromagnetischen Felder von Geräten und Umgebungen, mit denen ich händisch agiere. Denn als Mensch gehe ich zu einem Großteil mit physischen Präsenzen um, vor allem mit Objekten: Ich drücke Fahrstuhlknöpfe, swipe über mein Smartphone, gebe meine PIN am Geldautomaten ein etc. – und die meisten dieser haptischen Interaktionen sind Momente der Bedienung von Interfaces, die digitale Prozesse steuern – Teil von Weisers „ubiquitous computing".

Während man zum Beispiel einen Geldautomaten mit der Hand bedient und den Elektrosluch-Handschuh dabei trägt, empfangen die Spulen auf Zeige- und Mittelfinger die elektromagnetischen Felder, die das jeweilige Gerät oder die jeweilige Umgebung absondert. Vom Ergebnis her gedacht, führt das Drücken der Tasten des Keypads des Geldautomaten dazu, dass der Geldautomat Banknoten ausgibt. Die Verknüpfung Drücken = Geld ist jedoch eine unzulässige Verkürzung und nur das, was sich meinen Sinnen als Beobachtung anbietet. Die Tasten des Geldautomaten sind nur eine für mich konzipierte Oberfläche, die mir die Eingabe von Daten erleichtern soll. Das Tastendrücken startet nur eine Reihe von Datenoperationen, die sich meinen Sinnen eben nicht direkt erschließen. Und eben diese digitalen Operationen, die ich händisch auslöse, werden nun hörbar, wenn ich den Elektrosluch-Handschuh trage. Damit wäre man also nahe dran am Hören des Schaltplans – man wäre sogar noch näher an der Medialität der digitalen Medien im Vollzug. Was an Operationen durch meine Hände ausgelöst wird, liegt meinen augmentierten Ohren nun also offen dar.

Länger getragen würde der Handschuh mein Ohr natürlich mit dauerndem Gepiepe füllen. So viele händische Tätigkeiten sind inzwischen Datentätigkeiten geworden. Mein Raum würde in der Tat zu McLuhans „acoustic space" – was bisher nur unerhört war, ist jetzt hörbar, unüberhörbar. Die Ironie liegt darin, dass die Wahrnehmung von Oszillationen im Ohr reine Kinetik ist, und durch den Elektrosluch wird die eigentlich unhörbare Sonik ebenfalls zur Kinetik und damit hörbar. Der andere kinetische Sinneskanal jedoch ist die Haptik, das Erspüren von kinetischer Veränderung. Damit wäre Ernsts Sonik also auch mit der Haptik verschwägert, wenn sie mit der Kinetik verschwistert wäre. Für mich und meine menschlichen Sinneskanäle bleibt dies aber unerfahrbar. Lediglich als rationale Operation, aber unsinnlich, kann ich erfassen, vielleicht provoziert durch den Sound des Handschuhs, dass das, was ich gerade haptisch berühre, normalerweise unmerklich sonisch operiert. Und um die Probe auf das sprichwörtliche Exempel zu statuieren, habe ich mich mit meinem Handschuh in einer ironischen Geste meinem eigenen Laptop genähert, der gerade jenes Youtube-Video von Wolfgang Ernsts Vortrag zu den „medienarchäologischen Ohren" (Ernst, 2016b) abspielte (vgl. Abb. 6).

Abb. 6 Eigener Screenshot

4:45 nachm. · 11. Sep. 2018

Wie man im Video dazu hört (van Treeck, 2018), ist der Sound des Vortragsvideos abgedreht und man hört nur den Sound des Elektrosluch, der Felder meiner Laptoptastatur und meines Monitors empfängt und hörbar macht. Wollte Wolfgang Ernst in seiner Geistervorlesung noch am liebsten als reine „Datenkette" (Ernst, 2020) erscheinen, so ist das Hören mit dem Handschuh hier wohl eine mögliche Annäherung an diese Idee: Ich habe Wolfgang Ernst ernst genommen, die Sprache ignoriert und das Darunter sonifiziert, also vielleicht mit medienarchäologischen Ohren gehört. Habe ich damit das Medienhyperborea gefunden?

6 Medienarchäologische Rekursion – oder die Frage nach dem Interface

Von Frieder Nake stammt jene instruktive Zweiteilung des Computers als System in Surface und Subface. Wobei das Subface die unzugängliche operative Ebene des Computers benennt und Surface das, was uns der Computer davon zeigt – etwa auf dem Bildschirm. Das Interface entsteht erst im Moment, in welchem sich das Surface zur Interaktion öffnet:

> „What is usually called the interface between human and machine, appears as the coupling of surface and subface. Both are machine-bound. Both are faces at which one process ends, and another process starts. The human places rather trivial components onto the surface (like mouse positions, or menu selections). … Once the surface is transformed into the subface, the program starts its signal processes, which consist of chains of determinations like any other process on a machine (Nake, 2008, S. 107)."

Interfaces erlauben direkten Zugriff auf, um es mit Jan Distelmeyer zu sagen, „Verfügung" (Distelmeyer, 2021, S. 68) über die Operationen – zumindest über einen Teil von ihnen. Die Frage bleibt also, wie Sonifikationen – etwa durch den Elektrosluch – eingeordnet werden müssen. Die Antwort im strengen Sinne lautet: als Surface! Strukturell ist die Audioausgabe des Elektrosluch nichts anderes als das, was auf einem Bildschirm angezeigt wird, der ja laut Nake kein Interface ist. Und wie wir gesehen haben, wäre (unter Umgehung der mit Wolfgang Ernst ausgeführten Gedanken über Sonizität und Sonik) die optische Darstellung der Operationen in kontinuierlicher Form als Oszillogramm oder in diskreter Form über den Logikanalysator (siehe Abb. 1 und 2) auch unproblematisch möglich. Was also bietet das vom Elektrosluch Gehörte als neuen Erkenntnisgewinn oder Zugriff auf ein digitales System?

Wie die optische Darstellung bietet auch die Sonifizierung keinerlei Eingriffsmöglichkeiten in das System – damit stehen sie beide dem Risiko der Nutzbarkeit im Sinne von Verfügung fern. Vielleicht lässt aber gerade dies nun die Krux des Verschwindens im Gebrauch, der „Zuhandenheit", zumindest in Teilen hinter sich. Es wird vielmehr „Vorhandenheit" erzeugt und damit öffnet sich die Möglichkeit des Erkennens der medialen Operation, das „Hören des Schaltplans". Aber auch hier melden sich Bedenken: Wenn beide Wege – der optische (Oszillogramm/Logikanalysator) und der akustische (Sonifikation) nicht als Interface gedacht werden können, weil sie keinen direkten Zugriff bieten, so muss doch zumindest für den Logikanalysator gelten, dass er eingesetzt wird, um aufgrund seiner Messungen Änderungen im System vorzunehmen – er ist ein klassisches Instrument der Fehlersuche und der späteren Behebung. Damit könnte man ihn als Teil einer Interfaceverkettung sehen, ähnlich Automechaniker:innen, die bei bestimmten Motorgeräuschen Veränderungen an der Einstellung des Motors vornehmen oder gar Teile austauschen, um das weitere Funktionieren zu gewährleisten, um hier ein klassisches Sound-Studies-Beispiel herbeizuzitieren.

Als Verfahren bleibt die Sonifikation durch Elektrosluch oder die Erweiterung durch Handschuh mit Elektrosluch also beobachtend, besser: hörend, distanziert von der digitalen Operation selbst. Ein möglicher steuernder Eingriff in das System auf Basis der akustischen Signale – wie im Beispiel der Autogeräusche – wäre erst in einer Verkettung mit echten Interfaceoperationen möglich. Gleichzeitig wäre die direkte Partizipation an der Operation durch Eingriff(smöglichkeit) aber auch wieder ein größerer Einbezug in die verdeckenden „Um-zus" (wieder mit Heidegger gesprochen). Aber die abgewandte, nicht eingreifende Beobachtung in das *Sein* des Systems erlaubt – im vollen Wissen darum, dass sich bereits die Beobachtung auf das Beobachtete auswirkt (wie Niels Bohr, Werner Heisenberg und zuletzt Karen Barad aufgezeigt haben) – deswegen vielleicht sogar im Vergleich zu kulturalistischen Zugängen privilegierte Erkenntnisse. Die Nichtinteraktion sonifizierender Verfahren als bloße akustische Wahrnehmung wäre dann vielleicht das „Kalte-Ohr-Äquivalent" zum „kalten Blick" der Medienarchäologie – weil auch dieses Ohr sich den verschleiernden Inhalten der Medien verstellt:

> „Der nicht-inhaltistische Zugriff auf ihre Gegenstände trennt Medienarchäologie von Massenmedienwissenschaft. Medienarchäologie praktiziert etwas, das ich als den ‚kalten Blick' der Medientheorie bezeichne – theoría (analog zum ‚kalten Ohr' für Techno-Musik), die eine Distanz zu den Selbstverständlichkeiten des Alltags in Kauf nimmt, ja bewusst erzeugt, um ein abstrakter gesichertes Konsistenzniveau zu erreichen (Ernst, 2004, S. 67)."

Aber wie kalt muss oder kann dieser „kalte" Blick, das kalte Ohr überhaupt sein, beim Versuch, ins Medienhyperborea zu blicken?

7 Medienarchäologische Rekursion Nr. 2 – Sehen vs. Hören

Die Privilegierung des Ohres, der Akustik, der Sonik, die für das medienarchäologische Verständnis von Ernst so essenziell ist, gründet sich vor allem auf einem zentralen Argument: Zeitlichkeit. Weil die Technomathematik digitaler Medien nur in der Zeit möglich ist (siehe Abschn. 2), gilt für die radikale Medienarchäologie von Ernst:

> „Der Hörsinn ist weitaus stärker als der Augensinn das eigentliche Organ zur Wahrnehmung zeitkritischer Prozesse, insofern es Ereignisse in ihrer mikrozeitlichen Struktur differenzierter

aufzulösen vermag. Indem das Hören weniger zielhaft ausgerichtet ist als das perspektivisch gezügelte Sehen, vermag es vielmehr Zeitfelder zu erfassen (Ernst, 2015, S. 22)."

Aber unterschlägt diese Position nicht etwas? Unter der Prämisse der Annäherung an das *Sein* der digitalen Medienoperation könnte nämlich auch eine Gegenposition formuliert werden: Diese könnte lauten, dass sonifizierende Verfahren eben digitale Prozesse nur als Zeitprozesse abbilden. Aber wenn man als den grundlegenden Punkt digitaler Prozesse das *Digitale* im Sinne der Herstellung diskreter Zustände betrachtet, dann fällt dies bei sonifizierenden Verfahren weg, weil man nur das Dazwischen zwischen jenen diskreten Zuständen hört. Aus dem gehörten Rauschen wird nur eine Erkenntnis: die der puren Präsenz der Operation, nicht mehr, aber auch nicht weniger.

So könnte man auch durchaus behaupten, dass es gerade die optischen Verfahren wären, die viel näher am *Sein* (mit Heidegger gesprochen) *des digitalen Prozesses* sind, weil sie die zwei Pole der digitalen Operation darstellen können: den Zuständen, die erst das ermöglichen, was die angebliche Seinsweise der digitalen Medien in ihrer Technomathematik ausmacht. Aber darüber hinaus gibt es einen weiteren Punkt der Kritik an der Sonifizierung als Methode des Nachspürens digitaler Prozesse – die Frage nach den Frequenzen. Menschliches Hörvermögen liegt in etwa zwischen 20 und 20.000 Hz. Innerhalb dieser Frequenzen ist das Ohr tatsächlich der privilegierte Zeitsinn. Allerdings braucht man noch nicht einmal aktuelle Taktratenrekorde von handelsüblichen Gaming-PCs herbeizuzitieren (ein Intel Core i9-13900k schafft im stickstoffgekühlten Overclocking-Modus 8,8 Ghz), sondern es reicht ein exemplarischer Blick auf einen uralten Intel Core i7-5600U der fünften Generation (ein Chip für Laptops aus dem Jahr 2015), der eine Grundfrequenz von 2,6 GHz aufweist. Handelsübliches W-LAN etwa sendet mit Frequenzen von 2,5/5/6 GHz, 5G-Mobilfunknetze, die von den meisten aktuellen Smartphones genutzt werden, operieren mit Frequenzen von 2,1 und 3,6 GHz. Schnell wird an diesen alltäglichen Beispielen klar: Die alltäglichsten Geräte unseres „ubiquitous computing" operieren mit und auf Frequenzen, die weit außerhalb des menschlichen Hörvermögens liegen – das Ohr in seiner Privilegierung ist von der Medientechnologie längst zurückgelassen worden.

Was hört man also mit dem Elektrosluch? Ist der von mir gebaute Audiohandschuh mit EM-Sniffer nicht genau das Gerät, welches das menschliche Ohr ganz im Sinne einer medialen Prothese aufrüstet, um eben jene unhörbaren sonischen Strukturen zu hören? Wie hört man mit dem Elektrosluch jene Frequenzbereiche? Wenn etwas mit dem Elektrosluch hörbar ist, dann muss es im hörbaren Bereich liegen, und dieser hat mit der Taktrate etwa eines simplen Laptops nichts mehr zu tun. Trotzdem ist etwas hörbar, wenn ich mich mit dem Handschuh meinem Laptop nähere, auf dem – wie oben beschrieben – das Youtube-Video von Wolfgang Ernsts Vortrag läuft.

Als Illustration des Problems würde ich gerne ein weiteres Gerät anführen – ein prädigitales und damit vermeintlich einfacheres als technomathematische Hochfrequenzoperationen: eine handelsübliche Quarzuhr. Eine analoge Quarzuhr, wie man sie günstig für etwa zehn Euro erwerben kann, operiert mit einem eigentümlichen Mittler zwischen kinetischer Schwingung und elektrischer Oszillation. Eine wechselnde Spannung bringt einen, in die Form einer Stimmgabel geschnittenen, Quarzkristall mithilfe des piezoelektrischen Effekts zum Schwingen. Die meisten Quarzuhren verwenden eine Standardfrequenz von 32.768 Hz, aus der sich durch Frequenzteilung durch 215 mithilfe von 15 hintereinander geschalteten T-Flipflops ein Sekundenpuls ableiten lässt. Nutzt man sein eigenes Ohr zum Abhören der Quarzuhr, hört man nichts von den 32.768 Hz, denn dies liegt außerhalb des menschlichen Hörvermögens. Was man hört, ist das Ticken des Sekundenzeigers, angetrieben von einem Motor im Sekundentakt, den dieser von der 15-mal geteilten Schwingquarzoszillation bekommt. Die Kernoperation der Uhr ist also die Oszillation von 32.768 Hz. Das sekundengenaue und hör- und sehbare motorisierte Vorrücken des Sekundenzeigers ist nur ein reines Ausgabemedium für den Menschen, wie es ein Monitor eines Computers ist, auf dem lediglich grafisch erfassbar das Ergebnis der ablaufenden digitalen Operationen dargestellt wird.

Die überraschende Volte ergibt sich beim Einsatz des EM-Sniffers: Mitnichten hört man die 32.768 Hz der Quarzuhr, etwa durch Transposition hörbar gemacht – nein, man hört nur den Motor, der im Sekundentakt den Sekundenzeiger weiterbewegt, nur sehr viel lauter als mit dem natürlichen Ohr. Der EM-Sniffer nimmt in der Tat eine elektromagnetische Frequenz auf und verstärkt sie: die des Endsignals im 1-Sekunden-Takt! Was nämlich mit dem Elektrosluch hörbar ist, sind lediglich EM-Frequenzen im hörbaren Bereich. An keiner Stelle im Setup transformiert das Gerät Frequenzen – es verstärkt sie nur. Das Resultat ist, dass Nutzer:innen EM-Frequenzen hören können, die in kinetische Oszillationen übersetzt im hörbaren Bereich liegen. Im Quarzuhr-Beispiel hieße dies, dass nicht die grundlegenden, die Operation der Quarzuhr bestimmenden 32.768 Hz gehört werden können. Ein Problem, das sich beim Abhören von Computern nur noch stärker bemerkbar macht, wie man an den genannten Taktraten von Chips sieht.

Im Falle des Abhörens von Wolfgang Ernsts Vortrag per Video macht der EM-Sniffer also keineswegs jene Frequenz hörbar, die die gesamte rechnerische Operation ausmacht – nämlich den Prozessortakt –, sondern lediglich derivative, periphere Takte, die im Computer ablaufen. Der „kalte" medienwissenschaftliche Blick auf die Möglichkeiten und systemischen Grenzen von Gehör und Gerät enthüllt also eigentlich nur die Unmöglichkeit des (Er-)Hörens der wirklich kritischen Takte. Ein Einblick in ein *Sein* des Mediums, einer Epiphanie, das „Hören des Schaltplans"? Wenn überhaupt, hört man Anhängsel, Derivate, Brosamen, die sich dem Uneingeweihten zu Unrecht als weite Welt der hörbaren EM-Felder präsentieren.

Im Gefüge dieses Bandes bedeutet das Experiment mit dem Elektrosluch als Beispiel, aber auch für das gesamte Feld von Electrosniffing, Praxen wie EM-Soundwalks und dergleichen erst einmal eine enttäuschende Absage an den Versuch, so etwas wie der Essenz digitaler Prozesse durch Sonifikation wirklich näherzukommen. Diese Praktiken sind – wie mehrfach gezeigt wurde – noch nicht einmal Methoden des Interfacings. Der Elektrosluch ist allerhöchstens eine Methode des Surfacings, in dem Operationen an die sinnlich wahrnehmbare Oberfläche gehoben werden. Wollte man dieses Surfacing in Interfacing verwandeln, dann müsste man Wege finden, zusätzlich in die Operationen einzugreifen, die sonifiziert wurden.

Für eine wissenschaftliche und vor allem medientheoretische Annäherung an das Wesen digitaler Prozesse scheint EM-Sonifikation – zumindest in der Form von Geräten wie dem Elektrosluch – von wahrscheinlich fraglichem Nutzen. Zu fern von den digitalen Kernprozessen, weil diese sich in Frequenzbereichen befinden, die eben nicht gehört werden können, gaukelt diese Form der EM-Sonifikation vielleicht sogar falsche Einblicke vor, weil unbedarften Hörer:innen das Gehörte als Sound der digitalen Prozesse erscheint, wo doch am Ende nur mindere, abhängige, auxiliäre Prozesse wie etwa Netzspannung hörbar sind. Und der für das Digitale so wichtige Moment des Umschlags von kontinuierlichen Signalen in diskrete Werte bleibt ebenfalls komplett unhörbar. Vom Glück jenseits des Eises beim Erkennen der Medien – aus dem Zitat, mit dem meine Überlegungen hier begannen – ist das alles sehr weit entfernt.

Aber es bleibt eine Unterschlagung. Das Kittler-Zitat zum Eingang hat natürlich eine Fortsetzung. Sie lautet: „Im Augenblick gnadenloser Unterwerfung unter Gesetze, deren Fälle wir sind, vergeht das Phantasma vom Menschen als Medienerfinder. Und die Lage wird erkennbar" (Kittler, 1986, S. 6). Und vielleicht ist dies der einzige mögliche Erkenntnisgewinn von Electrosniffing, von der Nutzung von Geräten wie dem Elektrosluch und anderen: Was sie sonifizieren, ist nur die grundsätzliche Präsenz digitaler Medien in ihrer Ubiquität, da, wo sie sich vor unseren Sinnen verschließen. Das Glück jenseits des Eises bleibt nur insofern erreichbar, als generelle Lagen erkennbar werden, und die Lage scheint wieder einmal, dass wir den medialen Gesetzen mithin Operation und Operativitäten unterworfen sind – denen unserer Körper und Geräte. Das Glück jenseits des Eises ist tatsächlich nur augenblickhaftes Geisterfoto – Hyperborea bleibt unerreichbar. Das Gebrumm des Elektrosluch ist nur diese eine Provokation: akustisches Surfacing.

Vielleicht ist es an der Zeit, mehr, und andere, Interfaces zu bauen.

Literatur

Distelmeyer, J. (2021). *Kritik der Digitalität*. Springer.
Ernst, W. (2004). *Medienwissen(schaft), zeitkritisch. Ein Programm aus der Sophienstraße. Antrittsvorlesung (Lehrstuhl Medientheorien) 21. Oktober 2003*. Präsident der HU Berlin.
Ernst, W. (2015). *Im Medium erklingt die Zeit*. Kadmos.
Ernst, W. (2016a). *Sonic time machines. Explicit sound, sirenic voices, and implicit sonicity*. Amsterdam University Press.
Ernst, W. (2016b). *Listening to sonic expressions with media-archaeological ears*. Von Youtube. Zugegriffen am 05.05.2024.
Ernst, W. (2020). *(ARCHÄO)LOGBUCH MEDIEN – Vorlesung 1*. Von Youtube. https://www.youtube.com/watch?v=akJ7UEwafuk. Zugegriffen am 05.05.2024.
Ernst, W. (05. Mai 2024). *KONVOLUT „MEDIENARCHÄOLOGIE, KYBERNETIK, MEDIENTHEATER"*. Von Wolfgang Ernst: SCHRIFTEN ZUR MEDIENARCHÄOLOGIE. https://www.musikundmedien.hu-berlin.de/de/medienwissenschaft/medientheorien/Schriften-zur-medienarchaeologie/Konvolute/PDF/medarch-reif-01.pdf. Zugegriffen am 05.05.2024.
Gruska, J. (2024). *Elektrosluch 3*. Von LOM Audio: https://store.lom.audio/products/elektrosluch-3?variant=4542168268832. Zugegriffen am 05.05.2024.

Gumbrecht, H.-U. P. (1988). *Die Materialität der Kommunikation.* Suhrkamp.

Kittler, F. (1986). *Grammophon film typewriter.* Brinkmann & Bose.

Kittler, F. (1993). Die letzte Radiosendung. In T. Innsbruck (Hrsg.), *Radio "On the air"* (S. 71–80). Transit Innsbruck.

McLuhan, M., & Carpenter, E. (1960). Acoustic space. In M. McLuhan & E. Carpenter (Hrsg.), *Explorations in communication. An anthology* (S. 75–70). Beacon Press.

Mersch, D. (2008). Tertium datur. Einleitung in eine negative Medientheorie. In S. Münker & A. Roesler (Hrsg.), *Was ist ein Medium* (S. 304–321). Suhrkamp.

Münker, S. (2008). Was ist ein Medium? Ein philosophischer Beitrag zu einer medientheoretischen Debatte. In S. Münker & A. Roesler (Hrsg.), *Was ist ein Medium* (S. 322–337). Suhrkamp.

Nake, F. (2008). Surface, interface, subface. Three cases of interaction and one concept. In I. U. Seifert, J. H. Kim, & A. Moore (Hrsg.), *Paradoxes of interactivity. Perspectives for media theory, human-computer interaction, and artistic investigations* (S. 92–109). Transcript.

Tholen, G. C. (2002). *Die Zäsur der Medien. Kulturphilosophische Konturen.* Suhrkamp.

van Treeck, J. C. (11. September 2018). *Tweet.* Von X (2018 noch Twitter). https://x.com/jcvantreeck/status/1039525424513118208?t=v6uLQKJ9DRxoXDiPWwRNnQ&s=19. Zugegriffen am 05.05.2024.

Wiener, N. (1966 [1948]). *Kybernetik. Regelung und Nachrichtenübertragung in Lebewesen und Maschine.* Rowohlt.

Wiener, N. (2003). Possible mechanisms of recall and recognition. In C. Pias (Hrsg.), *Cybernetics|-Kybernetik. The Macy-conferences 1946–1953* (Volume I I Band I Transactions I Protokolle, S. 122–158). Diaphanes.

Wieser, M. (1991). The comouter for the 21st. century. *cientific American*, S. 99–104. Von UC Irvince. https://ics.uci.edu/~djp3/classes/2012_09_INF241/papers/Weiser-Computer21Century-SciAm.pdf. Zugegriffen am 05.05.2024.

Design Tinkering, akustische Interfaces und Crip Computing: Den Turn zum Auditiven weiterdrehen

Daniel Wessolek und Thomas Miebach

Zusammenfassung

Ausgehend von einem sich abzeichnenden Turn hin zu auditiven Benutzerschnittstellen beschreiben wir in diesem Beitrag kollaborative Bemühungen, den in Kinderzimmern verbreiteten Hörstift Tiptoi über Methoden des Hackings und Crip Computings durch eigenentwickelte Zusatzkomponenten Tauben Menschen zugänglich zu machen. Das so weiterentwickelte digitale Lernspielzeug will über visuelle Elemente, die beispielsweise Geschichten in Gebärdensprache umwandeln, die Buchbildebene erweitern und außerdem dazu anregen, eigene Spiele und Medien zu gestalten. Durch den Ansatz des Design Tinkerings wird ein Gerät geschaffen, das die Ausschlüsse des Originalproduktes thematisiert und Wege anbietet, um diese zu umgehen, umzucodieren und breiter zugänglich zu machen.

Schlüsselwörter

Hacking · Crip Computing · Design Tinkering · Design Thinking · Audismus · Oralismus · Tiptoi

D. Wessolek (✉)
Media Lab, Akademie der Bildenden Künste Nürnberg, Nürnberg, Deutschland
E-Mail: wessolek@adbk-nuernberg.de

T. Miebach
Berlin, Deutschland

1 Einleitung

Der vorliegende Beitrag spannt einen Bogen von kulturellen Visionen der „natürlichen" Kommunikation mit dem Computer hin zu einem konkreten Produkt, dem Hörstift Tiptoi[1] – und den Ausschlüssen, die dieses akustische Interface produziert. Der Beitrag thematisiert und kritisiert damit die zugedachte Rolle des Computers als idealem Assistenten, die besonders in aktuellen Entwicklungen von akustischen und Conversational Interfaces deutlich wird. Das Kinderspielzeug Tiptoi, das aus der Zusammenarbeit des Ravensburger Verlags mit der Design-Thinking-Agentur IDEO entstanden ist, ist der Gegenstand einer Reise in die technologischen Un-/Tiefen eines Produkts im Bereich des akustischen Interfacing, das im Sinne des Crip Computings in einem Design-Tinkering-Prozess von uns als Autorenteam – als Alternative zum konventionellen Design Thinking[2] – entschlüsselt, offengelegt und weiterentwickelt wurde. Durch unsere praktisch-forschende Kollaboration wurde die kontroverse Rolle des in der hörenden Kultur gefeierten Erfinders Alexander Graham Bell und die verheerenden Auswirkungen seiner Entwicklungen auf die Taube Kultur[3] offensichtlich. Das Resultat unseres Co-Design-Prozesses war eine technische Weiterentwicklung des Tiptoi als Basis für inklusive Kinderzimmer, wie wir in diesem Beitrag beschreiben.

Der Frage akustischen Interfaces, deren alltägliche Präsenz und rasante Verbreitung gegenwärtig deutlich wird, haben wir uns über die Vorgeschichte akustischer Interfaces als Mensch-Maschine- oder Mensch-Computer-Schnittstellen in fiktionalen Medienformaten angenähert. Als ein prominentes Filmbeispiel für eine frühe kulturelle Fantasie eines Conversational (User) Interface kann der Bordcomputer HAL 9000 aus Stanley Kubricks *2001: A Space Odyssee* (USA, 1968) gelten. Das zentrale Steuerungssystem des Raumschiffs wird in Kubricks Science-Fiction-Klassiker als allgemeine Künstliche Intelligenz – man könnte auch sagen, als „starke" KI – imaginiert, die über Spracherkennung und Sprachsynthese in nahezu natürlicher Weise mit der Crew kommuniziert. Hören und Sprechen als Interface des Computers scheint aus menschlicher Sicht überaus naheliegend: Eine solche mündliche Form der Interaktion ist direkt an das Gespräch zwischen Menschen angelehnt. Die Beziehungen zwischen Mensch und Maschine sind jedoch oft vom Wunsch nach einer personifizierten Assistenz durchdrungen, der entsprechend ein

---

[1] Vergleiche die Produktseite: https://www.ravensburger.de/de-DE/entdecken/tiptoi (letzter Zugriff am 16.8.2024).

[2] „Design Thinking ist eine Haltung und ein systematischer Ansatz, mit dem man in kollaborativen Teams innovative und lebenszentrierte Lösungen für komplexe Probleme aus allen Lebensbereichen entwickelt." Vergleiche „Was ist Design Thinking?", abrufbar unter https://hpi.de/school-of-design-thinking/design-thinking/was-ist-design-thinking.html (letzter Zugriff am 26.8.2024).

[3] Wir nutzen die Schreibweise „Taub", die als positive Eigenbezeichnung in der Community verwendet wird: Taub „ist eine positive Selbstbezeichnung nicht hörender Menschen, unabhängig davon ob sie taub, resthörig oder schwerhörig sind. Damit wird auch gezeigt, dass Taubheit nicht als Defizit angesehen wird" https://diversity-arts-culture.berlin/woerterbuch/taub (letzter Zugriff am 16.8.2024).

asymmetrisches Machtgefälle eingeschrieben ist: Der menschliche Akteur gibt dem technischen Assistenten Befehle, die dieser – so die idealtypische Vorstellung – ohne Einspruch ausführt. In der Simulation einer Konversation bei HAL 9000 dreht sich diese Machtsituation jedoch schnell um: „I'm sorry Dave, I'm afraid I can't do that …" Da HAL 9000 als Steuerungssystem die Türen kontrolliert, benötigt er keinen Körper, um Macht über die Crew des Raumschiffs auszuüben. Der Computer ist ubiquitär und eins mit dem Umgebungsraum und lässt sich auch im Gespräch nicht überzeugen, wie der Film deutlich macht – er scheint seinen eigenen Willen zu haben.

Doch selbst in dieser tendenziell dystopischen Szene des Films zeigen sich die Vorteile sprachbasierter Interfaces: Denn während Interfaces, welche auf Tastatur und Maus basieren, eine fokussierte Konzentration erfordern und die Hände der Nutzer:innen in Beschlag nehmen, stehen akustische Interfaces nicht im Widerspruch zu gleichzeitigen manuellen Tätigkeiten. Ob in Form einfacher Sprachbefehle oder angelehnt an natürliche Unterhaltung in der Form von Conversational Interfaces wie in *Space Odysee*: Manuelle Tätigkeiten und Kommunizieren sind nicht per se unvereinbar, die Tätigkeiten konkurrieren allerdings um Aufmerksamkeit – ob im Raumschiff oder in der häuslichen Küche. Wir wissen das und handeln danach. So telefonieren wir nicht beim Autofahren, da es zu Unfällen führen kann, denn die Ressource Aufmerksamkeit ist begrenzt und zum Steuern eines Fahrzeugs brauchen wir beide Hände. Schon beim Hören von Hörbüchern lässt sich praktisch testen, welche gleichzeitigen Tätigkeiten vereinbar sind und wobei der Faden verloren geht (Schulz, 2017). Es ließe sich wohl sagen, beim Hören lässt sich hervorragend zugleich sehen, solange wir nicht gerade beginnen, Texte zu lesen. Deshalb sind akustische Interfaces, die sich durch sprachliche Eingaben steuern lassen, nicht nur alltagstauglich, sondern auch sehr effizient.[4]

Erst seit Apples Siri (2011), Amazons Alexa (2013) und Google Assistant (2016) als Sprachassistenten ubiquitär geworden sind, ist die Kombination aus Spracherkennung[5] und Sprachsynthese[6] im Alltag der Nutzer:innen angekommen. Siri und andere Assistenzsysteme basieren auf Cloud-Computing: Mikrofonaufnahmen an den Endgeräten werden in diesen Anwendungen durch stationäre Geräte an die Server der anbietenden Konzerne geleitet, dort interpretiert und in Operationen übertragen. Dazu kann auch gehören, dass synthetisierte Sprache an die Nutzer:innen zurückgeschickt wird oder dass das System eine Handlung ausführt. Die technische Umsetzung ist durchaus komplex, die Anwendung

---

[4] In einer lauten Umgebung hingegen sind die Vorteile der Conversational Interfaces auch schnell wieder dahin. Sowohl Umgebungsvariablen als auch die eigenen Sinneswahrnehmungen und körperlich-sensorische Prädispositionen nehmen hier direkt Einfluss auf die Nutzbarkeit und damit die Nützlichkeit des Interface.
[5] IBM demonstrierte 1984 ein System im Livedemo, welches ca. 5000 gesprochene englischsprachige Worte unterscheiden konnte (Bahl, Jelinek, & Mercer, 1983).
[6] Sprachsynthese war schon früher technisch möglich als die Spracherkennung, vgl. beispielsweise Friedrich Kittlers Beschreibung des von Claude Shannon bei den Bell Labs und Alan Turing beim britischen Secret Service entwickelten Vocoders (1942–45) (Kittler, 1986, S. 77–79).

der digitalen „Assistenten" hingegen oft banal: „Alexa, setz den Timer auf fünf Minuten" – die Eieruhr als Beispiel des „overengineering" von banalen Alltagshandlungen.

Der digitale Lernstift Tiptoi (2010) des Ravensburger Verlags erschien noch vor den Sprachassistenten und traf bei den Eltern wohl einen Nerv. Das Tiptoi-Produktuniversum macht inzwischen einen Großteil des Umsatzes des Ravensburger Verlags aus. Der Stift wird primär mit speziellen Büchern genutzt, die ein visuelles Punktraster nutzen, welches mit einer Kamera in der Spitze des Stifts abgetastet wird. Das funktioniert vergleichbar zu einem Barcode mit entsprechendem Lesegerät, nur ist der visuelle Code, das Punktraster, feiner aufgelöst und für das menschliche Auge schwer erkennbar. So zum Beispiel im Buch *Entdecke den Bauernhof* (2010). Auf dem Buchtitel ist der Werbespruch von Tiptoi zu lesen: „Tiptoi macht Wissen lebendig. Das audiodigitale Lernsystem." Wie also wird dem vermeintlich toten Wissen „audiodigital" Leben eingehaucht? Der Stift hat einen Lautsprecher und spielt Audiodateien ab. Das Buch richtet sich laut Cover an Kinder im Alter von vier bis sieben Jahren, also bevor sie selbst lesen können. Der Stift nimmt den Eltern somit die Interaktion mit dem Bilderbuch ab.

Eine These zu den Gründen des enormen Erfolgs der Tiptoi-Produktserie lässt sich wie folgt formulieren: Während Fernseh- und Computerspielkonsum pädagogisch zeitlich limitiert werden, werden Bücher, Musik und Hörspiele eher als pädagogisch wertvoll wahrgenommen. So auch der Tiptoi. Der Stift reiht sich damit in eine Reihe didaktischer Medien ein, es ließe sich sagen: Das Fehlen eines Bildschirms an diesem Taschencomputer macht ihn im Kinderzimmer akzeptabel und lässt den Sprung in eine andere Kategorie der elterlichen Wahrnehmung zu. Diese Kombination aus Buch und Hören grenzt sich ab vom Verdacht, die Kinder vor dem Fernseher zu „parken" und einem „passiven" Medienkonsum zu überantworten. Ein weiterer Vorteil: Im Gegensatz zu den eingangs genannten Sprachassistenten streamt der Stift nicht ständig in die Cloud, etabliert also kein inhärentes digitalkapitalistisches Überwachungssystem (Zuboff, 2018) im Kinderzimmer. Die Eltern laden die zu den Büchern und Spielen gehörenden Dateien aus dem Netz und übertragen sie auf den Stift, analog zum Herunterladen von Musikdateien auf einen MP3-Player.

Auch wenn die Spracheingabe durch die Körpertechnik des Antippens ersetzt wird, ist der durchaus als akustisches Interface zu verstehen. Denn während der Stift selbst über eine Kamera „sieht", wird die Ausgabe des Tiptoi und anderer Audiostifte über Lautsprecher und Kopfhöreranschluss realisiert. Taube Kinder können den Tiptoi daher nicht nutzen – monomodale Interfaces produzieren per se Ausschlüsse. Hierbei wird deutlich, wie akustische Interfaces zu Barrieren werden, sobald bestimmte körperlich-sensorische Voraussetzungen nicht gegeben sind. Ravensburgers Tiptoi impliziert folglich spezifisch normierte Nutzer:innenkörper und zwar solche, die sowohl hörend als auch sehend sind. Inhärent ist damit die Inklusion beziehungsweise Exklusion bei Spielzeugprodukten (Granados, 2021; Maftei & Ghergut, 2024) wie dem Tiptoi und anderen Consumer-Electronics-Produkten. Gerade auch wenn der Anspruch von Ravensburger ernst genommen wird, der es als Lernsystem bewirbt, wird deutlich, dass auch der Zugang beziehungsweise Ausschluss von Bildungsmöglichkeiten hierbei technisch in Abhängigkeit zu normierten Körpern gebracht wird.

Weil der skizzierte Turn zum Auditiven wie beschrieben in vielen Fällen Ausschlüsse produziert, wollten wir uns diesem Umstand durch Design Tinkering aktiv und kritisch entgegenstellen, um neue, inklusive Möglichkeitsräume zu öffnen. Mit dem, was wir hier als Crip Computing verstehen, nehmen wir Bezug auf das *Crip Technoscience Manifesto* (Hamraie & Fritsch, 2019) und sehen unsere Praxis als aktivistischen Mikrowiderstand: als „kollektiv, chaotisch, experimentell, friktionell und generativ" (Hamraie & Fritsch, 2019, S. 22, eigene Übersetzung). Der Ausgangspunkt für unsere Forschung war die Frage, wie sich Audiostifte für Gruppen mit gemischten sensorischen Wahrnehmungsfähigkeiten nutzbar machen lassen. Leitend war dabei die Vermutung, dass die Entwicklung von Erweiterungen (Add-ons) auch bei hörenden Kindern, die Audiostifte nutzen, erhöhtes Interesse erzeugen und gemeinsames Spielen fördern können.

2 Zur Situierung der Autoren

Bevor wir auf die konkreten Ergebnisse der Forschung zu sprechen kommen, möchten wir betonen, dass jedes Wissen immer ein situiertes Wissen ist, das in bestimmten praktischen Kontexten und auf Grundlage bestimmter Erfahrungen entsteht. Wir, die Autoren dieses Beitrags, Thomas Miebach und Daniel Wessolek, haben im Rahmen der Open Health HACKademy #1 2019 in Potsdam zusammengearbeitet.[7] Als Interfacedesigner war Miebach im Rahmen der Veranstaltung „Case Provider" in einem an die Methodik des Design Thinking angelehnten Prozess. Im Projekt Careables wurden Open-Source-Hardware-Lösungen entwickelt und zusammengetragen, um Menschen mit Behinderung den Alltag zu erleichtern. Da dies meist individuelle Lösungsansätze sind, ist es wichtig, diese für andere Personen zum Nachbauen, Adaptieren und Weiterentwickeln zur Verfügung zu stellen. Miebach, Taub geboren und muttersprachlich gebärdend, beschrieb während der Open Health HACKademy als Leitbild eine Eule, angelehnt an Harry Potter – eine Art Universalübersetzer von gesprochenem Wort in Text oder besser noch Gebärden und umgekehrt. Miebach war zu diesem Zeitpunkt auch im Rahmen seiner Bachelorarbeit im Studiengang Interface Design an der FH Potsdam mit dem Thema der Kommunikation zwischen Tauben und Hörenden beschäftigt.[8] Während Miebach sich in seiner Tauben Community wohlfühlt, hatte er sowohl im Arbeitskontext als auch privat immer wieder den Wunsch, auch Personen außerhalb seiner Peergroup kennenzulernen. Da Taubheit nicht visuell erkennbar ist, war schon die Frage nach der ersten Kontaktaufnahme bei

---

[7] Die Veranstaltung wurde unter anderem durch das Hasso-Plattner-Institut (HPI) Potsdam organisiert und fand im Rahmen des Horizon 2020 EU-geförderten Forschungsprojekts Made4You/ Careables statt, das sich der Entwicklung inklusiver digitaler Technologie verschrieben hat. Vergleiche https://www.careables.org/about/ (letzter Zugriff am 16.8.2024).

[8] Fragestellungen von Miebach waren unter anderem: a) Design zur Überwindung von Angst b) Design zur Verbindung zweier Menschen, Design zur allgemeinen Kommunikation (egal, Lautsprache oder Gebärdensprache), c) Design zur Verringerung der Einschränkungen der Menschen.

Veranstaltung oder Meetings ein Anliegen, aus dem sich der Wunsch nach Werkzeugen und Objekten entspann, die hierbei spielerisch unterstützen können. In einem Team aus mehreren Studierenden wurde innerhalb der Open Health HACKademy ein funktionaler Prototyp realisiert, der gesprochene Sprache in Text umwandeln konnte und umgekehrt. Das Ganze wurde technisch mittels eines Bots im Messengerdienst Telegram realisiert, wobei die App als Interface fungierte. Telegram bot sich an, da es technisch vergleichsweise einfach ist, darin Bots umzusetzen, und es war naheliegend, da Chatten als Konversationsmodus für Taube und hörende Menschen gleichermaßen funktioniert.

Leider kann man sich beim Chatten allerdings nicht in die Augen schauen, sondern beide Konversationsteilnehmer:innen starren auf ihre Bildschirme, um dem Gespräch zu folgen. Als zentrales Element interpersoneller Kommunikation war die Frage des Augenkontakts im Entwicklungsprozess immer wieder von Bedeutung. So gab es zu Beginn bereits verschiedene Mock-ups in Form von Brillen oder transparenter Folie, um Augenkontakt bei gleichzeitiger Texteinblendung zu ermöglichen. Für den Interactiondesigner Wessolek, Co-Organisator der Open Health HACKademy (Bieling et al., 2022), war die Unterstützung des „Eisbreaker"-Teams, so der selbst gewählte Gruppenname, die sich mit der Frage des Erstkontakts befasste, besonders spannend. In der Vergangenheit hatte er bereits an inklusiven technischen Lösungen gearbeitet – beispielsweise für Taube Wettkampfschwimmer:innen in Singapur im Projekt SwimSight (Elvitigala et al. 2016): Hier wurde ein visuelles, individuell justierbares Startsignal realisiert, das (im Gegensatz zu vorherigen Lösungen) direkt am Startblock angebracht wurde und eine akustische Antizipationsphase, wie bei „Auf die Plätze, fertig, los!" technisch in eine sichtbare Lösung überführt hat. Innerhalb des „Eisbreaker"-Projekts machte sich Wessolek nach und nach mit der Tauben Community vertraut, insbesondere durch die von Miebach geteilten Einblicke.

Im Anschluss an die Potsdamer Open Health HACKademy entstanden weitere gemeinsame Kollaborationen zwischen uns, Miebach und Wessolek, unter anderem das durch die Senatskanzlei Berlin geförderte Projekt Dialogstarter (seit 2020), in dessen Rahmen auch die intensive Beschäftigung mit dem Tipoi stattfand, die im Folgenden näher beleuchtet wird. In diesem Fall folgten wir nicht mehr der Design-Thinking-Methode, sondern vielmehr dem Ansatz des Design Tinkerings. Hier steht das praktische Experimentieren mit einem bereits bestehenden Gegenstand oder kommerziellen Produkt im Vordergrund, ähnlich wie beim Hacking. Das Lernen durch die praktische Erfahrung führt zu einem impliziten Wissen („tacit knowledge") und einer Vertrautheit mit dem Gegenstand der Beschäftigung. Gerade im Technischen ist Versuch und Irrtum („trial and error") eine gängige Form der Fehlersuche, des Debuggings.

3   Das Proprietäre öffnen

Ein zusätzliches Gerät, programmierbar und mit Display, das den Tiptoi-Stift als Interface nutzt, ist eine eigens entwickelte Erweiterung, die für Taube und hörende Kinder gleichermaßen spannend sein kann. Obwohl der Stift auf den ersten Blick simpel wirkt und von der Farbgebung und Form an eine Karotte erinnert, hat die optische Erkennung der fast unsichtbaren Muster „magische" Aspekte. Wenn man sich näher damit beschäftigt, wie der Stift technisch in der Lage ist, die unterschiedlichen Bereiche auf einer Buchseite auseinanderzuhalten und zuzuordnen, zeigt sich die beeindruckende Funktionsweise des optischen Trackings. Diese magisch-anmutende Funktionalität wollten wir auch für Taube Kinder nutzbar machen, indem wir die ursprünglich exklusiv auf hörende Kinder ausgerichtete Nutzung erweitern und den Tiptoi in ein flexibleres und inklusives Interface verwandeln.

Seit 2015 gibt es ein Softwareprojekt, das sogenannte tttool, das sich als „Schweizer Taschenmesser" (Breitner, 2020) für den Tiptoi-Bastler versteht und das proprietäre Dateiformat des Tiptoi, der seitens der Hersteller eben nicht auf Öffnung und Erweiterung angelegt ist, entschlüsselt. Das tttool kommt aus dem Umfeld des Chaos Computer Clubs (CCC)[9] und ermöglicht es technisch versierten Nutzer:innen, im Eigenbau mit dem Tiptoi kompatible Medienangebote zu entwickeln und Design Tinkering zu betreiben. Hierzu werden mit dem tttool Werkzeuge zur Modifikation bestehender Inhalte und zum Erstellen eigener Medien angeboten. Auf dieser Basis wurde es für uns technisch möglich, die Kommunikation des Hörstifts mit einem weiteren Mikrocontroller umzusetzen. Dieses neu entwickelte Device basiert auf einem universell programmierbaren Mikrocontroller mit einem kleinen integrierten OLED-Bildschirm. Aufbauen konnten wir hierbei auf Vorarbeiten, die das technische Prinzip des Tiptoi detailliert analysiert und durch Methoden des Reverse Engineerings[10] eigene Software entwickelt haben, welche quelloffen zur Verfügung gestellt wird.[11]

Dieses Kommandozeilentool ermöglicht es beispielsweise, informationstechnisch relevante Punktraster zu erzeugen, sogenannte OOIDs (Object Optical Identification), welche dann wiederum vom Stift erkannt werden können. Zudem lassen sich die Audiodateien von bestehenden Produkten auswechseln und eigene Inhalte generieren. Durch diese Decodierung des proprietären, geschlossenen Dateiformats wird es möglich, den Stift auch außerhalb der durch den Hersteller definierten Grenzen des Interface einzusetzen. Unser auch praktisch erprobter Eindruck: Mit dem tttool lässt sich einiges umsetzen, allerdings setzt das Tool viel Wissen rund um Computer voraus und bringt neue technische Hürden ein. Die Programmierung durch Sprungbefehle weist zudem Lücken auf; die Originaldateien lassen sich in der Funktionalität aktuell mit dem tttool nicht vollständig reproduzieren.

---

[9] Siehe: https://www.ccc.de/ (letzter Zugriff am 18.8.2024).

[10] Reverse Engineering „versteht sich gemeinhin als eine Dekonstruktion technischer Objekte oder Softwares, um ihre innere Architektur und Systematik freizulegen und damit aus einer schwarzen Kiste einen grundlegenden Konstruktionsplan dieser erstellen zu können oder, in Bezug auf Software, einen Quellcode zu gewinnen" (Borbach, 2020, S. 229).

[11] Publiziert wurde ein beschreibender Text von Joachim Breitner „Das tiptoi-Projekt" im Fachmagazin des CCC, der *Datenschleuder* (Breitner, 2020) und die entsprechende Software, das „tttool – Das Schweizer Taschenmesser für den Tiptoi-Bastler". Vergleiche https://tttool.entropia.de/ (letzter Zugriff am 18.08.2024).

Um eigene Inhalte für Taube Kinder und gemischte Gruppen aus Tauben und hörenden Kindern zu erzeugen und ein breiteres Publikum zu erreichen, scheint es daher wichtig, zugängliche Werkzeuge zur Verfügung zu stellen. Bei den Bilderbüchern wäre es beispielsweise naheliegend, diese mit Gebärdenvideos verknüpfen zu können. Diese könnten im Rahmen von Workshops selbst erzeugt und etwa auf einem Smartphone angezeigt werden. Somit wäre das Audio des Hörstifts erweitert um Geschichten und Erklärungen in Gebärden, die für Taube Kinder den akustischen Erläuterungen entsprechen. Auch andere, selbst erfundene Spiele sind denkbar – durch die Möglichkeit, selbst Punktraster zu erzeugen, nachdem die proprietäre Struktur des Stifts geöffnet wurde, können sie programmiert und implementiert werden. Um solche Anwendungen zu erstellen, wäre es gut, verbreitete Programmiersprachen oder auch visuelle Blockprogrammiersprachen einsetzen zu können, wie beispielsweise Scratch[12] oder Blockly,[13] die auch in schulischen Kontexten zum Einsatz kommen. Idealerweise wären die Erweiterungen insgesamt nur minimalinvasiv und würden mit der bestehenden Soft- und Hardwarestruktur des Stifts korrelieren. Zu beachten ist auch, dass die Modifikation elektrotechnischer Komponenten gegenüber dem „Hacking" der Programme eine vergleichsweise große Hürde darstellt. Wären für die gewünschten Erweiterungen Hardwaremodifikationen am Stift notwendig, so würde dies die Zugänglichkeit der von uns vorgestellten inklusiven Anwendungsoptionen erheblich einschränken. Aus diesen Einsichten, die sich im Wechselspiel mit der praktischen Auseinandersetzung mit dem Audiostift manifestiert haben, entstand der Wunsch, die Information über die Identifikationsnummer jeder OOID mit dem Stift auslesen zu können und diese Information an einen weiteren, mit herkömmlichen Mitteln programmierbaren Mikrocontroller weiterzureichen.

4   Down the Rabbit Hole – Strategien zur Umwandlung von Punktrasteridentifikationsmustern in maschinenlesbare Audiosignale

Um diese Programmierbarkeit mit herkömmlichen Mikrocontrollern zu erreichen, mussten wir, ganz im Sinne des Design Tinkerings, geleitet von technischen Spielereien, tief in die Materie eindringen. Die Fragestellung war, wie die vom Tiptoi erkannten Identifikationsnummern extrahiert und weitergereicht werden können, ohne die Hardware zu modifizieren. Eine von uns in Erwägung gezogene Möglichkeit war das Ausnutzen eines versteckten Debugmodus des Tiptoi. Dieser Modus wird in der Regel genutzt, um die korrekte Funktionsfähigkeit des Produkts zu testen, vermutlich als letzter Schritt des Produktionsprozesses, bevor das Produkt den Nutzer:innen überantwortet wird. Durch Drücken einer Tastenkombination beim Starten des Stifts kommt man in einen Modus, der unter anderem die eingelesenen Punktrasteridentifikationsmuster, die OOIDs, Ziffer für Ziffer vorliest, allerdings auf Chinesisch. Die Silben yī, èr, líng, líng, yī entsprechen als

---

[12] https://scratch.mit.edu/ (letzter Zugriff am 18.08.2024).
[13] https://developers.google.com/blockly/ (letzter Zugriff am 18.08.2024).

Zahlenfolge von fünf Ziffern der Zahl 12001. Eine Möglichkeit, die sich zur Anpassung des Tiptoi anbietet, wäre also, den Debugmodus zu nutzen, um diese in den Werkseinstellungen integrierte (aber versteckte) Sprachausgabe in die gewünschten Kerninformationen, also die OOIDs, umzuwandeln. Ein Vorteil dieser Methode ist, dass es keinerlei Modifikation des Stiftes bedarf und die OOID bei jedem erkannten Muster ausgelesen wird. Normalerweise muss eine zum Medienprodukt passende Datei heruntergeladen und nach dem Einschalten des Stifts das Startsymbol berührt werden. Erst dann werden die Inhalte abgespielt. Entsprechend kann man sich die Universalität des Debugmodus zunutze machen. Allerdings dauert das Vorlesen der Einzelzahlen relativ lange und erfolgt, wie gesagt, auf Chinesisch. Dieser Pfad zur Entschlüsselung hätte also beinhaltet, zunächst mithilfe von maschinellem Lernen auf einem Mikrocontroller Spracherkennung für die chinesischen Zahlen 0–9 zu implementieren, die akustische Ausgabe über den Kopfhörerausgang des Stifts in den Audioeingang eines Mikrocontrollers zu leiten und somit die Zahlen in eine zur Weiterverarbeitung geeignete Form umzuwandeln. Wir haben diese Möglichkeit nicht implementiert, sondern sind einen anderen Weg gegangen.

Der Weg, der von uns umgesetzt wurde, um die OOIDs zu erreichen, basiert auf der Idee, dass man die Audiodateien austauschen und durch neue ersetzen könnte, um diese anschließend automatisiert von einem Mikrocontroller auslesen zu lassen. Jeder OOID wird dabei einer maschinenlesbaren Audiodatei zugeordnet. Hier haben wir uns für eine Codierung entschieden, die das Dual-Tone-Multi-Frequency-Verfahren (DTMF) verwendet. Das Verfahren wurde initial von Bell System entwickelt, jener Firma, die zurückgeht auf den Gründer Alexander Graham Bell, der als Erfinder des Telefons gilt. Erst wurde die DTMF-Technologie für die interne Kommunikation zwischen Schaltzentralen eingesetzt, später ersetzte sie die Wählscheibe und das Pulswahlverfahren. Zur Eingabe der PIN beim Abhören von Anrufbeantwortern gab es in den 1990er-Jahren handliche batteriebetriebene Eingabetastaturen mit kleinem Lautsprecher, die DTMF-Töne erzeugten. Die Verbreitung dieser Technologie führte auch dazu, dass Decoderchips auf dem Markt gebracht wurden, welche DTMF-Signale in Binärfolgen umwandeln. Das Modul MT8870 mit dem gleichnamigen Chip hat eine Audioklinkenbuchse und wandelt die als Audio eingehenden Signale um. Unsere prototypische Umsetzung nutzt einen ESP32 als verarbeitenden Mikrocontroller, der mit einem OLED-Display ausgestattet ist. Dieser realisiert eine kaskadierende Folge von Signalumwandlungen: Der Stift erkennt das Punktraster, spielt die entsprechende Audiodatei ab, welche durch die eigens erzeugte ausgetauscht wurde. Letztere wird wiederum von einem speziellen Chip decodiert, um die OOID auf einem anderen Mikrocontroller wieder mit neuen Medieninhalten verknüpfen zu können.

5 Perspektivwechsel: Die Kritik der Tauben Community an AGB

Der erwähnte Alexander Graham Bell (1847–1922), auf dessen Verfahren akustischen Interfacings wir uns in der Auseinandersetzung mit dem Tiptoi stützten, wird innerhalb der Tauben Community nicht primär mit Erfindergeist und amerikanischer Erfolgsgeschichte assoziiert, sondern gilt vielmehr als Oralist und Audist (Siegert, 2004). Sowohl Bells Mutter als auch seine Frau waren taub[14] und „AGB" (wie er in der Tauben Community bezeichnet wird) war selbst Gehörlosenlehrer. Bells Frau und Mutter hatten auditiv sprechen gelernt und Bell sah dies als erstrebenswert und besonders integrativ an. Beim sogenannten Mailänder Kongress 1880[15] hatten sich Gehörlosenlehrer – unter ihnen war bemerkenswerterweise nur eine einzelne Taube Person in einer Gruppe von 164 Personen – zusammengefunden und Empfehlungen beschlossen, die das Erlernen der Lautsprache für Taube Menschen an oberste Stelle setzten – mit immensen Folgen für die Taube Kultur. Für „reine Oralisten" waren Gebärden nur hinderlich beim Erlernen der gesprochenen Sprache, sie wurden folglich im Unterricht und darüber hinaus verboten. Gebärdende und Taube Gehörlosenlehrer:innen wurden sukzessive entlassen und durch hörende ersetzt. Für die Taube Kultur war der Fokus auf eine lautsprachliche Erziehung verheerend und erst ab den 1950er-Jahren wurde Gebärdensprache durch die Linguisten Bernard Tervoort und William Stokoe (Vogel, 1998) als vollwertige Sprache systematisch erforscht und eingeordnet (Ladd, 2019).

Die Jahrzehnte andauernde Unterdrückung der Gebärdensprache und die Kommunikationsverbote erzeugten erhebliches individuelles Leid. Betroffene Personen wurden durch den zeit- und ressourcenbindenden oralistischen Ansatz nicht nur in ihrer Bildung benachteiligt, sondern aktiv in der Entwicklung behindert. Daraus resultierend wurde zudem das kulturelle Gefüge der Tauben Kultur erheblich eingeschränkt und geschädigt. Innerhalb der Community wird daher auch die Frage des kulturellen Genozids diskutiert (Lane, 2005), der sich auch an Debatten rund um Cochleaimplantate[16] und Gentherapien festmacht. Die defizitäre Sicht auf das Taub-Sein, die auch Bell vertreten hat, steht hier im Gegensatz zur Perspektive und Erfahrung der selbstbestimmten Zugehörigkeit zu einer Gruppe mit geteiltem Erfahrungsraum, kultureller Identität und eigenem Humor.

6   Audiokommunikation zwischen Geräten

Kommen wir zurück zur technischen Beschreibung und damit zur Frage, wie dem Tiptoi ohne Hardwaremodifikation die gelesenen OOIDs entlockt werden können. Mit dem bereits erwähnten tttool lassen sich eigene Dateien aus einer Liste von OOIDs in Verbindung mit dazugehörigen Audiodateien im Ogg-Dateiformat erstellen. Der Zahlenbereich der

---

[14] Das großgeschriebene „Taub" als Identifizierung mit der Tauben Community ist hier bewusst nicht verwendet, da beide Frauen der Überlieferung nach den Kontakt zur Community gemieden haben.

[15] Gebärdensprachvideo zum Mailänder Kongress mit Untertiteln: https://deaftalks.ch/index.php/2021/12/22/mailaender_kongress_1880/ (letzter Zugriff am 18.8.2024).

[16] „Die Proteste der Gehörlosen-Community richten sich nun verstärkt gegen das CI, ein ‚tool of cultural genocide', das den Verlust der Gebärdensprache und das Verschwinden der kulturellen Gemeinschaft der Gehörlosen mit sich bringe" (Ochsner, 2013, S. 113).

möglichen OOIDs reicht laut Spezifikation von 1000 bis 14999. Im Laufe des Projekts entstand daher die Idee einer einzelnen Datei, die alle denkbaren OOIDs enthält und damit universell mit allen existierenden und denkbaren spezifikationskonformen, vorproduzierten oder eigengestalteten Medien kompatibel ist. Zu diesem Zweck wurden mithilfe von Bashscripts 14.000 Audiodateien automatisiert erstellt und diese zusammengeführt, sodass eine einzelne universelle Datei ausreicht, die in herkömmlicher Weise auf den Stift übertragen wird, um alle denkbaren Kombinationen von OOIDs als DTMF-Audio abzuspielen. In der Praxis muss daher, sobald die Datei auf den Stift geladen wurde, nur noch auf eine spezielle Startfläche getippt werden. Diese ist im eigenentwickelten Gerät optisch integriert. Ab dann „spricht" der Stift DTMF.

Dieses Verfahren könnte die Grundlage sein für die weitere Verarbeitung mit dem ESP32, dem Mikrocontroller, für den eine Vielzahl an Programmierumgebungen vorhanden sind, um individuelle Lösungen zu entwickeln. Ein praktisches Beispiel hierfür ist ein Leuchtmustermemory. In die neu entstandene Basisstation, mit OLED-Display und Kopfhörerbuchse zur Verbindung mit dem Tiptoi, kann je nach Konfiguration auch eine Leuchtdiode mit einem halben Tischtennisball als Diffusor integriert werden. Das Memory besteht aus drei oder mehr Kartenpaaren. Wird der Stift auf eine dieser Karten gehalten, fängt die Leuchtdiode an, rhythmisch zu pulsieren. Eine andere Karte erzeugt ein anderes Pulsationsmuster. Nun gilt es, gleiche Muster zu identifizieren, die eigenentwickelte Basisstation leitet dabei durch das Spiel. Hierbei wird das Kommunikationsrepertoire zusätzlich um nichtsprachliche Elemente erweitert und ergänzt damit die Konvention des akustischen Interface, indem es nichtmenschliche Elemente zum „Sprechen" bringt (Wessolek, 2015).

7 Design Tinkering als kritische Praxis vs. Design Thinking als kodifizierte Methode

Die Erfindung des Produkts Tiptoi wird der Designberatungsfirma IDEO zugeschrieben, eine Erfolgsgeschichte nicht nur für IDEO und Ravensburger, sondern auch für die Innovationsmethode des Design Thinkings. Der Bedarf nach bildschirmlosen und damit vor allem akustischen Zugängen zu Medieninhalten und Interaktionen wurde auch im Bereich Lernspielzeug konstatiert. Die internationale Design- und Innovationsberatungsagentur IDEO, ein zentraler Vertreter der Design-Thinking-Methode, unterstützte Ravensburger bei der Neuentwicklung eines elektronischen Lernspielzeugs, welches inzwischen neben Brettspielen, Büchern und Puzzles, wie eingangs geschrieben, einen Großteil des Verlagsbudgets ausmacht.

In einem Artikel der Zeitschrift Capital zum Thema „Design Thinking" beschreibt einer der damaligen Geschäftsführer des Verlags den Prozess in Schlaglichtern: Ergebnis der Marktforschung von Ravensburger ab etwa 2005 war, es gäbe einen Bedarf an elektronischen Medien, die idealerweise über den Verdacht erhaben sein sollten, man würde Kinder einfach vor den Fernseher setzen (von Tiesenhausen, 2014). Michael Tiesler, früherer Geschäftsführer für Marketing und Programm beim Ravensburger Spieleverlag, fasst es so zusammen: „Interessant war etwa, dass vielen Müttern Lerninhalte wichtig sind, sie aber die Kinder nicht unbedingt vor den Bildschirm setzen wollen. ... Wie können wir Lerninhalte digital vermitteln, sodass es den Kindern Spaß macht, sie aber nicht immer auf einen Bildschirm schauen?" (von Tiesenhausen, 2014). Ein Design Constraint war somit, ein elektronisches Lernspielzeug ohne Bildschirm zu entwickeln. Der Vorgänger des Tiptoi, Tommi Tiger, hatte noch die gestalterische Optik eines Babyphones gepaart mit einem speziellen Stift.[17] Der Tiptoi ermöglichte es hingegen, durch den technischen Fortschritt der Sensortechnik alle Elemente, einschließlich eines Lautsprechers, elegant in einem Stift zu vereinen und mit einem Buch zu kombinieren – ganz ohne Bildschirm.

Design Thinking als Methode wird von Designer:innen jedoch durchaus kritisch betrachtet. Natasha Jen, Partnerin der Designagentur pentagram, hat es in einer Präsentation 2017 so zusammengefasst: „Design Thinking verpackt die Arbeitsweise eines Designers für ein Nicht-Designer-Publikum, indem es deren Prozesse in einem präskriptiven, schrittweisen Ansatz zur kreativen Problemlösung kodifiziert – mit dem Anspruch, dass er von jedem auf jedes Problem angewendet werden kann."[18] Dies macht deutlich, dass Haltung und kritisches Denken auch elementare Bestandteile von Designprozessen sind. Die Geschichte im Falle des Mailänder Kongresses von 1880 zeigt deutlich, dass fehlgeleitete Annahmen über andere Menschen und Gruppen ganz unabhängig von der Intention der handelnden Personen zu verheerenden Folgen führen können. Co-Design-Prozesse, in denen sich miteinander aufeinander eingelassen wird und Nutzer:innen von Beginn an Teil der Produktentwicklung sind, sind deutlich vielversprechender in Hergang und Ergebnis als privatwirtschaftlich und ingenieurswissenschaftsgetriebene Entwicklungen, die im Nachgang mit möglichen Nutzer:innen getestet und von Designer:innen in eine ansprechende Form überführt werden. Von vornherein mit den Nutzer:innen zu sprechen und sie mit einzubeziehen, ermöglicht hier frühzeitige Weichenstellungen und ist besonders für die Entwicklung inklusiver, integrativer Produkte von Bedeutung.

Das Design Tinkering verortet sich entsprechend der Kritik am klassischen Design Thinking außerhalb der klassischen Produktentwicklungsprozesse und re-kontextualisiert im Nachgang die vergebenen Chancen der Produktentwicklung kritisch und macht sie sichtbar, während gleichzeitig Alternativen angeboten werden. Während also das Design Thinking als kodifizierte Variante des Designprozesses nachweisbar seinen Anteil an der Entstehung des Produktuniversums Tiptoi hat, ist der von uns verfolgte Ansatz des Design Tinkerings, des Sich-Habhaft-Machens der Materie durch Experimentieren, Ausprobieren, durch Hacking, eine Praxis, die den Ausgangspunkt der Produktentwicklung gewissermaßen revidiert: Dem Stift wird wieder ein Bildschirm zur Seite gestellt, ganz im Gegensatz

---

[17] „Es sah aus wie ein Babyphone, sollte auf dem Tisch stehen. Daran befestigt war ein Stift mit Kabel, mit dem man dann in spezielle Bücher tippen konnte, um sich vorlesen zu lassen" (von Tiesenhausen, 2014).

[18] „Design thinking packages a designer's way of working for a non-designer audience by codifying their processes into a prescriptive, step-by-step approach to creative problem solving – claiming that it can be applied by anyone to any problem" (McCausland, 2020, S. 59).

zur ursprünglichen Idee des Verlagshauses und zusätzlich wird eine ganze Basisstation (fast wie ein Babyfon bei Tommi Tiger) hinzugefügt. Diese Revision steht allerdings im Kontext mit dem Ziel größerer Zugänglichkeit und einer inklusiveren Anwendbarkeit des Produkts: Durch das Zurückdrehen der vermeintlichen Produktinnovation schaffen wir ein inklusiveres Lernspielzeug. Gleichzeitig bietet der kommerzielle Erfolg des Ursprungsproduktes und die damit einhergehende Verbreitung die ideale Ausgangslage, um Eltern und Kindern Werkzeuge an die Hand zu geben, um selbst aktiv Design Tinkering zu betreiben.[19]

8   Fazit

In unserem Beitrag haben wir gezeigt, wie der Turn zum Auditiven bei akustischen Interfaces in der Mensch-Maschine-Interaktion Ausschlüsse von Tauben Menschen produziert. Angesichts der steigenden Verbreitung von akustischen Interfaces haben wir den Turn zum Auditiven einen Schritt weitergedreht, indem wir ein proprietäres Gerät – den Tiptoi, der als prototypisches Modell für derartige Öffnungen und Anpassungen fungiert – umgestaltet und inklusiver gemacht haben. Durch Methoden des Hackings und des Crip Computings haben wir uns praktisch mit der Thematik akustischer Interfaces und ihren Barrieren befasst und ein Add-on geschaffen, das den Möglichkeitsraum für Taube und Hörende im Sinne des Universal Designs (Herwig, 2008) erweitert. Hierbei haben wir uns für die Methode des Design Tinkerings stark gemacht und sie als Korrektur jenes Design Thinkings eingesetzt, welche in der Entwicklung des Tiptoi eine entscheidende Rolle gespielt hat und maßgeblich für die Behinderungen verantwortlich ist, die diesem Produkt eingeschrieben sind. Design Tinkering und Hacking sind im Kontext von Crip Computing und Co-Design-Prozessen vielversprechende Ansätze, um den Ausschlüssen des Marktes Open-Source-Hardware und -Software entgegenzustellen. Als Fazit bleibt aus Perspektive unseres praxisbasierten Ansatzes im Wesentlichen stehen, dass Taube Menschen generell stärker in Produktentwicklungen einbezogen werden und weitere Ansätze entwickelt werden, die den Dialog zwischen Tauben und hörenden Kindern (sowie Erwachsenen) befördern.

Literatur

Bahl, L. R., Jelinek, F., & Mercer, R. L. (1983). A maximum likelihood approach to continuous speech recognition. *IEEE Transactions on Pattern Analysis and Machine Intelligence, 2*, 179–190.

Bieling, T., Sahinol, M., Stock, R., & Wiechern, A. L. (2022). Access and tinkering: Designing assistive technologies as political practice–A discussion with Zeynep Karagöz, Thomas Miebach and Daniel Wessolek. *Journal of Enabling Technologies, 16*(3), 231–242.

---

[19] Aufgrund der bewusst unklaren Situation mit dem markenrechtlich geschützten Produkt Tiptoi ist sogar denkbar, dass sich die Basisstation mit eigenem Namen unabhängig etabliert und DTMF-Signale anderer Quellen verwendet.

Borbach, C. (2020). Epistemologisches reverse engineering. In C. Vater, S. Zimmer-Merkle, & E. Geitz (Hrsg.), *Black Boxes – Versiegelungskontexte und Öffnungsversuche Interdisziplinäre Perspektiven* (S. 227–252). de Gruyter.

Breitner, J. (2020). Das tiptoi-Projekt. *Datenschleuder, Ausgabe 102*, 30–35.

Elvitigala, D. S., Wessolek, D., Achenbach, A. V., Singhabahu, C., & Nanayakkara, S. (2016). SwimSight: Supporting deaf users to participate in swimming games. In *Proceedings of the 28th Australian conference on computer-human interaction* (S. 567–570). Association for Computing Machinery, New York, NY, USA. https://doi.org/10.1145/3010915.3010969

Granados, J. A. (2021). *Level-up! Identifying ways to make video games more accessible for deaf and hard-of-hearing individuals.* Dissertation, Wichita State University.

Hamraie, A., & Fritsch, K. (2019). Crip technoscience manifesto. *Catalyst: Feminism, Theory, Technoscience, 5*(1), 1–33.

Herwig, O. (2008). *Universal Design: Lösungen für einen barrierefreien Alltag.* Birkhäuser.

Kittler, F. (1986). *Grammophon film typewriter.* Brinkmann & Bose.

Ladd, P. (2019). Die politische Situation von Gebärdensprachgemeinschaften. *APuZ. Aus Politik und Zeitgeschichte, 69*, 37–41.

Lane, H. (2005). Ethnicity, ethics, and the deaf-world. *Journal of Deaf Studies and Deaf Education, 10*, 291–310.

Maftei, A., & Ghergut, A. (2024). Toys with disabilities: Factors associated with their acceptance as inclusive educational means. *International Journal of Disability, Development, and Education, 72*, 1–16.

McCausland, T. (2020). Design thinking revisited. *Research-Technology Management, 63*(4), 59–63.

Ochsner, B. (2013). Teilhabeprozesse. Oder: Das Versprechen des Cochlea-Implantats. *AugenBlick. Konstanzer Hefte zur Medienwissenschaft, 58*, 112–123.

Schulz, M. (2017). *Hören als Praxis. Sinnliche Wahrnehmungsweisen technisch (re)produzierter Sprache.* Springer VS.

Siegert, B. (2004). Die Mama-Connection. Das Telefon, Pygmalion und die Taubstummenpädagogik. *Das Zeichen. Zeitschrift für Sprache und Kultur Gehörloser, 18*(67), 188–191.

von Tiesenhausen, F. (2014). DESIGN THINKING – Kreativ auf Knopfdruck. *Capital*, S. o. S.

Vogel, H. (1998). Geschichte der Gehörlosengemeinschaft seit dem 18. Jahrhundert. *Selbstbewußt werden, 47*, o. S.

Wessolek, D. (2015). *Simple displays.* Dissertation, Bauhaus-Universität Weimar, Fakultät für Kunst und Gestaltung.

Zuboff, S. (2018). *Das Zeitalter des Überwachungskapitalismus.* Campus.

Visionen/Spekulationen

Klang (be)schreiben: Sprachsynthese im goldenen Zeitalter der Science-Fiction (1930–1959)

Liz Faber

Zusammenfassung

Im Jahr 1961 programmierte der Bell Labs-Wissenschaftler John Larry Kelley Jr. einen IBM 704-Großrechner, den Song „A Bicycle Built for Two" zu singen – ein Ereignis, das heute als erste Vorführung gelungener Sprachsynthese durch einen Computer gilt. In der Tat war die Synthetisierung menschlicher Stimmen eine Art „heiliger Gral" für Computeringenieur:innen, die ein akustisches Interface zwischen Menschen und Computern etablieren wollten, das sich über gesprochene Sprache realisierte. In der Folge inspirierte die Vorführung eine ganze Generation von fiktiven sprechenden Computern. Doch bereits Jahrzehnte zuvor hatten Autor:innen des goldenen Zeitalters der Science-Fiction synthetisches Sprechen in ihren Schriften imaginiert: in Form sprechender Computer mit vollsynthetischen Stimmen. Diese trugen zum Diskurs um synthetisches Sprechen bei, und so behaupte ich, trieben ihn in neue Richtungen. In diesem Beitrag werde ich Kurzgeschichten untersuchen, die in Science-Fiction-Pulpmagazinen veröffentlicht wurden und in denen sprechende Maschinen vorkommen. Ich beginne im Jahr 1930 mit John C. Campbells Erzählung *The Infinite Brain* und bewege mich historisch bis zur sowjetischen Erzählung *Initiative* aus dem Jahr 1959. Mit dem Fokus auf frühe Science-Fiction-Geschichten möchte ich einen essenziellen Teil der Kulturgeschichte synthetischer Stimmen aufarbeiten und zeigen, wie fiktionale Darstellungen akustischer Interfaces deren tatsächliche technische Entwicklung maßgeblich mitgeprägt haben.

L. Faber (✉)
School of Liberal Arts, Dean College, Franklin, USA
E-Mail: efaber@dean.edu

Schlüsselwörter

Science-Fiction · Sprechende Maschinen · Sprachsynthese · Literaturanalyse · Technikfiktion

1 Einleitung

Würde ich Sie bitten, die Stimme eines Computers zu beschreiben, würden Sie vielleicht auf die Stimmen aktueller virtueller Assistenzen wie Siri und Alexa Bezug nehmen. Vielleicht würden Sie auch auf fiktionale Beispiele wie HAL 9000 in Stanley Kubricks Film *2001: Odyssee im Weltraum* von 1968 oder Samantha in Spike Jonzes Film *Her* von 2013 verweisen. Diese Stimmen klingen wie Menschen, wenn auch wie Menschen, die im Uncanny Valley verloren sind. Würde ich Sie aber bitten, synthetisches Sprechen zu beschreiben, so würden Sie vielleicht Worte wie „mechanisch", „monoton' oder „roboterhaft" verwenden. Vielleicht stellen Sie sich sogar so etwas wie ein altes „Speak and Spell"-Spielzeug vor oder die Stimme von Joshua, dem Computer im Film *War Games* von 1983 mit Matthew Broderick.

Tatsächlich können die Stimme eines Computers und synthetisierte Sprache sowohl technisch als auch kulturell als unterschiedliche Phänomene betrachtet werden. Wie ich bereits an anderer Stelle geschrieben habe (Faber, 2020), verwenden intelligente persönliche Assistenzsoftwares wie Siri und Alexa kurze Klangaufnahmen echter menschlicher Stimmen, um aus ihnen Wörter zusammenzusetzen. Wiederholungen dieses Vorgangs können riesige Wortschätze synthetisieren. In Science-Fiction-Filmen ist die Stimme eines Computers wiederum meist die eines/r Schauspielenden, die in einem Tonstudio aufgenommen und mit dem Bild eines Computers synchronisiert wird, um diesem die Illusion von Bewusstsein zu verleihen. Die Stimme eines Computers beruht also in beiden Fällen auf einer tatsächlichen Tonaufnahme einer menschlichen Stimme, auch wenn ein Algorithmus diese Klänge zu dem synthetisiert, was wir als menschliches Sprechen hören. Vollständige Sprachsynthese hingegen basiert nicht auf einer menschlichen Stimme. Stattdessen wird sie vollständig von einem Computer oder einem mechanischen Gerät erzeugt.

Sprachsynthese ist heute ebenso alltäglich und gegenwärtig wie Computer. Aber wie haben wir unseren Computern beigebracht, für sich selbst zu sprechen? Die Antwort liegt, wie bei den meisten wissenschaftlichen Unterfangen, nicht nur in einer wissenschaftlich-ingenieurmäßigen, sondern auch einer kulturellen Innovation. Als Kulturwissenschaftler:in gilt mein Interesse jener kulturell-kreativen Seite akustischer Interfaces. Die Geschichte der Sprachsynthese umfasst nämlich nicht nur jahrhundertelange Forschung in den Bereichen der Tontechnik, der physikalischen Akustik, der Biomedizin und des Maschinenbaus, sondern im frühen 20. Jahrhundert auch jahrzehntelang Science-Fiction, die das Potenzial vollsynthetischer sprachgesteuerter Maschinen imaginierte. Ich werde in diesem Beitrag zunächst einen kurzen Überblick über die Entwicklung der Sprachsynthese geben und mich daraufhin Science-Fiction-Kurzgeschichten in historischen Pulpmagazinen[1] zuwenden. Ich werde mithilfe der Textanalyse – hier definiert als eine Methode, bei der ein Text in seine Einzelteile zerlegt und interpretiert wird, um die Bedeutung innerhalb eines kulturellen Kontextes aufzudecken (McKee, 2003) – eminente Beispiele für synthetisches Sprechen in Kurzgeschichten untersuchen, die zwischen 1930 und 1959 veröffentlicht wurden. Auf diese Weise hoffe ich, ein differenziertes Verständnis der kulturellen Produktion einer spezifischen akustischen Schnittstelle anbieten zu können: des stimmbasierten Interface zwischen Mensch und Maschine.

2   Eine kurze Geschichte der Sprachsynthese

Die Erzeugung synthetischer Sprache als Ziel von Forschungsarbeiten ist wesentlich älteren Datums als fiktionale Beschreibungen von Computerstimmen. Suendermann, Hoge und Black verorten die ersten wissenschaftlichen Versuche zur Synthetisierung menschlichen Sprechens im Jahr 1665 bei Sir Isaac Newton, der in Glasflaschen blies, um „vowellike sounds" zu erzeugen (Suendermann et al., 2010, S. 21). Im folgenden Jahrhundert konstruierte der ungarische Mechaniker und Erfinder Wolfgang von Kempelen ein Gerät, das einen Blasebalg mit einem Gummischlauch verband. Indem er Luft durch den Schlauch presste, konnte er Töne erzeugen, die wie Phoneme klangen.[2] Im 19. Jahrhundert bauten die Erfinder Erasmus Darwin, Joseph Faber und Alexander Graham Bell jeweils unabhängig voneinander eigene Varianten von Sprechmaschinen, die jeweils den menschlichen Stimmorganen wie Lippen, Mund, Nase und Lunge nachempfunden waren (Suendermann et al., 2010; Sterne, 2003). Zur gleichen Zeit, als Darwin, Faber und Bell Maschinen entwickelten, die dem menschlichen Körper nachempfunden waren, entwickelte der deutsche Physiologe und Akustiker Hermann von Helmholtz ein Verfahren, die Zusammensetzung des menschlichen Stimmklangs selbst zu verstehen. Er konzentrierte sich also weniger auf die Erzeugung von Stimmen als vielmehr auf die Zerlegung von Stimmklängen in einzelne, reproduzierbare Bestandteile. Eine gängige Metapher zum Verständnis dieses Prozesses ist die eines Prismas: Licht, das durch ein Prisma fällt, zeigt, dass weißes Licht aus einem Spektrum von Farben besteht. Ebenso besteht die menschliche Stimme aus einem Spektrum von Tönen. Helmholtz entwickelte einen Synthesizer mit Stimmgabeln, die, wenn sie mit Elektromagneten in Schwingung versetzt wurden, komplexe Töne erzeugen konnten, die Vokale imitierten (Rees, 2010).

---

[1] Pulpmagazine sind Zeitschriften mit fiktionalen Erzählungen, die insbesondere in den USA der 1930er- bis 1950er-Jahre populär waren. Meist waren die Geschichten dem Genre Science-Fiction zuzuordnen.

[2] Von Kempelens weitaus berühmtere Konstruktion war der sog. Schachtürke: ein Automat, der vermeintlich Schach spielen konnte. Ironischerweise war diese Maschine ein Schwindel, wohingegen seine Sprechmaschine echt war, allerdings heute so gut wie in Vergessenheit geraten ist (Suendermann et al., 2010). Siehe hierzu auch den Beitrag von Christoph Borbach und Benjamin Lindquist in diesem Band.

Der erste vollelektronische Sprachsynthesizer – der sog. Voice Operating Demonstrator oder kurz Voder – wurde Ende der 1930er-Jahre von Homer Dudley in den Bell Labs entwickelt und 1939 auf der Weltausstellung in New York City öffentlich vorgeführt. Diese riesige Maschine erforderte, dass eine bedienende Person – diese waren zumeist Frauen, die sog. Voderettes – sie wie eine Orgel „spielte". Genutzt wurde hierfür eine Tastatur für die Hände und zusätzliche Pedale für die Füße. Dabei wurde eine Kombination elektronischer Klänge verwendet, um den Klang von Phonemen zu imitieren und schließlich ganze Sätze aneinanderzureihen (Tompkins, 2010). Heutzutage ermöglichen elektronische Klaviertastaturen die Erzeugung einer Vielzahl von Klängen – von Tönen bis hin zu menschlicher Sprache.[3] Im Jahr 1939 aber war eine Tastatur, die menschliche Sprache anstelle von Musiktönen erzeugte, eine außergewöhnliche Attraktion.

Mit dem Zweiten Weltkrieg trennte sich die Geschichte der synthetischen Sprache und der Computerstimmen mit dem Einsatz des Vocoders. Der Vocoder, der ebenfalls federführend von Homer Dudley konstruiert wurde, veränderte die menschliche Stimme elektronisch und verlieh ihr einen roboterhaften Klang. Diese Klangoperation wurde für ein breites Spektrum an Anwendungen genutzt: von der Erzeugung von Zeichentrickstimmen bis hin zu dem, was wir heute als technischen Auto-Tune-Effekt bei Singstimmen bezeichnen. Im Jahr 1941 wandte die U. S. National Defense Research Commission den Vocoder für Soundübertragungen in Kriegszeiten an und ermöglichte die Kodierung und Dekodierung geheimer Telefon- und Funksignale (Tompkins, 2010). Obwohl sowohl der Voder als auch der Vocoder ähnlich roboterhafte Stimmen erzeugten, möchte ich behaupten, dass sie einen wichtigen historischen Moment markieren, in dem die Computerstimme (eine elektronisch veränderte Version einer menschlichen Stimme wie im Falle des Vocoders) kulturell von der synthetischen Sprache (eine vollständig elektronisch erzeugte Stimme wie im Falle des Voders) getrennt wurde. In diesem Aufsatz verwende ich gelegentlich die Begriffe „synthetische Stimme" und „sprechende Maschine" synonym; in beiden Bedeutungen beziehe ich mich aber auf vollsynthetische Maschinenstimmen.

Dies stellte im Wesentlichen auch den letzten großen analogen Durchbruch in der Erzeugung künstlicher Stimmen dar, da die Entwicklung von Digitalcomputern in den 1940er- und 1950er-Jahren eine komplexere elektronische Sprachsynthese ermöglichte. 1961 programmierte der Bell Labs-Wissenschaftler John L. Kelley Jr. einen IBM 704-Computer, den Song „A Bicycle Built for Two" zu singen – ein Ereignis, das als wegweisende Demonstration dezidierter Sprachsynthese gilt (Suendermann et al., 2010). In der Folge inspirierte diese prominente Vorführung eine ganze Generation von fiktiven Computerstimmen. Zufälligerweise besuchte nämlich der Science-Fiction-Autor Arthur C. Clarke am Tag von Kelleys Vorführung die Bell Labs (Faber, 2020). Clarke schrieb später das

---

[3] Diese Art von elektronischem Keyboard wird in John Hughes, Film *Ferris Bueller's Day Off* von 1986 eindrücklich demonstriert. Im Film verwendet die von Matthew Broderick gespielte Titelfigur ein elektronisches Keyboard, um Hustengeräusche vorzutäuschen, während er mit seinen Klassenkamerad:innen telefoniert, um sie davon zu überzeugen, dass er aufgrund einer Krankheit in der Schule fehlt.

Drehbuch des Films *2001: Odyssee im Weltraum*, in dem der fiktive Computer HAL 9000 auch „A Bicycle Built for Two" singt, als er am Ende des Films sukzessive herunterfährt. Ironischerweise inspirierte also die erste tatsächlich computergenerierte Stimme eine der ersten fiktiven Computerstimmen, die durch die Stimme des Schauspielers Douglas Rain zum Leben erweckt wurde.

3 Das Unsichtbare (be)schreiben

Bevor ich mich Science-Fiction-Darstellungen der Sprachsynthese zuwende, möchte ich einen Moment innehalten, um auf die Schwierigkeiten des Schreibens über Sounds hinzuweisen. Denn schwierig ist dies sowohl für mich als Wissenschaftler:in als auch für die kreativen Autor:innen, die ich im Folgenden diskutiere. Obgleich das Schreiben eine stille Kulturtechnik ist, die sich sowohl vom Sprechen als auch vom Hören unterscheidet, kann es dennoch Geräusche implizieren, wenn Schrift Klänge (be)schreibt. Dennoch ist die Herausforderung, etwas beschreiben zu wollen, das man nicht sehen kann – nämlich Schallwellen –, immer eine Art Dilemma. Musiknoten und Wellengeneratoren sind allesamt grafische Signifikanten des Klangs. Die Phonetik und Phonologie sind wissenschaftliche Methoden zur Beschreibung der Stimme auf Basis der Beschaffenheit und Bildung der Sprachtöne. Doch keine dieser Methoden ist in der Lage, den phänomenologischen Aspekt des Klangs zu erfassen: das Gefühl, den Reichtum oder die Feinheit eines Tons. Schriftsteller:innen verwenden ständig geschriebene Sprache, um Klänge zu imaginieren: von komplexen Darlegungen, die einen Ton, eine Tonhöhe oder das Gefühl eines Klangs zu (be)schreiben versuchen, bis hin zu dem gängigen Prinzip, schlicht Anführungszeichen um Wörter herum zu setzen, um Sprache zu implizieren. Ich folge daher implizit Michel Chions (2016) Konzept der *Acoulogy*. Dieses erkennt an, dass Sprache selbst abstrakt und willkürlich ist, sodass Worte immer unzureichend sind, um etwas so Flüchtiges und Ätherisches wie Klang zu erfassen. Sprechen Sie beispielsweise das Wort „Sound" laut aus. Der Akt des Aussprechens von „Sound" ist ein akustisches Phänomen, das aus Tönen und Phonemen besteht. Gleichzeitig unterscheidet sich die Bedeutung des Wortes „Sound" von Situation zu Situation, selbst wenn es immer aus denselben Tönen und Phonemen besteht. Wenn Sie das geschriebene Wort „Sound" auf dieser Seite hier vor sich lesen, wird weiterhin sowohl der Sound, den Sie beim Aussprechen des Wortes machen würden, als auch die Bedeutung des Wortes in diesem speziellen Kontext hervorgerufen. Sprache kann Klänge also, kurz gesagt, nie wirklich erfassen. Tatsächlich verhält es sich so, wie ich in diesem Beitrag untersuchen werde, dass der bloße Akt des Schreibens einer Stimme – das Implizieren eines Klangs durch das geschriebene Wort – eine komplexe Aufgabe darstellt, die einen kulturellen sowie wissenschaftlichen Kontext voraussetzt, der von Lesenden und Schreibenden gleichermaßen verstanden wurde. In der frühen Science-Fiction-Literatur formte sich der beschriebene Klang synthetischer Stimmen im Laufe der Zeit, während neue Technologien entwickelt wurden und die Lesenden den Klang einer sprechenden Maschine leichter verstehen konnten.

4 Sound und/in/von Science-Fiction

In meinem Buch *The Computer's Voice* (Faber, 2020) habe ich die Geschichte der audiovisuellen Darstellung von sprechenden Computern nachgezeichnet, beginnend im Jahr 1966 mit *Star Trek Enterprise* bis hin zum Film *Her* aus dem Jahr 2013. Jedoch beschränkte sich meine Analyse auf Computer, die von menschlichen Schauspieler:innen gesprochen wurden – eine Produktionsstrategie, die sich besonders für die medialen Charakteristika von Film und Fernsehen eignet. Doch bereits Jahrzehnte früher, noch bevor Homer Dudley und das Team der Bell Labs den Voder erstmalig vorführten, imaginierten Autor:innen im goldenen Zeitalter der Science-Fiction Formen von Sprachsynthese, die, so meine These, am bestehenden Diskurs zur Synthetisierung menschlichen Sprechens partizipierten und diesen auch in neue potenzielle Richtungen führten.

Obwohl sich das Genre der Science-Fiction eindeutigen Definitionen widersetzt, will ich es im weitesten Sinne als eine Kategorie von Fiktion verstehen, die zeitgenössische Wissenschaften und Ideologien in fantastischen Zukünften verortet. Natürlich geht es dabei in der Science-Fiction nicht um die Vorhersage möglicher Zukünfte. Es geht vielmehr darum, rezente Probleme in einem fiktiven zukünftigen Szenario weiterzudenken. Viele Wissenschaftler:innen (mich inbegriffen) führen die Ursprünge der modernen Science-Fiction auf Mary Shelleys Schauerroman *Frankenstein* aus dem Jahr 1818 zurück. Allerdings wurde sie erst im frühen 20. Jahrhundert als eigenständiges Genre betrachtet: So begann der Verleger Hugo Gernsback 1911 mit der Veröffentlichung dessen, was er „scientifiction" oder „scientific romance" nannte (Ashley, 2000).[4] Zu jener Zeit waren preiswerte Zeitschriften – die nach dem Typ des für ihre Produktion verwendeten Zellstoffpapiers „Pulp Magazines" oder „Pulps" genannt wurden – das zentrale Format für unterhaltsame Fortsetzungsgeschichten wie die von Jules Verne oder Arthur Conan Doyle (Nevala-Lee, 2018). 1926 gründete Gernsback *Amazing Stories* als das erste Magazin, das sich ausschließlich der Science-Fiction widmete. Drei Jahre später verließ er das Magazin, überließ dem Chemiker T. O'Conor Sloane die Leitung und gründete ein konkurrierendes Magazin, die *Science Wonder Stories*. 1938 übernahm der Schriftsteller John W. Campbell Jr. die Redaktion eines dritten Magazins, *Astounding Stories* (später in *Astounding Science Fiction* umbenannt). Gernsback, Sloane und Campbell stiegen zu den wichtigsten Science-Fiction-Redakteuren auf, prägten die Landschaft des Genres maßgeblich und verhalfen heute berühmten Autoren wie Isaac Asimov, Robert A. Heinlein, L. Ron Hubbard, Harlan Ellison oder Eando Binder zu ihren erfolgreichen Karrieren. Diese Phase, von den späten 1930er- bis zu den 1950er-Jahren, wird heute als das goldene Zeitalter der Science-Fiction

---

[4] Es ist erwähnenswert, dass Gernsback nicht nur ein weltbekannter Herausgeber war, sondern auch Wissenschaftler. Im Jahr 1924 konstruierte er einen musikalischen Synthesizer namens Staccatone. Auch wenn die miteinander verflochtene Geschichte der Sprachsynthese und des Synthesizers den Rahmen dieses Aufsatzes sprengen würde, ist es doch wichtig, dass Gernsbacks Arbeit in der Science-Fiction durchweg von realen wissenschaftlichen Bemühungen beeinflusst wurde (Fitch, 1924, S. 248).

bezeichnet. Es war eine Zeit der Popularisierung und der Innovation des Genres, das nicht zuletzt als Reaktion auf die politischen und technologischen Veränderungen im globalen Westen zu verstehen ist: Mechanisierung, Industrialisierung, Computerisierung und der Aufstieg des Faschismus in Europa bildeten die Grundlage für die Konjunktur der Science-Fiction.

Zu den typischen Sujets in der Science-Fiction-Literatur gehören Geschichten über Computer und Roboter. Zwar waren dies nicht die ersten fiktiven „Roboter" – dieses Wort wurde erstmals 1920 von Karel Čapek, einem tschechischen Schriftsteller, in seinem Stück *R.U.R.* als Abkürzung für *Rossum's Universal Robots* verwendet –, doch die frühen Geschichten in Pulpmagazinen bildeten die Grundlage für vieles, was wir heute als klassische Roboterfiktion bezeichnen. Haigh betont, dass Computer erst in den 1940er- und 1950er-Jahren Teil der Science-Fiction-Literatur wurden, also zur gleichen Zeit in Geschichten auftauchten, als auch die Computer im heutigen Sinne entwickelt wurden (Haigh, 2011). Das ist, kurz gesagt, nicht richtig. Obwohl das Wort „Computer", in seiner Verwendung für eine programmierbare automatische Maschine, weder in der frühen Science-Fiction noch im Maschinenbau verwendet wurde, wurde der erste Computer in den 1880er-Jahren von Charles Babbage entworfen (Ceruzzi, 2012) und Darstellungen von automatischen Maschinen sind in der Geschichte der Science-Fiction zahlreich vorhanden. So waren Čapeks Roboter lebende Automaten: Maschinen, die darauf programmiert waren, menschliche Aufgaben auszuführen. Haigh behauptet weiterhin, dass Asimov in seiner *Foundation*-Serie keine Computerdarstellungen verwendete. Dies stimmt zwar, lässt aber die Tatsache außer Acht, dass Asimovs erste Robotergeschichte, *Liar*, bereits 1940 veröffentlicht wurde und einen Roboter mit einem positronischen Gehirn enthielt – also einen Computer. Tatsächlich wurden ganze dreißig Jahre, bevor Kelley in den Bell Labs seinen IBM 704 „A Bicycle Built for Two" singen ließ, in Pulpmagazinen 1930 Beschreibungen von autonomen Maschinen veröffentlicht: von mechanischen Gehirnen bis hin zu humanoiden Computern, von denen viele mit den Menschen in ihrer Umgebung sprachen. Ich möchte damit nicht behaupten, dass die Science-Fiction sprachgesteuerte Computer vorausgesagt hätte; so linear verlaufen wissenschaftliche Innovationen nie. Wissenschaft ist ebenso ein kulturelles Produkt wie ihre Imagination, die Fiktion der Wissenschaft, die Science-Fiction. Wenn wir aber Wissenschaft und ihre literarische Fiktion zusammen untersuchen, können wir sehen, wie Innovationen aus kulturellen Wünschen entstehen. Der Wunsch nach autonomen, sprechenden Computern ist Teil eines größeren kulturellen Kontextes, der sich nicht nur durch die Entwicklung digitaler Computertechnologien auszeichnet. Ebenso entstammt er globalen Kriegen, geopolitischen Machtkonflikten und technologischen Fortschritten wie der Telefonie, der Telegrafie, der Kinematografie oder der Radiotechnik.

Im Folgenden werde ich Geschichten, Novellen und Romane untersuchen, die in Science-Fiction-Pulpmagazinen veröffentlicht und in welchen Formen von Sprachsynthese behandelt wurden. Ich werde dabei die zeitliche Eingrenzung des goldenen Zeitalters der Science-Fiction ein wenig ausweiten: Wie erwähnt, datieren die meisten Beschreibungen des goldenen Zeitalters dieses in einem Zeitraum von den späten 1930er-

Jahren bis in die späten 1950er-Jahre. Für die Argumentation dieses Aufsatzes habe ich hingegen eine breite Palette von Beispielen für fiktive bewusstseinsfähige Maschinen untersucht – beginnend im Jahr 1926, als Gernsback Amazing Stories gründete, bis zum Jahr 1961, als Kelley seinen singenden IBM 704 vorführte.

Mein Analysekorpus besteht aus Narrativen in *Amazing Stories, Science Wonder Stories, Astounding Science Fiction, Fantastic Science Fiction, Science Fiction Quarterly, If* und *Planet Stories*. Meine Textanalyse ist nicht als eine erschöpfende Auswertung der gesamten frühen Science-Fiction zu verstehen. Vielmehr habe ich exemplarische Werke aus dieser Zeit ausgewählt, die die prägnanten Charakteristika der frühen Roboterfiktionen abbilden: Ich habe Geschichten ausgewählt, in denen eine Maschine autonom handelt und buchstäblich für sich selbst spricht, also weder von einem Menschen ferngesteuert wird, noch lediglich ein wandelnder Lautsprecher ist, der als Kommunikationsgerät benutzt wird. Diese frühen Pulpgeschichten lassen sich im Wesentlichen in drei Kategorien untergliedern: Solche, in denen Computer überhaupt nicht sprechen; solche, in denen Computer zwar sprechen, ihre Stimme aber nicht weiter kommentiert wird; und solche, in denen Maschinen mit synthetischen oder mechanisch klingenden Stimmen beschrieben werden. Durch die derart strukturierte Analyse früher Science-Fiction versuche ich, einem integralen Teil der Kulturgeschichte der Sprachsynthese nachzuspüren und zu verstehen, wie fiktionale Darstellungen von Computertechnologien unser populäres Verständnis von sprachbasierter Interaktion zwischen menschlichen und nichtmenschlichen Akteuren geprägt haben.

5 Stille mechanische Bedrohungen

Eine Vielzahl von Geschichten behandelte computergesteuerte Raumschiffe oder andere automatisierte Maschinen ohne Sprachinteraktion. Ebenso kamen in einer Reihe von Geschichten Roboter vor, die sowohl im wörtlichen als auch im übertragenen Sinne für stumme „wilde" Charaktere standen. In einer Geschichte, die in der Märzausgabe des Jahres 1954 von *Amazing Stories* veröffentlicht wurde, *Call Him Savage* von John Pollard, landet eine indigene Person mit mehreren Bodyguard-Robotern aus dem Weltraum auf der Erde, um die Rechte ihres Volkes zu vertreten. Nach heutigen Maßstäben klingt der Plot beeindruckend fortschrittlich, aber als Moral der Geschichte erwies sich, dass die indigenen Völker kein Recht auf das Land haben, welches jetzt von *weißen* Menschen genutzt wurde. In einer anderen Geschichte, *Raiders out of Space* von Robert Moore Williams, die in der Oktoberausgabe 1940 von *Amazing Stories* veröffentlicht wurde, retten zwei Männer im Cowboystil eine Frau, die von einem riesigen stummen Roboter entführt wurde. Diese beiden Geschichten greifen den Topos des Westerngenres „Cowboys gegen Indianer" auf, in dem der unerschrockene *weiße* Mann die vermeintlich wilden Unzivilisierten besiegen muss, welche die amerikanische Lebensweise umzustürzen drohen.

Andere Geschichten porträtieren den stummen Roboter in ähnlicher Weise als stereotypen und zugleich monströsen Außenseiter. In William P. McGiverns Erzählung *The Mad*

Robot beispielsweise, die in der Januarausgabe 1944 von *Amazing Stories* veröffentlicht wurde, programmiert ein Marsianer einen Roboter, mehrere Erdmenschen zu vernichten, um die Vorherrschaft seiner Zivilisation in der Galaxie zu sichern. Das Schweigen derartiger Figuren wurde als furchterregend, andersartig und nicht vertrauenswürdig dargestellt. Dieser bildliche Ausdruck des schweigenden Anderen ist ein fester Bestandteil des Westerngenres, von welchem viele Science-Fiction-Geschichten inspiriert waren. Wie Navarro in ihrer Analyse von Westernfilmen, die an der Grenze zwischen den USA und Mexiko spielen, aufzeigt, konstruieren Texte, die „the experience and narratives of white characters" hervorheben (Navarro, 2017, S. 312) ein implizites und explizites Schweigen über nichtweiße andere. In ähnlicher Weise standen Roboter in der Science-Fiction oft als Stellvertreter für das kulturell Andere, wie beispielsweise die indigenen Leibwächter in *Call Him Savage* oder der stumme Entführer in *Raiders out of Space*. Die Autor:innen dieser Geschichten setzten damit ein gängiges kulturelles Narrativ fort, in dem der weiße Siedler der Gute und der stumme, wilde Andere der Böse ist.

6 Sprechende Automaten

In einer Reihe von Geschichten treten wiederum autonome Maschinen auf, die zwar als sprechend dargestellt wurden, aber zu deren Stimmen die Autor:innen keine Details gaben. Indirekt wurde angedeutet, dass die Maschinen eine künstliche Stimme haben, da es sich jeweils um einen synthetischen Geist und Körper handelte, aber es blieb der Vorstellung der Lesenden überlassen, wie ihre Stimmen erzeugt wurden und wie sie klingen könnten. Beispiele für solche sprechenden Maschinen finden sich zuhauf. So schildert *Deadlock* von Lewis Padgett, das im August 1942 in *Astounding Science Fiction* veröffentlicht wurde, eine Welt, in der Arbeitsroboter verrücktspielen und anfangen, Menschen zu vernichten. Auch Clifford D. Simak veröffentlichte in *Astounding Science Fiction* mehrere fantastische Novellen, die auf einer zukünftigen Erde spielen. Die meisten Menschen sind auf den Jupiter gezogen und haben ihre Arbeitsroboter zurückgelassen, damit diese ein erfülltes Maschinenleben führen können – so *Hobbies* in der Ausgabe vom November 1946 und *Aesop* in der Ausgabe vom Dezember 1947. In Tom Goodwins Kurzroman *The Gulf Between*, der in der Oktoberausgabe 1953 von *Astounding Science Fiction* erschien, wurden Militärroboter darüber hinaus als Gipfel der Effizienz beschrieben: „Robots confined their speaking to necessary answers and wasted no time with such amenities as ‚Good morning' and ‚Good night'" (Goodwin, 1953, S. 40).

Eines der umfangreichsten Beispiele für Maschinen, die sprechen, ohne dass ihre Sprachmechanik erklärt wurde, findet sich in den *Professor-Jameson*-Geschichten von Neil R. Jones, die von 1931 bis in die späten 1960er-Jahre Dutzende von Kurzgeschichten in *Amazing Stories*, *Astonishing Stories* und *Super Science Stories* umfassten. Das Grundmotiv der Erzählungen ist, dass ein Professor Jameson seinen toten Körper konservieren und in den Weltraum schicken lässt. Millionen von Jahren in der Zukunft stößt eine Spezies von Cyborgs, die Zorome, auf seinen Körper und nimmt diesen mit. Wie sich herausstellt, haben die Zorome Gehirne von Lebewesen in ihre Metallkörper eingebaut, um einen vernetzten, bienenstockartigen Organismus zu schaffen. Und so wird Professor Jameson Teil der Zorome und schließt sich ihren Abenteuern im Universum an. In allen Geschichten sprechen die Zorome fließend miteinander auf Englisch, und zwar telepathisch, „by means of thought impulses, and were neither capable of making a sound vocally nor of hearing one uttered" (Jones, 1931, S. 337). Eigentlich sprechen die Zorome also nicht. Jones nutzte in den Geschichten aber einen innovativen literarischen Kunstgriff, um die Frage nach der Sprachsynthese zu umgehen. Anders formuliert sprechen Jones' Maschinenmenschen ohne Stimmen, wodurch sich die Frage nach der Mechanik der Roboterkörper erübrigt.

Auch die Schriftsteller Eando Binder (ein Pseudonym für die Brüder Earl und Otto Binder) benutzten die Sprache ihrer Zeit, um ein futuristisches synthetisches Sprechen anzudeuten. Ihre Roboterserie *Adam Link* umfasst sieben Geschichten, die zwischen 1936 und 1940 veröffentlicht wurden. Der titelgebende Protagonist ist ein Roboter mit einem Positronenhirn, Metallkörper und Hang zum Melodramatischen. Zu seinen Abenteuern gehört, dass er für den Mord an seinem Schöpfer vor Gericht steht, sich in eine Roboterfrau verliebt, Sportler wird und schließlich die Welt rettet. Während die meisten Geschichten keine Beschreibungen von Adams Stimme liefern, enthält die erste Geschichte, *I, Robot*, die im Januar 1939 veröffentlicht wurde – nicht zu verwechseln mit Isaac Asimovs gleichnamiger Sammlung von Robotergeschichten aus dem Jahr 1950 –, kurze Angaben zu Adams Entwicklung. Hier erfahren wir, dass Adam zu sprechen begann, indem er schlicht das Bellen eines Hundes imitierte. Anschließend begann sein Schöpfer, ihm beizubringen, Wörter zu formen. Dies entspricht mehr oder weniger der Art und Weise, wie menschliche Kinder zu sprechen lernen. Die Tatsache, dass die Lesenden nicht erfahren, wie Adams Stimme klingt, lässt zugleich vermuten, dass sie im Wesentlichen menschenähnlich ist.

7 Künstliche Stimmen

Obgleich in vielen Geschichten sprechende Maschinen vorkamen, ohne dass erklärt wurde, wie ihre Stimmen erzeugt wurden oder wie sie klangen, liefern andere Erzählungen Details, die zeigen, wie frühe Science-Fiction-Autor:innen auf ihrerzeit aktuelle Technologien zurückgriffen, um künftige Formen der Sprachsynthese zu imaginieren. Ein Wegbereiter der Darstellung autonomer Sprechmaschinen in den frühen Pulpmagazinen ist Ammianus Marcellinus' *The Thought Machine*, die 1927 in *Amazing Stories* veröffentlicht wurde. Die als Warnung konzipierte Geschichte handelt von einem Wissenschaftler, der versucht, eine denkende Maschine zu erfinden. *The Thought Machine* ist dabei aus zwei Gründen bemerkenswert. Erstens verglich der Autor den menschlichen Geist explizit mit einer Maschine – ein metaphorisches Konzept, das im Mittelpunkt der Macy-Konferenzen in den 1950er-Jahren stand, auf denen Mathematiker:innen begannen, Künstliche Intelligenz zu theoretisieren. Edwards (1996) hat dargelegt, dass die 1940er-Jahre einen bedeutenden Wandel in der Politik des Individuums markierten, der sich in der Ideologie des Kalten Krieges manifestierte. Bei diesem Wandel ging es nicht nur um die Schaffung Künstlicher Intelligenz, sondern auch um die ideologische Möglichkeit, das Individuum als Bestandteil einer umfassenderen geopolitischen Maschine zu verstehen. Ich stimme dem zwar zu, möchte aber hinzufügen, dass uns *The Thought Machine* zeigt, dass dieses Phänomen schon viel früher einsetzte, als es Edwards darlegt. Und zweitens spricht die Maschine in *The Thought Machine* zwar nicht; dennoch wird aber beschrieben, dass ihr Konstrukteur – der Wissenschaftler Henry Smith – erst lernen musste, mit ihr durch ein „electrical alphabet" (Marcellincus, 1927, S. 1055) zu kommunizieren. Mit der Zeit wurden die Maschinen in der Erzählung allerdings so effizient darin, die Bedürfnisse von Menschen zu antizipieren, dass keine weitere Kommunikation mehr notwendig war – und die Menschen schließlich kollektiv vergaßen, wie man das elektrische Alphabet nutzt. Letztlich waren die Maschinen jedoch nicht in der Lage, den Menschen mitzuteilen, dass sie repariert werden müssen, sodass die Maschinen degenerierten und die Menschheit in ein vorindustrielles Zeitalter zurückkatapultiert wurde. Durch die Linse der sprechenden Maschinen betrachtet, können wir erkennen, dass Sprache das Herzstück sowohl der menschlichen als auch der Künstlichen Intelligenz ist. Dies indiziert einen wichtigen Schritt hin zur Sprachsynthese: Menschen und Maschinen brauchen eine gemeinsame Sprache – symbolisch, aber auch auditorisch –, um miteinander kommunizieren zu können.

Eines der ersten expliziten Beispiele für Sprachsynthese in der frühen Science-Fiction ist die Geschichte *The Infinite Brain* von John C. Campbell – nicht zu verwechseln mit dem Herausgeber und Schriftsteller John W. Campbell, Jr. –, die 1930 in der Maiausgabe von *Science Wonder Stories* erschien. In der Geschichte erfindet der Wissenschaftler Anton de Roubles ein Verfahren, sein Gehirn nach seinem Tod durch Tuberkulose in eine Maschine hochzuladen. Zunächst *ist* die Maschine de Roubles mit all seinen Gedanken und seinem Charakter. Mit der Zeit entwickelt sie jedoch eine eigene Persönlichkeit und beschließt, sich eine Reihe mechanischer Körper zu bauen und die Welt zu zerstören. Ich habe ausführlich über Campbells frühe Vorstellung von dem, was wir heute als Whole Brain Emulation bezeichnen, geschrieben (Faber, 2023). Dennoch ist einer der faszinierendsten Aspekte der Geschichte die Stimme des titelgebenden Gehirns. Ursprünglich kann das Gehirn nur über Schrift kommunizieren: Eine Person kann auf einer Tastatur Botschaften an das Gehirn eintippen und dieses antwortet auf seinem Bildschirm. Doch eines Nachts beschließt das Gehirn, eine Sprechvorrichtung für sich zu entwickeln. Der Erzähler, ein Freund von de Roubles, beschreibt die Stimme als „liquid" und „pitched like a woman's" (Campbell, 1930, S. 1083). Tatsächlich ähnelt die Stimme so sehr der Stimme eines Menschen, dass der Erzähler feststellt, „if I were blindfolded I should never think it was mechanical" (ebd., S. 1083). Es ist bemerkenswert, dass diese fiktionale Beschreibung älteren Datums ist als Alan Turings berühmtes „Imitation Game" (1950), das heute als Turing-Test bekannt ist. In Turings Spiel sitzt eine Person in einem Raum und kommuniziert durch geschriebenen Text mit einem Computer und einer anderen Person in je einem anderen Raum. Wenn die erste Person anhand der schriftlichen Kommunikation keinen Unterschied zwischen dem Computer und der zweiten Person erkennen kann, wird dem

Computer bescheinigt, er habe den Turing-Test bestanden. *The Infinite Brain* ist zudem ein wichtiger Vorläufer der späteren, literarisch und filmisch umgesetzten Science-Fiction-Erzählung *Colossus: The Forbin Project* (Jones, 1966; Sargent, 1970). In dieser wird ein Supercomputer, der für die Kommunikation via geschriebenen Text gebaut wurde, bewusstseinsfähig und zwingt Menschen, ihm ein mechanisches Sprechsystem zu bauen.

Wie ich in diesem Aufsatz dargelegt habe, ist wissenschaftliche Innovation weder linear noch singulär, vielmehr entsteht die textbasierte Kommunikation zwischen Menschen und Maschinen aus einem vielschichtigen Wechselspiel zwischen bestehenden Technologien und kulturellen Fiktionen. In *The Infinite Brain* verstärkt die Erzeugung der Computerstimme die Nutzung bestehender Technologien zur Imagination künftiger Möglichkeiten. Ganz in diesem Sinne erläutert das Gehirn in der Geschichte, wie es seine eigene Stimme erzeugt:

> „I get a constant tone from a violin string, which tone I pass through one or more of those hollow vessels known as Helmholtz Resonators. As you know, the human mouth, in order to utter the various vocal sounds, assumes different shapes which absolutely control the utterances, the vocal cords producing only a carrying tone. Your early experimenters in this line tried to build a flexible rubber mouth, but this was unsuccessful. The problem is made quite easy by using a set of Helmholtz Resonators – one for each vowel tone and others for the consonants and connecting tones. When these are used with baffle-plates, fans for a tremolo effect and valves, they make an almost perfect reproduction of the human voice. I use a violin string for each resonator, which is touched by a metal fork set in vibration by an electromagnet." (Campbell, 1930, S. 1083)

Der Autor Campbell verwendete gezielt reale Gegenstände, um eine synthetische Stimme für seine fiktive Maschine zu imaginieren. Seine Beschreibung eines Sprachsynthesizers ähnelt realen Vorgängern, insbesondere Joseph Fabers Sprechmaschine Euphonia, bei welcher anstelle einer Geige ein Klavier zur Tonerzeugung verwendet wurde. Auch ein Helmholtz-Resonator ist ein tatsächlich existierender kugelförmiger Apparat, der durch Einblasen von Luft Klang erzeugt.[5] Auf diese Weise ist Campbells Sprachsynthesizer ein Musterbeispiel für das, was Suvin (1979) das „Novum" der Science-Fiction beziehungsweise die wissenschaftliche Plausibilität fiktiver Erfindungen nennt. Die Stimme des fiktionalen Gehirns war deshalb plausibel, weil sie auf einer Technologie beruhte, die 1930 tatsächlich existierte und die den Leser:innen möglicherweise bekannt war. Es gab also nichts besonders Neues oder Innovatives an der synthetischen Stimme selbst. Was die Geschichte dennoch so faszinierend macht, ist die Tatsache, dass das Gehirn eine autonome Maschine ist. Während reale Sprachsynthesizer wie die Euphonia, aber auch der Voder, auf menschliche Bedienung angewiesen waren, spricht Campbells fiktives Gehirn durch eigene Willenskraft und für sich selbst.

Viele Geschichten, die nach Campbells Erzählung veröffentlicht wurden, enthalten ebenfalls Beschreibungen von Maschinenstimmen, die auf einer bereits existierenden

---

[5] Eine rudimentäre Reproduktion des Prinzips, auf dem Helmholtz-Resonatoren basieren, lässt sich durch das Blasen in den Deckel einer Glasflasche erreichen, um einen Ton zu erzeugen.

Technologie basieren – nur eben situiert in einem fantastischen Kontext. In *The Mentanicals*, veröffentlicht 1934 in der Aprilausgabe von *Amazing Stories*, beschreibt Francis Flagg zylindrische Maschinen, die zu flüstern scheinen. Der Erzähler, der in einem Raum mit den Zylindern gefangen gehalten wird, bemerkt dabei „that the shining spots on them were glowing intensely, that their whispering was not a steady but a modulated sound. As if it were language ... language!" (Flagg, 1934, S. 66) Auch wenn dies weit entfernt von tatsächlicher Sprache sein mag, ist die Beschreibung provokant. Das Brummen der Zylinder erinnert an jede beliebige elektrische Maschine, die in den 1930er-Jahren auf dem Markt war, und doch erwecken die pulsierenden Laute beim Protagonisten das unheimliche Gefühl, dass die Maschinen lebendig sind und kommunizieren.

Die berühmtesten Beispiele für Science-Fiction sprechender Maschinen sind Isaac Asimovs frühe Robotergeschichten, von denen er viele in den 1940er- und 1950er-Jahren in *Astounding Science Fiction* veröffentlichte. In jeder dieser Geschichten sprechen die zentralen Roboter fließend mit Menschen, und zwar durch nicht weiter kommentierte synthetische Stimmen. Die einzige Ausnahme ist die Geschichte *Runaround* vom März 1942, in der die menschlichen Hauptfiguren mit einer veralteten Art von Roboter kooperieren müssen, um eine neuere Art von Roboter zu retten. Asimov beschreibt diese ältere Maschine als quietschend, mit einer „squawking voice – like that of a medieval phonograph" (Asimov, 1942, S. 96). Bezeichnenderweise signalisierte Asimov, dass der Roboter veraltet ist, da er seine Stimme nicht nur mit einem Phonographen vergleicht (ein Gerät, das in den 1940er-Jahren, als die Geschichte veröffentlicht wurde, regelmäßig verwendet wurde), sondern mit einem „mittelalterlichen Phonographen". Damit impliziert er, dass die Mechanik im Kontext einer Geschichte, die im Jahr 2015 spielt, uralt ist. Asimov wandte also eine ähnliche Technik an wie John C. Campbell: Er nutzte ein bekanntes Objekt – einen Phonographen –, um ein futuristisches Phänomen – einen alten Roboter – plausibel erscheinen zu lassen.

Auch Alexander Blade nutzte in seinem Roman *The Brain*, der 1948 in der Maiausgabe von *Amazing Stories* veröffentlicht wurde, bekannte Technologien, um seine Beschreibungen künstlichen Sprechens zu plausibilisieren. In der Geschichte bauen Menschen eine riesige, berggroße Lernmaschine namens *The Brain*, die schließlich Bewusstsein erlangt und versucht, mit einem Wissenschaftler namens Semper Fidelis Lee zu kommunizieren.[6] Zunächst konnte The Brain überhaupt nicht sprechen. Eines Tages untersucht Lee jedoch die Lebenszeichen des Gehirns, die durch grüne Wellenformen auf einem Bildschirm und elektronisches Brummen über Lautsprecher geäußert werden. Die Wellenformen diktieren den Klang, der aus den Lautsprechern kommt und regelmäßige Rhythmen bildet. Während Lee zuschaut und -hört, beginnen die Wellenformen und die damit verbundenen Klänge, immer klarere Muster zu bilden, und werden schließlich zu gesprochenen Worten: „rasping unearthly sounds" (Blade, 1948, S. 96). Die ersten Worte des

---

[6] Bemerkenswert ist, dass der Schauplatz der Geschichte – ein Computerbunker so groß wie ein Berg – heutigen realen Computerbunkern in Bergen, wie dem North American Air Defense (NORAD), um ein Jahrzehnt vorausgeht.

Gehirns an Lee sind „I think – therefore – I am. I think – therefore – I am" (Blade, 1948, S. 96).[7] Während die Maschine diesen Satz fortwährend wiederholt, wird ihre Stimme stärker. Schließlich beschreibt Blade sie als einen paradoxen, gefühlvollen, monotonen Klang: „that inhuman, that ghostly voice as of a deaf mute who by some miracle of medicine has just recovered speech. Behind that voice was a *feeling*, a swelling of the heart, a filling of the lungs" (Blade, 1948, S. 96). Mit dieser Beschreibung impliziert Blade nicht weniger als körperliche Vokalität. Die Maschine hat weder Herz noch Lunge, aber der Klang ihrer Stimme hat eine undefinierbare Beschaffenheit, die Atem und Leben andeutet. Außerdem erinnern die sprechenden Wellenformen an ein Kathodenstrahl-Oszilloskop; ein Gerät, das zur Messung elektrischer Spannungen verwendet wurde. Während des Zweiten Weltkriegs wurden diese häufig in der Radarproduktion und -wartung eingesetzt. Vom Aussehen her handelt es sich bei Oszilloskopen um einen kleinen Metallkasten mit einem Bildschirm, der die Wellenform einer elektrischen Spannung als eine Reihe gewellter grüner Linien anzeigt (Hisocks, 2011). Obgleich ein Oszilloskop nicht unbedingt Geräusche erzeugt, ist die Kathodenstrahlröhre für ihr elektrisches Brummen bekannt. Leider lässt sich nicht rekonstruieren, ob der Autor von *The Brain* mit Oszilloskopen vertraut war. Laut der Encyclopedia of Science Fiction (2022) ist Alexander Blade ein Hausname, der von der Firma Ziff-Davis bei Veröffentlichungen im Magazin *Amazing Stories* verwendet wurde. Solch ein Hausname ist ein Pseudonym, das von einem Verlag für mehrere verschiedene Autoren genutzt wurde und nicht exakt einer einzelnen Person zugeordnet werden kann. Es ist mir zwar nicht gelungen, die wahre Identität des Autors herauszufinden, aber angesichts der Tatsache, dass viele Science-Fiction-Autor:innen ebenso Wissenschaftler:innen waren und viele Menschen während des Zweiten Weltkriegs beim Militär dienten, kann man davon ausgehen, dass sowohl der Autor als auch die Lesenden zumindest flüchtig mit Oszilloskopen vertraut waren.

In den 1950er-Jahren wurde in Geschichten über autonome sprechende Maschinen, von denen viele in *Amazing Stories* veröffentlicht wurden, allenfalls rudimentär auf den Klang der Maschinenstimme eingegangen. S. M. Tenneshaw beispielsweise beschrieb die Stimme eines Roboters im November 1951 in der Kurzgeschichte *Beyond the Walls of Space* lediglich als „toneless" (Tenneshaw, 1951, S. 43). Später im selben Jahrzehnt, im Juni 1957, veröffentlichte Harlan Ellison *The Steel Napoleon*, ein Roman über eine riesige vernetzte Maschine, deren Herz mit einer „completely mechanical voice" spricht (Ellison, 1957, S. 28). Auch die Kurzgeschichte *Initiative* der sowjetischen Autoren Boris und Arkadi Strugatski, die in den USA in der Maiausgabe 1959 von *Amazing Science Fiction* veröffentlicht wurde – trotz des anhaltenden Kalten Krieges und des Space Race beider Nationen –, behandelt einen Roboter namens Urm, der eine „harsh, toneless voice" habe (Strugatski & Strugatski, 1959, S. 13). Diese rudimentären Beschreibungen sagen viel über den Stand der Sprachsynthese in den 1950er-Jahren aus. Zu diesem Zeitpunkt waren der Vocoder und sein Konkurrent, die Sonovox, bereits weitverbreitet und in populären

---

[7] Blade schreibt diesen berühmten Satz fälschlicherweise Aristoteles zu. Tatsächlich geht er auf René Descartes zurück.

Medien seit mindestens einem Jahrzehnt eingesetzt worden, um menschliche Stimmen in mechanische, blecherne Klänge zu verwandeln (Smith, 2008). Science-Fiction-Autor:innen der 1950er-Jahre brauchten also, so ließe sich festhalten, die Erzeugung von Maschinenstimmen nicht erschöpfend zu beschreiben, weil die Lesenden den Klang anhand von so vagen Beschreibungen wie „tonlos" oder „mechanisch" bereits bestens verstanden beziehungsweise „vor Ohren hatten".

8 Fazit

In diesem Aufsatz habe ich literarische Repräsentationen autonomer, empfindungsfähiger Maschinen in Science-Fiction-Pulpmagazinen untersucht – darunter Darstellungen von Maschinen, die stumm sind; solche, die sprechen, aber deren Geschichte keine beschreibende Erklärung zu ihren Stimmen enthielt; und solche Maschinen, die sowohl sprechen als auch detailliert beschrieben wurden. Ich habe argumentiert, dass frühe Darstellungen der Sprachsynthese auf identifizierbaren Technologien beruhten, die in einem fantastischen, futuristischen Kontext angesiedelt wurden. Obwohl 1939 mit dem analogen Voder und 1961 mit dem digitalen IBM 704 tatsächliche Sprachsynthese möglich wurde, zeigt eine Analyse von Science-Fiction-Literatur vor, während und nach diesen Innovationen, dass es kulturelle Wegbereiter für die Produktion jener Maschinen gab. Aus heutiger Sicht mögen die frühen Beschreibungen von sprechenden Maschinen fast kurios erscheinen. Denn wie viele von uns haben allein heute schon mit Smartphones, Tablets, Fernbedienungen oder anderen Geräten gesprochen? Das Konzept einer sprechenden Maschine ist neben Touchscreens und kabellosen Kopfhörern zu einem selbstverständlichen Teil digitaler Kulturen geworden. Vor weniger als einem Jahrhundert war die Vorstellung eines digitalen Assistenten auf einer Smartwatch jedoch noch ausschließlich Gegenstand der Science-Fiction.

Wie ich bereits zu Beginn dieses Beitrags erwähnt habe, geht es in der Science-Fiction nicht um Zukunftsvorsagen. Es ist ein Genre, in dem Autor:innen die Schnittmengen zwischen rezenten Technologien, Politiken und Weltanschauungen durch die Linse künftiger Möglichkeiten erkunden. Was wir aus der Untersuchung vergangener Science-Fiction lernen können, ist nicht nur die Art und Weise, wie sich Autor:innen des frühen 20. Jahrhunderts akustische Interfaces der Mensch-Maschine-Kommunikation vorstellten, sondern auch, wie sie sich künftige Maschinen als Teil des täglichen Lebens literarisch vergegenwärtigten. Kirby (2010) beschreibt solche imaginären Maschinen als „diegetic prototypes" oder futuristische Technologien, „that demonstrate to large public audiences a technology's need, benevolence and viability" (S. 43). Obwohl Kirby den Begriff speziell für popkulturelle Filme verwendet, würde ich ihn auf Science-Fiction-Pulpmagazine des goldenen Zeitalters ausweiten. Die Figuren in den untersuchten Geschichten hatten manchmal Angst vor sich verändernden Technologien oder litten unter außer Kontrolle geratenen militärischen und wissenschaftlichen Errungenschaften. In fiktiven Zukünften leben sie jedoch oftmals harmonisch mit Technologien im Einklang, sie finden Wege, über

Zeit und Raum hinweg zu kommunizieren und neue Beziehungen aufzubauen. In diesem Sinne lehrt uns die frühe Science-Fiction-Literatur, dass sich ihre Zukunft – unsere Gegenwart – nicht so sehr von der Vergangenheit unterscheidet. Und nicht zuletzt haben sich an der Schnittstelle von Wissenschaft und Kultur imaginäre akustische Interfaces wie sprachinteraktive Maschinen entwickelt. Der Wunsch, zu kommunizieren, zuzuhören und gehört zu werden, und der Gebrauch von technischen Gerätschaften, um diesen Wunsch zu erfüllen, ist ein permanenter Bestandteil der menschlichen Existenz – und vielleicht auch der maschinellen.

Übersetzt aus dem Englischen von Christoph Borbach

Literatur

Ashley, M. (2000). *The time machines: The story of science-fiction pulp magazines beginning to 1950*. Liverpool University Press.
Asimov, I. (1942). Runaround. *Astounding Science Fiction, 29*(1), 94–103.
Blade, A. (1948). The brain. *Amazing Stories, 22*(10), 64–148.
Campbell, J. (1930). The infinite brain. *Science Wonder Stories, 1*(12), 1076–1093.
Ceruzzi, P. (2012). *Computing: A concise history*. MIT Press.
Chion, M. (2016). *Sound: An acoulogical treatise*. MIT Press.
Edwards, P. (1996). *The closed world: Computers and the politics of discourse in Cold War America*. MIT Press.
Ellison, H. (1957). The steel Napoleon. *Amazing Stories, 31*(6), 6–36.
Encyclopedia of Science Fiction. (2022). *Blade, Alexander*. https://sf-encyclopedia.com/entry/blade_alexander. Zugegriffen am 07.07.2025.
Faber, L. (2020). *The computer's voice: From Star Trek to Siri*. University of Minnesota Press.
Faber, L. (2023). *Robot suicide: Death, identity, and AI in sciene fiction*. Lexington Books.
Fitch, C. (1924). The staccone. *Practical Electrics, 3*(5), 248.
Flagg, F. (1934, April). The mentanicals. *Amazing Stories*, 60–79.
Goodwin, T. (1953). The gulf between. *Astounding Science Fiction, 52*(2), 8–70.
Haigh, T. (2011). Technology's other storytellers: Science fiction as history of technology. In D. L. Ferro & E. G. Swedin (Hrsg.), *Science fiction and computer: Essays on interlinked domains* (S. 13–37). McFarland.
Hisocks, P. D. (2011). *Oscilloscope development, 1943–57*. https://www.syscompdesign.com/wp-content/uploads/2018/09/scope-history.pdf. Zugegriffen am 07.07.2025.
Jones, D. F. (1966). *Colossus*. Rupert Hart-Davis.
Jones, N. R. (1931). The Jameson satellite. *Amazing Stories, 6*(4), 334–343.
Kirby, D. (2010). The future is now: Diegetic prototypes and the roles of popular films in generating real-worls technological development. *Social Studies of Science, 40*(1), 41–70. https://doi.org/10.1177/0306312709338325
Marcellincus, A. (1927). The thought machine. *Amazing Stories, 1*(11), 1052–1058.
McGivern, W. P. (1944). The mad robot. *Amazing Stories, 18*(1), 10–43.
McKee, A. (2003). *Textual analysis: A beginner's guide*. Sage Publications.
Navarro, S. V. (2017). The silent other in contemporary border cinema: The Latino figure in No Country for Old Men and The Three Burials of Melquiades Estrada. *Latino Studies, 15*, 309–322. https://doi.org/10.1057/s41276-017-0071-1
Nevala-Lee, A. (2018). *Astounding*. Dey St.

Padgett, L. (1941). Deadlock. *Astounding Science Fiction, 29*(6), 54–83.
Pollard, J. (1954). Call him savage. *Amazing Stories, 28*(1), 90–117.
Rees, T. (2010). *Helmholtz's Apparatus for the Synthesis of Sound: an electrical ‚talking machine'*. Retrieved from Whipple Museum of the History of Science, University of Cambridge: https://www.whipplemuseum.cam.ac.uk/explore-whipple-collections/acoustics/hermann-von-helmholtz/helmholtzs-apparatus-synthesis-sound. Zugegriffen am 07.07.2025.
Sargent, J. (1970). *Colossus: The Forbin project*. Universal Pictures.
Simak, C. D. (1946). Hobbies. *Astounding Science Fiction, 38*(3), 49–77.
Smith, J. (2008). Tearing speech to pieces: Voice technologies of the 1940s. *Music, Sound, and the Moving Image, 2*(2), https://doi.org/10.3828/msmi.2.2.14
Sterne, J. (2003). *The audible past: Cultural origins of sound production*. Duke UP.
Strugatski, B., & Strugatski, A. (1959). Initiative. *Amazing Science Fiction, 33*(5), 6–19.
Suendermann, D., Hoge, H., & Black, A. (2010). Challenges in speech synthesis. In F. Chen, K. Jokinen, F. Chen, & K. Jokinen (Hrsg.), *Speech technology: Theory and Applications* (S. 19–32). Springer.
Suvin, D. (1979). *Metamorphoses of science fiction: On the poetic and history of a literary genre*. Yale University Press.
Tenneshaw, S. M. (1951). Beyond the walls of space. *Amazing Stories, 25*(11), 8–43.
Tompkins, D. (2010). *How to wreck a nice beach: The vocoder from World War II to Hip-Hop*. Stopsmiling Books.
Turing, A. M. (1950). Computing machinery and intelligence. *Mind, 49*, 433–460.
Williams, R. M. (1940). Raiders out of space. *Amazing Stories, 14*(10), 10–33.

A book that speaks of its own – Bücher als akustische Interfaces. Eine spekulative Annäherung an Repräsentationen von Sound im Kontext von Wissenskommunikation

Margarethe Maierhofer-Lischka

Wie lässt sich haptisches, erfahrungsbasiertes Wissen, das aus dem Umgang mit Materialien und Gegenständen entsteht, im Rahmen von (akademischer) Forschung und Publikationsformen aufnehmen und darstellen? Diese Frage treibt seit geraumer Zeit zahlreiche Wissenschaftsbereiche weit über die Medienforschung hinaus um. Ausgangsimpuls für das vorliegende Essay war ein Workshop auf der Konferenz „Tangible, Embedded and Embodied Interaction (TEI)" im Januar 2022, in dem sich eine Gruppe von Künstler:innen und Designer:innen mit der Fragestellung beschäftigte, wie Prototypen neuer Materialien und Objekte in einer Publikation – traditionell gesprochen: in einem „Buch" – repräsentiert und erfahrbar gemacht werden können. Während dieses Workshops hatten einige Teilnehmer:innen den Gedanken entwickelt, Publikationen als akustisch-mediale Interfaces weiterzudenken. Anknüpfend an diesen Gedankenprozess gestaltete ich eine Reihe von spekulativen Designstudien, die als utopische Prototypen realisiert und fotografisch inszeniert wurden: Die Buchseite oder der Bildschirm erscheint als Generator für Klang, als Repräsentationsraum, als papierner Lautsprecher oder physischer Audioschaltkreis, aber auch als haptisches Interface für Sound und Reflexionsraum für Klangqualitäten. Die Prototypen vereinen Bücher, elektronische Hard- und Software sowie Auszüge aus Marshall McLuhans „Gutenberg-Galaxis" (McLuhan, 2011 [1967]) zu intermedialen Collagen (vgl. Abb. 1). Im vorliegenden Fotoessay verbinde ich diese Bilder mit Gedanken über die Möglichkeiten des Buchs als akustisches Interface. Meine Überlegungen zum Verhältnis von Schrift, visueller oder grafischer Repräsentation und Klang knüpfen an Jan Distelmeyers (2018) Gedanken zur Interface-mise-en-scène an. Dabei entwickle ich die Idee eines „otomorphen" Publizie-

---

M. Maierhofer-Lischka (✉)
Graz, Österreich
E-Mail: margarethe@mur.at

Abb. 1 Photocollage „Buch-Sprecher" – Textexzerpte von Marshall McLuhan werden durch einen Lautsprecher zum Schwingen gebracht. Eigenes Foto

rens (von griech. „otos", Ohr), um das Verhältnis zwischen der Medialität von Schrift und menschlicher Wahrnehmung zu beschreiben. Der spekulative Umgang mit Interfaces und Technologien ermöglicht, sich vom Funktionalen zu lösen und das Mögliche, das Wünschbare und das Imaginäre in den Mittelpunkt zu stellen, um so einen spielerischen Zugang zum Thema Interfaces zu finden.

Was wäre, wenn Publikationen mehr „könnten", als Texte zu sein? Was wäre, wenn Bücher oder gedruckte Texte eine direkte Erfahrung von Sound vermitteln oder ermöglichen könnten?

Ich ertappe mich selbst bei der Beobachtung, wie sehr die Formulierung und mögliche Beantwortung dieser Fragen mit meinen Erfahrungen im Umgang mit digitalen Devices und dem damit verbundenen Konzept von Interfaces verbunden ist. Smart-Home-Devices und andere digitalisierte Alltagsgegenstände übertragen das Konzept des Computers als universeller Maschine auf alle Dinge unseres Lebens, die so zu Interfaces zwischen physischer Funktion und digitalen Möglichkeiten werden: der sprechende Toaster, der selbstständig Milch nachbestellende Kühlschrank, der smarte Amazon-Lautsprecher, der nicht nur Musik abspielen, sondern auch Informationen ausgeben kann. Die „digital condition" (Stalder, 2018, S. 9) ist heute bereits so sehr mit der „condition humaine" des Lebens in der westlichen Gesellschaft verknüpft, dass es uns oft selbst – auch wenn wir meinen, eine kritische Distanz dazu zu wahren – nicht auffällt, wie sehr unsere Wahrnehmung davon durchdrungen ist. Ein Grundbestandteil dieser „digital condition" ist die Unsichtbarkeit von Algorithmen oder Codes (Stalder, 2018, S. 58). Ein Interface als physische Vermittlungs-, Kommunikations- und Übertragungsinstanz stellt den Kontakt her zwischen menschlichem Handeln und Wollen und der algorithmischen Umsetzung bestimmter Problemstellungen. Inzwischen ist das Konzept des Interface so weit im Alltagsverständnis verbreitet, dass es häufig längst als Synonym für „Benutzeroberfläche" allgemein verwendet wird, sei es nun eine Softwareoberfläche oder ein Objekt, das man anfassen kann.

Ein Sofa ist keine universelle Maschine, auch wenn es sich in ein Bett oder ein Lagerfeuer verwandeln lässt. Seine Funktionen sind an seine Materialität gebunden, sein Inhalt ist statisch. Ein Buch ist ebenso keine universelle Maschine. Dennoch kann ein Buch in gewissem Sinne als ein Allzweckinterface bezeichnet werden, weil es als Speichermedium eine ungemeine Vielfalt an Inhalten, Funktionen und Bedeutungen aufnehmen kann.

> „We are no more committed to one culture – to a single ratio among the human senses – any more than to one book or to one language or to one technology. Our need today is, culturally, the same as the scientist's who seeks to become aware of the bias of the instruments of research in order to correct that bias. Compartmentalizing of human potential by single cultures will soon be as absurd as specialism in subject or discipline has become. It is not likely that our age is more obsessional than any other, but it has become sensitively aware of the conditions and fact of obsession beyond any other age (McLuhan, 2011 [1967], S. 56)."

Wie lässt sich die Idee des Interface allerdings konkret auf ein Buch übertragen, das nicht digital oder nicht einmal elektronisch ist? Klang kann gemeinhin auf verschiedene Arten und Weisen in Büchern erscheinen: als Repräsentation – etwa in der visuellen Darstellung von Schallwellen oder Partituren –, als Metapher, etwa in onomatopoetischen Ausdrücken oder symbolischen grafischen Darstellungen – oder als Verweis, wenn etwa auf Tonaufzeichnungen durch Hyperlinks oder QR-Codes verwiesen wird. Dabei steht die direkte oder indirekte Repräsentation von Sound im Vordergrund. Was wäre, wenn ein Buch mehr wäre als eine Beschreibung von Klang, ein Verzeichnis über Klänge oder ein Verweisregister auf Tonaufnahmen? Als Onomatopoesie bezeichnet man die Nachschöpfung von Klängen durch Worte. Analog dazu könnte eine Publikation Annäherungsweisen an das Hörbare, das Akustische durch die Materialität des Buches und seine Erweiterbarkeit durch verschiedene Technologien ermöglichen. Ein hörgeleiteter, also quasi otomorpher Prozess des Sich-Näherns an Klangerfahrungen. Der spielerische, kreative Umgang mit dem gedruckten Buch als Medium zeigt eine Menge Möglichkeiten auf, wie ein Buch zum Interface für Klangerfahrung werden kann. Ein Ausgangspunkt ist die Materialität des Objekts „Buch": Papier kann viel mehr, als ein Speicher für gedruckten Text oder Abbildungen zu sein. Kunstbücher wie auch Kinderbücher verwenden Papier schon lange als dreidimensionales Gestaltungsmittel für „pop-ups" und „cut-outs". Eine Partitur zum Aufklappen kann als haptische Darstellung eines komplexen Klangereignisses neben verschiedenen Klangqualitäten auch die räumliche Qualität von Sound zur Geltung bringen (vgl. Abb. 2).

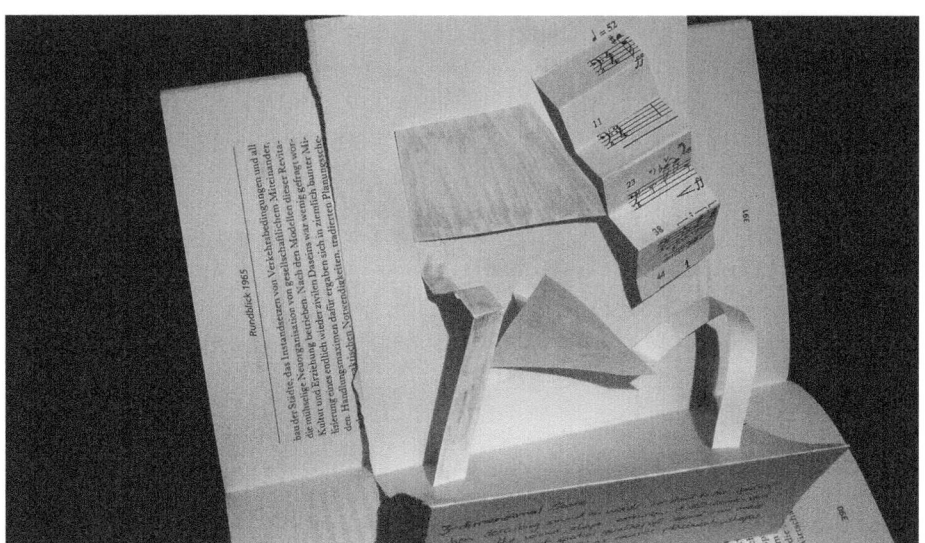

Abb. 2 3DSoundBook – Pop-up-Partitur eines imaginären Klangereignisses. Eigenes Foto

1 Was wäre, wenn ein Buch selbst Klang erzeugen könnte?

Wenn ich mir ein Buch als akustisches Interface vorstelle, das tönen und sprechen kann, dann äußert sich darin die alte animistische Faszination an der Belebtheit von Objekten und der Wunsch nach Kommunikation zwischen Mensch und nichtmenschlicher Umwelt. War dies früher ein Teil ritueller und spiritueller Praktiken, so wird dieses menschliche Bedürfnis im digitalen Zeitalter mithilfe von Technologie befriedigt. Durch den Einsatz von Technologie verändert sich allerdings mein Bezug zum Objekt selbst. Meine Erwartung macht aus dem Ding „Buch" ein Informationsobjekt, ein Un-Ding, wie es der Philosoph Byung-Chul Han mit Bezug auf Vilém Flusser beschreibt. Han argumentiert mit Flusser, dass physische Objekte und Informationen im digitalen Zeitalter nicht nur gleichgestellt seien, sondern dass die Dominanz von Information vor Materialität und körperlicher Erfahrung inzwischen eine Vorrangstellung der Informationsdinge (er nennt sie Un-Dinge) vor den physischen Dingen bewirke: „Wir befinden uns heute im Übergang vom Zeitalter der Dinge zum Zeitalter der Undinge. … Was wird aus Dingen, wenn sie von Informationen durchdrungen werden? Die Informatisierung der Welt macht aus Dingen Informate, nämlich informationsverarbeitende Akteure" (Han, 2021, S. 8).

Dinge, so Han, trügen durch ihre Greifbarkeit dazu bei, uns im Leben zu verankern. Die Stabilität und Greifbarkeit von Wissen und Erfahrungen ist eine Grundqualität, die sich seit Jahrhunderten in Archiven und Bibliotheken manifestiert. Der Eintritt in die „digital condition" hat auch das kulturelle und materielle Bild des Archivs und der Archivierung in Bewegung gebracht, und damit ebenso die Funktion des Buchs als paradigmatisches archivalisches Objekt. Wenn ich ein Buch als akustisches Interface konzipiere, erzeuge ich eine funktional-temporale Dysbalance zwischen der Permanenz und Langlebigkeit des physischen Buchformats, die auf Übermittlung einer bestimmten Botschaft zielt, und der performativen Un-Dinghaftigkeit der Informationssphäre. Wie ein Archiv, in dem physische Artefakte und digitale Medien miteinander koexistieren und sich überlagern, ist auch ein durch akustische Technologien erweitertes Buch ein Medienkonglomerat: „[M]edia do not entirely absorb each other, but rather a situation is created whereby the old medium is not completely effaced and the new medium remains dependent on the older one in acknowledged or unacknowledged ways" (Giannacchi, 2016, S. 36). Ein durch auditive Technologien erweitertes Buch verlangt also von seinen späteren User:innen nicht nur einen informationsarchäologischen, sondern auch einen medienarchäologischen Zugang, um seinen Inhalt preiszugeben. Das „Un-Ding Interface" ist also mehr als nur eine Ergänzung oder Erweiterung des Buchs. Es mischt sich ein, es schiebt sich gleichsam zwischen mich, meine zukünftigen Leser:innen und das „Ding Buch" und schafft damit grundlegend eine neue Rezeptionssituation (vgl. Abb. 3 und 4).

Augmented Reality bezeichnet technische Verfahren, in denen die menschliche Sinnes- und Erfahrungsbreite mithilfe virtuell erzeugter Sinnesartefakte (Bilder, Sounds) um eine weitere Dimension angereichert, augmentiert (erweitert) wird. „Augmented books" existieren längst nicht nur als „proof-of-concept", sondern werden beispielsweise als Spielzeuge vermarktet: Der Tiptoi beispielsweise ist ein elektronischer Stift, der Audioinhalte abspielt, wenn damit bestimmte Codes ausgelesen werden. Mithilfe des Stifts kann ein Buch also zum „Sprechen" gebracht werden. Was als *Text-to-Sound*-Interface beispielsweise auch für Blinde als Lesehilfe Anwendung findet, stellt aber neben der Erweiterung des Buchs auch gleichzeitig eine Einschränkung dar: Ohne die passende Erweiterungstechnologie haben

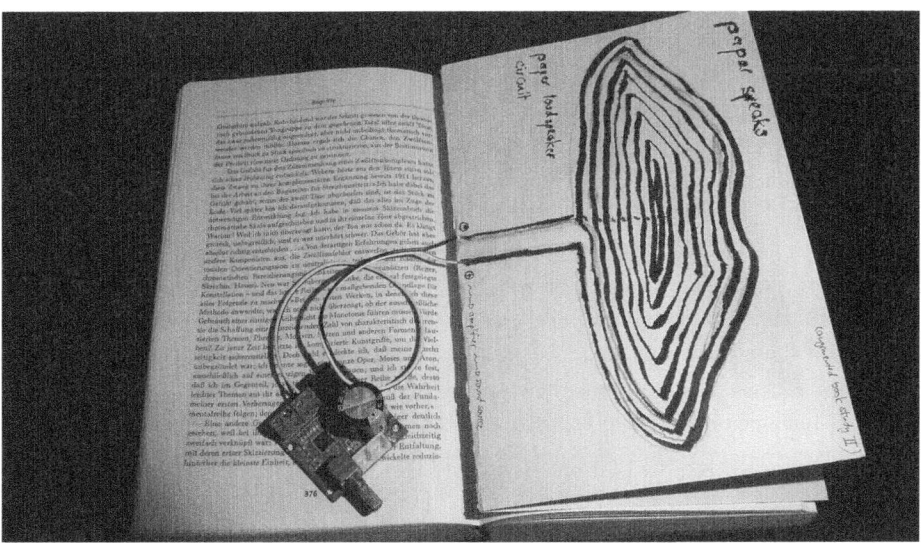

Abb. 3 Paper Speaks – Prototyp eines „augmented book" (Buchseite als Papierlautsprecher). Eigenes Foto

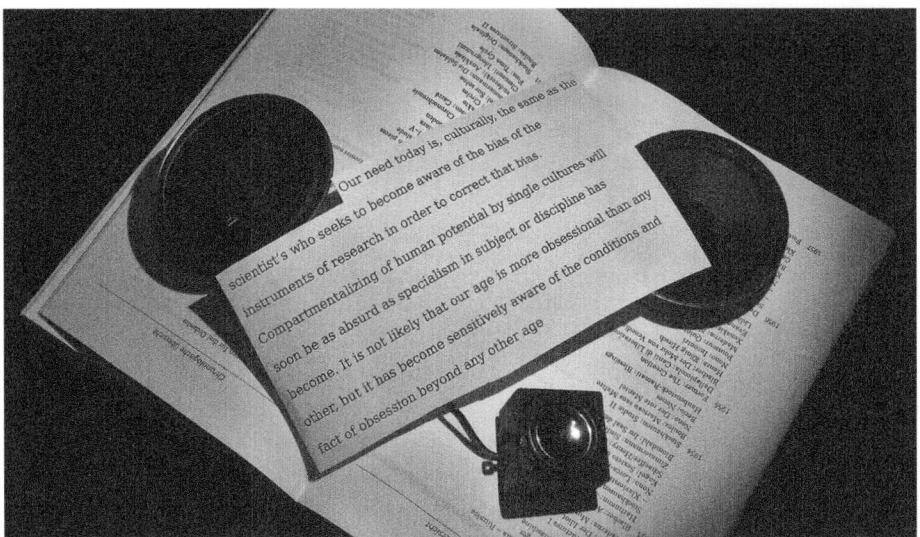

Abb. 4 Materialcollage „mediale Obsessionen" – Lautsprecher, Textzitat, Buchseiten. Eigenes Foto

Menschen keinen Zugang zu den versprochenen Inhalten.[1] Die technisch spezifizierte Erweiterung erweist sich wiederum als Ausschlussmechanismus. Die meisten Augmentationstechnologien unterliegen bisher keinen Standards, sondern sind Spezialentwicklungen, die entweder nicht quelloffen oder sehr anwendungsspezifisch sind und daher meist nicht langfristig technisch weiterentwickelt werden. Technische Erweiterungen, die eine Publikation zum akustischen Interface machen, werfen Fragen nach Maintenance, Obsoleszenz, Zugänglichkeit und Kompatibilität auf. Auch scheinbar einfache digitale Strukturen wie Hyperlinks oder QR-Codes, die zu Audioinhalten verlinken, sind nicht verlässlich, weil sich Web-Frameworks und Codierungsstandards ändern. Ein Buch aus den 1990er-Jahren, das Audiodateien verlinkt, ist möglicherweise im Jahr 2020 nicht mehr benutzbar, weil beispielsweise das Audioformat Real Player von heutigen Browsern nicht mehr unterstützt wird. Digital augmentierte Bücher stellen heute keine Frage der Machbarkeit dar, sondern der Nutz- und Wünschbarkeit.

Ein Interface ergibt sich nicht rein zweckgebunden aufgrund einer gewünschten Funktionalität, sondern ist ein bewusst gestaltetes „Interaktions-Ding". Überlegungen zu den gewünschten kommunikativen und interaktiven Fähigkeiten und die mögliche körperlich-emotionale Respons von Anwender:innen gehen in den Gestaltungsprozess ein, der daher zu Recht als Inszenierungsvorgang betrachtet werden kann. Wenn ich mit einem Interface umgehe, mache ich mir das Ding zu eigen, erkunde seine Funktionen, folge vorgegebenen Interaktionspfaden und finde dabei möglicherweise weitere selbstbestimmte Umgangsformen, die

---

[1] Siehe hierzu den Beitrag von Thomas Miebach und Daniel Wessolek im vorliegenden Band.

ich mit anderen User:innen teilen kann. Interfaces wohnen im Spannungsfeld zwischen Funktion und Exploration, zwischen Benutzung und subversiver Anders-Nutzung und sind damit Teil von technosozialen Prozessen, aus denen ungeplante, emergente (Fischer-Lichte, 2004, S. 186) Bedeutungen und Nutzungsweisen hervorgehen können. Nicht nur der Zwischenraum von Repräsentation und Depräsentation, wie Distelmeyer (2018) mit van den Boomen argumentiert – „representing an ontologized entity, while depresenting the processual and material complexity involved" (van den Boomen, 2014, S. 36) – bestimmt den Umgang mit Interfaces. Vielmehr gibt ihre selbstverantwortliche Benutzung wiederum neue, ungeplante Möglichkeiten preis. Interfaces sind also performative Dispositive (Borowski et al., 2019, S. 51), die Handlungsspielräume für Menschen bereitstellen und dazu einladen, diese zu erkunden. Ihr Inszenierungscharakter entsteht nicht nur durch das Zeigen und Verbergen, sondern auch durch ihre performative Funktion. Digitale Bücher von heute benutzen das Format „Buch" verstärkt als depräsentativen Container für Hyperlinks, medialen Content, Code … Ein Buch als Inszenierungs-Ding in der Mensch-Maschine/Mensch-Umwelt-Interaktion.

Der alte Duden, der seit Jahren unter meinem Computerbildschirm klemmt, um das Display in gute Lesehöhe zu bringen, trägt keine Lesezeichen, sondern deutlich sichtbare Eindruckspuren des Bildschirmfußes, eingeprägt in den grauen Kartoneinband. Seine ursprüngliche Funktion als Wissensspeicher hat das Buch längst an das Internet abgetreten. Als Hardware ist es dennoch Teil meiner persönlichen analog-digitalen Interfaceökologie geworden.

2   Kann ein Buch an sich ein Musikinstrument sein?

Was wäre, wenn es ein Buch gäbe, das selbst zum Klanginstrument wird: Seiten und Einband dienen als Resonanzkörper für feine Saiten, die sich zwischen den Buchseiten aufspannen, und bei Berührung erklingen Töne aus dem papiernen Korpus (vgl. Abb. 5). Ein Buch wie ein Flügel, der sich öffnet. Welche Musik, welche Klänge könnten für solch ein Instrument komponiert werden?

Das *book-harp-book* ist vielleicht das utopischste, poetischste in dieser Reihe von akustischen Buchinterfaces: Es entwirft eine Idee eines Buches, das gleichzeitig Instrument und Resonanzkörper ist. Durch die Kupferplatte werden Fäden zwischen den Seiten aufgespannt, die – sofern genug Spannung vorhanden ist – Klänge ähnlich einer Harfe erzeugen könnten …

Welchen Mehrwert bietet einer Leserin der direkte Klang zum Anfassen und Anhören? Welche Erfahrungen in Bezug auf einen Klang oder einen Klangerzeuger möchte ich möglichst zuverlässig und langfristig in einer Publikation vermitteln? Vielleicht heißt otomorphes Publizieren für mich als Schreibende weniger: Bücher durch Technik selbst zum Klingen bringen, als vielmehr meine Leser:innen zum Zuhören, Klang-Anfassen, zum hörenden Weiterdenken zu animieren.

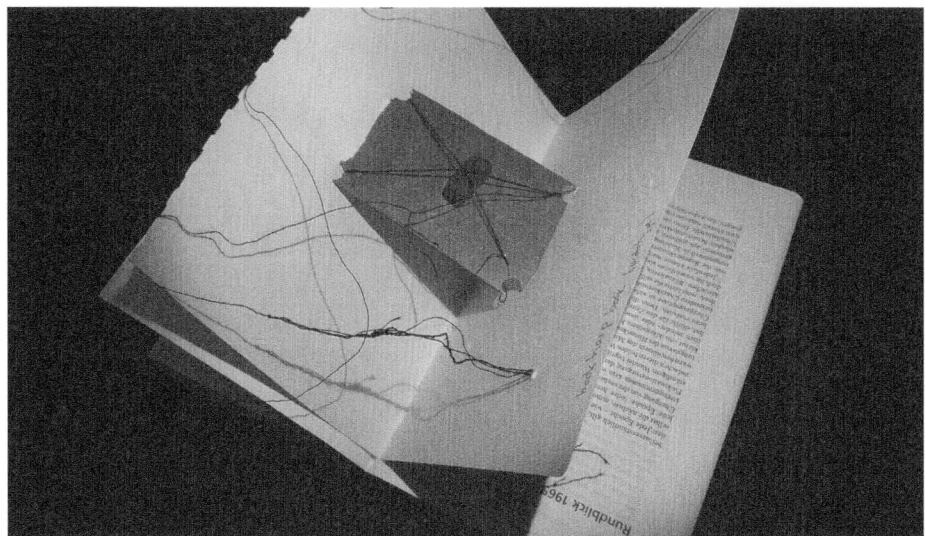

Abb. 5 Book-harp-book. Ein Buch als spekulatives Instrument. Materialcollage mit Papier, Fäden, Kupferplatte, Buchseiten. Eigenes Foto

Literatur

van den Boomen, M. (2014). *Transcoding the digital: How metaphors matter in new media*. Institute of Network Cultures.
Borowski, M., Chaberski, M., & Sugiera, M. (2019). *Emerging affinities – Possible fututes of performative arts*. transcript.
Distelmeyer, J. (2018). Drawing connections – How interfaces matter. In F. Hadler, A. Soiné, & D. Irrgang (Hrsg.) *Interface Critique Journal, 1* https://doi.org/10.11588/ic.2018.0.44733.
Fischer-Lichte, E. (2004). *Ästhetik des Performativen*. Suhrkamp.
Giannacchi, G. (2016). *Archive everything: Mapping the everyday*. MIT Press.
Han, B.-C. (2021). *Undinge. Umbrüche der Lebenswelt*. Ullstein.
McLuhan, M. (2011 [1967]). *The Gutenberg galaxy: The making of typographic man*. University of Toronto Press.
Stalder, F. (2018). *The digital condition*. Polity Press.

Der Maschinensemiotik-Ansatz für ein akustisches Mensch-Maschine-Interface

Peter beim Graben und Peter Klimczak

Zusammenfassung

Trotz ihrer zufriedenstellenden Spracherkennungsfähigkeiten fehlt es aktuellen Sprachassistenten immer noch an geeigneten automatischen semantischen Analysefähigkeiten und der nützlichen Darstellung von pragmatischem Weltwissen. Stattdessen verlangen die aktuellen Technologien von den Nutzerinnen das Erlernen von Schlüsselwörtern, die für eine effektive Bedienung und Zusammenarbeit mit der Maschine notwendig sind. Ein solcher maschinenzentrierter Ansatz kann für die Nutzerin frustrierend sein. Allerdings gibt es einen grundlegenden Unterschied zwischen der Semiotik von Menschen und Maschinen, welcher die Möglichkeit bietet, dieses Manko zu überwinden: Für eine Maschine ist die Bedeutung einer (menschlichen) Äußerung lediglich durch ihren eigenen Handlungsspielraum definiert. Maschinen müssen also weder die Bedeutungen einzelner Wörter noch die Bedeutung von Phrasen- und Satzsemantiken verstehen, um einzelne Wortbedeutungen mit zusätzlichem implizitem Weltwissen verbinden zu können. Für sprachunterstützende Geräte sollte das Erlernen von maschinenspezifischen Bedeutungen menschlicher Äußerungen durch bloßes Trial-and-Error ausreichen. Am Beispiel eines kognitiven Heizungsinterface zeigen wir, dass dieser Prozess auf der Grundlage der dynamischen Semantik als Lernen von Äußerungs-Bedeutungspaaren

P. beim Graben
Bernstein Center of Computational Neuroscience, Humboldt-Universität zu Berlin, Berlin, Deutschland
E-Mail: peter.beim.graben@hu-berlin.de

P. Klimczak (✉)
Institut für Elektrotechnik und Informationstechnik, Brandenburgische Technische Universität, Cottbus, Deutschland
E-Mail: peter.klimczak@b-tu.de

(sog. UMP = Utterance Meaning Pairs) formalisiert werden kann. Abschließend erfolgt eine detaillierte semiotische Kontextualisierung der vorgeschlagenen Maschinensemiotik. Anzumerken ist, dass sich der vorliegende Beitrag einerseits als Work in Progress versteht und laufend (auch mit wechselnden Autorinnen) weiterentwickelt wird, andererseits, dass er sich als Grundlagenforschung und experimentell versteht, d. h., dass er gerade nicht versucht, die aktuell dominierende Big-Data-Forschung innersystemisch voranzubringen, sondern durch einen Rückbezug auf semiotische Ideen bei minimaler Datenausgangslage eine mögliche Ergänzung aufzuzeigen.

Schlüsselwörter

Semiotik · Akustische Interfaces · Symbolische KI · Maschinelles Lernen · Dynamische Semantik

1 Hinführung

Die Bedeutung einer Äußerung wie „Ich gehe jetzt zur Oma" ergibt sich in der kompositionellen Semantik aus den Bedeutungen ihrer sprachlichen Bestandteile, Phrasen und schließlich der einzelnen Wörter. Im vorliegenden Beispiel gehen wir von einer Sprecherin aus, auf welche sich das Personalpronomen „ich" bezieht. Darüber hinaus kündigt diese Sprecherin ihre Abreise vom gegenwärtigen Ort im Präsens („gehen") im Sinne einer nahen Zukunft („jetzt") mit einem lokalisierenden Ziel („zur Oma") an. Der pragmatische Sinn dieser Äußerung hängt von ihrem jeweiligen Kontext und dem jeweiligen Fokus ab. So kann die Fokussierung darauf hindeuten, dass der gegenwärtige Ort notwendigerweise verlassen werden muss. In anderen Kontexten kann der Fokus auf die Intention oder die Beziehung der Sprecherin zu ihrer Großmutter gerichtet sein, bspw. indem der Besuch bei der Großmutter mit dem Erhalt eines größeren Geldgeschenks verbunden sein wird.

Im Folgenden nehmen wir jedoch an, dass es sich bei dem Adressaten um eine Heizung in einer Smart-Home-Umgebung mit akustischem Interface handelt, d. h. um eine *kognitive Heizung* (Klimczak et al., 2014; Huber et al., 2018). In diesem Fall könnte die oben genannte Äußerung einfach bedeuten, dass in nächster Zeit keine weitere Heizleistung benötigt wird. Diese Bedeutung ergibt sich zum einen aus dem Handlungsspielraum der Heizung, der im einfachsten Fall die beiden Möglichkeiten, entweder zu heizen oder nicht zu heizen, umfasst. Andererseits ist sie pragmatisch durch das Verlassen des aktuellen Ortes durch die Sprecherin implikatiert (Grice, 1969).

Beide Aspekte sind nicht trivial und verdienen eine nähere Betrachtung: (1) Die Menge der Bedeutungen für eine Maschine ergibt sich allein aus dem Repertoire der möglichen Handlungen. Im Falle der kognitiven Heizung gibt es nur zwei mögliche Aktionen: entweder einschalten oder ausschalten (hier wird der Einfachheit halber von der Temperaturabstimmung abgesehen). Mit anderen Worten, die möglichen Aktionen sind entweder die Beibehaltung oder die Änderung des aktuellen Arbeitszustands des Geräts. (2) Im Rahmen der kompositionellen Semantik würde sich die Bedeutung „nicht heizen" in unserem Beispiel aus der Bedeutung der Konstituenten der Äußerung „Ich gehe jetzt zu Oma" ergeben, konkret aufgrund pragmatischen Weltwissens als Implikatur, dass der Sprecher abreisen wird und danach keine weitere Heizleistung mehr nötig ist (Allen, 1987, 2003). Beim gegenwärtigen Stand der Sprachverarbeitungstechnologie ist dies jedoch nicht erreichbar. Trotz weitreichender Fortschritte in der Spracherkennungstechnologie (Böck et al., 2019; Chen et al., 2013; Guo et al., 2014; Mesnil et al., 2015; Sundermeyer et al., 2015) steht weder eine kompositionelle semantische Analyse (Allen, 2014; Allen et al., 2018; Bakshhandeh & Allen, 2017; Galescu et al., 2018; Perera et al., 2017; Socher et al., 2013) noch eine sinnvolle pragmatische Inferenz (Benz, 2016; Franke & Jäger, 2016; Grice, 1969; van Rooij & de Jager, 2012) durch aktuelle Verfahren der künstlichen Intelligenz zur Verfügung.

Der Ausgangspunkt des vorliegenden Ansatzes ist dabei ein eingebettetes kognitives dynamisches System (Haykin, 2012), ein *kognitiver Agent*, exemplarisch dargestellt durch die oben vorgestellte kognitive Heizung. Dieser Agent ist in seine Umwelt eingebettet und interagiert durch einen Wahrnehmungs-Aktions-Zyklus („perception-action cycle": PAC) (Young, 2010), wobei bestimmte Sensoren Informationen über den Zustand der Umwelt liefern, der für das Verhalten des Agenten relevant ist. Im Sinne der ökologischen Bedeutungstheorie von J. von Uexküll (1982) koppelt dieser Wahrnehmungsbogen den Agenten an seine subjektive *Merkwelt*. Andererseits ist der Agent in der Lage, mithilfe spezialisierter Effektoren entlang seines Aktuatorbogens auf seine subjektive *Wirkwelt* einzuwirken. Sensorische Merkwelt und operative Wirkwelt bilden zusammen die *Umwelt* des Agenten als sein subjektives Universum.

Auf das Beispiel der kognitiven Heizung im Rahmen einer Smart-Home-Umgebung mit akustischem Interface bezogen, umfasst die Wahrnehmung neben der Temperaturmessung ausgefeilte Spracherkennungsfähigkeiten, die den Agenten in die Lage versetzen, Sprachsignale erfolgreich zu verarbeiten und zu klassifizieren, um eine symbolische Repräsentation von Nutzeräußerungen zu berechnen (Böck et al., 2019; Graves et al., 2013; Sundermeyer et al., 2015). Die Merkwelt der kognitiven Heizung besteht also aus ihrer grundlegenden Spracherkennungsfähigkeit, jedoch ohne ein semantisches Verständnis oder logisches Schlussfolgern bzw. pragmatisches Weltwissen. Im einfachsten hier betrachteten Fall beschränkt sich das Handlungsrepertoire auf das Ein- oder Ausschalten der Heizung. Dadurch ist eine binäre Wirkwelt des Agenten gegeben.

Angesichts eines solchen Wahrnehmungs-Aktions-Zyklus stellt sich das Problem der *Semiose* bzw. des „symbol grounding" (Harnad, 1990; Posner, 1993): Wie weist ein kognitiver Agent symbolischen Daten während des Spracherwerbs Bedeutung zu? Für die kognitive Heizung bedeutet dies, jeder möglichen Äußerung wie „Ich gehe jetzt zur Oma" einen Betriebszustand (heizen oder nicht heizen) zuzuordnen. Unser spezifischer maschinensemiotischer Ansatz entspricht dabei den grundlegenden Erkenntnissen des Konstruktivismus (Maturana & Varela, 1998; von Foerster, 2003): So zielt nach Maturana und Varela (1998) das sprachliche Verhalten eines Senders darauf ab, das (sprachliche) Verhalten des Empfängers zu verändern (Dennett, 1989; Posner, 1993). Entsprechend schlagen wir einen einfachen Verstärkungsalgorithmus (Skinner, 1957; Sutton & Barto,

2018) vor, der das Verhalten des Agenten bei jeder nicht leeren (und nicht akzeptierten) Äußerung ändert, wobei die Bedeutungen der Äußerungen während der Semiose gelernt werden. Wenn die Nutzerin hingegen schweigt, interpretiert unser Algorithmus diese Art von sprachlichem Verhalten als Zustimmung zum aktuellen Betriebsmodus. Infolgedessen wird Schweigen automatisch von jedem Zustand akzeptiert.

2 Dynamische Semantik

Wir betrachten eine Menge von Handlungen X_s, wobei der Index s (der im Folgenden meist weggelassen wird) den jeweiligen kognitiven Agenten bezeichnet. Zweitens schlagen wir ein Verstärkungslernen vor, wie es von Skinner (1957) für den Erwerb der verbalen Semantik durch die Maschine diskutiert wurde. Skinner argumentierte, dass die Bedeutung einer sprachlichen Äußerung, *verbales Verhalten b*, weder direkt mit der Äußerung noch mit ihren sprachlichen Bestandteilen zusammenhängt. Vielmehr stellte er fest, dass das verbale Verhalten b als Funktion auf *pragmatische Antezedenten a* einwirkt und diese auf *pragmatische Konsequenzen c* abbildet, was als „ABC"-Schema bezeichnet wurde. Nach Skinner ist die Bedeutung von b, die üblicherweise als $[\![b]\!]$ ausgedrückt wird, eine partielle Funktion von Antezedenten zu Konsequenzen, oder formell

$$b : a \mapsto c \qquad (1)$$

mit $a, c \in X_s$ als möglichen Aktionen.

In diesem Artikel argumentieren wir, dass Skinners ABC-Schema, wie oben erläutert, mit den Ideen der dynamischen Semantik kompatibel ist (Gärdenfors, 1988; Groenendijk & Stokhof, 1991; Kracht, 2002; beim Graben, 2014), wodurch es – im Gegensatz zu einigen Behauptungen von Chomsky (1959) – zu einem natürlichen Kandidaten für das Verstärkungslernen der maschinellen Semiotik werden kann.

In der experimentellen Psychologie werden Messdaten mit Antezedenten a, Verhaltensweisen b und Konsequenzen c so verbunden, dass eine experimentelle Situation durch eine gemeinsame Wahrscheinlichkeitsverteilung $p(a, b, c)$ beschrieben werden. Dann kann die Bedeutung von (verbalem) Verhalten durch die Bayes'sche Konditionalisierung $p(a, b, c) = p(c|a, b)p(b|a)p(a)$ modelliert werden. In der dynamischen Semantik ist diese Idee als Bayes'sche Aktualisierung von epistemischen Zuständen bekannt (Williams, 1980; Gärdenfors, 1988; van Bentham et al., 2009). Dabei ist ein *epistemischer Zustand* oder auch ein *Glaubenszustand* oder ein semantischer Anker (Wirsching & Lorenz, 2013) eine subjektive Referenz auf eine subjektive Realität, d. h. eine *Umwelt* im Sinne von von Uexküll (1982). Im Kontext von Bayes'schen Beschreibungen wird sie zu einer (subjektiven) Wahrscheinlichkeitsverteilung über den subjektiven Handlungsraum X_s des kognitiven Agenten s (Jaynes, 1957a, b). Dies verbindet unseren Ansatz auch mit dem Verstärkungslernen als maschineller Lerntechnologie (Sutton & Barto, 2018). In unserer aktuellen Darstellung verzichten wir jedoch zunächst auf probabilistische Feinheiten, indem wir das maschinelle Lernen von Semantik durch Äußerungsbedeutungspaare (UMP) formal deterministisch modellieren (Wirsching & Lorenz, 2013; beim Graben et al., 2019).

In Anlehnung an Skinner (1957) ordnen wir jeder Verbindung des ABC-Schemas einen epistemischen Zustand zu, der sich von Zeit zu Zeit durch dynamische Aktualisierung ändern kann. Wie bereits erwähnt, ist ein epistemischer Zustand eine subjektive Referenz auf eine subjektive Realität, d. h. eine *Umwelt*. Für unser erstes, sehr einfaches Beispiel ist das Subjekt ein Heizgerät als kognitiver Agent. Seine subjektive Realität, d. h. der Handlungsraum X_s, besteht aus nur zwei Betriebsarten: heizen oder nicht heizen. Als epistemische Zustände betrachten wir daher zwei subjektive Referenzen oder Überzeugungen: (1) „Ich arbeite im Heizmodus" (H) und (2) „Ich arbeite im Nichtheizmodus" ($\neg H$). Wir haben also

$$X = \{\neg H, H\} \tag{2}$$

sowie Relationen

$$F \subset X \times X = \{(\neg H, \neg H), (\neg H, H), (H, \neg H), (H, H)\} \tag{3}$$

die anschließend genutzt werden.

Als Nächstes betrachten wir *Äußerungs-Bedeutungs-Paare* (UMP) (Wirsching & Lorenz, 2013; beim Graben et al., 2019).

Definition 1 Ein UMP U ist ein geordnetes Paar aus einem transkribierten Token der Äußerung $u = b$ und seiner *Bedeutung* $[\![u]\!]$

$$U = (u, [\![u]\!]). \tag{4}$$

In der dynamischen Semantik wird die Bedeutung als eine partielle Funktion auf epistemischen Zuständen definiert (Gärdenfors, 1988; Groenendijk & Stokhof, 1991; Kracht, 2002; beim Graben, Order effects in dynamic semantics, 2014). Und nach Skinner (1957) sind epistemische Zustände Antezedenten a und Konsequenzen c, die sich aus der Anwendung des sprachlichen Verhaltens $u = b$ auf a ergeben, d. h.

$$c = [\![u]\!](a). \tag{5}$$

Im Folgenden referieren wir im Wesentlichen auf Groenendijk und Stokhof (1991) und Kracht (2002) und definieren diese partiellen Funktionen durch explizite Aufzählung der entsprechenden Relationen $F \subset X \times X$.

Definition 2 Die Bedeutung $[\![u]\!]$ einer Äußerung u, d. h. eines verbalen Verhaltens $u = b$, ist eine Menge von geordneten Antezedent-Konsequenz-Paaren

$$[\![u]\!] = F = \{(a_1, c_1), (a_2, c_2), \ldots (a_m, c_m)\}, \tag{6}$$

wobei $(a_i, c_i) \in F$ so ist, dass $a_i = a_j \Rightarrow c_i = c_j$ für $i \neq j$, damit $[\![u]\!]$ eine wohldefinierte partielle Funktion auf X ist.

Im Hinblick auf unseren Trainingsalgorithmus müssen wir die Bedeutungsrelation mit einer totalen Ordnung ausstatten.

Definition 3 Die Bedeutungsrelation $F = [\![u]\!]$ ist mit einer Totalordnung $(a_p, c_p) \leq (a_q, c_q)$ ausgestattet, wenn $p \leq q$ für die Indizes $p, q \in N_0$. Somit besitzt F ein Maximum

$$\max F = (a_m, c_m),$$

wobei m der größte Index in Gl. (6) ist.

Ein wichtiger Begriff der dynamischen Semantik ist der der *Akzeptanz* (Gärdenfors, 1988; beim Graben, Order effects in dynamic semantics, 2014).

Definition 4 Ein epistemischer Zustand $x \in X$ *akzeptiert* die Bedeutung $[\![u]\!]$ einer Äußerung u, wenn x ein Fixpunkt von $[\![u]\!]$ ist, d. h.

$$x = [\![u]\!](x), \tag{7}$$

umgekehrt heißt es, dass $[\![u]\!]$ vom Zustand $x \in X$ akzeptiert wird.

3 Reinforcement Learning

Das Ziel unseres Algorithmus ist die Erstellung eines *mentalen Lexikons* von UMPs

$$M_T = \{U_1, U_2, \ldots, U_T\} \tag{8}$$

nach der Trainingszeit T durch Verstärkungslernen (Skinner, 1957; Sutton & Barto, 2018; beim Graben et al., 2019), wobei

$$U_k = (u_k, [\![u_k]\!])$$

eine in Iteration k aufgetretene UMP ist, deren Bedeutung

$$[\![u_k]\!] = \{(a_{k1}, c_{k1}), (a_{k2}, c_{k2}), \ldots (a_{km_k}, c_{km_k})\} \tag{9}$$

mit $(a_{ki}, c_{ki}) \in F$ sein soll. Die Iterationszeit wird als diskretisiert betrachtet. Zu diesem Zweck ordnen wir jeder Instanz der Zeit k ein entsprechendes ABC-Schema zu

$$a_k b_k \to c_k,$$

um das verbale Verhalten der Nutzerin und die daraus resultierenden Aktionen der Maschine zu modellieren.

Ausgehend von einem *Tabula-rasa*-Zustand bei Iteration $k = 0$, initialisieren wir unser System mit leerem Lexikon $M_0 = \emptyset$ und dem Vorgängerzustand $a_0 \in X$. Dem Verhalten b_0

ordnen wir die gegebene Äußerung u_0 zu. Zusätzlich nehmen wir an, dass die kognitive Heizung der Nutzerin nach jedem Zustandsübergang ihren aktuellen Arbeits- (epistemischen) Zustand entweder visuell (kontinuierlich) und/oder akustisch anzeigt, wodurch die Maschinenzustände für die Nutzerin *beobachtbar* werden (Russell & Norvig, 2010). Jede weitere Iteration wird mit der Konsequenz der vorherigen Iteration als Vorgängerzustand initialisiert,

$$a_{k+1} \leftarrow c_k \tag{10}$$

für $k \in N_0$.

Der Einfachheit halber führen wir die folgenden Bezeichnungen ein. Sei $U = (u, [\![u]\!])$ ein UMP. Wir definieren zwei Projektoren P, Q so, dass $PU = u$ und $QU = [\![u]\!]$ die erste bzw. zweite Komponente von U sind.

Definition 5 Zunächst sagen wir, dass ein Lexikon M eine Äußerung u enthält, d. h. $u \in {}_1M$, wenn es ein UMP $U \in M$ gibt, sodass $u = PU$ ist.

Definition 6 Ebenso sagen wir, dass M eine Bedeutung $[\![u]\!]$ enthält, d. h. $[\![u]\!] \in {}_2M$, wenn es ein UMP $U \in M$ gibt, sodass $[\![u]\!] = QU$.

Definition 7 Außerdem sagen wir, dass M ein Antezedent-Konsequenz-Paar (a,c) enthält, d. h. $(a,c) \in {}_3M$, wenn es ein UMP $U \in M$ gibt, sodass $(a,c) \in QU$.

Darüber hinaus definieren wir eine *Geschichte* als eine Abbildung von diskreten Zeitindizes $t \in N_0$ auf Paare von UMPs und Regelbeschriftungen (Etiketten), wobei wir uns auf den nachfolgenden Algorithmus beziehen.

Definition 8 Eine Funktion $h : t \to (U_t, r_t)$, sodass $h(t,1) \equiv h(t)(1) = U_t$ die gelernte UMP und $h(t,2) \equiv h(t)(2) = r_t$ die angewandte Regel zum Zeitpunkt t ist, wird *Geschichte* genannt. Bei der Initialisierung $t = 0$ ist die Geschichte als konstante Funktion gegeben

$$h(t) = ((\varepsilon, \emptyset), \varepsilon) \tag{11}$$

für alle $t \in N_0$. Während des Lernens werden diese Einträge nacheinander durch die erworbenen UMPs U_t überschrieben, sodass es einen größten Zeitindex τ mit $h(t) = ((\varepsilon, \emptyset), \varepsilon)$ für alle $t > \tau$, aber $h(t) \neq ((\varepsilon, \emptyset), \varepsilon)$ für $t \leq \tau$ gibt.

Im Allgemeinen stimmt der Zeitindex t mit der Iterationszahl k überein. Dies ist jedoch nicht der Fall, wenn Bedeutungen überarbeitet werden müssen. Die Geschichte speichert alle UMP-Updates zusammen mit den Etiketten der angewandten Lernregeln, die während des Lernprozesses auftreten.

Auf diesen Speicher wirken zwei wichtige Operationen ein. Erstens ist es notwendig, den letzten Zustand zu kennen, der mit einer bestimmten Bedeutung akzeptiert wurde.

Definition 9 Sei $h : t \to (U_t, r_t)$ eine Geschichte und sei $t_0 \leq \tau$ ein Zeitpunkt während des Lernens, dann ergibt die Funktion

$$mras(h, t_0) = s$$

den Zeitindex des *zuletzt akzeptierten Zustands* vor $t = t_0$. Das heißt $h(s, 1) = U_s$ und $h(s, 2) = r_s$ wobei r_s nicht die Etikette der nachstehenden Revisionsregel sein darf und $U_s(2) = \{(a, c)\}$ mit $c = a$ eine Bedeutung der Äußerung $U_s(1)$ ist, die durch das Antezedens a akzeptiert wurde; und es gibt keinen späteren Zeitpunkt $s < s' \leq t_0$, sodass $h(s', 1) = U_{s'}$ und $h(s', 2) = r_{s'}$, wobei $r_{s'}$ nicht die Etikette der Revisionsregel ist, und $U_{s'}(2) = \{(a', c')\}$ mit $c' = a'$ eine Bedeutung der Äußerung $U_{s'}(1)$ ist, die durch den Antezedenten a' akzeptiert wird. In dem besonderen Fall, dass kein zuletzt akzeptierter Zustand existiert, gibt die Funktion mras den Wert $s = 0$ zurück.

Zweitens, wenn der Zeitindex s des zuletzt akzeptierten Zustands vor einem bestimmten Zeitpunkt t_0 bekannt ist, benötigen wir die letzten Aktualisierungen aller Äußerungen nach s.

Definition 10 Sei $u \in_1 M$ eine Äußerung im mentalen Lexikon M. Dann ist

$$last(u) = \max [\![u]\!]$$

die letzte Aktualisierung von u.

Nach diesen Vorbereitungen stellen wir unseren Verstärkungsalgorithmus wie folgt vor.

Der **Algorithmus** besteht aus den folgenden Regeln, die auf die aktuelle Äußerung $u_k = b_k$, ihr Antezedent $a_k \in X$ und ihre Konsequenz $c_k \in X$ bei Iteration k und auch auf das mentale Lexikon M_{k-1} in Abhängigkeit von zwei entscheidenden Fällen wirken. Der Algorithmus wird durch $k = 0$, $t = 0$, $M_0 = \emptyset$ und die leere Geschichte in Gl. (11) initialisiert.

1. *Fall 1*. Die Äußerung u_k wurde noch nie geäußert, $u_k \notin M_{k-1}$.
    a) *Einverstanden*. Wenn die Äußerung der Nutzerin leer ist (Schweigen), $u_k = \varepsilon$, nimmt das System an, dass sie mit der aktuellen Betriebsart einverstanden ist. Daher ist der Zustand des Systems in X ein Fixpunkt: $c_k = a_k$. Außerdem wird das Lexikon gemäß $M_k \leftarrow M_{k-1} \cup \{U_k\}$ mit einem neuen UMP $U_k = (u_k, \{(a_k, c_k)\})$ aktualisiert. Dann wird U_k zusammen mit dem Regeletikett „1(a)" in der Geschichte gespeichert: $h(t) \leftarrow (U_k, 1(a))$, $t \leftarrow t + 1$.
    b) *Nicht zustimmen*. Wenn die Äußerung der Nutzerin nicht leer ist, $u_k \neq \varepsilon$, nimmt das System an, dass sie mit der aktuellen Betriebsart nicht einverstanden ist. Daher ändert das System seinen epistemischen Zustand vom aktuellen a_k zu einem anderen Zustand $c_k \neq a_k$. Ein neues UMP $U_k = (u_k, \{(a_k, c_k)\})$ wird erstellt und dem Lexikon durch $M_k \leftarrow M_{k-1} \cup \{U_k\}$ hinzugefügt. Auch U_k und die Regelbezeichnung „1(b)" werden in der Geschichte gespeichert: $h(t) \leftarrow (U_k, 1(b))$, $t \leftarrow t + 1$.

2. *Fall 2.* Die Äußerung u_k wurde schon einmal geäußert $u_k \notin M_{k-1}$. Dann ergibt der lexikalische Zugriff $U = (u, [\![u]\!]) \in M_{k-1}$ mit $u = u_k$ als aktueller Äußerung, wobei wir zwei weitere Fälle unterscheiden müssen:
   a) *Anwenden.* Es existiert ein Antezedent-Konsequenz-Paar $(a, c) \in [\![u]\!]$, sodass der gegenwärtige Zustand $a_k = a$ ist. Dann wird der entsprechende Übergang $a_k \mapsto c$ angewendet. Anschließend wird ein neues UMP $U = (u, \{(a, c)\})$ erstellt, das zusammen mit dem Regeletikett $h(t) \leftarrow (U, 2(a))$, $t \leftarrow t + 1$ in der Geschichte gespeichert wird. Schließlich werden das gerade angewandte Antezedent-Konsequenz-Paar und das zuletzt vorhandene in $[\![u]\!]$ ausgetauscht, um eine spätere Revision zu ermöglichen, also

   $$[\![u]\!] \leftarrow \left([\![u]\!] \setminus \{(a,c)\}\right) \cup \{(a,c)\}.$$

   b) *Lernen.* Es gibt kein Antezedent-Konsequenz-Paar $(a, c) \in [\![u]\!]$, sodass $a_k = a$. In diesem Fall muss der Agent die Bedeutung von $[\![u]\!]$ wie folgt ergänzen.
      i. *Zustimmen.* Wenn die Äußerung der Nutzerin leer ist (Schweigen), $u_k = \varepsilon$, nimmt das System an, dass sie mit der aktuellen Betriebsart einverstanden ist. Daher ist wieder $c_k = a_k$. Dann wird erstens $M_k \leftarrow M_{k-1} \setminus \{U\}$, zweitens U gemäß $[\![\varepsilon]\!] \leftarrow [\![\varepsilon]\!] \cup \{U_k\}$ mit einem neu erstellten $U_k = (a_k, c_k)$ aktualisiert, drittens $M_k \leftarrow M_{k-1} \cup \{U\}$, viertens werden U_k und die Regelbezeichnung in der Geschichte gespeichert: $h(t) \leftarrow (U_k, 2(b)i)$, $t \leftarrow t + 1$.
      ii. *Nicht zustimmen.* Wenn die Äußerung der Nutzerin nicht leer ist, $u_k \neq \varepsilon$, nimmt das System an, dass sie mit der aktuellen Betriebsart nicht einverstanden ist. Daher macht es einen Zustandsübergang $a_k \mapsto c_k$ ($c_k \neq a_k$). Dann wird wiederum erstens $M_k \leftarrow M_{k-1} \setminus \{U\}$, zweitens U gemäß $[\![u]\!] \leftarrow [\![u]\!] \cup \{U_k\}$ mit $U_k = (a_k, c_k)$ aktualisiert, drittens $M_k \leftarrow M_{k-1} \cup \{U\}$, und viertens werden U_k und die Regelbezeichnung in der Geschichte: $h(t) \leftarrow (U_k, 2(b)ii)$, $t \leftarrow t + 1$ abgespeichert.
3. *Überarbeiten.* Wenn eine Äußerung u_k, die vom aktuellen Antezedenten a_k nicht akzeptiert wird *(d. h. $[\![u_k]\!](a_k) \neq a_k$)*, unmittelbar auf eine Geschichte von nicht akzeptierten Äußerungen folgt, dann revidiert die Bedeutung von u_k, jene aller früheren Äußerungen in der Geschichte wie folgt. Zunächst wird der Zeitpunkt $s = mras(h, \tau)$ des zuletzt akzeptierten Zustands zum Trainingszeitpunkt τ aus der Geschichte abgeleitet. Dann gilt für alle Zeiten $s < p \leq \tau$: Die letzte Aktualisierung $(a_p, c_p) = last(u_p)$ der Äußerungen $u_p = U_p(1)$ mit $U_p = h(p, 1)$ wird abgerufen und nach folgender Formel überarbeitet

$$[\![u_p]\!] \leftarrow [\![u_p]\!] \setminus \left(\{(a_p, c_p)\}\right) \cup \{(a_p, c_k)\}$$

mit $c_k \neq c_p$. Danach wird das überarbeitete U_p zusammen mit der Regelbezeichnung 3 in der Geschichte gespeichert: $h(t) \leftarrow (U_p, 3)$, $t \leftarrow t + 1$.

Der Algorithmus prüft kontinuierlich, ob eine Äußerung dem Agenten schon einmal präsentiert wurde. War dies nicht der Fall, gilt Regel 1, andernfalls schaltet das System in

Modus 2. In beiden Fällen gehen wir davon aus, dass eine leere Äußerung ($1(a), 2(b)i$) bedeutet, dass die Bedienerin den aktuellen Aktionszustand der Maschine billigt. Ist die Äußerung jedoch nicht leer, dann soll die Nutzerin mit dem Zustand der Maschine nicht einverstanden ($1(b), 2(b)ii$) sein. Für unser einfaches Modell der kognitiven Heizung mit binärem Aktionsraum (Gl. 2) wird der aktuelle Zustand a einfach in seinen entgegengesetzten Zustand $\neg a$ geändert. Bei einer komplexeren Situation mit mehr als zwei Zuständen muss der Agent jedoch die passende Reaktion finden. Der einfachste Weg, dies zu erreichen, ist das Ausprobieren aller möglichen Konsequenzen durch Versuch und Irrtum. Geeignete Lösungen könnten zum Beispiel Markow-Entscheidungsprozesse (MDP) nutzen (Sutton & Barto, 2018). Besondere Spezialfälle sind die Regeln 2(a) und 3. Die Anwendungsregel 2(a) wird ausgeführt, wenn die Äußerung zum erworbenen Lexikon gehört und der Antezedent ihrer Bedeutung mit einer bekannten Konsequenz verbunden ist. Dann führt der Agent den vorgeschriebenen Zustandsübergang aus. Unsere Überarbeitungsregel 3 schließlich revidiert eine gesamte Geschichte nicht akzeptierter Äußerungen, beginnend mit der frühesten nicht akzeptierten Äußerung, die unmittelbar auf die jüngste akzeptierte Äußerung folgt. Die Revisionsregel beruht auf der impliziten Annahme, dass der durch die aktuelle Äußerung induzierte Zustandsübergang der von der Nutzerin gewünschte ist. Dadurch werden alle „falsch" gelernten Konsequenzen in der Geschichte durch die jüngst gelernte ersetzt, sodass die zuvor gelernten Antezedenten auf die aktuelle Konsequenz abgebildet werden. Außerdem geht diese Regel davon aus, dass eine Folge von nicht akzeptierten Äußerungen auf ein anhaltendes Missverständnis zwischen der Nutzerin und dem kognitiven Agenten hinweist, das durch die letzte Revision unmittelbar ausgeschlossen werden muss.

Eine offensichtliche Eigenschaft des Algorithmus 1 wird als folgendes Theorem formuliert.

Theorem 1 *Die Bedeutung von Schweigen akzeptiert jeden epistemischen Zustand,* $[\![\varepsilon]\!] = id$.

Als Nächstes müssen wir prüfen, ob der vorgeschlagene Algorithmus *widerspruchsfrei* und *vollständig* ist. Es ist klar, dass der Algorithmus nicht vollständig sein kann, da er prinzipiell jeder Äußerung eine Bedeutung zuschreibt, selbst Interjektionen wie „äh", „öh" und „mmh". Im Gegensatz dazu können wir die Korrektheit als die Bedingung ansehen, dass die erworbenen Relationen F zwischen Antezedent-Konsequenz-Paaren eine korrekte partielle Funktion im Sinne von Gl. (6) sind. Dann können wir Widerspruchsfreiheit wie folgt beweisen.

Theorem 2 *Der Lernalgorithmus ist widerspruchsfrei.*

Beweis Angenommen, der Algorithmus hat bereits gelernt, dass die Bedeutung einer Äußerung u ein Antezedent-Konsequenz-Paar $(a, c) \in [\![u]\!]$ enthält und dass ein weiteres Paar (a, c'), $c' \neq c$ ebenfalls gelernt werden soll. Dies geschieht jedoch nicht, da der Algorithmus das Antezedens a erkennt und gemäß Regel 2a in den *Anwendungsmodus* übergeht, anstatt die Bedeutung $(a, c') \in [\![u]\!]$ zu lernen, was eine inkonsistente partielle Funktion F ergeben würde.

Im Folgenden stellen wir zwei verschiedene Trainingsszenarien für unser Beispiel der kognitiven Heizung vor (Klimczak et al., 2014; Huber et al., 2018). Im ersten Szenario diskutieren wir das motivierende Beispiel aus Abschnitt 2 mit nur zwei Betriebsmodi: Heizen (H) und Nichtheizen ($\neg H$) [Gl. (2)]. Das zweite Szenario behandelt dann eine etwas komplexere Umwelt mit drei Aktionen: Nichtheizen ($\neg H$), Halbheizen S und Vollheizen H. Wir initialisieren das System zum Zeitpunkt $k = 0$ mit leerem Lexikon $M_0 = \emptyset$ und mit seiner aktuellen Betriebsart H (unter der Annahme, dass die Heizung zum Zeitpunkt $k = 0$ heizt). Daher ist der Vorgängerzustand $a_0 = H$. Dem Verhalten b_0 ordnen wir die gegebene Äußerung u_0 zu.

4   Erstes Szenario

Im ersten Szenario trainieren wir das System mit der folgenden Abfolge von Äußerungen:

$$s_1 = (\varepsilon, \textit{Ich gehe jetzt zur Oma}, \varepsilon, \textit{Ich gehe jetzt zur Oma}, \textit{Nein!},$$
$$\varepsilon, \textit{Heize!}, \textit{Ich gehe jetzt zu Oma}, \textit{Ich gehe jetzt zu Oma}, \varepsilon, \qquad (12)$$
$$\textit{Guter Junge!}, \textit{Ich gehe jetzt zur Oma}, \textit{Ich gehe jetzt zur Oma.})$$

Gemäß der Intuition, die hinter dem Algorithmus steht, billigt die Nutzerin den anfänglichen Arbeitszustand durch eine leere Äußerung. Dann ändert sie ihre Meinung und wünscht einen Zustandswechsel, indem sie sagt: „*Ich gehe jetzt zur Oma*", was im dritten Schritt durch Schweigen bestätigt wird. Durch Wiederholung der letzten Äußerung im vierten Schritt wird ein weiterer Zustandswechsel gewünscht.

Der entsprechende Übergang wird jedoch durch die Äußerung *Nein!* bestraft und die Bedeutung von *Ich gehe zur Oma* wird nun durch Verstärkungslernen revidiert. In der sechsten Iteration wird die aktuelle Betriebsart durch das Schweigen der Nutzerin bestätigt. In der siebten Iteration zeigen wir, dass die Maschine sogar in der Lage ist, mit verwirrenden Eingaben umzugehen, wenn eine verwirrte Nutzerin erstens „*Heize!*" sagt und sich zweitens durch „*Ich gehe jetzt zur Oma*" korrigiert, mit der Implikatur, dass die Heizung abgestellt werden soll. Dann erscheint die Nutzerin als völlig verwirrt, wenn sie die letzte Äußerung noch einmal wiederholt. Die Korrektur wird durch die leere Äußerung in Schritt zehn belohnt. Schließlich zeigen wir, wie der Algorithmus in drei weiteren Verstärkungsschritten auch die teilweise affirmative Bedeutung von *Guter Junge!* lernen kann.

Erste Iteration   Der Einfachheit halber nehmen wir an, dass die Nutzerin zum Zeitpunkt $k = 0$ schweige, sodass die anfängliche Äußerung das leere Wort $u_0 = \varepsilon$. Dann gilt

$$b_0 = u_0 = \varepsilon$$

zum Zeitpunkt $k = 0$. Es ist also Regel 1(a) anzuwenden, und das System ändert seinen Betriebsmodus nicht, solange die Nutzerin schweigt. Infolgedessen erhalten wir den epistemischen Zustand

$$c_0 = H.$$

Dadurch wird die erste Bedeutung zu

$$[\![\varepsilon]\!] = \{(H,H)\}.$$

Dementsprechend ist das gelernte UMP

$$U_0 = \left(\varepsilon, \{(H\,H)\}\right).$$

Gemäß Regel 1(a) ergibt sich das Lexikon

$$M_1 = \left\{\left(\varepsilon, \{(H\,H)\}\right)\right\}.$$

Zweite Iteration Bei der nächsten Iteration zum Zeitpunkt $k = 1$ wird das Antezedent dynamisch mit der Konsequenz aus dem vorherigen Zeitschritt initialisiert [Gl. (10)]:

$$a_1 \leftarrow c_0.$$

In unserem speziellen Fall haben wir $a_1 = H$. Wie zuvor assoziieren wir mit dem aktuellen verbalen Verhalten b_1 die Äußerung u_1, indem wir u_1 = *Ich gehe jetzt zur Oma* setzen. Dann gilt

$$u_1 = b_1 = Ich\ gehe\ jetzt\ zur\ Oma$$

und

$$c_1 = \neg H$$

gemäß der Trainingsregel 1(b), wobei eine nichtleere Äußerung den Wunsch der Nutzerin anzeigt, den Betriebsmodus der Heizung von Heizen H auf Nichtheizen $\neg H$ zu ändern. Deshalb gilt

$$Ich\ gehe\ jetzt\ zur\ Oma = \{(H, \neg H)\}.$$

Das resultierende UMP ist dann

$$U_1 = \left(Ich\ gehe\ jetzt\ zur\ Oma, \{(H, \neg H)\}\right).$$

Da das UMP U_1 nicht im Lexikon M_1 aus der ersten Iteration enthalten ist, erhalten wir das aktualisierte mentale Lexikon

$$M_2 = M_1 \cup \{U_1\}$$

d. h.

$$M_2 = \{(\varepsilon, \{(H, H)\}), (\textit{Ich gehe jetzt zur Oma}, \{(H, \neg H)\})\}.$$

Dritte Iteration Die dritte Iteration beginnt mit dem Antezedens $a_2 = c_1 = \neg H$ und verarbeitet die Äußerung $u_2 = b_2 = \varepsilon$ gemäß Gl. (12). Da die Äußerung dem Gerät bereits bekannt ist, hat es die Anwendbarkeit von Regel 2 zu prüfen. Da es das Antezedens $\neg H$ in der Bedeutungsdefinition von $[\![\varepsilon]\!]$ nicht findet, fährt der Agent mit Regel 2(b)i fort. Somit gilt

$$U = (\varepsilon, \{(H, H)\})$$

$$U_2 = (\varepsilon, \{(\neg H, \neg H)\})$$

$$[\![\varepsilon]\!] \leftarrow [\![\varepsilon]\!] \cup \{(\neg H, \neg H)\}$$

$$U \leftarrow (\varepsilon, \{(H, H), (\neg H, \neg H)\})$$

$$M_3 = \{(\varepsilon, \{(H, H), (\neg H, \neg H)\}), (\textit{Ich gehe jetzt zur Oma}, \{(H, \neg H)\})\}.$$

Vierte Iteration In der nächsten Iteration haben wir das Antezedent $a_3 = c_2 = \neg H$ und interpretieren die Äußerung $u_3 = b_3 = \textit{Ich gehe jetzt zur Oma}$ [Gl. (12)]. Die Äußerung ist dem Agenten bekannt, und wir wenden Regel 2(b)ii an, weil das Antezedent in der vorherigen Bedeutungsdefinition nicht vorkommt. Damit gilt

$$U = (\textit{Ich gehe jetzt zur Oma}, \{(H, \neg H)\})$$

$$U_3 = (\textit{Ich gehe jetzt zur Oma}, \{(\neg H, H)*\})$$

$$[\![\textit{Ich gehe jetzt zur Oma}]\!] \leftarrow [\![\textit{Ich gehe jetzt zur Oma}]\!] \cup \{(\neg H, H)*\}$$

$$U \leftarrow (\textit{Ich gehe jetzt zur Oma}, \{(H, \neg H), (\neg H, H)*\}).$$

Man beachte, dass die neu erworbene Implikatur $(\neg H, H) \in [\![\textit{Ich gehe jetzt zur Oma}]\!]$ pragmatisch nicht angemessen ist (Grice, 1969). Wir kennzeichnen diese Art von „falschem" Wissen im Folgenden wie in der Linguistik üblich mit einem Sternchen $*$.

Dadurch wird das aktualisierte Lexikon

$$M_4 = \{(\varepsilon, \{(H, H), (\neg H, \neg H)\}), (\textit{Ich gehe jetzt zur Oma}, \{(H, \neg H), (\neg H, H)*\})\}.$$

Fünfte Iteration Die im letzten Trainingsschritt erworbene Bedeutung von *Ich gehe jetzt zur Oma* widerspricht der in Abschnitt 1 diskutierten pragmatischen Implikatur, da die Heizung eingeschaltet wird, obwohl sie vorher ausgeschaltet war (Grice, 1969). Deshalb sagt die Nutzerin *Nein!* Da $u_4 \neq \varepsilon$ ist, stimmt die Nutzerin zunächst dem antezedenten Zustand $a_4 = H$ nicht zu und wünscht stattdessen den konsequenten Zustand $c_4 = \neg H$. Folglich lernt der Agent eine neue Bedeutung

$$[\![Nein!]\!] = \{(H, \neg H)\}.$$

Das gelernte UMP ist dann

$$U_4 = \left(Nein!, \{(H, \neg H)\}\right).$$

Gemäß Regel 1(a) ergibt sich das Lexikon

$$M_5 = M_4 \cup \left\{\left(Nein!, \{(H, \neg H)\}\right)\right\}.$$

Da u_4 jedoch unmittelbar auf die Äußerung u_3 folgt, müssen wir auch die Revisionsregel 3 des Reinforcement-Learning-Algorithmus berücksichtigen. Zu diesem Zweck überprüft die Maschine, ob das Antezedent $a_4 = H$ von der Bedeutung von u_4 akzeptiert wurde. Dies war nicht der Fall, da

$$c_4 = [\![Nein!]\!](a_4) = [\![Nein!]\!](H) = \neg H.$$

Somit wird die Konsequenz in der bereits gelernten Bedeutungsdefinition von u_3 durch die aktuell gewünschte Konsequenz ersetzt. Somit ist dann

$$[\![Ich\ gehe\ jetzt\ zur\ Oma]\!] \leftarrow \left([\![Ich\ gehe\ jetzt\ zur\ Oma]\!] \setminus \{(\neg H, H)\}\right) \cup \{(\neg H, \neg H)\}$$

und mithin

$$M_5 \leftarrow \left\{\left(\varepsilon, \{(H,H), (\neg H, \neg H)\}\right), \left(Ich\ gehe\ jetzt\ zur\ Oma, \{(H, \neg H), (\neg H, \neg H)\}\right), \left(Nein!, \{(H, \neg H)\}\right)\right\}.$$

Infolgedessen bekommt *Ich gehe zur Oma* nun die im Lexikon M_5 intendierte Bedeutung, d. h.

$$[\![Ich\ gehe\ jetzt\ zur\ Oma]\!] = \{(H, \neg H), (\neg H, \neg H)\}, \tag{13}$$

die Heizung ist stets ausschalten, mit der korrekten pragmatischen Implikatur, dass bei Abwesenheit der Nutzerin keine Heizleistung benötigt wird.

Sechste Iteration In der nächsten Iteration, in der $a_5 = c_4 = \neg H$ ist, drückt die Nutzerin ihr Einverständnis mit dem aktuellen Arbeitszustand der Heizung durch die leere Äußerung

$u_5 = \varepsilon$ aus. Da u_5 bereits zuvor geäußert worden und ihr Antezedent a_5 im Lexikon bekannt ist, greift die Anwendungsregel 2(a), d. h., der Arbeitszustand ändert sich nicht, es findet kein Lernen statt und nichts wird überarbeitet.

Bisher wurden alle Regeln des Algorithmus angewandt. Wie in Theorem 1 gezeigt, wird die leere Äußerung ε von allen epistemischen Zuständen akzeptiert, was als Affirmation interpretiert werden kann. Die Bedeutung von *Ich gehe jetzt zur Oma* wurde als diejenige intendierte pragmatische Implikatur gelernt, dass während der Abwesenheit der Nutzerin keine Heizleistung benötigt wird. Die Bedeutung von *Nein!* wurde teilweise erlernt. Schließlich wurde die Revisionsregel 3 durch eine nicht akzeptierte Äußerung *Nein!* ausgelöst.

Siebte Iteration Als Nächstes untersuchen wir, ob die kognitive Heizung in der Lage ist, mit Informationen umzugehen, die von einer leicht verwirrten Nutzerin geäußert werden. Dazu muss die Maschine $u_6 = $ *Heize!* im Zustand $a_6 = c_5 = \neg H$ verarbeiten. Weil u_6, welche nicht leer ist, niemals zuvor geäußert worden ist, muss Regel 1(b) wie folgt angewendet werden:

$$[\![Heize!]\!] = \{(\neg H, H)\}.$$

Das resultierende UMP ist dann

$$U_6 = \big(Heize!, \{(\neg H, H)\}\big).$$

Da das UMP U_6 nicht im Lexikon M_5 der letzten Iteration enthalten ist, ergibt sich das aktualisierte mentale Lexikon

$$M_6 = M_5 \cup \{U_6\},$$

d. h.

$$M_6 = \{(\varepsilon, \{(H, H), (\neg H, \neg H), (Ich\,gehe\,jetzt\,zur\,Oma, \{(H, \neg H), (\neg H, \neg H)\}, \\ (Nein!, \{(H, \neg H)\}, (Heize!, \{(\neg H, H)\})\}.$$

Achte Iteration Die letzte Äußerung hat zwar die richtige Bedeutung angenommen, ist aber pragmatisch unpassend. Daher nimmt die Nutzerin eine Korrektur vor, indem sie wiederum $u_7 = $ *Ich gehe jetzt zur Oma* ausspricht. Zunächst wird die dynamische Bedeutung von u_7 gemäß Regel 2(a) auf den aktuellen Zustand $a_7 = c_6 = H$ angewendet, was zu dem Zustandsübergang

$$c_7 = [\![Ich\,gehe\,jetzt\,zur\,Oma]\!](a_7) = [\![Ich\,gehe\,jetzt\,zur\,Oma]\!](H) = \neg H$$

führt.

Zweitens, da $c_7 \neq a_7$ ist, akzeptiert das Antezedent a_7 nicht die Bedeutung von *Ich gehe jetzt zur Oma*, wodurch eine Revision von u_6 ausgelöst wird. Dadurch ergibt sich

$$[\![Heize!]\!] \leftarrow ([\![Heize!]\!] \setminus \{(\neg H, H) \cup (\neg H, \neg H)*\},$$

wobei das gelernte Antezedent (fälschlicherweise) mit der aktuellen Konsequenz assoziiert wird.

Neunte Iteration Nun nehmen wir an, dass die Nutzerin so verwirrt wirkt, dass sie die letzte Äußerung noch einmal wiederholt: $u_8 = $ *Ich gehe jetzt zur Oma*. Der Arbeitszustand $a_8 = c_7 = \neg H$ gehört zur Bedeutungsdefinition von u_8. Diese wird dynamisch iteriert durch

$$c_8 = [\![Ich\ gehe\ jetzt\ zur\ Oma]\!](a_8) = [\![Ich\ gehe\ jetzt\ zur\ Oma]\!](\neg H) = \neg H = a_8,$$

wodurch ein Fixpunkt von $[\![Ich\ gehe\ jetzt\ zur\ Oma]\!]$ vorliegt. Daher akzeptiert das Antezedens a_8 die Bedeutung von u_8 und verhindert eine weitere Revision.

Zehnte Iteration Die Nutzerin erteilt ihre stille Zustimmung. Hier haben wir $a_9 = c_8 = \neg H$ und $u_9 = \varepsilon$, was ganz einfach angewendet wird als

$$c_9 = [\![\varepsilon]\!](a_9) = [\![\varepsilon]\!](\neg H) = \neg H = a_9.$$

Elfte Iteration Wir beenden das erste Szenario mit dem Erwerb von affirmativen Bedeutungen. Im Zustand $a_{10} = c_9 = \neg H$ äußert die Nutzerin $u_{10} = $ *Guter Junge!*, also eine nichtleere unbekannte Phrase, die zu einer Aktualisierung des Lexikons gemäß Regel 1(b) führt, sodass gilt:

$$[\![Guter\ Junge!]\!] = \{(\neg H, H)*\}.$$

Das resultierende UMP ist dann

$$U_{10} = (Guter\ Junge!, \{(\neg H, H)*\}).$$

Da UMP U_{10} nicht im aktuellen Lexikon enthalten ist, wird dieses durch

$$M_7 = \{(\varepsilon, \{(H, H), (\neg H, \neg H)\}), (Ich\ gehe\ jetzt\ zur\ Oma, \{(H, \neg H), (\neg H, \neg H)\}),$$
$$(Nein!, \{(H, \neg H)\}), (Heize!, \{(\neg H, H)\}), (Guter\ Junge!, \{(\neg H, H)*\})\}$$

erweitert.

Zwölfte Iteration Da die Bedeutung von *Guter Junge!* in der letzten Iteration fälschlicherweise erworben wurde, sagt die Nutzerin unmittelbar $u_{11} = $ *Ich gehe jetzt zu Oma*, um eine erneute Änderung des Zustands $a_{11} = c_{10} = H$ zu erzwingen.

$$c_{11} = [\![\textit{Ich gehe jetzt zur Oma}]\!](a_{11}) = [\![\textit{Ich gehe jetzt zur Oma}]\!](H) = \neg H.$$

Die Bedeutung von *Ich gehe jetzt zur Oma* wird also durch das Antezedent a_{11} nicht akzeptiert, sodass u_{10} revidiert werden muss, welches

$$[\![\textit{Guter Junge!}]\!] \leftarrow ([\![\textit{Guter Junge!}]\!] \setminus \{(\neg H, H)\}) \cup \{(\neg H, \neg H)\}$$

zeitigt.

Die Bedeutung von *Guter Junge!* akzeptiert jetzt den Zustand $\neg H$ wie erwünscht.

Dreizehnte Iteration Die immer noch leicht verwirrte Nutzerin beendet dieses Szenario durch ein weiteres bestätigendes $u_{12} = $ *Ich gehe zur Oma* im Betriebsmodus $a_{12} = c_{11} = \neg H$, was zu einer letzten Anwendung von Regel 2(a) führt:

$$c_{12} = [\![\textit{Ich gehe jetzt zur Oma}]\!](a_{12}) = [\![\textit{Ich gehe jetzt zur Oma}]\!](\neg H) = \neg H = a_{12}.$$

Dabei wird das Antezedent a_{12} von der Bedeutung von u_{12} akzeptiert und es findet keine Revision statt.

Schließlich fassen wir die epistemische Aktualisierungsdynamik dieses Szenarios in Tab. 1 zusammen.

Tab. 1 Dynamische Maschinensemiotik für das erste Szenario Gl. (12). Das Sternchen ∗ zeigt falsches Wissen an. Die Variablen sind k: Iteration, t: Zeitstempel, a_k: Antezedent, b_k: Verhalten (Äußerung u_k), c_k: Konsequenz, U_t: gelerntes Äußerungs-Bedeutungs-Paar (UMP), Regel: die angewandte Regel des Algorithmus. Die Geschichte aus Definition 8 wird in den letzten beiden Spalten wiedergegeben

k	t	a_k	b_k	c_k	U_t	Regel
0	0	H	ε	H	$(\varepsilon, \{(H,H)\})$	1a
1	1	H	Ich gehe jetzt zur Oma	$\neg H$	(Ich gehe jetzt zur Oma, $\{(H, \neg H)\}$)	1b
2	2	$\neg H$	ε	$\neg H$	$(\varepsilon, \{(\neg H, \neg H)\})$	2(b)i
3	3	$\neg H$	Ich gehe jetzt zur Oma	H	(Ich gehe jetzt zur Oma, $\{(\neg H, H)\ast\}$)	2(b)ii
4	4	H	Nein!	$\neg H$	(Nein!, $\{(H, \neg H)\}$)	1b
	5				(Ich gehe jetzt zur Oma, $\{(\neg H, \neg H)\}$)	3
5	6	$\neg H$	ε	$\neg H$	$(\varepsilon, \{(\neg H, \neg H)\})$	2a
6	7	$\neg H$	Heize!	H	(Heize!, $\{(\neg H, H)\}$)	1b
7	8	H	Ich gehe jetzt zur Oma	$\neg H$	(Ich gehe jetzt zur Oma, $\{(H, \neg H)\}$)	2a
	9				(Heize!, $\{(\neg H, H)\ast\}$)	3
8	10	$\neg H$	Ich gehe jetzt zur Oma	$\neg H$	(Ich gehe jetzt zur Oma, $\{(\neg H, \neg H)\}$)	2a
9	11	$\neg H$	ε	$\neg H$	$(\varepsilon, \{(\neg H, \neg H)\})$	2a
10	12	$\neg H$	Guter Junge!	H	(Guter Junge!, $\{(\neg H, H)\ast\}$)	1b
11	13	H	Ich gehe jetzt zur Oma	$\neg H$	(Ich gehe jetzt zur Oma, $\{(H, \neg H)\}$)	2a
	14				(Guter Junge!, $\{(\neg H, \neg H)\}$)	3
12	15	$\neg H$	Ich gehe jetzt zur Oma	$\neg H$	(Ich gehe jetzt zur Oma, $\{(\neg H, \neg H)\}$)	2a

5 Zweites Szenario

Im zweiten Szenario betrachten wir einen erweiterten epistemischen Raum X, der drei Handlungsmodi umfasst: nicht heizen $\neg H$, heizen H und halb heizen S. Zudem führen wir eine intrinsische Zustandsdynamik Φ ein, die für alle unbekannten Äußerungen durch $\Phi(\neg H) = S$, $\Phi(S) = H$ und $\Phi(H) = \neg H$ zwischen diesen Modi zirkuliert.

Aufgrund der unterschiedlichen Umwelt verarbeiten wir hier eine leicht abweichende Reihenfolge der Äußerungen:

$s_2 = (\varepsilon, Ich\ gehe\ jetzt\ zur\ Oma, \varepsilon, Ich\ gehe\ jetzt\ zur\ Oma,$
$Nein!, Nein!, \varepsilon, Heize!, Ich\ gehe\ jetzt\ zu\ Oma, Ich\ gehe\ jetzt\ zu\ Oma, \varepsilon, Guter\ Junge!,$
$Ich\ gehe\ jetzt\ zur\ Oma, ich\ gehe\ jetzt\ zur\ Oma).$ (14)

Der einzige Unterschied zum Szenario aus Gl. (12) ist die Wiederholung von *Nein!* in Schritt sechs.

Die ersten zehn Schritte der sich ergebenden Aktualisierungsdynamik dieses Szenarios sind in Tab. 2 dargestellt.

Die Schritte 0 bis 2 sind die gleichen wie im ersten Szenario in Tab. 1. Dabei ist zu beachten, dass die leere Äußerung ε in Schritt 2 vom Zustand $\neg H$ akzeptiert wurde. Beginnend mit Schritt 3 entwickelt sich die Maschinensemiotik unterschiedlich, weil es drei Handlungszustände gibt. Dabei wird die Bedeutung von *Ich gehe jetzt zur Oma* fälschlicherweise als $(\neg H, S)$ gelernt. In Schritt 4 stößt die Nutzerin daher durch die Äußerung von *Nein!* eine erste Revision an, die, obwohl pragmatisch unerwünscht, in Schritt 5 durchgeführt wird. Deshalb wiederholt die Nutzerin in Schritt 6 ihre Äußerung *Nein!*. Zu diesem Zeitpunkt haben sich in der Mensch-Maschine-Kommunikation nachhaltige Missverständnisse aufgehäuft, die in den folgenden Schritten 7 und 8 aufgelöst werden müssen. Dazu sind die in Abschnitt 2.2 erarbeiteten formalen Konzepte erforderlich.

Tab. 2 Beginn der Maschinensemiotik für das zweite Szenario Gl. (12). Das Sternchen * zeigt falsches Wissen an. Die Variablen sind k: Iteration, t: Zeitstempel, a_k: Antezedent, b_k: Verhalten (Äußerung u_k), c_k: Konsequenz, U_t: gelerntes Äußerungs-Bedeutungspaar (UMP), Regel: die angewandte Regel des Algorithmus. Die Geschichte aus Definition 8 wird in den letzten beiden Spalten wiedergegeben

k	t	a_k	b_k	c_k	U_t	Regel
0	0	H	ε	H	$(\varepsilon, \{(H,H)\})$	1a
1	1	H	*Ich gehe jetzt zur Oma*	$\neg H$	$(Ich\ gehe\ jetzt\ zur\ Oma, \{(H, \neg H)\})$	1b
2	2	$\neg H$	ε	$\neg H$	$(\varepsilon, \{(\neg H, \neg H)\})$	2(b)i
3	3	$\neg H$	*Ich gehe jetzt zur Oma*	S	$(Ich\ gehe\ jetzt\ zur\ Oma, \{(\neg H, S)*\})$	2(b)ii
4	4	S	*Nein!*	H	$(Nein!, \{(S, H)\})$	1b
	5				$(Ich\ gehe\ jetzt\ zur\ Oma, \{(\neg H, H)*\})$	3
5	6	H	*Nein!*	$\neg H$	$(Nein!, \{(H, \neg H)\})$	2(b)ii
	7				$(Nein!, \{(S, \neg H)\})$	3
	8				$(Ich\ gehe\ jetzt\ zur\ Oma, \{(\neg H, \neg H)\})$	3
6	9	$\neg H$	ε	$\neg H$	$(\varepsilon, \{(\neg H, \neg H)\})$	2a

Zunächst gibt das System den zuletzt akzeptierten Zustand $mras(h,6) = 2$ aus der Geschichte h gemäß Definition 9 heraus. Dann wird die Geschichte $h(t)$ für die Zeitindizes $t = 3, \ldots, 6$ nach den letzten Bedeutungsaktualisierungen durchsucht. In Schritt 7 wird die in Schritt 4 gelernte Bedeutung von *Nein!* revidiert, indem die erworbene Konsequenz H durch die neu erwünschte Konsequenz $\neg H$ ersetzt wird, während das Antezedent S erhalten bleibt. Außerdem wird in Schritt 8 die pragmatisch unangemessene Bedeutung von *Ich gehe jetzt zur Oma* von $(\neg H, H)$ zu $(\neg H, \neg H)$ revidiert, d. h. „nicht heizen in Abwesenheit der Nutzerin". Die erste Trainingsphase endet in Schritt 9 mit der Akzeptanz der leeren Äußerung im Zustand $\neg H$.

Das bis zum Schritt 9 erworbene mentale Lexikon wird wie folgt angegeben

$$M_7 = \{(\varepsilon, \{(H,H),(\neg H,\neg H)\}), (\textit{Ich gehe jetzt zur Oma}, \{(H,\neg H),(\neg H,\neg H)\}),$$
$$(\textit{Nein!}, \{(H,\neg H)\})\}.$$

In M_7 fungiert die leere Äußerung ε als eine partielle Affirmation, die einen beliebigen Zustand akzeptiert. Die Äußerung *Ich gehe jetzt zur Oma* implikatiert pragmatisch, dass keine Heizleistung benötigt wird, wenn die Nutzerin abreist. Schließlich bedeutet *Nein!*, dass weder Voll- noch Halbheizung erwünscht sind.

Die nächste Tab. 3 zeigt die Fortführung der dreistufigen dynamischen maschinellen Semiotik im Falle von inkonsistenten Informationen einer etwas verwirrten Nutzerin.

Obwohl die Nutzerin ihre Großmutter besuchen möchte, sagt sie *Heize!*, was unter normalen Umständen korrekt als Wechsel vom Nichtheizen in den Halbheizmodus gelernt worden wäre. Da Heizen im aktuellen Kontext jedoch unerwünscht ist, sagt sie in Schritt 11 wieder *Ich gehe jetzt zur Oma*. Dies löst eine weitere Revision in Schritt 12 aus, bei der die zuvor assoziierte Konsequenz S durch das aktuelle H im Sinne von *Heize!* ersetzt wird. Dadurch erhöht die Maschine ihre Heizleistung noch weiter, anstatt sich abzuschalten. Die Nutzerin wiederholt also in Schritt 13 das richtig gelernte *Ich gehe jetzt zur Oma*.

Nun haben sich im System wieder hartnäckige Missverständnisse angesammelt, die umgehend zu korrigieren sind. Zu diesem Zweck wird der zuletzt akzeptierte Zustand $mras(h,13) = 9$ aus der Geschichte h ausgegeben, welche anschließend für die Zeitindizes

Tab. 3 Fortsetzung der Maschinensemiotik für das zweite Szenario Gl. (12). Das Sternchen* zeigt falsches Wissen an. Variablen sind k: Iteration, t: Zeitstempel, a_k: Antezedent, b_k: Verhalten (Äußerung u_k), c_k: Konsequenz, U_t: gelerntes Äußerungs-Bedeutungspaar (UMP), Regel: die angewandte Regel des Algorithmus. Die Geschichte von Definition 8 wird in den letzten beiden Spalten wiedergegeben

k	t	a_k	b_k	c_k	U_t	Regel
7	10	$\neg H$	Heize!	S	(Heize!, $\{(\neg H, S)\}$)	1b
8	11	S	Ich gehe jetzt zur Oma	H	(Ich gehe jetzt zur Oma, $\{(S,H)*\}$)	2(b)ii
	12				(Heize!, $\{(\neg H, H)\}$)	3
9	13	H	Ich gehe jetzt zur Oma	$\neg H$	(Ich gehe jetzt zur Oma, $\{(H, \neg H)\}$)	2a
	14				(Ich gehe jetzt zur Oma, $\{(S, \neg H)\}$)	3
	15				(Heize!, $\{(\neg H, \neg H)*\}$)	3

$t = 10, \ldots, 13$ nach den letzten Aktualisierungen durchsucht wird. Infolgedessen werden die Bedeutungen von *Ich gehe jetzt zu Oma* und *Heize!* gemäß der Regel 3 des Trainingsalgorithmus revidiert.

Das bis dahin erworbene mentale Lexikon ist dann

$$M_{10} = \{(\varepsilon, \{(H,H),(\neg H,\neg H)\}), (Ich\ gehe\ jetzt\ zur\ Oma, \{(H,\neg H),(\neg H,\neg H),(S,\neg H)\}),$$
$$(Nein!, \{(H,\neg H),(S,\neg H)\}), (Heize!, \{(\neg H,\neg H)*\})\},$$

wobei die Bedeutung von *Ich gehe jetzt zur Oma* durch ein weiteres Antezedent-Konsequenz-Paar $(S, \neg H)$ korrekt erweitert wurde, während die Bedeutung von „heizen!" zu „nicht heizen" wurde, als die Heizung vorher ausgeschaltet war. Dies widerspricht der beabsichtigten Implikatur.

Wir schließen dieses Szenario wieder mit dem Erwerb einer Bestätigungsbedeutung ab. Dies wird in Tab. 4 dargestellt.

Im Schritt 16 akzeptiert der Aktionszustand $\neg H$ die leere Äußerung ε durch Anwendung (Regel 2(a)). Dann, in Schritt 17, äußert die Nutzerin „Guter Junge!" und induziert durch diese unbekannte Äußerung einen Zustandsübergang $S = \Phi(\neg H)$ gemäß der periodischen Eigendynamik, die nach Regel 1(b) gelernt wird. Allerdings soll die Bedeutung von „Guter Junge!" pragmatisch affirmativ sein. Daher wiederholt die Nutzerin in Schritt 18 *Ich gehe jetzt zur Oma*, welches $\neg H$ zeitigt, wenn es auf den gegenwärtigen Zustand S angewendet wird. Außerdem wird *Guter Junge!* in Schritt 19 zu der beabsichtigten affirmativen Bedeutung $(\neg H, \neg H)$ revidiert. Schließlich möchte die Nutzerin in Schritt 20 den letzten Übergang durch eine weitere Äußerung von „Ich gehe jetzt zur Oma" sicherstellen, die vom epistemischen Zustand $\neg H$ akzeptiert wird, wodurch weitere Revisionen verhindert werden.

Letztendlich ist das Lexikon

$$M_{14} = \{(\varepsilon,(H,H),(\neg H,\neg H)),(Ich\ gehe\ jetzt\ zur\ Oma,\{(H,\neg H),(\neg H,\neg H),(S,\neg H)\}),$$
$$(Nein!,\{(H,\neg H),(S,\neg H)\}),(Heize!,\{(\neg H,\neg H)*\}),(Guter\ Junge!,\{(\neg H,\neg H)\})\}$$

mit Hilfe der hier dargestellten Maschinensemiotik gelernt worden.

Tab. 4 Abschluss der maschinellen Semiotik für das zweite Szenario Gl. (12). Das Sternchen∗ zeigt falsches Wissen an. Variablen sind k: Iteration, t: Zeitstempel, a_k: Antezedent, b_k: Verhalten (Äußerung u_k), c_k: Konsequenz, U_t: gelerntes Äußerungs-Bedeutungspaar (UMP), Regel: die angewandte Regel des Algorithmus. Die Geschichte von Definition 8 wird in den letzten beiden Spalten wiedergegeben

k	t	a_k	b_k	c_k	U_t	Regel
10	16	$\neg H$	ε	$\neg H$	$(\varepsilon, \{(\neg H,\neg H)\})$	2a
11	17	H	Guter Junge!	S	Guter Junge!, $\{(\neg H,S)*\}$	1b
12	18	S	Ich gehe jetzt zur Oma	$\neg H$	(Ich gehe jetzt zur Oma, $\{(S,\neg H)\})$	2b
	19				Guter Junge!, $\{(\neg H,\neg H)\}$	3
13	20	$\neg H$	Ich gehe jetzt zur Oma	$\neg H$	(Ich gehe jetzt zur Oma, $\{(\neg H,\neg H)\})$	2a

6 Fazit

In dieser Studie haben wir die Maschinensemiotik als einen praktikablen Ansatz vorgeschlagen, um sprachunterstützende kognitive Nutzerschnittstellen in einem Wahrnehmungs-Aktions-Zyklus („perception-action cycle": PAC) zwischen Nutzerinnen und einem kognitiven dynamischen System (Haykin, 2012; Young, 2010) durch Verstärkungslernen von Antezedent-Konsequenz-Relationen (Skinner, 1957; Sutton & Barto, 2018) zu trainieren. Unser Ansatz stützt sich im Wesentlichen auf die konstruktivistische Semiotik (Maturana & Varela, 1998; von Foerster, 2003) und auf die Biosemiotik (von Uexküll, 1982). Unter der Annahme, dass es für ein Individuum in seiner ökologischen Nische artbezogene PACs gibt, spaltet sich seine Umwelt in eine Merkwelt, die seiner spezifischen Wahrnehmung entspricht, und in eine Wirkwelt, die seinen besonderen Handlungsfähigkeiten entspricht, auf. Dadurch liefern die Sensoren des Individuums nur relevante Informationen über den Zustand der Umwelt, wobei die Relevanz durch die Handlungsfähigkeit des Individuums gekennzeichnet ist.

Von Uexküll (1982) hat diese Idee anhand einer Zecke, die auf einem Ast sitzt und darauf wartet, ein Säugetier angreifen zu können, sehr schön illustriert. Die Zecke verfügt über ein weitgehend reduziertes sensorisches System, das im Wesentlichen die Temperatur, den Buttersäuregeruch und das Ertasten von Fell umfasst. So ist die Bedeutung von „Säugetier" in der Merkwelt der Zecke eigentlich „muffige Fellwärme". Zugleich ist jeder Wahrnehmung eine entsprechende Handlung zugeordnet: Eine Erhöhung der Buttersäurekonzentration in der Luft führt dazu, dass sich die Zecke vom Ast löst und im Fell des Beutetiers landet. Anschließend krabbelt die Zecke unter Umgehung der Haare auf die Haut des Beutetiers. Schließlich veranlasst maximale Temperatur die Zecke, die Haut des Säugetiers anzustechen und dessen Blut zu saugen. Jede Wahrnehmung ist also nur im Zusammenhang mit der entsprechenden Handlung in der Wirkwelt der Zecke von Bedeutung. Dementsprechend wird die Bedeutung von „Säugetier" in der Wirkwelt der Zecke zur Handlungsabfolge: Loslassen, Krabbeln und Stechen.

Angewandt auf ein Spielzeugmodell einer kognitiven Heizung (Klimczak et al., 2014; Huber et al., 2018) besteht die Merkwelt aus dem Temperaturempfinden in Kombination mit einer grundlegenden symbolischen Sprachrepräsentation (Böck et al., 2019; Chen et al., 2013; Graves et al., 2013; Guo et al., 2014; Mesnil et al., 2015; Sundermeyer et al., 2015) (deren besondere Feinheiten wir hier bewusst vernachlässigt haben). Andererseits umfasst die Wirkwelt des Geräts (in unserem ersten Szenario) nur zwei mögliche Aktionen: heizen oder nicht heizen, zusammen mit der Anzeige des aktuellen Betriebsmodus für die Nutzer, wodurch die Beobachtbarkeit der Maschinenzustände für die Nutzerin gegeben ist (Russell & Norvig, 2010). In Anlehnung an den konstruktivistischen Ansatz von Maturana und Varela (1998), dass sprachliches Verhalten eines Senders darauf abzielt, das Verhalten des Empfängers zu verändern, interpretieren wir die Bedeutung des sprachlichen Verhaltens der Nutzerinnen als Zuordnungen von antezedenten zu konsequenten Handlungszuständen. Dieses sog. ABC-Schema des sprachlichen Verhaltens (Skinner, 1957) bildet die Grundlage der dynamischen Semantik (Gärdenfors, 1988; Groenendijk & Stokhof, 1991; Kracht, 2002; beim Graben, Order effects in dynamic semantics, 2014) und der interaktiven Pragmatik (Benz, 2016; Franke & Jäger, 2016; Grice, 1969; van Rooij & de Jager, 2012).

Dementsprechend nutzt unsere Maschinensemiotik im Wesentlichen die Grundgedanken der dynamischen Semantik. Die Bedeutung einer Äußerung ist eine partielle Funktion auf einem Raum von epistemischen Handlungszuständen, und Fixpunkte dieser Bedeutungsfunktionen definieren den wichtigen Begriff der Akzeptanz. Unser Trainingsalgorithmus beschreibt den Erwerb von semantischem und pragmatischem Weltwissen aus einer ökologischen Sicht (von Uexküll, 1982). Ausgehend von zwei zentralen Annahmen, dass (1) das Schweigen der Nutzerin eine aktuelle Handlungsweise gutheißt und (2) sprachliches Verhalten eine Ablehnung der aktuellen Handlungsweise anzeigt, haben wir einen Reinforcementmechanismus vorgeschlagen, der unangemessene Bedeutungen durch neu hinzukommenden Input kontinuierlich revidiert. Wir haben diesen Algorithmus in zwei Fallbeispielen illustriert. Im ersten Fall handelt es sich um die oben erwähnte kognitive Heizung mit zwei Zuständen, bei der die Revision einfach einen Konsequenzzustand durch sein logisches Komplement ersetzt, während der Antezedentzustand erhalten bleibt. In einem etwas komplizierteren Szenario mit drei Zuständen haben wir eine intrinsische periodische Aktualisierungsdynamik eingesetzt. In beiden Fällen haben wir die Bedeutung der Äußerung einer Nutzerin in der Wirkwelt der Heizung durch eine Aktion ihres epistemischen Zustandsraums abstrakt dargestellt.

Unser Algorithmus für das Verstärkungslernen kann problemlos auf komplexere Zustandsräume verallgemeinert werden, entweder durch einen einfachen Versuch-und-Irrtum-Aktualisierungsprozess oder, was vielleicht angemessener ist, durch Markow-Entscheidungsprozesse (Haykin, 2012; Sutton & Barto, 2018). Darüber hinaus kann das erworbene mentale Lexikon effizient in einem neuralen assoziativen Netzwerk gespeichert werden, das ein Bedeutungsmuster als Ausgabe für eine gegebene Eingabeäußerung liefert. Dies könnte durch die Kombination von vektorsymbolischen Architekturen (Fernandez et al., 2018; Gayler, 2006; beim Graben & Potthast, Inversive problems in dynamic cognitive modeling, 2009; Smolensky, 1990) mit tiefen neuronalen Netzen erreicht werden (LeCun et al., 2015; Fernandez et al., 2018).

Der Ansatz der Maschinensemiotik erfordert nicht, dass sich die Nutzerinnen bestimmte Schlüsselwörter merken, auf die das Gerät mithilfe einer Slot-Filling-Semantik reagieren soll (Allen, 1987; Chen et al., 2013; Guo et al., 2014; Mesnil et al., 2015). Im Gegensatz dazu passt die Maschinensemiotik ihr sprachliches Verhalten während des Spracherwerbs flexibel an die Nutzerinnen an. Für den kommerziellen Einsatz könnte es jedoch sinnvoller sein, das System mit einem vortrainierten mentalen Lexikon auszustatten, das die wahrscheinlichsten Äußerungen in ihren stereotypen pragmatischen Kontexten enthält.

Obwohl die Maschinensemiotik explizit als Versuch des maschinellen Lernens für die künstliche Intelligenz konzipiert ist, könnte man über ihre vorläufige Relevanz für den menschlichen Spracherwerb und für die Semiosis im Allgemeinen spekulieren. Nach Harnad (1990) kann das „symbol grounding problem" für die Zuweisung von symbolischer „Bedeutung" zu nahezu kontinuierlichen Wahrnehmungen durch „Diskriminierung und

Identifizierung" gelöst werden. Der erste Prozess erzeugt „ikonische Repräsentationen" durch Training von Klassifikatoren, der zweite führt zu begrifflichen Kategorisierungen. Diese Prozesse betonen jedoch die Wahrnehmungsaspekte des PAC. Anderseits argumentiert Steels (2006), dass auch der Handlungsraum von sog. „embodied" Agenten berücksichtigt werden muss. Dies wird durch die Maschinensemiotik tatsächlich erreicht.

Abschließend halten wir fest, dass die bisher skizzierte Maschinensemiotik maschinenrelevante Bedeutungen nur in Form von Instruktionen erfassen kann, die darauf abzielen, das Verhalten des Empfängers direkt zu verändern (Maturana & Varela, 1998; von Foerster, 2003). In Anlehnung an Dennett (1989) und Posner (1993) handelt es sich dabei um *intentionale Systeme erster Ordnung* bzw. um die *erste Ebene der Reflexio*n. Dabei „*hat ein intentionales System erster Ordnung Überzeugungen und Wünsche (usw.), aber keine Überzeugungen und Wünsche über Überzeugungen und Wünsche*" (Dennett, 1989, S. 243). Nach Posner ist es der Fall, dass ein System „entweder etwas glaubt ... oder etwas beabsichtigt" auf der ersten Reflexionsebene (Posner, 1993, S. 227). Betrachten wir jedoch eine Nutzerin, die möchte, dass die Maschine eine Aussage glaubt, die nicht direkt mit ihrer Handlung verbunden ist: Dies würde ein intentionales System zweiter Ordnung erfordern, welches „Überzeugungen und Wünsche ... über Überzeugungen und Wünsche hat" (Dennett, 1989), oder, auf der zweiten Reflexionsebene, „a glaubt, dass b beabsichtigt, dass a etwas glaubt, und b beabsichtigt, dass *a* glaubt, dass *b* etwas beabsichtigt" (Posner, 1993). Eine Maschinensemiotik, die in der Lage wäre, mit solchen Szenarien umzugehen, würde auf jeden Fall einen rekursiv strukturierten epistemischen Zustandsraum zusammen mit einer *Theory of Mind* über die epistemischen Zustände der Nutzerin erfordern (Grice, 1969). In einem solchen Fall würde es sich nicht nur um eine hoch entwickelte kognitive Nutzerschnittstelle handeln, sondern um eine, die quasi ein eigenes mentales Leben besitzt und infolgedessen auch wie ein menschliches Wesen behandelt werden müsste.

Literatur

Allen, J. (1987). *Natural language understanding*. Benjamin/Cummings Publishing Company.
Allen, J. (2003). Natural language processing. In *Encyclopedia of Computer Science* (S. 1218–1222). Wiley.
Allen, J. (2014). Learning a lexicon for broad-coverage semantic parsing. In *Proceedings of the ACL 2014 workshop on semantic parsing* (S. 1–6).
Allen, J., Bahkshandeh, O., de Beaumont, W., Galescu, L., & Teng, C. M. (2018). Effective broad-coverage deep parsing. In *Proceedings of the Thirty-Second AAAI Conference on Artificial Intelligence, 32 (1)* (S. 4776–4783).
Bakhshandeh, O., & Allen, J. (2017). Apples to apples: Learning semantics of common entities through a novel comprehension task. In *Proceedings of the 55th annual meeting of the Association for Computational Linguistics, 1* (S. 906–916).
beim Graben, P. (2014). Order effects in dynamic semantics. *Topics in Cognitive Science, 6*(1), 67–72.
beim Graben, P., & Potthast, R. (2009). Inversive problems in dynamic cognitive modeling. *Chaos, 19*(1), 015103.

beim Graben, P., Römer, R., Meyer, W., Huber, M., & Wolff, M. (2019). *Reinforcement learning of minimalist numeral grammars.* Von arXiv.org. https://doi.org/10.48550/arXiv.1906.04447. Zugegriffen am 09.07.2025.

van Bentham, J., Gerbrandy, J., & Kooi, B. (2009). Dynamic update with probabilities. *Studia Logica, 93*, 67–96.

Benz, A. (2016). On Bayesian pragmatics and categorical predictions. *Zeitschrift für Sprachwissenschaft, 35*(1), 45.

Böck, R., Egorow, O., Höbel-Müller, J., Requardt, A. F., Siegert, I., & Wendemuth, A. (2019). Anticipating the user: Acoustic disposition recognition in intelligent interactions. In A. Esposito, A. M. Esposito, & L. C. Jain (Hrsg.), *Innovations in big data mining and embedded knowledge* (S. 203–233). Springer.

Chen, Y., Wang, W., & Rudnicky, A. (2013). Unsupervised induction and filling of semantic slots for spoken dialogue systems using frame-semantic parsing. In *Proceedings of the IEEE workshop on automatic speech recognition and understanding* (S. 120–125).

Chomsky, N. (1959). A review of B. F. Skinner's verbal behavior. *Language, 35*(1), 26–58.

Dennett, D. (1989). *Intentional systems in cognitive ethology: The "panglossian paradigm" defended.* MIT Press.

Fernandez, R., Celikyilmaz, A., Singh, R., & Smolensky, P. (2018). *Learning and analyzing vector encoding of symbolic representations.*

von Foerster, H. (2003). *Understanding understanding: Essays on cybernetics and cognition.* Springer.

Franke, M., & Jäger, G. (2016). Probabilistics pragmatics, or why Bayes' rule is probably important for pragmatics. *Zeitschrift für Sprachwissenschaft, 35*(1), 3.

Galescu, L., Teng, C., Allen, J., & Perera, I. (2018). *Cogent: A generic dialogue system shell based on a collaborative problem solving model.* Proceedings of the 19th Annual SIGdial Meeting on Discourse and Dialogue, 400–409, Association for Computational Linguistics. https://doi.org/10.18653/v1/W18-5048

Gärdenfors, P. (1988). *Knowledge in flux. Modeling the dynamics of epistemic states.* MIT Press.

Gayler, R. (2006). Vector symbolic architectures are a vianle alternative for Jackendoff's challenges. *Behavioral and Brain Sciences(29)*, 78–79.

Graves, A., Mohamed, A., & Hinton, G. (2013). *Speech recognition with deep recurrent neural networks.* 2013 IEEE International Conference on Acoustics, Speech and Signal Processing, Vancouver, BC, Canada, 6645–6649. https://doi.org/10.1109/ICASSP.2013.6638947

Grice, H. (1969). Utterer's meaning and intention. *The Philosophical Review, 78*(2), 147–177.

Groenendijk, J., & Stokhof, M. (1991). Dynamic predicate. *Linguistics and Philosophy, 14*(1), 39–100.

Guo, D., Tur, G., Yih, W., & Zweig, G. (2014). *Joint semantic utterance classifcation and slot filling with recursive neural networks.*

Harnad, S. (1990). The symbol grounding problem. *Physica D, 42*(1), 335–346.

Haykin, S. (2012). *Cognitive dynamic systems.* University Press.

Huber, M., Wolf, M., Meyer, W., Jokisch, O., & Nowack, K. (2018). Some design aspects of a cognitive user interface. *Online Journal of Applied Knowledge Management, 6*(1), 15–29.

Jaynes, E. (1957a). Information theory and statistical mechanics. *Physical Reviews, 106*, 620–630.

Jaynes, E. (1957b). Information theory and statistical mechanics II. *Physical Reviews, 108*, 171–190.

Klimczak, P., Wolff, M., Lindemann, J., Petersen, C., Römer, R., & Zoglauer, T. (2014). Die kognitive Heizung. *Elektronische Sprachsignalverarbeitung (ESSV)* (S. 89–96).

Kracht, M. (2002). Dynamic semantics. *Linguistische Berichte Sonderheft X*, S. 217–241.

LeCun, Y., Bengio, Y., & Hinton, G. (2015). Deep learning. *Nature, 521*(7553), 436–444.

Maturana, H., & Varela, F. (1998). *The tree of knowledge.* Shambhala Press.

Mesnil, G., Dauphin, Y., Yao, K., Bengio, Y., Deng, L., Hakkani-Tur, D., et al. (2015). Using recurrent neural networks for slot filling in spoken language understanding. *IEEE Transactions on Audio, Speech and Language Processing, 23*(3), 530–539.

Perera, I., Allen, J., Galescu, L., Teng, C., Burstein, M., Friedman, S., . . . Rye, J. (2017). Natural language dialogue for building and learning models and structures. In *Proceedings of the AAAI conference on artificial intelligence 31(1)* (S. 5103–5104).

Posner, R. (1993). Believing, causing, intending: The basis for hierarchy of sign concepts in the reconstruction of communication. In R. Jorna, B. van Heusden, & R. Posner (Hrsg.), *Signs, Search, and Communication: Semiotic Aspects of Artificial Intelligence* (S. 215–270). de Gruyter.

van Rooij, R., & de Jager, T. (2012). Explaining quantity implicatures. *Journal of Logic, Language and Information, 21*(4), 461–477.

Russell, S., & Norvig, P. (2010). Artificial intelligence: A modern approach.

Skinner, B. (1957). *Verbal behavior*. Appleton-Century-Crofts.

Smolensky, P. (1990). Tensor product variable binding and the representation of symbolic structures in connectionist systems. *Artificial Intelligence, 42*(1-2), 159–216.

Socher, R., Perelygin, A., Wu, J., Chuang, J., Manning, C. D., Ng, A., & Potts, C. (2013). Recursive deep models for semantic compositionality over a sentiment treebank. In *Proceedings of the 2013 conference on empirical methods in natural language processing* (S. 1631–1642). Association for Computational Linguistics.

Steels, L. (2006). *The symbol grounding problem has been solved, so what's next?* https://ai.vub.ac.be/sites/default/files/steels-08e.pdf. Zugegriffen am 09.07.2025.

Sundermeyer, M., Ney, H., & Schlüter, R. (2015). From feedforward to recurrent LSTM neural networks for language modeling. *IEEE Transactions on Audio, Speech and Language Processing, 23*(3), 517–529.

Sutton, R., & Barto, A. (2018). *Reinforcement learning: An introduction*. MIT Press.

von Uexküll, J. (1982). The theory of meaning. *Semiotica, 45*(1), 25–79.

Williams, P. (1980). Bayesian conditionalisation and the principle of minimum information. *British Journal for the Philosophy of Science, 31*, 131–144.

Wirsching, G., & Lorenz, R. (2013). *Towards meaning-oriented language modeling*.

Young, S. (2010). Cognitive user interfaces. *IEEE Signal Processing Magazine, 27*(3), 128–140.

GPSR Compliance

The European Union's (EU) General Product Safety Regulation (GPSR) is a set of rules that requires consumer products to be safe and our obligations to ensure this.

If you have any concerns about our products, you can contact us on ProductSafety@springernature.com

In case Publisher is established outside the EU, the EU authorized representative is:

Springer Nature Customer Service Center GmbH
Europaplatz 3
69115 Heidelberg, Germany

Batch number: 08794602

Printed by Printforce, the Netherlands